U0238640

大坝与水工混凝土新技术

田育功 著

中国水利水电出版社
www.waterpub.com.cn
·北京·

内 容 提 要

本书系作者从事水利水电工程40多年所积累丰富经验的系统凝练和总结，特别沉淀了作者自长江三峡大坝第一仓混凝土开盘浇筑以来在大坝与水工混凝土新技术实践中的经历、认识、感悟和思考。本书共9章，包括综述，水利水电工程标准的统一与顶层设计，大坝混凝土材料及分区设计与优化，水工混凝土原材料新技术研究与应用，大坝混凝土施工配合比试验研究，提高混凝土抗冻等级技术创新研究，水工泄水建筑物抗冲磨混凝土关键技术，大坝混凝土施工质量与温控防裂关键技术，智能大坝建设新技术与实施方案探讨等；书后还有后水电时代大坝的拆除、退役和重建探讨，以及大西线调水及海水西调的设想与现实探讨两篇附录。

本书结构宏大，内容丰富，资料翔实，案例精细。可供水利水电工程设计、科研、施工、监理及管理的工程技术人员和高等院校相关专业的师生学习参考；也可作为专业工具书使用。

图书在版编目（CIP）数据

大坝与水工混凝土新技术 / 田育功著. -- 北京：
中国水利水电出版社，2018.9
ISBN 978-7-5170-6952-2

Ⅰ．①大… Ⅱ．①田… Ⅲ．①大坝－水工建筑物－混凝土施工 Ⅳ．①TV642

中国版本图书馆CIP数据核字（2018）第224611号

书　　名	大坝与水工混凝土新技术 DABA YU SHUIGONG HUNNINGTU XIN JISHU
作　　者	田育功　著
出版发行	中国水利水电出版社 （北京市海淀区玉渊潭南路1号D座　100038） 网址：www.waterpub.com.cn E-mail：sales@waterpub.com.cn 电话：（010）68367658（营销中心）
经　　售	北京科水图书销售中心（零售） 电话：（010）88383994、63202643、68545874 全国各地新华书店和相关出版物销售网点
排　　版	中国水利水电出版社微机排版中心
印　　刷	北京印匠彩色印刷有限公司
规　　格	184mm×260mm　16开本　33.5印张　794千字
版　　次	2018年9月第1版　2018年9月第1次印刷
印　　数	0001—1500册
定　　价	**185.00元**

序 一

我国水能资源丰富，理论蕴藏量6.94亿kW，技术可开发量5.42亿kW，均居世界第一。改革开放以来，水利水电事业蓬勃发展，科技创新成果显著，建设了一批标志性工程。截至2017年年底，水电装机已达3.4亿kW，约占技术可开发量的63%，已成为主力清洁能源，对节能减排，减少温室气体排放，优化水资源配置，起到了不可替代的作用。

长江三峡工程是综合治理和开发利用长江水资源的关键性骨干工程。大坝全长2309.5m，最大坝高181m，混凝土总量1600万m³，装机容量2250万kW，是世界上最大的水利枢纽工程，标志着中国大坝建设技术已处于世界先进水平，创造了多项世界第一。三峡大坝施工最突出的亮点，一是大体积混凝土高强度优质高效施工技术，采用塔带机连续浇筑混凝土，该系统由各混凝土拌和楼连接皮带机将混凝土输送到塔带机直接入仓，集水平运输和垂直运输于一体，连续3年浇筑量均在400万m³以上，创造了混凝土年浇筑强度548万m³的世界纪录，1997年大坝混凝土首仓浇筑，2003年开始初期蓄水，首批机组发电，工程提前一年建成。二是混凝土温控防裂技术，从选择优质原材料、优化混凝土配合比、采用二次骨料风冷技术生产低温混凝土、控制浇筑温度、通水冷却、表面保湿、流水养护和实施个性化通水冷却等一整套温控措施，大坝万立方米混凝土温度裂缝小于0.1条，右岸大坝未发现温度裂缝，基本结束了无坝不裂的历史。

在三峡工程建设经验的基础上，混凝土温控技术又有新发展。小湾拱坝坝高294.5m，是我国建成的世界第一座300m级拱坝，水推力高达1800万t。为适应小湾拱坝承载力大、应力水平高的特点，对混凝土性能提出了"高强度、中等弹模、低热、微膨胀、大极拉值、不收缩"的技术路线，并采用"早冷却、小温差缓慢冷却"的原则，但在实践中发现了现有规范的温控标准对特高拱坝不完全适用，初期曾出现了一些温度裂缝。经探索论证，改进了原规范的技术标准，主要内容有：①由于高掺粉煤灰，抑制了水泥的水化热放热过程，一期冷却结束后，混凝土内部会有温度回升，应不间断地进行中期冷却，控制温度回升；②二期冷却应在拟灌区以上设坝块厚度 0.2～0.3 倍的同冷区，在高程方向形成较小温度梯度；③要求降温速率小于 0.5℃/d，通水温度与混凝土内部温度之差应小于 15℃。采用以上措施后，小湾拱坝再未发现温度裂缝，自 2008 年蓄水以来，大坝已六次蓄水至正常高水位，坝体、坝基漏水量仅 1.8L/s，工作性态良好。

其后建设的溪洛渡、锦屏一级高拱坝的温控技术均继承了小湾拱坝的基本原则，并加以发展。如溪洛渡拱坝研发了智能温控技术，在混凝土内部埋设数字温度计，全面及时地监测混凝土内部温度，实施了大坝智能通水冷却温控系统，可稳定跟踪、无线采集混凝土温控数据和冷却水管通水情况，取得实际浇筑条件下的混凝土理论温升曲线，导入"数字大坝"系统后与实测温升曲线对比，为控制温升过程创造条件，从而达到最高温度、降温速率、温度变幅不超标的温控要求，降低了混凝土开裂风险。实践证明，智能温控技术较人工通水具有更明显的实时性，能有效协调坝块温度时空变化。

正在建设的金沙江白鹤滩、乌东德两座高拱坝，采用低热水泥浇筑大坝混凝土，这种水泥具有水化热低、后期强度高的特点，为提高大坝的抗裂性能提供了基础。

混凝土坝的温控防裂技术，在实践中发展，在发展中完善，为修改现有规范创造了条件。

进入 21 世纪后，中国的水利水电工程建设技术，实现了与世界上发达国家从并跑向领跑的跨越，建成了一批标志性工程，如小湾、溪洛渡、锦屏一级等 300m 级高拱坝，龙滩、光照、黄登等 200m 级碾压混凝土重力坝，水布垭、三板溪、洪家渡、猴子岩、江坪河等 200m 级混凝土面板堆石坝，糯扎渡、两河口、双江口等 300m 级超高土石坝，并且将信息技术融合到大坝建设及管理中，正在实现从数字建造向智能建造的转变。在"一带一路"建设中，中国的水电建设技术是继高铁之后的又一张名片。

本书的作者长期从事混凝土坝施工技术研究，积累了丰富的经验。本书收集了大量水利水电工程实例，资料翔实，可供从事水利水电工程设计、科研和运行的科技工作者参考。

中国工程院院士　马洪琪

2018 年 7 月

序 二

　　大坝建设是水利水电发展最重要的标志，它对水资源的开发利用发挥着极其重要的作用。水库大坝在我国的发展大致可以划分为四个阶段。第一阶段是 1949 年新中国成立前，这一时期新中国百废待兴、技术落后，水灾是心腹大患。中国高于 30m 以上的大坝只有 21 座，总库容约 280 亿 m^3，水电总装机 54 万 kW。第二阶段是 1949 年新中国成立至 1978 年改革开放，这一时期中国是国际上修建水库大坝最活跃的国家。30m 以上的大坝由 21 座增加到 3651 座，总库容增加到约 2989 亿 m^3，水电总装机增加到 1867 万 kW。这一阶段由于受技术、投资等因素制约，虽然取得了很大的成就，但总体上与发达国家比还相对落后。第三阶段是从改革开放开始至 2000 年，中国水利水电建设实现了质的突破，由追赶世界水平到不少方面居于国际先进和领先水平。很多工程经受了 1998 年大洪水、2008 年汶川大地震的严峻考验。这一阶段工程设计质量高、施工速度快、安全性好，普遍达到了预期目标。截至 2003 年，中国已建、在建 30m 以上的大坝共 4694 座，总库容 5843 亿 m^3，水电总装机 9490 万 kW。第四阶段是 21 世纪以来，中国水利水电进入了自主创新、引领发展的新阶段。这一阶段中国更加关注巨型工程和特高坝的安全，注重环境保护，在很多领域居于国际引领地位，同时也全面参与国际水利水电建设，拥有一半以上的国际市场份额。截至 2016 年年底，中国已建在建高于 30m 以上的大坝共 6543 座，总库容约 7684 亿 m^3，水电总装机 34119 万 kW。

　　随着新时代的到来，在生态保护的前提下，推进水资源高质量开发利用及工程的有序建设仍是当前和未来的必然选择。在总结我国水资源开发利用"十二五"发展时，我曾用"需求带动、紧跟国际、部分领先、工艺提升"十六个字概括总体情况，意思是我国发展不少方面已居于国际水平，同时在工艺、设备等很多方面得到了非常大的提升，领先和提升的核心动力是国家发展的需求。展望"十三五"及未来一个时期，安全发展、智能发展、绿色发展是主旋律，需要年轻一代在过去经验的基础上走出新路，不辜负时代赋予的历史使命。

水工混凝土作为水工建筑物重要的建筑材料，有着其他材料无法替代的作用。本书作者是水库大坝的一线建设者，具有丰富的实践经验，其专著对混凝土大坝与水工混凝土新技术进行了较为系统的梳理和总结，反映了作者从事水利水电工程建设40多年的经历、认识、感悟和思考，既有对行业发展的肺腑之言，也有对未来前景的美好期许及评价，是一本很有参考价值的专著。为此，乐为此书作序，以鼓励更多的富有经验的大坝建设者总结实践，撰写专著，启迪后人，以促进水库大坝在更高的层次实现高质量发展。

国际大坝委员会荣誉主席
中国大坝工程学会副理事长兼秘书长

2018 年 7 月

前　言

　　1997 年 12 月 11 日上午 10 时 30 分，举世瞩目的三峡大坝第一仓混凝土开盘浇筑，作者作为三峡二期工程大坝混凝土施工配合比试验的主持者，亲历和见证了三峡大坝第一仓混凝土的浇筑，感到无比的骄傲和自豪。弹指之间，20 年过去了，其情其景，至今仍历历在目，难以忘怀。

　　三峡工程分三期建设，即一期为 5 年，二期和三期分别为 6 年，从 1993 年开始建设至 2009 年完工，共计 17 年。一期工程主要为前期导流工程、大坝及船闸基础开挖以及骨料生产等工程；二期、三期工程主要为大坝、电站厂房、五级船闸、金属结构及机电安装等主体工程。作者作为三峡二期工程投标编标人之一，在投标过程中进行了大坝混凝土配合比验证试验，实属国内外首次。1997 年 3 月，为了验证投标书提交的三峡大坝混凝土配合比，到中国水电顾问集团（现中国电力建设集团）中南勘测设计研究院宜昌分院，对提交的投标三峡大坝混凝土配合比进行了验证试验。试验结果表明，投标书提交的配合比参数完全满足三峡大坝混凝土设计要求，为青云公司❶中标三峡大坝奠定了坚实的基础。

　　1997 年 8 月 20 日，青云公司中标了三峡二期工程大坝左岸厂房坝段，在三峡坝区建设者餐厅举行了隆重的庆典晚宴。三峡总公司建设部副主任、教授级高级工程师薛砺生为中标庆典题词：“黄河远去，长江东来，祝青云公司青云直上重霄九。”这是对从 1958 年开始一直奋战在祖国大西北建设刘家峡、盐锅峡、八盘峡、龙羊峡、李家峡水电站工程的中国水利水电第四工程局的衷心祝愿和深情赞誉。

　　大坝与水工混凝土新技术是一项系统工程，涉及水利水电工程的标准、设计、材料、试验、施工、温控、质量及管理等许多方面。20 世纪 80 年代后期，中国水利水电工程标准分为水利（SL）与电力（DL）标准，水利水电工程标准各自为政、条块分割的局面，将严重制约水利水电技术进步，标准的

---

　　❶　青云公司：全称为“宜昌青云水利水电联营公司”，成立于 1997 年，是由中国水利水电第四工程局和中国水利水电第十四工程局组成的紧密型水利水电工程联营体，主要承担三峡大坝土建、金属结构和机电安装工程施工。

统一已经到了刻不容缓的地步，需要从顶层设计深化改革。

进入 21 世纪中国的水利水电工程建设速度显著加快，在水利水电工程和大坝建设中，采用和吸取了三峡工程许多新技术，这些新技术均是建立在三峡工程的基础之上不断创新发展的，是三峡工程集成创新的延续。随着互联网的迅速发展与应用的深入，"数字大坝"实现了信息监测和控制的自动化、智能化，也逐步实现了从"数字大坝"向"智能大坝"的跨越。

2016 年 6 月在成都召开的第二届全国高坝安全学术会议指出：近 20 年来，中国的高坝建设技术得到飞速发展，相继建成了 200m 以上的特高坝 20 多座；近 10 年来，又陆续建成了小湾、糯扎渡、溪洛渡、锦屏一级等 300m 级高坝；目前，白鹤滩、乌东德、双江口、两河口、松塔、如美、茨哈峡等一批 300m 级高坝正在建设或设计中。这些高坝工程地处西部的深山峡谷之中，地形地质条件和建设条件更具挑战性，工程建设在提供大量清洁可再生能源的同时，也为今后的水电建设提出了更多更复杂的技术难题，技术创新面临巨大的挑战。今后，随着水电工程建设高峰的结束，中国的水利水电工程将逐步进入后水电时代，水利枢纽或水电站运行寿命问题已经摆在面前，许多大坝和水工建筑物面临着大量的加固、维护和退役。雅鲁藏布江大西线调水，渤海的海水西调等工程是未来水利水电开发研究的重要课题。

作者是一位从事水利水电工程建设 40 多年的工程师，先后参加了中国最具有代表性的龙羊峡、三峡、小浪底、小湾、南水北调等一批具有世界级水平的水利水电工程建设，参加了 60 多项水利水电工程的科研试验、大坝施工、技术咨询、科技评奖及建设管理等技术工作。主持了数十座大坝第一仓混凝土浇筑以及国外的埃塞俄比亚泰克则、越南博莱格隆、缅甸滚弄、几内亚苏阿皮蒂等水利水电工程的技术咨询。

在水利水电工程建设中，作者常常在反思，怎样使设计、科研、施工、监理及建设管理等方面的技术人员全面了解并掌握水利水电工程专业知识，达到融会贯通，破除各自的专业枷锁，更好使设计的蓝图通过科研试验、精细化施工、质量控制，融入大数据、信息化、可视化、智能化的过程控制和管理理念，从而使水工建筑物的质量安全和耐久性达到设计所要求的质量和使用寿命。本专著正是基于此番而著述。

本书是作者的第二部专著。书中以三峡大坝混凝土新技术为主线，按照最新修订的水利（SL）和电力（DL）标准为依据，通过大量工程科研试验、施工技术、投标评标、技术咨询、科研成果以及发表的多篇论文为技术支撑，为读者提供了大量的第一手大坝与水工混凝土新技术研究成果和工程实例资料。

　　本书在撰写过程中，得到了中国水利水电第四工程局有限公司勘测设计研究院、中国水利水电第十一工程局有限公司科研设计院以及陆民安设计大师、陈文耀教授级高级工程师、支栓喜博士、董国义教授级高级工程师、丁清杰高级工程师等许多同行朋友的大力支持，为本书提供了宝贵的参考资料并进行了审稿，在此表示衷心的感谢！本书完稿后，华能澜沧江水电股份有限公司原总工程师马洪琪院士，国际大坝委员会荣誉主席、中国大坝工程学会副理事长兼秘书长贾金生主席为本书分别撰写了序，作者对马院士、贾主席的大力支持和帮助表示诚挚的感谢！

　　限于作者水平，错误难免，恳请读者批评指正。

作者

2018 年 6 月 20 日于成都

目 录
CONTENTS

序一

序二

前言

第1章　综述 ⋯⋯⋯⋯⋯⋯⋯⋯⋯⋯⋯⋯⋯⋯⋯⋯⋯⋯⋯⋯⋯⋯⋯⋯ 1

1.1　中国的水资源开发利用 ⋯⋯⋯⋯⋯⋯⋯⋯⋯⋯⋯⋯⋯⋯⋯⋯⋯⋯ 1

1.2　中国的水库大坝建设 ⋯⋯⋯⋯⋯⋯⋯⋯⋯⋯⋯⋯⋯⋯⋯⋯⋯⋯⋯ 4

　1.2.1　水库大坝的重要作用 ⋯⋯⋯⋯⋯⋯⋯⋯⋯⋯⋯⋯⋯⋯⋯⋯ 4

　1.2.2　混凝土重力坝 ⋯⋯⋯⋯⋯⋯⋯⋯⋯⋯⋯⋯⋯⋯⋯⋯⋯⋯⋯ 5

　1.2.3　混凝土拱坝 ⋯⋯⋯⋯⋯⋯⋯⋯⋯⋯⋯⋯⋯⋯⋯⋯⋯⋯⋯⋯ 10

　1.2.4　土石坝 ⋯⋯⋯⋯⋯⋯⋯⋯⋯⋯⋯⋯⋯⋯⋯⋯⋯⋯⋯⋯⋯⋯ 15

1.3　大坝筑坝新技术创新发展 ⋯⋯⋯⋯⋯⋯⋯⋯⋯⋯⋯⋯⋯⋯⋯⋯ 21

　1.3.1　大坝新技术发展概况 ⋯⋯⋯⋯⋯⋯⋯⋯⋯⋯⋯⋯⋯⋯⋯⋯ 21

　1.3.2　碾压混凝土筑坝新技术 ⋯⋯⋯⋯⋯⋯⋯⋯⋯⋯⋯⋯⋯⋯⋯ 22

　1.3.3　胶凝砂砾石筑坝新技术 ⋯⋯⋯⋯⋯⋯⋯⋯⋯⋯⋯⋯⋯⋯⋯ 23

　1.3.4　堆石混凝土筑坝新技术 ⋯⋯⋯⋯⋯⋯⋯⋯⋯⋯⋯⋯⋯⋯⋯ 24

　1.3.5　砾石土心墙堆石坝新技术 ⋯⋯⋯⋯⋯⋯⋯⋯⋯⋯⋯⋯⋯⋯ 25

1.4　大坝与水工混凝土新技术 ⋯⋯⋯⋯⋯⋯⋯⋯⋯⋯⋯⋯⋯⋯⋯⋯ 26

　1.4.1　大坝是极为重要的挡水建筑物 ⋯⋯⋯⋯⋯⋯⋯⋯⋯⋯⋯⋯ 26

　1.4.2　水利水电工程标准的统一与顶层设计 ⋯⋯⋯⋯⋯⋯⋯⋯⋯ 27

　1.4.3　大坝混凝土材料及分区设计优化 ⋯⋯⋯⋯⋯⋯⋯⋯⋯⋯⋯ 28

　1.4.4　水工混凝土原材料新技术研究与应用 ⋯⋯⋯⋯⋯⋯⋯⋯⋯ 28

　1.4.5　大坝混凝土施工配合比试验研究 ⋯⋯⋯⋯⋯⋯⋯⋯⋯⋯⋯ 29

　1.4.6　提高混凝土抗冻等级技术创新研究 ⋯⋯⋯⋯⋯⋯⋯⋯⋯⋯ 30

　1.4.7　水工泄水建筑物抗冲磨混凝土关键技术 ⋯⋯⋯⋯⋯⋯⋯⋯ 30

1.4.8 大坝混凝土施工质量与温控防裂关键技术 ……………… 31

1.4.9 智能大坝建设新技术与实施方案探讨 ……………… 32

第 2 章 水利水电工程标准的统一与顶层设计 …………………… 33

2.1 概述 …………………………………………………………… 33

2.1.1 标准的重要意义 …………………………………………… 33

2.1.2 中国高铁标准 ……………………………………………… 33

2.1.3 中国水利水电工程标准现状 …………………………… 34

2.1.4 欧美等先进国家标准的制定 …………………………… 35

2.1.5 水利水电工程标准的统一刻不容缓 ………………… 36

2.2 水利水电工程部分标准对照分析 …………………………… 37

2.2.1 水利水电工程部分相同标准对照 ……………………… 37

2.2.2 大坝与水工混凝土有关标准对照分析 ………………… 38

2.3 大坝与水工混凝土有关标准条款分析 ……………………… 57

2.3.1 大坝坝高标准分类划分 ………………………………… 57

2.3.2 大坝混凝土强度标号 R 与强度等级 C 关系分析 …… 58

2.3.3 混凝土重力坝坝体抗滑稳定条款分析 ………………… 62

2.3.4 水工混凝土施工规范有关条款分析 …………………… 64

2.4 结语 …………………………………………………………… 65

第 3 章 大坝混凝土材料及分区设计与优化 …………………… 66

3.1 概述 …………………………………………………………… 66

3.1.1 大坝混凝土材料 …………………………………………… 66

3.1.2 重力坝分区原则 …………………………………………… 67

3.1.3 拱坝分区原则 ……………………………………………… 68

3.1.4 大坝混凝土材料及分区新技术发展 …………………… 69

3.2 大坝混凝土材料组成 ………………………………………… 69

3.2.1 大坝混凝土原材料 ………………………………………… 70

3.2.2 大坝混凝土配合比 ………………………………………… 72

3.3 大坝混凝土材料分区及设计指标 …………………………… 73

3.3.1 重力坝材料分区及设计指标 …………………………… 73

3.3.2 拱坝混凝土分区及设计指标 …………………………… 77

3.4 大坝混凝土性能及工程实例 ………………………………… 81

3.4.1 大坝混凝土强度性能 …………………………………… 81

3.4.2 混凝土弹性模量 …………………………………………… 87

3.4.3 混凝土抗渗性能 …………………………………………… 88

3.4.4 混凝土抗冻性能 …………………………………………… 90

3.4.5 混凝土极限拉伸值 ………………………………………… 91

3.4.6　混凝土干缩 ·· 92

3.4.7　混凝土自生体积变形 ·· 93

3.4.8　徐变 ·· 94

3.4.9　混凝土抗冲耐磨性能 ·· 96

3.4.10　混凝土热学性能 ·· 96

3.4.11　大坝混凝土性能试验实例 ······································ 99

3.5　拉西瓦水电站高拱坝混凝土全级配试验实例 ···················· 101

3.5.1　工程概况 ·· 101

3.5.2　试验任务书 ·· 102

3.5.3　全级配混凝土试验参数 ·· 102

3.5.4　全级配混凝土试模、成型及养护 ································ 103

3.5.5　全级配力学性能 ·· 104

3.5.6　全级配抗压弹性模量 ·· 105

3.5.7　试件尺寸对混凝土强度的影响 ·································· 107

3.5.8　立方体试件与圆柱体试件的抗压强度关系 ························ 108

3.5.9　骨料粒径对强度的影响 ·· 108

3.5.10　结论 ·· 108

3.6　大坝混凝土体型及材料分区优化工程实例 ······················ 109

3.6.1　龙滩碾压混凝土重力坝体型优化 ································ 109

3.6.2　江口水电站工程设计优化 ······································ 110

3.6.3　拉西瓦拱坝混凝土材料及分区优化 ······························ 111

3.6.4　向家坝重力坝混凝土材料及分区优化实例 ························ 112

3.6.5　金安桥碾压混凝土重力坝材料及分区优化 ························ 113

3.7　组合混凝土坝的研究与技术创新探讨 ·························· 115

3.7.1　概述 ·· 115

3.7.2　不同种类混凝土筑坝技术特点 ·································· 116

3.7.3　组合混凝土坝设计创新探讨 ···································· 118

3.7.4　组合混凝土坝关键施工技术探讨 ································ 120

3.7.5　结语 ·· 121

第4章　水工混凝土原材料新技术研究与应用 ···················· 122

4.1　概述 ·· 122

4.2　水泥新技术与应用 ·· 126

4.2.1　水泥的技术标准 ·· 126

4.2.2　水泥熟料的矿物组成 ·· 129

4.2.3　低热水泥在水电工程的研究与应用实例 ·························· 132

4.3　骨料新技术与应用 ·· 136

4.3.1　骨料品质要求 ⋯⋯⋯⋯⋯⋯⋯⋯⋯⋯⋯⋯⋯⋯⋯⋯⋯⋯⋯ 136

4.3.2　碱骨料反应 ⋯⋯⋯⋯⋯⋯⋯⋯⋯⋯⋯⋯⋯⋯⋯⋯⋯⋯⋯⋯ 139

4.3.3　实例1：拉西瓦砂砾石料场碱骨料反应抑制措施研究 ⋯⋯⋯ 140

4.3.4　实例2：半干式人工砂生产工艺智能化控制技术 ⋯⋯⋯⋯ 150

4.3.5　实例3：锦屏一级大坝混凝土组合骨料研究与应用 ⋯⋯⋯ 152

4.4　掺合料新技术与应用 ⋯⋯⋯⋯⋯⋯⋯⋯⋯⋯⋯⋯⋯⋯⋯⋯⋯ 154

4.4.1　粉煤灰 ⋯⋯⋯⋯⋯⋯⋯⋯⋯⋯⋯⋯⋯⋯⋯⋯⋯⋯⋯⋯⋯ 154

4.4.2　粒化高炉矿渣粉 ⋯⋯⋯⋯⋯⋯⋯⋯⋯⋯⋯⋯⋯⋯⋯⋯⋯ 159

4.4.3　硅粉 ⋯⋯⋯⋯⋯⋯⋯⋯⋯⋯⋯⋯⋯⋯⋯⋯⋯⋯⋯⋯⋯⋯ 162

4.4.4　氧化镁 ⋯⋯⋯⋯⋯⋯⋯⋯⋯⋯⋯⋯⋯⋯⋯⋯⋯⋯⋯⋯⋯ 163

4.4.5　天然火山灰 ⋯⋯⋯⋯⋯⋯⋯⋯⋯⋯⋯⋯⋯⋯⋯⋯⋯⋯⋯ 167

4.4.6　磷渣粉 ⋯⋯⋯⋯⋯⋯⋯⋯⋯⋯⋯⋯⋯⋯⋯⋯⋯⋯⋯⋯⋯ 173

4.4.7　石灰石粉 ⋯⋯⋯⋯⋯⋯⋯⋯⋯⋯⋯⋯⋯⋯⋯⋯⋯⋯⋯⋯ 176

4.5　外加剂 ⋯⋯⋯⋯⋯⋯⋯⋯⋯⋯⋯⋯⋯⋯⋯⋯⋯⋯⋯⋯⋯⋯⋯ 177

4.5.1　外加剂在水工混凝土中的作用 ⋯⋯⋯⋯⋯⋯⋯⋯⋯⋯⋯ 177

4.5.2　外加剂品种及品质要求 ⋯⋯⋯⋯⋯⋯⋯⋯⋯⋯⋯⋯⋯⋯ 178

4.5.3　向家坝水电站工程外加剂优选试验 ⋯⋯⋯⋯⋯⋯⋯⋯⋯ 179

4.6　PVA纤维 ⋯⋯⋯⋯⋯⋯⋯⋯⋯⋯⋯⋯⋯⋯⋯⋯⋯⋯⋯⋯⋯ 202

4.6.1　PVA纤维（聚乙烯醇纤维） ⋯⋯⋯⋯⋯⋯⋯⋯⋯⋯⋯⋯ 202

4.6.2　工程实例：PVA纤维在溪洛渡大坝混凝土中的应用 ⋯⋯⋯ 203

4.7　拌和水 ⋯⋯⋯⋯⋯⋯⋯⋯⋯⋯⋯⋯⋯⋯⋯⋯⋯⋯⋯⋯⋯⋯⋯ 206

第5章　大坝混凝土施工配合比试验研究 ⋯⋯⋯⋯⋯⋯⋯⋯⋯⋯⋯⋯ 209

5.1　概述 ⋯⋯⋯⋯⋯⋯⋯⋯⋯⋯⋯⋯⋯⋯⋯⋯⋯⋯⋯⋯⋯⋯⋯⋯ 209

5.2　水工混凝土配合比设计方法 ⋯⋯⋯⋯⋯⋯⋯⋯⋯⋯⋯⋯⋯⋯ 211

5.2.1　配合比设计方法 ⋯⋯⋯⋯⋯⋯⋯⋯⋯⋯⋯⋯⋯⋯⋯⋯⋯ 211

5.2.2　大坝混凝土配制强度 ⋯⋯⋯⋯⋯⋯⋯⋯⋯⋯⋯⋯⋯⋯⋯ 214

5.2.3　配合比试验需提供的成果资料 ⋯⋯⋯⋯⋯⋯⋯⋯⋯⋯⋯ 214

5.3　大坝混凝土施工配合比参数分析 ⋯⋯⋯⋯⋯⋯⋯⋯⋯⋯⋯⋯ 216

5.3.1　大坝混凝土施工配合比一览表 ⋯⋯⋯⋯⋯⋯⋯⋯⋯⋯⋯ 216

5.3.2　大坝混凝土施工配合比参数分析 ⋯⋯⋯⋯⋯⋯⋯⋯⋯⋯ 216

5.4　水工混凝土施工配合比试验工法 ⋯⋯⋯⋯⋯⋯⋯⋯⋯⋯⋯⋯ 228

5.4.1　前言 ⋯⋯⋯⋯⋯⋯⋯⋯⋯⋯⋯⋯⋯⋯⋯⋯⋯⋯⋯⋯⋯⋯ 228

5.4.2　工法特点 ⋯⋯⋯⋯⋯⋯⋯⋯⋯⋯⋯⋯⋯⋯⋯⋯⋯⋯⋯⋯ 228

5.4.3　工艺原理 ⋯⋯⋯⋯⋯⋯⋯⋯⋯⋯⋯⋯⋯⋯⋯⋯⋯⋯⋯⋯ 229

5.4.4　施工工艺流程 ⋯⋯⋯⋯⋯⋯⋯⋯⋯⋯⋯⋯⋯⋯⋯⋯⋯⋯ 229

5.4.5　操作要点 ⋯⋯⋯⋯⋯⋯⋯⋯⋯⋯⋯⋯⋯⋯⋯⋯⋯⋯⋯⋯ 229

5.4.6　质量控制 ……………………………………………………………………… 234

5.4.7　安全措施 ……………………………………………………………………… 235

5.4.8　环保措施 ……………………………………………………………………… 235

5.5　配合比试验实例 ……………………………………………………………………… 235

5.5.1　三峡二期工程大坝混凝土施工配合比试验研究 ……………………… 235

5.5.2　黄河拉西瓦拱坝混凝土施工配合比试验研究 ………………………… 241

第6章　提高混凝土抗冻等级技术创新研究 ……………………………………… 279

6.1　概述 ……………………………………………………………………………………… 279

6.1.1　耐久性对混凝土建筑物的影响 …………………………………………… 279

6.1.2　混凝土抗冻安全性定量化设计建议 ……………………………………… 280

6.1.3　保持混凝土含气量、提高混凝土耐久性 ……………………………… 283

6.2　保持混凝土含气量、提高混凝土抗冻等级创新研究实例 ……………………… 284

6.2.1　概述 …………………………………………………………………………… 284

6.2.2　稳气剂机理作用 …………………………………………………………… 286

6.2.3　稳气剂对混凝土性能影响研究 …………………………………………… 287

6.2.4　保持混凝土含气量、提高耐久性试验研究 …………………………… 294

6.2.5　硬化混凝土气泡参数研究 ………………………………………………… 304

6.2.6　保持混凝土含气量提高耐久性试验研究现场应用 …………………… 311

6.2.7　结论 …………………………………………………………………………… 317

第7章　水工泄水建筑物抗冲磨混凝土关键技术 ………………………………… 318

7.1　概述 ……………………………………………………………………………………… 318

7.1.1　泄水建筑物是枢纽工程的重要组成部分 ……………………………… 318

7.1.2　掺气减蚀设施在高速水流防空蚀破坏中的重要作用 ……………… 319

7.1.3　高速水流对泄水建筑物损坏调研 ………………………………………… 320

7.1.4　多元复合材料抗冲磨混凝土 ……………………………………………… 321

7.1.5　HF抗冲耐磨混凝土 ………………………………………………………… 322

7.1.6　新型环氧砂浆护面材料修补技术 ………………………………………… 322

7.1.7　抗冲磨混凝土损坏因素分析 ……………………………………………… 323

7.2　抗冲磨混凝土设计指标与施工配合比 ……………………………………………… 324

7.2.1　抗冲磨混凝土设计指标分析 ……………………………………………… 324

7.2.2　多元复合材料抗冲磨混凝土施工配合比 ……………………………… 326

7.2.3　糯扎渡抗冲磨混凝土180d设计龄期实例 ……………………………… 329

7.3　多元复合材料抗冲磨混凝土试验研究 ……………………………………………… 331

7.3.1　多元复合材料抗冲磨混凝土技术方案 ………………………………… 331

7.3.2　拌和物性能试验 …………………………………………………………… 333

7.3.3　力学性能试验 ……………………………………………………………… 334

7.3.4 抗冲磨性能试验 ………………………………………………… 335

7.3.5 弹性模量与极限拉伸试验 ……………………………………… 337

7.3.6 干缩性能试验 …………………………………………………… 338

7.3.7 自生体积变形试验 ……………………………………………… 339

7.3.8 热学性能试验 …………………………………………………… 340

7.3.9 抗渗、抗冻试验 ………………………………………………… 340

7.3.10 结论 ……………………………………………………………… 340

7.4 HF 抗冲耐磨混凝土研究与应用 ……………………………………… 341

7.4.1 HF 抗冲耐磨混凝土 …………………………………………… 341

7.4.2 HF 抗冲耐磨混凝土施工配合比 ……………………………… 346

7.4.3 HF 抗冲耐磨混凝土在锦屏一级水电站泄洪洞中的应用 …… 346

7.4.4 HF 抗冲耐磨混凝土在洪家渡水电站泄洪洞中的应用 ……… 351

7.4.5 HF 抗冲耐磨混凝土在丰满水电站重建工程中的应用 ……… 351

7.5 泄水建筑物抗冲磨混凝土施工关键技术 ……………………………… 352

7.5.1 抗冲磨防空蚀混凝土设计与施工 ……………………………… 352

7.5.2 抗冲磨混凝土与防空蚀性能关系 ……………………………… 353

7.5.3 抗冲磨混凝土与基底混凝土同步浇筑关键技术 ……………… 353

7.5.4 抗冲磨混凝土施工浇筑关键技术 ……………………………… 354

7.5.5 溪洛渡水电站水垫塘抗冲磨混凝土施工技术 ………………… 355

7.6 新型环氧砂浆修补技术与应用 ………………………………………… 359

7.6.1 传统抗冲磨修补材料 …………………………………………… 359

7.6.2 NE 系列新型环氧砂浆 ………………………………………… 360

7.6.3 NE 环氧砂浆主要工程应用 …………………………………… 364

7.6.4 综合处理技术应用 ……………………………………………… 369

第8章 大坝混凝土施工质量与温控防裂关键技术 ……………………… 384

8.1 概述 ……………………………………………………………………… 384

8.1.1 大坝混凝土施工关键技术 ……………………………………… 384

8.1.2 大坝混凝土施工质量控制措施 ………………………………… 385

8.1.3 大坝混凝土温控防裂关键技术 ………………………………… 385

8.2 三峡工程开创了混凝土施工质量世界之最 …………………………… 386

8.2.1 工程概况 ………………………………………………………… 386

8.2.2 三峡大坝混凝土施工质量世界之最 …………………………… 387

8.2.3 三峡大坝第一仓与收官之仓混凝土浇筑 ……………………… 388

8.3 大坝混凝土温控防裂关键技术综述 …………………………………… 389

8.3.1 前言 ……………………………………………………………… 389

8.3.2 混凝土坝温控防裂设计关键技术 ……………………………… 390

8.3.3　大坝混凝土温控防裂施工关键技术 ································· 392

8.3.4　温度自动监测控制系统及温度反馈分析 ······················· 399

8.3.5　结语 ··· 400

8.4　三峡三期工程混凝土施工质量与温度控制 ···························· 400

8.4.1　三峡三期工程右岸大坝挡水建筑物 ······························· 400

8.4.2　原材料质量管理和质量控制 ··· 401

8.4.3　三期右岸大坝混凝土技术要求及配合比 ······················· 413

8.4.4　三期右岸大坝施工质量及评价 ······································ 414

8.4.5　三期大坝混凝土温控防裂 ·· 436

第9章　智能大坝建设新技术与实施方案探讨 ·························· 445

9.1　概述 ·· 445

9.1.1　"数字大坝" ·· 445

9.1.2　从"数字大坝"到"智能大坝" ·· 446

9.1.3　溪洛渡实现从"数字大坝"到"智能大坝"的跨越 ············· 447

9.1.4　白鹤滩水电站智能大坝建设 ··· 448

9.2　BIM（建筑信息模型）技术应用 ·· 449

9.2.1　BIM技术 ··· 449

9.2.2　《建筑信息模型应用统一标准》 ··································· 452

9.2.3　BIM技术在智能大坝建设中的作用 ······························· 452

9.3　智能大坝建设系统简介 ·· 453

9.3.1　系统概述 ··· 453

9.3.2　系统架构 ··· 454

9.3.3　系统功能 ··· 455

9.4　智能大坝建设的认识及难点和关键点 ··································· 456

9.4.1　智能大坝是引领坝工建设发展的方向 ··························· 456

9.4.2　智能大坝建设的难点和关键点 ····································· 456

9.5　大坝混凝土施工过程智能控制系统与实施方案 ···················· 457

9.5.1　大坝混凝土施工过程智能控制系统应用方案 ·················· 457

9.5.2　大坝混凝土浇筑一条龙智能监控系统应用方案 ·············· 461

9.6　大坝混凝土温控防裂智能控制系统与实施方案 ···················· 467

9.6.1　智能数字测温系统 ·· 467

9.6.2　智能通水冷却系统 ·· 468

9.7　结语 ·· 495

附录A　后水电时代大坝的拆除、退役和重建探讨 ···················· 497

A1　水库大坝的溃坝及原因分析 ·· 497

A2　国外大坝拆除现状 ··· 498

A3　中国大坝退役拆除现状 ……………………………………………… 499

A4　大坝拆除可能面临的问题 …………………………………………… 500

A5　工程实例：丰满水电站重建 ………………………………………… 501

附录 B　大西线调水及海水西调的设想与现实探讨 ……………………… 503

B1　引言 …………………………………………………………………… 503

B2　大西线调水的设想探讨 ……………………………………………… 504

主要参考文献 …………………………………………………………………… 515

第1章

综　　述

1.1　中国的水资源开发利用

古希腊哲学家泰勒斯说："水是万物的始基。"我国春秋时期《管子》一书指出："水者，何也？万物之本源也。"水是万物之源。2500多年前老子所书的《道德经》对水就有了深刻的认识："上善若水，水善利万物而不争，处众人之所恶，故几于道。"人类在生存和发展的历史进程中，逐水而居，城市傍水而建，人类的发展史就是一部水史。

中国众多的江河，是中华民族生息繁衍的母亲河。都江堰建于公元前256年，该工程由秦国蜀郡太守李冰父子率众修建，是全世界迄今年代最久、唯一留存、以无坝引水为特征的宏大水利工程，至今仍发挥着巨大效益。都江堰工程不愧为文明世界的伟大杰作，造福人民的伟大水利工程。成都平原能够如此富饶，被人们称为"天府"乐土，从根本上说，是修建都江堰的结果。《史记》说："都江堰建成，使成都平原水旱从人，不知饥馑，时无荒年，天下谓之'天府'也。"所以川西也是中国古镇最多的地方之一。

中国人均水资源量2100m³，是世界平均水平的28%。人多水少，水资源时空分布不均，洪涝干旱等自然灾害频频发生。气候和地理特点决定了仅依靠江河自然调蓄不可能解决中国的水问题。兴建各种水库大坝已成为水资源优化配置、防治水患和利用清洁能源发电是发展的必然选择，这已为世界发达国家所证明。相比而言，水能是资源最丰富、技术最成熟、成本最经济、电力调度最灵活的清洁可再生能源，也是最现实的和具有大规模发展能力的首选绿色能源。同时伴随着"一带一路"倡议、"走出去"全球化战略和"大西线调水"、后水电时代的到来，在当前和未来，在生态保护的前提下，推进水资源开发利用有序建设仍然是必然的选择。

中国作为一个水力资源总拥有量位居世界第一的国家，100多年来，中国的水利水电经历了一个漫长而艰难的成长历程，通过几代人艰苦卓绝的努力，从无到有，逐步发展壮大。其间经历了战争与解放，饱尝了落后与贫穷，克服了政治的、技术的、经济的各种制约。从1910年8月21日兴建的第一座装机只有480kW的云南石龙坝水电站开始，到1949年10月1日中华人民共和国成立时，全国水电装机容量仅363MW。中华人民共和国经过60多年的发展，特别是改革开放以来，中国的水利水电实现了跨越式发展。2017年中国大坝工程学会对我国坝高30m以上的大坝进行了统计，我国坝高30m以上已建大坝共 6543 座，约占我国大坝总数 9.8 万座的 6.7%，共计库容为 7684 亿 m^3，约占我国水库总库容 9323.12 亿 m^3 的 82.4%。2004 年 9 月 26 日公伯峡水电站首台 30 万 kW 机组投产发电，标志中国水电装机突破 1 亿 kW，超过美国，成为水电世界第一大国；2010 年 5 月 9 日小湾水电站 4 号 70 万 kW 机组顺利投产发电，中国水电装机突破 2 亿 kW，稳居世界第一；截至 2015 年底，我国水电总装机容量已达 3.19 亿 kW，年发电量 1.11 万亿 kW·h，装机容量和发电量均居世界第一。相当于全国每使用 5kW·h 电中就有约 1kW·h 的水电，水电继续稳坐可再生能源的头把"交椅"，成为节能减排的主力军。至此，中国已成为世界上拥有水库大坝数量最多和水电装机容量最大的国家。

2016 年国家统计局数据，中国煤炭消耗量 34.1 亿 t，煤炭仍占到中国一次性能源消费的 60% 以上。根据国家发展和改革委员会提供的数据，是火电厂平均 1kW·h 供电煤耗由 2000 年的 392g 标准煤降到 360g 标准煤，2020 年达到 320g 标准煤。工业锅炉每燃烧 1t 标准煤，就产生二氧化碳 2620kg，二氧化硫 8.5kg，氮氧化物 7.4kg，因此燃煤锅炉排放废气量巨大，已成为大气的主要污染源之一。当水电发电量达到 1 万亿 kW·h，按照 1kW·h 供电煤耗 360g 标准煤计算，就可节约标准煤 3.6 亿 t。降低碳排放最主要的措施是减少煤炭一次性能源消耗，大力发展水电是节能减排的必然途径。

中国幅员辽阔，由于特殊的地形和气候条件，蕴藏着丰富的水力资源。根据 2003 年全国水力资源复查成果，中国大陆水力资源理论蕴藏量在 10MW 及以上的河流共有 3886 条，水力资源理论蕴藏量年电量 6.944 亿 kW·h，技术可开发装机容量 5.416 亿 kW，年发电量 24740 亿 kW·h。中国水力资源总量居世界首位，理论蕴藏量和技术可开发量分别占全球总量的 15% 和 17%。中国水力资源分布有以下三大特征：

一是地域分布十分不均，水电需要"西电东送"。从地域分布来看，西部云、贵、川、渝、陕、甘、宁、青、新、藏、桂、蒙等 12 个省（自治区、直辖市）水力资源约占全国总量的 81.5%，特别是西南地区云、贵、川、渝、藏约占全国总量的 67.0%；其次是中部的黑、吉、晋、豫、鄂、湘、皖、赣等 8 个省仅占 13.7%；东部 11 个省（直辖市）仅占 4.8%。中国东部经济相对发达，但能源资源缺乏；西部相对落后，水能及其他能源丰富，因此西部水力资源开发除了满足西部自身需求以外，还能部分满足经济发达地区对电力、水利的需求，因此需要进行"西电东送"、南水北调以及大量的水利调水工程。

二是时间分布不匀，需要建设高坝大库。由于受季风气候影响，中国绝大多数河流径流年内分配极不均衡，丰、枯季节明显，径流相差悬殊，汛期半年的水量占全年的 70%～80%，而枯期半年水量仅占 20%～30%。从年际看，绝大多数河流还存在丰水年和枯水年，径流年际变化甚至超过 3 倍。由于径流年际、年内变化大，存在诸如水量、水质、水电发电量不均衡等问题。为了解决水资源时间分布不均的矛盾，更好地满足社会经济发展对水资源、防洪、发电、灌溉、供水、改善航运条件和保护生态环境的要求，因此需要建"高坝大库"。

三是富集程度极高，能够实现基地开发。水力资源主要集中在大江大河，金沙江、澜沧江、怒江、雅砻江、大渡河、乌江、长江上游、南盘江红水河、黄河干流等河段，总装机容量和年发电量约占全国技术可开发量的 50.0%。特别是金沙江中下游干流，总装机容量 64500MW，长江上游干流 28840MW，雅砻江、大渡河以及黄河上游、澜沧江、怒江的水电开发装机容量都超过 20000MW。全国大、中、小型水电站约有 13300 座，其中大型水电站 268 座，仅占 2%，而装机容量 3.88 亿 kW，占技术可开发量的 71.5%。大江大河水力资源富集程度高，有利于流域、梯级、综合开发，充分发挥其水资源及水力资源的规模效益。

2015 年国家部署了"十三五"172 项重大水利工程。这 172 项重大水利工程包括两部分，一部分是在建工程，还有一部分是将要在"十三五"期间陆续开工建设的。包括有大藤峡水电站（广西）、引江济渭（陕西）、夹岩水利枢纽（贵州）、阿尔塔什水利枢纽（新疆）、鄂北调水（湖北）、碾盘山水电站（湖北）、古贤水利枢纽（陕西、山西）、引江济淮（安徽）、淮水北调（安徽）、引洮供水二期（甘肃）、出山店水库（河南）、观音阁水库输水（辽宁）、拉洛水利枢纽（西藏）等。在"十二五"末期和"十三五"期间分步建设纳入规划的 172 项重大水利工程建成后，将实现新增年供水能力 800 亿 m³ 和农业节水能力 260 亿 m³。增加灌溉面积 7800 多万亩，使我国骨干水利设施体系显著加强。

2016 年 11 月 29 日，国家能源局公布了中国《水电发展"十三五"规划（2016—2020 年）》（以下简称《水电规划》）。按规划，全国新开工常规水电和抽水蓄能电站各 6000 万 kW 左右，新增投产水电 6000 万 kW，2020 年水电总装机容量达到 3.8 亿 kW。其中，常规水电 3.4 亿 kW，抽水蓄能 4000 万 kW，年发电量 1.25 万亿 kW·h，折合标煤约 3.75 亿 t，在非化石能源消费中的比重保持在 50% 以上。《水电规划》提到，基本建成 6 大水电基地。基本建成长江上游、黄河上游、乌江、南盘江红水河、雅砻江、大渡河 6 大水电基地，总规模超过 1 亿 kW。另外，着力打造藏东南"西电东送"接续能源基地。《水电规划》指出，水电是技术成熟、运行灵活的清洁低碳可再生能源，具有防洪、供水、航运、灌溉等综合利用功能，经济、社会、生态效益显著。根据最新统计，中国水能资源可开发装机容量约 6.6 亿 kW，年发电量约 3 万亿 kW·h，按利用 100 年计算，相当于 1000 亿 t 标煤，在常规能源资源剩余可开采总量中仅次于煤炭。

目前，全球常规水电装机容量约 10 亿 kW，年发电量约 4 万亿 kW·h，开发程度为 26%（按发电量计算），欧洲、北美洲水电开发程度分别达 54% 和 39%，南美洲、亚洲和非洲水电开发程度分别为 26%、20% 和 9%。发达国家水能资源开发程度总体较高，如瑞士为 92%、法国为 88%、意大利为 86%、德国为 74%、日本为 73%、美国为 67%。发展中国家水电开发程度普遍较低。

中国的水利水电超级工程以三峡、南水北调及白鹤滩代表着中国水利水电工程建设的最高水平，突出展示中国水利水电工程在技术创新方面整体实力的提升，展示了中国水利水电工程的巨大跨越，引起了国内外强烈关注，已成为世界水利水电工程建设的最大亮点之一。

同时，抽水蓄能电站的建设也进入了快车道。至 2016 年年底，中国建成抽水蓄能电站 26700MW，在建抽水蓄能电站 32000MW。已在建抽水蓄能电站的总规模、最大单站装机容量、最大机组单机容量、最高机组发电额定水头均位于世界前列。已建或在建的有天荒坪、广蓄、泰安、张河湾、溧阳、西龙池、铜柏、滩坑、宜兴、仙游、仙居、金寨、琅琊山、绩溪、洪屏、南阳、文登、蟠龙、镇安等一大批抽水蓄能电站。

可以预见，雅鲁藏布江大西线调水和海水西调等调水工程将在不远的将来开工建设。

1.2 中国的水库大坝建设

1.2.1 水库大坝的重要作用

在水利水电枢纽工程建筑物中,大坝是工程等级最高的建筑物。大坝作为水利水电工程关键而重要的挡水建筑物,其质量安全、长期耐久性尤为重要,一旦发生溃坝,会给人民的生命和财产带来巨大的破坏。《水利水电工程等级划分及洪水标准》(SL 252—2000)规定:水利水电工程的等别,应根据工程规模、效应及在国民经济中的重要性,按照 SL 252 标准"水利水电工程分等指标"确定;永久性水工建筑物的级别,应根据其所在工程的等级和建筑物重要性,按照"永久性水工建筑物级别"指标确定;当水库大坝永久性建筑物的坝高超过一定高度时,确定了"水库大坝提级指标",提级指标根据坝型和大坝高度确定。当土石坝坝高不小于 90m、混凝土坝或浆砌石坝坝高不小于 130m 时定为 2 级的永久性水工建筑物,其级别可提高一级至 1 级;当土石坝坝高不小于 70m、混凝土坝或浆砌石坝坝高不小于 100m 时定为 3 级的永久性水工建筑物,其级别可提高一级至 2 级。这些规定充分说明大坝在水工建筑物中的重要性。

进入 21 世纪,中国的水利水电工程实现了跨越式发展,建成了举世瞩目的三峡水利枢纽工程,建成了世界最高的锦屏一级、小湾、溪洛渡、拉西瓦等 300m 级超高混凝土拱坝,建成有"世界里程碑"之誉的碾压混凝土坝工程——龙滩、光照、沙牌,建成世界级的糯扎渡、瀑布沟砾石心墙堆石坝,以及水布垭、猴子岩、三板溪、江坪河、洪家渡等 200m 级的混凝土面板堆石坝。目前正在建设的白鹤滩、乌东德、两江口、双江口、茨哈峡、黄登、玛尔挡、东庄、古贤等大坝均是世界级的高坝。

至 2020 年世界 12 大已投产或在建的水电站统计见表 1.2-1,数据表明中国大水电站占到 5 位,这些水电站全部分布在长江干流上。

表 1.2-1　　　　　　　　至 2020 年世界 12 大已投产或正在建的水电站统计　　　　　单位:万 kW

排名	1	2	3	4	5	6	7	8	9	10	11	12
电站	三峡	白鹤滩	伊泰普	溪洛渡	美丽山	古力	乌东德	图库鲁伊	向家坝	拉格兰德	大古力	萨扬·舒申斯克
装机	2250	1600	1400	1386	1123	1030	1020	837	784	733	680	640
国家	中国	中国	巴西巴拉圭	中国	巴西	委内瑞拉	中国	巴西	中国	加拿大	美国	俄罗斯
备注	投产	在建	投产	投产	在建	投产	在建	投产	投产	投产	投产	投产

根据《中国大坝建设 60 年》水库大坝统计资料表明,水库超过 1000 亿 m^3 库容的有 7 个,分别是乌干达欧文水库(2048 亿 m^3)、赞比亚与津巴布韦的卡里巴(1086 亿 m^3)、俄罗斯布拉茨克(1690 亿 m^3)、埃及阿斯旺(1620 亿 m^3)、加纳阿科松博(1500 亿 m^3)、加拿大丹尼尔约翰孙(1418 亿 m^3)、委内瑞拉古力(1350 亿 m^3)等超级水库。中国超过 100 亿 m^3 库容的水库大坝见表 1.2-2。

表 1.2-2　　　　　　　　　　　中国超过 100 亿 m³ 库容的水库大坝统计

序号	坝名	河流	坝型	坝高/m	总库容/亿 m³	装机容量/MW	建成年份
1	三峡	长江	重力坝	181	393	22500	2010
2	丹江口	汉江	重力坝	117	339.1	900	1985 年完工 2005 年加高
3	龙羊峡	黄河	重力拱坝	178	247	1320	1993
4	糯扎渡	澜沧江	砾石心墙堆石坝	261.5	237.1	5850	2015
5	新安江	新安江	重力坝	105	216.3	850	1965
6	白鹤滩	金沙江	拱坝	289	206.27	16000	在建中
7	龙滩	红水河	RCC 重力坝	192	162.1	4900	2010
8	小湾	澜沧江	拱坝	294.5	150	4200	2012
9	水丰	鸭绿江	重力坝	106.4	146.7	900	1943
10	新丰江	新丰江	重力坝	105	138.96	355	1977
11	小浪底	黄河	心墙堆石坝	160	126.5	1800	2001
12	天生桥一级	南盘江	面板堆石坝	178	102.6	1200	2000

表 1.2-2 中数据表明，中国超过 100 亿 m³ 库容的水库大坝仅有 12 个，其中超过 200 亿 m³ 库容主要有三峡（393 亿 m³）、丹江口（339.1 亿 m³）、龙羊峡（247 亿 m³）、糯扎渡（237.1 亿 m³）、新安江（216.3 亿 m³）、白鹤滩（206.27 亿 m³）6 个水库。中国虽然建有世界级水平的高坝，但却没有超级大型水库，一方面主要受江河地质地形、水文气象条件的影响；另一方面又受到人多地少的国情限制，水库淹没和移民是不能修建大型水库的根本制约因素。

1.2.2　混凝土重力坝

1.2.2.1　重力坝建设情况

早在 20 世纪 30 年代初期，美国就在科罗拉多河上修建了高 221m 的胡佛大坝，以此大坝为标志，世界高坝建设进入快速发展时期。到 20 世纪 80 年代，代表 20 世纪筑坝技术水平的一批 200m 级超高重力坝相继建成，在河流径流调节、防洪、发电、灌溉和供水等诸多方面发挥了重要作用。瑞士 20 世纪 60 年代初期建成的 285m 高的大狄克逊重力坝仍然是目前世界上最高的混凝土重力坝。

重力坝是依靠自身重量抵御水推力而保持稳定的挡水建筑物，它的基本断面一般为三角形，主要荷载是坝体混凝土自重和上游面的水压力。为了适应地基变形、温度变化和混凝土浇筑能力，重力坝沿坝轴线被横缝分隔成若干个独立工作的坝段。所以重力坝必须建立在岩基上，为此《混凝土重力坝设计规范》（SL 319—2005 或 DL 5108—2001）规定：本标准适用于水利水电大、中型工程岩基上的 1 级、2 级、3 级混凝土重力坝的设计，4 级、5 级混凝土重力坝可参照使用。对于坝高大于 200m 的混凝土重力坝设计，应作专门研究。

中国现代意义上的重力坝建设始于中华人民共和国成立之后。20 世纪 50 年代，先后开工建设了新安江、古田一级和上犹江 3 座宽缝重力坝；60 年代建成了盐锅峡、云峰、丹江口宽缝重力坝和刘家峡、三门峡等实体重力坝；70 年代建成了黄河八盘峡和湖南镇梯形重力坝；至 20 世纪 80 年代，中国建成的高度在 70m 以上的重力坝已有 20 多座。这期间，中国重力坝建设的特点是努力探索减少坝体工程量、降低温控措施、节省工程投资的各种途径，开发建设了不少新型、轻型重力坝。在新安江、丹江口、乌江渡、凤滩等工程的设计和施工中，设计研究者就重力坝的体型优化、应力分析和施工方法等作了大量细致的工作，推动了重力坝工程技术的快速发展，大大缩小了中国与世界先进水平的差距。改革开放之后，中国水利水电开发进入到了一个新的发展时期，坝工技术的发展，特别是碾压混凝土筑坝技术的发展，碾压混凝土重力坝技术取得了长足的进展，重力坝建高度也从 100m 级、150m 级跨越到 200m 级。中国高混凝土重力坝和高碾压混凝土重力坝的筑坝技术，处于国际领先水平，具体体现在重力坝体型优化技术、坝工计算分析技术、泄洪消能防冲技术、复杂地基处理技术、混凝土温控防裂技术和施工机械化技术等诸多方面。最具代表性反映我国重力坝筑坝技术水平的当属三峡、龙滩、光照、向家坝、金安桥以及黄登等常态混凝土重力坝及碾压混凝土重力坝。

1.2.2.2　向家坝水电站重力坝

向家坝水电站是金沙江下游河段规划的最末一个梯级水电站，坝址位于四川省宜宾县和云南省水富县交界处。电站距下游宜宾市 33km，离水富县城 1.5km。工程的开发任务以发电为主，同时改善航运条件，兼顾防洪、灌溉，并具有拦沙和对溪落渡水电站进行反调节等作用。向家坝水电站坝址控制流域面积 45.88 万 km²，占金沙江流域面积的 97%。水库正常蓄水位 380.00m，死水位 370.00m，总库容 51.63 亿 m³，调节库容 9.03 亿 m³，为不完全季调节水库。水电站总装机容量 7840MW，原设计装机容量 6400MW，安装 8 台单机容量为 800MW 机组，保证出力 2009MW，多年平均发电量 307.47 亿 kW·h，灌溉面积 375.48 万亩；此后又增加了扩机工程，即在右岸坝后厂房扩机总容量 1440MW，安装 3 台单机容量为 480MW 机组，单机最大引用流量为 580m³/s，扩机工程位于枢纽工程右非坝段下游、消力池右导墙与排沙洞泄槽之间。

工程枢纽主要由挡水建筑物、泄洪消能建筑物、冲排沙建筑物、左岸坝后引水发电系统、右岸地下引水发电系统、通航建筑物及灌溉取水口等组成。其中拦河大坝为混凝土重力坝，坝后厂房和地下厂房分列两岸布置，泄洪建筑物位于河床中部略靠右侧，一级垂直升船机位于左岸坝后厂房左侧，左岸灌溉取水口位于左岸岸坡坝段，右岸灌溉取水口位于右岸地下厂房进水口右侧，冲沙孔和排沙洞分别设在升船机坝段的左侧及右岸地下厂房的进水口下部。两岸厂房各安装 4 台 800MW 机组，右岸地下厂房尺寸为 245.0m×31.0m×85.5m（长×宽×高），坝后厂房主厂房尺寸为 226.94m×39.5m×79.15m（长×宽×高）；一级垂直升船机最大提升高度 114.20m，设计年货运量 112 万 t。

该工程采用第一期先围左岸、第二期围右岸的分期导流方式，其导流程序为：第一期先围左岸，在左岸滩地上修筑一期土石围堰，在一期基坑中进行左岸非溢流坝段、冲沙孔坝段的施工，并在非溢流坝及冲沙孔坝段内共预留 6 个 10m×14m（宽×高）的导流底孔及宽 115m 的缺口；同时在一期基坑中进行二期混凝土纵向围堰、上下游引泄水渠等项目的施工，由束窄后的右侧主河床泄流及通航；第二期围右岸，待导流底孔和缺口具备泄水条件后，拆除一期土石围堰的上、下游横向部分，进行右侧主河床截流；在二期基坑中进行右岸非溢流坝、泄水坝段、消力池、左岸坝后厂房及升船机等建筑物的施工，由左岸非溢流坝段和冲沙孔坝段内留设的 6 个导流底孔及高程 280.00m、宽 115m 的缺口泄流。

向家坝水电站混凝土重力坝，坝顶高程 384.00m，最大坝高 162m，坝顶长度 909.26m；泄水坝段位于河床中部略靠右岸，泄洪采用表孔、中孔联合泄洪的方式，中表孔间隔布置，共布置 10 个中孔及 12 个表孔。升船机坝段位于河床左侧，由上游引航道、上闸首、塔楼段、下闸首和下游引航道等 5 部分组成，全长 1260m。主体及导流工程混凝土总量约 1369 万 m³。

根据 2007 年 12 月 27 日在成都召开的"研究向家坝水电站左岸大坝混凝土施工方案及截流时段专题会议"精神，向家坝工程截流时段选择在 2008 年 12 月中旬。为了加快左岸大坝主体混凝土施工进度，确保截流目标的实现，将左岸主体工程冲沙孔—左非 1 号坝段高程 222.00～253.00m 部位改为采用碾压混凝土施工。向家坝二期工程 Ⅱ 标段常态混凝土分区及设计指标：基础 $C_{180}25W10F150$、坝体内部 $C_{180}15W8F150$ 及水上、水下外部 $C_{180}20W10F150$。同时，对坝体坝基齿槽及内部坝、缺口坝段等部位分区优化为碾压混凝土，有效加快了施工进度。大坝碾压混凝土设计指标：三级配 $C_{180}25W8F100$、二级配 $C_{180}25W10F150$，设计龄期 180d。向家坝混凝土重力坝虽然采用电力 DL 标准，但通过技术创新，大坝混凝土抗压强度采用 180d 设计龄期，破除了电力（DL）标准大坝混凝土抗压强度采用 90d 设计龄期的行业规定。

1.2.2.3　黄登水电站碾压混凝土重力坝

黄登水电站位于云南省兰坪县境内，采用堤坝式开发，是澜沧江上游曲孜卡至苗尾河段水电梯级开发方案的第 6 级水电站，以发电为主。坝址控制流域面积 9.19 万 km²，多年平均流量 908m³/s。水库正常蓄水位 1619m，校核洪水位 1622.73m，总库容 16.7 亿 m³；电站装机容量 1900MW，保证出力 515.52MW，年发电量 85.78 亿 kW·h。拦河大坝为混凝土重力坝，最大坝高 203m，坝顶长度 464m。工程枢纽主要由碾压混凝土重力坝、坝身溢流表孔、泄洪放空底孔、左岸折线坝身进水口及地下引水发电系统组成。

黄登水电站工程于 2013 年 11 月大江截流，2015 年 5 月开始大坝混凝土浇筑，2018 年 5 月底首台机组投产发电，计划 2019 年 5 月底工程完工。黄登工程 203m 碾压混凝土重力坝是高山峡谷区高碾压混凝土重力坝代表性工程，工程位于高地震区，壅水建筑物水平地震峰值加速度代表值为 0.251g，为国内碾压混凝土重力坝地震设防烈度较高的大坝之一。

碾压混凝土重力坝坝顶高程 1625m，最大坝高 203m，坝顶长度 464m。坝体共分 20 个坝段，从右至左依次为：1～7 号坝段为右岸非溢流坝段，长 167m，其中 7 号坝段布置电梯等上坝设施；8～11 号坝段为泄洪建筑物坝段，长 94m，中间布置三孔 15m×21m 溢流表孔，堰顶高程 1598m，两侧布置两孔 5m×8m 泄洪放空底孔，底孔进口底板高程 1540m；12～15 号坝段为左岸非溢流坝段，长 65m，其中 13 号坝段布置电梯等上坝设施、14 号坝段为转折坝段（坝轴线方位角为 SE152°和 SE114°30′）；16～19 号坝段为进水口坝段，长 100m，布置 4 台机的电站进水口；20 号坝段为左岸非溢流坝段，长 17m。坝体工程量常态混凝土 92 万 m^3、碾压混凝土 261.9 万 m^3。

黄登水电站在碾压混凝土入仓方案选择时，根据工程规模、枢纽的布置、工程的地形地貌条件、场区道路布置及其特性、工程施工进度和质量控制要求等因素，碾压混凝土入仓方式选用以自卸汽车直接入仓、顶升高速皮带机＋仓面自卸车、顶升高速皮带机＋倒料皮带机＋仓面自卸车、自卸车＋满管＋仓面自卸车，缆机吊立罐入仓的综合入仓方式，即以减少对相邻标段和工作面的影响，并保证混凝土入仓强度，同时力求坝体各部位的入仓方式相互配合补充，确保坝体混凝土施工强度和连续可靠性。

黄登水电站工程碾压混凝土施工根据各部位工期规划、入仓方式及坝体结构特征共分 16 个施工区，每个施工区结合仓面面积及总进度计划采用大仓面薄层铺料、碾压，短间歇连续上升的施工方法，铺筑方式以平层通仓法为主，斜层平推法施工为辅，碾压混凝土升程高度为 3m（局部部位为 1～2m），压实层厚 30cm。为了保证高温条件下碾压混凝土连续施工，采取优化混凝土配合比；降低出机口温度；减少混凝土运输过程中温度回升；控制混凝土浇筑过程中温度回升；加强通水冷却和坝面保温措施，严格控制坝体内混凝土最高温升等措施确保碾压混凝土施工质量和施工进度。

黄登工程采用数字化大坝管理系统，对大坝混凝土生产、运输、浇筑、通水冷却、覆盖保温及层间结合等全过程、全方位进行数据传输和监控，运输及仓内大型施工设备采用 GPS 定位装置系统和监控激光仪，记录并反馈现场施工过程，确保大坝混凝土施工质量。

1.2.2.4 坝高 100m 级混凝土重力坝统计

据 2017 年年底不完全统计，中国已建或在建坝高 100m 级混凝土（碾压混凝土）重力坝近 60 座，详见表 1.2-3。

表 1.2-3　　中国已建或在建坝高 100m 级混凝土（碾压混凝土）重力坝

序号	工程名称	所在地	所在河流	坝类型	坝高/m	总库容/亿 m^3	装机容量/MW	建设年份
1	三峡	湖北宜昌	长江	NC 重力坝	181	393	22500	1994—2009
2	黄登	云南兰坪	澜沧江	RCC 重力坝	203	16.7	1900	2013—
3	光照	贵州晴隆	北盘江	RCC 重力坝	200.5	32.45	1040	2003—2007
4	古贤	陕西宜川山西吉县	黄河	RCC 重力坝	199	165.57	2100	2017—
5	龙滩	广西天峨	红水河	RCC 重力坝	192	188	4900	2001—2009
6	官地	四川西昌	雅砻江	RCC 重力坝	168	7.6	2400	2005—2013
7	乌江渡	贵州遵义	乌江	NC 拱形重力坝	165	21.4	630	1970—1982
8	向家坝	四川宜宾云南水富	金沙江	RCC＋NC 重力坝	162	51.63	6400	2006—2015
9	金安桥	云南丽江	金沙江	RCC 重力坝	160	8.9	2400	2003—2012
10	观音岩	云南华坪	金沙江	RCC 重力坝	159	20.72	3000	2007—2015

续表

序号	工程名称	所在地	所在河流	坝类型	坝高/m	总库容/亿 m³	装机容量/MW	建设年份
11	拖把	云南维西	澜沧江	RCC 重力坝	158	10.39	1400	2015—
12	刘家峡	甘肃永靖	黄河	NC 重力坝	147	64	1350	1958—1974
13	鲁地拉	云南永胜和宾川	金沙江	RCC 重力坝	140	17.18	2160	2008—2013
14	乌弄龙	云南维西	澜沧江	RCC 重力坝	137.5	2.72	990	2014—
15	宝珠寺	四川广元	白龙江	NC 重力坝	132	25.5	700	1984—1998
16	阿海	云南宁蒗	金沙江	RCC 重力坝	132	8.85	2000	2008—2013
17	漫湾	云南云县	澜沧江	NC 重力坝	132	10.16	1670	1986—1995
18	江垭	湖南慈利	澧水	RCC 重力坝	131	17.4	300	1995—2000
19	百色	广西百色	右江	RCC 重力坝	130	56.6	540	2001—2006
20	洪口	福建宁德	霍童溪	RCC 重力坝	130	4.497	200	2008—2008
21	安康	陕西安康	汉江	NC 重力坝	128	32.03	800	1978—1995
22	格里桥	贵州平坝	清水河	RCC 重力坝	124	0.774	150	2007—2010
23	永定桥	四川汉源	沙河	RCC 重力坝	123	0.1659	—	2009—2013
24	喀腊塑克	新疆富蕴	额尔齐斯	RCC 重力坝	121.5	24.19	140	2006—2012
25	武都	四川江油	涪江	RCC 重力坝	121.3	5.72	150	2004—2012
26	思林	贵州思南	乌江	RCC 重力坝	117	15.93	1050	2003—2009
27	丹江口	湖北丹江口	汉江	NC 宽缝重力坝	117（加高）	339.1加高后	900	1958—1974 2005—2010
28	龙开口	云南	金沙江	RCC 重力坝	116	5.58	1800	2007—2013
29	藏木	西藏加查	雅鲁藏布江	NC 重力坝	116	0.866	510	2008—2015
30	亭子口	四川苍溪	嘉陵江	RCC 重力坝	116	40.67	1100	2009—2014
31	索风营	贵州修文	乌江	RCC 重力坝	116	2.012	600	2002—2006
32	三峡三期上游围堰	湖北宜昌	长江	RCC 重力坝2003 年拆除	115	120	9800左岸机组	2002—2003临时挡水
33	云峰	吉林	鸭绿江	NC 重力坝	113.75	38.95	400	1959—1965
34	彭水	重庆彭水	乌江	RCC 重力坝	113.5	14.65	1750	2003—2007
35	戈兰滩	云南江城	李仙江	RCC 重力坝	113	4.09	450	2003—2009
36	大朝山	云南临沧	澜沧江	RCC 重力坝	111	9.4	1350	1993—2003
37	棉花滩	福建永定	汀江	RCC 重力坝	111	20.35	600	1997—2001
38	故县	河南洛宁	洛河	NC 重力坝	110	11.75	60	1978—1995
39	岩滩	广西大化	红水河	RCC 重力坝	110	33.5	1810	1985—1995
40	马马崖	贵州关岭	北盘江	RCC 重力坝	109	1.365	540	2011—2016
41	景洪	云南景洪	澜沧江	RCC 重力坝	108	11.4	1750	2003—2009
42	潘家口	河北宽城	滦河	宽缝重力坝	107.5	29.30	420	1975—1992

续表

序号	工程名称	所在地	所在河流	坝类型	坝高/m	总库容/亿 m³	装机容量/MW	建设年份
43	马堵山	云南个旧	红江	RCC 重力坝	107.5	5.51	300	2008—2011
44	黄龙滩	湖北十堰	堵河	NC 重力坝	107	11.62	510	1969—1978
45	水丰	辽宁宽甸	鸭绿江	NC 重力坝	106.4	147.0	630+270	1937—1943 1971—1988
46	三门峡	河南三门峡 山西平陆	黄河	NC 重力坝	106	162	250	1957—1961 改造 1985
47	大华桥	云南兰坪	澜沧江	RCC 重力坝	106	2.93	900	2014—
48	新安江	浙江建德	新安江	宽缝重力坝	105	220	662.5	1957—1960
49	万家寨	山西偏关	黄河	NC 重力坝	105	8.96	1080	1994—2000
50	功果桥	云南云龙	澜沧江	RCC 重力坝	105	3.16	9000	2007—2012
51	街需	西藏桑日县	雅鲁藏布江	NC 重力坝	105	0.362	560	2014—
52	柘溪	湖南安化	资水	NC 大头坝	104	32.65	447	1958—1975
53	瓦村	广西田林	驮娘江	RCC 重力坝	103	5.36	230	2015—
54	朱昌河	贵州盘县	朱昌河	RCC 重力坝	102	0.442	4.75	2014—
55	莽山	湖南章宜	长乐水	RCC 重力坝	101.3	1.33	18	2015—
56	水口	福建明溪	闽江	NC 重力坝	101	29.7	1400	1987—1996
57	沙沱	贵州沿河	乌江	RCC 重力坝	101	9.01	1120	2006—2013
58	红岭	海南琼中	万泉河	RCC 重力坝	94.9	6.62	62.4	2011—2015

注　NC 为常态混凝土（normal concrete）；RCC 为碾压混凝土（roller compacted concrete）。

在各类坝型中，重力坝的安全性能是最高的。2016 年 3 月中国水力发电工程学会副秘书长张博庭教授在《三峡大坝具备了一定的抗击核武器攻击的能力》一文中指出：三峡大坝即使被炸开缺口，也绝不会造成垮坝。三峡工程解决核武器攻击这一问题的主要办法是，选择了合适的坝型。如果三峡不是选择混凝土重力坝，而是选择其他坝型，它确实存在着一旦遭受核武器攻击后，将产生较大的溃坝次生灾害的问题。因为，无论是土石坝、混凝土拱坝或者是混凝土面板坝，一旦被攻击后，在高水头和巨大水流的冲击下，都会在几分钟之内溃决，从而造成巨大的次生灾害。但是，三峡选择的混凝土重力坝坝型，遭受攻击后则完全不同。因为混凝土重力坝的稳定性，是靠每一个独立的坝段自身的重力与坝基基岩的摩擦力达到抗滑稳定。三峡大坝即使被核武器击中后，也无非就是相当于在大坝上打开了一个关不上口的"大闸门"，并不会对下游产生太大的洪水威胁。客观地说，如果三峡大坝不是采用混凝土重力坝，恐怕没有一个懂行的水利专家会赞同三峡工程的建设。

1.2.3　混凝土拱坝

1.2.3.1　拱坝建设情况

中国的混凝土拱坝始于 20 世纪 50 年代建成了首批高混凝土拱坝，如 87.5m 高的响洪甸和 78m 高的流溪河拱坝。此后，拱坝技术迅猛发展。中国经过 60 多年的努力，特别是进入 21 世纪，中国的拱坝建设取得了辉煌成就。

拱坝是一个空间壳体结构，作用在坝体上的外荷载主要通过拱梁的作用传递到山体，依靠坝体混凝土和两岸坝肩岩体的支撑，并以坝-基础的联合作用，承担正常的挡水任务，保证拱坝的稳定。拱坝适合于"V"形、"U"形河谷修建，它能充分发挥混凝土材料的高抗压能力，因而能减小坝身体积，节省工程量。只要两岸坝肩岩体足够坚硬、稳定可靠，拱坝的潜在安全裕度较其他混凝土坝较高，抗震性能较好，是经济性与安全性都比较优越的坝型之一。混凝土拱坝必须建立在岩基上，《混凝土拱坝设计规范》（SL 282—2003 或 DL/T 5346—2006）分别规定："本规范适用于水利水电枢纽中 1、2、3 级混凝土拱坝的设计；4、5 级混凝土拱坝设计可参照使用；坝高大于 200m 或有特殊情况的拱坝工程，应进行专门研究。"或"本标准适用于新建和改建的大、中型水利水电工程岩基上的 1、2、3 级混凝土拱坝的设计；坝高大于 200m 或者有特殊问题的拱坝，应对有关问题作专门研究论证。"

中国早期建设的拱坝高度较低，20 世纪 70—80 年代超过 100m 的拱坝主要以白山、龙羊峡、隔河岩等重力拱型为主。自 20 世纪 90 年代以来，中国的拱坝建设发展迅速。二滩拱坝高 240m，于 1998 年建成，是中国首座坝高突破 200m 大关的高坝。随着西部大开发，"西电东送"的战略实施，已建成大岗山（高 210m）、构皮滩（高 233m）、拉西瓦（高 250m）、溪洛渡（高 285m）、小湾（高 294.5m）拱坝，锦屏一级（高 305m）以及正在建设的白鹤滩（高 289m）、乌东德（高 270m）、东庄（高 230m）等一批 200~300m 的超高拱坝，这些拱坝的高度大多超过国外已建最高拱坝古里（高 272m）的高度，标志着中国拱坝建设技术位居世界领先水平。

同一时期，拱坝采用碾压混凝土筑坝技术也呈现出快速发展的趋势，已建成的沙牌（高 132m）、山口岩（高 126.7m）、大花水（高 134.5m）、象鼻岭（高 135m）和世界最高万家口子（高 165m）以及正在建设的引汉济渭三河口碾压混凝土拱坝（高 145m），标志着中国 150m 级高度碾压混凝土拱坝的筑坝技术趋于成熟。

拱坝高度的增加，其安全与经济的统一，要求设计、施工技术及建坝材料等均具有较高水平。近 20 年来，结合二滩、构皮滩、大岗山、拉西瓦、溪洛渡、小湾、锦屏一级、白鹤滩、乌东德等高拱坝的建设，开展了一系列科研攻关和课题研究，高拱坝设计、材料研究、施工工艺、温控防裂、质量控制以及信息化、智能化管理等方面技术得到了迅速发展，形成了具有世界先进水平的高拱坝技术，为成功建设一批 300m 级特高拱坝关键技术的研究与解决方案奠定了坚实的基础。

1.2.3.2 锦屏一级水电站超级拱坝关键技术

锦屏一级水电站位于四川省凉山彝族自治州盐源县和木里县境内，是雅砻江干流下游河段的控制性水库。电站以发电为主，兼有防洪、拦沙等作用，拱坝坝高 305m，装机容量 3600MW，装机年利用小时数 4616h，年发电量 166.20 亿 kW·h。水库正常蓄水位 1880.00m，总库容 77.6 亿 m^3，调节库容 49.1 亿 m^3，为年调节水库。

锦屏一级水电站于 2003 年 11 月通过可行性研究审查，2005 年 9 月 8 日，国家发展和改革委员会核准锦屏一级水电站开工建设，2006 年 12 月 4 日，锦屏一级水电站顺利实现大江截流，工程进入全面施工阶段。2013 年 8 月第一台机组运行，2014 年 6 月全部机组投产。

锦屏一级水电站引水发电系统采用中部厂房布置方案。单机单管供水，主厂房、主变室、调压室平行布置，发电机层高程 1642.90m。尾水系统采用"三机一室一洞"布置型式，尾水调压室采用阻抗式圆筒形调压室。泄洪消能建筑物为坝身 4 个表孔＋5 个深孔＋2 个放空底孔与坝后水垫塘、右岸 1 条有压接无压泄洪洞组成。表孔孔口尺寸 11.00m×12.00m；深孔孔口尺寸为 5.00m×6.00m；放空底孔孔口尺寸为 5.00m×6.00m。坝后水垫塘为复式梯形断面，底板顶面高程为 1595.00m。二道坝坝顶高程 1645.00m，中心线至拱坝轴线的距离为 386.50m。泄洪洞孔口尺寸为 13.00m×10.50m。

锦屏一级水电站地处深山峡谷，地质条件复杂，工程规模巨大，技术难度高，是世界最高的双曲拱坝。工程重大关键技术有：复杂地质条件下的坝基岩体质量评价、530m 高的高边坡工程、高拱坝设计、大坝抗力体基础处理设计与施工、大型地下洞室群稳定与支护技术、大坝混凝土碱活性骨料的抑制与利用等。锦屏一级工程的设计难度最大，工程场地布置及施工最难，工程建设管理最复杂，是最具挑战性的工程。锦屏一级工程设计没有成功的工程经验可以借鉴，重点是加强设计质量管理与开展科技攻关相结合，组织国内著名的科研单位与高校，进行科技攻关，解决重大技术难题。

（1）坝区复杂地质条件及坝基岩体的研究。锦屏一级水电站枢纽区山高坡陡，构造上位于三滩倒转向斜切。岩体受构造影响强烈，断层、层间挤压错动带发育；浅表生物理地质作用改造强烈，砂板岩倾倒变形，左岸深部裂缝发育；两岸地下水位低平；厂区地应力高。锦屏一级水电站枢纽区山高坡陡，构造上位于三滩倒转向斜切。岩体受构造影响强烈，断层、层间挤压错动带发育；浅表生物理地质作用改造强烈，砂板岩倾倒变形，左岸深部裂缝发育；两岸地下水位低平；厂区地应力高。

（2）工程高边坡。工程区河谷陡峻，电站进水口、拱肩槽与缆机平台开挖边坡、泄洪雾化冲蚀下的自然边坡与工程边坡，特别是左岸拱肩槽开挖最大开挖高度约 500m，断层 f_5、f_{42-9}、煌斑岩脉 X、深部拉裂缝 SL 切割，卸荷松岩体发育，其高陡边坡的开挖与稳定性对工程建设和安全运行影响巨大，需要进一步复核地质条件，深入进行高边坡的变形、边坡稳定及监测反馈分析。

（3）高拱坝设计。锦屏一级大坝为世界第一高拱坝，坝高 305.0m，针对两岸地形、地质条件不对称的特点，应优化拱坝的体形设计，开展大坝的结构防裂设计、温控设计、材料设计，研究大坝的抗滑及变形稳定，研究大坝混凝土的浇筑方案及防裂、防渗等措施。

（4）大坝基础处理设计及施工。锦屏一级拱坝坝基地质条件复杂，左岸存在 f_5、f_8 断层，深部裂缝、层间挤压带及拉裂松弛岩体等地质缺陷，对拱坝结构受力、抗滑稳定、变形稳定及基础渗流控制等产生较大影响，大坝的基础处理设计、基础渗控措施与地下工程施工是本工程的关键技术问题。

（5）高水头、大泄量、窄河谷泄洪消能布置设计。坝区河谷狭窄，岸坡陡峻，工程泄洪流量大，水头高，泄洪功率大，高速水流冲蚀影响严重，泄洪建筑物的布置设计影响永久运行的泄洪安全，采取"分散泄洪、分区消能、按需防护"的设计原则，对高速水流掺气减蚀措施、消能方式及泄洪雾化等进行专题研究。

（6）人工骨料料源选择与大坝混凝土性能的研究。世界第一高拱坝对混凝土骨料的选择至关重要，在可行性研究的基础上，进一步优选骨料，开展人工骨料料源选择、混凝土特性与抑制碱活性试验研究，选择适合高拱坝强度、变形及温控要求的混凝土材料。

（7）温控防裂主要措施。

1）浇筑温度。①约束区：低温季节浇筑温度不高于 12℃，高温季节浇筑温度不高于 11℃；②非约束区：浇筑温度不高于 14℃；③在约束区与非约束区过渡带的 9m 高度范围内，浇筑温度采用 11℃。

2）冷却水管间距。①约束区：1.0m×1.5m（水平×垂直）；②非约束区：1.5m×3.0m（水平×垂直）。严格按照设计要求的灌浆区、同冷区、过渡区、盖重区 4 个区同时冷却，形成高度方向的温度梯度，即使在非约束区使用 1.5m×3.0m 的水管，最高温度达到 32℃，最大应力仍不超标。仿真计算分析成果表明，拱坝混凝土温控设计标准是合适的，相应的温控措施满足温控要求。

1.2.3.3 万家口子碾压混凝土拱坝

万家口子水电站工程坝址位于北盘江支流革香河上，地理位置位于云南省宣威市及贵州省六盘水市境内。北盘江是珠江流域西江水系的一级支流，北盘江流域水资源总量为 143 亿 m^3。

万家口子水电站为北盘江流域规划的第 4 个梯级电站，工程以发电为主。挡水建筑物为目前在建世界最高碾压混凝土双曲拱坝，最大坝高 167.5m，水库总库容 2.7 亿 m^3，调节库容 1.7 亿 m^3，具有不完全年调节性能。装机容量 18 万 kW，年利用小时为 3947h，多年平均发电量 7.1 亿 kW·h。按照《水电枢纽工程等级划分及设计安全标准》（DL 5180—2003）规范规定，本工程规模为大（2）型，碾压混凝土拱坝为Ⅰ级建筑物。

万家口子水电站工程枢纽主要由挡水建筑物、泄水建筑物及引水发电建筑物等组成。大坝为碾压混凝土拱坝，坝顶高程 1452.50m，坝底高程 1285.00m，最大坝高 167.50m，最大中心角 87.534°，最小中心角 39.5347°，中曲面拱冠处最大曲率半径 187.7513m，最小曲率半径 69.2341m。坝顶上游弧长 413.157m，坝顶厚 9.00m，坝底拱冠处厚 36.000m，左拱端处厚 35.77m，右拱端处厚 34.93m，厚高比 0.215，拱冠梁最大倒悬度为 0.14，坝身最大倒悬度为 0.14，拱坝基本呈对称布置，中心线方位角 N28.01°E。在右岸坝头 1452.50m 高程布置坝顶变电所。

坝顶中部设置 3 孔 12.0m×13.0m 的溢流表孔，堰顶高程 1437.0m，坝身设置 2 孔冲沙中孔，进口孔底高程 1365.00m，底孔进口尺寸为 4.0m×7.5m，出口尺寸为 4.0m× 4.0m。在碾压混凝土拱坝下游河段布置水垫塘进行消能，水垫塘长度 210.0m。

碾压混凝土拱坝于 2010 年 4 月开始混凝土浇筑，2017 年 3 月首台机组发电。

1.2.3.4 坝高 100m 级混凝土拱坝统计

据 2016 年不完全统计，中国已建或在建坝高 100m 级混凝土（碾压混凝土）拱坝近 50 座，详见表 1.2-4。

表 1.2-4　　　　　中国已建或在建坝高 100m 级混凝土（碾压混凝土）拱坝

序号	工程名称	所在地	所在河流	坝类型	坝高/m	总库容/亿 m³	装机容量/MW	建设年份
1	锦屏一级	四川木里和盐源	雅砻江	NC 拱坝	305	77.6	3600	2005—2014
2	小湾	云南南涧和凤庆	澜沧江	NC 拱坝	294.5	149	4200	2002—2012
3	白鹤滩	四川宁南云南巧家	金沙江	NC 拱坝	289	206	16000	2010—
4	溪洛渡	四川雷波云南永善	金沙江	NC 拱坝	285.5	128	13860	2005—2014
5	乌东德	四川会东云南禄劝	金沙江	NC 拱坝	270	76	10200	2012—
6	拉西瓦	青海贵德	黄河	NC 拱坝	250	10.79	4200	2002—2010
7	二滩	四川盐源	雅砻江	NC 拱坝	240	61	3300	1991—2000
8	构皮滩	贵州余庆	乌江	NC 拱坝	233.5	64.54	3000	2003—2009
9	东庄	陕西礼泉	泾河	NC 拱坝	230	29.87	90	2016—
10	叶巴滩	四川甘孜西藏贡觉	金沙江	NC 拱坝	217	10.80	224	2016—
11	大岗山	四川石棉	大渡河	NC 拱坝	210	7.77	2600	2007—2014
12	德基	台湾	大甲溪	NC 拱坝	181	2.32	234	1969—1974
13	龙羊峡	青海共和	黄河	NC 重力拱坝	178	247	1320	1976—1992
14	万家口子	云南	革香河	RCC 拱坝	167.5	2.793	180	2009—2015
15	东风	贵州	乌江	NC 拱坝	162	10.25	695	1984—1995
16	李家峡	青海尖扎	黄河	NC 拱坝	165	16.48	2000	1989—1998
17	东江	湖南资兴	湘江	NC 拱坝	157	91.5	500	1978—1988
18	隔河岩	湖北长阳	清江	NC 重力拱坝	151	34	1200	1987—1994
19	白山	吉林桦甸	松花江	NC 重力拱坝	149.5	62.15	1500	1975—1984
20	三河口	陕西佛坪	茅坪溪	RCC 拱坝	145	7.1	45	2015—
21	三里坪	湖北房县	南河	RCC 拱坝	141	4.99	70	2009—2013
22	江口	重庆武隆	芙蓉江	NC 拱坝	140	4.97	300	1999—2003
23	象鼻岭	云南会泽	牛栏江	RCC 拱坝	135	2.484	240	2014—2017
24	大花水	贵州遵义	清水河	RCC 拱坝	134.5	2.765	200	2003—2008
25	沙牌	四川汶川	草坡河	RCC 拱坝	132	0.18	36	1998—2002
26	立洲	四川木里	木里河	RCC 拱坝	132	1.897	355	2010—2016
27	山口岩	江西萍乡	袁河	RCC 拱坝	126.71	1.05	12	2007—2014
28	周公宅	浙江宁波	大皎溪	NC 拱坝	125.5	1.118	12.6	2003—2007
29	锦潭	广东英德	黄洞河	NC 拱坝	123.3	2.49	270	2003—2007
30	翡翠	台湾	北势河	NC 拱坝	122.5	3.9	70	1981—1987

序号	工程名称	所在地	所在河流	坝类型	坝高/m	总库容/亿 m³	装机容量/MW	建设年份
31	善泥坡	贵州六盘水	北盘江	RCC 拱坝	119.4	0.85	185.5	2009—2015
32	云口	湖北利川	乌泥河	RCC 拱坝	119	0.35	300	2005—2009
33	龙江	云南潞西	龙江	NC 拱坝	115	12.17	660	2006—2011
34	罗坡坝	湖北恩施	冷水河	NC 拱坝	112	0.86	300	2007—2009
35	石门坎	云南宁洱	李仙江	NC 拱坝	111	1.97	130	2007—2010
36	石门子	新疆玛纳斯	塔西河	RCC 拱坝	110	0.501	64	1997—2000
37	观音岩	贵州水城	月亮河	RCC 拱坝	109	0.2617	3.2	2015—
38	黄花寨	贵州长顺	格凸河	RCC 拱坝	108	1.748	540	2007—2010
39	招徕河	湖北长阳	招徕河	RCC 拱坝	107.5	0.703	36	2003—2006
40	天花板	云南昭通	牛栏江	RCC 拱坝	107	0.787	180	2007—2011
41	沙坪	湖北宣恩	白水河	RCC 拱坝	105.8	0.982	46	—
42	大河	贵州都匀	菜地河	RCC 拱坝	105	0.4376	—	2015—
43	蔺河口	陕西南皋	岚河	RCC 拱坝	100	1.47	72	2000—2003
44	山口岩	江西萍乡	赣江表河	RCC 拱坝	99.1	1.048	12	2007—2013
45	马渡河	湖北五峰	泗洋河	RCC 拱坝	99	0.2463	51	1999—2016
46	李家河	陕西蓝田	辋川河	RCC 拱坝	98.5	0.569	—	2009—2014
47	大丫口	云南镇康	南捧河	RCC 拱坝	98	1.7	102	2012—2016

注 NC 为常态混凝土（normal concrete）；RCC 为碾压混凝土（roller compacted concrete）。

1.2.4 土石坝

1.2.4.1 土石坝建设情况

土石坝是最古老的坝型之一，在中国有着悠久的建造历史。土石坝对坝基的适应强，可以修建在各类不同的坝基上，允许坝体有一定的沉降量。为此《碾压式土石坝设计规范》（SL 274）标准规定：坝基（包括坝头）处理应满足渗流控制（包括渗透稳定和控制渗漏量）、静力和动力稳定、允许沉降量和不均匀沉降量等方面一起，保证坝的安全运行。处理的标准与要求应根据具体情况在设计中确定，竣工后的坝体沉降量不宜大于坝高的 1%。

中国从 1950 年治理淮河工程开始，先后修建了一批土坝，坝高一般都在 50m 以下，坝型绝大多数为均质土坝或土质心墙砂砾坝，沥青混凝土心墙坝的修筑在中国开始起步。进入 20 世纪 80 年代之后，大型高效配套的施工机械和施工技术的进步，岩土力学和试验技术的提高，高土石坝得到迅速发展，混凝土面板堆石坝和砾石土心墙堆石坝成为现代高土石坝的两种主导坝型。

混凝土面板堆石坝始于 19 世纪末的美国，经过 20 世纪 30—50 年代的停滞之后，以引入振动碾薄层碾压堆石为契机，于 20 世纪 60 年代后期重新兴起，并得到迅速发展，成为富有竞争力的土石坝型之一，技术上也日趋成熟。中国自 1985 年开始用现代技术修建混凝土面板堆石坝，已经过 30 年的历程，起步虽晚，但起点高，发展快。截至 2016 年的不完全统计，已建成和在建的坝高大于 30m 的有 180 多座，其中坝高大于等于 100m 的有 40 多座。已建成最高的是水布垭水电站大坝，高 233.20m，还有一些坝高 250～300m 级的混凝土面板堆石坝正在设计和研究中。中国的混凝土面板堆石坝的数量、规模、技术难度和施工速度都已居于世界前列。

中国的土石坝建设成就举世瞩目，一批高土石坝、超高土石坝的相继建成和动工修建，标志着中国的土石坝施工技术已经进入世界先进水平的行列。中国先后建成了糯扎渡（高 261.5m）、瀑布沟砾石土心墙堆石坝（高 186m）、水布垭（高 233.2m）、猴子岩（高 223.5m）、江坪河（高 219m）、三板溪（高 186m）、洪家渡（高 179m）等 200m 级混凝土面板堆石坝，目前正在建设两江口（高 312m）、双江口（高 295m）、茨哈峡（高 253m）、玛尔挡（高 210m）等超高土石坝，标志着中国的土石坝筑坝技术已经达到国际领先水平。

1.2.4.2　糯扎渡砾石心墙堆石坝

糯扎渡水电站位于云南省思茅市翠云区和澜沧县交界处的澜沧江下游干流上，是澜沧江中下游河段 8 个梯级规划的第 5 级。电站距上游大朝山水电站河道距离 215km，距下游景洪水电站河道距离 102km。坝址距思茅市 98km，距澜沧县 76km。糯扎渡水电站工程属大（1）型一等工程，永久性主要水工建筑物为一级建筑物。工程以发电为主兼有防洪、灌溉、养殖和旅游等综合利用效益，水库具有多年调节性能。该工程由心墙堆石坝、左岸溢洪道、左岸泄洪隧洞、右岸泄洪隧洞、左岸地下式引水发电系统及导流工程等建筑物组成。水库库容为 237.03 亿 m³，电站装机容量 5850MW（9×650MW）。

心墙堆石坝坝顶长 630.06m，坝顶宽度 18m，坝顶高程为 821.5m，最大坝高为 261.5m。上游坝坡坡度为 1：1.9，下游坝坡坡度为 1：1.8。

开敞式溢洪道布置于左岸平台靠岸边侧（电站进水口左侧）部位，由进水渠段、闸室控制段、泄槽段、挑流鼻坎段及出口消力塘段组成。溢洪道水平总长 1445.183m（渠首端至消力塘末端），宽 151.5m。溢洪道进水渠底板高程 775.0m。闸室控制段布置于电站进水口左侧，共设 8 个 15m×20m（宽×高）表孔，每孔均设弧形工作闸门，溢流堰顶高程 792m，堰高 17m。出口设挑流鼻坎及消力塘，水流挑入消力塘内消能。

引水建筑物包括引渠、电站进水口和引水道。电站进水口采用岸塔式，正向分层进水。进水口顺水流向长度为 51.7m，依次布置拦污栅、下层取水口工作闸门、上层取水口工作闸门、事故闸门和通气孔。上层取水最低水位为 803m，上层进水口底板高程为 774m；下层取水最低水位为水库死水位 765m，进水口底板高程为 736m。尾水建筑物包括尾水调压室、尾水隧洞、尾水检修闸门室和尾水渠。

地下厂房包括主、副厂房，从右至左依次为副安装场、机组段、主安装场和地下副厂房 4 个部分。主厂房长 396m，下部宽 29m，顶宽 31m，高 77.7m。

左岸泄洪隧洞全长 942.867m，隧洞后段与左岸 5 号导流隧洞结合。进口底板高程 721.00m，有压洞段总长 247.270m，有压段标准断面为直径 12m 的圆形断面。右岸泄洪隧洞总长 1062.898m，进口底板高程为 695.00m，有压洞段为圆形断面，衬砌后直径 12m，长 543.449m，无压洞段长 385.983m，标准段为城门洞型，衬砌后断面尺寸为

12m×16.5m。

糯扎渡水电站工程的导流规划为：初期导流采用河床一次断流、土石围堰挡水、1号、2号、3号、4号导流隧洞泄流、主体工程全年施工的导流方式。初期（2008年6月—2009年5月）导流标准为50年一遇的全年洪水，相应的流量为17400m³/s；中期（2009年6月—2011年10月）导流采用坝体临时断面挡水，泄水建筑物为初期所设的1号、2号、3号、4号、5号导流隧洞，中期导流标准为200年一遇的全年洪水，相应的流量为22000m³/s；导流隧洞下闸封堵后，后期（2012年6—10月）导流为坝体临时断面挡水，利用右岸泄洪隧洞和溢洪道临时断面泄流，后期导流设计标准为500年一遇的全年洪水，相应的流量为25100m³/s，校核标准为1000年一遇的全年洪水，相应的流量为27500m³/s。

1号、2号、5号导流隧洞位于左岸，3号、4号导流隧洞位于右岸。其中：

1号导流隧洞断面型式为方圆形，断面尺寸为16m×21m，进口高程为600.00m，洞长1067.868m，隧洞底坡为$i=0.578\%$，出口高程594.00m。进水塔长21m，宽30m，高46m。

2号导流隧洞断面型式为方圆形，断面尺寸为16m×21m，进口高程为605.00m，导流隧洞洞身长1142.045m（含与1号尾水隧洞结合段长304.020m）；结合段前隧洞底坡为$i=3.81\%$，结合段后隧洞底坡为$i=0$，隧洞出口高程576.00m。进水塔长21m，宽30m，高41m。

3号导流隧洞断面型式为方圆形，断面尺寸16m×21m，进口高程为600.00m，洞长1529.765m，隧洞底坡为$i=0.50\%$，出口高程592.35m。

4号导流隧洞断面型式为方圆形，断面尺寸7m×8m，进口高程为630.00m，导流隧洞洞身长1925.00m，底坡为$i=1.33\%$，隧洞出口高程605.00m。

5号导流隧洞与左岸泄洪隧洞结合，隧洞断面型式为方圆形，进口高程为660.00m；前部为有压段，衬砌后断面尺寸为7.0m×9.0m（宽×高），钢筋混凝土衬砌厚度为0.5～1.0m，洞长为150m，底坡为平坡；在桩号0+150.00～0+188.00设置事故检修门和弧形工作闸门，承担4号导流隧洞封堵施工期向下游控制供水；闸门井长25～38m，宽13m，高150m；闸后为无压洞段，衬砌后断面尺寸为10.0m×12.0m（宽×高），洞长476.506m；5号导流隧洞与左岸泄洪隧洞结合点桩号为0+664.506（结合段长212.241m），钢筋混凝土衬砌厚度为0.6～1.2m，结合段以前底坡为$i=1.046\%$，结合段底坡为$i=6.0\%$（与左岸泄洪隧洞底坡一致）。

糯扎渡水电站里程碑工期为：2006年1月导流隧洞主洞开工；2007年11月大江截流；2008年8月坝体开始填筑；2012年7月底首批机组投产发电；2015年6月工程竣工。

1.2.4.3 水布垭混凝土面板堆石坝

水布垭水电站位于长江湖北段支流清江的中游，是清江流域开发的龙头工程，是华中电网骨干调峰调频电站。电站装机4台，总容量160万kW，保证出力31.2万kW，多年平均发电量39.85亿kW·h。工程总投资为123.9694亿元。水布垭电站建成后，可增加下游梯级电站发电量2.37亿kW·h，保证出力7万kW。水布垭混凝土面板堆石坝坝顶高程409m，最大坝高233m，为目前世界最高的混凝土面板堆石坝。

水布垭混凝土面板堆石坝坝顶高程409m，坝轴线长584m，最大坝高233m，坝顶宽12m，防浪墙高5.2m，墙顶高程410.20m。大坝上游坡度为1:1.4，下游平均坡度为1:1.4，设有"之"字形马道。溢洪道位于左岸，由引水渠、控制段、泄槽、挑流鼻坎、护岸及防淘墙组成。引水渠底宽101m，底高程350.00m，轴线长895.98m。控制段设有5个14m×20m、堰顶高程380.00m的表孔和1个出口断面尺寸6m×9m、底板高程350m的深孔。溢流坝采用分区泄槽一级光面窄缝挑流鼻坎（收缩比0.25）的消能型式。泄槽表孔每孔一区。下游防冲采用护岸和防淘墙的方案。

电站采用引水地下式，位于右岸，安装4台单机容量为400MW的水轮发电机组。主厂房位于高程330.00m，顶高程407.00m，平面尺寸141m×23m×68m（长×宽×高）。机组安装高程187.20m。

放空洞布置于地下厂房的右侧。进口检修塔底高程250m，塔顶高程407.00m，平面尺寸9m×20m，内设2个孔口尺寸5m×9m的检修闸门和1个孔口尺寸6m×7m的工作闸门。

主要工程量土石方开挖2516.5万m³，坝体填筑工程总量为1568万m³，填筑工期为52.5个月。混凝土158.1万m³，钢筋6.42万t，固结灌浆26.2万m，帷幕灌浆39.2万m²，金属结构制作与安装10760t。

由于大坝部位施工地势险峻，要在坝体两岸V形河谷布置9条上坝施工道路，并且大坝地基和坝料开采料场属于溶沟、溶槽等复杂地质区，坝体基础处理和级配料开采施工难度大，坝体填筑需要10种料型，施工总体布置纷繁复杂；填筑施工强度持续较高，连续24个月填筑强度均大于40万m³，需要优化配置开采、运输、填筑施工资源，建立完善的施工管理体系才能确保填筑目标的实现。施工中还要解决超高坝施工中的沉降变形、面板防裂、坝体渗控等重大技术难题。

为建设好水布垭面板堆石坝工程，在工程施工前，针对超高面板坝施工中的一系列难题，从筑坝材料、坝体填筑、面板施工、接缝止水、基础处理、工程管理等6个方面，进行了13项施工技术专题研究，取得了《清江水布垭混凝土面板堆石坝施工技术方案论证》研究成果，研究成果得到坝工界的肯定，并被应用于水布垭工程建设中。

1.2.4.4 坝高100m以上土石坝统计

据2016年不完全统计，中国已建或在建的土石坝（混凝土面板堆石坝、砾石土心墙堆石坝）坝高超过100m的已超过70座，面板坝已成为土石坝的主流坝型，详见表1.2-5。

表1.2-5　　　　　中国已建或在建坝高100m以上土石坝

序号	工程名称	所在地	所在河流	坝类型	坝高/m	坝体积/万 m³	面板面积/m²	总库容/亿 m³	装机容量/MW	建设年份
1	双江口	四川马尔康	大渡河	砾石土心墙坝	312.0		—	28.97	2000	2016—
2	两河口	四川雅鲁藏布江	雅砻江	砾石土心墙坝	295.0		—	107.67	3000	2015—
3	糯扎渡	云南澜沧	澜沧江	砾石土心墙坝	261.5		—	237.03	5850	2006—2014

序号	工程名称	所在地	所在河流	坝类型	坝高/m	坝体积/万 m³	面板面积/m²	总库容/亿 m³	装机容量/MW	建设年份
4	茨哈峡	青海同德	黄河	面板堆石坝	257.5			41.04	2000	2016—
5	大石峡	新疆阿克苏	库玛拉克河	面板堆石坝	247.0					2017—
6	水布垭	湖北巴东	清江	面板堆石坝	233.2	1526	137000	45.8	1840	2002—2009
7	猴子岩	四川康定	大渡河	面板堆石坝	223.5			7.06	1700	2011—
8	玛尔挡	青海玛沁县	黄河	面板堆石坝	211.0			14.82	2200	2012—
9	江坪河	湖北鹤峰	溇水	面板堆石坝	219.0	718		13.66	450	2007—
10	瀑布沟	四川汉源	大渡河	砾石土心墙坝	186.0		—	53.37	3600	2004—2009
11	三板溪	贵州锦屏	沅水	面板堆石坝	185.5	828	84000	40.94	1000	2002—2006
12	洪家渡	贵州黔西	乌江	面板堆石坝	179.5	920	75100	49.47	600	2000—2005
13	天生桥一级	贵州兴义 广西隆林	南盘江	面板堆石坝	178.0	1800	177000	102.57	1200	1991—2000
14	卡基娃	四川木里	木里河	面板堆石坝	171.0			3.745	440	2008—2014
15	平寨	贵州六枝 与织金	三岔河	面板堆石坝	162.7			10.92	136	2010—
16	滩坑	浙江青田	瓯江	面板堆石坝	162.0	980	95000	41.9	604	2004—2008
17	溧阳抽蓄 上库	江苏溧阳	中田舍河	面板堆石坝	161.5			0.14	1500	2004—2009
18	小浪底	河南孟津	黄河	心墙堆石坝	160.0		—	126.5	1800	1994—2001
19	吉林台一级	新疆尼勒克	喀什河	面板堆石坝	157.0	836	74000	25.3	460	2001—2005
20	紫坪铺	四川都江堰	岷江	面板堆石坝	156.0 158	1117	108800	11.12	760	2001—2006
21	梨园	云南玉龙 与香格里拉	金沙江	面板堆石坝	155.0			8.05	2400	2004—2014
22	巴山	重庆	任河	面板堆石坝	155.0			3.154	140	2005—2009
23	马鹿塘二期	云南麻栗坡	盘龙河	面板堆石坝	154.0	800		5.46	300	2005—2010
24	董箐	贵州贞丰 与镇宁县	北盘江	面板堆石坝	150.0	950		9.55	880	2005—2010
25	羊曲	青海海南州	黄河	面板堆石坝	150.0			14.72	1200	2012—
26	吉勒布拉克	新疆 哈巴河县	额尔齐斯	面板堆石坝	147.0			2.32	160	2009—2013
27	毛尔盖	四川黑水	黑水河	心墙堆石坝	147.0		—	5.35	420	2008—2011
28	龙首二级	甘肃张掖	黑河	面板堆石坝	147.05	253	26400	0.862	157	2001—2005
29	溪古	四川九龙县	九龙河	面板堆石坝	144.0			0.997	249	2009—2013
30	德泽	云南曲靖	牛栏江	面板堆石坝	142.0			4.48	30	2008—2001
31	苗尾	云南云龙	澜沧江	心墙堆石坝	139.8		—	7.2	1400	2010—2015
32	公伯峡	青海循化	黄河	面板堆石坝	139	476	57500	6.2	1500	2000—2006

序号	工程名称	所在地	所在河流	坝类型	坝高/m	坝体积/万 m³	面板面积/m²	总库容/亿 m³	装机容量/MW	建设年份
33	瓦屋山	四川洪雅县	周公河	面板堆石坝	138.76	350	20000	5.843	240	2003—2007
34	乌鲁瓦提	新疆和田	喀拉喀什	面板堆石坝	138.0 133	649	75800	3.47	60	1995—2000
35	狮子坪	四川理县	杂谷脑河	心墙堆石坝	136.0		—	1.33	195	2005—2010
36	布西	四川木里县	鸭嘴河	面板堆石坝	135.8			2.52	20	2007—2011
37	龙马	云南墨江与江城	把边江	面板堆石坝	135.0 133			5.904	240	2003—2007
38	九甸峡	甘肃卓尼县	洮河	面板堆石坝	133.5			9.43	300	2004—2008
39	珊溪	浙江文成	飞云江	面板堆石坝	132.5	580	70000	18.24	200	1997—2001
40	金盆	陕西周至	黑河	心墙堆石坝	130.0		—	2.0	20	1998—2002
41	引子渡	贵州平坝	三岔河	面板堆石坝	129.5	310	37500	5.31	300	2000—2004
42	街面	福建尤溪	尤溪	面板堆石坝	126.0 129	340	30000	18.24	300	2003—2008
43	白溪	浙江宁海	白溪	面板堆石坝	124.4	403	48400	1.68	18	1985—2001
44	鄂坪	湖北竹溪	汇湾河	面板堆石坝	124.3	298	43000	2.96	114	2002—2006
45	黑泉	青海大通	宝库河	面板堆石坝	123.5	540	79000	1.82	12	2007—2011
46	芹山	福建周宁	穆阳溪	面板堆石坝	122.0	248	42000	2.65	70	1997—2000
47	纳子峡	青海门源	大通河	面板堆石坝	121.5			7.33	87	2009—2014
48	白云	湖南城步	巫水	面板堆石坝	120.0	170	14500	3.6	54	1992—1996
49	古洞口	湖北兴山	古夫河	面板堆石坝	117.6	190	28100	1.48	45	1995—1999
50	芭蕉河	湖北鹤峰	芭蕉河	面板堆石坝	115.0	192	36000	0.96	35	2010—2015
51	泗南江	云南墨江	泗南河	面板堆石坝	115.0	297		2.71	201	2003—2008
52	石头河	陕西太白	石头河	心墙堆石坝	114.0		—	1.47	49.5	1971—1989
53	高塘	广东怀集	白水河	面板堆石坝	110.73	195	26400	0.96	362	1997—2000
54	金造桥	福建屏南	金造溪	面板堆石坝	111.3	175		0.95	60	2003—2007
55	苗家坝	甘肃文县	白龙江	面板堆石坝	111.0			2.68	240	2011—2015
56	双沟	吉林抚松	松江河	面板堆石坝	110.5	258	37300	3.88	280	2001—2010
57	察汗乌苏	新疆	开都河	面板堆石坝	110.0	410		1.25	300	
58	水牛家	四川平武	火溪河	心墙堆石坝	108.0		—	1.04	70	2003—2007
59	茄子山	云南龙陵	苏帕河	面板堆石坝	107.5	129	22000	1.21	16	1996—2000
60	鱼跳	重庆南川	大溪河	面板堆石坝	106.0	195	18800	0.95	48	1999—2002
61	洞巴	广西田林	西泽江	面板堆石坝	105.8	316	52700	3.15	72	2003—2007
62	鲤鱼塘	重庆开县	桃溪河	面板堆石坝	105.0	180	25300	1.04	1.5	2003—2008
63	恰普其海	新疆巩留	特克斯河	心墙堆石坝	105.0			16.94	320	2003—2007
64	鲁布革	云南罗平贵州兴义	黄泥河	心墙堆石坝	103.8			1.11	600	1982—1988

序号	工程名称	所在地	所在河流	坝类型	坝高/m	坝体积/万 m³	面板面积/m²	总库容/亿 m³	装机容量/MW	建设年份
65	思安江	广西桂林	思安江	面板堆石坝	103.4	210	41200	0.94	12	2001—2005
66	盘石头	河南鹤壁	淇河	面板堆石坝	102.2	548	73500	6.08	10	1994—2004
67	柴石滩	云南宜良	南盘江	面板堆石坝	101.8	235	38200	4.37	60	1997—2000
68	碧口	甘肃文县	白龙江	心墙堆石坝	101.8			5.21	300	1969—1976
69	白水坑	浙江江山	江山港	面板堆石坝	101.3	150		2.46	40	2001—2003
70	积石峡	青海循化	黄河	面板堆石坝	101.0		35516	2.94	1020	2006—2011
71	泰安上库	山东泰安	樱桃园沟	面板堆石坝	99.8	386		0.12	1000	2000—2005

1.3 大坝筑坝新技术创新发展

1.3.1 大坝新技术发展概况

传统的重力坝、拱坝主要采用常态混凝土筑坝技术，土石坝防渗体系采用黏土心墙，故传统的土石坝主要为土质心墙堆石坝。改革开放以来，特别是进入20世纪80年代之后，各种大坝筑坝新技术在引进、吸收、消化的基础上不断地创新发展。按照坝型设计、材料组成、防渗体系和施工方法等的不同，采用筑坝新技术的主要坝型有：碾压混凝土坝（RCCD）、混凝土面板堆石坝（CFRD）、砾石土心墙堆石坝（GSCWRD）、胶凝砂砾石坝（CSGD）、堆石混凝土坝（RFCD）等。

大坝坝型和筑坝技术的选择，主要根据工程枢纽所处地理位置、地质地形和水文气象等不同条件，经过大量的可行性研究方案比选，确定切合工程实际的坝型和相应的筑坝技术，有效缩短了建坝周期、充分发挥了不同材料效率，节省了投资，加快大坝的建设速度并提升大坝质量，为大坝建设又好又快提供了技术支撑和保障，充分发挥科学技术是第一生产力的作用。

随着大坝筑坝新技术的不断发展，水利行业和电力行业先后颁发水利（SL）与电力（DL）有关筑坝新技术导则和技术标准，如《碾压混凝土坝设计规范》（SL 314—2004）、《水工碾压混凝土施工规范》（DL/T 5112—2009）、《碾压式土石坝设计规范》（DL/T 5395—2007）、《混凝土面板堆石坝设计规范》（SL 228—2013）、《混凝土面板堆石坝施工规范》（SL 49—2015）、《水电水利工程砾石土心墙堆石坝施工规范》（DL/T 5269—2012）、《胶结颗粒料筑坝技术导则》（SL 678—2014）等，为推广筑坝新技术发挥了积极作用。

2014年3月28日水利部发布《胶结颗粒料筑坝技术导则》（SL 678—2014）。该导则体现了"宜材适构"的筑坝理念，适用范围为中小型水利水电工程。导则提出："胶凝砂砾石坝坝高超过50m或堆石混凝土坝坝高超过70m时，应补充必要的专题论证。"《胶结颗粒料筑坝技术导则》是把胶凝砂砾石筑坝技术和堆石混凝土筑坝技术合在一起编写的，没有按照各自的筑坝技术特点分开编写，容易造成混淆。由于两种筑坝技术存在天然的差别，特别是大坝断面设计胶凝砂砾石坝与堆石混凝土坝两种筑坝技术完全不同，所以，建议导则在今后的修订或提升为规范时，胶凝砂砾石坝与堆石混凝土坝分开编写，自成标准为宜。

1.3.2　碾压混凝土筑坝新技术

碾压混凝土（RCC）筑坝是世界筑坝史上的一次重大技术创新。采用碾压混凝土筑坝技术，只是改变了混凝土配合比和施工工艺而已。碾压混凝土筑坝技术最大的魅力是它的兼容性，碾压混凝土既有混凝土的特性，符合水胶比定则，不论是碾压混凝土重力坝或拱坝，其坝体断面设计与常态混凝土大坝相同；同时施工又具有土石坝快速施工的特点，以其施工速度快、工期短、投资省、质量安全可靠、机械化程度高、施工简单、适应性强、绿色环保等优点，备受世界坝工界青睐。

中国自 1986 年开始建设第一座坑口碾压混凝土重力坝以来，30 年来，中国的碾压混凝土筑坝技术先后经历了早期的探索期、20 世纪 90 年代的过渡期到 21 世纪初的成熟期。中国的碾压混凝土筑坝技术特点为全断面筑坝技术，依靠坝体碾压混凝土自身防渗，坝体上游面防渗区采用二级配碾压混凝土及变态混凝土，所以碾压混凝土也从干硬性混凝土过渡到无坍落度的亚塑性混凝土。为此，中国碾压混凝土筑坝技术具有低水泥用量、高掺掺合料（粉煤灰）、中胶凝材料、高石粉含量、掺外加剂、低 VC 值、薄层摊铺、全断面碾压连续上升施工等特点，已经不受气候条件和地域条件限制，在适合的地质、地形条件下，均可修建碾压混凝土坝。中国采用全断面碾压混凝土筑坝技术，取得了许多重大技术突破：确立了"层间结合、温控防裂"是碾压混凝土筑坝核心技术，确定了全断面碾压混凝土筑坝技术亚塑性水工碾压混凝土全新定义、浆砂比 PV 值是碾压混凝土配合比设计重要参数、碾压混凝土拌和物 VC 值动态控制技术，明确了碾压混凝土"弹簧土"现象有利于层间结合，确立了石粉在碾压混凝土中的重要作用，研究了碾压混凝土 VC 值与外加剂掺量关系、人工砂石粉替代部分粉煤灰在碾压混凝土中研究利用，基础垫层采用碾压混凝土快速施工关键技术等。采用碾压混凝土快速筑坝技术以来，碾压混凝土坝的数量和高度越来越多，大量的工程实践证明，碾压混凝土坝已成为最具有竞争力的坝型之一，碾压混凝土重力坝基本取代传统的常态混凝土重力坝已成为趋势。

最能说明全断面碾压混凝土筑坝技术特点的是碾压混凝土芯样变化。1986 年坑口碾压混凝土坝（金包银）钻孔取芯的芯样长度仅 60 多 cm，30 年来碾压混凝土芯样长度纪录不断被突破，从沙牌、百色、景洪、金安桥、戈兰滩、光照、喀腊塑克、向家坝、观音岩、沙沱等碾压混凝土坝，芯样长度突破 10m、15m、20m 已经屡见不鲜，2016—2017 年丰满、黄登分别取出 23.18m、24.6m 超级碾压混凝土芯样，芯样纪录不断被刷新，表明碾压混凝土筑坝技术越来越成熟。截至 2016 年年底，据不完全统计，中国已建在建的碾压混凝土坝（包括围堰等临时工程）已超过 300 座，世界公认，中国是世界建成碾压混凝土坝最高、最多的国家。

2016 年建成的埃塞俄比亚奥莫河吉贝Ⅲ（Omo River Gibe Ⅲ）水电站，电站总装机 1870MW，水库调节库容 117.5 亿 m³，拦河坝为碾压混凝土重力坝，最大坝高 249m，碾压混凝土方量达 620 万 m^3，是目前世界已建最高的碾压混凝土坝。

1.3.3 胶凝砂砾石筑坝新技术

胶凝砂砾石筑坝技术是国际上近年发展起来的新型筑坝技术，其特点是采用胶凝材料和砂砾石材料（包括砂、石、砾石等）拌和筑坝，使用高效率的土石方运输机械和压实机械施工。胶凝砂砾石坝强调"宜材适构"理念，注重就地取材，减少弃料，具有安全可靠、经济性好、施工工艺简单、速度快、环境友好等优点。胶凝砂砾石（cemented sand and gravel，简称 CSG）筑坝技术与碾压混凝土基本相同，主要区别是坝体断面设计、设计指标、防渗性能和配合比材料组成不同而已。

我国的胶凝砂砾石筑坝技术在原国际大坝委员会主席贾金生教授领导推动下，首创了中国胶结颗粒料坝新坝型及结构设计、材料制备和施工方法。胶凝砂砾石坝的设计理念与施工方法介于混凝土面板堆石坝和碾压混凝土坝之间，胶凝砂砾石筑坝技术与碾压混凝土筑坝技术类似，施工方法基本相同。胶凝砂砾石坝是碾压混凝土筑坝技术的一种延伸，其最大优势是拓宽了骨料使用范围，利用可能的当地材料，天然砂砾石混合料、开挖弃料或一般不用的风化岩石；且胶凝材料用量少，一般水泥 $50kg/m^3$ 以下，胶凝材料总量不超过 $100kg/m^3$；通过胶凝砂砾石配合比设计，经拌和、运输、入仓、摊铺碾压胶结成具有一定强度的干硬性坝体。由于粗骨料最大粒径可以达到 250mm 或 300mm，其压实层厚一般可达 40～60cm，可以显著加快施工速度。

胶凝砂砾石坝的坝体断面是设计的关键技术，与碾压混凝土坝和重力坝完全不同。胶凝砂砾石坝设计断面是典型的上下游相同坡度对称的坝，又称为梯形坝。其中，胶凝砂砾石坝上游坝坡宜缓于 1：0.3，下游坝坡宜缓于 1：0.5。胶凝砂砾石坝对称设计断面虽然增加了坝体碾压方量，但由于对称的胶凝砂砾石坝对材料的性能要求低于碾压混凝土坝，与碾压混凝土坝相比，工程总造价并不增加。对称胶凝砂砾石坝与传统重力坝之间的另一个重要区别在于基础部位的平均剪应力，胶凝砂砾石坝适合于强度较低的岩基，甚至是存在剪切面的基础。作用在基础上的垂直荷载相当均匀且不会因水库蓄水位的变化而过大变化，这是对称胶凝砂砾石坝与传统重力坝的基本区别，这对弹性模量较低的岩基尤其重要。因此，胶凝砂砾石坝可建在弱风化上部基岩上。在基础岩石较软弱时，对称胶凝砂砾石坝允许在不适宜修建传统重力坝的地方，可以修建这种"胶凝砂砾石坝"。胶凝砂砾石坝不宜设置纵缝，其最大的特点不需要温控措施。胶凝砂砾石坝建基面、岸坡部位、廊道、孔洞及设有钢筋的模板等部位，摊铺胶凝砂砾石由于振动碾无法直接碾压施工，可采用加浆振捣的方式进行施工。

2014 年水利部颁发了《胶结颗粒料筑坝技术导则》（SL 678—2014）。导则提出，对于永久工程，砂砾石最大粒径一般不宜超过 150mm，胶凝砂砾石拌制应采用拌和设备，以大产量、高效率的连续式拌和设备为宜。胶凝砂砾石压实层厚一般可达 40～60cm，可以显著加快碾压速度。采用胶凝砂砾石坝的主要优点是放宽了许多施工要求，如：①层面处理可降至最低限度，因只有抗剪切摩擦要求，不论是层间或施工缝均不进行任何特殊处理就可浇筑下一层；②现场碾压可不考虑骨料分离带来危害，因整体强度和防渗性能要求比较低；③水平层间缝的渗透不会危害到坝体的整体稳定，因为胶凝砂砾石坝与混凝土面板堆石坝类似，胶凝砂砾石坝的上、下游通常采用常态混凝土护面，因此在施工缝面和坝体上游区域施工面上不需铺设垫层料；④模板简单，由于不需要设置施工收缩缝，当上、下游坝面坡比较大时，上、下游面可采用混凝土预制模板或可移动的钢筋混凝土预制模板（即面板堆石坝采用的移动式挤压边墙钢筋混凝土预制模板）；⑤不需要温度控制，由于胶凝砂砾石水泥用量很低，其温升也很低。温度应力主要取决于筑坝材料的绝热温升与弹性模量，因此，胶凝砂砾石坝比碾压混凝土坝的温度应力要低，不需要设置横缝和进行温度控制；⑥胶凝砂砾石围堰优点。一般工程导截流时，混凝土和砂石料系统大都还没有投入使用；由于围堰的防渗要求较低，采用胶凝砂砾石坝施工省去了砂石料筛分系统、简化了拌和工艺、施工速度快、投资省。胶凝砂砾石坝抗冲能力强，透水性相对较大。因此，胶凝砂砾石坝尤其适合于在围堰工程中应用。

中国采用胶凝砂砾石筑坝技术始于 2004 年福建街面水电站下游量水堰和洪口水电站上游围堰。此后，胶凝砂砾石筑坝技术成功应用于功果桥水电站上游围堰、沙沱水电站下游围堰、大华桥水电站上游围堰等临建工程，胶凝砂砾石筑坝技术在围堰工程的研究应用，为胶凝砂砾石配合比设计、材料强度特性、拌和物拌制及碾压工艺等筑坝技术推广应用积累了宝贵的经验。功果桥水电站上游围堰采用胶凝砂砾石筑坝技术，胶凝砂砾石围堰断面为梯形设计，最大高度 50m，围堰顶长度 130m，胶凝砂砾石围堰上游面采用常态混凝土防渗，总方量约 9.7 万 m^3。功果桥上游胶凝砂砾石围堰于 2009 年 5 月建成，当年 8 月 5 日围堰经过 10 年一遇的洪水过流考验，围堰安然无恙。2009 年 6 月贵州乌江沙沱围堰采用胶凝砂砾石筑坝技术，胶凝砂砾石水泥用量 40～50kg/m^3，胶凝材料用量不超过 90kg/m^3，最大骨料达到 500mm，碾压层厚度 70cm，经过两个汛期，围堰运行良好。

2015 山西大同守口堡水库胶凝砂砾石坝是中国第一个永久性大坝工程，对推动中国水利水电工程筑坝新技术具有非常重要的现实意义。

1.3.4 堆石混凝土筑坝新技术

堆石混凝土（Rockfilled Concrete，简称 RFC），是利用高自密实混凝土的自密实和填注性能，填注自然堆积（或辅以人工堆积）的堆石体空隙，所形成的完整、密实、低水化热、具有设计强度的大体积混凝土。

堆石混凝土技术是由清华大学水利水电工程系金峰和安雪晖教授发明并获得国家发明专利授权的新型大体积混凝土施工技术。堆石混凝土施工首先将大粒径的块石自然堆积入仓，形成有空隙的堆石体，然后从堆石体的上部浇入专用自密实混凝土，利用其自有的高流动、抗离析、强充填性能，依靠自重完全充填堆石体空隙，形成完整、密实、低水化热的大体积混凝土。经过多年全面的试验研究和多个工程的实际应用，堆石混凝土技术的可行性和独特优势已得到广泛检验和证实。堆石混凝土技术施工工艺简单，综合单价低，水化温升低，易于现场质量控制，施工效率高，工期短，特别适合大体积混凝土工程应用。堆石混凝土充填试验表明，专用自密实混凝土具有优异的流动充填能力，能够将堆石体内部的空隙充填密实，充填过程中不发生离析泌水现象，粗骨料分布均匀，专用自密实混凝土与堆石界面的胶结致密浑然一体。堆石混凝土工程应用中的钻孔取芯、试坑检测、切块检测以及超声波无损探伤等检测，进一步验证了堆石混凝土在工程实践中的高密实度。由于堆石混凝土中堆石含量超过了 55％，所以其容重明显高于普通混凝土和混凝土砌石体，一般可达 2.5t/m³。堆石混凝土全尺寸力学性能试验研究，试验结果表明由于堆石骨架的作用，堆石混凝土在抗压、抗剪性能方面超过了用于充填的自密实混凝土，在轴向拉伸方面略低于专用自密实混凝土。堆石混凝土渗透系数试验和堆石混凝土切块（本体、施工热缝、施工冷缝）标准抗渗试验和实际工程中的钻孔压水试验结果表明，堆石混凝土具有良好的抗渗性能。

2014 年水利部发布《胶结颗粒料筑坝技术导则》（SL 678—2014）。导则体现了"宜材适构"的筑坝理念，为堆石混凝土筑坝技术提供了依据。其主要的技术要点：堆石料粒径不宜小于 300mm，当采用粒径为 150～300mm 的堆石料时应进行论证。堆石混凝土所用的高自密实混凝土的工作性能应采用坍落度试验、坍落度扩展度试验，坍落度指标 260～280mm，扩展度指标 650～670mm。堆石混凝土抗压强度等级宜按 90d 龄期高自密实性能混凝土 80％保证率的 150mm 立方体抗压强度确定，共分为 6 个等级，即 $C_{90}10$、$C_{90}15$、$C_{90}20$、$C_{90}25$、$C_{90}30$、$C_{90}35$。堆石混凝土宜设置防渗层，并对坝体与地基的连接进行防渗设计。采用自密实混凝土作为防渗层时，其厚度宜为 0.3～1.0m，宜配置温度钢筋，并与堆石混凝土一体化浇筑成型。堆石混凝土浇筑分层厚度不宜超过 2m。堆石料入仓堆好后，采用高自密实混凝土进行浇注，浇注时的最大自由落下高度不宜超过 5m。堆石混凝土收仓时，除达到结构物设计顶部以外，高自密性能混凝土浇筑宜适量块石高出浇筑面 50～150mm。

堆石混凝土已成功应用于北京某部军区蓄水池工程、山西恒山水库加固工程、山西清峪水库工程、山西围滩水电站工程、甘肃吉利水电站溢流坝工程、西藏藏木水电站工程、河北水沟口水库工程、黑龙江东升电站工程、福建洋庄防洪堤工程、四川向家坝水电站沉井回填工程、河南宝泉抽水蓄能电站工程、四川沙坪二级水电站工程、广州长坑水库三级水库重建工程、四川枕头坝一级水电站工程、山西赵家窑水库穿坝涵管封堵工程、陕西佰佳水电站 69m 堆石混凝土双曲拱坝泄洪、云南松林水库 90m 堆石混凝土重力坝等工程，据不完全统计，2005—2017 年间，已建成堆石混凝土重力坝、拱坝 40 余座，在建约 30 座。该技术在质量成本、工艺效率和节能环保等方面优势显著，除建设大坝以外，还可用于堤防、基础等工程建设，成功解决了水下浇筑、复杂裂隙充填等施工难题。堆石混凝土成果处于国际领先地位，目前已运用到国内外 100 多项工程建设中，取得了良好的技术经济效益。"堆石混凝土筑坝技术" 2016 年获教育部科技发明一等奖，2017 年再获国家发明二等奖。堆石混凝土技术将有力推动中国中小型水利工程及其他大体积混凝土施工技术的发展，具有广阔的应用前景。

1.3.5 砾石土心墙堆石坝新技术

在土石坝的各种坝型中，土质心墙堆石坝占有很大的比例。中国自 20 世纪 90 年代以来，高土质心墙堆石坝的发展速度有所加快。在土质心墙堆石坝的设计中，起防渗作用的心墙土料的选择与设计至关重要。作为土石坝防渗体的心墙土料，国内外实践中曾经用过残积土、风成土、冰碛土、洪积土、古河川沉积及近代河滩沉积土。砾石土在自然界分布广泛、储量丰富，具有压实性能好、填筑密度大、抗剪强度高、沉陷变形小、承载力高等工程特性，因此已经在土石坝防渗体中得到了较为广泛的应用。目前世界上高于200m的土石坝几乎无一例外均采用宽级配砾质土作防渗料。20世纪80年代后期，坝高101m的鲁布革心墙坝使用风化料填筑心墙是一个成功的开端。

随着筑坝技术的发展及大型施工机械的应用，原有的《碾压式土石坝施工规范》部分条款不能适应砾石土心墙堆石坝的施工。为此，国家能源局于2012年1月颁发了《水电水利工程砾石土心墙堆石坝施工规范》（DL/T 5269—2012）。本规范标准总结了硗碛、毛儿盖、狮子坪、瀑布沟、糯扎渡等砾石土心墙堆石坝工程施工经验及相关成果，反映了中国砾石土心墙堆石坝工程施工的水平，涵盖了砾石土心墙堆石坝工程中有关施工、安全、质量检验等所需的项目、条款和内容，对工程施工和质量保证具有一定的指导意义和实用价值。标准填补了国内无砾石土心墙堆石坝的专业施工规范的空白。

糯扎渡心墙堆石坝最大坝高261.5m，为砾质土料直心墙土石坝，在已建同类型坝中居亚洲之首、世界第三。心墙防渗土料由风化混合土中掺入35％人工碎石拌和而成，混合土料最大粒径150mm，掺入碎石最大粒径120mm，心墙填筑总量约468万m³。人工掺砾技术应用于300m级高土石坝，在国内属首次，在国际上也不多见，土料粒径大、压实功能高、填筑量大，其技术难度已超出现行规范和工程实践。

由于工程界对超大粒径掺砾土料的压实特性、压实标准和检测方法等领域的研究和实践有限，课题组依托糯扎渡心墙堆石坝工程开展技术攻关。项目研制出目前国内外直径最大的600mm自动击实仪，首次对超大粒径掺砾土料进行了 ϕ600mm超大型、ϕ300mm大型、ϕ152mm中型系列击实试验研究，首次全面掌握了超大粒径掺砾土料击实特性，形成了以掺砾土料最大干密度与含砾量的关系曲线为主的压实特性成果；首次以20mm为粗细料分界，揭示了掺砾土全料、细料压实度对应关系和填筑压实标准；依靠工程实际，首次提出了全料压实度预控线检测法；改进创新了小于20mm以下细料压实度三点快速击实法，使掺砾土料压实度检测时间大为缩短，满足了高强度机械化施工的要求，确保了心墙填筑质量；研制了可移动多功能检测车，优化了心墙堆石坝质量检测流程，提高了质量检测工作效率。

1.4 大坝与水工混凝土新技术

1.4.1 大坝是极为重要的挡水建筑物

大坝是水利水电工程极为重要的挡水建筑物，在水资源的利用开发中发挥着极其重要的作用；水工混凝土是水工建筑物重要的建筑材料，其作用是其他材料无法替代的。举世瞩目的三峡工程开创了中国乃至世界水利水电工程的许多第一，是大坝与水工混凝土新技术发展的里程碑。

大坝混凝土是水工大体积混凝土的典型代表。水工混凝土具有长龄期、大级配、低坍落度、掺掺合料和外加剂、低水化热、温控防裂要求严、施工强度高等特点，与普通混凝土、公路混凝土、港工混凝土等混凝土明显不同。水工混凝土工作环境复杂，需要长期在水的浸泡下、高水头压力下、高速水流的侵蚀下以及各种恶劣的气候和地质环境下工作，为此水工混凝土耐久性能（主要以抗冻等级 F 表示）比其他混凝土要求更高。不论在温和、炎热、严寒的各种恶劣环境条件下，其可塑性、使用方便、经久耐用、适应性强、安全可靠等优势是其他材料无法替代的。

朱伯芳、张超然院士主编的《高拱坝结构安全关键技术研究》中指出：每次强烈地震后，都有不少房屋、桥梁严重受损，甚至倒塌，但除了 1999 年中国台湾"9·21"大地震中石冈重力坝由于活动断层穿过坝体而有三个坝段破坏外，至今还没有一座混凝土坝因地震而垮掉，许多混凝土坝遭受烈度为Ⅷ、Ⅸ度的强烈地震后，损害轻微，可以说在各种土木水利地面工程中，混凝土坝是抗震能力最强的。

随着大坝与水工混凝土新技术的发展，有力地推动了筑坝技术发展，加快了建坝速度，缩短了建坝周期。根据中国水电水利规划设计总院统计资料分析，混凝土坝的建设周期，百米级混凝土坝，20 世纪 80 年代，中国一般为 9～10 年，国外 17 年；到了 20 世纪 90 年代，中国建坝速度显著加快，建坝周期平均为 4.7 年。

改革开放以来，中国的发展取得了举世瞩目的辉煌成就，在土木工程建筑方面，短短 30 多年的时间建设了大量住房，建设了许多世界级水平的超级工程：高速铁路、高速公路、大型桥梁、跨海大桥、超高大坝、巨型水电站、五级船闸、巨型升船机、南水北调等工程，令世界为之震惊！在取得辉煌成就的同时，我们也清醒的认识到，部分建筑物的质量和使用寿命令人担忧，达不到设计要求的使用年限。有关资料表明，中国建筑物的寿命 35～70 年，西方国家一般为 70 年，英国的建筑物一般超过 120 年，比如上海外滩的建筑物，距今已经超过 110 多年，仍然完好无缺，值得深思！

大坝是极为重要的水工建筑物，其质量安全、长期耐久性和使用寿命直接关系到社会、经济和环境的发展。影响工程质量的因素很多，涉及政策、标准、设计、科研、施工、监理和建设管理等诸多方面，但是科学技术是第一生产力将发挥着决定作用。

1.4.2 水利水电工程标准的统一与顶层设计

技术标准是一个国家技术进步的具体体现，特别在当今激烈的市场竞争中，标准的制定显得尤为重要。"得标准者得天下！"这句话揭示了标准举足轻重的影响力。而在中国企业"走出去"的过程中，输出"中国标准"一直都被视为最高追求，这方面中国高铁标准已经成为世界标准的主导者。

中国由于电力体制的改革以及标准归属政府行为，取消了原水利电力部颁发的 SD（水利水电）和 SDJ（水利水电建设）近 300 项标准，导致了水利水电工程标准各自为政的局面，被分割为水利行业 SL 标准及电力行业 DL 标准，水利水电工程标准条块分割、各自为政的局面，给设计、科研、施工及管理等方面带来诸多不便，给"一带一路"倡议、"走出去"战略和互联互通带来一定的负面影响，严重制约阻碍了中国水利水电工程标准成为国际标准，与中国水利水电大国、强国的地位极不相符。

水利水电工程不可分割的属性决定了标准的统一性，这也为世界发达的欧美等西方先进国家所证明。欧美、日本等国家成为世界发达国家和强国与先进的技术标准分不开，先进的技术标准是工业化、现代化的科学基石。已故两院院士潘家铮生前指出："一个国家的技术标准既是指导和约束设计、施工及制造行业的技术法规，也是反映国家科技水平的指标，所以其编制和修订工作至关重要。水电行业既是广义的水利工程的一部分，又和电力行业有紧密的联系。"

水利水电工程标准的统一直接关系到国家的战略发展，已经到了刻不容缓的时候，需要从顶层设计入手，不断深化改革。水利水电工程标准的统一要像中国海警合并、南车北车合并一样，把原来各自为政的部门合并为一个，形成可持续发展和维护国家主权利益的合力，要像中国高铁标准成为世界标准。水利水电工程标准的统一和成为世界标准将具有极其重要的现实意义和深远历史意义。

1.4.3 大坝混凝土材料及分区设计优化

大坝混凝土材料及分区设计是混凝土坝设计极为重要的内容之一，其设计合理与否，不但可以简化施工，加快施工进度，还密切关系到大坝混凝土的温控防裂、整体性能和长期耐久性。

大坝混凝土设计指标是水工混凝土原材料选择和配合比设计的依据，通过大坝混凝土配合比设计、试验研究，使新拌混凝土拌和物性能在满足施工要求的前提下，保证大坝混凝土强度、耐久性、变形、温度控制等性能满足设计要求。国内水利水电工程大坝混凝土材料及分区设计呈现过于复杂的状况，坝体材料分区及混凝土设计指标设计的过细过多，反而对坝体的整体性不利，也不利于大坝快速施工。在大坝混凝土设计龄期上，由于相同的大坝如果采用不同的水利（SL）或电力（DL）标准，混凝土设计龄期则完全不同。比如碾压混凝土抗压强度，采用水利（SL）标准设计的碾压混凝土坝，碾压混凝土抗压强度采用 180d 设计龄期。而采用电力（DL）标准设计的碾压混凝土坝，碾压混凝土抗压强度基本采用 90d 设计龄期。大坝混凝土设计龄期采用 90d 或 180d 不是一个单纯的选用问题，设计需要针对大坝混凝土水泥用量少、掺合料掺量大、水化热温升缓慢、早期强度低等特点，应充分利用水工混凝土后期强度，可以有效简化温度控制措施，有利大坝温控防裂。比如在材料分区上，拉西瓦、向家坝及金安桥等混凝土坝，进行了不同的优化和技术创新，取得了十分显著的技术和经济效益。

1.4.4 水工混凝土原材料新技术研究与应用

水工混凝土原材料优选，直接关系到水工建筑物的强度、耐久性、整体性和使用寿命。低热水泥、Ⅰ级粉煤灰、组合骨料、石粉含量、高性能外加剂及 PVA 纤维等原材料新技术在大坝混凝土中的研究与应用，对提高水工混凝土施工质量和温控防裂是一次质的飞跃。

我国大坝工程主要以中热硅酸盐水泥为主，从三峡工程开始，对中热硅酸盐水泥的比表面积、MgO 含量、水化热、熟料中的矿物组成等提出了比标准更严格的内部控制指标。中国建筑材料科学研究总院在国家"九五""十五"攻关期间，联合中国长江三峡集团公司、四川嘉华企业（集团）股份有限公司等成功开发出高贝利特水泥，即低热硅酸盐水泥。该成果属国内首创，在国际上也处于领先水平。低热硅酸盐水泥又称高贝利特水泥（High Belite Cement，简称 HBC），属于硅酸盐水泥体系，其熟料矿物种类与通用硅酸盐水泥相同，区别于通用硅酸盐水泥的显著特征是：低热硅酸盐水泥熟料是以硅酸二钙

（C_2S）为主导矿物，C_2S 含量大于 40％。由于 C_2S 中 CaO 含量低，故其水化时析出的 $Ca(OH)_2$ 比 C_3S 少，C_2S 水化放热仅为 C_3S 的 40％，且最终强度与 C_3S 持平或超出，所以低热硅酸盐水泥具备低水化热、后期强度增进率大、长期强度高等特点。低热硅酸盐水泥的研制成功，为开发新型低热高性能大坝混凝土提供了基础。

掺合料是水工混凝土胶凝材料重要的组成部分。随着掺合料技术的不断发展，掺合料种类已经从粉煤灰发展到硅粉、氧化镁、粒化高炉矿渣、磷矿渣、火山灰、石灰石粉、凝灰岩、铜镍矿渣等品种。为此，水利水电工程先后制定颁发了有关掺合料技术标准，《水工混凝土掺用粉煤灰技术规范》（DL/T 5055—2007）、《水工混凝土硅粉品质标准暂行规定》（水规科〔1991〕10 号）、《水工混凝土掺用氧化镁技术规范》（DL/T 5296—2013）、《用于水泥和混凝土中的粒化高炉矿渣粉》（GB/T 18046—2000）、《水工混凝土掺用磷渣粉技术规范》（DL/T 5387—2007）、《水工混凝土掺用天然火山灰质材料技术规范》（DL/T 5273—2012）、《水工混凝土掺用石灰石粉技术规范》（DL/T 5304—2013）等标准，为水工混凝土掺合料的使用提供了技术保障和广阔的应用前景。

外加剂已成为除水泥、骨料、掺合料和水以外的第五种必备材料。近年来，第三代聚羧酸高性能外加剂在水利水电工程已经使用，为此，新修订的《水工混凝土外加剂技术规程》（DL/T 5100—2014）规定，高性能减水剂减水率不小于 25％，含气量小于 2.5％，对 1h 经时变化量提出更高的标准要求。高性能聚羧酸减水剂在白鹤滩、乌东德泄洪洞、尾水洞大量成功应用，混凝土质量优良，表面无气泡。但聚羧酸高性能减水剂在大坝混凝土中应用目前还未获得成功，还需要不断进行试验研究，使高性能外加剂尽快与大级配、贫胶凝材料的大坝混凝土性能相适应。

1.4.5 大坝混凝土施工配合比试验研究

水工混凝土配合比设计其实质就是对混凝土原材料进行的最佳组合。质量优良、科学合理的配合比在水工混凝土快速筑坝中占有举足轻重的作用，具有较高的技术含量，直接关系到大坝质量和温控防裂，可以起到事半功倍的作用，获得明显的技术经济效益。水工混凝土除满足大坝强度、防渗、抗冻、极限拉伸等主要性能要求外，大坝内部混凝土还要满足必要的温度控制和防裂要求。从三峡大坝开始，逐步确立了大坝混凝土施工配合比设计"三低两高两掺"的技术路线特点，即低水胶比、低用水量和低坍落度，高掺粉煤灰和较高石粉含量，掺缓凝减水剂和引气剂的技术路线，有效改善了大坝混凝土性能，提高了密实性和耐久性，降低了混凝土水化热温升，对大坝混凝土的温控抗裂十分有利。

大坝混凝土施工配合比试验是在施工阶段进行的试验，试验采用加工的成品骨料和优选确定的水泥、掺合料、外加剂等原材料，保证了施工配合比参数稳定，具有可靠的操作性，组成材料用量准确，砂率波动极小，用水量可以控制到 $1kg/m^3$，使新拌混凝土坍落度或 VC 值始终控制在设计的范围内，为混凝土拌和控制和施工浇筑提供了可靠的保证。

大坝混凝土施工配合比试验应以新拌混凝土性能试验为重点，要求新拌混凝土具有良好的工作性能，满足施工要求的和易性、抗骨料分离、易于振捣或碾压、液化泛浆好等性能，要改变配合比设计重视硬化混凝土性能、轻视拌和物性能的设计理念。大坝混凝土采用 90d 或 180d 设计龄期，故配合比试验周期较长。所以，大坝混凝土配合比试验需要提前一定的时间进行。并要求试验选用的原材料尽量与工程实际使用的原材料相吻合，避免由于原材料"两张皮"现象，造成试验结果与实际施工存在较大差异的情况发生。

1.4.6　提高混凝土抗冻等级技术创新研究

水工混凝土耐久性主要用抗冻等级进行衡量和评价，抗冻等级（F）是水工混凝土耐久性极为重要的控制指标之一，不论是南方、北方或炎热、寒冷地区，水工混凝土的设计抗冻等级大都达到或超过 F100、F200、F300，严寒地区的抗冻等级甚至达到 F400，今后要求会更高。而混凝土含气量与混凝土耐久性能密切相关，但新拌混凝土出机含气量与实际浇筑后的混凝土含气量存在很大差异，反映在硬化混凝土含气量达不到设计要求。在对已建的水工混凝土建筑物钻取混凝土芯样进行抗冻试验时，芯样的抗冻试验结果比室内抗冻试件的抗冻试验结果要低得多，这是大量的已建工程普遍存在切不可忽视的现象，严重影响建筑物的耐久性能。

提高水工混凝土抗冻等级耐久性试验研究课题依托拉西瓦高拱坝工程，经过三年大量探索试验研究，成果表明：掺稳气剂 WQ-X 后，混凝土经冻融试验后，抗冻等级达到 F550 以上，比掺常规引气剂的混凝土抗冻等级提高了 80% 以上。提高混凝土抗冻等级现场试验，在不改变试验条件、混凝土配合比和拌和楼设施的情况下，在混凝土中掺入微量的自主研发的稳气剂 WQ-X 稳气剂后，硬化混凝土气泡个数明显增多、气泡间距系数变小、平均气泡直径变小，显著改变了硬化混凝土气孔结构，对提高混凝土抗冻、抗渗等性能十分有利。同时现场应用表明，掺稳气剂混凝土坍落度、含气量经时损失很小，混凝土入仓经机械振捣后，含气量仍能满足设计要求，比不掺稳气剂混凝土的抗冻、抗渗性能大幅度提高。提高混凝土抗冻等级是一项重大技术创新发明，具有非常重要的现实意义。

1.4.7　水工泄水建筑物抗冲磨混凝土关键技术

我国从 20 世纪 60 年代就开始进行抗冲磨材料的应用研究，主要有三类：高强混凝土、特殊抗冲磨混凝土和表面防护材料。在抗冲耐磨材料的发展历史中，各种材料相继出现，并应用于水利水电工程，它们各有自己的优缺点。从应用的历史过程看，工程中普遍认为用高强度混凝土来提高泄水建筑物的抗冲磨防空蚀能力是一个基本途径。

第一代硅粉混凝土技术始于 20 世纪 80 年代，其强度和耐磨性很高，但在应用过程中存在着一定的缺陷。我国 80 年代开始应用硅粉混凝土时，采用单掺硅粉，掺量大，一般掺量达 10%～15%，由于受当时外加剂性能制约，硅粉混凝土用水量大，胶材用量多，新拌混凝土十分黏稠，表面失水很快，收缩大，极易产生裂缝，且不易施工。第二代硅粉混凝土技术是从 20 世纪 90 年代开始，聚羧酸等高效减水剂应用，降低了单位用水量，有的在硅粉混凝土中掺膨胀剂，进行补偿收缩，抗裂性能有所改善。由于膨胀剂的使用必须是在有约束的条件下才能有效果，掺膨胀剂对抗磨蚀混凝土的使用效果并不十分理想。第三代硅粉混凝土技术从 21 世纪初开始，首先降低硅粉掺量，一般掺量为 5%～8%，复掺Ⅰ级粉煤灰和纤维，采用高效减水剂，其性能得到较大提高，但施工浇筑过程中新拌硅粉混凝土的急剧收缩、抹面困难和表面裂缝等问题还是一直未能很好解决。

20 世纪 90 年代开始，HF 高强耐磨混凝土作为一种新型的抗冲磨混凝土被广泛应用。

HF 混凝土是继硅粉混凝土之后开发出的新型抗冲耐磨混凝土护面材料，已经在 300 多个水利水电工程中广泛使用，目前已经被两个行业（SL，NB）的《水闸设计规范》采纳或推荐，被《水工隧洞设计规范》SL 推荐为多泥沙河流使用效果好的护面材料。HF 混凝土跳出传统的只关注混凝土高强度和耐磨较优的选择护面混凝土的观念和做法，通过对高速水流护面混凝土破坏案例及破坏原因的科学分析，认为高速水流护面问题的解决，从材料方面来讲，在保证一定的耐磨强度的情况下，首先是解决好混凝土的抗冲破坏问题，而抗冲破坏主要由护面的结构缺陷和材料的缺陷决定。在结构设计、材料选择、配合比试验及施工质量控制等诸多环节中，消除其可能引起抗冲缺陷的因素，才能可靠地解决好护面混凝土的抗冲问题和耐久性问题。对于空蚀破坏的预防方面，也是通过研究科学合理的施工工艺和质量控制方法，确保混凝土护面达到设计要求的平整度和流线型，防止护面混凝土引起空蚀问题的发生。

1.4.8　大坝混凝土施工质量与温控防裂关键技术

大坝是水工建筑物中最为重要的挡水建筑物工程。特别是进入 21 世纪，中国的高坝大库建设越来越多，大坝混凝土施工应用的新材料、新工艺、新技术、新设备越来越多，低热水泥全坝应用，Ⅰ级粉煤灰大掺量使用，石粉在混凝土中的作用，大型自动化混凝土拌和系统，预冷混凝土骨料风冷技术，混凝土水平及垂直运输入仓技术，施工缝面采用富浆混凝土、高流态混凝土、掺纤维混凝土技术，4.5m 升层混凝土浇筑、大型平仓振捣设备、仓面喷雾保湿、坝面覆盖保护及个性化通水冷却等新技术不断发展，特别是大坝混凝土施工信息化、可视化、智能化等数字大坝、智能大坝新技术创新，为大坝混凝土快速施工、质量控制和温控防裂提供了强有力的技术保障。

大坝的质量安全，一方面影响到建筑物的安全运行和使用寿命；另一方面直接关系到国家和人民生命财产的安全。因此，任何大坝混凝土施工都必须强调"百年大计，质量第一"，三峡、白鹤滩等大坝更是"千年大计、质量第一"。所以，大坝混凝土施工质量控制具有十分重要的现实意义。

混凝土坝是典型的大体积混凝土，温控防裂问题十分突出，所谓"无坝不裂"的难题一直是坝工界研究的重点课题。原材料优选和大坝混凝土施工配合比设计是温控防裂十分关键的技术措施之一，配合比优化可以有效降低大坝混凝土水化热温升，提高混凝土材料自身的抗裂能力；风冷骨料是控制拌和楼出机口混凝土温度的关键，对粗骨料进行降温主要采取风冷骨料措施，可以有效控制新拌混凝土出机口温控；通水冷却是降低大坝内部混凝土温升最有效的措施，大坝混凝土通水冷却分为三个阶段，即初期、中期及后期冷却。最新修订的《水工混凝土施工规范》（DL/T 5144—2015）规定：若采用中期冷却时，通水时间、流量和水温应通过计算和试验确定。水温与混凝土温度之差不宜大于 20℃；重力坝日降温速率不宜超过 1℃，拱坝日降温速率不宜超过 0.5℃。

大坝表面全面保温是防止混凝土裂缝的关键。三峡三期工程在大坝混凝土表面保温方面吸取了三峡二期工程中的一些经验教训，注重研究了不同保温材料的保温效果。三峡右岸三期工程大坝采用聚苯乙烯板及发泡聚氨酯两种新型保温材料，没有发现一条裂缝，这一实践证明，表面保护是防止大坝裂缝极为重要的关键措施。

1.4.9 智能大坝建设新技术与实施方案探讨

智能大坝是以数字大坝为基础，以物联网、智能技术、云计算与大数据等新一代信息技术为基本手段，以全面感知、实时传送和智能处理为基本运行方式，对大坝空间内包括人类社会与水工建筑物在内的物理空间与虚拟空间进行深度融合，建立动态精细化的可感知、可分析、可控制的智能化大坝建设与管理运行体系。

"数字大坝"主要功能是以采集、展示、分析为主，以控制为辅；随着系统开发的深入，以混凝土无线测温系统、混凝土智能通水冷却控制系统、混凝土智能振捣监控系统、人员安全保障管理系统等为主的智能控制系统相继建成，实现了信息监测和控制的自动化、智能化，完成了"数字大坝"向"智能大坝"的跨越，形成了以智能大坝建设与运行信息化平台（iDam）为智能化平台，以智能温控、智能振捣和数字灌浆等成套设备为智能控制核心装置的大坝智能化建设管理系统。

智能大坝主要以 BIM（建筑信息模型）技术为主。BIM 技术是以建筑工程项目的各项相关信息数据作为模型的基础，进行建筑模型的建立，通过数字信息仿真模拟建筑物所具有的真实信息。它具有信息的可视化、协调性、模拟性、优化性、可出图性、一体化性、参数化性和信完备性等 8 大特点。2016 年国家颁发了《建筑信息模型应用统一标准》（GB/T 51212—2016），于 2017 年 7 月 1 日实施。该标准是我国第一部建筑信息模型应用的工程建设标准，提出了建筑信息模型应用的基本要求，是建筑信息模型应用的基础标准，可作为我国建筑信息模型应用及相关标准研究和编制的依据，为智能大坝建设提供了技术保障。

智能大坝建设新技术与实施方案依托白鹤滩水电站工程。白鹤滩水电站是目前全球在建规模最大的水电工程，工程综合技术难度冠绝全球，凝聚了世界水电发展的顶尖成果，堪称水电工程的时代最高点。

第 2 章

水利水电工程标准的统一与顶层设计

2.1 概　　述

2.1.1 标准的重要意义

科学技术是第一生产力。标准是一个国家科学技术进步的具体体现，在当今激烈的市场竞争中，标准的制定显得尤为重要。正如人们常说的"一流企业定标准、二流企业卖技术、三流企业做产品"，确立标准是企业做大做强的不变信条，这是经济发展的普遍规律。标准之争其实质是市场之争，谁掌握了标准，就意味着先行拿到市场的入场券，进而从中获得巨大的经济利益，甚至成为行业的定义者。从某种意义上说，如果没有标准就意味着你将永远跟在别人的屁股后面学，而且还要缴纳昂贵的"学费"，这方面的经验教训不胜枚举。事实上，正是由于英特尔确立了中央处理器（CPU）标准、微软把持了操作系统的标准、苹果主导了手机应用标准，这些巨头才能牢牢掌握国际市场竞争和价值分配的话语权。而作为国际贸易的"通行证"，标准认证是消除贸易壁垒的主要途径。据经济合作与发展组织和美国商务部的研究表明，标准和合格评定影响了80%的世界贸易。

公元前229年秦始皇平六国统一中国后，首先颁发"一法度、衡石、丈尺。车同轨，书同文字"。他为了巩固新建立的统一王朝，下令以秦小篆为统一文字，以秦的圆形货币"秦半两"为统一货币，以秦的度量衡为全国统一的计量标准。从而便利了各地的经济文化交流。正是由于秦始皇统一文字，使中华民族多次从分裂的状态下始终走向统一。

《现代汉语字典》的编撰是在新中国成立后，按照国务院的指示，成立了专门的编写机构——中国社会科学院语言研究所词典编辑室，以规范性、科学性和实用性为突出特点，在海内外享有盛誉，荣获我国图书最高奖——第一届国家图书奖、第二届国家辞书奖一等奖。特别是《现代汉语字典》在汉语拼音字母的注音中采用了英文字母，解决了计算机汉字输入转化难题，为现代信息化大数据时代的应用发挥了意想不到的超前重要作用。

2.1.2 中国高铁标准

"得标准者得天下。"这句话揭示了标准举足轻重的影响力。而在中国企业"走出去"的过程中，输出"中国标准"一直都被视为最高追求，这方面中国高铁标准已经成为世界标准的主导者。近年来,中国高铁在中国政府的高度重视和大力推动下,实现了快速发展。到 2016 年底,中国铁路营业里程达 12.4 万 km,居世界第二位;高铁营业里程突破 2.2 万 km,居世界第一位。中国已建成世界上最现代化的铁路网和最发达的高铁网。根据新修订的国家《中长期铁路网规划》(2016—2030 年),规划了新时期"八纵八横"高速铁路网的宏大蓝图。预计到 2020 年,全国高速铁路将由 2015 年底的 1.9 万 km 增加到 3 万 km。为适应中国这种国情、路情的动车标准,从 2012 年开始,中国铁路总公司在中国开展了"中国标准"动车组研制工作。中国幅员辽阔,地形复杂,气候多变,被极寒、雾霾、柳絮、风沙"淬炼"出的"中国标准"正超越过去的"欧标"与"日标",中国高铁标准已占世界标准的 84%,被越来越多的国家采用,中国高铁也从中国制造,迈向中国创造,取得一系列自主创新成果,中国高铁技术水平迈入世界先进行列,部分技术处于世界领先水平。中国高铁已成为闪耀世界的国家名片,在国际上受到广泛赞誉。

同样,在数字电视领域,中国数字电视标准成为国际电信联盟国际标准后,已被全球 14 个国家采用,覆盖全球近 20 亿人口,带动了中国多个数字电视品牌走出国门。

如今,中国在国际标准制定方面的影响力和话语权日益增强,由中国提出和主导制定的国际标准数量逐年增加。截至 2016 年 5 月,中国已有 189 项标准提案成为国际标准化组织 ISO 的国际标准,特别是在高铁、核电、通信、汽车等领域,中国在国际标准上实现了从跟随到引领的跨越。随着越来越多的"中国标准"成为"世界标准",有外国媒体曾这样报道,"包括高铁、核能等在内的中国高端制造业正在迅速扩展世界市场,由此带来的是'中国行业标准成为世界标准'"。中国是全球第二大经济体、第一大货物贸易国,中国作为国际标准化组织 ISO 常任理事国,在国际标准制定和促进世界经济合作、互联互通中扮演着愈发重要的角色。如今的中国正在大力推进标准化改革发展,国家标准、行业标准和地方标准总数超过 10 万项,企业标准超过百万项,已经基本形成覆盖一、二、三产业和社会事业各领域的标准体系。

加快中国标准"走出去",不断提升的影响力也意味着更大的全球责任。根据《标准联通"一带一路"行动计划(2015—2017)》,中国将加快制定和实施中国标准"走出去"工作专项规划,助推国际装备和产能制造合作。在电力、铁路等基础设施领域,高端装备制造、生物、新能源等新兴产业领域以及中医药、烟花爆竹、茶叶等传统产业领域,推动共同制定国际标准;同时,在设施联通、能源资源合作等方面,组织翻译 500 项急需的中国国家、行业标准外文版,促进"中国标准"的对外传播。当前中国正在深化标准化工作改革,鼓励各利益相关方积极参与国际标准化活动,通过实现标准化合作助推世界各国间经济贸易合作,充分发挥标准化在推进"一带一路"建设中的基础和支撑作用。

2.1.3 中国水利水电工程标准现状

进入 21 世纪,随着改革开放的不断深化,中国的水利水电工程项目市场开发已经分配完毕,由于国内市场相对较小,也相对封闭,发展空间有限,而世界的市场不仅广阔,还几乎是开放的,所以"走出去"战略和"一带一路"倡议,提出了共商、共建、共享、共创未来,实现全球化、互联互通、建设人类命运共同体的发展方向。开放带来进步,封闭带来落后。一带一路沿线建设,基础设施的能源建设十分重要,也为中国水利水电发展提供了机遇，所以水利水电工程标准的统一放眼全球是历史的必然。

中国的水利水电工程技术标准虽然齐全，但由于条块分割，把各自封闭在自己的小圈子范围里。与欧美国家相比，中国水利水电工程技术标准存在着长期性、连续性、系统性、全面性以及按期修订等方面的明显不足。比如，相同的水利水电工程采用的《混凝土重力坝设计规范》《混凝土拱坝设计规范》《水工混凝土结构设计规范》《水工混凝土施工规范》《水工混凝土试验规程》《混凝土面板堆石坝设计规范》《混凝土面板堆石坝施工规范》等，被分为水利行业（SL）标准和电力行业（DL）标准（现在的能源 NB 标准），呈现出一种乱象。水利水电工程标准各自为政，导致标准基本的术语符号、混凝土强度符号、设计指标、目次章节等的不一致，给设计、科研、施工及管理带来了许多不便，直接影响到国家"走出去"战略和"一带一路"倡议的重大方针，与国家全面深化改革的体制极不相符。

1979 年改革开放初期，第二次成立电力工业部（1979—1982 年）、第三次成立水利电力部（1982—1988 年），原水利电力部 1978—1979 年和 1982—1988 年及能源部 1988—1990 年颁发的水利水电 SD、SDJ 标准近 300 项。1988 年水利电力部等部委撤销，组建了能源部和水利部；1993 年 3 月，能源部等 7 个部委撤销，组建电力工业部等部委；1997 年 1 月，国家电力公司正式成立；1998 年 3 月，电力工业部撤销，电力行政管理职能移交国家经贸委。

水利部首先于 1988 年开始采用了水利行业 SL 标准编号；水电行业也于 1993 年开始采用电力行业 DL 标准编号。同时取代了原水利电力部颁发的水利水电 SD、SDJ 行业标准，开始了水利水电工程 SL、DL 行业标准各自为政、条块分割的局面。

作者参加了国内水利水电工程部分标准的制定、修订和审查工作，感慨颇多。中国的水利水电工程标准的制定和修订存在着资金投入少、试验及调研不全面、专家范围面窄、受到行业局限性束缚，标准的修订未持开放性，不能集思广益，不能广泛吸收工程实践经验的行业专家参加形成合力。而且标准的修订不及时，往往滞后于 5 年。

2.1.4 欧美等先进国家标准的制定

欧美、日本等国家成为世界发达国家和强国与先进的技术标准分不开，先进的技术标准是工业化、现代化的科学基石。西方及发达国家无不重视标准的制定和修订，其主要由工业协会、土木学会等组织进行。特别是美国、德国为首的发达国家的标准，具有很强的先进性、创新性和可操作性。

美国试验与材料学会国际组织（ASTM International），是世界上最大的制定自愿性标准的组织，成立于 1898 年。美国陆军工程兵团（USACE）成立于 1866 年，是世界最大的公共工程、设计和建筑管理机构，其 USACE 水电工程标准体系在水电工程勘察、设计、施工等各方面研究、开发和应用上均处于世界领先水平。英国 BS 标准是由英国标准学会（Britain Standard Institute，简称 BSI）制订的。BSI 是在国际上具有较高声誉的非官方机构，1901 年成立，是世界上最早的全国性标准化机构，它不受政府控制但得到了政府的大力支持，制定和贯彻统一的英国 BS 标准。法国的 NF 标志是产品认证制度。NF 是法国标准的代号，其管理机构是法国标准化协会（AFNOR）。法国 NF 标志于 1938 年开始实行。日本混凝土标准（JIS），均采用 JIS 标准。

德国 DIN 标准的特点是严谨、具体，标准中技术指标、代号、编号明确、详尽，因此无论对生产和使用方在验收和接受产品时双方易便于沟通，可操作性强。德国是欧洲标准化委员会 CEN（European Committee for Standardization）的 18 个成员国之一。德国 DIN 标准在 CEN 中起着重要的作用，CEN 中有 1/3 的技术委员会秘书国由德国担任。在欧洲标准 EN 表决通过时，采用加权票计数，德国拥有 10 票，是 CEN 成员国中拥有加权票数最多的国家之一。1991 年维也纳协定确定了国际标准化组织 ISO（International Organization for Standardization）和 CEN 之间的技术合作关系和合作内容，作为在 CEN 中起着重要作用的德国当然不容置疑地也在国际标准化中起着重要作用。DIN 是国际标准化组织 ISO 和国际电工组织 IEC 两大国际标准化组织的积极支持者，在 ISO 和 IEC 标准中有不少是 DIN 推荐的，随着欧洲标准不断采用国际标准，也推进了 DIN 标准采用国际标准的工作。

2.1.5　水利水电工程标准的统一刻不容缓

中国水利水电工程标准各自为政、条块分割的局面，将妨碍和制约水利水电技术进步，与水利水电工程的特点不符。标准的各自为政，一是造成使用混乱和不方便；二是不能全面涵盖中国水利水电工程技术水平；三是成为制约世界标准的拦路虎。水利水电工程采用两套甚至三套（SL、DL 或 NB）标准，许多方面国人都不好理解执行，更不要说标准在国外使用和执行的难度。水利水电工程的不可分割性决定了规范标准的统一性，这也为世界发达的西方先进国家所证明。

在技术标准制定方面我们可以借鉴欧美等国家标准体系，这些先进国家的 ASTM、USACE、BS、NF、DIN、JIS 等技术标准的制定、使用和修订长达 100 多年，有着良好的系统性、长期性和连续性。反观中国的水利水电工程技术标准，从 SD、SDJ 标准到 DL、SL 标准，没有形成合力，不但系统性、统一性不足，而且还存在相互矛盾的地方。水利水电工程标准统一的问题，不是个单纯的行业标准问题，它与中国加入 WTO 和改革开发的大政不符，与中国水电大国、强国的地位不相称，水利水电工程标准的政出多门需要深刻反思。

解放思想、更新观念，更多方面的改革是要打破固有利益格局，调整利益预期。这既需要政治勇气和胆识，同时还需要智慧和系统的知识。

中国的水利 SL 行业标准与电力 DL 行业标准大多为推荐性标准，并非强制标准，对标准要不断有所突破，有所创新，与时俱进，以改革开放促进水利水电技术创新和可持续发展。随着科学技术进步标准需要不断进行修订，一般先进国家的技术标准修订周期为 5 年，而中国的技术标准修订往往滞后于 5 年，加之政府行为，更是技术标准审批发布严重滞后，需要认真研究和反思，为中国水利水电工程标准的统一性、先进性、系统性和及时修订搭建一个良好的平台。

中国从 20 世纪 90 年代末开始，建设了举世瞩目的三峡、南水北调、锦屏一级等世界级水平的水利水电超级工程，但中国水利水电工程标准还处于各自为政的局面，与中国世界水电大国、水电强国的地位极不相符，与经济全球化和市场一体化的大趋势格格不入。

中国水利水电工程标准的统一要从顶层设计着手，尽快实现水利水电工程的国际标准，已经到了刻不容缓的地步，这是中国水利水电深化改革，优化产业布局及"走出去"战略和"一带一路"倡议发展的必然趋势。

水利水电工程 SL 与 DL 标准在未统一之前，首先对相同的章节、术语、符号及条款实行统一（比如坝高的划分、混凝土强度等级等），避免标准的相互掣肘。

水利水电工程标准的统一应该向"中国海警""中国高铁"等行业学习。要像中国海警一样，将原来各自为政的四个部门即原来为所谓的"九龙治海"，合并为一个中国海警，形成维护国家主权利益的强大合力；要像中国高铁南车北车合并，避免了国际低价中标的内耗，将有力推动中国高端装备业的产业升级，推进中国由"制造大国"向"制造强国"迈进。

2.2 水利水电工程部分标准对照分析

2.2.1 水利水电工程部分相同标准对照

中国的水利水电工程标准的发布部门政出多门，各自为政，透露出一种乱象，未有一个长远的规划。比如水利水电工程标准已经被分割为水利（SL）行业标准和电力（DL）行业标准，但此后国家能源局又发布了几个相同的水利水电工程标准：如《水电站厂房设计规范》（NB/T 35011—2013）、《混凝土重力坝设计规范》（NB/T 35026—2014）、《水电工程水工建筑物抗震设计规范》（NB 35047—2015）、《水电站压力钢管设计规范》（NB/T 35056—2015）、《水电工程验收规程》（NB/T 35048—2015）等标准。

据不完全统计，中国水利水电工程相同的标准达 30 多项，现将部分水利（SL）与电力（DL）相同名称的工程标准列于表 2.2－1。

表 2.2－1　　　部分水利（SL）与电力（DL）相同名称工程标准对照表

序号	水利（SL）行业标准	电力（DL）行业标准
1	《混凝土重力坝设计规范》（SL 319—2005）	《混凝土重力坝设计规范》（DL 5108—1999）
2	《混凝土拱坝设计规范》（SL 282—2003）	《混凝土拱坝设计规范》（DL/T 5346—2006）
3	《水工混凝土结构设计规范》（SL 191—2008）	《水工混凝土结构设计规范》（DL/T 5057—2009）
4	《碾压式土石坝设计规范》（SL 274—2001）	《碾压式土石坝设计规范》（DL/T 5129—2001）
5	《混凝土面板堆石坝设计规范》（SL 228—2013）	《混凝土面板堆石坝设计规范》（DL/T 5016—2011）
6	《水利水电工程施工组织设计规范》（SL 303—2004）	《水电工程施工组织设计规范》（DL/T 5397—2007）
7	《水工混凝土施工规范》（SL 677—2014）	《水工混凝土施工规范》（DL/T 5144—2015）
8	《水工隧洞设计规范》（SL 279—2002）	《水工隧洞设计规范》（DL/T 5195—2004）
9	《混凝土面板堆石坝施工规范》（SL 49—2015）	《混凝土面板堆石坝施工规范》（DL/T 5128—2009）
10	《水利水电工程施工测量规范》（SL 52—2015）	《水利水电工程施工测量规范》（DL/T 5173—2003）
11	《水工混凝土试验规程》（SL 352—2006）	《水工混凝土试验规程》（DL/T 5150—2001）
12	《水利水电建设工程验收规程》（SL 223—2008）	《水电站基本建设工程验收规程》（DL/T 5123—2000）

序号	水利（SL）行业标准	电力（DL）行业标准
13	《水电站压力钢管设计规范》（SL 281—2003）	《水电站压力钢管设计规范》（DL/T 5141—2003）
14	《周期式混凝土搅拌楼（站）》（SL/T 242—2009）	《周期式混凝土搅拌楼》（DL/T 945—2005）
15	《水利水电工程进水口设计规范》（SL 285—2003）	《水电站进水口设计规范》（DL/T 5398—2007）
16	《水利水电工程地质测绘规程》（SL 299—2004）	《水电水利工程地质测绘规程》（DL/T 5185—2004）
17	《水利水电工程天然建筑材料勘察规程》（SL 251—2000）	《水电水利工程天然建筑材料勘察规程》（DL/T 5388—2007）
18	《水工建筑物水泥灌浆施工技术规范》（SL 62—2014）	《水工建筑物水泥灌浆施工技术规范》（DL/T 5148—2001）
19	《水利水电工程水文计算规范》（SL 278—2002）	《水电水利工程水文计算规范》（DL/T 5431—2009）
20	《溢洪道设计规范》（SL 253—2000）	《溢洪道设计规范》（DL/T 5166—2002）

表 2.1-1 表明，由于狭隘的行业保护主义，未能全面集中水利水电工程最优秀、最具有代表的设计、科研、施工、监理及建设等方面专家进行标准的编写、修订和审查工作，导致相同名称标准的目次、章节条款、术语符号、附录、条文说明等的不同，甚至相同术语的描述和简单的词语文字都不尽相同，给水利水电工程设计、科研、试验、施工、监理、验收及管理等诸多方面带来许多不便。

表 2.1-1 同时表明，水利行业 SL 工程标准名称为"水利水电工程……"，电力行业 DL 工程标准名称则为"水电水利工程……"。虽然仅仅是把名称"水利水电工程"改为"水电水利工程"，但其内涵完全不同，这不是一个简单的名称顺序调整问题，一是反映了行业狭隘的保护主义，不符合水利水电自然发展的客观规律；二是水电工程本身就是广义的水利工程一部分，由于防洪抗旱的需要，国家规定了"电调服从水调"的原则，水电站水力发电的水库调度运行必须服从水调，并且要求所有的水电站大坝水库必须留有一定的防洪库容。

2.2.2 大坝与水工混凝土有关标准对照分析

中国自 20 世纪 90 年代以来，随着科学技术发展，中国的水利水电建设取得了举世瞩目的成就，高坝大库越来越多。高坝大库主要以混凝土重力坝、混凝土拱坝、混凝土面板堆石坝及砾石土心墙堆石坝为主要坝型，与大坝和水工混凝土密切相关的主要标准有：《混凝土重力坝设计规范》《混凝土拱坝设计规范》《水工混凝土试验规程》《水工混凝土施工规范》《混凝土面板堆石坝设计规范》《混凝土面板堆石坝施工规范》等，作者对上述相关标准的水利（SL）与电力（DL）标准的主要目次、章节及条款进行对照，简要分析如下。

2.2.2.1 《混凝土重力坝设计规范》SL 与 DL 标准对照分析

《混凝土重力坝设计规范》（SL 319 与 DL 5108）目次对照表列于表 2.2-2。

表 2.2-2 表明，《混凝土重力坝设计规范》（SL 319—2005 与 DL 5108—1999）的修订，是根据水利部水利水电规划设计管理局及原水利电力部水利水电规划设计院有关文件，分别对原标准《混凝土重力坝设计规范》（SDJ 21—78）及其 1984 年补充规定（简称《原规范》）进行了全面修订。水利行业于 2005 年发布了《混凝土重力坝设计规范》

（SL 319—2005），替代原标准 SDJ 21—78；电力行业于 2000 年发布了《混凝土重力坝设计规范》（DL 5108—1999），代替原 SDJ 21—78 标准。由于承担规范主要的起草或编写单位不同、人员不同，标准发布的时间先后不同，导致修订后 SL 与 DL《混凝土重力坝设计规范》的目次、章节、条款差异较大。特别是 SL 319—2005 标准主编单位是承担三峡混凝土重力坝的设计单位，而且标准的发布时间比 DL 5108—1999 晚了 6 年，加之采用最具代表性的三峡工程混凝土重力坝设计经验，所以《混凝土重力坝设计规范》（SL 319—2005）目次、条款显得条理清晰、一目了然，下面仅举几例。

表 2.2－2　　《混凝土重力坝设计规范》（SL 319 与 DL 5108）目次对照表

《混凝土重力坝设计规范》（SL 319—2005）		《混凝土重力坝设计规范》（DL 5108—1999）	
序号	目　次	序号	目　次
1	总则	1	范围
2	主要术语符号	2	引用标准
2.1	主要术语	3	总则
2.2	基本符号	4	术语符号
3	坝体布置	5	重力坝布置
4	坝体结构	6	坝体结构和泄水建筑物型式
4.1	一般规定	6.1	一般规定
4.2	非溢流坝段	6.2	非溢流坝段
4.3	溢流坝段	6.3	溢流坝段
4.4	坝身泄水孔	6.4	坝身泄水孔
5	泄水建筑物的水力设计	7	泄水建筑物的水力设计
5.1	一般规定	7.1	一般规定
5.2	泄水能力及消能设计	7.2	泄水能力及消能计算
5.3	高速水流区的防空蚀设计	7.3	高速水流区的防空蚀设计
5.4	消能防冲设施的设计	7.4	消能防冲设施的设计
6	坝体断面设计	8	结构计算基本规定
6.1	荷载极其组合	8.1	一般规定
6.2	主要设计原则	8.2	承载能力极限状态计算规定
6.3	坝的应力计算	8.3	正常使用极限状态计算规定
6.4	坝体抗滑稳定计算	8.4	作用及材料性能标准值
6.5	溢流坝闸墩结构设计	9	坝体断面设计
7	坝基处理设计	9.1	主要设计原则
7.1	一般规定	9.2	作用及其组合
7.2	坝基开挖	9.3	坝体强度和稳定承载能力极限状态计算
7.3	坝基固结灌浆	9.4	坝体上、下游面拉应力正常使用极限状态计算
7.4	坝基防渗和排水	9.5	有限元法计算

续表

《混凝土重力坝设计规范》（SL 319—2005）		《混凝土重力坝设计规范》（DL 5108—1999）	
序号	目　次	序号	目　次
7.5	断面破碎带和软弱结构面处理	9.6	溢流坝闸墩结构计算
7.6	岩溶的防渗处理	10	坝基处理设计
8	坝体构造	10.1	一般规定
8.1	坝顶	10.2	坝基开挖
8.2	坝内廊道和通道	10.3	坝基固结灌浆
8.3	坝体分缝	10.4	坝基防渗帷幕和排水
8.4	坝体止水和排水	10.5	断面破碎带和软弱结构面处理
8.5	大坝混凝土材料及分区	10.6	岩溶地区的防渗处理
9	温度控制及防裂措施	11	坝体构造
9.1	一般规定	11.1	坝顶
9.2	温度控制标准	11.2	坝内廊道和通道
9.3	温控控制及防裂措施	11.3	坝体分缝
10	安全监测设计	11.4	坝体止水和排水
10.1	一般规定	11.5	大坝混凝土材料及分区
10.2	监测项目与监测设施布置要点	12	坝体防裂及温度控制
附录 A	水力设计计算公式	12.1	一般规定
A.1	堰面曲线、堰面压力及反弧段半径	12.2	坝体混凝土温度控制标准
A.2	坝身泄水孔体形设计	12.3	坝体混凝土防裂及温控控制措施
A.3	泄流消能及掺气水深计算公式	13	观测设计
A.4	挑流消能的水力要素	13.1	一般规定
A.5	底流消能的水力要素	13.2	观测项目
A.6	防空蚀设计	附录 A	（标准的附录）堰面曲线、堰面压力及反弧段半径
附录 B	荷载计算公式	附录 B	（标准的附录）坝体泄水孔体型设计
B.1	垂直作用于坝体表面某点的静水压力	附录 C	（标准的附录）水力设计计算公式
B.2	淤泥压力	附录 D	（标准的附录）坝基、坝体抗滑稳定抗剪断参数值
B.3	扬压力	附录 E	（标准的附录）实体重力坝的应力计算公式
B.4	冰压力	附录 F	（标准的附录）坝基深层抗滑稳定计算
B.5	反弧段水流离心力	附录 G	（标准的附录）坝体温度和温度应力计算
B.6	浪压力		条文说明
附录 C	实体重力坝的应力计算公式		
C.1	上游、下游坝面垂直正应力		
C.2	上游、下游面剪应力		
C.3	上游、下游面水平正应力		

《混凝土重力坝设计规范》（SL 319—2005）		《混凝土重力坝设计规范》（DL 5108—1999）	
序号	目　次	序号	目　次
C.4	上游、下游面主应力		
附录 D	坝基岩体工程地质分类及岩体力学系数		
附录 E	坝基深层抗滑稳定计算		
附录 F	施工期坝体温度和温度应力计算		
F.1	混凝土温度计算		
F.2	冷却水管降温计算		
F.3	混凝土表面温度		
F.4	温度应力		
	标准用词说明		
	条文说明		

　　比如《混凝土重力坝设计规范》（DL 5108—1999）目次十分简单，仅列出一级目次 13 项和标准的附录 7 项，其中二级目次隐含在一级章节中，给使用查阅带来较大的不方便。其中表 2.2-2 中 DL 5108 标准的二级目次是作者从规范中提列出的；SL 标准"6 坝体断面设计"与 DL 标准"9 坝体断面设计"目次不同，而且 DL 增加了"8 结构计算基本规定"，特别是坝体抗滑稳定计算的计算公式、安全系数 K 及条款表述中 SL 与 DL 存在明显差异；SL 标准"坝体泄水孔体形设计"与 DL 标准"坝体泄水孔体型设计"的"体形"与"体型"中的用词明显的不一致，表明了标准用词的不严谨性。

2.2.2.2 《混凝土拱坝设计规范》SL 与 DL 标准对照分析

　　《混凝土拱坝设计规范》（SL 282 与 DL/T 5346）目次对照表列于表 2.2-3。

表 2.2-3　　《混凝土拱坝设计规范》（SL 282 与 DL/T 5346）目次对照表

《混凝土拱坝设计规范》（SL 282—2003）		《混凝土拱坝设计规范》（DL/T 5346—2006）	
序号	目　次	序号	目　次
1	总则		前言
2	主要术语符号	1	范围
2.1	主要术语	2	引用性引用文件
2.2	基本符号	3	术语和定义
3	拱坝布置	4	总则
3.1	一般规定	5	拱坝布置
3.2	拱坝体形选择	5.1	一般规定
3.3	拱坝泄水布置	5.2	体形选择
3.4	其他布置要求	5.3	泄洪布置
4	水力设计	5.4	其他布置要求
4.1	一般原则	6	水力设计

续表

《混凝土拱坝设计规范》（SL 282—2003）		《混凝土拱坝设计规范》（DL/T 5346—2006）	
序号	目　次	序号	目　次
4.2	泄水建筑物水力设计	6.1	一般规定
4.3	消能防冲水力设计	6.2	泄水建筑物
4.4	其他有关水力设计	6.3	消能防冲
5	荷载与荷载组合	6.4	其他有关的水力设计
5.1	荷载	7	坝体混凝土
5.2	荷载组合	7.1	一般规定
6	拱坝应力分析	7.2	混凝土强度
6.1	分析内容	7.3	混凝土重力密度与弹性模量
6.2	分析方法	7.4	混凝土抗渗和耐久性能
6.3	控制指标及其他规定	8	作用与作用效应组合
7	拱座稳定分析	8.1	作用
7.1	一般规定	8.2	作用效应组合
7.2	抗滑稳定	9	拱坝应力分析
7.3	变形稳定及其他	9.1	分析内容
8	坝基处理	9.2	分析方法
8.1	一般规定	9.3	控制指标及其他规定
8.2	坝基开挖	10	拱座稳定分析
8.3	固结灌浆	10.1	一般规定
8.4	防渗帷幕	10.2	抗滑稳定
8.5	坝基排水	10.3	整体稳定及其他
8.6	断层破碎带和软弱夹层处理	11	基础处理
9	拱坝构造	11.1	一般规定
9.1	坝顶布置	11.2	坝基开挖
9.2	横缝和纵缝	11.3	坝基固结灌浆与接触灌浆
9.3	坝内廊道及交通	11.4	防渗帷幕
9.4	坝体止水和排水	11.5	坝基排水
10	坝体混凝土和温度控制	11.6	软弱层带的处理
10.1	坝体混凝土	12	拱坝构造
10.2	温度控制	12.1	坝顶高程
11	安全监测设计	12.2	坝顶布置
11.1	一般原则	12.3	横缝和纵缝
11.2	监测项目与主要监测设施布置	12.4	接缝灌浆
附录 A	水力设计计算公式	12.5	坝内廊道和交通
附录 B	荷载计算公式	12.6	坝体止水和排水

《混凝土拱坝设计规范》（SL 282—2003）		《混凝土拱坝设计规范》（DL/T 5346—2006）	
序号	目　次	序号	目　次
附录 C	施工期坝体温度和温度应力计算	13	稳定控制
	本规范的用词及用语说明	13.1	一般规定
	条文说明	13.2	控制标准
		13.3	控制措施
		14	安全监测设计
		14.1	一般规定
		14.2	监测项目
		附录 A	（资料性附录）水利设计计算公式
		附录 B	（资料性附录）扬压力计算
		附录 C	（资料性附录）坝体温度和温度应力计算
			条文说明

　　表 2.2-3 表明，SL 282—2003 与 DL/T 5346—2006《混凝土拱坝设计规范》的修订，是根据水利水电规划设计管理局及国家发改委有关行业标准项目计划文件，分别对原标准 SDJ 145—85《混凝土拱坝设计规范》进行修订。水利行业于 2003 年发布了编号 SL 282—2003《混凝土拱坝设计规范》，代替原 SDJ 145—85 标准；电力行业于 2006 年发布了编号 DL/T 5346—2006《混凝土拱坝设计规范》，代替 SDJ 145—1985 标准。

　　由于该规范的主编单位和负责起草单位不同、起草人不同，标准发布的时间先后不同，导致修订后 SL 与 DL《混凝土拱坝设计规范》的目次、章节、条款差异较大。特别是 DL/T 5346—2006 标准负责起草单位和参加起草单位是承担二滩、溪洛渡、锦屏一级、李家峡、拉西瓦、大岗山、沙牌、普定、龙首等拱坝的设计单位，而且 DL/T 5346—2006 标准的发布时间比 SL 282—2003 晚了 3 年，所以 DL/T 5346—2006《混凝土拱坝设计规范》目次、条款显得条理清晰、一目了然，下面仅举几例。

　　SL 目次"10 坝体混凝土和温度控制"与 DL 目次"7 坝体混凝土"和"13 温度控制"章节明显不一致，SL 规范"10.1 坝体混凝土"及"10.2 温控措施"与 DL 规范"7 坝体混凝土"及"温度控制"条款或条文说明相比，条款不全面，显得过于简单；SL 标准"10.2.5 相邻坝块浇筑时间的间隔宜小于 30d"，DL 标准"13.2.1 相邻坝块混凝土浇筑时间相隔宜小于 28d"，其中的"间隔宜小于 30d"与"相隔宜小于 28d"中的用词和天数明显不一致，表明标准数据的十分不严谨。

2.2.2.3 《水工混凝土试验规程》SL 与 DL 标准对照分析

　　SL 352 与 DL/T 5150《水工混凝土试验规程》目次对照表列于表 2.2-4。

　　表 2.2-4 表明，SL 352—2006 与 DL/T 5150—2001《水工混凝土试验规程》的修订，是根据水利部水利水电规划设计管理局及原电力工业部电力行业标准计划有关文件，分别对原标准 SD 105—82《水工混凝土试验规程》进行修订。

表 2.2－4   SL 352 与 DL/T 5150《水工混凝土试验规程》目次对照表

《水工混凝土试验规程》(SL 352—2006)		《水工混凝土试验规程》(DL/T 5150—2001)	
序号	目　次	序号	目　次
1	总则		前言
2	砂石料	1	范围
2.1	砂料颗粒级配试验	2	引用标准
2.2	砂料表观密度及吸水率试验	3	混凝土拌和物
2.3	砂料表观密度试验（李氏瓶法）	3.1	混凝土拌和物室内拌和方法
2.4	人工砂饱和面干吸水率试验（湿痕法）	3.2	混凝土拌和物坍落度试验
2.5	人工砂饱和面干吸水率试验（试模法）	3.3	混凝土拌和物维勃稠度试验
2.6	砂料含水率及表面含水率试验	3.4	混凝土拌和物扩散度试验
2.7	砂料表面含水率试验	3.5	混凝土拌和物泌水率试验
2.8	砂料堆积密度及空隙率试验	3.6	混凝土拌和物压力泌水率试验
2.9	砂料振实密度及空隙率测定	3.7	混凝土拌和物密度试验
2.10	砂料黏土、淤泥及细屑含量试验	3.8	混凝土拌和物拌和均匀性试验
2.11	砂料泥块含量试验	3.9	混凝土拌和物凝结时间试验（贯入阻力法）
2.12	人工砂石粉含量试验	3.10	混凝土拌和物含气量试验（气压法）
2.13	砂料有机质含量试验	3.11	混凝土拌和物水胶比分析试验（水洗法）
2.14	砂料云母含量试验	3.12	混凝土拌和物水胶比分析试验（炒干法）
2.15	砂料硫酸盐、硫化物试验	4	混凝土
2.16	砂料轻物质含量试验	4.1	混凝土试件的成型与养护方法
2.17	砂料坚固性试验	4.2	混凝土立方体抗压强度试验
2.18	石料颗粒级配试验	4.3	混凝土劈裂抗拉强度试验
2.19	石料表观密度及吸水率试验	4.4	混凝土轴心抗拉强度和极限拉伸值试验
2.20	石料表面含水率试验	4.5	混凝土弯曲试验
2.21	石料堆积密度及空隙率试验	4.6	混凝土抗剪断强度试验
2.22	石料振实密度及空隙率测定	4.7	混凝土轴心抗压强度与静力抗压弹性模量试验
2.23	石料含泥量试验	4.8	混凝土与钢筋握裹力试验
2.24	石料泥块含量试验	4.9	混凝土受压徐变试验
2.25	石料有机质含量试验	4.10	混凝土受拉徐变试验
2.26	石料针片状颗粒含量试验	4.11	混凝土干缩（湿胀）试验
2.27	石料超逊径颗粒含量试验	4.12	混凝土自生体积变形试验
2.28	石料软弱颗粒含量试验	4.13	混凝土导温系数测定
2.29	石料压碎指标试验	4.14	混凝土导热系数测定
2.30	岩石抗压强度及软化系数试验	4.15	混凝土比热测定（绝热法）
2.31	石料坚固性试验	4.16	混凝土线膨胀系数测定

续表

《水工混凝土试验规程》（SL 352—2006）		《水工混凝土试验规程》（DL/T 5150—2001）	
序号	目　次	序号	目　次
2.32	石料抗磨损试验	4.17	混凝土绝热温升试验
2.33	骨料碱活性检验（岩相法）	4.18	混凝土抗含砂水流冲刷试验（圆环法）
2.34	骨料碱活性检验（化学法）	4.19	混凝土抗冲磨试验（水下钢球法）
2.35	骨料碱活性检验（砂浆棒长度法）	4.20	混凝土抗冲磨试验（风砂枪法）
2.36	碳酸盐骨料的碱活性检验	4.21	混凝土抗渗性试验
2.37	骨料碱活性检验（砂浆棒快速法）	4.22	混凝土相对渗透性试验
2.38	骨料碱活性检验（混凝土棱柱体试验法）	4.23	混凝土抗冻性试验
2.39	抑制骨料碱活性效能试验	4.24	混凝土（砂浆）动弹模量试验
3	混凝土拌和物	4.25	硬化混凝土气泡参数试验（直线导线法）
3.1	混凝土拌和物室内拌和方法	4.26	混凝土中钢筋锈蚀的电化学试验（新拌砂浆阳极极化法）
3.2	混凝土拌和物坍落度试验	4.27	混凝土中钢筋锈蚀的电化学试验（硬化砂浆阳极极化法）
3.3	混凝土拌和物维勃稠度试验	4.28	混凝土碳化试验
3.4	混凝土拌和物扩散度试验	4.29	混凝土抗氯离子渗透快速试验
3.5	混凝土拌和物泌水率试验	4.30	水工混凝土钢筋腐蚀快速试验
3.6	混凝土拌和物压力泌水率试验	5	全级配混凝土
3.7	混凝土拌和物表观密度试验	5.1	全级配混凝土试件的成型与养护方法
3.8	混凝土拌和物拌和均匀性试验	5.2	全级配混凝土抗压强度试验
3.9	混凝土拌和物凝结时间试验（贯入阻力法）	5.3	全级配混凝土劈裂抗拉强度试验
3.10	混凝土拌和物含气量试验	5.4	全级配混凝土抗弯强度试验
3.11	混凝土拌和物水胶比分析试验（水洗法）	5.5	全级配混凝土轴心抗拉强度和极限拉伸值试验
3.12	混凝土拌和物水胶比分析试验（炒干法）	5.6	全级配混凝土静力抗压弹性模量试验
4	混凝土	5.7	全级配混凝土渗透系数试验
4.1	混凝土试件的成型与养护方法	6	现场混凝土质量检测
4.2	混凝土立方体抗压强度试验	6.1	回弹法检测混凝土抗压强度
4.3	混凝土劈裂抗拉强度试验	6.2	超声波检测混凝土抗压强度和均匀性
4.4	混凝土粘接强度试验	6.3	超声波检测混凝土裂缝深度（平测法）
4.5	混凝土轴向拉伸试验	6.4	超声波检测混凝土裂缝深度（对、斜测法）
4.6	混凝土弯曲试验	6.5	超声波检测混凝土内部缺陷
4.7	混凝土抗剪强度试验	6.6	混凝土芯样强度试验
4.8	混凝土圆柱体（轴心）抗压强度与静力抗压弹性模量试验	6.7	混凝土原位直剪试验（平推法）
4.9	混凝土与钢筋握裹力试验	6.8	混凝土中钢筋半电池电位测定

续表

《水工混凝土试验规程》（SL 352—2006）		《水工混凝土试验规程》（DL/T 5150—2001）	
序号	目　次	序号	目　次
4.10	混凝土压缩徐变试验	7	砂浆
4.11	混凝土拉伸徐变试验	7.1	水泥砂浆室内拌和方法
4.12	混凝土干缩（湿胀）试验	7.2	水泥砂浆稠度试验
4.13	混凝土自生体积变形试验	7.3	水泥砂浆泌水率试验
4.14	混凝土导温系数测定	7.4	水泥砂浆表观密度试验及含气量计算
4.15	混凝土导热系数测定	7.5	水泥砂浆抗压强度试验
4.16	混凝土比热测定（绝热法）	7.6	水泥砂浆劈裂抗拉强度试验
4.17	混凝土线膨胀系数测定	7.7	水泥砂浆粘接强度试验
4.18	混凝土绝热温升试验	7.8	水泥砂浆极限拉伸试验
4.19	混凝土抗冲磨试验（圆环法）	7.9	水泥砂浆干缩（湿胀）试验
4.20	混凝土抗冲磨试验（水下钢球法）	7.10	水泥砂浆抗冻性试验
4.21	混凝土抗渗性试验（逐级加压法）	7.11	水泥砂浆抗渗性试验
4.22	混凝土相对渗透性试验	附录A	（提示的附录）混凝土抗压强度快速试验（温水法）
4.23	混凝土抗冻性试验	附录B	（提示的附录）混凝土黏结强度试验
4.24	混凝土（砂浆）动弹模量试验	附录C	（提示的附录）混凝土透气性试验
4.25	硬化混凝土气泡参数试验（直线导线法）	附录D	（提示的附录）真空脱水混凝土试件的成型与养护方法
4.26	混凝土钢筋锈蚀的电化学试验（新拌砂浆阳极极化法）	附录E	（提示的附录）混凝土拌和物真空脱水率测定
4.27	混凝土钢筋锈蚀的电化学试验（硬化砂浆阳极极化法）	附录F	（提示的附录）射钉法检测混凝土强度
4.28	混凝土碳化试验	附录G	（提示的附录）混凝土试验数据处理
4.29	混凝土抗氯离子渗透性试验（电量法）	附录H	（提示的附录）正交设计
4.30	混凝土钢筋腐蚀快速试验（淡水、海水）	附录I	（提示的附录）回归分析
4.31	真空脱水混凝土试件的成型与养护方法		条文说明
4.32	混凝土拌和物真空脱水率试验		
4.33	混凝土氯离子扩散系数试验（RCM法）		
4.34	混凝土中砂浆的水溶性氯离子含量测定		
4.35	混凝土中砂浆的氯离子总含量测定		
4.36	混凝土抗盐冻剥蚀试验		
5	全级配混凝土试验		
5.1	全级配混凝土试件的成型与养护方法		
5.2	全级配混凝土抗压强度试验		
5.3	全级配混凝土劈裂抗拉强度试验		

续表

《水工混凝土试验规程》（SL 352—2006）		《水工混凝土试验规程》（DL/T 5150—2001）	
序号	目　次	序号	目　次
5.4	全级配混凝土弯曲试验		
5.5	全级配混凝土轴向拉伸试验		
5.6	全级配混凝土静力抗压弹性模量试验		
5.7	全级配混凝土渗透系数试验		
6	碾压混凝土试验		
6.1	碾压混凝土拌和物工作度（VC值）试验		
6.2	碾压混凝土拌和物表观密度测定		
6.3	碾压混凝土拌和物含气量试验		
6.4	碾压混凝土拌和物凝结时间试验（贯入阻力法）		
6.5	碾压混凝土立方体抗压强度试验		
6.6	碾压混凝土表观密度测定		
6.7	碾压混凝土劈裂抗拉强度试验		
6.8	碾压混凝土轴向拉伸试验		
6.9	碾压混凝土弯曲试验		
6.10	碾压混凝土抗剪强度试验		
6.11	碾压混凝土圆柱体（轴心）抗压强度和静力抗压弹性模量试验		
6.12	碾压混凝土压缩徐变试验		
6.13	碾压混凝土抗渗性试验（逐级加压法）		
6.14	碾压混凝土渗透系数试验		
6.15	碾压混凝土抗冻性试验		
6.16	碾压混凝土自生体积变形试验		
6.17	碾压混凝土干缩（湿胀）试验		
6.18	碾压混凝土导温系数测定		
6.19	碾压混凝土导热系数测定		
6.20	碾压混凝土比热测定（绝热法）		
6.21	碾压混凝土绝热温升试验		
6.22	碾压混凝土线膨胀系数测定		
7	现场混凝土质量检测		
7.1	回弹法检测混凝土抗压强度		
7.2	射钉法检测混凝土强度		
7.3	超声波检测混凝土抗压强度和均匀性		
7.4	超声波检测混凝土裂缝深度（平测法）		
7.5	超声波检测混凝土裂缝深度（对、斜测法）		

续表

《水工混凝土试验规程》（SL 352—2006）		《水工混凝土试验规程》（DL/T 5150—2001）	
序号	目　次	序号	目　次
7.6	超声波检测混凝土内部缺陷		
7.7	混凝土芯样强度试验		
7.8	混凝土与岩基和碾压混凝土层间原位直剪试验（平推法）		
7.9	混凝土中钢筋半电池电位测定		
7.10	碾压混凝土拌和物仓面贯入阻力检测		
7.11	现场碾压混凝土表观密度测定		
7.12	海砂、混凝土拌和物中氯离子含量的快速检测		
8	水泥砂浆		
8.1	水泥砂浆拌和方法		
8.2	水泥砂浆稠度试验		
8.3	水泥砂浆泌水率试验		
8.4	水泥砂浆表观密度试验及含气量计算		
8.5	水泥砂浆抗压强度试验		
8.6	水泥砂浆劈裂抗拉强度试验		
8.7	水泥砂浆粘接强度试验		
8.8	水泥砂浆轴向拉伸试验		
8.9	水泥砂浆干缩（湿胀）试验		
8.10	水泥砂浆抗冻性试验		
8.11	水泥砂浆抗渗性试验		
9	水质分析		
9.1	水样的采集与保存		
9.2	pH值传递（电极法或酸度计法）		
9.3	二氧化碳测定		
9.4	碱度测定		
9.5	硬度测定		
9.6	钙、镁离子测定		
9.7	氯离子测定（摩尔法）		
9.8	氯离子测定（硝酸高汞法）		
9.9	硫酸根离子测定（称量法）		
9.10	硫酸根离子测定（EDTA容量法）		
9.11	溶解性固形物测定		
9.12	化学耗氧量测定		
附录 A	水工混凝土配合比设计方法		
附录 B	水工砂浆配合比设计方法		
	标准用词说明		
	条文说明		

　　水利行业 SL 352—2006《水工混凝土试验规程》对原标准 SD 105—82 作了较大的修改和补充：删除原规程中属于国家标准的"水泥""混合材""外加剂"等内容，增补"全级配混凝土"试验方法，补充和完善原规程中混凝土耐久性试验、混凝土现场质量检测方法及快速试验检测方法。开展适量专题试验，增补人工砂石粉含量、人工砂饱和面干吸水率，以及碾压混凝土拌和物仓面贯入阻力测定方法等，增补完善骨料碱活性检验试验方法，增补海水环境混凝土配合比设计方法和试验方法。SL 352—2006 共 9 章 151 节和 2 个附录。

　　电力行业 DL/T 5150—2001《水工混凝土试验规程》对原标准 SD 105—82 作了较大的修改，删除了原规程中"水泥""混合材""外加剂"等三章以及其他章节中部分已过时或不再适用的方法，在原规程基础上修改、补充，并分编成《水工混凝土试验规程》《水工混凝土砂石骨料试验规程》《水工混凝土水质分析试验规程》等三项标准，新修订的三项标准代替原《水工混凝土试验规程》（SD 105—82）。《水工混凝土试验规程》（DL/T 5150—2001）包括混凝土拌和物、混凝土、全级配混凝土、砂浆等性能试验和现场混凝土质量检测以及提示的附录等，共 74 项试验方法。

　　SL 352—2006 与 DL/T 5150—2001《水工混凝土试验规程》修订的主编单位、参编单位和主要起草人基本属于同一单位，所以规范条文基本没有变化。同时 SL 352 比 DL/T 5150 发布晚 5 年，其目次主要差异区别是：SL 352 规程保留了砂石料、水质分析试验，增补了人工砂石粉含量、骨料碱活性试验及碾压混凝土试验等条款，这是 SL 352 与 DL/T 5150 标准的最大区别。

　　需要说明的是人工砂石粉含量试验，SL 352 试验规定：人工砂石粉（小于 0.16mm 的颗粒）含量及微粒含量（小于 0.08mm 的颗粒）试验采用水洗法进行试验。所以最新修订的《水工混凝土砂石骨料试验规程》（DL/T 5151—2014）人工砂石粉试验方法与 SL 352 标准保持了一致。

　　《混凝土重力坝设计规范》和《混凝土拱坝设计规范》规定"极限拉伸值是混凝土极为重要的变形和抗裂性指标"，但 SL 352 与 DL/T 5150 极限拉伸值试验条款名称存在明显差异：SL 352 条款名称为"4.5 混凝土轴向拉伸试验"，DL/T 5150 条款名称为"4.4 混凝土轴心抗拉强度和极限拉伸值试验"，原标准 SD 105—82 条款名称为"第 5.0.6 条混凝土极限拉伸试验"。所以 SL 352"4.5 混凝土轴向拉伸试验"条款名称应与设计规范、DL/T 5150 试验条款名称保持一致，混凝土极限拉伸试验宜直观进行表示。

2.2.2.4　《水工混凝土施工规范》SL 与 DL 标准对照分析

　　《水工混凝土施工规范》［SL 677 与 DL/T 5144（2001 版及 2015 版）］目次对照表列于表 2.2 - 5，表 2.2 - 5 表明，《水工混凝土施工规范》SL 与 DL 的再次修订存在着较大的差异，分析如下。

　　表 2.2 - 5 表明，《水工混凝土施工规范》（SL 677—2014）标准的修订，是根据水利部水利行业标准制修订计划，按照《水利技术标准编写规定》（SL 1—2002）的要求，对《水工混凝土施工规范》（SDJ 207—82）进行修订。《水工混凝土施工规范》（DL/T 5144—2001）的修订是根据原电力工业部科技司《关于下达 1996 年制定、修订电力行业标准计划项目（第一批）的通知》（技综〔1996〕40 号）要求修订的。《水工混凝土施工规范》

（DL/T 5144—2015）的修订是根据《国家能源局关于下达 2009 第一批能源领域行业标准制（修）订计划的通知》（国能科技〔2009〕163 号）要求，对《水工混凝土施工规范》（DL/T 5144—2001）版本上（以下简称原标准）进行修订的。表明相同标准的修订政出多门，是标准存在差异的必然。

表 2.2－5　《水工混凝土施工规范》[SL 677 与 DL/T 5144（2001 版及 2015 版）]

目次对照表

《水工混凝土施工规范》(SL 677—2014)		《水工混凝土施工规范》(DL/T 5144)			
		DL/T 5144—2001		DL/T 5144—2015	
序号	目　次	序号	目　次	序号	目　次
1	总则		前言		前言
2	术语和符号	1	范围	1	总则
2.1	术语	2	引用标准	2	术语和符号
2.2	符号	3	总则	2.1	术语
3	模板	4	术语、符号	2.2	符号
3.1	一般规定	4.1	术语	3	原材料
3.2	材料	4.2	符号	3.1	一般规定
3.3	设计	5	材料	3.2	水泥
3.4	制作	5.1	水泥	3.3	骨料
3.5	安装	5.2	骨料	3.4	掺合料
3.6	拆除与维修	5.3	掺合料	3.5	外加剂
3.7	特种模板	5.4	外加剂	3.6	水
4	钢筋	5.5	水	4	配合比
4.1	一般规定	6	配合比选定	5	混凝土生产
4.2	材料	7	施工	5.1	一般规定
4.3	加工	7.1	拌和	5.2	混凝土拌和
4.4	接头	7.2	运输	5.3	不合格料处理
4.5	安装	7.3	浇筑	6	混凝土运输
5	混凝土原材料	7.4	雨季施工	7	混凝土浇筑与养护
5.1	一般规定	7.5	养护	7.1	浇筑准备
5.2	水泥	8	温度控制	7.2	浇筑实施
5.3	骨料	8.1	一般规定	7.3	雨季施工
5.4	掺合料	8.2	温度控制措施	7.4	养护与保护
5.5	外加剂	8.3	温度测量	8	温度控制
5.6	水	9	低温季节施工	8.1	一般规定
6	混凝土配合比	9.1	一般规定	8.2	浇筑温度控制
7	混凝土施工	9.2	施工准备	8.3	混凝土内部温度控制
7.1	一般规定	9.3	施工方法、保温措施	8.4	表面保温

《水工混凝土施工规范》（SL 677—2014）		《水工混凝土施工规范》（DL/T 5144）			
		DL/T 5144—2001		DL/T 5144—2015	
序号	目次	序号	目次	序号	目次
7.2	拌和	9.4	温度观测	8.5	温度监测
7.3	运输	10	预埋件施工	9	低温季节施工
7.4	浇筑	10.1	一般规定	9.1	一般规定
7.5	养护	10.2	止水、伸缩缝、排水	9.2	原材料和拌和
7.6	特种混凝土施工	10.3	冷却、接缝灌浆管路	9.3	运输与浇筑
7.7	雨季施工	10.4	铁件	9.4	温度监测
8	混凝土温度控制	10.5	内部观测仪器	10	预埋件施工
8.1	一般规定	11	质量控制与检查	10.1	一般规定
8.2	浇筑温度控制	11.1	一般规定	10.2	止水、伸缩缝与排水
8.3	内部温度控制	11.2	原材料质量控制	10.3	冷却、接缝灌浆管路
8.4	表面保温	11.3	混凝土拌和与混凝土拌和物是质量控制	10.4	金属件
8.5	特殊部位的温度控制	11.4	浇筑质量检查与控制	10.5	内部监测仪器
8.6	温度测量	11.5	强度检验与评定	11	质量检查与控制
9	低温季节施工	附录 A	（标准的附录）混凝土平均强度 $m_{f_{cu}}$、标准差 σ、强度保证率 P 和盘内变异系数 δ_b 计算方	11.1	一般规定
9.1	一般规定	附录 B	（提示的附录 11.3）混凝土碱含量的计算方法	11.2	原材料检验
9.2	施工准备	附录 C	（提示的附录）用成熟度法计算混凝土早期强度	11.3	混凝土拌和物质量控制
9.3	施工方法	附录 D	（提示的附录）接缝止水材料性能指标	11.4	混凝土浇筑质量检查与控制
9.4	保温与温度观测		条文说明	11.5	混凝土性能检验
10	预埋件施工			11.6	混凝土生产质量控制水平评定
10.1	一般规定			11.7	混凝土质量评定
10.2	止水及伸缩缝			11.8	施工混凝土建筑物质量检查
10.3	排水设施			附录 A	混凝土平均强度 $m_{f_{cu}}$、标准差 σ、离差系数 C_V、强度保证率 P 和盘内变异系数 δ_b 计算方法
10.4	预埋铁件			附录 B	用成熟度法计算混凝土早期强度

续表

《水工混凝土施工规范》(SL 677—2014)		《水工混凝土施工规范》(DL/T 5144)			
		DL/T 5144—2001		DL/T 5144—2015	
序号	目次	序号	目次	序号	目次
10.5	管路				本规范用词说明
10.6	观测仪器				引用标准名录
11	质量控制与检验				附:条文说明
11.1	一般规定				
11.2	原材料的质量检验				
11.3	拌和物质量控制与检验				
11.4	浇筑质量控制与检验				
11.5	混凝土质量检验与评定				
附录 A	大体积混凝土模板荷载计算方法				
附录 B	钢筋的主要机械性能及接头检验				
附录 C	混凝土总碱含量的计算方法				
附录 D	用成熟度法计算混凝土早期强度				
附录 E	混凝土平均强度 m_{fcu} 和标准差 σ 及强度保证率 P 计算方法				
	标准用词说明				
	条文说明				

DL/T 5144—2001 标准是最早对《水工混凝土施工规范》(SDJ 207—82)原规范进行修订的,2001 版规范的修订正值三峡工程二期大坝混凝土施工的高峰期,该标准代表了当时中国水工混凝土施工的最高水平,是水工混凝土施工新技术的历史转折。SL 677 标准的修订在原标准 SDJ 207—82 基础上,重点参考了 DL/T 5144—2001 标准,共 11 章 5 个附录,SL 677—2014 标准目次保留了原标准"3 模板"和"4 钢筋"章节,SL 677 标准的术语用词显得更趋科学合理。

SL677 标准的章节目录在术语用词上更趋科学合理,能够紧扣章节主语,比如"5 混凝土原材料""6 混凝土配合比""7 混凝土施工""8 混凝土温度控制"等。而 DL/T 5144—2001 标准,在章节目录术语上用词显得不严谨。比如 DL/T 5144—2001 标准"5 材料""6 配合比选定""7 施工""8 温度控制""11 质量控制与检查"等章节目录术语,与 SL 677 标准章节目次进行对照分析发现,章节术语在语法上明显存在主语不准确的瑕疵,如"5 材料""6 配合比选定"等,其范围内涵是十分广泛的。

DL/T 5144—2001 的修订与再次修订的 DL/T 5144—2015 标准,将原标准 SDJ 207—82 中"模板工程"和"钢筋工程"两章及"特种混凝土施工"一节独立出去另成标准,作者认为不妥。水工混凝土是典型的大体积混凝土,仓面方量巨大,水工混凝土浇筑具有高强度的连续性、完整性的施工特点，所以，模板工程和钢筋工程在施工中具有不可分割的属性，从标准系统性、全面性、实用性、方便施工等方面考虑，建议 DL/T 5144 标准宜保留原标准"模板工程""钢筋工程"及"特种混凝土施工"章节为好。

最新修订 DL/T 5144—2015 标准与 DL/T 5144—2001 标准对照分析，最新的 2015 版标准虽然在章节术语上有所改进，但章节术语的主语还是存在着不完整、不准确，如"原材料""4 配合比""质量检查与控制"等。特别是混凝土施工章节拆分成三章，即"5 混凝土生产""6 混凝土运输""7 混凝土浇筑与养护"，与大体积水工混凝土高强度连续施工实际情况不符。混凝土施工具有"一条龙"的施工特点，从"混凝土拌和→混凝土运输→混凝土浇筑→混凝土养护→混凝土保护"等工序是环环紧扣的，是一个具有不可分割的、连续的整体，混凝土施工拆分成三章易产生割裂误导，与实际施工情况是不符的。

2.2.2.5 《混凝土面板堆石坝设计规范》SL 与 DL 标准对照分析

《混凝土面板堆石坝设计规范》（SL 228 与 DL/T 5106）目次对照表列于表 2.2-6。

表 2.2-6 《混凝土面板堆石坝设计规范》（SL 228 与 DL/T 5106）目次对照表

《混凝土面板堆石坝设计规范》（SL 228—2013）		《混凝土面板堆石坝设计规范》（DL/T 5106—2011）	
序号	目　次	序号	目　次
1	总则		前言
2	术语和符号	1	范围
2.1	术语	2	规范性引用文件
2.2	符号	3	总则
3	坝体布置和坝体分区	4	术语和定义
3.1	坝的布置	5	坝的布置和坝体分区
3.2	坝体分区	5.1	坝的布置
4	筑坝材料和填筑标准	5.2	坝顶
4.1	筑坝材料	5.3	坝坡
4.2	填筑标准	5.4	坝体分区
5	坝体设计	6	筑坝材料和填筑标准
5.1	坝顶构造	6.1	料场勘察与试验、料场规划
5.2	坝坡	6.2	垫层料与过渡料
5.3	稳定分析	6.3	堆石料
5.4	应力和变形分析	6.4	填筑标准
5.5	坝体渗流控制	7	趾板
5.6	抗震措施	7.1	趾板定线和布置
6	坝基处理	7.2	趾板尺寸
6.1	坝基及岸坡开挖	7.3	趾板混凝土及其配筋
6.2	基础处理	8	混凝土面板
7	混凝土趾板	8.1	面板尺寸和分缝
8	混凝土面板	8.2	面板混凝土设计及配筋

续表

《混凝土面板堆石坝设计规范》（SL 228—2013）		《混凝土面板堆石坝设计规范》（DL/T 5106—2011）	
序号	目　次	序号	目　次
8.1	面板的分缝分块	8.3	面板防裂措施
8.2	面板厚度	9	接缝和止水
8.3	面板混凝土	9.1	止水材料
8.4	钢筋布置	9.2	周边缝
8.5	面板防裂措施	9.3	垂直缝
9	接缝止水	9.4	其他接缝
10	分期施工与已建坝加高	10	坝基处理
10.1	分期施工	10.1	基础开挖
10.2	分期完建	10.2	坝基处理
10.3	已建坝加高	11	坝体设计
11	安全监测	11.1	渗流设计
	标准用词说明	11.2	抗滑稳定设计
	条文说明	11.3	应变和变形分析
		12	抗震措施
		13	分期施工和坝体加高
		13.1	分期施工
		13.2	挡水度汛
		13.3	过水保护
		13.4	坝体加高
		14	安全监测
			条文说明

　　进入 20 世纪 80 年代后期，中国修建的混凝土面板堆石坝日益增多，为了满足该坝型发展的需要，也使其设计工作有所遵循，电力行业编制专门的《混凝土面板堆石坝设计导则》（DL 5016—93）。1997 年水利行业在《混凝土面板堆石坝设计导则》（DL 5016—93）的基础上，对原导则行了修改补充，制订《混凝土面板堆石坝设计规范》（SL 228—98）。此后，根据水利技术标准编写规定及国家发改委有关行业标准项目计划文件，分别对原标准 SL 228—98 和 DL/T 5016—1999《混凝土面板堆石坝设计规范》进行修订，发布了最新的 SL 228—2013 与 DL/T 5016—2011《混凝土面板堆石坝设计规范》。

　　表 2.2-6 表明，SL 228—2013 与 DL/T 5016—2011 两个标准发布仅相差 2 年，标准的条款内容基本相同。标准在目次章节上，SL 228—2013 标准规范设计遵循了混凝土面板堆石坝的施工规律。比如 DL/T 5016—2011 章节"10 坝基处理""11 坝体计算"目次在 SL 228—2013 章节中调整为"5 坝体设计""6 坝基处理"目次，显得比 DL/T 5016—2011 目次更趋合理。

　　SL 228—2013 标准条款增加了面板防裂措施垫层料固坡护坡技术条款，具体条款

"8.5.2 当采用碾压砂浆或喷射混凝土作垫层料的固坡护坡时，其28d抗压强度应控制在5MPa左右。当采用挤压边墙作垫层料固坡护坡时，宜采用低弹性模量的挤压边墙，并在挤压边墙表面涂乳化沥青"。表明标准发布的时间越晚，就可以不断地修改完善，标准就具有明显后来居上的优势。

2.2.2.6 《混凝土面板堆石坝施工规范》SL 与 DL 标准对照分析

《混凝土面板堆石坝施工规范》（SL 49 与 DL/T 5128）目次对照表列于表 2.2-7。

表 2.2-7 **《混凝土面板堆石坝施工规范》（SL 49 与 DL/T 5128）目次对照表**

《混凝土面板堆石坝施工规范》（SL 49—2015）		《混凝土面板堆石坝施工规范》（DL/T 5128—2009）	
序号	目 次	序号	目 次
1	总则		前言
2	导流与度汛	1	范围
2.1	一般规定	2	规范性引用文件
2.2	导流与度汛方式	3	总则
2.3	导流建筑物及施工	4	导流与度汛
3	坝基与岸坡处理	4.1	一般规定
3.1	一般规定	4.2	导流与度汛方式
3.2	坝基与岸坡开挖	4.3	导截流工程
3.3	坝基处理	5	坝基与岸坡处理
3.4	特殊问题处理	5.1	一般规定
4	筑坝材料	5.2	坝基与岸坡处理
4.1	一般规定	5.3	防渗处理
4.2	料场规划	5.4	特殊问题处理
4.3	料场开采和加工	6	筑坝材料
5	坝体填筑施工	6.1	一般规定
5.1	一般规定	6.2	料场开采和加工
5.2	道路及运输	7	坝体填筑施工
5.3	坝体填筑	7.1	一般规定
5.4	垫层料坡面碾压及保护	7.2	道路及运输
5.5	反渗材料	7.3	坝体填筑
5.6	坝顶结构	7.4	垫层料坡面的碾压及保护
6	面板与趾板施工	7.5	反渗材料
6.1	一般规定	8	面板与趾板施工
6.2	趾板施工	8.1	一般规定
6.3	面板施工	8.2	趾板施工
6.4	缺陷检查及处理	8.3	面板施工
7	接缝止水施工	8.4	缺陷检查及处理
7.1	一般规定	9	接缝止水施工

《混凝土面板堆石坝施工规范》（SL 49—2015）		《混凝土面板堆石坝施工规范》（DL/T 5128—2009）	
序号	目　次	序号	目　次
7.2	金属止水带加工与安装	10	安全监测
7.3	PVC止水带、橡胶止水带安装	11	质量控制
7.4	异型接头连接	附录A	（规范性附录）质量检查的主要项目及技术要求
7.5	塑性填料施工		条文说明
7.6	无黏性填料施工		
8	安全监测仪器埋设与观测		
8.1	一般规定		
8.2	监测仪器埋设		
8.3	施工期监测		
9	质量控制		
9.1	一般规定		
9.2	质量控制要点		
9.3	质量检验检测		
附录A	质量检查的主要项目及技术要求		
	标准用词说明		
	标准历次版本编写者信息		
	条文说明		

中国自 1985 年引进混凝土面板堆石坝之后，为了适应混凝土面板堆石坝施工的需要，水利部委托葛洲坝工程局施工科学研究所与辽宁水利电力厅为主编单位，组织编制了《混凝土面板堆石坝施工规范》（SL 49—94），经审查，批准为中华人民共和国水利部行业标准，于 1994 年 7 月 1 日施行。

随着混凝土面板堆石坝施工技术发展的实际情况，水利行业按照水利技术标准编写规定的要求，对《混凝土面板堆石坝施工规范》（SL 49—94）进行修订，于 2015 年发布了《混凝土面板堆石坝施工规范》（SL 49—2015），替代原 SL 49—94 标准；电力行业在《混凝土面板堆石坝施工规范》（SL 49—94）原标准的基础上，对该标准进行了修订，于 2001 年发布了电力行业《混凝土面板堆石坝施工规范》（DL/T 5128—2001）标准；此后，由于混凝土面板堆石坝技术发展，高坝日益增多，针对混凝土面板坝施工的现状，电力行业再次对 DL/T 5128—2001 标准进行了修订，于 2009 年发布了 DL/T 5128—2009 标准，代替 DL/T 5128—2001 标准。

表 2.2-7 表明，SL 49—2015 与 DL/T 5128—2009《混凝土面板堆石坝施工规范》两个标准发布相差 6 年，但标准的目次、章节、条款是比较接近的，特别是 SL 49—2015 标准，其技术条款更趋合理。分析认为：由于 SL 与 DL 两个标准参编单位或起草单位为同一施工单位，这样在标准的修订中发挥了承前启后、相互借鉴和不断完善的作用，充分

说明标准编写修订单位和起草专家的重要合力和连续性作用。

SL 49—2015 标准在垫层料坡面碾压和保护中明确了挤压边墙施工、翻模固坡法施工应符合电力行业 DL/T 5297 及 DL/T 5268 的规定，表明水利 SL 行业未有的标准，可以采用电力 DL 标准。同时面板施工增加了"最大滑升速度不宜超过 3.5m/h"的技术条款规定。表明标准的统一是多么紧迫和重要。

2.3　大坝与水工混凝土有关标准条款分析

2.3.1　大坝坝高标准分类划分

水利水电工程建设中，挡水建筑物大坝是水工建筑物中最为重要的建筑物，由于大坝失事后损失巨大和产生十分严重的影响，所以大坝在水工设计中占有极其重要的作用，其设计等级是最高的。为此，在大坝的坝高分类划分上，原标准（SD、SDJ）与世界通用标准是一致的，即坝高：$H=30\sim70m$ 范围为中坝，小于 30m 为低坝，大于 70m 为高坝。

但是，采用水利行业 SL 与电力行业 DL 标准在各自为政的情况下，在最基本的坝高划分上就存在不一致，《混凝土重力坝设计规范》《混凝土拱坝设计规范》《混凝土面板堆石坝设计规范》三种坝型的坝高划分对照表列于表 2.3-1 中。

表 2.3-1　　　　　　　　　　三种坝型的坝高划分对照表

坝高分类	混凝土重力坝设计规范		混凝土拱坝设计规范		混凝土面板堆石坝设计规范	
	SL 319—2005	DL 5108—1999	SL 282—2003	DL 5346—2006	SL 228—2013	DL/T 5016—2011
低坝	$H<30m$	$H<30m$	$H<30m$	$H<50m$	$H<30m$	$H<30m$
中坝	$H=30\sim70m$	$H=30\sim70m$	$H=30\sim70m$	$H=50\sim100m$	$H=30\sim70m$	$H=30\sim100m$
高坝	$H>70m$	$H>70m$	$H>70m$	$H>100m$	$H>70m$	$H>100m$

表 2.3-1 表明，SL 319—2005 与 DL 5108—1999《混凝土重力坝设计规范》、SL 282—2003《混凝土拱坝设计规范》及 SL 228—2013《混凝土面板堆石坝设计规范》按其坝高分为低坝、中坝、高坝，坝高 $H<30m$ 为低坝、$H=30\sim70m$ 为中坝、$H>70m$ 为高坝。

而 DL/T 5346—2006《混凝土拱坝设计规范》、DL/T 5016—2011《混凝土面板堆石坝设计规范》在坝高的划分上，中坝却分别按照 $H=50\sim100m$、$H=30\sim100m$，高坝 $H>100m$ 进行划分，在坝高分类划分上明显呈现出一种乱象。

坝高划分的不一致，一是造成大坝混凝土抗压强度比值、抗渗等级和耐久性能标准、大坝抗滑稳定、温度控制及验收等级等标准执行的不一致；二是对"走出去"战略海外水利水电市场开发带来很大的负面影响。

坝高划分对抗渗等级的影响。《水工混凝土结构设计规范》（SL 191—2008）及（DL/5057—2009）规定：大体积混凝土结构的挡水面，混凝土抗渗等级的最小允许值是按照水头进行划分的；《碾压混凝土坝设计规范》（SL 314—2004）条款 5.0.5 规定：碾压混凝土坝的上游面应设防渗层。防渗层宜优先采用二级配碾压混凝土，其抗渗等级的最小允许值为：

　　——$H<30m$ 时，W4；

　　——$H=30\sim70m$ 时，W6；

　　——$H=70\sim150m$ 时，W8；

　　——$H>150m$ 时，应进行专门试验论证。

　　二级配碾压混凝土防渗层的有效厚度，宜为坝面水头的 $1/30\sim1/15$，但最小厚度应满足施工要求。上述条款表明大坝的水头 $H(m)$ 与大坝高度密切相关，如果中坝按照 $H=50\sim100m$ 划分，将明显降低防渗标准，坝高划分不一致，直接影响到抗渗等级的确定。

　　坝高划分对坝基岩体工程分类影响。《混凝土重力坝设计规范》（SL 319—2005），附录 D 坝基岩体工程分类及岩体力学系数表中注规定："本分类适用于坝高大于 70m 的混凝土坝，R_b 为饱和单轴抗压强度"。如果中坝按照 $H=50\sim100m$ 划分，虽然提高了原中坝 $H=30\sim70m$ 高度标准，但必然降低坝基岩体工程分类等有关标准规定，对大坝的抗滑稳定是不利的。同时导致工程验收标准的混乱。

2.3.2 大坝混凝土强度标号 R 与强度等级 C 关系分析

2.3.2.1 大坝混凝土标号 R 与强度等级 C 条款分析

　　水利水电工程由于执行不同的行业标准，相同标准的大坝混凝土设计指标采用不同的符号表示。水利行业《混凝土重力坝设计规范》（SL 309—2005）、《混凝土拱坝设计规范》（SL 282—2003），其大坝混凝土设计指标采用标号 R 表示。电力行业《混凝土重力坝设计规范》（DL 5108—1999）、《混凝土拱坝设计规范》（DL/T 5346—2006），大坝混凝土强度采用强度等级 C 表示。大坝混凝土强度标号 R 与强度等级 C 条款对照列于表2.3-2。

表 2.3-2　　　　　大坝混凝土强度标号 R 与强度等级 C 条款对照表

SL 标准	大坝混凝土强度标号 R	DL 标准	大坝混凝土强度等级 C
SL 309—2005《混凝土重力坝设计规范》	6.3.10 注1：混凝土极限抗压强度，指 90d 龄期的 150mm 立方体强度，强度保证率为 80%。 8.5.3 选择混凝土标号时，应考虑由于温度、渗透压力及局部应力集中所产生的拉应力、剪应力或主应力。坝体内部混凝土标号不应低于 $R_{90}100$，过流表面的混凝土标号不应低于 $R_{28}250$	DL 5108—1999《混凝土重力坝设计规范》	8.4.3 混凝土的强度等级应按照标准方法制作养护的边长为 150mm 的立方体试件，在 28d 龄期用标准试验方法测得的具有 95% 保证率的立方体抗压强度来确定，用符号 C（N/mm²）表示。大坝常态混凝土强度的标准值可采用 90d 龄期强度，保证率 80%，按表 8.4.3-1 采用
SL 282—2003《混凝土拱坝设计规范》	10.1.1 坝体混凝土标号分区设计以强度为主要控制指标。混凝土其他性能指标应视坝体不同部位的要求做校验，必要时可提高局部混凝土的性能指标，设不同标号分区。高拱坝拱冠与拱端坝体应力相差较大时，可设不同标号分区	DL/T 5346—2006《混凝土拱坝设计规范》	7.2.1 坝体混凝土强度用混凝土抗压强度标准值表示，符号为"C 龄期强度标准值（MPa）"。混凝土抗压强度标准值由标准方法制作养护的边长 150mm 立方体试件，在 90d 龄期用标准试验方法测得的具有 80% 保证率的抗压强度确定
SL 677—2014《水工混凝土施工规范》	6.0.2 混凝土强度等级（标号）和保证率应符合设计规定	DL/T 5144—2001《水工混凝土施工规范》	6.0.3 混凝土设计强度标准值，按设计龄期提出的混凝土强度标准值，以按标准方法制作养护的边长为 150mm 立方体试件的抗压强度值确定，用 MPa 表示。混凝土强度等级和保证率应符合设计的规定

表 2.3-2 表明，大坝混凝土强度采用标号 R 表示与采用强度等级 C 表示，其内涵是不同的。混凝土坝的设计是以强度作为控制指标，混凝土采用标号 R 表示，不单纯是一个简单的符号问题，一方面容易造成大坝混凝土设计指标的混乱，直接关系到混凝土坝体强度设计标准问题；另一方面大坝混凝土强度采用标号 R，与 1984 年国家颁发的《法定计量单位》、1987 年国家标准《混凝土强度检验评定标准》（GBJ 107—87）以及 ISO 国际标准的要求不符。

水利 SL 标准在混凝土坝设计规范中混凝土强度仍采用"标号 R"表示。比如《混凝土重力坝设计规范》（SL 319—2005）条款"8.5.3 选择混凝土标号时，应考虑由于温度、渗透压力及局部应力集中所产生的拉应力、剪应力。坝体内部混凝土的标号不应低于 R_{90} 100，过流表面的混凝土标号不应低于 R_{90} 250。""9.3.1 根据抗裂要求，高坝基础部位 28d 龄期的混凝土标号不低于 R150～R200 号（相应的极限拉伸值为 $0.80 \times 10^{-4} \sim 0.85 \times 10^{-4}$）。坝体内部 90 龄期混凝土标号不低于 R100 号。迎水面还应根据抗渗、抗裂、抗冻要求和施工条件等确定混凝土标号。"《混凝土拱坝设计规范》（SL 282—2003）条款"10.1.1 坝体混凝土标号分区设计应以强度作为主要控制指标。坝体厚度小于 20m，混凝土标号不宜分区"。

《混凝土重力坝设计规范》（DL 5108—1999）、《水工混凝土施工规范》（DL/T 5144—2015 或 SL 677—2014）以及《水工混凝土结构设计规范》（SL 191—2008）等标准，混凝土强度等级采用混凝土（concrete）的首字母 C 表示，如 C20、C30 等，后面数字表示抗压强度为 20MPa、30MPa。混凝土采用"强度等级 C"也是国际工程通用做法。

《混凝土重力坝设计规范》（DL 5108—1999）条文说明 8.4.3 对混凝土抗压强度的标准值采用强度等级及标号对应关系进行了分析，大坝常态混凝土强度等级与大坝常态混凝土标号之间的对应关系见表 2.3-3；大坝碾压混凝土强度等级与大坝碾压混凝土标号之间的对应关系见表 2.3-4。

表 2.3-3　　大坝常态混凝土强度等级与大坝常态混凝土标号之间的对应关系

大坝常态混凝土强度等级 C	C7.5	C10	C15	C20	C25	C30
对应的原大坝常态混凝土标号 R	R113	R146	R202	R275	R330	R386

表 2.3-4　　大坝碾压混凝土强度等级与大坝碾压混凝土标号之间的对应关系

大坝混凝土强度等级 C	C5	C7.5	C10	C15	C20
对应的原大坝碾压混凝土标号 R	R106	R154	R200	R286	R368

表 2.3-3、表 2.3-4 大坝混凝土强度等级与混凝土标号之间的对应关系表明，混凝土强度等级 C 与混凝土标号 R 不是对应的相等关系，对以强度作为控制指标的大坝混凝土有很大影响。在采用水利 SL 标准混凝土标号进行混凝土坝设计时，需要引起高度关注。

2.3.2.2　混凝土标号 R 与强度等级 C 关系换算

《水工混凝土施工规范》（DL/T 5112—2001）在条文说明中对混凝土强度及其标准符号的变化加以说明：过去混凝土立方体强度用符号"R"来表达（目前水利行业 SL 标准

大坝混凝土设计指标仍规定标号"R"表示），现据国家标准和有关规定材料强度统一由符号"f"表达，混凝土立方体抗压强度以符号"f_{cu}"表达，其中"cu"是立方体的意思。而混凝土立方体抗压强度标准值以符号"$f_{cu,k}$"表达，其中 k 是标准值的意思。

1985 年颁发的《国家计量法》规定，计量单位统一采用国际单位制。随之混凝土配制强度计算公式也发生变更（离差系数 C_V 值变更后公式采用标准差 σ 值计算），由于《水工混凝土结构设计规范》已按国家标准规定将混凝土标号改为混凝土强度等级，混凝土强度等级值确定原则由原标准规定的强度总体分布的平均值减去 1.27 倍标准差（保证率 90%），改为强度总体分布的平均值减去 1.645 倍标准差（保证率 95%）。

根据《水工混凝土施工规范》（DL/T 5112—2001）条文说明，经公式计算，R 与 C 的换算关系见表 2.3-5。

表 2.3-5 　　　　　　　　　　　　R、$\delta_{f_{cu},15}$ 与 C 换算表

原水工混凝土标号 R/（kg/cm²）	100	150	200	250	300	350	400
混凝土立方体抗压强度变异系数 $\delta_{f_{cu},15}$	0.23	0.20	0.18	0.16	0.14	0.12	0.10
水工混凝土强度等级 C（计算值）	9.24	14.20	19.21	24.33	29.56	34.89	40.28
水工混凝土强度等级 C（取用值）	C9	C14	C19	C24	C29.5	C35	C40

注 1. 表中混凝土立方体抗压强度的变异系数是取用全国 28 个大中型水利水电工程合格水平的混凝土立方体抗压强度的调查统计分析的结果。

　　2. 由于 1kg=9.81N，经计算原混凝土标号 R100、R150、…可取用强度等级 C10、C15、…，实际工程也如此。

1987 年之前，水工混凝土抗压强度分级采用"标号 R"表达。1987 年国家标准《混凝土强度检验评定标准》（GBJ 107—87）改以"强度等级 C"表达。此后，工业、民用建筑部门在混凝土设计和施工中均按上述标准执行，以混凝土强度等级 C 替代混凝土标号 R。

混凝土标号用 R 表示，如：R150、200 等，表示它的压强是 150kg/cm²、200 kg/cm²。与国际标准 ISO 接轨。混凝土强度采用强度等级 C 表示，如：C15、C20 等，表示它的强度是 15MPa、20MPa。

$\because 1Pa=1N/m^2=1N/10^6 mm^2=1N/1Mmm^2 \qquad \therefore 1MPa=1N/mm^2$

又 $\because 1MPa=10.1972kg/cm^2 \qquad \therefore 1kg/cm^2=0.098067MPa$

由此得：R150 号混凝土×0.098067=14.8MPa≈15MPa，即 R150≈C15

　　　　　R200 号混凝土×0.098067=19.61MPa≈20MPa，即 R200≈C20

由此得出 R 与 C 的换算关系。

水工建筑物的设计在水利和电力行业中执行两套不同的标准，对于混凝土重力坝的设计，水利行业执行的标准是《混凝土重力坝设计规范》（SL 319—2005），电力行业执行的标准是《混凝土重力坝设计规范》（DL 5108—1999），两本规范都是在原标准《混凝土重力坝设计规范》（SDJ 21—78）及其 1984 年补充规定的基础上修订而来的。但是，两本规范的内容不尽相同，甚至在某些规定上存在较大的差别。这使得很多工程师在设计过程中产生混淆和疑惑。因此，水利水电工程标准的统一已经迫在眉睫，需要从顶层设计进行深化改革，尽快实现标准的互联互通。

2.3.2.3 大坝混凝土标号 R 与强度等级 C 设计指标工程实例

水利水电工程采用 SL 标准与 DL 标准的部分工程大坝混凝土强度标号 R 与强度等级 C 及设计指标对照表见表 2.3-6。

表 2.3-6　　部分工程大坝混凝土强度标号 R 与强度等级 C 及设计指标对照表

混凝土标号 R 设计指标工程		混凝土强度等级 C 设计指标工程	
工程名称	混凝土设计指标	工程名称	混凝土设计指标
普定水电站	$R_{90}150S4$（内部）	彭水水电站	$C_{90}15W6F100$（内部）
	$R_{90}200S6$（防渗区）		$C_{90}20W10F150$（防渗区）
汾河二库水库	$R_{90}C20S8D150$（防渗区）	金安桥水电站	$C_{90}20W6F100$
	$R_{90}C10D50$（内部）		$C_{90}15W6F100$
棉花滩水电站	$R_{180}100S4D25$	光照水电站	$C_{90}15W6F50$
	$R_{180}150S4D25$		$C_{90}20W6F100$
	$R_{180}200S4D25$		$C_{90}25W8F100$
三峡二期大坝	$R_{90}150D100\ S8$	龙滩水电站	$C_{90}15W6F50$
	$R_{90}200D150S10$		$C_{90}20W6F100$
	$R_{90}200D250S10$		$C_{90}25W6F100$
	$R_{90}250D250S10$		$C_{90}25W12F150$（防渗区）
喀腊塑克水利枢纽	$R_{180}20W10F300$	白鹤滩水电站	$C_{180}30W_{90}13F_{90}250$
	$R_{180}20W6F200$		$C_{180}35W_{90}14F_{90}300$
	$R_{180}20W4F50$		$C_{180}40W_{90}15F_{90}300$
			$C_{90}40W15F300$（孔口、闸墩）
百色水利枢纽	$R_{180}15S6D25$	向家坝水电站	$C_{180}15F100W8$
	$R_{180}20S10D50$		$C_{180}20F150W10$
蔺河口水电站	$R_{90}200S6D50$（内部）		$C_{90}25F200W8$
	$R_{90}200S8D100$（防渗区）	景洪水电站	$C_{90}15W8F100$
沙牌水电站	$R_{90}200\varepsilon\rho1.05$		$C_{180}45F250W14$
武都水库	$R_{180}20W6F200$（外部）	小湾水电站	$C_{180}40F250W14$
	$R_{180}20W4F50$（内部）		$C_{180}35F250W12$
	$R_{180}20W4F50$		$C_{180}30F250W10$
三峡三期大坝	$C_{90}15F100W8$	藏木水电站	$C_{90}10W4F100$（消力池回填）
	$C_{90}20F150W10$		$C_{90}25W4F100$
	$C_{90}20F250W10$		$C_{90}20W6F100$
	$C_{90}25F250W10$		$C_{90}25W8F100$

表 2.3-6 表明，执行 SL 标准大坝混凝土强度采用标号 R 表示，执行 DL 标准大坝混凝土强度采用强度等级 C 表示。从表中看出，由于执行 SL 或 DL 不同标准，同样类型的大坝混凝土设计指标却用不同的符号表示，呈现出一种乱象。

工程实践表明，大坝混凝土材料及分区采用混凝土标号 R 与强度等级 C 其设计指标内涵意义存在明显差异。由于混凝土标号 R 与混凝土强度等级 C 不是相等关系，即 R_{150} $\neq C15$、$R_{200} \neq C20$、…，采用混凝土强度标号 R 设计的强度指标将明显低于强度等级 C 设计指标。为此，有的水利工程为了保证大坝混凝土强度，当混凝土设计指标采用标号 R 进行设计时，对标号 R 后面的数据进行修正。

例如：汾河二库大坝混凝土设计指标 R_{90}C20S8D150，其中标号 R 后面数据改为 C20，即 90d 龄期混凝土强度 20MPa；百色水利枢纽重力坝混凝土设计指标 R_{180} 15S6D25、R_{180}20S10D50，其中标号后面数据直接改为 15MPa、20MPa，即 180d 龄期混凝土强度为 15MPa、20MPa；新疆喀腊塑克水利枢纽碾压混凝土重力坝也采用与百色工程相同的设计指标；特别是同一工程，如某些水库碾压混凝土拱坝，大坝混凝土设计指标采用 R 表示，而结构混凝土则采用 C 表示，同一大坝的混凝土强度采用两种符号表示，显得十分蹩脚。

例如：三峡三期右岸大坝混凝土分区及设计指标见表 2.3-7。

表 2.3-7　　　　　　　　三峡三期右岸大坝混凝土分区及设计指标

部　　位		混凝土标号	龄期/d	抗冻	抗渗
基础混凝土	约束区底层	$C_{90}20$	90	F150	W10
	约束区	$C_{90}20$	90	F150	W10
外部混凝土	水上、水下	$C_{90}20$	90	F250	W10
	水位变动区	$C_{90}25$	90	F250	W10
坝内混凝土		$C_{90}15$	90	F100	W8
结构混凝土 1（过水孔口周围）		$C_{90}30$	90	F250	W10
结构混凝土 2（廊道、孔洞周围）		$C_{90}25$	90	F250	W10
抗冲耐磨混凝土		$C_{28}40$	28	F250	W10
引水钢管周围混凝土		$C_{28}25$	28	F250	W10

三峡三期工程大坝混凝土设计指标采用强度等级 C 表示（三峡二期工程大坝混凝土设计指标采用标号 R 表示），三峡二期工程与三期工程大坝混凝土设计指标符号的改变，从 R 改为 C，统一了水工混凝土强度符号，对中国水利水电工程"走出去"战略和"一带一路"倡议与国际接轨具有十分重要的现实意义。

2.3.3　混凝土重力坝坝体抗滑稳定条款分析

2.3.3.1　《混凝土重力坝设计规范》（SL 319—2005）坝体抗滑稳定条款

SL 319—2005 中，6.4.1 坝体抗滑稳定计算主要核算坝基面滑动条件，应按抗剪断强度计算公式（6.4.1-1）或抗剪断强度公式（6.4.1-2）计算坝基面的抗滑稳定安全系数。

（1）抗剪断强度计算公式：

$$K' = \frac{f'\sum W + C'A}{\sum P} \qquad (6.4.1-1)$$

式中　　K'——按抗剪断强度计算的抗滑稳定安全系数；

f'——坝体混凝土与坝基接触面的抗剪断摩擦系数；

C'——坝体混凝土与坝基接触面的抗剪断凝聚力；kPa；

A——坝基接触面截面积，m^2；

$\sum W$——作用于坝体上全部荷载（包括扬压力，下同）对滑动平面的法向分值，kN；

$\sum P$——作用于坝体上全部荷载对滑动平面的切向分值，kN。

（2）抗剪强度的计算公式：

$$K=\frac{f\sum W}{\sum P} \qquad (6.4.1-2)$$

式中　K——按抗剪强度计算的抗滑稳定安全系数；

f——坝体混凝土与坝基接触面的抗剪摩擦系数。

（3）抗滑稳定安全系数的规定：

1）按抗剪断强度公式（6.4.1-1）计算的坝基面抗滑稳定安全系数 K' 值不应小于表 6.4.1-1 的规定。

2）按抗剪强度公式（6.4.1-2）计算的坝基面抗滑稳定安全系数 K 值不应小于表 6.4.1-2 规定的数值。

（4）坝基岩体内存在软弱结构面、缓倾角裂隙时，坝基深层抗滑稳定安全系数按附录 E 计算。按抗剪断强度公式（E.0.1-1）、公式（E.0.1-2）计算的 K' 值不应小于表 6.4.1-1 的规定。当采取工程措施后 K' 值仍不能达到表 6.4.1-1 要求时，可按抗剪强度公式（E.0.1-3）及公式（E.0.1-4）计算坝基深层抗滑稳定安全系数，其安全系数指标应经论证后确定。对于滑面情况，尤其慎重。6.4.2 坝体混凝土与坝基接触面之间的抗剪断摩擦系数 f'、凝聚力 C' 和抗剪摩擦系数 f 的取值：规划阶段可参考附录 D 选用；可行性研究阶段及以后的设计阶段，应经试验确定；中型工程的中、低坝，若无条件进行野外试验时，宜进行室内试验，并参照附录 D 执行。

2.3.3.2 《混凝土重力坝设计规范》（DL 5108—1999）坝体抗滑稳定条款

DL 5108—1999 中，9.3.4 坝体混凝土与基岩接触面的抗滑稳定极限状态：

（1）作用效应函数：

$$S(\,\cdot\,)=\sum P_R \qquad (9.3.4-1)$$

（2）抗滑稳定抗力函数：

$$R(\,\cdot\,)=f'_R\sum W_R+c'_R A_R \qquad (9.3.4-2)$$

式中　$\sum P_R$——坝基面上全部切向作用之和，kN；

f'_R——坝基面抗剪断摩擦系数；

c'_R——坝基面抗剪断黏聚力，kPa。

核算坝基面抗滑稳定极限状态时，根据 9.2 规定，应按材料的标准值和作用的标准值或代表值分别计算基本组合和偶然组合。

9.3.5 坝体混凝土层面（包括常态混凝土水平施工缝或碾压混凝土层面）的抗滑稳定极限状态：

（1）作用效应函数：

$$S(\,\cdot\,)=\sum P_C \qquad (9.3.5-1)$$

（2）抗滑稳定抗力函数：

$$R(\cdot) = f'_C \sum W_C + c'_C A_C \qquad (9.3.5-2)$$

式中　$\sum P_C$——计算层面上全部切向作用之和，kN；

　　　$\sum W_C$——计算层面上全部法向作用之和，kN；

　　　f'_C——混凝土层面抗剪断摩擦系数；

　　　c'_C——混凝土层面抗剪断黏聚力，kPa；

　　　A_C——计算层面截面积，m²。

核算坝体混凝土层面的抗滑稳定极限状态时，根据 9.2 规定，应按材料的标准值和作用的标准值或代表值分别计算基本组合和偶然组合。

2.3.3.3　SL 与 DL《混凝土重力坝设计规范》坝体抗滑稳定对照分析

SL 319 与 DL 5108《混凝土重力坝设计规范》的坝体抗滑稳定章节条款明显存在不一致，抗剪断参数术语符号各自为政，如"C' 与 C'_R 及 C'_C""凝聚力"与"黏聚力"，虽然"凝"与"黏"仅一字差别，反映了标准不严谨和各自为政的弊端，给设计带来极大的不便，也明显制约了水利水电工程成为国际标准的进程。

2.3.4　水工混凝土施工规范有关条款分析

《水工混凝土施工规范》（SL 677—2014）条款"6.0.5 混凝土的坍落度，……。混凝土在浇筑时的坍落度，可参照表 6.0.5 选用"。DL/T 5144—2015 条款"4.0.9 混凝土的坍落度，……。混凝土在浇筑地点的坍落度可按表 4.0.9 选用"。

坍落度是混凝土拌和物和施工性能极为重要的指标，混凝土坍落度在用词上"浇筑时"及"浇筑地点"的含义是不同的。但 SL 677 条文说明"6.0.5……依据目前浇筑工艺，对不同类别混凝土在浇筑地点的坍落度范围进行了适当调整，并增加了泵送混凝土的坍落度范围"。条文说明中坍落度又采用浇筑地点，标准用词的不严谨和随意性，对混凝土的质量控制十分不利。

SL 677 与 DL/T 5144 标准在混凝土总碱含量的条款中存在明显的不一致。SL 677—2014 标准条款"6.0.8 使用碱活性骨料时，……混凝土总碱含量最大允许值不应超过3kg/m³，混凝土总碱含量的计算方法见附录 C"。DL/T 5144—2015 最新标准条款"4.0.10 混凝土试验碱活性骨料时，应限制混凝土中的总碱含量，骨料的碱活性检验按照《水工混凝土砂石骨料试验规程》（DL/T 5151）的规定执行"。最新颁布 DL/T 5144—2015 标准 4.0.10 条款取消了 DL/T 5144—2001 标准条款"6.0.8 混凝土使用有碱活性的骨料时，……（混凝土含碱量的技术方法见附录 B）"的规定，反而对混凝土碱含量计算带来不便。

SL 677—2014 在"7 混凝土施工"章节中有关条款极不严谨。比如基岩面和混凝土施工缝面处理条款中：SL 677—2014 条款"7.4.6 基岩面和混凝土施工缝面浇筑第一坯混凝土前，宜先铺筑一层 2～3cm 厚的水泥砂浆，或同强度的小级配混凝土或富砂浆混凝土"。DL/T 5144—2015 条款"7.1.6 新浇筑混凝土与基岩或混凝土施工缝面应结合良好，第一坯层可浇筑强度等级相当的小一级配混凝土、富砂浆混凝土或铺设高一强度等级的水泥砂浆"。SL 677—2014 有关混凝土施工缝面处理条款把铺设一层水泥砂浆放在前，而且对水泥砂浆强度没有提出规定要求，表明 SL 677 施工缝面处理条款存在明显缺陷。

上述标准条款各自为政，未能广泛集中水利水电行业内的专家编写，未形成合力，标准的分割导致规范条款混淆，不能与时俱进采用新技术，对水工混凝土施工和质量控制是十分不利的。

2.4 结　　语

2016 年 9 月 12 日第 39 届国际标准化组织（ISO）大会在北京举行。国家主席习近平在贺信中指出：标准是人类文明进步的成果。伴随着经济全球化深入发展，标准化在便利经贸往来、支撑产业发展、促进科技进步、规范社会治理中的作用日益凸显。标准已成为世界"通用语言"。中国将积极实施标准化战略，以标准助力创新发展、协调发展、绿色发展、开放发展、共享发展。中国愿同世界各国一道，深化标准合作，加强交流互鉴，共同完善国际标准体系。世界需要标准协同发展，标准促进世界互联互通。标准助推创新发展，标准引领时代进步。国际标准是全球治理体系和经贸合作发展的重要技术基础。国际标准化组织作为最权威的综合性国际标准机构，制定的标准在全球得到广泛应用。希望与会嘉宾集思广益、凝聚共识，共同探索标准化在完善全球治理、促进可持续发展中的积极作用，为创造人类更加美好的未来作出贡献。

为此，中国的水利水电工程标准的统一和尽快形成国际标准，已经到了刻不容缓时刻。水利水电工程标准的统一要从顶层设计深化改革，建立政府行为的退出机制，摒弃行业束缚，尽快实现水利水电工程标准的互联互通。水利水电工程不可分割的属性决定了标准的统一性，这也为世界发达的欧美等西方国家所证明。水利水电工程技术标准条块分割、各自为政的局面，给设计、科研、施工及管理等带来诸多不便，对"走出去"战略和"一带一路"倡议带来一定的负面影响，与中国水利水电大国、强国的地位极不相符。

中国水利水电工程标准统一和尽快成为国际标准，是水利水电工程软实力的具体体现，要与全面深化改革发展同步合拍，要向"中国海警""中国高铁"等行业学习，从顶层设计着手，推动水利水电工程标准进行统一和国际标准制定，将具有极其重要的现实意义和深远意义。

第3章

大坝混凝土材料及分区设计与优化

3.1 概 述

3.1.1 大坝混凝土材料

大坝混凝土材料及分区设计是混凝土坝设计极为重要的内容之一。大坝混凝土所用的水泥、骨料、掺合料、外加剂、水等原材料应符合现行的国家标准及有关行业标准的规定。大坝混凝土除应满足设计上对强度的要求外，还应根据大坝的工作条件、地区气候等具体情况，分别满足抗渗、抗冻、抗冲耐磨和抗腐蚀等耐久性以及低热性等方面的要求，不得使用碱活性骨料。

大坝混凝土材料的质量优劣直接关系到大坝的强度、耐久性和整体性能，是工程质量保证的基础，为此，《混凝土重力坝设计规范》（SL 319—2005 或 DL 5108—1999）、《混凝土拱坝设计规范》（SL 282—2003）或（DL/T 5346—2006）、《碾压混凝土坝设计规范》（SL 314—2004）、《水工混凝土施工规范》（SL 677—2014 或 DL/T 5144—2015）、《水工碾压混凝土施工规范》（SL 5112—2009）等标准中，对大坝混凝土材料均作了专门规定，同时水利水电工程招标文件技术条款中，专门对混凝土材料提出了具体的技术要求。

在大坝混凝土的研究中，混凝土的原材料优选、配合比设计、耐久性研究、施工技术、温控防裂、质量控制和建设管理等都将直接影响混凝土的质量和大坝的安全运行。大坝混凝土材料一直是坝工新技术发展研究的重点，其中胶凝材料水泥的优选是最根本的，直接涉及混凝土材料的各种物理力学性能、水化热的大小和绝热温升的高低等，进而影响混凝土的温控防裂和大坝的耐久性。

采用不同种类混凝土材料筑坝技术，需要了解和掌握该类混凝土材料特点。比如采用碾压混凝土筑坝技术，与常态混凝土相比，只是改变了材料的配合比和施工工艺而已，其基本的抗压强度性能并未改变。特别是重力坝采用碾压混凝土快速筑坝技术，由于碾压混凝土配合比设计与常态混凝土不同，具有水泥用量少、单位用水量低、高掺掺合料和高石粉含量，施工采用振动碾进行碾压振捣，不但筑坝速度快，而且表观密度比常态混凝土大，体积稳定性好，十分有利于大坝混凝土温控防裂。

又比如大坝混凝土施工缝面处理，采用砂浆、小级配混凝土或富（砂）浆混凝土作为垫层料，采用何种垫层料是根据大坝混凝土具体情况而确定。目前大坝基础大都采用低一级的富（砂）浆混凝土作为基础垫层料，取得很好的效果。混凝土施工缝面则采用砂浆、小级配混凝土居多。采用不同混凝土筑坝技术，需要摒弃传统的陈旧观念，与时俱进，不断进行技术创新。

3.1.2　重力坝分区原则

重力坝的工作原理是依靠自身重量抵御水推力而保持稳定的挡水建筑物，它的基本断面一般为三角形，主要荷载是坝体混凝土自重和上游面的水压力。为了适应地基变形、温度变化和混凝土浇筑能力，重力坝沿坝轴线被横缝分隔成若干个独立工作的坝段，所以重力坝必须建立在岩基上。为此《混凝土重力坝设计规范》（SL 319—2005 或 DL 5108—1999）规定：本标准适用于水利水电大、中型工程岩基上的 1 级、2 级、3 级混凝土重力坝的设计，4 级、5 级混凝土重力坝可参照使用。对于坝高大于 200m 的混凝土重力坝设计，应作专门研究。重力坝混凝土材料及分区影响因素除考虑满足设计对强度的要求外，还应根据大坝的工作条件、地区气候等具体情况，分别满足耐久性和施工浇筑时良好的和易性以及热学性等方面的要求。重力坝坝体分区设计应充分考虑坝体各部位工作条件和应力状态，在合理利用混凝土性能的基础上，尽量减少混凝土分区部位，同一浇筑仓面的混凝土材料最好采用同一种强度等级或不超过两种；具有相同或近似工作条件的混凝土尽量采用同一种混凝土设计指标，如泄洪表孔、泄洪中孔、冲沙孔及导流底孔周边，表孔隔墙等均可采用同一种混凝土。坝体分区设计优化不但减少了混凝土设计指标和配合比设计试验的工作量，同时可以明显简化施工，提高混凝土拌和生产系统能力和浇筑强度，加快施工进度，有利质量控制。

常态混凝土重力坝根据不同部位和不同条件分区，大坝混凝土一般分成 6 区，即坝体基础混凝土、坝体内部混凝土、坝体上下游最低水位以下外部、坝体外部上下游水位变化区、坝体外部上下游水位以上、抗冲刷部位等 6 区（坝体混凝土分区图可见《混凝土重力坝设计规范》）。

Ⅰ区——上、下游水位以上坝体外部表面混凝土；

Ⅱ区——上、下游水位变化区的坝体外部表面混凝土；

Ⅲ区——上、下游最低水位以下坝体外部表面混凝土；

Ⅳ区——坝体基础混凝土；

Ⅴ区——坝体内部混凝土；

Ⅵ区——抗冲刷部位的混凝土（例如溢流面、泄水孔、导墙和闸墩等）。

常态混凝土重力坝分区特性要求及主要因素见表 3.1-1。

表 3.1-1　　　　常态混凝土重力坝分区特性要求及主要因素

分区	强度	抗渗	抗冻	抗冲刷	抗侵蚀	低热	最大水灰比	选择各分区的主要因素
Ⅰ	+	−	++	−	−	+	+	抗冻
Ⅱ	+	+	++	−	+	+	+	抗冻、抗裂
Ⅲ	++	++	+	−	+	+	+	抗渗、抗裂

续表

分区	强度	抗渗	抗冻	抗冲刷	抗侵蚀	低热	最大水灰比	选择各分区的主要因素
Ⅳ	++	+	+	－	+	++	+	抗裂
Ⅴ	++	+	+	－	－	++	+	
Ⅵ	++	－	++	++	++	+	+	抗冲耐磨

注 有"++"的项目为选择各区混凝土等级的主要控制因素;有"+"的项目为需要提出要求的;有"－"的项目为不需要提出要求的。

3.1.3 拱坝分区原则

拱坝是一个空间壳体结构,作用在坝上的外荷载通过拱梁的作用传递至两岸山体,依靠坝体混凝土强度和两岸坝肩岩体的支承,保证拱坝的稳定。拱坝能充分发挥混凝土材料的性能,因而能减小坝身体积,节省工程量。只要两岸坝肩具有足够大坚硬的、稳定可靠的岩体,拱坝潜在安全裕度较其他坝型的抗震性能较好,是经济性和安全性都比较优越的坝型。

水利行业《混凝土拱坝设计规范》(SL 282—2003)规定:坝体混凝土标号分区设计应以强度为主要控制指标。混凝土的其他性能指标应视坝体不同部位的要求作校验,必要时可提高局部混凝土性能指标,设不同标号分区。高拱坝拱冠与拱端坝体应力相差较大时,可设不同标号区。坝体厚度小于20m时,混凝土标号不宜分区。同一层混凝土标号分区最小宽度不宜小于2m。

电力行业《混凝土拱坝设计规范》(DL/T 5346—2006)规定:坝体混凝土可根据应力分布情况或其他要求,设置不同混凝土分区。当坝体厚度不大时,同一浇筑层混凝土不宜分区。

混凝土拱坝坝体混凝土分区设计以强度为主要控制指标,可根据应力分布情况或其他要求,设置不同混凝土分区。当坝体厚度不大时,同一浇筑层混凝土不宜分区。拱坝坝体混凝土按强度一般分为下部、中部及上部3区。拱坝坝体混凝土分区主要指沿高程上的分区,这是拱坝坝体混凝土分区设计与重力坝混凝土分区最大的区别。根据近年来的工程实践经验,拱坝坝体混凝土应力要求具有高强度、中等弹性模量、低热量的特性。为满足温控防裂、施工强度的要求,混凝土拱坝必须设置横缝。拱坝坝身较薄,加之目前国内工程均有较良好的温度控制措施,拱坝不设置纵缝,采用通仓浇筑。所以拱坝对混凝土强度、抗渗性、抗冻性、抗裂能力、抗碱骨料反应以及均匀性等性能要求都比重力坝大体积混凝土要求高。

拱坝混凝土强度分区以拱坝静力计算成果为基础,参照拱坝动力计算成果,结合结构布置的需要进行,即根据河谷形态、基础条件以及上、下游坝面主应力的分布进行混凝土强度分区。拱坝中低部高程为拱坝主要受力区域,拱坝与基础接触的一定高程范围内即基础约束区域对混凝土要求最高,通常为拱坝混凝土设计强度最高控制值。拱坝大体积混凝土强度分区以高强度混凝土区域为控制,且相邻区域的混凝土强度差别不宜过大。有其他技术要求的混凝土,如坝顶路面混凝土有交通要求,孔口出口段预应力结构混凝土有预应力结构的相关要求,廊道和孔口的钢筋混凝土结构以及坝上排架、弧门牛腿、启闭机房、轨道梁、各种梁、板、柱等结构应根据结构计算，选定相应的强度等级和配合比。同时，应重视上游坝面劈头裂缝的处理以及冻融地区拱坝消落区的坝面保护。

《混凝土拱坝设计规范》（SL 282—2003 或 DL/T 5346—2006）条文说明指出：根据近年来工程实践，只要混凝土温度控制和材料选择适当，并未设置纵缝。最早建成的240m 高度的二滩薄拱坝根据拱坝静动应力大小范围及分布规律，结合坝体附属建筑物布置和结构要求的特点，按照抗压强度等级将拱坝混凝土分 A、B、C 三个区，大坝混凝土采用 180d 龄期设计，85% 的强度保证率。拱坝基础及拱坝下部的主要受力区域以及表孔、深孔有结构变化的一定范围均分为 A 区，采用 $C_{180}40$ 混凝土；拱坝中部分为 B 区，采用 $C_{180}35$ 混凝土；坝体上部及其余部位分为 C 区，采用 $C_{180}30$ 混凝土。此后的小湾、拉西瓦、溪洛渡、锦屏一级、构皮滩、大岗山、白鹤滩、乌东德等高拱坝混凝土均采用 180d 设计龄期，坝体混凝土强度基本按照下部（A 区）、中部（B 区）及上部（C 区）进行分区。

3.1.4 大坝混凝土材料及分区新技术发展

大坝混凝土材料及分区设计是大坝与水工混凝土新技术创新发展的源头，是一项系统工程，其设计合理与否，不但可以简化施工，加快施工进度，还密切关系到大坝混凝土的温控防裂、整体性能和长期耐久性能。

近年来，由于碾压混凝土快速经济的筑坝技术特点，碾压混凝土筑坝技术发展迅猛，碾压混凝土坝已达 300 多座。中国的碾压混凝土坝技术特点是采用全断面碾压混凝土筑坝技术，依靠坝体自身防渗，采用碾压混凝土筑坝技术只是改变了混凝土配合比和施工工艺而已，设计并未因是碾压混凝土坝而改变大坝体型，所以碾压混凝土坝的断面与常态混凝土坝的断面相同。由于碾压混凝土坝不分纵缝，横缝采用切缝技术，施工采用大仓面薄层摊铺、通仓碾压，所以，不论是碾压混凝土重力坝、碾压混凝土拱坝的材料及分区明显有别于常态混凝土坝。碾压混凝土坝迎水面防渗区主要采用二级配碾压混凝土和变态混凝土，坝体内部及下游部位主要采用三级配碾压混凝土。碾压混凝土重力坝的材料分区与常态混凝土重力坝完全不同，碾压混凝土重力坝材料分区十分简单，特别有利碾压混凝土快速施工。所以，碾压混凝土坝已成为重力坝的主流坝型。

大坝混凝土材料分区及设计指标是水工混凝土原材料选择和配合比设计的依据，通过大坝混凝土配合比设计、试验研究，使新拌混凝土拌和物性能在满足施工要求的前提下，进而保证大坝混凝土的强度、变形、耐久性、温控等性能满足设计要求。比如龙滩、江口、拉西瓦、向家坝、金安桥等工程对大坝体型、混凝土材料及分区进行了设计优化和技术创新，取得了十分显著的技术和经济效益。

3.2 大坝混凝土材料组成

大坝混凝土材料组成主要包括两部分：原材料选择和混凝土配合比设计，其材料组成将直接关系到大坝混凝土各项性能指标，是大坝混凝土施工质量保证的前提。为此，水利水电工程设计和施工规范标准对大坝混凝土原材料和配合比设计均提出了具体的要求。

3.2.1　大坝混凝土原材料

1. 水泥

水位变化区的外部混凝土、有抗冲耐磨要求以及有抗冻要求的混凝土，要优先选用中热硅酸盐水泥、硅酸盐水泥或普通硅酸盐水泥。内部混凝土、位于水下的混凝土和基础混凝土，可选用中热或低热硅酸盐水泥、低热矿渣硅酸盐水泥、矿渣硅酸盐水泥、粉煤灰硅酸盐水泥和火山灰质硅酸盐水泥。

当环境水对混凝土有硫酸盐侵蚀时，要选用抗硫酸盐水泥。由于水泥强度等级愈高，抗冻性及耐磨性愈好，为了保证混凝土的耐久性，对于建筑物外部水位变化区、溢流面和经常受水流冲刷以及受冰冻作用的混凝土，其水泥强度等级不宜低于 42.5MPa。对于大型水利水电工程，优先考虑使用中热硅酸盐水泥或低热硅酸盐水泥。中热硅酸盐泥的硅酸三钙的含量约在 50％左右，7d 龄期的化热低于 293kJ/kg（标准规定）；低热硅酸盐水矿物组成的特点是硅酸二钙的含量大于 40％，7d 龄期的水化热低于 260kJ/kg（标准规定）。中热和低热水泥早期强度低，但后期强度增长率大，对降低混凝的水化热温升的效果十分显著，有利于大体积混凝土温控防裂。

近年来，中国建筑材料研究总院水泥研究院经过多年的研究，成功研发了高贝利特水泥（High Belite Cement，简称 HBC），即 P·LH 42.5 低热硅酸盐水泥（简称低热水泥），在国内大坝建设中逐步得到推广使用。采用低热水泥能够极大的降低混凝土内部最高温升，降低混凝土产生裂缝的概率，十分有利于大坝混凝土温控防裂，已经使用过低热水泥的工程主要有三峡、瀑布沟、深溪沟、向家坝、溪洛渡、泸定、猴子岩、枕头坝等水电站，均取得了良好的应用效果。在上述工程成功应用低热水泥的基础上，白鹤滩、乌东德水电站工程为更好地解决超高拱坝混凝土温控防裂和耐久性难题，全工程大坝、地下发电厂房系统、泄洪洞及尾水等部位混凝土全部采用低热水泥，实现了水工混凝土质的跨越。

2. 骨料

骨料是混凝土的主要原材料，大坝混凝土骨料最大粒径 150mm，采用四级配，砂石骨料质量约占总混凝土质量的 85％～90％，骨料的品质、产量直接关系到混凝土施工质量和进度，故对其有严格的质量要求。石粉已成为水工混凝土中必不可少的组成材料之一，《水工混凝土施工规范》（SL 677—2014 或 DL/T 5144—2015）和《水工碾压混凝土施工规范》（DL/T 5112—2009）规定：人工砂石粉含量常态混凝土控制在 6％～18％，碾压混凝土控制在 10％～22％。粗骨料粒形和级配对大坝混凝土的性能影响很大，直接关系到混凝土的和易性和经济性。良好的骨料粒形和颗粒级配可以明显使骨料间的空隙率和总表面积减少，降低混凝土单位用水量和胶凝材料用量，改善新拌混凝土施工和易性，提高混凝土密实性、强度和耐久性，且可获得良好的经济性。

混凝土应首选无碱活性的骨料。混凝土骨料的强度取决于其矿物组成、结构致密性、质地均匀性、物化性能稳定性，骨料的品质对混凝土的强度等性能影响很大，优质骨料是配制优质混凝土的重要条件。骨料的强度一般都要高于混凝土设计强度，根据《水利水电工程天然建筑材料勘察规程》（SL 251—2015）的要求，配制水工混凝土骨料所用岩石的饱和抗压强度一般应不低于 40MPa，高强度等级或有特殊要求的混凝土应按设计要求确定，干密度大于 $2.4g/cm^3$。骨料石质坚硬密实、强度高、密度大、吸水率小，其坚固性就越好；骨料的石质结晶颗粒越粗大，结构越疏松，构造不均匀，其坚固性就越差。对有抗冻要求的混凝土，水工混凝土施工规范规定，骨料的坚固性要求小于5%，如混凝土无抗冻要求，骨料的坚固性要求小于12%。混凝土的线膨胀数、比热和导热系数在很大程度上受到骨料的影响。

对于有碱活性的骨料，应进行碱-骨料反应抑制作用的研究。有关规范和工程研究结果表明，通过采用碱含量小于0.6%的低碱水泥、加大粉煤灰掺量不小于30%，控制混凝土中的总碱量小于 $3.0kg/m^3$，可以有限地抑制碱骨料活性反应。比如三峡工程规定花岗岩人工骨料混凝土的总碱量不超过 $2.5kg/m^3$。

骨料的质量和数量决定工程能否顺利施工及工程的经济性，因此，必须通过严密的勘探调查、系统的物理力学性能试验及经济比较，正确地选择料场。大坝混凝土浇筑强度大，骨料的需求量大而集中，骨料选择失当或调研不够都将导致工程施工的被动局面，切忌在骨料选择上出现任何差错，这方面的经验教训是很多的。

3. 掺合料

掺合料是水工混凝土胶凝材料重要的组成部分，随着掺合料技术的不断发展，掺合料种类已经发展到粉煤灰、粒化高炉矿渣、磷矿渣、火山灰、凝灰岩、石灰石粉、铜镍矿渣、氧化镁等磨细粉。为此，水利水电工程先后制定颁发了有关掺合料技术标准。粉煤灰作为掺合料在水工混凝土中始终占主导地位，粉煤灰在水工混凝土中的应用研究是成熟的，粉煤灰不但掺量大、应用广泛，其性能也是掺合料中是最优的。粉煤灰要优先选用火电厂燃煤高炉烟囱静电收集的粉煤灰。由于粉煤灰品质不断提高，特别是Ⅰ级粉煤灰作为大坝混凝土功能材料的大量使用，有效改善了大坝混凝土性能。混凝土中掺入粉煤灰可延长混凝土的凝结时间，改善施工和易性，有效降低水泥水化热和混凝土绝热温升，抑制碱活性骨料反应（碱硅反应）等。

西南地区的少数工程远离火电厂，为解决运输问题，可就地选材代替粉煤灰的掺合料。比如，大朝山大坝混凝土采用磷矿渣+凝灰岩各50%的复合掺合料，简称PT掺合料；景洪、戈兰滩、居甫度、土卡河等工程采用铁矿渣+石灰石粉各50%的复合掺合料，简称SL掺合料；龙江、等壳、腊寨等工程采用天然火山灰质掺合料；藏木、黄登等工程采用石灰石粉作掺合料进行了深入的试验研究；新疆冲乎尔采用铜镍矿渣粉等掺合料。上述掺合料其性能、掺量均与二级粉煤灰相近，使用效果良好。

4. 外加剂

从20世纪50年代的塑化剂和70年代后期的糖蜜类减水剂，到近年来的萘系减水剂以及目前的第三代羧酸类高性能减水剂的应用，表明外加剂技术发展较快，对提高混凝土的工作度、强度、耐久性等起到了重要的作用。具有某些特殊功能的高效减水剂和引气剂等优质外加剂的广泛应用，不仅降低了混凝土的单位用水量，减少了水泥用量，降低了混凝土的温升，而且混凝土的抗裂性和耐久性得以大幅度提高。

外加剂的种类很多，根据新修订的《水工混凝土外加剂技术规程》（DL/T 5100—2014），水工混凝土掺用的外加剂品种有：高性能减水剂、高效减水剂、普通减水剂、引气剂、泵送剂、早强剂、缓凝剂等，其中对第三代羧酸类高性能减水剂的减水率、泌水率比、含气量、凝结时间差、经时变化量、抗压强度比等品质指标提出了更高要求，要求高性能减水剂的减水率不低于 25%。相对于其他原材料而言，外加剂掺量虽然较少，但对混凝土质量至关重要。混凝土中掺入引气剂，搅拌过程中能引入大量均匀分布的、稳定封闭的微小气泡，能显著提高混凝土的抗渗性及抗冻性，气泡还可使混凝土弹性模量有所降低，有利于提高混凝土抗裂性能，改善混凝土的热学力学性能。为此，大坝混凝土应选用优质的高效减水剂和引气剂。

5. 拌和用水

符合国家标准的生活饮用水均可用于拌制混凝土。未经处理的工业污水和生活污水不应用于拌和混凝土；地表水、地下水和其他类型水在首次用于拌和混凝土时，应经检验合格方可使用。

3.2.2 大坝混凝土配合比

在水工混凝土施工中，大坝混凝土配合比设计具有一定的技术含量，优良的大坝混凝土施工配合比是保证大坝混凝土施工质量、温控防裂的提前。大坝混凝土配合比设计应满足设计对混凝土的强度、抗渗、抗冻、耐久性、极限拉伸值、温度控制及施工和易性等指标要求，并要合理地降低水泥用量。大坝混凝土配合比应通过试验优选，优选试验包括对混凝土原材料的优选，对配合比主要参数的选择和试验，以及原材料品质和配合比主要参数间相互关系与影响程度的分析，还要考虑混凝土温度防裂要求以及施工机械（包括振捣设备）的能力，使其具有良好的和易性和防裂性能。为此，水工混凝土必须掺掺合料（主要以粉煤灰为主）和外加剂（减水剂、引气剂），可以有效改善新拌混凝土拌和物性能，减少单位用水量，节省水泥，对温控防裂十分有利。

混凝土的强度主要取决于水泥的强度等级和水胶比，水胶比愈低，混凝土的强度就愈高。大坝混凝土配合比设计按照《水工混凝土配合比设计规程》（DL/T 5330—2015）及《水工混凝土试验规程》（SL 352—2006）附录 A 进行设计，并遵照《水工混凝土试验规程》（SL 352—2006 或 DL/T 5150—2001）及《水工碾压混凝土试验规程》（DL/T 5433—2009）等规程进行试验。

一般配合比设计应遵循四个方面的原则：

（1）最小单位用水量。水胶比（水灰比）是决定混凝土强度和耐久性的主要因素，在满足施工和易性的条件下，力求单位用水量最小。

（2）最大粗骨料粒径和最佳骨料级配。根据混凝土结构物断面和钢筋含量及施工设备等情况，在满足施工和易性的条件下，应尽可能选择较大的骨料粒径和最佳骨料级配。

（3）最优砂率。在保证混凝土拌和物具有良好的黏聚性和施工和易性时用水量最小的砂率。

（4）优选胶凝材料和外加剂。经济合理地选择水泥品种和掺合料，优选优质的粉煤灰等掺和料和外加剂，使混凝土各种性能满足设计要求。

混凝土配合比优化试验的成果，应通过综合分析比较进行选择。因混凝土配合比选择对工程质量和造价都有重大影响，因此水利或电力行业标准《水工混凝土施工规范》规定：大中型水电站工程，在大坝工程施工前应对优选的混凝土配合比进行审查选定，应经批准后使用。

例如，举世瞩目的三峡工程混凝土重力坝规模宏大，大坝混凝土工程量1635万 m³。针对三峡大坝混凝土采用花岗岩人工骨料单位用水量高的特点，大坝混凝土对原材料优选、配合比设计优化进行了全面系统的试验研究，优选Ⅰ级粉煤灰作为大坝混凝土掺合料，选用与混凝土相适应的缓凝高效减水剂和引气剂，要求双掺减水剂和引气剂其减水率不小于25%，在Ⅰ级粉煤灰固体减水功能材料和双掺外加剂高减水率的叠加作用下，通过缩小水胶比，把大坝内部混凝土粉煤灰掺量从初步设计的最大掺量30%提高到45%，有效降低了花岗岩人工骨料混凝土单位用水量，使四级配混凝土单位用水量从原110 kg/m³降低到82~85kg/m³，为三峡大坝混凝土质量和温控防裂作出了极大的贡献。

3.3 大坝混凝土材料分区及设计指标

我国的水利水电工程实行招标投标机制，工程在招标文件中的技术条款对大坝混凝土设计指标及使用部位均提出具体的要求，承包人应按照招标文件技术条款要求编制混凝土配合比试验计划，并按照配合比试验计划进行试验。现列出几个典型工程大坝混凝土材料分区及设计指标工程实例，供参考。

3.3.1 重力坝材料分区及设计指标

3.3.1.1 三峡大坝混凝土标号和主要设计指标

三峡二期左岸大坝混凝土标号和主要设计指标见表3.3-1；三峡三期右岸大坝混凝土分区及设计指标见表3.3-2。

表3.3-1　　　　　　　　三峡二期左岸大坝混凝土标号和主要设计指标

序号	混凝土标号	级配	抗冻标号 D	抗渗标号 S	抗侵蚀	极限拉伸值 /(×10⁻⁴)		限制最大水胶比	水泥品种	限制粉煤灰掺量/%	大坝使用部位
						28d	90d				
1	$R_{90}200$	三	150	10	√	0.80	0.85	0.55	中热525	30	基岩面2m范围内
2	$R_{90}200$	四	150	10	√	0.80	0.85	0.55	低热425	10	基础约束区
									中热525	25~30	
3	$R_{90}150$	四	100	8		0.70	0.75	0.60	低热425	15	大坝内部
									中热525	30~35	
4	$R_{90}200$	三、四	250	10		0.80	0.85	0.50	中热525	25	水上、水下外部
5	$R_{90}250$	三、四	250	10		0.80	0.85	0.45	中热525	20	水位变化区外部、公路桥墩
6	$R_{90}300$	二、三	250	10		0.80	0.85	0.50	中热525	0	孔口周边、胸墙、表孔、排漂孔隔墩、牛腿
7	$R_{28}350$	二	250	10				0.45	中热525	0	弧门支承牛腿混凝土
8	$R_{28}300$	二、三	250	10	√			0.48	中热525	0	底孔、深孔等部位二期

续表

序号	混凝土标号	级配	抗冻标号 D	抗渗标号 S	抗侵蚀	极限拉伸值 /(×10⁻⁴) 28d	极限拉伸值 /(×10⁻⁴) 90d	限制最大水胶比	水泥品种	限制粉煤灰掺量/%	大坝使用部位
9	$R_{28}250$	二、三	250	10	√	0.85		0.50	中热525	20	导流底孔回填、迎水面外部
	$R_{28}200$	二、三	150	10	√	0.80		0.60	低热425	15	导流洞底孔内部回填
									中热525	30～35	
10	$R_{28}350$	二	250	10				0.45	中热525	0	现浇预应力混凝土
11	$R_{28}500$	二	250	10				0.35	中热525	0	预应力预制坝顶门机大梁
12	$R_{28}250$	二、三	250	10				0.55	中热525	0	预制混凝土
13	$R_{28}300$	二	250	10				0.55	中热525	0	钢衬预制混凝土

表 3.3-2　　　　　　　　　三峡三期右岸大坝混凝土分区及设计指标

部　　位		混凝土标号	龄期/d	抗冻	抗渗
基础混凝土	约束区底层	$C_{90}20$	90	F150	W10
	约束区	$C_{90}20$	90	F150	W10
外部混凝土	水上、水下	$C_{90}20$	90	F250	W10
	水位变动区	$C_{90}25$	90	F250	W10
坝内混凝土		$C_{90}15$	90	F100	W8
结构混凝土1（过水孔口周围）		$C_{90}30$	90	F250	W10
结构混凝土2（廊道、孔洞周围）		$C_{90}25$	90	F250	W10
抗冲耐磨混凝土		$C_{28}40$	28	F250	W10
引水钢管周围混凝土		$C_{28}25$	28	F250	W10

注　三峡三期工程大坝混凝土设计指标，对基础约束区和外部混凝土，极限拉伸值调整为28d、90d分别不小于 $0.85×10^{-4}$ 和 $0.88×10^{-4}$；压力钢管外包混凝土调整为 $C_{28}25$，限制最大水胶比 0.50；其余均与二期大坝混凝土相同。

3.3.1.2　向家坝大坝混凝土材料分区及设计指标

向家坝水电站是金沙江下游河段规划的最末一个梯级，坝址位于四川省宜宾县和云南省水富县交界处。工程的开发任务以发电为主，同时改善航运条件，兼顾防洪、灌溉，并具有拦沙和对溪洛渡水电站进行反调节等作用。工程枢纽主要由挡水建筑物、泄洪消能建筑物、冲排沙建筑物、左岸坝后引水发电系统、右岸地下引水发电系统、通航建筑物及灌溉取水口等组成。其中拦河大坝为混凝土重力坝，坝顶高程 384.00m，最大坝高 162m，坝顶长度 909.26m；泄水坝段位于河床中部略靠右岸，泄洪采用表孔、中孔联合泄洪的方式，中表孔间隔布置，共布置 10 个中孔及 12 个表孔。升船机坝段位于河床左侧，由上游引航道、上闸首、塔楼段、下闸首和下游引航道等 5 部分组成，全长 1260m。主体及导流工程混凝土总量约 1369 万 m³。

根据 2007 年 12 月 27 日在成都召开的《研究向家坝水电站左岸大坝混凝土施工方案

及截流时段专题会议》（2008 年第 6 期）精神，向家坝工程截流时段选择在 2008 年 12 月中旬。为了加快左岸大坝主体混凝土施工进度，确保截流目标的实现，将左岸主体工程冲沙孔—左非 1 号坝段高程 222～253m 部位改为采用碾压混凝土施工。向家坝二期工程Ⅱ标段常态混凝土分区及设计指标：基础 $C_{180}25W10F150$、坝体内部 $C_{180}15W8F150$ 及水上、水下外部 $C_{180}20W10F150$。同时，对坝体坝基齿槽及内部坝、缺口坝段等部位分区优化为碾压混凝土，有效加快了施工进度。大坝碾压混凝土设计指标：三级配 $C_{180}25W8F100$、二级配 $C_{180}25W10F150$，设计龄期 180d。向家坝混凝土重力坝虽然采用电力 DL 标准，但通过技术创新，大坝混凝土抗压强度采用 180d 设计龄期，破除了电力（DL）标准大坝混凝土抗压强度采用 90 设计龄期的行业规定。

根据"（金向一、二期Ⅰ标、Ⅱ标、Ⅲ标一坝）字第 01 号设计通知单"要求，向家坝二期工程Ⅱ标段常态混凝土设计要求见表 3.3－3；向家坝二期工程Ⅱ标段碾压混凝土设计要求见表 3.3－4。

表 3.3－3　　　　　　　向家坝二期工程Ⅱ标段常态混凝土设计要求

序号	强度等级	级配	保证率/%	抗渗等级	抗冻等级	最大水灰比	极限拉伸值/($\times 10^{-4}$) 28d	使用部位
1	$C_{180}25$	二、三、四	80	W10	F150	0.50	≥0.83	基础底层混凝土厚 3.0m、基础混凝土
2	$C_{180}15$	三、四	80	W8	F100	0.55	≥0.77	坝体内部混凝土
3	$C_{180}20$	二、三、四	80	W10	F150	0.50	≥0.80	水上、水下外部混凝土
4	$C_{90}25$	二、三、四	80	W10	F200	0.50	≥0.85	水位变化区、坝体顶部下游折坡外表混凝土、升船机渡槽段中下部
5	$C_{90}30$	二、三	95	W10	F200	0.45	≥0.88	过流孔周边、中表孔隔墙、升船机渡槽
6	$C_{28}35$	二、三	95	W10	F200	0.45	≥0.90	闸墩结构混凝土、门槽二期混凝土
7	$C_{28}25$	二、三	95	W10	F150	0.45	≥0.88	导流底孔回填外部迎水面混凝土、⑥导流底孔改建
8	$C_{28}15$	二、三、四	80	W8	F100	0.50	≥0.78	导流底孔回填内部混凝土
9	$C_{90}25$	二、三、四	95	W8	F200	—	—	主机间高程 253.41m 以下、下游副厂房高程 262.95m 以下一期混凝土，主机间高程 269.19m 以上⑤机防洪墙混凝土，下游副厂房 262.95m 以上防洪墙及闸墩混凝土
10	$C_{28}35$	二、三	95	W2	F100	—	—	上游副厂房及开关站、电梯工程混凝土
11	$C_{28}25$	二、三	95	W10	F200	0.45	≥0.88	进水口塔体及拦污栅段混凝土
12	$C_{28}30$	二、三、四	95	W10	F200	0.45	≥0.90	进水口压力钢管外包混凝土

表 3.3-4   向家坝二期工程Ⅱ标段碾压混凝土设计要求

	序号	强度等级	级配	保证率/%	抗渗等级	抗冻等级	极限拉伸值/(×10⁻⁴) 28d	极限拉伸值/(×10⁻⁴) 90d	使 用 部 位
碾压混凝土	1	$C_{180}25$	三	80	W8	F100	—	≥0.75	坝基齿槽内部碾压混凝土
	2	$C_{180}25$	二	80	W10	F150	—	≥0.78	坝基齿槽碾压混凝土上游面
	3	$C_{90}25$	三	80	W8	F100	—	≥0.80	缺口坝段内部高程 280~310m 之间混凝土
	4	$C_{90}20$	三	80	W8	F100	—	≥0.75	缺口坝段内部高程 310~340m 之间混凝土
	5	$C_{28}10$	三	80	W8	F100	≥0.70	—	缺口坝段内部高程 340m 以上混凝土
	6	$C_{28}20$	二	80	W10	F150	≥0.80	—	缺口坝段上游面混凝土
常态混凝土	7	$C_{180}25$	二	80	W10	F150	—	≥0.83	坝基齿槽碾压混凝土上游表面,由坝基齿槽碾压混凝土上游面二级配混凝土直接掺浆形成
	8	$C_{28}20$	二	80	W10	F150	≥0.88	—	缺口坝段上游面二级配碾压混凝土直接掺浆形成

注   常态混凝土、碾压混凝土和泵送混凝土中最大含碱量不超过 2.5kg/m³。

3.3.1.3   黄登大坝混凝土材料分区及主要技术指标

黄登水电站位于云南省兰坪县境内,采用堤坝式开发,是澜沧江上游曲孜卡至苗尾河段水电梯级开发方案的第 6 级水电站,以发电为主。坝址控制流域面积 9.19 万 km²,多年平均流量 908m³/s。水库正常蓄水位 1619.00m,校核洪水位 1622.73m,总库容 16.7亿 m³;电站装机容量 1900MW,保证出力 515.52MW,年发电量 85.78 亿 kW·h。拦河大坝为混凝土重力坝,最大坝高 203m,坝顶长度 464m。工程枢纽主要由碾压混凝土重力坝、坝身溢流表孔、泄洪放空底孔、左岸折线坝身进水口及地下引水发电系统组成。

根据 2014 年 9 月设计下发的《黄登水电站大坝混凝土施工技术要求(A 版)》的文件内容,黄登大坝常态混凝土材料分区及主要技术指标见表 3.3-5;黄登大坝碾压混凝土材料分区及主要技术指标见表 3.3-6。

表 3.3-5   黄登大坝常态混凝土材料分区及主要技术指标

设计技术指标	坝 体 部 位			
	基础垫层	非溢流坝段坝顶	底孔、门槽周边结构	表孔闸墩、支撑大梁二期混凝土
设计强度等级	$C_{90}25$	$C_{90}20$	$C_{28}25$	$C_{28}30$
强度保证率/%	80	80	95	95
抗渗等级(90d)	W10	W8	W8	W8
抗冻等级(90d)	F100	F100	F100	F100
设计龄期极限拉伸值/(×10⁻⁴)	≥0.85	≥0.85	≥0.85	≥0.85

设计技术指标	坝 体 部 位			
	基础垫层	非溢流坝段坝顶	底孔、门槽周边结构	表孔闸墩、支撑大梁二期混凝土
最大水胶比	≤0.55	≤0.55	≤0.45	≤0.45
级配	三	三	二	二
最大掺合料掺量/%	40	40	30	30
坍落度/mm	30~50	30~50	50~70	50~70

注　混凝土中最大含碱量不超过 2.5kg/m³。

表 3.3-6　　　　　黄登大坝碾压混凝土材料分区及主要技术指标

设 计 指 标		大坝下部 RⅠ	大坝中部及颈部 RⅡ	大坝上部 RⅢ	上游面防渗 RⅣ	上游面防渗 RⅤ	上游面变态混凝土 CbⅠ	上游面变态混凝土 CbⅡ
强度指标（90d，保证率80%）/MPa		25	20	15	25	20	25	20
抗渗等级（90d）		W8	W6	W6	W12	W10	W12	W10
抗冻等级（90d）		F100	F50	F50	F150	F150	F150	F150
极限拉伸值 ε_p（90d）/×10^{-4}		0.75	0.70	0.70	0.75	0.70	0.75	0.70
VC 值/s		3~5	3~5	3~5	3~5	3~5	坍落度1~2	坍落度1~2
最大水灰比		<0.55	<0.55	<0.60	<0.5	<0.5	<0.5	<0.5
级配		三	三	三	二	二	二	二
层面原位抗剪断强度（180d、保证率80%）	f'	1.0~1.1	1.0~1.1	≥1.0	≥1.1	≥1.1	≥1.1	≥1.1
	C'/MPa	≥1.6	≥1.4	≥1.2	≥1.8	≥1.8	≥1.8	≥1.8

注　混凝土中最大含碱量不超过 2.5kg/m³。

3.3.2　拱坝混凝土分区及设计指标

3.3.2.1　小湾高拱坝混凝土分区及设计指标

小湾水电站位于云南省西部南涧县与凤庆县交界的澜沧江中游河段，水电站枢纽主要由混凝土双曲拱坝、坝后水垫塘及二道坝、左岸泄洪洞及右岸地下引水发电系统组成，电站总装机容量 4200MW。小湾高拱坝最大坝高 294.5m，主体工程混凝土约 900 万 m³，左岸高程 1245m 拌和系统 4 座（4×3m³）拌和楼承担着生产任务，小湾当地年平均气温 19.1℃，全年生产温控预冷混凝土。根据小湾水电站左岸大坝土建与金属结构安装工程招标文件，对大坝、坝身导流建筑物、坝身泄洪建筑物、坝体附属建筑物、水垫塘所有现浇大体积混凝土、钢筋混凝土、抗冲磨混凝土、预制混凝土、预应力混凝土等工程的混凝土设计指标提出要求，小湾高拱坝混凝土分区及设计指标见表 3.3-7。

3.3.2.2　锦屏一级高拱坝混凝土分区及设计指标

锦屏一级水电站位于四川省凉山彝族自治州盐源县和木里县境内，是雅砻江干流下游河段的控制性水库。电站以发电为主，兼有防洪、拦沙等作用，拱坝坝高 305m，装机容量 3600MW，装机年利用小时数 4616h，年发电量 166.20 亿 kW·h。水库正常蓄水位

1880.00m，总库容 77.6 亿 m³，调节库容 49.1 亿 m³，为年调节水库。

表 3.3 - 7 　　　　　　　　小湾高拱坝混凝土分区及设计指标

序号	部　位	强度等级	抗渗等级	抗冻等级	强度保证率/%	极限拉伸值 ε_p /($\times 10^{-6}$)			级配	仓面坍落度/mm	最大水胶比	粉煤灰掺量/%
						7d≥	28d≥	90d≥				
1	A0 区	$C_{180}45$	$W_{90}14$	$F_{90}250$	90	90	100	105	四	20～40	0.38	30
2									三	20～40	0.38	30
3	A 区	$C_{180}40$	$W_{90}14$	$F_{90}250$	90	85	95	100	四	20～40	0.40	30
4									三	20～40	0.40	30
5	B 区	$C_{180}35$	$W_{90}12$	$F_{90}250$	90	80	90	95	四	20～40	0.45	30
6									三	20～40	0.45	30
7	C 区	$C_{180}30$	$W_{90}10$	$F_{90}250$	90	70	85	88	四	20～40	0.50	30
8									三	20～40	0.50	30
9	抗冲磨	基准 $C_{28}40$	$W_{90}10$	$F_{90}150$	90	85	95	100	三	60～80	0.4	15
10	水垫塘底板	$C_{90}25$	$W_{90}10$		90	70	85	88	四	30～50	0.5	30
11	水垫塘廊道及边墙	$C_{90}35$	$W_{90}10$	$F_{90}150$	90	70	85	88	三	30～50	0.5	30
12	大坝下游闸墩	C40		$F_{90}250$	95				二	80～120	0.38	15
13	门槽二期	C40		$F_{90}250$	95				二	80～120	0.38	15

　　锦屏一级水电站地处深山峡谷，地质条件复杂，工程规模巨大，技术难度高，是世界最高的双曲拱坝。工程重大关键技术有：复杂地质条件下的坝基岩体质量评价、530m 高的高边坡工程、高拱坝设计、大坝抗力体基础处理设计与施工、大型地下洞室群稳定与支护技术、大坝混凝土碱活性骨料的抑制与利用等。锦屏一级高拱坝混凝土分区及设计指标见表 3.3 - 8；锦屏一级高拱坝水垫塘及二道坝混凝土主要设计指标见表 3.3 - 9。

表 3.3 - 8 　　　　　　　　锦屏一级高拱坝混凝土分区及设计指标

项　目	大坝 A 区	大坝 B 区	大坝 C 区
设计龄期/d	180	180	180
级配	四	四	四
水泥	中热	中热	中热
粉煤灰/%	30～35	30～35	30～35
试件抗压强度标准值/MPa	40.0	35.0	30.0
极限拉伸/($\times 10^{-4}$)	≥1.1	≥1.05	≥1.0
自生体积变形/($\times 10^{-6}$)	≥0	≥0	≥0
抗冻等级	≥F300	≥F250	≥F250
抗渗等级	≥W15	≥W14	≥W13

注　试件抗压强度标准值定义：在标准制作和养护条件下 150mm 立方体试件，对应 180d 龄期，具有 90% 保证率；垫座混凝土按 C 区混凝土设计。大坝孔口闸墩、大梁等混凝土采用 $C_{90}40$ 二级配或三级配混凝土，保证率为 90%，其他技术指标要求参见大坝 A 区混凝土。

表 3.3 - 9　　　　　　　　锦屏一级高拱坝水垫塘及二道坝混凝土主要设计指标

建筑物	设计强度	级配	抗渗等级	抗冻等级	粉煤灰掺量/%	保证率/%
填塘	$C_{90}20$	四级配	W8	F100	30～35	85
水垫塘内部	$C_{90}30$	四级配	W8	F100	30～35	85
水垫塘表面	C50	二、三级配	W8	F150	—	95
坝体内部	$C_{90}20$	四	W8	F100	30～35	85
坝体表面	C40	四	W8	F150	20～25	95

注　试件抗压强度标准值定义：在标准制作和养护条件下，150mm 立方体试件，对应设计龄期的极限抗压强度。

3.3.2.3　白鹤滩高拱坝混凝分区及设计指标

白鹤滩水电站位于四川省宁南县与云南省巧家县两省交界处，是金沙江下游干流河段梯级开发的第 2 个梯级电站，具有以发电为主，兼有防洪、拦沙、改善下游航运条件和发展库区通航等综合效益。白鹤滩水电站枢纽由拦河坝、泄洪消能设施、引水发电系统等主要建筑物组成。拦河坝为混凝土双曲拱坝，坝顶高程 834.00m，最大坝高 289m，顶宽 13m，最大底宽 72m。泄洪建筑物由坝身 6 个表孔和 7 个深孔、坝后水垫塘、左岸 3 条无压泄洪直洞组成。引水隧洞采用单机单洞竖井式布置，尾水系统采用 2 机共用一条尾水隧洞的布置形式，左右岸各布置 4 条尾水隧洞。白鹤滩水电站混凝土总量约为 1568 万 m³。

白鹤滩水电站大坝混凝土设计指标主要有 $C_{180}40W_{90}15F_{90}300$、$C_{180}35W_{90}14F_{90}300$、$C_{180}30W_{90}13F_{90}250$、$C_{90}40W15F300$，级配有二级配、三级配、四级配和三级配富浆混凝土，混凝土类别为常态混凝土，全部采用 P·LH 42.5 低热硅酸盐水泥，特别是孔口及闸墩、抗冲磨、二期回填等部位混凝土均采用 90d 设计龄期。白鹤滩高拱坝混凝土分区及设计指标见表 3.3 - 10；白鹤滩水电站水垫塘与二道坝混凝土设计指标见表 3.3 - 11。

表 3.3 - 10　　　　　　　　白鹤滩高拱坝混凝土分区及设计指标

序号	强度等级	保证率/%	级配	抗渗等级	抗冻等级	最大水灰比	最大掺合料掺量/%	极限拉伸值/(×10⁻⁴) 90d	极限拉伸值/(×10⁻⁴) 180d	使用部位
1	$C_{180}40$	85	四、三、二	$W_{90}15$	$F_{90}300$	0.42	35	—	≥1.05	A 区混凝土
2	$C_{180}35$	85	四、三、二	$W_{90}14$	$F_{90}300$	0.46	35	—	≥1.00	B 区混凝土
3	$C_{180}30$	85	四、三、二	$W_{90}13$	$F_{90}250$	0.50	35	—	≥0.95	C 区、回填混凝土
4	$C_{90}40$	85	三、二	W15	F300	0.42	35	≥1.05	—	孔口及闸墩、抗冲磨混凝土、二期回填混凝土
5	$C_{90}35$	95	二	W8	F150	0.44	35	—	—	导流底孔封堵微膨胀混凝土

3.3.2.4　中国高拱坝混凝土分区及设计指标一览表

中国 200m 高度以上高拱坝坝体混凝土分区及设计指标一览表见表 3.3 - 12。

表 3.3-11 白鹤滩水电站水垫塘与二道坝混凝土设计指标

序号	强度等级	保证率/%	级配	抗渗等级	抗冻等级	最大水灰比	最大掺合料掺量/%	极限拉伸/(×10⁻⁴) 90d	极限拉伸/(×10⁻⁴) 180d	使用部位
1	C₁₈₀40	85	四、三、二	W8	F150	0.41	35	—	≥1.05	水垫塘底板基层及边墙混凝土
2	C₁₈₀30	85	四、三	W8	F150	0.50	35	—	≥1.00	二道坝体混凝土
3	C₉₀50	95	二	W8	F150	0.34	20	≥1.05	—	反拱底板及拱座表层、水垫塘底板表层抗冲磨混凝土
4	C₉₀40	95	三、二	W8	F150	0.40	35	≥1.05	—	二道坝表层混凝土
5	C₉₀30	95	四、三、二	W8	F150	0.45	35	—		二道坝坝体基础层及廊道
6	C₉₀25	95	四	W8	F100	0.50	35			二道坝修整坡面、基础及深槽回填混凝土
7	C₉₀20	95	四	W8	F150	0.55	35			二道坝基础回填
8	C₂₈25	95	三、二	W15（8）	F300（150）	0.45	25			导流底孔、勘探平洞封堵、水垫塘施工支洞路面、封堵、衬砌混凝土
9	C₂₈20	95	二	W8	F150	0.50	25			下游河道防护混凝土

表 3.3-12 中国 200m 高度以上高拱坝坝体混凝土分区及设计指标一览表

序号	工程名称	地点	河流	最大坝高/m	坝体分区	大坝混凝土设计指标								建成时间
						级配	最大粉煤灰掺量/%	强度等级/MPa	抗冻等级 F90	抗渗等级 W90	极限拉伸（90d）/(×10⁻⁴)	自生体积变形/(×10⁻⁶)	强度保证率/%	
1	锦屏一级	四川盐源县	雅砻江	305	A区	四	30～35	C₁₈₀40	300	15	1.10	≥0	90	2015年
					B区	四	30～35	C₁₈₀35	250	14	1.05	≥0		
					C区	四	30～35	C₁₈₀30	250	13	1.00	≥0		
2	小湾	云南南涧	澜沧江	294.5	A0区	四、三	30	C₁₈₀45	250	14	1.05		90	2013年
					A区	四、三	30	C₁₈₀40	250	14	1.05			
					B区	四、三	30	C₁₈₀35	250	12	0.95			
					C区	四、三	30	C₁₈₀35	250	10	0.88			
3	白鹤滩	四川宁南云南巧家	金沙江	289	A区	四	30～35	C₁₈₀40	300	15	1.1	≥0	内部85、表面95	在建
					B区	四	30～35	C₁₈₀35	250	14	1.05	≥0		
					C区	四	30～35	C₁₈₀30	250	13	1.0	≥0		
4	溪洛渡	四川雷波云南永善	金沙江	275.5	A区	四、三	35	C₁₈₀40	300	15	1.00	≥-20	90	2016年
					B区	四、三	35	C₁₈₀35	300	14	0.95	≥-20		
					C区	四、三	35	C₁₈₀30	300	13	0.90	≥-20		

续表

序号	工程名称	地点	河流	最大坝高/m	坝体分区	大坝混凝土设计指标								建成时间
						级配	最大粉煤灰掺量/%	强度等级/MPa	抗冻等级F90	抗渗等级W90	极限拉伸(90d)/(×10⁻⁴)	自生体积变形/(×10⁻⁶)	强度保证率/%	
5	乌东德	四川会东云南禄劝	金沙江	270	下部	四、三	30～35	$C_{180}35$	200	14	1.05	≥0	90	在建
					上部	四、三	30～35	$C_{180}30$	200	12	1.0	≥0		
6	拉西瓦	青海贵德	黄河	250	下部	四、三	30、35	$C_{180}32$	300	12	1.00		85	2012年
					上部	四、三	30、35	$C_{180}25$	300	10	1.00			
7	二滩	四川攀枝花	雅砻江	240	A区	四	30	$C_{180}35$	250	12			85	1998年
					B区	四	30	$C_{180}30$	250	12				
					C区	四	30	$C_{180}25$	250	12				
8	构皮滩	贵州余庆	乌江	232.5	下部	四、三	30	$C_{180}35$	200	12	0.90		85	2010年
					中部	四、三	30	$C_{180}30$	200	12	0.90			
					上部	四、三	30	$C_{180}25$	200	12	0.85			
9	大岗山	四川石棉	大渡河	210	A区	四	30	$C_{180}36$	250	12	1.05	>0	85	2016年
					B区	四	30	$C_{180}30$	250	12	1.00	>0		
					C区	四	30	$C_{180}25$	200	12	0.95	>0		

3.4 大坝混凝土性能及工程实例

3.4.1 大坝混凝土强度性能

3.4.1.1 抗压强度与强度等级

1. 混凝土的抗压强度

混凝土在压力作用下达到破坏前单位面积上所能承受的最大应力称为混凝土抗压强度。混凝土抗压强度分立方体抗压强度和轴心抗压强度两种。设计多以立方体抗压强度作为混凝土主要强度指标，也是施工质量控制和统计分析的主要参数。

2. 强度等级与强度标准值

国家标准《混凝土强度检验评定标准》（GBJ 107—87）规定：混凝土的强度等级应按立方体抗压强度标准值划分，立方体抗压强度标准值系指对按标准方法制作和养护的边长为150mm的立方体试件，在28d龄期用标准试验方法测得的具有95%保证率的抗压强度（以MPa计），强度等级用符号C表示。

《水工混凝土结构设计规程》（SL 191—2008及DL/T 5057—2009）规定：混凝土强度等级按照立方体抗压强度的标准值确定。立方体抗压强度标准值系指按照标准方法制作养护的边长为150mm的立方体试件，在28d龄期按照标准方法测得的具有95%保证率的抗压强度。混凝土强度等级用符号C和强度标准值用符号"$f_{cu,k}$"分别表示，单位 N/mm²，亦称 MPa。水工结构混凝土根据立方体抗压强度标准值，将混凝土分为 C15、C20、C25、C30、C35、C40、C45、C50、C55、C60 十个强度等级，例如 C20 表示 28d 龄期混凝土强度标准值 $f_{cu,k}=20$MPa。国家标准和水工结构混凝土规定的混凝土强度等级标准，不能直接用于大坝混凝土强度标准值设计。

电力行业《混凝土重力坝设计规范》（DL 5108—1999）混凝土抗压强度标准值：混凝土的强度等级应按照标准方法制作养护的边长为 150mm 的立方体试件，在 28d 龄期用标准试验方法测得的具有 95% 保证率的立方体抗压强度来确定，用符号 C（N/mm²）表示。大坝常态混凝土强度的标准值可采用 90d 龄期强度，保证率 80%，按表 3.4-1 采用。

表 3.4-1 　　　　　　　　　　大坝常态混凝土强度标准值

强度种类	符号	大坝常态混凝土强度等级					
		C7.5	C10	C15	C20	C25	C30
轴心抗压/MPa	f_{cu}	7.6	9.8	14.3	18.5	22.4	26.2

注　常态混凝土强度等级和标准值可内插使用。

大坝碾压混凝土强度的标准值可采用 180d 龄期强度，保证率 80%，按表 3.4-2 采用。

表 3.4-2 　　　　　　　　　　大坝碾压混凝土强度标准值

强度种类	符号	大坝碾压混凝土强度等级					
		C5	C7.5	C10	C15	C20	C25
轴心抗压/MPa	f_{cu}	7.2	10.4	13.5	19.6	25.4	31.0

注　大坝混凝土强度等级和标准值可内插使用。

电力行业《混凝土拱坝设计规范》（DL/T 5346—2006）拱坝混凝土强度：坝体混凝土强度采用混凝土抗压强度标准值表示，符号为"C龄期强度标准值（MPa）"。混凝土抗压强度标准值应由标准方法制作养护的边长为 150mm 立方体试件，在 90d 龄期，用标准试验方法测得的具有 80% 保证率的抗压强度强度。实际特高拱坝混凝土抗压强度保证率采用 85% 或 90%。

大坝混凝土强度等级和标准值可内插使用，比如拉西瓦拱坝下部混凝土设计指标 C_{180} 32W10F300、大岗山坝坝 A 区（下部）混凝土设计指标 C_{180} 36W12F250，其 180d 龄期的强度标准值 32MPa、36MPa 就是采用内插确定的。

3.4.1.2　抗拉强度与劈拉强度

混凝土在拉力作用下达到破坏前单位面积上所能承受的最大应力称为混凝土抗拉强度。混凝土抗拉强度是表征混凝土开裂性能的主要参数，分为劈裂抗拉强度和轴向抗拉强度两种。

1. 劈裂抗拉强度与轴向抗拉强度

劈裂抗拉强度测定的理论依据系根据弹性力学，当圆柱体承受径向荷载时，其沿直径呈现均匀的受拉应力状态；混凝土的劈裂抗拉强度试验是基于该理论分析确定的。混凝土劈裂抗拉强度与混凝土抗压强度密切相关，影响混凝土抗压强度的因素同样影响混凝土劈裂抗拉强度。

混凝土轴向抗拉强度是用轴向拉伸法测定混凝土抗拉强度，计算时不必做任何理论上的假定，测定结果接近混凝土实际应力情况。轴向拉伸抗拉强度测试方法原理比较简单，但很难使混凝土试件轴心与试验机施力轴心完全同心。

2. 劈裂抗拉强度与轴向抗拉强度的关系

混凝土劈裂抗拉强度比轴向抗拉强度试验结果更趋于保守，即混凝土劈裂抗拉强度小于轴向抗拉强度。中国建筑科学研究院与中国铁道科学研究院提供的关系是：轴向抗拉强度为劈裂抗拉强度的 1.0～1.24 倍；中国水利水电科学研究院提供的关系是：轴向抗拉强度为劈裂抗拉强度的 1.22～1.37 倍。

轴向抗拉强度试验是对试件进行直接的拉伸，但操作较麻烦，准确测定难度较大；而劈裂抗拉强度试验采用正方形钢垫条进行试验，测试结果的变异性较轴向抗拉强度试验小，因此，混凝土抗拉强度设计指标一般采用劈裂抗拉强度。同抗压强度相比，混凝土的劈裂抗拉强度很低，一般约为抗压强度的 1/10～1/13，此比值随混凝土抗压强度的增高而减小。

3.4.1.3 大坝混凝土水胶比最大允许值

强度是硬化混凝土最为重要的力学指标，也是混凝土质量控制重要的评定指标。混凝土的强度性能主要为抗压强度、劈拉强度、抗剪强度等。抗压强度是其最为主要性能，抗压强度是混凝土坝设计的主要指标和依据。影响混凝土抗压强度的因素很多，主要有水胶比（水灰比）、原材料品质、设计龄期、施工质量和养护条件等有关，但水胶比（或水灰比）是决定混凝土强度和耐久性等性能的主要因素。水胶比是指每立方米混凝土用水量与所用胶凝材料用量的比值。胶凝材料用量是指每立方米混凝土中水泥和掺合料重量的总和。水利水电的大坝工程，已普遍在大坝混凝土中掺用粉煤灰等掺合料，故水胶比已成为通称。如未掺用掺合料，胶凝材料只有水泥，则称为水灰比。

混凝土的抗压强度主要决定于水胶比的大小，水胶比的倒数胶水比与混凝土抗压强度存在着较好的直线关系。瑞士学者保罗米（J. Bolomey）最早建立了混凝土强度与灰水比的经验公式，称为混凝土强度公式，即著名的保罗米公式。水胶比是影响和决定混凝土强度、耐久性的主要因素，因而应严格控制大坝混凝土的最大水胶比。水胶比应根据设计对混凝土性能的要求，经试验确定。

大坝坝体不同部位的混凝土，在不同气候（严寒、寒冷和温和）条件下，根据混凝土耐久性的要求提出的，应严格遵守。根据大量的科研成果和工程实践，水胶比（水灰比）过大，混凝土耐久性会显著降低。在保证混凝土强度要求的前提下，减小混凝土水胶比是提高混凝土耐久性的重要因素。大坝混凝土材料应综合研究混凝土的力学、耐久性（包括抗渗、抗冻、抗冲耐磨、抗侵蚀）和热学指标，在满足大坝混凝土低热要求的同时，大坝混凝土应有足够的强度、耐久性以及抗裂性，为此水利水电工程规程规范标准均对大坝混凝土水胶比（水灰比）最大允许值也提出具体要求。《水工混凝土施工规范》（SL 677—2014 或 DL/5144—2015）规定：大坝混凝土水胶比最大允许值见表 3.4-3。

表 3.4-3　　　　　　　　　　　　　大坝混凝土水胶比最大允许值

部　位	气　候		
	严寒地区	寒冷地区	温和地区
上、下游水位以上（坝体外部）	0.50	0.55	0.60
上、下游水位变化区（坝体外部）	0.45	0.50	0.55
上、下游最低水位以下（坝体外部）	0.50	0.55	0.60
基础	0.50	0.55	0.60
内部	0.60	0.65	0.65
受水流冲刷部位	0.45	0.50	0.50

　　注　1. 在有环境水侵蚀情况下，水位变化区外部及水下混凝土最大允许水胶比减小 0.05。
　　　　2. 表中规定的最大允许值，已考虑了掺用减水剂和引气剂的情况，否则酌情减小 0.05。

3.4.1.4　大坝混凝土强度与设计龄期

　　混凝土的强度随龄期而增长，大坝混凝土掺用大量的粉煤灰，其后期强度增长显著。大坝混凝土强度受其他指标的控制影响，为了满足极限拉伸值和抗冻等级等指标的要求，90d 或 180d 长龄期强度大坝混凝土，就需要适当提高强度才能满足抗裂和耐久性指标要求，这是大坝混凝土普遍超强的主要因素。

　　随着优质粉煤灰掺量的增加，显著降低了混凝土中的水泥用量，大坝混凝土的后期强度增长率显著，十分有利于大坝混凝土的温度控制和防裂。大坝混凝土随着龄期延长，由于粉煤灰中活性氧化硅与水泥水化过程中产生的 $Ca(OH)_2$ 发生二次水化反应，生成水化硅酸钙凝胶等水化产物，使硬化胶凝材料浆体不断密实，强度不断提高。所以大坝混凝土 90d 或 180d 龄期的抗压强度比 28d 抗压强度高很多。近年来，大坝内部常态混凝土粉煤灰掺量高达 30%～40%，碾压混凝土粉煤灰掺量高达 55%～65%，有效延缓了大坝混凝土水化热温升。大量试验结果表明，一般大坝常态混凝土 28d、90d、180d 龄期的抗压强度增长率大致为 1：(1.3～1.4)：(1.5～1.7)；大坝碾压混凝土 28d、90d、180d 龄期的抗压强度增长率大致为 1：(1.4～1.6)：(1.7～2.0)。

　　比如，对部分大坝碾压混凝土抗压强度平均发展系数进行统计（见表 3.3-4）结果表明，蔺河口、百色、光照、喀腊塑克、金安桥等大坝碾压混凝土高掺粉煤灰在 55%～65% 时，其平均抗压强度发展系数 90d 是 28d 的 150%～170%；180d 是 28d 的 180%～200%，表明高掺粉煤灰碾压混凝土后期强度增长显著。

　　这里需要说明的是并非所有的掺合料其后期强度都可以达到与粉煤灰一样的强度增长率。由于天然火山灰、石粉、矿渣、磷矿渣等掺合料与粉煤灰活性品质完全不同，采用其他掺合料混凝土后期强度增长幅度偏小。例如景洪、戈兰滩、大丫口等大坝混凝土采用矿渣＋石粉双掺料、玄武岩火山灰石粉等掺合料，其具有的填充致密作用，早期混凝土强度较高，但后期强度增长率缓慢，发展系数明显偏低，表明矿渣＋石粉双掺料、玄武岩火山灰等掺合料混凝土后期强度增长明显低于粉煤灰混凝土，需要引起注意。

　　纵观大坝混凝土设计龄期，采用不同的水利（SL）或电力（DL）标准，大坝混凝土

表 3.4－4 大坝碾压混凝土抗压强度平均发展系数

工程	大坝混凝土设计指标	级配	粉煤灰掺量/%	各龄期抗压强度与28d龄期发展系数/%				备 注
				7d	28d	90d	180d	
龙首	C₉₀20W8F300	二	53	72	100	143	—	卵石天然砂
	C₉₀20W6F100	三	65	75	100	156	—	
蔺河口	R₉₀200D50S8	二	63	68	100	152	—	人工灰岩粗细骨料
	R₉₀200D50S6	三	65	59	100	160	—	
棉花滩	R₁₈₀150S4D25	二	60	71	100	147	205	人工花岗岩、石粉含量17%～20%
	R₁₈₀200S8D50	二	60	61	100	138	181	
	R₁₈₀100S4D25	三	60	62	100	174	211	
	R₁₈₀150S4D25	三	60	65	100	171	212	
	R₁₈₀200S4D25	三	60	66	100	153	197	
百色	R₁₈₀15S2D50	准三	63	55	100	166	238	人工辉绿岩粗细骨料
	R₁₈₀20S10D50	二	58	61	100	152	211	
景洪	C₉₀15W6F50	三	NH60	76	100	118	120	NH 双掺料（矿渣＋石粉）天然砂＋碎石
	C₉₀15W6F50	三	50	51	100	168	212	
	C₉₀15W8F100	二	NH50	66	100	127	—	
光照	C₉₀25W12F150	二	50	57	100	136		人工灰岩粗细骨料
	C₉₀25W8F100	三	50	55	100	138		
	C₉₀20W6F100	三	55	55	100	150		
	C₉₀20W8F100	二	55	60	100	153		
	C₉₀15W6F50	三	60	61	100	158		
龙滩	C₉₀25W6F100	三	55	50	100	157	194	人工灰岩粗细骨料
	C₉₀20W6F100	三	60	42	100	165	195	
	C₉₀15W4F50	三	65	31	100	169	238	
	C₉₀25W12F150	二	55	52	100	147	166	
戈兰滩	C₉₀15W4F50	三	SL60	69	100	129	—	人工灰岩粗细骨料SL（矿渣＋石粉）
	C₉₀20W8F100	二	SL55	66	100	125	—	
喀腊塑克	R₁₈₀150W4F50	三	65	52	100	167	229	人工片麻花岗岩粗骨料、水洗天然砂
	R₁₈₀200W4F50	三	60	64	100	161	207	
	R₁₈₀200W6F200	三	50	62	100	131	170	
	R₁₈₀200W10F100	三	50	64	100	150	184	
	R₁₈₀200W10F300	二	40	74	100	128	151	
金安桥	C₉₀20W6F100	三	60	50	100	171	203	人工玄武岩粗细骨料
	C₉₀20W8F100	二	55	56	100	167	189	
	C₉₀15W6F100	三	63	42	100	189	218	

设计龄期则完全不同。例如相同的大坝混凝土坝，采用水利 SL 标准设计的碾压混凝土坝，碾压混凝土抗压强度主要采用 180d 设计龄期，例如棉花滩、百色、招徕河、喀腊塑克、武都等。反观电力（DL）标准设计的碾压混凝土坝，碾压混凝土抗压强度基本采用 90d 设计龄期，比如大朝山、蔺河口、沙牌、龙滩、光照、金安桥、黄登等。20 世纪 90 年代，从二滩高坝坝混凝土开始采用 180d 设计龄期，近年来的拉西瓦、小湾、溪洛渡、锦屏一级、白鹤滩、乌东德等 300m 级超高拱坝，大坝混凝土抗压强度均采用 180d 设计龄期。

大坝混凝土抗压强度设计龄期采用 90d 或 180d 不是一个简单的选用问题，大坝混凝土采用不同的设计龄期将直接关系到大坝温控防裂性能和经济性。设计需要针对大坝混凝土水泥用量少、掺合料掺量大、水化热温升缓慢、早期强度低等特点，应充分利用大坝混凝土后期强度，可以有效简化温度控制措施。比如向家坝水电站重力坝，总装机 784 万 kW，坝高 162m，虽然设计单位采用电力 DL 标准，但通过技术创新，大坝下部、内部常态混凝土和大坝混凝土设计龄期均采用 180d 抗压强度。

随着优质 I 级粉煤灰的使用，为充分利用粉煤灰混凝土的后期强度，降低水泥用量，大坝混凝土抗拉强度、极限拉伸、抗渗等级、抗冻等级等龄期已经突破 28d 设计龄期，例如白鹤滩、乌东德等高拱坝全坝采用 42.5 低热水泥，强度采用 180d 设计龄期，抗渗、抗冻抗裂、极限拉伸值、抗冲磨等耐久性及抗裂指标均采用 90d 设计龄期。

我国乌江渡工程大坝混凝土有长达 14 年的测试成果，结果表明混凝土的强度随龄期一直增长：28d 强度值为 1.0，到 90d 时，强度增长到 1.171～1.332；到 180d 时，强度增长到 1.274～1.468；到 5 年时，强度增长到 1.534～1.823；到 14 年时强度增长到 1.847～2.192。考虑混凝土大坝施工期一般长达数年，采用后期强度进行大坝混凝土设计是可行的。

3.4.1.5　大坝混凝土强度的尺寸效应和骨料级配效应

大体积大坝混凝土一般采用三级配、四级配，粗骨料的最大粒径达 80mm、150mm。为节省试验费用、便于现场试验、质量检查和质量控制，设计和施工规范规定，混凝土配合比试验及混凝土强度质量检验时均采用小尺寸标准试件，成型时采用二级配湿筛法，即将混凝土中大于 40mm 的大骨料和特大骨料筛除。湿筛后试件配合比与坝体混凝土配合比已发生不同，小试件中把大于 40mm 的粗骨料剔除后，骨料减少、胶凝材料含量增加，配合比变化使标准试件测得的混凝土性能与坝体全级配混凝土性能有较大差异，即存在尺寸效应和骨料级配效应。

全级配的大试件（边长 450mm×450mm×450mm 立方体及 ϕ450mm×900mm 圆柱体）能较真实地反映大体积混凝土的性能，但全级配大试件需耗用大量的材料，试件质量大（立方体和圆柱体质量分别达到 240kg 和 360kg 以上），需要配置 1000t 以上的大吨位试验压力机，而且给成型及试验带来极大的不便。故《水工混凝土试验规程》（DL/T 5150—2001）规定："全级配混凝土的试验结果，主要供大型混凝土坝的设计复合，不作为现场混凝土质量控制的依据。"

大体积混凝土强度的尺寸效应和骨料级配效应可分为三种情况：试件尺寸效应、骨料级配效应、全级配效应（试件尺寸效应和骨料级配效应的联合效应）。试件尺寸效应是指混凝土在骨料尺寸、配合比和龄期相同的条件下，试件尺寸大小和形状对混凝土抗压强度值的影响。

中国水利水电科学研究院对立方体试件尺寸效应的试验研究结果和美国混凝土学会（ACI）对于圆柱体不同尺寸试件的相对抗压强度见表 3.4-5，试验结果表明，相同骨料粒径及相同配合比的混凝土，其抗压强度随试件尺寸的增大而逐步降低。比如 $\phi45cm\times90cm$ 试验混凝土抗压强度为 $\phi15cm\times30cm$ 的试件抗压强度 86% 左右。

表 3.4-5　　　　　　　　　　　不同尺寸试件的相对抗压强度

试件尺寸/cm	$15\times15\times15$	$20\times20\times20$	$30\times30\times30$	$\phi15\times30$	$\phi30\times60$	$\phi45\times90$
相对抗压强度/%	100	95	93	100	91	86

3.4.2　混凝土弹性模量

任何材料在受到外力作用时都会产生变形，在一定条件下，外力作用下的变形取决于荷载的大小、加荷速度、荷载持续的时间等。物体在移开作用荷载后恢复到原来尺寸的性能叫作弹性。许多材料在一定的应力范围内应力与应变的比值是不变的，这个比值叫作弹性模量。

混凝土弹性模量是指混凝土产生单位应变所需要的应力，它取决于骨料本身的弹性模量及混凝土的灰浆率和强度。采用骨料弹性模量高的混凝土，其弹性模量也高，灰浆率高的混凝土可以降低弹性模量。弹性模量越高，对混凝土温度应力和抗裂越不利。混凝土抗压弹性模量的数值与抗拉弹性模量的数值基本相当，后者略大。混凝土的弹性模量与混凝土强度、龄期、骨料特性、养护温度等因素有关。混凝土的弹性模量与混凝土强度性能密切，混凝土强度越高，则弹性模量越大；且混凝土的弹性模量随养护温度的提高和龄期的延长而增大；骨料的性质对混凝土的强度有一定影响，但对混凝土的弹性模量却有较大影响，骨料弹性模量越高，混凝土的弹性模量越大。

例如百色工程大坝混凝土粗细骨料采用辉绿岩人工骨料，辉绿岩骨料密度达 3.0 g/cm³，岩性硬脆且弹模高。预可研阶段试验时发现，当采用辉绿岩骨料最大粒径 80mm、三级配时，混凝土弹性模量高达 70GPa 以上。经过大量的试验研究，创造性地采用骨料最大粒径 60mm 的准三级配大坝混凝土，由于降低骨料最大粒径至 60mm，且在人工砂高石粉含量的作用下，提高了骨料的抗分离、可碾性、液化泛浆性能和层间结合质量，有效降低混凝土弹性模量至 40GPa 以下，相应降低了大坝混凝土应力，解决了辉绿岩骨料混凝土弹性模量高、极限拉伸值低的技术难题，对温控防裂起到了积极作用，实践证明选择全辉绿岩骨料方案是成功的，开创了国内外先例。

混凝土并不是一种真正的弹性材料，在连续增加荷载情况下，混凝土的应力应变关系图通常可用一条曲线来表示。已经充分硬化的混凝土，若预先施加了适度的荷载，在通常采用的工作应力范围内，其应变关系，从实用角度讲是一条斜率一定的直线。根据应力应变曲线中的直线段求出的应力与应变的比值叫作"弹性模量"。加荷量超过工作应力范围以后，应力应变关系就越来越偏离直线，意味着应力应变不再呈线性关系。不过，应力高于 28d 破坏强度的 75％时，其应力应变比还是相当一致的。尽管弹性模量与强度不直接成直线比例，一般来说，高强度混凝土弹性模量也比较高。普通混凝土 28d 龄期的弹性模量约在 20～40GPa 范围内。

多数材料的弹性模量并不随龄期变化，同时，卸荷后的弹性复原等于加荷载时的弹性变形，与加荷的时间长短无关。然而，混凝土的弹性模量一般随龄期而增大，特别是大坝混凝土尤为明显，这与大坝混凝土后期强度增长显著有关。由于混凝土弹性模量随龄期增长，混凝土早期释放大量水化热时能自由膨胀和收缩，而后期冷却的收缩就受约束，从而产生较大的拉应力。

除用静力法求应力应变关系外（与试验加荷应力量相对应的应变值都是直接测出的），还可以用动力法测定弹性模量，或者测试件的自振频率，或者测量穿透试件的声波速度。通常混凝土试件经冻融试验后，或受碱骨料反应作用后，大多采用动力法测量其受损害的程度。动力法是一种非破损试验，不用破坏试件既快又简便的弹模测定方法。测定出的自然频率或波速比较低，表明弹性模量已经下降，混凝土质量变差。

3.4.3　混凝土抗渗性能

3.4.3.1　抗渗等级

混凝土的抗渗性是指混凝土抵抗液体和气体的渗透作用的能力。抗渗性是混凝土的一项重要物理性质，除关系到混凝土的挡水及防水作用外，还直接影响混凝土的抗冻性及抗侵蚀性。混凝土的耐久性在很大程度上取决于它的渗透性。混凝土是一种内部存在许多孔隙结构的材料。混凝土内部孔隙尺寸的大小和分布直接影响其抗渗性能。抗渗性能差的混凝土内部孔隙相互连通，在所承受的压力水作用下，与有害物质接触时，水和有害物质沿着内部的渗径逐渐扩大，要么造成大量的氢氧化钙溶蚀，要么其有效化学成分与有害酸类或盐类相互作用产生破坏，要么引起内部钢筋锈蚀，锈蚀的钢筋产生体积膨胀，造成混凝土保护层的开裂或剥落，最后导致混凝土丧失功能。此外，抗渗性能差的混凝土，若有冰冻作用，混凝土就容易受到冰冻作用而破坏。

抗渗性是混凝土耐久性的重要指标，它是指混凝土抵抗压力水渗透作用的能力，抗渗性好的混凝土抵抗环境介质侵蚀的能力较强。评定混凝土抗渗性有两种方法和指标，即抗渗等级法和渗透系数法。抗渗等级（用符号 W 表示）可根据作用水头与抗渗混凝土层厚度的比值，即渗透坡降的大小确定。

大坝混凝土抗渗性采用抗渗等级进行评价，即对一组 6 个按规定尺寸做成的截头圆锥体试件底面，从 0.1MPa 的水压开始，每隔 8h 增加 0.1MPa 的水压，逐级加压观察试件表面渗水来判断抗渗性，以 6 个试件中有 4 个试件未出现渗水所施加的最大压力作为混凝土的抗渗等级。《混凝土重力坝设计规范》（SL 319 及 DL 5108）规定，大坝混凝土的抗渗等级应根据坝体所在部位和水力坡降来确定，大坝混凝土抗渗等级的最小允许值见表 3.4-6。

3.4.3.2　影响抗渗等级的主要因素

1. 混凝土渗水机理

混凝土渗水的原因，是由于其内部的孔隙形成连通的渗水通道。这些通道除产生于混凝土施工不密实或裂缝外，主要来源于水泥浆中多余水分蒸发留下的毛细孔、水泥浆泌水

表 3.4-6 大坝混凝土抗渗等级的最小允许值

项次	部 位	水力坡降	抗渗等级
1	坝体内部		W2
2	坝体其他部位按水力坡降考虑时	$i<10$	W4
		$10\leqslant i<30$	W6
		$30\leqslant i<50$	W8
		$i\geqslant 50$	W10

注 1. i 为水力坡降。

2. 承受腐蚀水作用的建筑物，其抗渗等级应进行专门的试验研究，但不应低于 W4。

3. 混凝土的抗渗等级应按 SL 211 规定的试验方法确定。根据坝体承受水压力作用的时间也可采用 90d 龄期的试件测定抗渗等级。

所形成的通道及骨料下部界面聚集的水隙。水泥浆与骨料均含有孔隙，不过就整个混凝土而言，其孔隙体积只约占混凝土总体积的 1%～10%。在混凝土中，骨料颗粒被水泥浆包裹，所以在充分密实的混凝土中，水泥浆的渗透性对混凝土的渗透性影响最大。

混凝土中孔隙的体积是用吸水率计量的，但吸水性与渗透性两个量不一定相关。测量吸水率通常是将干燥至质量恒定的试件浸入水中，并测定其增加的质量，以占干燥试件质量的百分数表示。由于采用的试验方法不同，试验结果的差异较大。吸水率数值差异较大的原因，是常温下干燥不能有效地使全部水分排出，相反在高温下干燥却使某些结合水逸出。因此，吸水率不能作为衡量混凝土质量的指标，但质量好的混凝土的吸水率均在 10% 以内。

2. 水灰比（水胶比）影响

水灰比（水胶比）越大，混凝土的抗渗性也就越差。当水灰比超过 0.50～0.60 时，混凝土的抗渗等级随水灰比的增加急剧降低，混凝土的抗渗性随骨料最大粒径的增加而降低。即水灰比（水胶比）的大小直接关系到混凝土胶凝材料多少，对抗渗有较大影响。所以规范规定了大坝混凝土水胶比最大允许值。承受侵蚀水作用的建筑物，其抗渗等级应进行专门的试验研究，但不得低于 W4。混凝土的抗渗等级应按照《水工混凝土试验规程》（SL 352—2006 或 DL/T 5150—2001）规定的试验方法确定。大坝坝体混凝土也可采用 90d 龄期的试件测定抗渗等级。

3. 引气剂影响

掺引气剂能增加混凝土的和易性、减少泌水以及形成不连通的孔隙，一般均能提高混凝土的抗渗性。引气剂提高混凝土的抗渗性的原因，主要是因为在混凝土中掺入引气剂，搅拌过程中能引入大量均匀分布的、稳定而封闭的微小气泡。由于大量微细气泡的存在，可以阻止固体颗粒的沉降和水分的上升，减少了能够自由移动的水量，隔断了混凝土中毛细管通道，故能显著提高混凝土的抗渗性。优质粉煤灰可以提高混凝土的抗渗性，这是因为优质粉煤灰可以降低混凝土的单位用水量，提高混凝土拌和物的和易性，细化混凝土的孔隙结构，提高混凝土的密实性。

4. 养护影响

潮湿养护有利于水泥水化产物的生长，可以减少水泥石的孔隙体积，提高混凝土的抗渗性。延长混凝土的养护龄期可以提高混凝土的抗渗性，特别是早龄期阶段的养护，对提高混凝土的抗渗性特别有效。

5．施工质量影响

混凝土在实际浇筑过程中，混凝土在高频振捣密实的条件下，一般很少发现水从混凝土中渗出，渗水部位往往是在裂缝、蜂窝和未处理好的施工缝等处。因此，严格控制混凝土的施工质量是关键所在。施工缝层间混凝土结合处，应保证新老混凝土之间黏结良好，避免形成薄弱的层面。

3.4.4 混凝土抗冻性能

3.4.4.1 抗冻等级

抗冻等级是评价混凝土耐久性极为重要的指标之一。抗冻性好的混凝土，对于抵抗温度变化、干湿变化等风化作用的能力也较强，因此，处于温暖地区的工程，为了使其具有一定的抗风化能力，也应提出一定的抗冻性要求。《混凝土重力坝设计规范》（DL 5109—1999）规定：大坝混凝土抗冻等级应根据气候分区、冻融循环次数、表面局部小气候条件、水分饱和程度、结构构件重要性和检修的难易程度等因素选用，按照气候分区及大坝混凝土的分区部位进行抗冻性设计。

《水工建筑物抗冻性技术规范》（SL 211—2006）规定：混凝土抗冻等级分为 F400、F300、F250、F200、F150、F100、F50 六级，大坝混凝土抗冻等级见表 3.4－7。

表 3.4－7　　　　　　　　　　大坝混凝土抗冻等级

气 候 分 区	严 寒		寒 冷		温 和
年冻融循环次数/次	≥100	<100	≥100	<100	—
1．受冻严重且难于检修部位：流速大于 25m/s、过冰、多沙或多推移质过坝的溢流坝、深孔或其他输水部位的过水面及二期混凝土	F300	F300	F300	F200	F100
2．受冻严重但有检修条件部位：混凝土重力坝上游面冬季水位变化区；流速小于 25m/s 的溢流坝、泄水孔的过水面	F300	F200	F200	F150	F50
3．受冻较重部位：混凝土重力坝外露阴面部位	F200	F200	F150	F150	F50
4．受冻较轻部位：混凝土重力坝外露阳面部位	F200	F150	F100	F100	F50
5．混凝土重力坝水下部位或内部混凝土	F50	F50	F50	F50	F50

注　1．混凝土的抗冻等级应按水工混凝土试验规程规定的快冻试验方法确定，也可采用 90d 龄期的试件测定。

　　2．气候分区按最冷月平均气温作如下划分：严寒——最冷月份平均气温 $T_均 < -10℃$；寒冷——最冷月份平均气温 $T_均 > -10℃$，但 $T_均 \leq -3℃$；温和——最冷月份平均气温 $T_均 > -3℃$。

　　3．年冻融循环次数分别按一年内气温从 $+3℃$ 以上降至 $-3℃$ 以下，然后回升至 $+3℃$ 以上的交替次数，或一年中日平均气温低于 $-3℃$ 期间设计预定水位的涨落次数统计，并取其中的大值。

　　4．冬季水位变化区指运行期内可能遇到的冬季最低水位以下 0.5～1.0m，冬季最高水位以上 1.0m（阳面）、2.0m（阴面）、4.0m（水电站尾水区）。

　　5．阳面指冬季大多为晴天，平均每天有 4h 以上阳光照射，不受山体或建筑物遮挡的表面，否则均按阴面考虑。

　　6．最冷月份平均气温低于 $-25℃$ 地区的混凝土抗冻等级宜根据具体情况研究确定。

　　7．抗冻混凝土必须掺加引气剂，其水泥、掺合料、外加剂的品种和数量，水灰比、配合比及含气量应通过试验确定。

3.4.4.2　混凝土抗冻性机理分析

混凝土抵抗冰冻破坏的能力称之为抗冻性，抗冻性是评价混凝土耐久性的一个重要参数。抗冻性好的混凝土，对于抵抗温度变化、干湿变化等风化的能力也较强，因此，处于温暖地区的混凝土坝，为了使其具有一定的抗风化能力，也提出了一定的抗冻性能要求。

混凝土的抗冻融性取决于渗透性、浆体水饱和程度、可冻结水的数量、冰冻的速率以及浆体中任何一达冰点时，能安全地形成自由表面空间的平均最大距离。为了提高混凝土的抗冻性，降低混凝土中毛细孔隙率，减少混凝土用水量，降低水灰比（水胶比）。大量是试验结果表明，提高新拌混凝土含气量是提高混凝土抗冻性能最有效的技术措施，含气量的大小根据抗冻等级的要求不同来确定，一般大坝混凝土抗冻等级 F200 所要求的最佳含气量宜控制在 $4\% \sim 5\%$ 的范围内。

新拌混凝土含气量必须按照要求的范围严格控制。因为含气量偏低，达不到耐久性抗冻等级的要求；含气量过高，超过要求的控制范围，会降低混凝土强度。一般含气量每增加 1% 将会使混凝土强度降低 $3\% \sim 5\%$。

3.4.5　混凝土极限拉伸值

混凝土极限拉伸是指在拉伸荷载作用下，混凝土最大拉伸变形量，它是影响混凝土抗裂性很大的一个因素，极限拉伸值越大，混凝土抗裂能力越高，极限拉伸值和抗拉强度是评价混凝土抗裂性能主要指标。提高混凝土极限拉伸值、抗拉强度及降低弹性模量，是防止大坝开裂的一项重要措施。

极限拉伸值是混凝土轴向受拉试件达到破坏点时的测值。拉伸值是弹性、徐变、抗拉强度的函数，而其大小既取决于混凝土特性，又取决于施加拉荷载的速度。一般希望大坝混凝土极限拉伸值高、弹性模量低，因为它可使混凝土更好地承受温度应力变化和防裂性能的提高。

影响大坝混凝土极限拉伸值的因素较多，主要与水胶比、胶凝材料用量、骨料级配品种、含气量、设计龄期、养护等因素相关，特别是混凝土胶凝浆体量的高低对极限拉伸影响较大。大量的试验结果已经表明，提高人工砂石粉含量，可以增加混凝土浆体量，有利于提高混凝土的极限拉伸值，降低弹性模量，但对混凝土干缩不利。

设计为了提高大坝混凝土抗裂性能，主要途径以提高极限拉伸值来达到提高抗裂的目的。提高极限拉伸值指标与大坝混凝土设计指标、龄期、强度等有一个最佳的结合点。要提高混凝土极限拉伸值就意味着降低水胶比、增加胶材用量来实现。但极限拉伸值的提高效果并不明显，反而提高了强度和弹性模量，增加了水化热温升，对温控和防裂不利。

陈文耀、李文伟在《混凝土极限拉伸值问题思考》的论文中指出：混凝土的极限拉伸值与干缩变形的比例差距大。大坝混凝土的干缩变形一般在 3.00×10^{-4} 左右，而混凝土的极限拉伸值一般在 1.00×10^{-4} 以内，两种变形不相适应，极限拉伸变形无法阻挡由于干缩变形引起的表面裂缝的产生。干缩变形实际上是混凝土产生表面裂缝的主要原因。在有表面裂缝存在的条件下，当温度发生骤降时，容易由表面裂缝发展成深层裂缝。因此，混凝土的极限拉伸值不能真实地反映混凝土的抗裂性。同时该论文还指出"极限拉伸值设计指标与温控存在矛盾"，一些工程将极限拉伸值作为混凝土抗裂指标而提出来，为了满足极限拉伸值设计指标，在混凝土配合比设计中，不得不降低水胶比提高水泥用量，结果与温控发生矛盾，反而不利于抗裂。大量试验结果表明：混凝土每增加 $10kg/m^3$ 水泥，混凝土绝热温升约增加 $1.0\sim1.5℃$；极限拉伸值每增加 0.1×10^{-4}，水泥用量将增加 $20\sim36kg/m^3$。也就是说，每增加极限拉伸值 0.1×10^{-4}，混凝土绝热温升将提高约 $2\sim5℃$。

水泥用量的增加不但增大了混凝土的绝热温升，增加了温控负担，而且会造成混凝土超强，提高混凝土的抗压弹模、减小徐变、增大干缩变形和自收缩变形。因此，为了提高抗裂性而片面追求混凝土的极限拉伸值，不但不能提高抗裂性，反而对混凝土抗裂不利。特别是用提高水泥用量的方法提高混凝土的极限拉伸值，更是得不偿失。

例如三峡二期工程大坝基础混凝土极限拉伸值设计值（1998 年前提出的要求）低于 0.85×10^{-4}，实际上基础混凝土几乎没有裂缝，反而极限拉伸值要求高的部位混凝土出现了少量裂缝。为了提高混凝土极限拉伸值，混凝土配合比设计时往往需要增加胶凝材料用量，使得混凝土温升增加，强度提高，反而不利于抗裂（当然，裂缝的产生还有多方面的原因）。因此，将极限拉伸值特别是 28d 龄期的极限拉伸值作为混凝土抗裂指标值得商榷。

3.4.6 混凝土干缩

3.4.6.1 干缩试验结果

混凝土干缩是指置于未饱和空气中混凝土因水分散失而引起的体积缩小变形。干缩变形主要是混凝土在干燥过程中，首先发生气孔水和毛细孔水的蒸发。气孔水的蒸发并不引起混凝土的收缩。毛细孔水的蒸发，使毛细孔内水面后退，弯月面曲率变大。在表面张力的作用下，水的内部压力比外部压力小。随着空气湿度的降低，毛细孔中的负压逐渐增大，产生收缩力，使混凝土收缩。当毛细孔中的水蒸发完毕后，如继续干燥，则凝胶体颗粒的吸附水也发生部分蒸发。失去水膜的凝胶体颗粒由于分子引力的作用，使粒子间距离变小而发生收缩。

影响混凝土干缩的因素主要有水泥品种、混合材种类及掺量、骨料品种及含量、外加剂品种及掺量、混凝土配合比、介质温度与相对湿度、养护条件、混凝土龄期、结构特征及碳化作用等，其中骨料品种对混凝土干缩影响很大，有关文献资料表明：砂岩骨料混凝土干缩最大，石灰岩与石英岩骨料混凝土干缩都较小，花岗岩与玄武岩骨料混凝土干缩为居中。就大坝混凝土来说，90d 干缩变形达 $(250\sim350)\times10^{-6}$，辉绿岩高石粉人工砂的大坝混凝土其 90d 干缩率可达 600×10^{-6} 以上，比大坝混凝土水化热温升引起的温度变形 $(150\sim200)\times10^{-6}$ 大得多。因此，大坝混凝土如果不进行很好养护，极易发生表面干缩裂缝。

干缩受多种因素影响，按其重要程度包括有：单位用水量、骨料成分、石粉含量及初期养护的持续时间，而拌和物的总需水量则是影响干缩的主要因素。所以，配合比设计需要尽量降低混凝土单位用水量。大坝混凝土掺用大量的粉煤灰掺合料，选用不同等级的粉煤灰，其需水量比不同，需水量比大的粉煤灰会增加干缩，优质的粉煤灰需水量比小，可以减少干缩，这种影响与粉煤灰的需水量比成正比。所以，大坝混凝土使用需水量比小的优质粉煤灰，其干缩率也小。

碾压混凝土的干缩率与常态混凝土不同，由于碾压混凝土需要较高的石粉含量，来达到提高浆砂比和可碾性的目的，石粉含量高有利液化泛浆、层间结合和提高密实性，同时有利抗渗性能、抗冻性能、极限拉伸值的提高，而且可以降低弹性模量，但过高的石粉含量对硬化大坝混凝土的干缩不利。

例如，百色碾压混凝土重力坝，大坝混凝土采用辉绿岩人工砂石骨料，由于辉绿岩骨料特性，致使加工的辉绿岩人工砂石粉含量到达 22%～24%，其中 0.08mm 微粉颗粒含量占石粉含量的 40%～60%，为此进行了不同石粉含量的碾压混凝土干缩性能试验研究，试验结果见表 3.4-8。

表 3.4-8　　　　　百色辉绿岩不同石粉碾压混凝土干缩性能
试验结果（ZB-1$_{RCC15}$ 掺量 0.8%）

试验编号	级配	水胶比	石粉含量 /%	用水量 /(kg/m³)	干缩率/(×10⁻⁶)						
					3d	7d	14d	28d	60d	90d	180d
KF1-1	最大粒径60mm准Ⅲ配	0.60	24	106	80	186	325	451	538	577	610
KF1-2		0.60	22	103	73	172	305	431	504	544	584
KF1-3		0.60	20	100	66	165	290	409	461	514	560
KF1-4		0.60	18	97	59	145	284	389	428	482	521
KF1-5		0.60	16	94	59	139	263	370	409	443	482
KF1-6		0.60	14	91	52	125	250	349	389	408	441

结果表明，当石粉含量从 24% 降低至 14% 时，180d 龄期干缩率从 610μm 降低到 441μm，表明辉绿岩石粉含量的高低对碾压混凝土干缩性能有很大的影响。随着石粉含量的降低，碾压混凝土干缩率有规律地减小；随龄期延长，碾压混凝土干缩率有规律地增大。根据有关资料：常态混凝土干缩率一般为（200～300）×10⁻⁶，碾压混凝土干缩率一般不超过 300×10⁻⁶，百色辉绿岩人工骨料碾压混凝土干缩率相对较大，与辉绿岩人工砂石粉含量高有关。

3.4.6.2　干缩对抗裂性能影响分析

作者对部分工程大坝混凝土干缩率试验结果进行了统计分析，结果表明大坝混凝土干缩率在 300～400μm 范围，远大于混凝土极限拉伸值 100μm，表明大坝温控防裂单纯依靠极限拉伸值进行防裂是不全面的。

混凝土极限拉伸值与混凝土强度并非直线关系，依靠极限拉伸值提高抗裂性能往往得不偿失。干缩率和极限拉伸值关系分析！混凝土极限拉伸值一般为（0.75～1.0）×10⁻⁴，亦即 75～10μm，说明极限拉伸值不能完全补偿混凝土干缩引起的收缩变形，所以设计把防裂完全建立在依靠极限拉伸值是不切合实际的。

3.4.7　混凝土自生体积变形

在恒温恒湿条件下，由胶凝材料的水化作用引起的混凝土体积变形称为自生体积变形（简称自变）。混凝土在硬化过程中所以会产生体积变化，主要是由于胶凝材料和水在水化反应前后反应物与生成物的密度不同所致。生成物的密度小于固态反应物的密度。尽管水化后的固相体积比水化前的固相体积大，但对于胶凝材料和水体系的总体积来说却缩小了

（膨胀水泥除外）。这种化学减缩现象是胶凝材料水化反应过程的本质。

混凝土自生体积变形有膨胀，也有收缩的。当自变为膨胀变形时，可补偿因温降产生的收缩变形，这对混凝土的抗裂性是有利的。当自变为收缩变形对混凝土抗裂不利。因此自变对混凝土抗裂性有不容忽视的影响。自生体积变形偶尔可能呈现膨胀，通常以收缩居多值得关注。而且完全是混凝土内部化学反应的结果并与龄期有关。自身收缩量的变化幅度很大，由目前已观测到的微不足道的 10×10^{-6} 直到 150×10^{-6} 以上。

自生体积变化过大对混凝土是有害的。在混凝土早期抗拉强度尚未充分形成以前，由于温度下降和干缩等原因产生了收缩，受约束的硬化混凝土会产生裂缝。裂缝不仅是影响混凝土承受设计荷载能力的一个弱点，而且还会严重损害混凝土的耐久性和外观。裂缝内侵入水会损害混凝土的耐久性，同时还会加速浸析作用和对配筋的腐蚀作用。有裂缝的混凝土暴露在冻融环境中会进一步受到破坏。当混凝土中含有碱活性骨料和碱含量高的水泥（碱含量超过 0.6% 时），或受到含可溶性硫酸盐的水作用时，也会产生崩解。由于各种组分体积变化特性的差异所造成的混凝土不均匀应力，会破坏其内部结构，并影响水泥石与骨料颗粒之间的胶结，特别是经过反复胀缩以后，还会引起崩解。在有约束的情况下，混凝土的膨胀会产生过高的压应力并在接缝处剥落。

自生体积收缩与干缩不同，它与用水量关系不大，主要取决于胶凝材料的特性和总用量；富胶凝材料混凝土的自身收缩要比贫胶凝材料混凝土大。混凝土浇筑后，在 60～90d 龄期内自身收缩最为显著。体积变化能否引起裂缝，在很大程度上取决于内力和外力抵抗收缩的程度，大体积混凝土块就是一种内部受到约束力促使外部开裂的例子，其表面受到干燥或冷却，而内部并未受到这种作用。

碾压混凝土自生体积变形试验结果表明，其自生体积变形比常态混凝土小，一般约为常态混凝土的 50% 左右。碾压混凝土中水泥用量少，掺用的粉煤灰主要反应发生在后期，因此，自生体积变形小是必然的。

3.4.8 徐变

在持续荷载作用下，混凝土变形随时间不断增加的现象称徐变。徐变变形比瞬时弹性变形大 1～3 倍，单位应力作用下的徐变变形称为徐变度（单位：10^{-6}/MPa）。混凝土徐变对混凝土温度应力有很大影响，对大体积混凝土来说，混凝土徐变愈大，应力松弛也大，愈有利于混凝土抗裂。

混凝土承受恒定的持续荷载所产生的变形可分为两部分：弹性变形和徐变变形。弹性变形是加荷后立即发生的变形，卸掉荷载又立即全部恢复；徐变变形是一种随时间持续发展的变形。在大多数混凝土建筑物中，静荷载是连续起作用的，在总荷载中占主要部分。所以，在计算这类构件变形时，不论是瞬时变形还是持续的塑性变形都必须考虑。逐渐发展的塑性变形对缓慢的温度变化和干缩所引起的应力发展都有很大影响。通常称作徐变，以便与另一种不相同的塑性作用区别开。混凝土的这种塑性作用像金属的塑性流变一样，是不可恢复的，可以看成是一种初期破坏型式；而徐变至少部分是可恢复的，而且是甚至在应力很低时也会产生的。

在持续荷载下混凝土徐变可以无限地继续下去。有两个长期进行试验的试件，在持续荷载作用下经过 20 年之后仍然有变形。但徐变的速度是陆续递减的。根据试验室中得到的徐变参数，利用计算机程序求出各个徐变变量之间的确切关系。混凝土早龄期开始受荷承载时，徐变函数（K）的值比较大，后龄期加荷时函数的值较小。$\log^{e(f+1)}$ 表示出随时间的增长，混凝土按递减速度继续变形，然而没有明显的极限。尽管有大量试验成果完全可以证实混凝土的徐变是没有限度的，但通常仍假定徐变变形有一个上限。

水灰比和加荷强度变化直接影响徐变增长率，水灰比增大徐变也随之增大，徐变与荷载大致成正比。许多提高强度和弹性模量的因素都会使徐变减少。一般说来，用颗粒结构较松的骨料（如某些砂岩）制成的混凝土，比用颗粒结构较密实的骨料（如石英或石灰岩）制成的混凝土徐变量要大。

在设计中经常用折减弹性模量数值方法近似地考虑徐变。当需要用更确切的关系计算时，例如根据大体积混凝土的应变观测结果计算应力时，则应参照下列特性对徐变进行数学分析和预估：

（1）徐变是一种滞后的弹性变形，不涉及结晶的破坏或滑动，因此不是一种黏滞固体的塑性流变。

（2）在工作应力区域内，徐变与应力成正比。但是当应力接近混凝土极限强度时，徐变增长比应力增长速度快得多。

（3）如考虑龄期对混凝土特性变化的影响，则所有的徐变都是可恢复的。

（4）徐变无正负号，不论是正应力或负应力其比值均相等。

（5）叠加原理适用于徐变。

（6）徐变应变的泊松比与弹性应变的泊松比相同。

研究大坝混凝土温度徐变应力的目的，是在满足大坝施工期及运行期温度徐变应力安全的条件下，按照工程经验拟定的大坝不同分缝间距、大坝混凝土不同浇筑温度方案，对大坝混凝土坝施工期、运行期的温度徐变应力进行全过程仿真计算研究，总结、归纳出大坝温度、应力分布变化规律，寻找经济合理的大坝分缝间距及大坝混凝土浇筑温度方案，为大坝混凝土施工温度控制提供设计依据。

影响徐变的因素很多。大坝混凝土的徐变与常态混凝土相似，也受下列因素的影响：

1）水泥的性质：结晶体形成慢而少，则徐变较大。

2）骨料的矿物成分与级配：骨料结构较疏松、密度较小或级配不良、空隙较多则徐变大。

3）混凝土配合比，特别是水胶比和粗骨料用量：配合比中胶凝材料用量多、水胶比较大，粗骨料用量较少则徐变大。

4）加荷的龄期及持荷时间：加荷时混凝土的龄期短、强度低，徐变大，持荷时间越长，徐变越大。

5）加荷应力：加荷应力越大，徐变越大。

6）结构尺寸：结构尺寸越小，徐变越大。

影响混凝土徐变数值的因素很多，主要有：加荷龄期、持荷时间、应力大小、荷载性质、湿度、骨料含量及弹性、水泥品种、配合比和胶材用量等。徐变是影响温度应力的一个重要材料性质，徐变的存在使温度应力的部分得到松弛。徐变越大，温度应力越小。混凝土的徐变主要与胶凝材料用量有关，大坝混凝土胶凝材料少，与常态混凝土相比，其徐变度一般要小。

3.4.9 混凝土抗冲耐磨性能

《水工建筑物抗冲磨防空蚀混凝土技术规范》（DL/T 5207—2005）规定：抗冲磨防空蚀（简称抗磨蚀）混凝土强度等级选择，可根据最大流速和多年平均含沙量选择混凝土强度等级，并进行抗冲磨强度优选试验。抗磨蚀混凝土的强度等级分 $C_{90}35$、$C_{90}40$、$C_{90}45$、$C_{90}50$、$C_{90}55$、$C_{90}60$、大于 $C_{90}60$ 七级。

水工泄水建筑物明确了抗磨蚀混凝土设计龄期可采用 90d。设计龄期对抗磨蚀混凝土性能和配合比设计有很大影响。抗冲磨混凝土采用不同的设计龄期，直接关系到抗磨蚀混凝土掺合料掺量的多少和胶凝材料用量的多少，进而关系到抗磨蚀混凝土防裂性。近年来，抗磨蚀混凝土均掺用优质Ⅰ级粉煤灰，为了发挥粉煤灰混凝土后期强度，普遍采用 90d 设计龄期抗压强度，对改善高等级抗磨蚀混凝土的施工工艺和提高抗裂性能效果明显。如小湾、溪洛渡、金安桥、瀑布沟、白鹤滩、龙口等工程抗磨蚀混凝土均采用 90d 设计龄期。

特别是糯扎渡水电站左岸溢洪道抗冲磨混凝土采用 180d 设计龄期。糯扎渡溢洪道泄槽底板横缝间距较大（65～128m），而纵缝间距为 15m，底板厚度 1m，底板抗冲磨防空蚀混凝土按限裂设计，底板设计厚度 0.8～1.0m，双层双向钢筋，抗冲磨混凝土设计指标 $C_{180}55W8F100$。糯扎渡开创了抗磨蚀混凝土采用 180d 设计龄期的先河，值得研究探讨。

近年来的工程实践表明，已建成的泄水建筑物泄洪排沙孔（洞）、溢流表孔、溢洪道、消力池、水垫塘、护坦以及尾水等工程，经过一定时期的运行，在大落差、大流量作用下，由此引起的脉动振动、空化空蚀、掺气雾化、磨损磨蚀和河道冲刷问题十分突出，给消能防冲设计和施工带来极大的困难，均不同程度地出现冲刷磨损空蚀破坏现象，个别工程泄水建筑物发生结构性破坏，有的甚至已经危机到水工建筑物的安全，抗磨蚀混凝土已成为水工泄水建筑物的关键技术难题之一。

3.4.10 混凝土热学性能

大坝混凝土是典型的大体积混凝土，为了分析大坝混凝土结构的温度和温度引起的应力或变形，以及进行温度控制，混凝土的热学性能是重要的基本资料。混凝土的绝热温升及导温系数、导热系数、比热和线膨胀系数是其热学性能的主要指标，其热学性能指标应按照《水工混凝土试验规程》（SL 352—2006 或 DL/T 5150—2001）试验方法进行测定。

3.4.10.1 混凝土绝热温升及影响因素

1. 混凝土绝热温升

混凝土的绝热温升是指混凝土在绝热条件下，由水化热引起的混凝土的温度升高值。混凝土的发热量，主要由水泥水化热引起，虽然粉煤灰在水化过程中也会发热，但其发热量是很小的。大坝混凝土的水泥用量较常态混凝土少得多，因此绝热温升也低。

由于混凝土的热传导性能较差，连续浇筑的大体积混凝土内部的温升值接近于混凝土的绝热温升值。试验室混凝土的绝热温升是混凝土试件在既不散失热量又不从外界吸收热量的情况下测定的。但由于设备和边界条件的限制，要直接测出混凝土的最终温升是困难的。大中型工程大坝混凝土热学性能由试验确定，一般工程可参考类似工程资料进行确定。因混凝土的热学性能取决于水、水泥、掺合料及骨料的热学性能，所以可根据混凝土配合比中各种材料用量计算出单位混凝土总热量。

混凝土的绝热温升是温控防裂计算和温控设计的基础。混凝土的绝热温升由试验室在边界绝热的条件下测得，目前试验室的试验一般只能做到28d，28d以后由试验人员根据经验拟合一个计算公式。这种试验方法主要受仪器设备和边界条件限制，不能反映大坝混凝土热量释放时间较长的过程，尤其是掺有大量粉煤灰的大坝混凝土温度发展过程缓慢，试验室结果与实际工程测得的温度结果存在较大的误差。所以，室内试验测得的绝热温升值仅供推算和比较参考，与大坝实际的绝热温升还存在较大的差异性。

大坝混凝土的绝热温升发展过程与混凝土的初试温度有关。实际工程中，坝体混凝土的温升并不等于室内试验获得的绝热温升，最高温升更不等同于混凝土的最终绝热温升。大坝混凝土施工过程中，由于连续铺筑浇筑，大坝混凝土边界散热条件主要是受自身热量的影响，特别是内部混凝土向外界周围散失热量困难。所以，大坝坝体混凝土实测最高温升都高于混凝土最终绝热温升。

2. 影响绝热温升的因素

水泥水化过程中放出的热量称为水泥的水化热。对于大坝混凝土，水泥的水化热是一个相当重要的使用性能。由于大坝混凝土结构尺寸太大，使得热量不易散失，混凝土坝的内外温差过大，就会产生较大的温度应力而导致裂缝。因此，在大体积混凝土结构中，由于混凝土的导热能力很低，水泥的水化热聚集在混凝土结构内部长期不易散失，使混凝土内部温度升高。根据热传导的规律，物体热量的散失与其最小尺寸的平方成反比。例如，15cm厚的混凝土，在两侧冷空气中散失95%的热量约需1.5h，对于1.5m后的混凝土，散失同样的热量约需1周时间，对于15m厚的混凝土，散失同样的热量约需2年时间，对于150m高的混凝土重力坝，散失同样的热量则需约200年时间。因此，在大体积混凝土工程中，往往会由于水泥的水化热而引起混凝土温升，形成大坝基础温差、内外温差以及上、下层温差等，产生温度裂缝，给工程带来不同程度的危害。因此，温度控制以防止温度裂缝的产生一直是大坝混凝土研究的重要课题。影响混凝土绝热温升的主要因素有以下方面：

（1）水泥品种与用量。大体积混凝土用的水泥不仅水化热要低，而且要有适当的强度和耐久性。掺有较多混合材的水泥，水化热虽然很低，但耐久性也差，因此在配制相同强度等级和较好耐久性的混凝土时，需用较多的水泥，结果使混凝土的绝热温升可能比使用水化热较高但强度较大的水泥时还要高。混凝土的绝热温升是由水泥的水化热引起的，混凝土的水泥用量越多，绝热温升就越大。因此，在满足设计要求的前提下，应尽可能减少水泥用量，同时采用发热量低的水泥，如中热硅酸盐水泥、低热硅酸盐水泥。

（2）掺合料。水泥生产中均掺有不同数量的混合材料，在水泥中掺入混合材料可降低水泥的水化热，混合材掺量越大，水化热降低越多。除在水泥中掺入混合材料外，大坝混凝土根据工程的重要性、使用功能及原材料质量情况，在混凝土中掺入粉煤灰等掺合料，由于掺用了粉煤灰，减少了水泥用量，可显著降低大坝混凝土的绝热温升，对简化混凝土的温控措施，防止混凝土的温度裂缝，降低工程造价是十分有利的。

（3）绝热温升试验的温差分析。混凝土的绝热温升试验是在密封和绝热的条件下保证混凝土试件既不失热又不吸热，直接测定混凝土的温度升高值。混凝土绝热温升仪器测定的最高温升与实际大坝混凝土最高温升存在着较大的误差。造成误差的主要因素是边界条件不同，绝热温升测定仪是在一个有限的容器，要求仪器达到绝热试验条件，即混凝土胶凝材料水化所产生的热量与外界不发生热交换。由于绝热温升测定仪与实际大坝混凝土边界条件不同，混凝土绝热温升值试验结果均偏低，而大坝混凝土始终处在一个水化热温升的环境中，实际大坝混凝土最高温升值比绝热温升试验值高很多，其道理如同一颗大树着火和森林着火发生火灾时的边界情况不同是一样的。

3.4.10.2 导温系数、导热系数、比热和线膨胀系数

1. 导温系数

混凝土的导温系数是表示混凝土在冷却或升温过程中各点达到同样温度的速度。它是反映混凝土热量扩散的一项综合指标，用 α 表示，单位为 m^2/h。混凝土的导温系数越大，则各点达到同样温度的速度越快。混凝土的导温系数随混凝土的骨料种类、骨料用量、混凝土的表观密度（或含气量）及温度而变化。一般情况下，随着混凝土表观密度的减小、温度的升高、含水率的增大，混凝土的导温系数降低。使用不同骨料对混凝土导温系数的影响按以下顺序而降低：石英岩、白云岩、石灰岩、花岗岩、流纹岩、玄武岩。普通混凝土的导温系数（也称热扩散系数）为 $0.002\sim0.006m^2/h$。大坝混凝土的导温系数与常态混凝土没有明显的差别，混凝土含气量也是影响导温系数的因素之一，含气使混凝土导温系数降低。

2. 导热系数

混凝土的导热系数系混凝土传导热量的能力。它表示在一块面积 $1m^2$、厚度 $1m$ 的混凝土板上，当板的两侧表面温差为 $1℃$ 时，$1h$ 内通过板面的热量。导热系数用 λ 表示，单位为 $kJ/(m\cdot h\cdot ℃)$。混凝土的导热系数随混凝土的表观密度、温度及含水状态而变化，也与骨料的用量及骨料的导热系数有关。一般随混凝土表观密度的增加、温度的提高及含水率的增大，导热系数增大。一般混凝土的导热系数 $\lambda=8\sim13kJ/(m\cdot h\cdot ℃)$。

影响导热系数的主要因素有骨料的种类与用量、拌和物中的含水量和含气量。一般拌和物中含水量越低，硬化混凝土导热系数越高，水的导热系数是水泥浆的 50% ［水泥浆导热系数为 $4.3kJ/(m\cdot h\cdot ℃)$］；含气量高的混凝土导热系数低于含气量少的混凝土，因为空气的导热系数低。

3. 比热

比热的定义为单位质量物质温度每上升 $1℃$ 时所需要的热量，其单位为 $kJ/(K\cdot ℃)$。普通混凝土的比热在 $0.84\sim1.17kJ/(K\cdot ℃)$。混凝土密度降低，比热提高；混凝土的水灰比大，用水量多，比热也大，这是由于水的热容量大而引起的结果；混凝土温度提高，比热增大；水泥用量多，比热增加；骨料的岩性对混凝土比热的影响较小。

4. 线膨胀系数

混凝土随着温度变化而发生的线性变化称为线膨胀系数，又称为热膨胀系数，其单位为 $10^{-5}/℃$。线膨胀系数与混凝土的配合比及温度变化时的湿度状态有关。混凝土在空气中养护时的线膨胀系数大于水中养护以及空气与湿气联合养护的线膨胀系数。骨料线膨胀

系数大，其配制的混凝土线膨胀系数亦大。

3.4.11 大坝混凝土性能试验实例

3.4.11.1 三峡三期大坝混凝土性能试验结果

三峡工程由大坝、水电站厂房、通航建筑物和茅坪溪防护大坝等建筑物组成。大坝为混凝土重力坝，坝顶长度 2309.50m，坝顶高程 185.00m，最大坝高 181.00m。三峡工程分三期施工，三期工程右岸大坝由厂房坝段和右岸非溢流坝组成，包括右岸排沙孔坝段（简称右厂排坝段）、右岸 15～26 号厂房坝段（简称右厂 15～26 号坝段）、右岸 1～7 号非溢流坝段（简称右非 1～7 号坝段），大坝总长 665m。

（1）三峡三期混凝土原材料优选。结合三期大坝工程特点，提出了水泥的比表面积控制为 250～340m³/kg，运到三峡工地的 42.5 中热水泥温度不超过 65℃，供应的水泥应保持质量连续稳定。其他原材料的质量标准与二期工程相比较，更为严格、全面，性价比非常高，真正做到了质量控制工作从源头抓起，为混凝土的温控防裂及配置高性能混凝土提供了合适的原材料。

（2）在混凝土原材料优选试验结果基础上，采用"两低一高两掺（低水灰比、低用水量、高掺Ⅰ级粉煤灰、掺缓凝高效减水剂和引气剂）"的技术路线原则。另外三期工程提出了比二期工程混凝土要求更高的抗裂要求，科学合理选用低水胶比和合适的粉煤灰掺量，是三期大坝混凝土配合比试验的关键。大坝配合比设计进行了大量的不同原材料组合的混凝土配合比试验，为混凝土配合比试验积累了大量的数据，为三期工程实现施工混凝土配合比可以不同厂家原材料等量代换工作打下了坚实的基础，从施工混凝土配合比应用情况来看，拌和物性能和硬化后混凝土各项性能检测都非常稳定，很好了保证了施工进度和工程质量。

（3）在三期工程混凝土施工中，试验室严格执行"三检"制度，逐步完善规范了混凝土配合比编号管理程序，使质量控制管理工作处于受控状态，避免了质量事故的发生，从机口强度统计可以说明，混凝土强度标准差标准试验结果均小于 3.5MPa，根据中国长江三峡工程《混凝土配合比设计技术规定》中对混凝土强度标准差标准判定，混凝土生产质量水平均达到优秀等级。三峡三期大坝混凝土力学性能及变形性能试验结果见表 3.4-9；三峡三期大坝混凝土耐久性性能试验结果见表 3.4-10。

表 3.4-9　　　　　　三峡三期大坝混凝土力学性能及变形性能试验结果

序号	设计指标	水胶比	粉煤灰/%	级配	抗压强度/抗拉强度/MPa			极限拉伸值/(×10⁻⁴)		弹性模量/GPa	
					7d	28d	90d	28d	90d	28d	90d
1	C₉₀15F100W8	0.55	40	二	10.2/0.91	17.1/1.44	25.6/2.02	—	—	—	—
2				三	8.6/0.76	16.2/1.38	27.5/2.08	0.81	0.99	12.4	19.6
3				四	9.9/0.72	16.8/1.36	24.9/1.98	0.86	0.91	12.6	20.9
4	C₉₀20F150W10	0.50	35	二	13.1/1.11	19.5/1.73	29.8/2.13	0.91	1.02	15.3	24.2
5				三	12.6/1.05	20.4/1.66	30.2/2.25	0.99	1.01	17.1	24.8
6				四	13.8/1.23	21.6/1.75	31.3/2.19	0.97	0.98	17.5	23.9

续表

序号	设计指标	水胶比	粉煤灰/%	级配	抗压强度/抗拉强度/MPa			极限拉伸值/(×10⁻⁴)		弹性模量/GPa	
					7d	28d	90d	28d	90d	28d	90d
7				二	13.5/1.09	20.9/1.72	30.7/2.16	0.96	1.04	16.8	24.6
8	C₉₀20F250W10	0.50	30	三	14.8/1.32	24.7/1.88	32.2/2.29	0.93	0.98	19.2	26.4
9				四	14.2/1.25	22.3/1.86	31.8/2.23	1.05	1.1	18.8	25.3
10				二	17.3/1.41	28.7/2.15	40.4/2.91	0.98	1.06	23.8	31.6
11	C₉₀25F250W10	0.45	30	三	15.4/1.26	25.0/2.04	35.2/2.65	1.03	1.15	20.6	29.1
12				四	18.1/1.50	28.8/2.12	37.9/2.88	1.09	1.12	23.5	30.3
13				一	19.7/1.61	29.7/2.13	38.5/2.96	—	—	—	—
14	C₉₀30F250W10	0.45	20	二	19.2/1.78	32.5/2.54	43.7/3.20	1.01	1.08	24.9	33.5
15				三	20.6/1.69	30.3/2.27	40.5/3.12	0.94	1.03	25.3	31.8
16				四	21.2/1.81	31.9/2.44	41.2/3.04	—	—	—	—

表 3.4 - 10　　　　　　　三峡三期大坝混凝土耐久性性能试验结果

序号	设计指标	水胶比	粉煤灰/%	级配	28d 抗冻等级			28d 抗渗等级
					抗冻循环次数	相对动弹模/%	重量损失/%	
3	C₉₀15F100W8	0.55	40	四	100	86.5	1.64	>W8
5	C₉₀20F150W10	0.50	35	三	150	87.8	1.55	>W10
6				四	150	91.6	0.91	>W10
8	C₉₀20F250W10	0.50	30	三	250	80.4	2.93	>W10
9				四	250	90.6	2.18	>W10
12	C₉₀25F250W10	0.45	20	四	250	89.7	1.45	>W10
15	C₉₀30F250W10	0.45	20	三	250	90.8	1.31	>W10

　　三峡三期大坝混凝土性能试验结果表明：大坝混凝土性能规律性好，各项性能均满足设计要求。90d 抗压强度均超过配制强度，且有一定的超强，抗拉强度均超过 2.0MPa；极限拉伸值 28d 龄期已达到设计要求，90d 基本接近 $1.0×10^{-4}$；90d 龄期抗压弹性模量在 19.6～33.5GPa 范围，表明弹性模量不高。大坝混凝土性能试验结果表明，三峡三期大坝混凝土自身具有很好的抗裂性能。同时耐久性性能试验结果也表明，三期大坝混凝土抗冻、抗渗性能均满足设计要求。

3.4.11.2　小湾拱坝坝体混凝土性能试验结果

　　小湾水电站位于云南省西部南涧县与凤庆县交界的澜沧江中游河段，水电站枢纽主要由混凝土双曲拱坝、坝后水垫塘及二道坝、左岸泄洪洞及右岸地下引水发电系统组成，电站总装机容量 4200MW。小湾高拱坝最大坝高 294.5m，主体工程混凝土约 900 万 m³，左岸高程 1245.00m 拌和系统 4 座（4×3m³）。拌和楼承担着生产任务，小湾当地年平均气温 19.1℃，全年生产温控预冷混凝土。小湾工程混凝土量巨大，高峰期日生产混凝土量在 7000m³ 以上，给预冷混凝土质量控制带来了挑战。

小湾水电站主体工程原材料优选，进行了不同料源骨料组合对混凝土拌和物性能影响试验，通过大量的配合比试验研究，提出了满足设计和施工要求的混凝土施工配合比。在大坝混凝土质量控制方面，制定了完善的混凝土质量控制措施，合理编制混凝土配合比编号和管理程序，保证了小湾大坝混凝土的质量，也取得了较好的经济效益。小湾高拱坝混凝土力学性能及变形性能试验结果见表3.4-11；小湾高拱坝混凝土耐久性性能试验结果见表3.4-12。

试验结果表明：小湾高拱坝混凝土的强度、变形性能、耐久性性能均满足设计要求，施工配合比满足小湾工程对超级高拱坝混凝土性能提出的"高强度、高极拉、低热、中弹模、不收缩"的要求。

表 3.4-11　　　　　　　　小湾高拱坝混凝土力学性能及变形性能试验结果

序号	设计指标	水胶比	级配	抗压强度/抗拉强度 /MPa				极限拉伸值 /(×10⁻⁴)			弹性模量/GPa		
				7d	28d	90d	180d	28d	90d	180d	28d	90d	180d
1	C₁₈₀40F₉₀250 W₉₀14	0.40	二	22.9/1.72	33.0/2.38	44.9/3.22	52.1/3.72	—	—	—	—	—	—
2			三	23.9/1.83	35.8/2.45	47.6/3.25	54.8/3.65	1.29	1.39	1.42	23.3	31.7	36.3
3			四	22.3/1.67	34.0/2.36	45.3/3.23	50.4/3.47	1.26	1.45	1.44	24.1	30.6	34.7
4	C₁₈₀35F₉₀250 W₉₀12	0.45	二	19.4/1.46	30.6/2.23	39.7/2.71	46.1/3.06	—	—	—	—	—	—
5			三	19.8/1.48	31.3/2.31	39.4/2.67	47.5/3.05	1.22	1.29	1.33	23.6	25.2	32.5
6			四	20.7/1.53	30.4/2.33	38.5/2.64	46.6/3.12	1.27	1.31	1.32	22.1	24.8	30.9
7	C₁₈₀30F₉₀250 W₉₀10	0.50	二	14.2/1.08	25.2/1.96	33.0/2.25	39.4/2.74	1.16	1.21	1.23	20.9	22.7	26.6
8			三	15.4/1.15	24.9/1.91	33.4/2.29	38.0/2.67	1.12	1.16	1.18	—	—	—
9			四	16.1/1.16	27.3/2.07	35.5/2.32	41.6/2.79	1.13	1.17	1.21	21.2	23.6	27.2

注　大坝混凝土均掺Ⅰ级粉煤灰30%。

表 3.4-12　　　　　　　　小湾高拱坝混凝土耐久性性能试验结果

序号	设计指标	水胶比	粉煤灰 /%	级配	90d抗冻等级			90d抗渗等级
					抗冻循环次数	相对动弹模/%	重量损失/%	
3	C₁₈₀40F₉₀250W₉₀14	0.40	30	四	250	89.1	0.84	>W14
6	C₁₈₀35F₉₀250W₉₀12	0.45	30	四	250	86.4	1.05	>W12
9	C₁₈₀30F₉₀250W₉₀10	0.50	30	四	250	86.7	1.12	>W10

3.5　拉西瓦水电站高拱坝混凝土全级配试验实例

3.5.1　工程概况

黄河拉西瓦水电站位于青海省贵德县与贵南县交界处，是黄河上游龙—青河段规划的第二个大型梯级水电站。工程以发电为主，枢纽主要由双曲薄壁拱坝，泄水、引水建筑物及地下厂房组成。最大坝高250m，最大底宽49m，坝顶宽度10m，坝顶中心弧线长459.63m，水库正常蓄水位 2452.00m，相应总库容 10.29 亿 m³，电站装机容量 4200MW。属一等大（1）型工程。主体工程混凝土总量 373.4 万 m³，其中坝体混凝土 253.9 万 m³。

坝址区为大陆腹地，中纬度内陆高原，为典型的半干旱大陆性气候。一年冬季长，夏秋季短，冰冻期为 10 月下旬至次年 3 月。坝址多年平均气温 7.2℃，月平均最高气温 18.3℃，月平均最低气温 −6.3℃，属高原寒冷地区。气候干燥，年降雨量少，蒸发量大；冬季干冷，夏季光照射时间长（2913.9h），辐射热强。工程具有冬季施工期长、寒潮出现次数多、日温差大等特点，且坝高库大，对混凝土质量的要求十分严格。

拉西瓦水电站双曲拱坝设计最大坝高 250m，因而坝体混凝土具有承载力大、抗裂性能、耐久性能要求高等特点。为了达到上述要求和降低内部温升，必须通过试验选择性能优良和符合本工程设计要求的原材料，并通过合理的配合比设计使大坝混凝土具有高强度、适宜弹模、良好抗裂性能、微膨胀性和耐久性性能等技术性能要求。坝体混凝土采用四级配，骨料最大粒径 150mm。

3.5.2　试验任务书

按照《黄河拉西瓦水电站工程原材料比选及混凝土配合比试验任务书》及拉建司"关于大坝混凝土全级配复核试验所用材料的通知"要求，对拉西瓦水电站大坝混凝土四级配进行全级配试验，骨料最大粒径 150mm，龄期 180d。国内外试验结果均表明，全级配混凝土试件的强度比试验室内采用的标准试件（骨料粒径超过 40mm，采用湿筛法剔除，按标准方法制作的边长为 150mm 立方体试件）的强度要小，这是由于试件尺寸效应和骨料粒径的影响所致。另外，由于圆柱体和立方体试件的形状不同，即使在配合比相同的条件下，其强度也不一样。按照拉西瓦配合比试验任务书要求，对四级配，骨料最大粒径 150mm，龄期 180d 的大坝中部混凝土、基础混凝土进行了全级配试验研究。

全级配的大试件（边长 450mm×450mm×450mm 立方体及 φ450mm×900mm 圆柱体）能较真实地反映大体积混凝土的性能，但全级配大试件需耗用大量的材料，试件质量大（立方体和圆柱体质量分别达到 240kg 和 360kg 以上），需要配置 1000t 以上的大吨位试验压力机，而且给成型及试验带来极大的不便。故《水工混凝土试验规程》（DL/T 5150—2001）规定："全级配混凝土的试验结果，主要供大型混凝土坝的设计复合，不作为现场混凝土质量控制的依据"。拉西瓦双曲拱坝高达 250m，其重要性不言而喻。因此，有必要对拉西瓦大坝混凝土强度的尺寸效应进行试验研究，以便对拱坝混凝土的设计强度进行全面校核。同时，通过试验确定出全级配大试件与标准试件之间（小试件）的强度关系，不仅可以较方便地用小试件的强度值进行施工质量控制，而且可以预测大体积混凝土的强度。

这里需要说明的是，中国水利水电第四工程局试验中心只有 500t 压力试验机，28d 龄期全级配大试件试验在本中心进行，90d、180d 龄期大试件拉运到四川成都，委托西南交通大学结构工程试验中心进行全级配混凝土抗压强度试验。

3.5.3　全级配混凝土试验参数

1. 试验条件（原材料）

（1）水泥两种。青海大通昆仑山牌中热水泥、甘肃永登祁连山牌中热水泥。

（2）粉煤灰两种。兰州西固Ⅰ级粉煤灰、陕西宝鸡Ⅰ级粉煤灰。

（3）骨料。细骨料为天然砂，粗骨料为卵石和掺部分20%碎石。

（4）外加剂。缓凝高效减水剂两种ZB-1A、JM-Ⅱ，引气剂DH₉。

2. 全级配混凝土配合比试验参数

按照试验任务书要求，对大坝中部$C_{180}30F200W8$、大坝基础$C_{180}35F200W10$进行全级配试验。全级配混凝土配合比试验参数：

水胶比　　中部0.45、0.43，基础0.41、0.40

用水量　　82～83kg/m³

砂　率　　23%～24%

粉煤灰　　掺量30%

坍落度　　4～6cm

含气量　　（4.5±0.5）%

四级配，龄期180d

共计7组配合比。

由于西固粉煤灰比宝鸡粉煤灰需水量比大，掺西固灰时，采用增加减水剂掺量0.1%方案，使单位用水量保持在设计的范围内。试验配合比参数和拌和物主要性能见表3.5-1。

表3.5-1　　　　　　　　　　试验配合比参数和拌和物主要性能

试验编号	工程部位设计标号	水胶比	用水量/(kg/m³)	粉煤灰		砂率/%	外加剂			坍落度/mm	含气量/%	水泥品种	备注
				品种	掺量/%		品种	掺量/%	DH9/%				
LZX3-1	大坝中部 C₁₈₀30 F200W8	0.45	82	西固	30	24	ZB-1A	0.6	0.007	51	4.9	永登	—
LJX3-1		0.43	83	西固	30	24	JM-Ⅱ	0.6	0.011	48	5.6	永登	—
LZB3-1		0.43	83	宝鸡	30	24	ZB-1A	0.5	0.008	58	4.5	永登	中石掺碎石20%
LZX3-2		0.43	85	西固	30	24	ZB-1A	0.6	0.01	50	4.5	大通	—
LZX3-2-2		0.43	85	西固	30	24	ZB-1A	0.5	0.01	47	4.5	永登	中石掺碎石30%
LJX4-1	大坝基础 C₁₈₀35 F200W10	0.41	83	西固	30	24	JM-Ⅱ	0.6	0.011	50	4.5	永登	—
LZX4-1		0.40	82	西固	30	23	ZB-1A	0.6	0.007	75	4.5	永登	—

3.5.4　全级配混凝土试模、成型及养护

1. 试模

全级配混凝土强度试件尺寸为450mm×450mm×450mm立方体，静力抗压弹性模量试件为φ450mm×900mm圆柱体。试模制作均采用厚12mm的钢板，经表面抛光处理，边长误差不大于边长的1/300；角度误差不超过1°；平整度误差不超过边长的0.05%。全级配混凝土（立方体、圆柱体）试模及10000kN试验机如图3.5-1所示。

图 3.5-1　全级配混凝土试模及 10000kN 试验机

2. 成型

全级配混凝土试验按照《水工混凝土试验规程》（DL/T 5150—2001）进行。搅拌机采用型号 150L 自落式搅拌机，最大拌和容量 120L，最小拌和容量 40L，投料顺序为粗骨料、胶凝材料、细骨料、水（外加剂先溶于水并搅拌均匀），搅拌时间 180s，卸料后人工翻拌 3 次，采用湿筛法，首先对新拌混凝土的坍落度、温度、含气量等性能进行试验，拌和物性能达到要求后，然后进行全级配混凝土的大试件（边长 450mm 立方体及 ϕ450mm×900mm 圆柱体）成型。全级配成型完后，再次采用湿筛法剔除超过 40mm 骨料粒径，然后成型和大试件龄期（28d、90d、180d）相对应的标准试件（边长 150mm 立方体和 ϕ150mm×300mm 圆柱体）。全级配在成型时必须保证当天完成，以减小因外界条件变化而引起试验结果的波动。

3. 养护

全级配混凝土大试件拆模后，采用和标准试件条件相同的标准养护，试件每天至少洒水养护 4 次，洒水后试件表面用塑料薄膜整体包裹，保持温度（20±3）℃，湿度大于 95%。

3.5.5　全级配力学性能

按照全级配混凝土配合比试验参数，进行了全级配力学性能试验。全级配混凝土抗压强度、劈拉强度试验结果见表 3.5-2。试验结果表明：

（1）抗压强度：180d 龄期全级配大试件抗压强度在 35.2～43.2MPa，全级配大试件与标准试件的抗压强度比值（f_{450}/f_{150}）28d 在 0.66～0.76，平均 0.71；90d 在 0.78～0.81，平均 0.79；180d 在 0.79～0.83，平均 0.81。结果说明，全级配大试件抗压强度明显低于标准试件抗压强度，28d 龄期抗压强度比值较低，随着龄期的延长，f_{450}/f_{150} 后期比值增长幅度较大。全级配大试件抗压、劈拉强度试验如图 3.5-2 所示。

（2）劈拉强度：全级配大试件与标准试件的劈拉强度比值（$f_{450劈}/f_{150劈}$）28d 在 0.67～0.77，平均 0.72；90d 在 0.63～0.74，平均 0.66；180d 在 0.66～0.72，平均 0.69。结果同样说明，全级配大试件劈拉强度明显低于标准试件劈拉强度，龄期对 $f_{450劈}/f_{150劈}$ 比值也有一定的影响。

试验结果说明，试件尺寸对混凝土抗拉强度的影响比抗压强度的影响敏感得多，这是因为在承受拉力时，试件中的薄弱部位对黏结性能、混合物比例的变化、泌水通道的影响、均匀性、成型工艺的差别以及养护因素都能比较敏感地反映出来，因此试件愈大，抗拉强度降低得愈多。从表 3.5-2 可知，180d 龄期边长 450mm 立方体大试件的劈拉强度只有边长 150mm 立方体劈拉强度的 0.69。

表 3.5-2   全级配混凝土抗压强度、劈拉强度试验结果

试验编号	水胶比	试件尺寸 /mm	抗压强度/(MPa/%)			劈拉强度/(MPa/%)		
			28d	90d	180d	28d	90d	180d
LZX3-1	0.45	450×450×450 150×150×150	20.1/69 29.1/100	32.8/80 41.2/100	35.2/94 46.1/100	1.61/76 2.11/100	1.81/69 2.62/100	2.26/68 3.32/100
LJX3-1	0.43	450×450×450 150×150×150	22.3/76 29.5/100	33.5/84 44.9/100	37.1/79 47.2/100	1.76/77 2.29/100	1.95/62 3.15/100	2.50/72 3.46/100
LZB3-1	0.43	450×450×450 150×150×150	20.6/70 29.3/100	32.8/78 42.2/100	36.3/79 46.1/100	1.60/69 2.31/100	2.02/64 3.16/100	2.52/72 3.51/100
LZX3-2	0.43	450×450×450 150×150×150	19.4/66 29.4/100	32.4/79 41.1/100	37.4/83 47.4/100	1.56/73 2.14/100	2.17/74 2.95/100	2.11/70 3.02/100
LZX3-2-2	0.43	450×450×450 150×150×150	21.4/71 30.2/100	32.1/80 40.3/100	41.0/79 44.3/100	1.71/64 2.69/100	2.12/64 3.29/100	2.28/64 3.57/100
LJX4-1	0.41	450×450×450 150×150×150	23.2/74 31.2/100	35.1/80 43.9/100	39.3/75 50.1/100	1.74/71 2.46/100	2.16/65 3.35/100	2.51/69 3.62/100
LZX4-1	0.40	450×450×450 150×150×150	24.2/72 33.5/100	35.6/80 44.5/100	43.2/78 52.9/100	1.78/77 2.31/100	2.12/63 3.39/100	2.54/66 3.88/100
平均比值		f_{150}/f_{450}	0.71	0.80	0.81	0.72	0.66	0.69

图 3.5-2   全级配大试件抗压、劈拉强度试验

3.5.6 全级配抗压弹性模量

全级配混凝土试件（ϕ450mm×900mm 圆柱体）与小试件（ϕ150mm×300mm 圆柱体）轴压强度及抗压弹性模量试验结果见表 3.5-3，全级配混凝土抗压弹性模量试验如图 3.5-3 所示。结果表明：

表 3.5 - 3   全级配混凝土抗压弹性模量试验结果

试验编号	试件尺寸/mm	轴压强度/(MPa/%)			静力抗压弹性模量/(GPa/%)		
		28d	90d	180d	28d	90d	180d
LZX3-1	φ450×900	15.6/77	21.8/80	27.6/78	30.2/102	36.3/104	41.7/117
	φ150×300	20.3/100	27.1/100	35.4/100	29.7/100	34.8/100	35.7/100
LJX3-1	φ450×900	17.3/74	25.1/84	31.5/83	28.8/114	38.2/109	39.4/109
	φ150×300	23.3/100	29.9/100	37.9/100	25.3/100	35.0/100	36.1/100
LZB3-1	φ450×900	17.7/73	24.5/81	31.7/91	29.6/113	33.7/104	34.5/103
	φ150×300	24.1/100	30.2/100	34.6/100	26.2/100	32.8/100	33.5/100
LZX3-2	φ450×900	17.2/75	25.4/83	33.1/93	30.2/119	33.6/103	37.4/111
	φ150×300	22.8/100	30.5/100	35.6/100	25.3/100	32.7/100	33.6/100
LZX3-2-2	φ450×900	18.0/76	24.9/82	32.2/91	31.3/116	36.8/118	37.8/110
	φ150×300	23.6/100	31.2/100	35.4/100	26.9/100	31.2/100	34.5/100
LJX4-1	φ450×900	18.7/74	27.2/81	34.7/87	32.2/117	38.2/106	41.0/110
	φ150×300	25.3/100	33.5/100	40.1/100	27.5/100	35.9/100	37.2/100
LZX4-1	φ450×900	19.3/72	27.6/79	33.5/82	31.8/112	37.9/107	40.8/110
	φ150×300	26.8/100	34.8/100	40.9/100	28.5/100	35.4/100	37.0/100
平均比值/%		74	81	86	113	107	110

图 3.5 - 3   全级配混凝土抗压弹性模量试验

（1）弹性模量：全级配混凝土圆柱体试件（φ450mm×900mm）不同龄期 28d、90d、180d 抗压弹性模量分别在 30.2～31.8GPa、33.6～36.8GPa、34.5～41.7GPa 范围内，而小试件（φ150mm×300mm）混凝土弹模分别在 25.3～29.7GPa、31.8～35.9GPa、34.5～37.2GPa 范围内。表 3.5 - 3 数据说明，全级配大试件比小试件混凝土弹模值大，全级配大试件比与小试件混凝土抗压弹性模量比值约在 1.10～1.15 范围内。

（2）轴压强度：全级配混凝土圆柱体试件（φ450mm×900mm）的轴压强度比小试件（φ150mm×300mm 圆柱体）轴压强度低，轴压强度比值 $f_{\phi 450}/f_{\phi 150}$ 不同龄期（28～180d）

约在 0.74～0.86 范围内。同时说明随龄期延长，全级配混凝土轴压强度增长幅度较大。

上述试验结果进一步表明，试件尺寸、骨料粒径对混凝土弹性模量有很大的影响。分析认为小试件剔除超过 40mm 骨料粒径后，砂浆含量较多，而大试件全级配混凝土虽然采用同样的配合比，砂浆含量和小试件相比要少得多，由于粗骨料本身强度和弹模很高，在大粒径骨料的骨架作用下，全级配混凝土强度虽然较低，弹性模量却较大。全级配弹性模量试验结果说明，与一般情况下混凝土强度低相应弹性模量也低的规律相悖，这与全级配混凝土大粒径骨料存在有关，同时也说明采用最大粒径 40mm 标准试件其弹性模量与大坝实际的弹性模量不是完全相符，这方面还需要进一步作深化研究。

3.5.7 试件尺寸对混凝土强度的影响

国内外大量的试验资料表明，标准圆柱体强度（$f_{\phi150\times300}$）约是标准立方体强度（f_{150}）的 80％。根据表 3.5－2、表 3.5－3，对不同试件尺寸及骨料粒径混凝土抗压强度比值进行了统计，结果见表 3.5－4。结果表明：28d、90d、180d 不同龄期不同试件尺寸及骨料粒径混凝土抗压强度比值分别为，$f_{450}/f_{150}=0.71$、0.79、0.83，$f_{\phi150}/f_{150}=0.78$、0.79、0.80，$f_{\phi450}/f_{150}=0.56$、0.65、0.65。

表 3.5－4　　　　　　　　不同试件尺寸及骨料粒径抗压强度比值统计

试验编号	水胶比	试件尺寸/mm 150×150×150			450×450×450			$\phi150\times300$			$\phi450\times900$		
		龄期 28d	90d	180d	28d	90d	180d	28d	90d	180d	28d	90d	180d
LZX3－1	0.45	100	100	100	69	76	84	78	79	77	54	65	63
LJX3－1	0.43	100	100	100	76	79	80	78	81	81	59	74	71
LZB3－1	0.43	100	100	100	70	78	83	77	79	80	55	63	71
LZX3－2	0.43	100	100	100	66	78		78	80		51	76	
LZX3－2－2	0.41	100	100	100	71	80	79	78	79	80	58	59	61
LJX4－1	0.41	100	100	100	74	80	83	78	80	80	59	62	60
LZX4－1	0.40	100	100	100	72	81	82	78	78	81	56	59	64
平均		100	100	100	71	79	83	78	79	80	56	65	65

立方体、圆柱体不同试件尺寸及骨料粒径对抗压强度有很大影响，随着试件尺寸及骨料粒径的增加，混凝土强度呈下降趋势；混凝土抗压强度比值表明，随着龄期延长，全级配混凝土强度呈上升趋势。

分析认为：混凝土是一种非均质的人工合成材料。试件尺寸越大，允许的骨料粒径也越大，试件的不均匀性也越突出。在大体积混凝土中，一般四级配的粗骨料最大粒径（150mm）与最小粒径（5mm）之比高达 30 倍，细骨料中最大与最小粒径之比也相差 30 倍以上。显然，在粒径相差悬殊的固体物中，骨料粒径越大，成型时越难以保证大粒径均匀分布，在大粒径底部容易积水而形成薄弱处，大骨料与水泥砂浆结合面附近，因砂浆与骨料物理力学特性的差异，固结过程中容易产生微裂缝，这些薄弱面对强度有很大的影响，尤其是对抗拉强度的影响更为敏感。

3.5.8　立方体试件与圆柱体试件的抗压强度关系

表 3.5-4 统计结果说明，立方体试件与圆柱体试件的抗压强度关系已做了大量的试验研究。英国标准 BS1881 第四部分（1970）规定："圆柱体试件的强度等于立方体试件强度的 4/5。"本次试验结果也证明圆柱体试件尺寸为 $\phi150\times300$mm 和立方体试件尺寸为 150mm×150mm×150mm 时，$f_{\phi150}/f_{150}=0.78\sim0.80$。

当圆柱体试件与立方体试件尺寸同步加大时，采用全级配混凝土，相应的抗压强度随之减小。试验表明，$\phi450\times900$mm/450mm×450mm×450mm 试件的抗压强度比值 $f_{\phi450}/f_{150}=0.79\sim0.78$，但也遵循标准试件 $f_{\phi150}/f_{150}$ 抗压强度比值规律。

另外，试验还表明，标准圆柱体试件（$\phi150\times300$mm）与立方体试件（150mm×150mm×150mm）抗压强度的比值也并非一个常数，而是与混凝土材料、强度、龄期等因素有关。

3.5.9　骨料粒径对强度的影响

骨料粒径对强度的影响问题，目前看法尚不一致。有的认为，湿筛后的混凝土试件，抗压强度有所提高（主要是采用的标准立方体试件）；有的认为，骨料粒径的增大对混凝土抗压强度的影响不大；还有的认为，增大粗骨料的最大粒径将使贫混凝土的抗压强度提高，而使富混凝土的抗压强度有所降低。以上意见虽不同，但均认为随着骨料粒径的增大，混凝土抗压强度有所降低。本试验亦表明，全级配混凝土的抗压强度随着粗骨料粒径和试件尺寸的增大而降低。

3.5.10　结论

（1）在相同配合比、坍落度条件下，混凝土强度随试件尺寸的增大而降低，全级配大试件抗压强度明显低于标准试件抗压强度。

（2）试件尺寸对抗拉强度的影响比对抗压强度的影响大得多。边长 450mm 立方体试件的劈拉强度只有边长 150mm 立方体劈拉强度的 0.69。

（3）试验数据说明，全级配比小试件混凝土弹模值大，全级配与小试件混凝土抗压弹性模量比值在 1.10~1.15 范围内。

（4）立方体、圆柱体不同试件尺寸及骨料粒径对抗压强度有很大影响，随着试件尺寸及骨料粒径的增加，混凝土强度呈下降趋势

（5）标准圆柱体试件（$\phi150\times300$mm）与标准立方体试件（150mm×150mm×150mm）抗压强度比值为 $f_{\phi150}/f_{150}=0.78\sim0.80$。

（6）当圆柱体试件与立方体试件尺寸同步加大时，抗压强度随之减小，但抗压强度比值 $f_{\phi450}/f_{150}$ 也遵循标准试件抗压强度比值 $f_{\phi150}/f_{150}$ 规律。

通过全级配试验，进一步揭示了大坝混凝土全级配与湿筛二级配标准试件之间的关系。但实际情况并非如全级配试验的结果，对大坝混凝土钻孔取芯，原级配混凝土芯样的抗压强度满足设计要求，而且普遍比标准试件混凝土强度高，分析认为与大坝混凝土高掺粉煤灰和长龄期有关。所以全级配试验的尺寸效应的试验结果有待商榷，还有待进一步深

化试验研究。

3.6 大坝混凝土体型及材料分区优化工程实例

3.6.1 龙滩碾压混凝土重力坝体型优化

龙滩水电站位于红水河上游，下距广西天峨县城 15km。坝址以上流域面积为 98500km²，占红水河流域面积的 71%。大坝为混凝土重力坝，正常蓄水位 375m，最大坝高 192m，总库容 162.1 亿 m³，有效库容 111.5 亿 m³，为年调节水库，装机容量 420万 kW，多年平均年发电量 156.7 亿 kW·h，电站保证出力 123.4 万 kW。

坝址位于相对稳定地块内，属弱震环境，无区域性活动断层穿过，不存在发生地震的地质背景，区域地震危险性主要受外围地震影响，坝址地震基本烈度和水库可能诱发地震影响烈度均为 7 度。水库库周地表和地下水分水岭均高于水库蓄水位，库盆主要由三叠系砂岩、泥板岩组成，水库不存在渗漏问题，库岸总体稳定性较好。

挡水建筑物采用碾压混凝土重力坝，从右至左依次为右岸挡水坝段、升船机坝段、河床挡水坝段、溢流坝段、电梯井坝段、左岸挡水坝段、厂房进水口坝段；坝轴线总长度 761.26m，泄洪建筑物布置在河床坝段，设有 7 个表孔和 2 个底孔。广西红水河龙滩水电站施工中的碾压混凝土重力坝如图 3.6-1 所示。

图 3.6-1 广西红水河龙滩水电站施工中的碾压混凝土重力坝

针对龙滩重力坝的断面较大、坝轴线较长、坝段数量较多的情况，若继续对断面及整体优化，可有效减少混凝土总工程量。在进行重力坝剖面的体型优化以前，应该先作坝体应力分析和抗滑稳定分析，使初步拟订的方案满足应力和稳定的条件，以保证其在设计可行区域以内。龙滩工程研制的实体重力坝断面设计和体型优化程序，考虑了溢流坝段、河床挡水坝段、岸坡挡水坝段 3 种典型的断面。岸坡挡水坝段体型与河床挡水坝段上部相似，由于其建基面较高，坝高相对较低，可采用与河床挡水坝段不同的下游坡比与起坡高程。对于电梯井、底孔等特殊的坝段，基本断面以外的混凝土（如突出上游的牛腿、溢流堰导墙等），坝体孔洞，坝顶设备重等，在程序中通过附加块来模拟增加或减小的重量。进行大坝总体计算时，溢流坝段、河床挡水坝段上游面采用统一的上游坡比和起坡点高程，在进行大坝总体优化时，取 8 个设计变量作为优化变量，同时给出每一优化变量的上、下限值。进行坝体断面计算与优化的主要流程。

龙滩碾压混凝土重力坝体型由优化方法确定，典型断面体形参数见表 3.6-1，优化后溢流坝断面最大底宽为 168.58m，坝底宽与坝高的比值（B/H）为 0.779，最大挡水坝断面底宽为 158.45m，B/H 为 0.806，均为经济的断面体形。

表 3.6-1　　　　　　　　　龙滩碾压混凝土重力坝典型断面体形参数

断面名称	坝基面高程/m	上游起坡点高程/m	上游坡比1:n	下游起坡点高程/m	下游坡比1:n
溢流坝段	190.00	270.00	0.25	385.50	0.66
河床挡水坝段	210.00	270.00	0.25	380.50	0.70
接头坝段	300.00	—	铅直	380.50	0.66

3.6.2　江口水电站工程设计优化

江口水电站位于重庆市武隆县乌江支流芙蓉江河口以上 2km，是以发电为主的综合利用工程，为芙蓉江梯级开发中的最后一级，距用电地点重庆市区约 130km。电站总装机容量 300MW，多年平均年发电量 10.71 亿 kW·h，如图 3.6-2 所示。

图 3.6-2　重庆芙蓉江江口水电站全貌照

1998 年原设计单位完成了《重庆市芙蓉江江口水电站工程可行性研究报告》，总投资 30 亿元，大坝混凝土总量 92 万 m³。在可行性研究中设计对方案进行了优化，大坝采用抛物线双曲拱坝，基本体型混凝土 59 万 m^3，大坝混凝土总工程量 80 万 m^3，总投资 21.3 亿元。

为了进一步发挥设计龙头作用，降低工程造价，在不改变枢纽总体布置的基础上对主要建筑物进行了设计优化，主要为拱坝、水垫塘及引水系统，优化后总投资降低到 18.62 亿元，取得了明显的技术经济和社会效益，具体设计优化项目如下：

（1）拱坝优化。拱坝的坝轴线进行了局部调整，两拱端向上游移动 12～13m，拱冠向下游移动 2m。拱坝采用椭圆曲线的双曲拱坝，最大坝高 140m，拱冠处底宽 26.94m，顶宽 6m，坝体弧高比 2.82，厚高比 0.192。坝肩软弱夹层处理范围减少。优化后坝体基本体型混凝土为 57 万 m^3，大坝混凝土总工程量约 72.5 万 m^3。

（2）水垫塘优化。水垫塘底板高程较可行性研究抬高 3m，两岸山体排水洞由两层减少为一层。优化后开挖减少 27.82 万 m^3，混凝土减少 5.73 万 m^3。

（3）引水系统优化。进水塔由原来的位置向下游移动约 20m，取消原有引水渠，紧靠大坝呈一字形布置。引水隧洞长度减短，取消一个水平转弯，将竖井段前移到大坝帷幕前面，取消竖井段及部分下平段的钢衬。尾水塔往山体外移动 25m，使塔体位于厚层灰岩上，既有利于稳定，又减少了出口的开挖工程量，并且减少了左岸上坝公路的开挖及支护量。优化后减少开挖 48.9 万 m^3，混凝土 4.4 万 m^3，压力钢管 239t，锚索 437 束。

3.6.3 拉西瓦拱坝混凝土材料及分区优化

拉西瓦水电站大坝为混凝土双曲拱坝，最大坝高 250m，水库正常蓄水位 2452.00m，安装 6 台 70 万 kW 的水轮机组，总装机 420 万 kW，主体工程混凝土总量 373.4 万 m^3，其中坝体混凝土 253.9 万 m^3，为黄河上最大的水电站。坝址区为高原寒冷地区，气候干燥，冬季干冷，夏季光照射时间长。工程具有冬季施工期长，寒潮出现次数多，日温差大等特点，且坝高库大，对混凝土质量要求十分严格。黄河拉西瓦水电站施工中的混凝土拱坝如图 3.6 - 3 所示。

拉西瓦拱坝原设计坝体混凝土分区为下部、中部及上部 3 区，坝体相应混凝土设计指标上部 $C_{180}35F300W10$、中部 $C_{180}30F300W10$ 及上部 $C_{180}25F300W10$。2004 年 9 月业主组织专家对两单位提交的《黄河拉西瓦水电站工程配合比设计试验报告》进行了认真审查。通过对原材料比选试验、混凝土拌和物性能、力学性能、耐久性性能、变形性能、热学性能、全级配混凝土试验以及大坝应力计算等结果分析，专家对原设计的"黄河拉西瓦水电站工程主要混凝土标号设计要求"提出了优化设计意见：

（1）原混凝土设计强度等级优化为 C32，设计经应力计算 C32 混凝土可以满足拱坝的强度要求。

（2）抗冻等级 F200 全部提高到 F300，抗渗等级 W8 全部提高到 W10。主要是拉西瓦坝高库大、地处青藏高原、气候条件十分恶劣，耐久性指标已成为混凝土设计的主要控制指标。

（3）粉煤灰掺量从原设计规定的 30％掺量提高到 30％及 35％两种掺量。因拉西瓦工程混凝土采用的红柳滩砂砾料场骨料具有潜在碱硅酸反应活性，提高粉煤灰掺量对抑制碱骨料反应是最有效的措施。

图 3.6-3 黄河拉西瓦水电站施工中的混凝土拱坝

通过混凝土设计指标优化，拱坝混凝土分区也相应简化为二区。优化后拱坝上部和外部混凝土设计指标 $C_{180}25F300W10$、中部和底部 $C_{180}32F300W10$，采用三级配、四级配，强度保证率 $P=85\%$。不论拱坝的底部、上部、内部和外部，抗冻等级（F300）和极限拉伸值（28d 为 0.85×10^{-4}、90d 为 1.0×10^{-4}）均采用同一指标。优化的混凝土设计指标对拱坝混凝土的耐久性和抗裂性能提出了更为严格的要求，分区也更为简单科学合理。同时根据第一阶段的试验结果，对混凝土总碱含量以及水胶比、坍落度、含气量及等参数也提出了相应的控制指标。拉西瓦拱坝混凝土设计指标及分区优化为拱坝快速施工和温控防裂发挥了积极作用。

3.6.4　向家坝重力坝混凝土材料及分区优化实例

向家坝水电站是金沙江下游河段规划的最末一个梯级，坝址位于四川省宜宾县和云南省水富县交界处。工程的开发任务以发电为主，同时改善航运条件，兼顾防洪、灌溉，并具有拦沙和对溪洛渡水电站进行反调节等作用。向家坝水电站坝址控制流域面积 45.88 万 km^2，占金沙江流域面积的 97%。水库正常蓄水位 380.00m，死水位 370.00m，水库总库容 51.63 亿 m^3，调节库容 9.03 亿 m^3，为不完全季调节水库。电站发电厂房分设于右岸地下和左岸坝后，各装机 4 台，单机容量均为 800MW，总装机容量 6400MW，多年平均发电量 307.47 亿 kW·h，灌溉面积 375.48 万亩。2013 年向家坝进行了扩机工程立项，扩机工程位于枢纽工程右非坝段下游、消力池右导墙与排沙洞泄槽之间，为右岸坝后厂房，安装 3 台单机容量为 480MW 机组，总容量 1440MW，扩机后向家坝工程总装机容量为 7840MW。考虑上游两河口、锦屏一级、二滩、乌东德、白鹤滩、溪洛渡等水库的调蓄作用，电站多年平均发电量 349.14 亿 kW·h。

向家坝水电站主坝为混凝土重力坝，坝顶高程 384.00m，最大坝高 162m，坝顶长度909.26m；泄水坝段位于河床中部略靠右岸，泄洪采用表孔、中孔联合泄洪的方式，中表孔间隔布置,共布置 10 个中孔及 12 个表孔。升船机坝段位于河床左侧,由上游引航道、上闸首、塔楼段、下闸首和下游引航道等 5 部分组成,全长 1260m。主体及导流工程混凝土总量约 1369 万 m³。金沙江向家坝水电站下游如图 3.6-4 所示。

图 3.6-4 金沙江向家坝水电站下游图

工程建设期间,根据 2007 年 12 月 27 日在成都召开的《研究向家坝水电站左岸大坝混凝土施工方案及截流时段专题会议》(2008 年第 6 期)精神,向家坝工程截流时段选择在 2008 年 12 月中旬。为了加快左岸大坝主体混凝土施工进度,确保截流目标的实现,将左岸主体工程冲沙孔—左非 1 号坝段高程 222~253m 部位改为采用碾压混凝土施工。参照向家坝工程建设部《向家坝工程试验检测工作月例会纪要》(2009 年第 242 期)中"关于统一二期工程混凝土配合比主要参数",开展室内混凝土拌和物性能试验,混凝土配合比计算采用绝对体积法。

向家坝二期工程 II 标段常态混凝土分区及设计指标:基础 $C_{180}25W10F150$、坝体内部 $C_{180}15W8F150$ 及水上、水下外部 $C_{180}20W10F150$。同时,对坝体坝基齿槽及内部坝、缺口坝段等部位分区优化为碾压混凝土,发挥了碾压混凝土快速筑坝的优势,有效加快了施工进度。大坝碾压混凝土设计指标:三级配 $C_{180}25W8F100$、二级配 $C_{180}25W10F150$,设计龄期 180d。向家坝混凝土重力坝虽然采用电力 DL 标准,但通过技术创新,大坝混凝土抗压强度均采用 180d 设计龄期,破除了电力 DL 标准大坝混凝土抗压强度采用 90d 设计龄期的行业规定,保证了工程按期截流的目标实现。

3.6.5 金安桥碾压混凝土重力坝材料及分区优化

金安桥水电站是金沙江中游河段"一库八级"水电规划的第五级电站,电站装机 2400MW,工程枢纽主要由大坝混凝土重力坝、溢流表孔及其消能设施、右岸泄洪冲沙底孔、左岸冲沙底孔、电站进水口及坝后厂房等建筑物组成,坝顶高程 1424.00m,最大坝高 160m,工程混凝土总量 629.62 万 m³。金安桥水电站工程建设总体实施计划为:金安桥水电站工程于 2003 年 8 月 8 日开工筹建,2004 年 1 月导流洞开工,2006 年 1 月 9 日实现大江截流,2006 年 12 月 28 日开始浇筑大坝混凝土,2010 年 11 月 25 日导流洞下闸蓄水，2011 年 3 月首台机组投产发电，2012 年 6 月工程完工。云南金沙江金安桥水电站全貌如图 3.6-5 所示。

图 3.6-5　云南金沙江金安桥水电站全貌图

1. 非溢流坝段坝体大坝混凝土分区优化

金安桥大坝原设计非溢流坝段高程 1413.00m 以下分区为碾压混凝土，高程 1413.00m 以上至坝顶 13m 原坝体混凝土分区为常态混凝土，设计指标三级配 $C_{90}15F50W8$。针对非溢流坝段至坝顶上部为常态混凝土分区情况，2008 年 6 月业主和设计进行协商，对坝体非溢流坝段上部常态混凝土分区进行优化。将原设计文件招标图《混凝土分区图》，通过实施文件：0~5 号坝段（左岸非溢流坝段）混凝土分区图、16~20 号坝段混凝土分区图优化为碾压混凝土，碾压混凝土分区范围从高程 1413.00m 提高至高程 1422.50m，即把碾压混凝土分区提高 9.5m，置换常态混凝土 3.33 万 m^3。金安桥大坝利用碾压混凝土快速坝技术，采用相同设计指标 $C_{90}15F50W8$ 三级配碾压混凝土置换常态混凝土，常态混凝土胶凝材料用量 200kg/m^3（水泥用量 120kg/m^3），碾压混凝土胶凝材料用量 160kg/m^3（水泥用量 63kg/m^3），采用碾压混凝土替代常态混凝土，节约水泥 57 kg/m^3，有效降低混凝土水化热温升 6~9℃，十分有利于大坝温控防裂，有效加快了施工进度，取得了良好的技术经济效益。

2. 右冲底孔泄槽基础大坝混凝土分区优化

金安桥泄水建筑物原设计右冲底孔泄槽基础为三级配 $C_{90}15W6F100$ 常态混凝土。针对右冲底孔泄槽基础混凝土工期严重滞后的情况，2008 年 3 月业主和设计进行了协调，将右冲底孔泄槽基础三级配常态混凝土优化为设计指标相同的三级配碾压混凝土。原设计文件：《右岸泄洪冲沙底孔泄槽混凝土分区图》；实施文件：设计通知（第 2008-04 号 总第 180 号）、金电技（2008-32-32 号）运作通知。施工时根据现场实际情况，高程 1290.00m 以上范围混凝土按照优化分区进行了施工，共计优化碾压混凝土 17.01 万 m^3。金安桥右泄基础采用碾压混凝土快速筑坝技术，把耽误的工期按期追赶回来，不但保证了右泄泄槽施工进度，而且取得了良好的技术经济效益。

3. 压力钢管外围混凝土设计优化

大坝原设计 7～10 号厂房坝段压力钢管外围为 $C_{28}25W8F100$ 二级配常态混凝土，压力钢管外围混凝土施工配合比为：水胶比 0.45、粉煤灰掺量 20%、水泥用量 240kg/m³、胶凝材料用量 300kg/m³。由于压力钢管外围混凝土设计指标采用 28d 龄期、二级配，水泥用量高，浇筑后的混凝土水化热温升很高，致使混凝土表面出现大量裂缝。

针对引水坝段宽度 34m，压力钢管直径 10.5m 的特点，对高程 1367.80m 以上 $C_{28}25$ 常态混凝土分区及设计指标进行设计优化。即坝段中间 14m 宽的管槽区域（包括 10.5m 直径钢管）仍采用原设计 $C_{28}25W8F100$ 二级配混凝土，厂房坝段钢管外围两侧约 2m 外无筋素混凝土 10m 宽度区范围，优化为 $C_{90}30W8F100$ 三级配混凝土。由于钢管外围混凝土采用 90d 设计龄期、三级配、水胶比 0.47、煤灰掺量 30%，有效降低用水量 10kg/m³，相应胶凝材总量从 300kg/m³ 降至 265kg/m³，水泥用量从 240kg/m³ 降至 186kg/m³，节约水泥 54kg/m³，有效降低混凝土自身水化热温度约 5～7℃，防止了压力钢管外围大体积混凝土裂缝的发生。

4. 抗冲磨混凝土配合比设计优化

原设计泄洪冲沙建筑物抗冲磨混凝土均采用 $C_{90}50$ 硅粉纤维混凝土，由于硅粉混凝土表面容易产生裂缝，边墙竖立面抗冲磨混凝土养护十分困难，经分析研究，溢洪道及底孔泄水建筑物抗冲磨混凝土竖立面采用单掺粉煤灰 $C_{90}50$ 抗冲磨混凝土，防止了边墙高等级抗冲磨混凝土裂缝发生，同时简化了施工，获得了良好的技术经济效益。

3.7　组合混凝土坝的研究与技术创新探讨

3.7.1　概述

混凝土坝是典型的大体积混凝土，温控防裂问题十分突出，所谓"无坝不裂"的难题一直困扰着人们，"温控防裂"已成为制约混凝土坝技术快速发展的瓶颈。为此，有关混凝土坝设计规范中均把"温度控制与防裂措施"列为最重要的章节之一，几十年来大坝的温度控制与防裂一直是坝工界所关注和研究的重大课题。科学地进行无裂缝混凝土坝的技术创新研究，是混凝土坝研究的一个重要方向。

目前，大级配贫胶凝碾压混凝土、胶凝砂砾石和堆石混凝土等不同种类混凝土筑坝技术日趋成熟，组合混凝土坝的建坝条件已经具备。所谓"组合混凝土坝"，主要借鉴混凝土面板堆石坝设计理念，施工采用碾压混凝土快速筑坝技术优势，其实质就是按照坝体材料分区，采用不同种类混凝土各自具有的筑坝技术优势，犹如"金包银"施工方式。比如：在应力不太高的大坝基础、坝体内部可采用大级配贫胶凝碾压混凝土、胶凝砂砾石或堆石混凝土，其绝热温升是很低的；坝体防渗区、外部高应力区、廊道及重要结构等部位可采用常态混凝土。采用组合混凝土坝技术，可以拓宽筑坝材料范围，简化温控或取消温控，防止大坝裂缝产生，破解"无坝不裂"的难题，也可减少开挖弃料，为又好又快的建坝理念提出新的技术创新观点。

3.7.2 不同种类混凝土筑坝技术特点

3.7.2.1 常态混凝土筑坝技术特点

常态混凝土筑坝技术是长期的、传统的、成熟的筑坝技术，目前的混凝土高坝、特别是高拱坝主要以常态混凝土筑坝技术为主。常态混凝土自身具有水泥用量较大、胶凝材料用量多、水化热温升高、拌和物具有流动性、易于浇筑振捣、性能可靠等特点。但是常态混凝土水化热升温导致坝体混凝土温度高、上升快，如果不采取温控防裂措施，大坝极易发生裂缝。温度控制与防裂是常态混凝土坝设计、科研和施工的重点。为了防止混凝土坝裂缝产生，设计从坝体构造、材料分区、设计龄期、温度应力等方面对坝体进行合理地分缝分块和温控分区；科研试验主要以温控计算和降低混凝土水泥用量为主要技术路线；施工从控制混凝土温度、埋冷却水管、喷雾保湿以及覆盖养护等采用一系列温控措施。由此可以看出常态混凝土坝的温控防裂措施十分复杂，不但影响建坝速度，而且温控防裂的投入也是十分可观的，即使这样，其温控防裂效果有时也难以完全把握。西藏雅鲁藏布江藏木水电站大坝常态混凝土施工现场如图 3.7-1 所示。

图 3.7-1　西藏雅鲁藏布江藏木水电站大坝常态混凝土施工现场

3.7.2.2 碾压混凝土筑坝技术特点

碾压混凝土（RCC）筑坝技术是世界筑坝史上的一次重大技术创新。快速是碾压混凝土筑坝技术的最大优势。采用碾压混凝土快速筑坝技术，只是改变了配合比和施工方法的不同而已。我国的碾压混凝土坝主要采用全断面碾压混凝土筑坝技术，层间结合质量已成为碾压混凝土快速筑坝的关键技术，新拌碾压混凝土已成为无坍落度的半塑性混凝土，其内涵与早期碾压混凝土定义为超干硬性或干硬性混凝土定义完全不同。碾压混凝土虽然水泥用量少，粉煤灰等掺合料掺量大，但工程实践和研究结果表明，碾压混凝土坝虽比常态混凝土坝温控简单，但同样存在着温度应力和温度控制问题。为了有效降低碾压混凝土水化热温升，人们对大级配贫胶凝碾压混凝土进行了研究。

比如，2010年8月贵州乌江沙沱水电站碾压混凝土重力坝进行了四级配碾压混凝土试验，碾压混凝土设计强度$C_{90}15$，骨料最大粒径150mm，水泥用量$45kg/m^3$，同时碾压层厚提高到45cm，沙沱四级配贫胶凝碾压混凝土成功应用，为简化碾压混凝土坝的温控或取消温控措施开辟了新的技术途径，有着极其重要的现实意义。黄登水电站重力坝碾压混凝土施工现场如图3.7-2所示。

图3.7-2 黄登水电站重力坝碾压混凝土施工现场

3.7.2.3 胶凝砂砾石筑坝技术特点

胶凝砂砾石（CSG）是一种新型筑坝技术。它的设计理念与施工方法介于混凝土面板堆石坝和碾压混凝土坝之间，胶凝砂砾石筑坝技术与碾压混凝土筑坝技术类似，施工方法基本相同。胶凝砂砾石坝是碾压混凝土筑坝技术的一种延伸，其最大优势是拓宽了骨料使用范围，利用可能的当地材料，天然砂砾石混合料、开挖弃料或一般不用的风化岩石；且胶凝材料用量少，一般水泥$50kg/m^3$以下，胶凝材料总量不超过$100kg/m^3$；通过胶凝砂砾石配合比设计，经拌和、运输、入仓、摊铺碾压胶结成具有一定强度的干硬性坝体。由于粗骨料最大粒径可以达到250mm或300mm，其压实层厚一般可达$40\sim60cm$，可以显著加快施工速度。胶凝砂砾石坝设计断面大都采用上下游相同坡度对称的坝，又称为梯形坝，虽然对称设计断面增加了坝体方量，但由于对称的胶凝砂砾石坝对材料的性能要求低于碾压混凝土坝，与碾压混凝土坝相比，工程总造价并不增加。采用胶凝砂砾石坝的主要优势是放宽了许多施工技术要求。贵州乌江沙沱水电站胶凝砂砾石围堰施工现场如图3.7-3所示。

3.7.2.4 堆石混凝土筑坝技术特点

堆石混凝土（RFC），是将粒径大于300mm以上的大块石或卵石直接入仓，形成有空隙的堆石体，空隙率一般为42%左右，然后在堆石体表面浇注满足特定要求的自密实混凝土，依靠自重，填充堆石空隙，形成完整、密实、低水化热、满足强度要求的混凝土。采用堆石混凝土技术施工形成的混凝土可称为堆石混凝土，其基本力学性能满足普通混凝土要求，在水化热温升、施工速度、造价等方面有较大优势。堆石混凝土技术已经在河南宝泉抽水蓄能电站、四川向家坝、贵州石龙沟、新疆赛果高速、山西清峪水库、山西

图 3.7 - 3　贵州乌江沙沱水电站胶凝砂砾石围堰施工现场

恒山水库、广东长坑水库、四川枕头坝等工程中应用。广东中山长坑水库堆石混凝土拱坝施工现场如图 3.7 - 4 所示。

图 3.7 - 4　广东中山长坑水库堆石混凝土拱坝施工现场

3.7.3　组合混凝土坝设计创新探讨

3.7.3.1　组合混凝土坝设计特点分析

组合混凝土坝改变了传统的混凝土坝设计理念。组合混凝土坝最理想的枢纽布置是借鉴土石坝枢纽布置设计原则，尽量把发电建筑物和泄水建筑物布置在大坝以外，科学合理地安排发电、泄水、供水及航运等各类建筑物的布置，这样十分有利于组合混凝土坝大型机械化快速施工。

其实，碾压混凝土坝就是一种典型的组合混凝土坝，只不过永久工程未采用胶凝砂砾石、堆石混凝土和常态混凝土进行组合而已。

由于组合混凝土采用通仓厚层碾压浇筑方法与常态混凝土柱状浇筑方法有着根本的区别，设计要针对组合混凝土筑坝技术特点，从组合混凝土坝的枢纽布置、坝体构造、材料分区以及简化温控或取消温控措施等方面进行精心设计创新。

组合混凝土坝的设计与不同种类混凝土性能密切相关，工程实践表明，坝体内部采用贫胶凝大级配碾压混凝土、胶凝砂砾石或堆石混凝土，其胶材用量、单位用水量显著低于常态混凝土，粗骨料用量却高于常态混凝土，加之浇筑方式采用振动碾碾压施工，其总体密度会显著优于常态混凝土，对大坝的稳定性、整体性十分有利。

3.7.3.2 组合混凝土坝体构造设计探讨

组合混凝土坝体构造与常态混凝土坝体构造应有所不同。采用组合混凝土筑坝技术，坝体构造一是取消纵缝，二是可以采用通仓浇筑。由于坝体内部为水泥用量极少的大级配贫胶凝碾压混凝土、胶凝砂砾石或堆石混凝土，完全可以取消坝内冷却水管。组合混凝土坝由于采用大面积通仓厚层摊铺碾压，坝体不设纵缝，横缝造缝可按照碾压混凝土横缝切缝技术进行，由于造缝机具的改进，成缝技术已经十分简单。

混凝土坝防渗可借鉴碾压混凝土坝或混凝土面板堆石坝的防渗体系技术路线。一是在大坝上游防渗区、外部、廊道及复杂结构部位采用常态混凝土，也可采用富胶凝材料碾压混凝土及变态混凝土进行防渗；二是大坝上游防渗区按照混凝土面板堆石坝防渗体系进行设计，防渗体采用高等级钢筋混凝土，这样防渗区混凝土厚度可以明显减薄，但由于坝体用的是"混凝土"，不会像面板坝的"堆石体"那样变形大，从而大大降低了面板变形开裂的可能性。

混凝土坝的排水系统是坝体渗流控制的关键。组合混凝土坝也需要设置完善的坝体排水系统，可参照碾压混凝土坝排水系统进行设计，排水系统紧接上游防渗体，排水系统包括排水廊道、竖向排水管等。

3.7.3.3 组合混凝土设计指标分析

采用组合混凝土坝，其实质就是在坝体内部采用大级配贫胶凝碾压混凝土、胶凝砂砾石或堆石混凝土作为大坝稳定体，达到有效降低水泥用量和水化热温升、扩大利用开挖料范围的目的。组合混凝土坝内部采用大级配贫胶凝混凝土，其设计强度是不高的，特别是早期混凝土强度发展十分缓慢。因此，有必要将大级配贫胶凝混凝土抗压强度按180d或365d龄期设计，以充分利用高掺合料混凝土后期强度。我国的《碾压混凝土坝设计规范》也规定："碾压混凝土抗压强度宜采用180d（或90d）龄期抗压强度，同时抗渗、抗冻、抗拉、极限拉伸值等指标，宜采用与抗压强度相同的设计龄期"。《混凝土重力坝设计规范》也规定："大坝常态混凝土强度的标准值可采用90d龄期强度，保证率80％。大坝碾压混凝土强度的标准值可采用180d龄期强度，保证率80％。"根据有关资料，国外的碾压混凝土坝其抗压强度设计龄期一般采用180d或365d，在组合混凝土坝的内部大级配贫胶凝混凝土设计龄期、设计指标问题上，可进行必要的研究论证，有所创新。

3.7.4　组合混凝土坝关键施工技术探讨

3.7.4.1　组合混凝土坝施工技术特点分析

组合混凝土坝组合原则一般为两种混凝土组合。大坝内部采用大级配贫胶凝碾压混凝土、胶凝砂砾石或堆石混凝土，根据料源情况和布置特点优选其中的一种混凝土；坝体上游防渗区可采用富胶凝二级配或三级配碾压混凝土及变态混凝土，也可采用高等级的钢筋混凝土进行防渗；坝体外部、廊道及复杂结构部位采用常态混凝土。

组合混凝土坝采用通仓厚层碾压施工，对拌和生产能力要求很大，根据以往工程经验，选用连续式搅拌机或自落式搅拌机进行拌和生产，可以满足拌和强度要求。同样对骨料的需求量是很大的，在施工组织设计中对骨料生产和拌和能力需要引起高度重视。

根据碾压混凝土施工实践，大级配混凝土的运输入仓主要以自卸汽车直接入仓为主，可以极大地减少中间环节。当上坝道路高差较大时，汽车将无法直接入仓，可以采用满管溜槽解决高差大的垂直运输入仓难题，即汽车＋满管溜槽＋仓面汽车的联合运输入仓方式。近年来，光照、金安桥、戈兰滩、沙沱等工程碾压混凝土运输入仓均采用自卸汽车＋满管溜槽联合入仓方案，经实践证明，该运输入仓方案是投入少、简单快捷和最有效的运输入仓方式。

组合混凝土坝的施工浇筑顺序：一般先浇筑方量大的内部大级配混凝土，由于内部混凝土采用大级配贫胶混凝土，汽车可以直接在仓面行驶，仓面摊铺机动、灵活方便。

3.7.4.2　提高混凝土碾压层厚技术探讨

组合混凝土浇筑方法与碾压混凝土基本相同，采用通仓厚层摊铺碾压，按照 50cm 厚层进行碾压，这样与常态混凝土 50cm 台阶浇筑层厚十分吻合，也是保证坝体内部大级配贫胶凝混凝土与外部常态混凝土同层上升的关键技术。

采用 50cm 厚层碾压，这与碾压混凝土 30cm 薄层碾压效果和意义完全不同，它不是一个单纯的施工速度问题。例如一个 100m 高度的大坝，采用传统的 30cm 层厚碾压，层面可达 330 层；如果采用的 50cm 层厚碾压，层面仅为 200 层，层面的显著减少，不但可以降低由于层面多带来的施工质量风险，而且还可以有效加快施工进度，达到事半功倍的效果。比如，2006 年 10 月和 2008 年 11 月贵州黄花寨和云南马堵山碾压混凝土坝分别进行了现场 50cm、75cm、100cm 不同层厚现场对比试验，结果表明，碾压层厚度完全可以提高到 50～75cm；洪口、功果桥、沙沱等围堰工程采用胶凝砂砾石筑坝技术，其摊铺厚度分别达到 40cm、50cm、70cm。

采用组合混凝土坝，碾压厚度提高至 50cm，只要混凝土拌和、运输入仓、浇筑碾压等施工资源配置合理，特别是取消了坝内埋设冷却水管，对于百米高度以下的坝则有可能在一个枯水期完成，从而可以减小导流工程规模，大坝填筑也不再成为控制工期。

3.7.4.3　混凝土错缝衔接技术创新探讨

组合混凝土坝是典型的"金包银"混凝土坝。对于"金包银"混凝土坝而言，两种不同混凝土性能衔接至关重要。早期国外的碾压混凝土坝或近年来国内的碾压混凝土坝，采用"金包银"施工方法并不少见，但由于两种混凝土性能不同，几年后防渗区常态混凝土与内部混凝土发生两张皮的现象较多。

作者在广东台山核电松深水库碾压混凝土重力坝施工咨询中，提出了防渗区常态混凝土与碾压混凝土错缝施工技术。该水库大坝为碾压混凝土重力坝，坝体上游防渗体采用2m厚度的常态混凝土，即所谓的"金包银"坝。松深碾压混凝土重力坝溢流表孔采用台阶法消能，台阶高度90cm，所以浇筑升层模板按照1.8m设计。防渗区常态混凝土与碾压混凝土同步浇筑上升，防渗区常态混凝土宽度先按照设计2.0m铺筑，到第二升层时防渗区宽度采用2.5m，第三升层仍采用2.0m，防渗区常态混凝土与碾压混凝土如此循环错缝衔接施工，有效解决了两种不同性能混凝土易形成两张皮和脱空开裂的现象。

组合混凝土坝施工，特别需要注意的是，防渗区混凝土浇筑必须与内部混凝土保持同仓、同层、同步浇筑上升，采用错缝衔接技术施工，是保证"金包银"坝混凝土整体性的关键。

3.7.5 结语

（1）组合混凝土坝可以简化温控或取消温控措施，防止大坝温度裂缝产生，破解"无坝不裂"的难题，也可以拓宽混凝土骨料料源范围，减少弃料。不但可以显著加快建坝速度，而且可以节约投资。

（2）组合混凝土筑坝技术主要采用通仓厚层碾压施工，可以充分发挥大型机械化施工优势，筑坝速度可以显著加快。

（3）组合混凝土坝，不论采用那类混凝土组合施工，必须是同仓、同层、同步浇筑上升，防渗区常态混凝土与内部大级配混凝土必须采用错缝衔接施工技术，这是保证"金包银"坝整体性的关键。

（4）采用组合混凝土坝是个新的理念，各种可组合的混凝土技术其实已经完全成熟或基本成熟，这种新理念就是按照坝体结构特点、材料分区、料源特性，利用不同种类的混凝土的特点和优势进行合理组合，达到物尽所用。该项技术是一个系统工程，需要从科研、设计及施工等方面进行研究和技术创新，需结合实际工程，使该技术得到不断发展和完善。

第 4 章

水工混凝土原材料新技术研究与应用

4.1 概　述

水工混凝土由水泥、砂石骨料、掺合料、外加剂、水等原材料组成，是典型的多相非均质体材料。水工混凝土使用的原材料质量稳定与否，直接关系到水工建筑物的强度、耐久性、整体性和使用寿命。合理的原材料优选和产量的保障供应，是保证水工混凝土质量和快速施工的关键，也是水工建筑物质量保证的提前，特别是骨料产量和质量，往往是影响或制约大坝混凝土施工的重要因素，必须高度重视。

水工混凝土有其特殊性，故有关混凝土坝设计规范、水工混凝土施工规范以及招标文件中，对混凝土原材料质量有严格要求，特别是招标文件对水工混凝土原材料选用和品质提出了具体的技术要求。《水工混凝土施工规范》（SL 677—2014 与 DL/T 5144—2015）规定：水工混凝土中宜掺入适量的掺合料和外加剂，以改善性能、提高质量、节约成本；水泥、掺合料、外加剂等原材料应通过优选试验选定，水泥厂家应相对固定；水泥、掺合料、外加剂等任何一种材料更换时，应进行混凝土相容性试验。

1. 水泥

水泥是混凝土最重要的原材料，水泥混凝土作为目前用量最大的建筑材料，在人类社会及经济发展过程中起着非常重要的作用。然而，随着混凝土的使用及材料科学与技术的发展，水泥混凝土的耐久性和安全性成为国际上备受关注的焦点。我国大坝工程主要以中热硅酸盐水泥为主，从三峡工程开始，对中热硅酸盐水泥的比表面积、MgO 含量、水化热、熟料中的矿物组成等提出了比标准更严格的内部控制指标，但由于以高钙阿利特（Alito，$3CaO \cdot SiO_2$，C_3S）为主导矿物的通用硅酸盐水泥所存在的难以克服的缺点，如混凝土坍落度损失较大、水化热较高、易产生温差裂缝，干缩大、易产生干缩裂缝，硬化浆体中具有二次反应能力的水化产物多、抗化学侵蚀性能差等，成为影响混凝土裂缝、耐久性与安全性的重要因素。业已发现，国内外大量的混凝土工程在远低于其设计寿命的情况下失效，造成了巨大的社会经济损失。

中国建筑材料科学研究总院在国家"九五""十五"攻关期间，联合中国长江三峡集团公司、四川嘉华企业（集团）股份有限公司等成功开发出高贝利特水泥，即低热硅酸盐水泥。该成果属国内首创，在国际上也处于领先水平。低热硅酸盐水泥又称高贝利特水泥，属于硅酸盐水泥体系，其熟料矿物品种与通用硅酸盐水泥相同，区别于通用硅酸盐水泥的显著特征是：低热硅酸盐水泥熟料是以硅酸二钙（C_2S）为主导矿物，C_2S含量大于40%。由于C_2S中CaO含量低，故其水化时析出的$Ca(OH)_2$比C_3S少，C_2S水化放热仅为C_3S的40%，且最终强度与C_3S持平或超出，所以低热硅酸盐水泥具备低水化热、后期强度增进率大、长期强度高等特点。低热硅酸盐水泥的研制成功，为开发新型低热高性能大坝混凝土提供了基础。

近年来，国内大坝建设中使用过低热水泥的有瀑布沟、深溪沟、向家坝、溪洛渡、泸定、猴子岩、枕头坝等水电站，均取得了良好的应用效果。为更好地解决大坝混凝土温控防裂难题，2016年开始，白鹤滩、乌东德工程大坝全坝、地下发电厂房系统、泄洪洞及尾水等部位部分混凝土，采用P·LH 42.5低热硅酸盐水泥，对提高大体积水工混凝土的质量是一次质的飞越。

2. 骨料

砂石骨料是混凝土的主要原材料，大坝混凝土骨料最大粒径150mm，采用四级配，骨料占总混凝土质量的85%～90%，其中细骨料砂的质量一般占到骨料总质量的30%以上。由于水利水电工程分布区域的广泛性，骨料岩性具有多样性，品种很多，其品质、产量直接关系到混凝土质量和施工进度。

工程实践表明，不同品种岩石骨料对水工混凝土性能有着较大的影响，岩石品种中沉积岩包括石灰岩、砂岩等；变质岩包括片麻岩、石英岩等；火成岩包括花岗岩、正长岩、闪长岩、玄武岩、辉绿岩等。混凝土人工骨料原岩质量技术指标应遵循《水利水电工程天然建筑材料勘察规程》（SL 251—2015）规定。

大量的工程实践证明，粗骨料的粒形对混凝土用水量、施工性能和硬化混凝土性能有着很大的影响。粒形好的粗骨料，可以有效减少混凝土用水量，提高新拌混凝土和易性、流动性、密实性等施工性能，同时也提高了硬化混凝土各项性能指标，所以骨料的生产加工应高度重视粗骨料的粒形。骨料生产加工和骨料运输过程中的碰撞、跌落，也会导致骨料产生超逊径和表明裹粉现象，即"超5逊10"，对骨料超逊径不满足要求的，应按照配合比参数进行调整。针对骨料超逊径的情况，人们常说"不怕超逊径，就怕不稳定"，说明骨料的质量稳定是保证混凝土质量的前提。

常态混凝土用砂与碾压混凝土用砂不同。常态混凝土用砂控制指标主要是细度模数和颗粒级配，碾压混凝土用砂主要控制指标是细度模数和人工砂石粉含量。大量的工程实践证明，水工混凝土用的人工砂含有较高的石粉含量，能显著改善水工混凝土的工作性、抗骨料分离以及密实性等施工性能，同时提高了硬化混凝土抗渗性、力学指标及断裂韧性。所以合理地选择人工砂的加工生产方式尤为重要。《水工混凝土施工规范》（SL 677—2014及DL/T 5144—2015）规定：人工砂石粉含量常态混凝土控制在6%～18%，碾压混凝土控制在10%～22%。同时《水工混凝土试验规程》（SL 352—2006）及《水工混凝土砂石骨料试验规程》（DL/T 5151—2014）明确规定，人工砂石粉含量采用水洗法检测，将更切合工程实际。

无论是粗骨料还是细骨料，碱骨料反应是一项重要的质量指标，为了防止混凝土碱骨料反应，尽可能不使用含有碱活性成分的砂石骨料，如果确因料源困难需要采用，则必须经过专门试验论证。

今后水利水电工程建设条件会越来越复杂，技术上的难度越来越大，尤其是环保、生态等方面的要求却越来越严，砂石骨料生产技术不能相应的发展和提高，就可能使一些工程陷于被动状况。砂石料生产系统既要做到高质量、高效率、低成本，又要适应各种岩性和各项工程技术要求。

"半干式人工砂智能化控制技术"是中国水利水电第九工程局的专利，该项专利技术解决了人工砂含水率、细度模数及石粉含量的难题和半干式制砂工艺中扬尘环保问题，已经在观音岩水电站工程取得大规模成功使用。

3. 掺合料

大坝混凝土是典型的大体积混凝土，为了有效降低大坝混凝土水化热温升，大坝混凝土掺很高的掺合料，不但有效降低了水泥用量，也直接降低了碳排放量和热效应产生，符合绿色混凝土发展方向。掺合料是水工混凝土胶凝材料重要的组成部分，随着掺合料技术的不断发展，掺合料品种已经发展到粉煤灰、粒化高炉矿渣、磷矿渣、火山灰、凝灰岩、石灰石粉、铜镍矿渣、氧化镁等磨细粉。掺合料对水工大体积混凝土性能的影响主要表现有：

（1）掺合料最大的贡献是微集料作用，有效改善拌和物的和易性，增加黏聚力，减少离析。

（2）延缓水泥水化热温峰出现时间，降低水化热，减少大体积混凝土的温升值，与水工大体积混凝土强度发展规律相匹配，可以减少温度裂缝。

（3）特别是在大坝混凝土中水泥用量少的情况下，采用掺合料有效提高了浆体含量，改善了混凝土施工性能。

水利水电工程先后制定颁发了有关掺合料技术标准，《水工混凝土掺用粉煤灰技术规范》（DL/T 5055—2007）、《水工混凝土硅粉品质标准暂行规定》（水规科〔1991〕10号）、《水工混凝土掺用氧化镁技术规范》（DL/T 5296—2013）、《用于水泥和混凝土中的粒化高炉矿渣粉》（GB/T 18046—2000）、《水工混凝土掺用磷渣粉技术规范》（DL/T 5387—2007）、《水工混凝土掺用天然火山灰质材料技术规范》（DL/T 5273—2012）、《水工混凝土掺用石灰石粉技术规范》（DL/T 5304—2013）等标准，为水工混凝土掺合料的使用提供了技术支撑和广阔的应用前景。

大坝常态混凝土、碾压混凝土掺合料掺量分别占到胶凝材料的30％～35％、55％～65％。掺合料主要技术指标是细度（比表面积）、需水量比、活性指标（抗压强度比）等。粉煤灰作为掺合料在水工混凝土中始终占主导地位，粉煤灰在水工混凝土中的应用研究是成熟的，粉煤灰不但掺量大、应用广泛，其性能也是掺合料中是最优的。由于粉煤灰品质不断提高，特别是Ⅰ级粉煤灰的使用，使粉煤灰由过去单一的掺合料成为混凝土功能材料。

掺合料可以单掺，也可以复合掺，比如，大朝山碾压混凝土采用磷矿渣＋凝灰岩各50％的复合掺合料，简称PT掺合料；沙沱采用磷渣粉＋粉煤灰复合掺合料研究与应用，景洪、戈兰滩、居甫度、土卡河等工程采用铁矿渣＋石灰石粉各50％的复合掺合料，简称SL掺合料；龙江、等壳、腊寨等工程采用天然火山灰质掺合料；百色、金安桥、柬埔寨甘再、几内亚苏阿皮蒂等工程采用石粉替代部分粉煤灰作掺合料；新疆冲乎尔采用铜镍矿渣粉等掺合料。上述掺合料其性能、掺量均与二级粉煤灰相近，使用效果较好。

4. 外加剂

外加剂已成为除水泥、骨料、掺合料和水以外的第五种必备材料。外加剂的使用加速了水工混凝土施工新工艺的实现，外加剂的应用是改善水工混凝土性能的主要技术措施和途径。大坝混凝土主要采用缓凝高效减水剂＋引气剂两种外加剂复合使用，既满足了水工混凝土大仓面摊铺、高强度施工、连续上升的缓凝的要求，又达到了减水和提高耐久性的目的。

近年来，第三代聚羧酸高性能外加剂在水利水电工程已经使用，为此，新修订的《水工混凝土外加剂技术规程》（DL/T 5100—2014）规定，高性能减水剂减水率不小于25％，含气量小于2.5％，对1h经时变化量提出更高的标准要求。

白鹤滩泄洪洞、尾水洞C9040混凝土采用高性能聚羧酸减水剂的成功应用，混凝土质量优良，表面无气孔。但聚羧酸高性能减水剂在大坝混凝土中应用目前还未获得成功，还需要不断进行试验研究，使高性能外加剂尽快与大级配、贫胶凝材料的大坝混凝土性能相适应。

5. PVA 纤维

PVA（聚乙烯醇）纤维，在混凝土中分散均匀，与水泥基体握裹力强。PVA纤维以聚乙烯醇为原料纺丝制得的合成纤维。将这种纤维经甲醛处理所得到聚乙烯醇缩甲醛纤维，中国称维纶，国际上称维尼纶。比较低分子量聚乙烯醇为原料经纺丝制得的纤维是水溶性的，称为水溶性聚乙烯醇纤维。一般的聚乙烯醇纤维不具备必要的耐热水性，实际应用价值不大。聚乙烯醇缩甲醛纤维具有柔软、保暖等特性，尤其是吸湿率（可达5％）在合成纤维诸品种中是比较高的，故有合成棉花之称；但其耐热性差，软化点只有120℃。

PVA 纤维具有以下性能：

（1）具有很好的机械性能，其强度高、模量高、伸度低。

（2）耐酸碱性、抗化学药品性强。

（3）耐光性：在长时间的日照下，纤维强度损失率低。

（4）耐腐蚀性：纤维埋入地下长时间不发霉、不腐烂、不虫蛀。

（5）纤维具有良好的分散性：纤维不粘连、水中分散性好。

（6）纤维与水泥、塑料等的亲和性好，黏合强度高。

（7）对人体和环境无毒无害。

6. 拌和水

水工混凝土对拌和及养护用水也提出了具体的技术要求，《水工混凝土施工规范》（SL 677—2014与DL/T 5144—2015）规定：凡符合GB 5749的饮用水，均可用于拌和混凝土。未经处理的工业污水和生活污水不应用于拌和混凝土；地表水、地下水和其他类型水在首次用于拌和混凝土时，应经检验合格方可使用。同时对拌和与养护混凝土用水的pH值和水中的不溶物、可溶物、氯化物、硫酸盐的含量提出了具体的指标要求。

4.2 水泥新技术与应用

4.2.1 水泥的技术标准

4.2.1.1 通用硅酸盐水泥

1. 通用硅酸盐水泥的定义

根据《通用硅酸盐水泥》（GB 175—2007）国家标准，通用硅酸盐水泥定义：以硅酸盐水泥熟料和适量的石膏及规定的混合材料制成的水硬性胶凝材料。简称普通水泥。

2. 通用硅酸盐水泥分类

通用硅酸盐水泥按混合材料的品种和掺量分为：硅酸盐水泥、普通硅酸盐水泥。

3. 强度等级

（1）硅酸盐水泥的强度等级分为：42.5、42.5R、52.5、52.5R、62.5、62.5R 六个等级。

（2）普通硅酸盐水泥的强度等级分为：42.5、42.5R、52.5、52.5R 四个等级。

（3）矿渣硅酸盐水泥、火山灰质硅酸盐水泥、粉煤灰硅酸盐水泥、复合硅酸盐水泥的强度等级分为：32.5、32.5R、42.5、42.5R、52.5、52.5R 六个等级。

4. 通用硅酸盐水泥技术要求

水泥的密度是混凝土配合比设计中常用到的参数，普通硅酸盐水泥密度一般为 3.0～3.15g/cm³。

通用硅酸盐水泥主要的性能取决于水泥熟料，其混合材掺量较少，只起辅助作用，因此普通水泥的各种性能与硅酸盐水泥没有根本区别。但普通水泥毕竟掺入了少量的混合材，与硅酸盐水泥相比整体性能趋势有一定的差异。由于普通水泥中混合材的掺量有限，没有较大程度地改变硅酸盐水泥性能，因此这种水泥适应性强，非常受用户的欢迎，可广泛应用于各种工业、民用建筑及水利水电工程。《通用硅酸盐水泥》（GB 175—2007）的技术指标要求见表 4.2 - 1。

表 4.2 - 1 《通用硅酸盐水泥》（GB 175—2007）的技术指标要求　　　　　　%

品　　种	代号	烧失量（质量分数）	三氧化硫（质量分数）	氧化镁（质量分数）	比表面积/（m²/kg）	氯离子（质量分数）	凝结时间/min	
							初凝	终凝
硅酸盐水泥	P·Ⅰ	4.0	≤4.3	≤5.0	≥300	≤0.06	>45	<390
	P·Ⅱ	≤4.3						
普通硅酸盐水泥	P·O	≤5.0	≤4.3	≤5.0				
矿渣硅酸盐水泥	P·S·A		≤4.0	≤6.0	80μm 筛余不大于10%或45μm 筛余不大于30%		>45	<600
	P·S·B		≤4.0	—				
火山灰质硅酸盐水泥	P·P		≤4.3	≤6.0				
粉煤灰硅酸盐水泥	P·F		≤4.3	≤6.0				
复合硅酸盐水泥	P·C		≤4.3	≤6.0				

注　1. 如果水泥压蒸试验合格，则水泥中氧化镁的含量（质量分数）允许放宽到 6.0%。

　　2. 如果水泥中氧化镁的含量（质量分数）大于 6.0%时，需进行水泥压蒸安定性试验并合格。

　　3. 当有更低要求时，该指标由买卖双方协商确定。

5. 通用硅酸盐水泥强度

不同品种不同强度等级的通用硅酸盐水泥，各龄期强度应遵循《通用硅酸盐水泥》（GB 175—2007）的强度等级规定，详见表 4.2-2。

表 4.2-2　　　　　《通用硅酸盐水泥》（GB 175—2007）的强度等级规定　　　　单位：MPa

品　种	强度等级	抗压强度		抗折强度	
		3d	28d	3d	28d
硅酸盐水泥	42.5	17.0	42.5	4.3	6.5
	42.5R	22.0		4.0	
	52.5	24.0	52.5	4.0	7.0
	52.5R	27.0		5.0	
	62.5	28.0	62.5	5.0	8.0
	62.5R	32.0		5.5	
普通硅酸盐水泥	42.5	17.0	42.5	4.3	6.5
	42.5R	22.0		4.0	
	52.5	24.0	52.5	4.0	7.0
	52.5R	27.0		5.0	
矿渣硅酸盐水泥 火山灰硅酸盐水泥 粉煤灰硅酸盐水泥 复合硅酸盐水泥	32.5	10.0	32.5	2.5	5.5
	32.5R	15.0		4.3	
	42.5	15.0	42.5	4.3	6.5
	42.5R	19.0		4.0	
	52.5	21.0	52.5	4.0	7.0
	52.5R	24.0		4.3	

4.2.1.2　中热硅酸盐水泥、低热硅酸盐水泥及低热矿渣硅酸盐水泥

1. 水泥的定义

根据国家标准《中热硅酸盐水泥、低热硅酸盐水泥、低热矿渣硅酸盐水泥》（GB 200—2003），这三种水泥的定义如下：

（1）中热硅酸盐水泥。以适当成分的硅酸盐水泥熟料，加入适量石膏，磨细制成的具有中等水化热的水硬性胶凝材料，称为中热硅酸盐水泥（简称中热水泥），强度等级为 42.5，代号 P·MH。

（2）低热硅酸盐水泥。以适当成分的硅酸盐水泥熟料，加入适量石膏，磨细制成的具有低水化热的水硬性胶凝材料，称为低热硅酸盐水泥（简称低热水泥），强度等级为 42.5，代号 P·LH。

（3）低热矿渣硅酸盐水泥。以适当成分的硅酸盐水泥熟料，加入粒化高炉矿渣、适量石膏，磨细制成的具有低水化热的水硬性胶凝材料，称为低热矿渣硅酸盐水泥（简称低热矿渣水泥），强度等级为 32.5，代号 P·SLH。

2. 水泥技术的指标

根据《中热硅酸盐水泥、低热硅酸盐水泥、低热矿渣硅酸盐水泥》（GB 200—2003）

标准要求，中热水泥、低热水泥、低热矿渣水泥的主要技术要求见表 4.2 - 3，其强度等级及水化热指标见表 4.2 - 4。

表 4.2 - 3　GB 200—2003 中热水泥、低热水泥、低热矿渣水泥的主要技术要求

品种、标准	熟料矿物限量 /%	氧化镁 /%	碱含量 /%	三氧化硫 /%	烧失量 /%	比表面积 /(m²/kg)	凝结时间	
							初凝/min	终凝/h
中热水泥	$C_3S\leqslant55$；$C_3A\leqslant6$；$fCaO\leqslant1$	<5.0	<0.6	<4.3	<3	>250	>60	<12
低热水泥	$C_2S\geqslant40$	<5.0	<0.6	<4.3	<3	>250	>60	<12
低热矿渣水泥	$C_3A\leqslant8$；$fCaO\leqslant1.2$；$MgO\leqslant5$	<5.0	<1	<4.3	<3	>250	>60	<12

注 1. 水泥中 MgO 的含量不宜超过 5.0%。如果水泥经过压蒸安定性合格，则水泥中 MgO 的含量允许放宽到 6.0%。

2. 当水泥在混凝土中和骨料可能发生有害反应并经用户提出低碱要求时，水泥的碱含量不得大于 0.6%。

表 4.2 - 4　GB 200—2003 中热水泥、低热水泥、低热矿渣水泥的强度等级及水化热指标

品种	抗压强度/MPa			抗折强度/MPa			水化热/(kJ/kg)	
	3d	7d	28d	3d	7d	28d	3d	7d
中热水泥	12.0	22.0	42.5	4.0	4.3	6.5	251	293
低热水泥	—	14.0	42.5	—	4.3	6.5	230	260
低热矿渣水泥	—	12.0	32.5	—	4.0	5.5	197	230

中热水泥是大坝混凝土使用的主导水泥品种，中热水泥的生产工艺与硅酸盐水泥基本相同。二者的主要区别在于根据水工混凝土的特点，中热水泥熟料的某些成分和矿物组成有其特殊的要求，其熟料中不允许掺入混合材，这是与普通水泥的主要区别。

（1）中热水泥的主要技术特点如下：

1）如水泥经压蒸安定性试验合格，熟料中 MgO 允许放宽到 6%。

2）碱含量由供需双方商定，如水泥在混凝土中与骨料可能发生有害反应时，用户可提出低碱要求。

3）合理控制中热水泥的细度是生产水泥的关键之一。一般在保证足够强度和水化热符合标准的情况下，水泥比表面积控制在 280~350m²/kg。

4）水化热低是中热水泥的主要特征之一。一般其放热高峰发生在水化 7h 左右，但其放热速率仅及硅酸盐水泥的 60%。

5）中热水泥凝结时间正常，通常其初凝为 2~4h，终凝为 3~6h。

6）中热水泥的早期强度略低于同标号的硅酸盐水泥。

一方面，中热水泥应用过程中，一定要重视其碱含量的问题，以防可能产生碱集料反应而危害混凝土工程。另一方面，中热水泥使用过程中为了进一步降低水化热，改善抗侵蚀性能，减少碱-集料反应的影响，还可在混凝土中掺入粉煤灰等掺合料。

（2）低热水泥与中热水泥最大的区别：中热硅酸盐水泥与低热硅酸盐水泥两种水泥熟

料的化学成分相差不大，但由于烧成制度的不同，生成的矿物组成有明显差别，中热硅酸盐水泥熟料 C_3S 高，而低热硅酸盐水泥熟料则是 C_2S 高，二者正好相反，这也就决定了两种水泥的性能有较大差别。

低热硅酸盐水泥熟料是以硅酸二钙（C_2S）为主导矿物，C_2S 含量大于 40%，这是低热水泥与中热水泥最大的区别。由于低热水泥 C_2S 中 CaO 含量低，故其水化时析出的 $Ca(OH)_2$ 比 C_3S 少，C_2S 水化放热仅为 C_3S 的 40%，且最终强度与 C_3S 持平或超出，所以低热硅酸盐水泥具备低水化热、后期强度增长率大、长期强度高等特点。

4.2.2　水泥熟料的矿物组成

在水泥熟料中，氧化钙、氧化硅、氧化铝和氧化铁等不是以单独的氧化物存在，而是经过高温煅烧后，两种或两种以上的氧化物反应生成的多种矿物集合体，其结晶细小，通常为 $30\sim60\mu m$。因此，水泥熟料是一种多矿物组成的结晶细小的人造岩石，或者它是一种多矿物的聚集体。

4.2.2.1　硅酸盐水泥熟料矿物组成

1. 水泥熟料的化学组成

硅酸盐水泥熟料的主要化学组成为氧化钙（CaO），一般范围为 62%～67%；二氧化硅（SiO_2），一般范围为 20%～24%；三氧化二铝（Al_2O_3），一般范围为 4%～7%；三氧化二铁（Fe_2O_3），一般范围为 2.5%～6%。这四种氧化物组成通常在熟料中占 95% 以上，同时含有 5% 以下的少量氧化物，如氧化镁（MgO）、硫酐（SO_3）、氧化钛（TiO_2）、氧化磷（P_2O_5）以及碱等。

2. 水泥熟料的矿物组成

经过高温煅烧，水泥原料中 $CaO—SiO_2—Al_2O_3—Fe_2O_3$ 四种成分化合为熟料中的主要矿物组成为：

硅酸三钙 $3CaO \cdot SiO_2$，可简写为 C_3S；

硅酸二钙 $2CaO \cdot SiO_2$，可简写为 C_2S；

铝酸三钙 $3CaO \cdot Al_2O_3$，可简写为 C_3A；

铁铝酸四钙 $4CaO \cdot Al_2O_3 \cdot Fe_2O_3$，可简写为 C_4AF。

另外，还有少量的游离氧化钙（fCaO）、方镁石（结晶氧化镁）、含碱矿物以及玻璃体等。

通常，熟料中硅酸三钙和硅酸二钙的含量占 75% 左右，称为硅酸盐矿物；铝酸三钙和铁铝酸四钙占 22% 左右。在煅烧过程中，后两种矿物与氧化镁、碱等，在 $1200\sim1280℃$ 开始，会逐渐熔融成液相以促进硅酸三钙的顺利形成，故称为熔剂矿物。

3. 水化反应与特性

硅酸盐水泥与适量的水调和后，形成能与砂、石等集料胶结在一起的可塑性浆体。经过一段时间的养护，逐渐变成具有一定机械强度的水泥石。由于水泥的水化和硬化是一个复杂的物理、化学和物理化学变化过程。在此过程中不断生成新的水化产物并发生放热反应，由此产生体积变化与强度的增长。要了解整个水泥的水化异常情况，因此必须了解单矿物的水化特性。

（1）硅酸三钙（C_3S）。硅酸三钙在水泥水化过程中的水化速度较快，能迅速地使水泥凝结硬化，并形成具有相当强度的水化产物。所以硅酸三钙强度发展比较快，早期强度较高，且强度增长率较大，28d 强度可达到它一年强度的 70%～80%。就 28d 而言，在四种主要矿物中，硅酸三钙是最高的。

（2）硅酸二钙（C_2S）。硅酸二钙（C_2S）在与水作用时，因水化速度较慢而是水化产物的早期强度较低，但其后期强度却较高，甚至在几十年以后，还在继续水化，发挥其强度。硅酸二钙水化热较小，抗水性好，所以对大体积混凝土或处于侵蚀性大的工程所用的水泥，适当提高其含量是有利的。

硅酸三钙和硅酸二钙这两种矿物在水泥熟料中大约占矿物总量的 3/4，所以它们的水化产物对水泥石的性能有很大的影响。

（3）铝酸三钙（C_3A）。铝酸三钙在熟料煅烧中起熔剂的作用，它和铁铝酸四钙在 1250～1280℃时熔融形成液相，从而促使硅酸三钙顺利生成。铝酸三钙的晶形特征随冷却速度而变化，一般情况下，快冷时呈点滴状，慢冷时呈矩形或柱状。

铝酸三钙水化迅速，放热多，凝结很快，如不加石膏等缓凝剂，易使水泥急凝。铝酸三钙硬化也很快，它的强度 3d 内就大部分发挥出来，故早期强度发挥迅速，但绝对值不高，以后几乎不再增长，甚至还会倒缩。

铝酸三钙的干缩变形大，抗硫酸盐性能差，所以当生产抗硫酸盐水泥或大体积混凝土工程用水泥时，应将铝酸三钙控制在较低的范围内。

当铝酸三钙水化时，如果有石膏存在，首先生成一种针状的硫铝酸钙晶体，在自然界中叫做钙矾石。这种矿物在生成时体积胀大，因此已经硬化了的水泥石如果和硫酸盐溶液长期接触，就有可能在水泥石中生成硫铝酸钙，因体积膨胀而毁坏。

（4）铁铝酸四钙（C_4AF）。铁铝酸四钙也是一种熔剂矿物，因它易于熔融而能降低燃烧时液相出现的温度和液相的黏度，所以有助于硅酸三钙的形成。

铁铝酸四钙的水化速度在早期介于铝酸三钙和硅酸三钙之间，但随后的发展不如硅酸三钙。它的早期强度类似于铝酸三钙，而后期还能不断增长，类似于硅酸二钙。

它的水化产物不仅受温度、溶液中氢氧化钙浓度的影响，而且与这种矿物的 Al_2O_3/Fe_2O_3 有很大关系。当铁铝酸钙中 Al_2O_3 的量增加时，固溶体的水化就会加快，如果铁铝酸钙中的 Fe_2O_3 含量增加，水化反应就减慢。

铁铝酸四钙的抗冲击性能和抗硫酸盐性能较好，水化热较铝酸三钙低。在生产抗硫酸盐水泥或大体积水工混凝土工程用水泥时，适当提高铁铝酸四钙的含量是有利的。

4.2.2.2 中热水泥熟料矿物组成

中热水泥是以适当成分的硅酸盐水泥熟料，加入适量石膏，磨细制成的具有中等水化热的水硬性胶凝材料，称为中热硅酸盐水泥，简称中热水泥，强度等级为 42.5。中热水泥是水工混凝土最为重要的原材料，大坝混凝土胶凝材料主要以中热水泥为主。

对于水工建筑物大坝大体积混凝土而言，由于其内部处于绝热状态，水泥水化热放出的热量在混凝土内部积蓄，致使坝体内部温度可以升至 50℃ 或更高，与冷却较快的坝体表面混凝土温差可达数 10℃。由于物体热胀冷缩的缘故，坝体过大的内外温差而产生较大的拉应力，造成混凝土开裂，从而直接影响到工程质量和大坝的安全。水工大体积混凝土施工在采用合理施工工艺和温控措施的同时，减少和消除这一影响最直接有效的技术途径，是水泥的水化热尽可能降低。降低水泥水化热大小和放热速率的因素包括熟料的矿物组成、水泥的细度、混合材及外加剂等。

中热水泥仍属硅酸盐水泥系列，其熟料矿物成分仍然是 C_3S、C_2S、C_3A、C_4AF。不论是绝对水化热值还是相对放热速率，均为 C_3A 最高，C_3S 次之，C_2S 最低。显然，只有降低 C_3A 和 C_3S 含量，才能降低水泥的水化热。降低 C_3S 意味着增加 C_2S，前者是硅酸盐熟料中的主要强度组分，C_2S 虽然水化热较低，但早期强度发挥也较慢，其含量太多，使水泥早期强度得不到保证，故 C_2S 不宜过分减少。在熟料矿物组成的设计上，应以降低 C_3A 比例、相应增加 C_4AF 含量为主。另外游离的氧化钙（fCaO）在水中消解时的发热量也很高，会增加水泥水化热，所以也应严格控制游离氧化钙（fCaO）的含量。

中热硅酸盐水泥熟料的矿物组成（实际生产）范围为：

硅酸三钙 　　$C_3S = 50\% \sim 55\%$

硅酸二钙 　　$C_2S = 17\% \sim 25\%$

铝酸三钙 　　$C_3A = 2.7\% \sim 5.1\%$

铁铝酸四钙 　$C_4AF = 14\% \sim 19\%$

合理控制水泥细度也是生产中热水泥的关键之一。一般在保证足够强度和水化热符合标准的情况下，中热水泥的比表面积控制在 $280 \sim 350 m^2/kg$。中热水泥一般其放热高峰发生在水化 7d 左右，其放热速率仅及硅酸盐水泥的约 60%。由于中热水泥熟料中相对较低的 C_3S 和 C_3A，中热水泥还具有抗硫酸盐性能强、干缩低、耐磨性能好等优点。

4.2.2.3 低热水泥熟料矿物组成

低热硅酸盐水泥又称高贝利特水泥（HBC），属于硅酸盐水泥体系，其熟料矿物品种与通用硅酸盐水泥相同，区别于通用硅酸盐水泥的显著特征是：低热硅酸盐水泥熟料是以硅酸二钙（C_2S）为主导矿物，C_2S 含量大于 40%。由于 C_2S 中 CaO 含量低，故其水化时析出的 $Ca(OH)_2$ 比 C_3S 少，C_2S 水化放热仅为 C_3S 的 40%，且最终强度与 C_3S 持平或超出，所以低热硅酸盐水泥具备低水化热、后期强度增长率大、长期强度高等特点。低热硅酸盐水泥的研制成功，为开发新型低热高性能大坝混凝土提供了基础。

1. 最优熟料矿物组成及匹配

从熟料矿物形成、熟料的质量及水泥综合性能、尤其是耐久性考虑，低热硅酸盐水泥熟料的矿物匹配应符合以下基本原则：

在保证贝利特含量要求 40% 以上的前提下，适当增加熟料矿物体系中硅酸盐矿物的含量（75% 以上），即适当增加 C_3S 的含量，以保证所制备的低热硅酸盐水泥具有一定的早期强度，满足工程需要；为了利于液相传质，保证 C_3S 矿物的形成，必须维持一定量的熔剂矿物（C_3A 和 C_4AF）存在；另外兼顾水泥的耐久性，应适当增加 C_4AF 含量，降低 C_3A 的含量。

2. 低热水泥熟料最优矿物组成范围

通过对硅酸盐系统低热硅酸盐水泥熟料中不同矿物组成匹配的研究，得到其最优矿物组成。反映硅酸盐水泥熟料中 C_2S 和 C_3S 匹配关系的熟料石灰饱和系数 KH 以及反映熟料中硅酸盐矿物（C_3S，C_2S）和熔剂矿物（C_3A，C_4AF）之间相对含量关系的硅酸率 SM 变化对水泥性能的影响进行了分析研究。另外，考虑到熔剂矿物 C_4AF 具有低水化热、高抗冲击和耐磨等优良性能及其对熟料的烧成尤其是 C_3S 矿物形成的促进作用，对低热硅酸盐水泥中 C_3S 和 C_4AF 的含量匹配优化也进行了探索研究。研究结果反应在率值范围上，熟料石灰饱和系数 KH＝0.74～0.78、硅酸率 SM＝2.2～2.5、铝氧率 IM＝0.85～1.05，并保证熟料矿物 C_3S/C_4AF 比值在 1.12～1.74 范围内时，熟料煅烧温度较低，烧成范围适中，所制备的低热硅酸盐水泥具有浆体需水量低、流动性能好、强度性能优越等特点。从而得到低热硅酸盐水泥熟料的最佳矿物组成范围为：

硅酸三钙　　　$C_3S＝20\%～35\%$

硅酸二钙　　　$C_2S＝40\%～60\%$

铝酸三钙　　　$C_3A＝2\%～6\%$

铁铝酸四钙　　$C_4AF＝14\%～19\%$

此外还应控制 C_3S/C_4AF 含量之比在 1.12～1.74 范围内。

4.2.3　低热水泥在水电工程的研究与应用实例

4.2.3.1　概述

王显斌、文寨军论文《低热水泥在水电工程的研究与应用》发表于《水泥》2015 年第 5 期，论文对低热水泥的研究与应用作了较为详细的阐述。中国建筑材料科学研究总院在国家"九五""十五"攻关期间，联合中国长江三峡集团公司、四川嘉华企业（集团）股份有限公司等单位成功开发出高贝利特水泥（即低热硅酸盐水泥）。在制备技术上解决了高硅酸二钙矿物活化和高活性晶型的常温稳定这两大国际难题，在国内外首次实现了以硅酸二钙（$C_2S \geqslant 40\%$）为主导矿物的高性能低热硅酸盐水泥的工业化生产和规模化应用，该成果属国内首创，在国际上也处于领先水平。随着混凝土技术的发展，混凝土筑坝技术也得到了空前的大发展，大坝混凝土正朝着低热、高强、高耐久的方向发展。

20 世纪 30 年代以前，对大体积混凝土所用水泥没有提出特殊要求。1930 年后世界各国开始关注大坝混凝土的裂缝问题。1933 年，美国建造高 221m 的胡佛坝（Hoover，原名鲍尔德坝 Boulder，系世界上第一座高于 200m 的混凝土坝），第一次研制了低热水泥（限制水泥熟料的 C_3A 和 C_3S 含量），并对大体积混凝土技术进行了全面的研究，胡佛坝所采用的混凝土技术很多沿用至今。

中国在 20 世纪 50 年代初期，对建坝采用的水泥没有提出特殊要求。50 年代末，中国研究和生产了中热大坝水泥和低热矿渣大坝水泥应用于三门峡大坝工程，此后，在丹江口、刘家峡、葛洲坝、白山等大坝工程中均采用了这些水泥。

4.2.3.2　低热水泥的性能特点

1. 水泥抗压强度

表 4.2-5 是国内外主要低热水泥国家标准规定的抗压强度和水化热指标。可以看出，中国低热水泥的水化热与其他国家的基本相当，28d 抗压强度比美国、日本相关标准高 1～2 个强度等级（即 10～20MPa）。说明中国在低热水泥的研究、生产和应用技术等方面达到了国际领先水平。

表 4.2 - 5　　　　　国内外主要低热水泥国家标准规定的抗压强度和水化热指标

国家	标准号	水泥名称	抗压强度/MPa			水化热/（kJ/kg）		
			3d	7d	28d	3d	7d	28d
美国	ASTM150—99	低热波特兰		7	17		250	290
英国	BS1370—1978	低热波特兰	8	14	28		250	290
德国	DIN1164—2000	低热波特兰		16	32.5		270	
日本	R5210—1997	低热波特兰		7.5	22.5		250	290
中国	GB 200—2003	低热硅酸盐		13.0	42.5	230	260	

表 4.2 - 5 数据表明，低热水泥的抗压强度在 28d 前略低，45d 龄期时赶上中热和普通水泥，90d、180d、1 年龄期时比中热水泥和普通水泥高 8～10MPa，显示了低热水泥较高的后期强度增长率。

2. 水泥水化热

由于水化热和强度是一对相互制约的性能指标，亦即水泥强度高，水化放热也大。对于大型水电工程来说，在水泥强度达到要求前提下，水化热愈低愈好。

表 4.2 - 5 数据表明，低热水泥、中热水泥和普通水泥的水化热相比，低热水泥的水化热比中热水泥的低 30～50kJ/kg。由此可见，低热水泥早期水化热比中热水泥低，而后期虽然强度比中热水泥高，但是水化热仍然低。后期水化热的降低。可以降低混凝土的温升，对防止混凝土的开裂非常有利。

3. 水泥耐蚀性能和干缩性能

低热水泥和中热水泥在不同侵蚀介质中的耐蚀系数和不同期龄的干缩率。可以看出，低热水泥在几种侵蚀介质中，28d 的抗折强度均优于中热水泥。其耐蚀系数比中热水泥高。7d、14d 和 28d 的干缩率，低热水泥也比中热水泥略低。

4. 微膨胀性能

低热水泥属于硅酸盐水泥体系，在高温煅烧后，熟料中的 MgO，部分熔融到矿物相中，部分呈游离的方镁石。方镁石在水泥石中缓慢水化，形成 $Mg(OH)_2$ 产生膨胀，可以补偿大体积混凝土降温阶段的收缩。从而减少或者避免大体积混凝土裂缝的产生。

三峡工程使用的中热水泥中 MgO 含量为 3.5%～5.0%，工程观测结果表明，坝体混凝土自生体积变形多呈微膨胀，说明方镁石的后期微膨胀作用起到一定的效果。中国后续开工建设的拉西瓦、金安桥、小湾、向家坝、溪洛渡、锦屏、白鹤滩等大型水电工程也都采用了这一技术路线。

工程用低热水泥要求 MgO 含量在 4.0%～5.0%。提高了 MgO 下限要求，可更好地发挥其微膨胀作用。在低热水泥生产中。可采用高镁石灰石或者外掺白云石配料来满足水泥 MgO 的要求。由于 MgO 的要求范围比较小，一般外掺白云石为好，要求白云石的成分稳定、喂料计量准确，以减少其波动范围。另外，由于 MgO 含量的提高，配料方案和烧成参数都需要做适当的调整。以保证水泥的高质量。

4.2.3.3　低热水泥在大型水电工程中的应用

1. 大型水电工程对低热水泥质量的要求

根据水工大体积混凝土的特点，大型水电工程用低热水泥的技术要求，除了满足《中热硅酸盐水泥、低热硅酸盐水泥、低热矿渣硅酸盐水泥》（GB 200—2003）外，还要满足以下工程内控指标的要求：

（1）水泥熟料矿物成分：$C_2S\geqslant40\%$，$C_3A\leqslant4.0\%$，$C_4AF\geqslant15\%$，$fCaO\leqslant0.8\%$。

（2）水泥水化热：$3d\leqslant220kJ/kg$，$7d\leqslant250kJ/kg$，$28d\leqslant300kJ/kg$。

（3）水泥比表面积：$\leqslant350m^2/kg$。

（4）水泥 MgO 含量：$4.0\%\sim5.0\%$。

（5）水泥碱含量：$R_2O\leqslant0.50\%$。

（6）水泥的抗压强度：$7d\geqslant13MPa$，28d 为 $(47.0\pm3.5)MPa$。

2. 低热水泥的主要性能

低热水泥在三峡、向家坝、溪洛渡、白鹤滩和乌东德水电站得到了规模应用，使用低热水泥 100 多万 t。浇筑混凝土 400 多万 m^3。其中，在溪洛渡水电站泄洪洞、导流洞封堵、大坝底孔封堵、大坝生性试验，向家坝消力池、白鹤滩和乌东德导流洞等工程部位使用了低热水泥。

表 4.2-6 是几个大型水电工程使用的低热水泥主要性能。低热水泥的质量完全满足国家标准和工程要求，而且保持了稳定的高质量。低热水泥的质量，除了有生产厂家和驻厂监造严格把关外，水泥运送到工地，工程业主试验中心、施工单位以及工程监理进行抽样检测。为保证工程质量起到重要作用。

表 4.2-6　　　　　　　　　　低热水泥的主要性能

生产厂家（工程）	数据类别	比表面积/(m²/kg)	抗折强度/MPa		抗压强度/MPa		水化热/(kJ/kg)		R₂O/%	MgO/%	SO₃/%
			7d	28d	7d	28d	3d	7d			
嘉华厂（向家坝、溪洛渡）组数：453	平均值	340	4.1	8.6	18.4	51.1	187	220	0.30	4.27	2.71
	最大值	348	5.0	9.2	23.2	55.6	212	250	0.35	4.50	2.90
	最小值	320	3.5	8.0	14.9	45.8	164	196	0.25	4.00	2.60
东川厂（白鹤滩）组数：453	平均值	341	5.1	8.3	24.2	49.5	204	230	0.38	4.20	1.91
	最大值	350	5.9	9.1	26.4	55.5	220	250	0.48	4.40	2.15
	最小值	318	4.0	7.2	19.9	44.0	196	207	0.17	4.14	1.70
锦屏厂（白鹤滩）组数：195	平均值	342	5.3	8.2	25.7	47.6	207	229	0.44	4.18	2.08
	最大值	350	6.0	9.3	27.0	53.7	218	249	0.50	4.38	2.70
	最小值	320	4.6	7.3	23.3	43.8	193	212	0.40	4.08	1.70
会东厂（乌东德）组数：32	平均值	310	5.1	8.3	23.6	46.1	202	233	0.32	3.20	2.27
	最大值	314	5.4	8.6	26.3	46.7	207	248	0.33	4.38	2.30
	最小值	304	4.5	8.1	20.6	45.4	198	226	0.30	4.05	2.20
GB 200—2003 42.5 低热硅酸盐水泥		≥250	≥3.5	≥6.5	≥13.0	≥42.5	≤230	≤260	≤0.60	≤0.50	≤3.5
工程内控要求		250～350	≥3.5	≥6.5	≥13.0	47±3.5	≤220	≤250	≤0.50	4.0～0.50	≤3.0

3. 低热水泥在向家坝水电站工程中的应用

以向家坝水电站为例，其共使用低热硅酸盐水泥约 10 万 t。浇筑混凝土 50 多万 m³。

表 4.2-7 是低热水泥和中热水泥的混凝土性能对比。低热水泥泵送混凝土的早期强度较低，后期强度发展较快，28d 以后强度与中热水泥混凝土持平或略高。混凝土的设计强度是以 90d 龄期为标准，因此低热水泥混凝土具有良好的后期性能。低热水泥混凝土的极限拉伸值也比中热水泥的稍高。

表 4.2-7 低热水泥和中热水泥的混凝土性能对比

序号	原材料组合	用水量 /(kg/m³)	胶材总量 /(kg/m³)	抗压强度/MPa				抗压强度/MPa				极限拉伸值 /(×10⁻⁶)		
				7d	28d	90d	180d	7d	28d	90d	180d	28d	90d	180d
1	中热+硅粉	120	363.6	37.8	57.5	64.4	67.4	2.24	3.62	4.03	4.03	104	108	115
2	低热+硅粉	120	363.6	27.0	56.5	68.4	72.4	2.01	3.77	4.09	4.25	115	117	118
3	中热+硅粉+PVA1	120	363.6	38.0	60.2	68.5	71.6	2.30	3.67	3.91	4.08	110	114	121
4	低热+硅粉+PVA1	120	363.6	28.1	59.6	71.3	74.8	2.13	3.85	4.01	4.18	118	120	122
5	中热+粉煤灰	117	390.0	44.4	61.5	72.0	75.3	2.94	3.81	3.86	3.97	105	108	110
6	低热+粉煤灰	117	390.0	36.1	63.7	75.2	78.9	2.35	3.58	4.16	4.22	116	122	124

表 4.2-8 是低热水泥与中热水泥混凝土不同龄期的绝热温升。低热水泥混凝土具有较低的水化热温升和放热速率。28d 绝热温升比中热水泥混凝土低约 6℃，有利于降低混凝土的温度应力，减少温度裂缝的产生。大板混凝土抗裂试验表明，低热水泥混凝土的开裂时间延迟，产生的裂纹非常细微，裂缝数目、裂缝平均开裂面积及单位面积上的总裂开面积均远远小于中热水泥混凝土。向家坝工程应用表明。低热水泥温升低、综合抗裂性好，浇筑的低热水泥混凝土部位检查未发现明显裂缝。

表 4.2-8 低热水泥与中热水泥混凝土不同龄期的绝热温升 单位:℃

原材料组合	1d	2d	3d	4d	5d	6d	7d	8d	9d	10d	14d	18d	21d	24d	28d
中热+硅粉	16.7	23.2	27.7	29.9	30.8	31.3	31.6	31.7	31.8	31.9	32.0	32.2	32.3	32.3	32.4
中热+粉煤灰	20.3	28.2	32.6	35.3	36.6	37.2	37.6	37.9	38.1	38.2	38.4	38.6	38.7	37.7	38.8
低热+硅粉	12.2	16.5	19.4	22.1	23.7	24.5	24.9	25.2	25.4	25.5	25.8	26.1	26.2	26.3	26.4
低热+粉煤灰	15.9	21.1	24.6	27.7	29.9	30.6	31.3	31.7	32.0	32.3	32.9	33.1	33.3	33.3	33.4

4.2.3.4 结论

（1）低热硅酸盐水泥具有水化热低、后期强度高和耐侵蚀性能好等优良性能，适当提高水泥中的 MgO 含量，可以提高低热水泥的后期膨胀性能。

（2）大型水电工程对低热水泥质量要求高，指标波动范围小。在生产中必须采取一系列技术措施，才能保证低热水泥的质量满足要求。

（3）采用低热水泥能够大大降低混凝土内部的最高温度，降低混凝土产生裂缝的概率，对于大坝混凝土质量更加有利。向家坝水电站工程浇筑的低热水泥混凝土部位检查未发现明显裂缝。

4.3 骨料新技术与应用

4.3.1 骨料品质要求

4.3.1.1 人工骨料原岩质量技术指标

工程实践表明，不同岩石品种的骨料混凝土性能有着不同的影响。骨料加工涉及地质学和岩石学问题，岩石是地壳的组成部分，根据成因岩石可分为三大类：

（1）岩浆岩。花岗岩、玄武岩、辉绿岩、安山岩、正长岩、闪长岩、伟晶岩等。

（2）沉积岩。砂岩、泥岩、黏土岩、石灰岩、白云岩等。

（3）变质岩。板岩、片麻岩、大理岩、矽卡岩、榴辉岩等。

骨料的弹性模量和密度与混凝土存在着较好的线性关系，对混凝土的性能有很大的影响。在骨料的使用上，需要针对具体工程使用的岩石品种，进行认真分析和试验研究。一般来讲，弹性模量高的岩石抗压强度也高，但同一种岩石，由于结构的松散或致密性不同，其抗压强度有相当大的差别。例如有裂缝的石灰岩极限抗压强度为 $20\sim80MPa$，而最坚硬的石灰岩其值可达 $180\sim200MPa$。

岩石的密度直接关系到混凝土表观密度，例如辉绿岩人工骨料，百色及非洲几内亚苏阿皮蒂工程，采用三级配碾压混凝土，表观密度分别达到 $2650kg/m^3$、$2640kg/m^3$；金安桥及官地工程采用玄武岩人工骨料，采用三级配碾压混凝土，表观密度分别达到 $2630kg/m^3$、$2660kg/m^3$。同时采用密度大品种的岩石拌制混凝土时单位用水量也是很高的。

《水利水电工程天然建筑材料勘察规程》（SL 251—2015）对混凝土人工骨料原岩质量技术指标有具体的规定，见表 4.3-1。

表 4.3-1　　　　　　　　　　混凝土人工骨料原岩质量技术指标

序号	项　目	指　标	备　注
1	饱和抗压强度/MPa	>40	高强度等级或有特殊要求的混凝土应按设计要求确定
2	软化系数	>0.75	
3	干密度/(g/cm³)	>2.4	
4	冻融损失率（质量）/%	<1	
5	碱活性	不具有潜在危害性反应	使用碱活性骨料时，应专门论证
6	硫化物及硫酸盐含量（换算成 S_3O）/%	<1	

4.3.1.2 骨料选择原则

成品骨料的选择应按照《水工混凝土施工规范》（SL 677—2014 与 DL/T 5144—2015）规定执行。骨料选择应做到优质、经济、就地取材。可选用天然骨料、人工骨料或两者互相补充。选用人工骨料时，宜优先选用石灰岩质的料源。骨料料源的品质、数量发生变化时，应按设计要求补充勘察和检验。使用碱活性骨料、含有黄锈和钙质结核的粗骨料等，应进行专项试验论证；应根据粗细骨料需用总量、分期需用量制定骨料开采规划和使用平衡计划,尽量减少弃料。覆盖层剥离应有专门弃渣场地,并采取必要的环保与水保措施,防止水土流失;骨料加工的工艺流程、设备选型应合理可靠,生产能力和料仓储量应保证混凝土施工需要。

混凝土所用砂石骨料按骨料粒径分为细骨料和粗骨料。大坝混凝土一般采用三级配、四级配,骨料约占混凝土质量的 $85\%\sim90\%$,是大坝混凝土用量最大的原材料。常态混凝土与碾压混凝土施工工艺存在明显差异,所以材料组成存在一定差异,特别是碾压混凝土胶材用量和用水量明显低于常态混凝土。常态混凝土骨料最大粒径为 150mm,四级配,人工砂石粉含量 $6\%\sim18\%$。碾压混凝土骨料最大粒径为 80mm;三级配,人工砂石粉含量 $12\%\sim22\%$。

4.3.1.3 细骨料品质

细骨料(砂)应质地坚硬、清洁、级配良好;使用山砂、粗砂、特细砂应经过试验论证。细骨料,分为人工砂和天然砂,其颗粒粒径小于 5.0mm,其中人工砂石粉的粒径为小于 0.16mm。细骨料(砂)应质地坚硬、清洁、级配良好。根据砂的细度模数的大小,可将细骨料分为粗砂、中砂、细砂三种。水工混凝土宜使用中砂,人工砂细度模数为 $2.4\sim2.8$,天然砂细度模数宜在 $2.2\sim3.0$,使用山砂、粗砂、特细砂应经过试验论证。常态混凝土与碾压混凝土用砂在石粉含量上有较大区别,最佳石粉含量应通过试验确定,经试验论证可适当放宽。细骨料的含水率应保持稳定,表面含水率不宜超过 6%。细骨料的选用应遵循《水工混凝土施工规范》(SL 677—2014 或 DL/T 5144—2015)标准规定,细骨料的品质要求见表 4.3-2。

表 4.3-2　　　　　　　　　　　　细骨料的品质要求

项　目		常态混凝土用砂		碾压混凝土用砂	
		人工砂	天然砂	人工砂	天然砂
表观密度/(kg/m³)		≥2500	≥2500	≥2500	≥2500
细度模数		2.4~2.8	2.2~3.0	2.4~2.8	2.2~3.0
石粉含量/%		6~18	—	12~22	—
表面含水率/%		<6			
含泥量/%	设计龄期强度等级不低于C30和有抗冻要求	—	≤3	—	≤3
	设计龄期混凝土强度等级低于C30	—	≤5	—	≤5
坚固性/%	有抗冻要求的混凝土	≤8	≤8	≤8	≤8
	无抗冻要求的混凝土	≤10	≤10	≤10	≤10
泥块含量		不允许			
硫化物及硫酸盐含量/%		≤1			
云母含量/%		≤2			
轻物质含量/%		—	≤1	—	≤1
有机质含量		不允许	浅于标准色	不允许	浅于标准色

1. 人工砂石粉含量

人工砂石粉含量是指 0.16mm 及以下颗粒含量。经过许多工程试验研究和实际应用证明，常态混凝土与碾压混凝土石粉含量分别控制在 6%～18% 和 12%～22% 范围时，石粉含量不仅可改善混凝土的和易性、抗分离性，还可提高混凝土的抗压强度和抗渗能力，同时还能降低人工砂的生产成本，超过此范围会对混凝土干缩性产生不利影响，若要使用，应进行充分试验论证。

《水工混凝土试验规程》（SL 352—2006）与《水工混凝土砂石骨料试验规程》（DL/T 5151—2014）规定：人工砂石粉含量中小于 0.08mm 方孔筛的微粒含量，采用水洗法进行试验，用于评定砂质量及大坝混凝土配合比设计。同时，通过人工砂亚甲蓝 MB 值试验，测定人工砂亚甲蓝 MB 值或亚甲蓝试验是否合格，判定人工砂中的是否含有较多泥粉，用于评定砂料质量。

2. 砂含水率控制

砂的含水率是指砂的表面含水率（饱和面干）。砂吸水后，表明形成一层水膜而引起砂的体积膨胀，这已为试验所证明。比如万家寨工程采用灰岩人工砂，试验证明，当砂含水率超过 6% 时，砂的体积开始快速膨胀，当含水率达到 6%～10% 时，砂的体积约膨胀 15%～30%，对混凝土拌和质量控制造成很大的影响。所以砂的含水率稳定控制应高度重视。控制成品砂含水率的稳定，即控制人工砂表面含水率不超过 6%，具有十分重要的现实性，是控制混凝土水胶比和新拌混凝土坍落度或 VC 值的主要措施之一，也是为了拌和预冷混凝土是满足加冰的要求。一般大坝混凝土砂的用量大多在 $600～800 kg/m^3$ 范围，砂含水率每增减 1%，混凝土单位用水量就相应增减 $6～8 kg/m^3$，坍落度增减约 $3～4 cm$（VC 值也相应减增约 $3～5 s$）。砂含水率的稳定与否对混凝土工作性能影响很大，是保证新拌混凝土质量稳定的关键。

3. 坚固性

坚固性是指在气候、环境变化或其他物理因素作用下抵抗破碎的能力，用硫酸钠溶液法 5 次循环后的质量损失率来表示。根据《建设用砂》（GB/T 14684—2011）规定，对于有抗冻、抗疲劳、抗冲磨要求或处于水中含有腐蚀介质并经常处于水位变化区的混凝土，环境条件和使用条件较恶劣，坚固性要求较严，细骨料质量损失率应不大于 8%，其他条件下的混凝土细骨料质量损失率应不大于 10%。

4.3.1.4 粗骨料品质

1. 粗骨料最大粒径与级配

粗骨料分为碎石和卵石，其颗粒粒径为 5.0～150mm。骨料应坚硬、粗糙、耐久、洁净、无风化。粒形应尽量为方圆形，避免针片状颗粒。粗骨料按粒径范围确定原则，分为小石（5～20mm）、中石（20～40mm）、大石（40～80mm）、特大石（80～150mm）四种，最大粒径分别表示为 D_{20}、D_{40}、D_{80}、D_{150}。

粗骨料按最大粒径确定原则分成下列几种级配：

（1）一级配：5～20mm，最大粒径为 20mm。

（2）二级配：分成 5～20mm 和 20～40mm，最大粒径为 40mm。

（3）三级配：分成 5～20mm、20～40mm 和 40～80mm，最大粒径为 80mm。

（4）四级配：分成 5～20mm、20～40mm、40～80mm 和 80～150mm，最大粒径为 150mm。

2. 粗骨料品质

骨料的品质与混凝土性能密切相关，骨料的强度、孔结构、颗粒形状和尺寸，骨料的弹性模量等都直接影响该混凝土的相关性能。骨料的强度一般都要高于混凝土的设计强度，这是因为骨料在混凝土中主要起骨架作用，在承受荷载时骨料的应力可能会大大超过混凝土的抗压强度。骨料的强度不易通过直接测定单独的骨料强度获得，而是采用间接的方法来评定。一种方法是测定岩石的压碎指标，另一种方法是在作为骨料的岩石上采样经加工成立方体或圆柱体试样，测定其抗压强度。岩石在不同的含水状态时，其性能是不一样的。一般而言，岩石在含有水分时，其强度会有所降低，这是因为岩石微粒间的结合力被渗入的水膜所削弱的缘故。如果岩石中含有某些易于被软化的物质，则强度降低更为明显。所以，有时还用其在饱水状态下与干燥状态下的抗压强度之比，即软化系数，表示岩石的软化效应，软化系数的大小表明岩石浸水后强度降低的程度。细骨料和粗骨料如果使用含有活性骨料时，必须进行专门的试验论证。粗骨料的选用应遵循 SL 677—2014、DL/T 5144—2015 规定，粗骨料的品质要求见表 4.3-3。

表 4.3-3　　　　　　　　　　　粗骨料的品质要求

项　　目		粗　骨　料	备　　注
含泥量/%	D_{20}、D_{20}粒径级	≤1	
	D_{80}、D_{150}粒径级	≤0.5	
泥块含量		不允许	
有机质含量		浅于标准色	如深于标准色，应进行混凝土强度对比试验，抗压强度比不小于95%
坚固性/%	有抗冻和抗侵蚀要求的混凝土	≤5	经论证可以适当放宽
	无抗冻要求的混凝土	≤12	
硫化物及硫酸盐含量/%		≤0.5	折算成S_3O，按质量计
表观密度/(kg/m³)		≥2550	
吸水率/%		≤2.5	
针片状颗粒含量/%		≤15	经检验论证可适当放宽
超逊含量	原孔筛	<5%	
	超、逊径	0	
逊径含量	原孔筛	<10%	
	超、逊径	0	
压碎指标/%		按照不同的岩石类别和设计龄期混凝土强度等级选择	

4.3.2　碱骨料反应

碱骨料反应是混凝土耐久性的一个方面，是导致混凝土结构耐久性下降的重要原因之一。混凝土一旦产生碱骨料反应，其反应产物就会吸附混凝土孔隙内的水而膨胀，使混凝土产生内应力而开裂。此时裂缝不仅破坏混凝土结构的完整性，还会加剧混凝土其他性能劣化，如坝体冻融破坏、盐蚀、渗漏、钢筋锈蚀、磨损、碳化等，使混凝土耐久性快速下降，直接影响水工建筑物的使用寿命。碱骨料反应一旦发生就很难阻止，已发展成为全球性的混凝土工程病害之一，被称为混凝土的"癌症"。

碱骨料应用破坏源于混凝土内部，且持续不断发生，修补与加固非常困难。因此，防止混凝土碱骨料反应最可靠的措施就是防患于未然，使用非活性骨料是预防碱骨料反应最安全可靠的措施。由于水利水电工程混凝土需要大量的骨料，而骨料一般占到水工混凝土总质量的85%～90%，从工程的造价、质量、进度等方面考虑，工程采用当地骨料是不可避免的。由于骨料品种品质的多样性，必然存在碱骨料应用问题。碱是混凝土碱骨料反应的内在因素之一，不含碱或碱含量很低的混凝土不会发生碱骨料反应。引起碱骨料反应的碱不是通常化学意义的碱，碱存在于水泥、外加剂、掺合料、骨料以及拌和水和环境介质中。混凝土碱的含量不仅影响碱骨料反应的速率，而且还影响碱骨料反应产物的组成，进而影响反应产物的膨胀能力。

大量的试验研究结果表明，无论是具有碱活性的人工骨料还是天然骨料，在混凝土中掺20%～30%粉煤灰，可以有效抑制骨料的碱活性，并随着粉煤灰掺量的增加抑制效果越显著。

中国从20世纪50年代起在水利工程上就重视了碱骨料反应的预防工作，并开展了许多试验研究工作。对大、中型水利水电工程，从地质勘探、料场选择时就要求进行骨料的碱活性检测，尽量避免采用碱活性骨料。虽然有些水利水电工程的混凝土还是使用了碱活性骨料，但都根据工程特点采取了预防措施。如丹江口、安康、葛洲坝、小浪底、山口岩、拉西瓦、锦屏一级、大藤峡等许多工程。从20世纪50年代开始，在大坝混凝土中就采用了掺加活性掺合料如粉煤灰等的技术措施，粉煤灰在水工混凝土中的较早推广应用，也为中国大坝混凝土工程中防止碱骨料反应破坏起到了良好的作用。至今，在水利水电工程中还未发现明显受碱骨料反应危害的工程实例。

有关混凝土碱骨料反应详细资料，可参考杨华全、李鹏翔、李珍著《混凝土碱骨料反应》。

4.3.3 实例1：拉西瓦砂砾石料场碱骨料反应抑制措施研究

4.3.3.1 概述

拉西瓦水电站工程采用的红柳滩砂砾料场地层主要为第四系河流冲积粉砂质泥土、冲积淤泥、砂砾石、砂及人工开垦改造的黏土等。前期的岩相分析、化学法和砂浆棒快速法初步鉴定结果表明，拉西瓦水电站拟采用的红柳滩砂砾料场混凝土骨料具有潜在碱硅酸反应活性。为此从岩相定性分析、砂浆棒法和混凝土棱柱体法对砂砾料进行碱活性检测，综合进行判定。

碱骨料反应虽然被喻为混凝土的癌症，但通过技术措施可以使活性骨料在混凝土中不产生危害。通常，活性骨料安全使用的技术条件取决于骨料性能、胶凝材料、掺合料和外加剂性能、混凝土配合比和环境条件，需针对具体工程情况进行活性骨料安全使用条件研究。

根据2004年9月19日"黄河拉西瓦水电站主体工程混凝土配合比论证审查会"会议纪要，南京工业大学（国家）建材行业集料碱活性研究测试中心，对拉西瓦红柳滩砂砾料场地潜在活性骨料的碱活性进行试验论证，并进行了抑制碱骨料反应措施研究。

4.3.3.2　骨料

骨料碱活性试验用骨料取自黄河拉西瓦水电站红柳滩砂砾石料场，从料场Ⅰ区、Ⅱ区、Ⅲ区 5 个点分别取砂砾料，将各分区所取的样在料场混合，编号为Ⅰ～Ⅲ，从中筛分出不小于 150mm、150～80mm、80～40mm、40～20mm、20～5mm 和小于 5mm 6 种粒径的骨料（见图 4.3-1）。分别按照岩相法、NFP18-588（CECS48）压蒸法、砂浆棒快速法和混凝土棱柱法 4 种试验方法进行碱活性检测。

不小于 150mm 砾石	150～80mm 砾石
80～40mm 砾石	40～20mm 砾石
20～5mm 砾石	小于 5mm 砂

图 4.3-1　黄河拉西瓦水电站红柳滩砂砾石料场骨料

用作对比样的非碱活性的茅口组灰岩取自四川，非活性砂 CON 取自安徽。石英玻璃骨料取自某人工晶体研究所，用于评价粉煤灰对碱骨料反应的抑制作用。

4.3.3.3 试验内容

1. 骨料碱活性检验

料场按Ⅰ、Ⅱ、Ⅲ三个区5个点取样，将各分区所取的样混合，筛分出6种粒径的骨料（不小于150mm，150～80mm，80～40mm，40～20mm，20～5mm，小于5mm）分别按照岩相法、NFP18－588（CECS48）压蒸法、砂浆棒快速法和混凝土棱柱法4种试验方法进行检验，综合分析判断，得出结论。

2. 碱骨料反应抑制措施研究

用永登中热42.5级水泥，平凉Ⅰ级粉煤灰，按4个掺量（15%、20%、30%、35%）进行5组骨料碱活性抑制试验。

采用实际配合比混凝土棱柱体（75mm×75mm×285mm）开展粉煤灰对红柳滩砂砾石料场5个区分别采集的砂砾石骨料及其混合样碱骨料反应抑制试验研究。粉煤灰对水泥的等量取代比例分别为15%、20%、30%和35%，混凝土等级分别为C50和C32。研究温度对碱硅酸反应的反应速率和对碱硅酸反应膨胀速率的影响规律，根据Arrhenius公式，确定砂砾料的碱硅酸反应活化能，建立短期内快速反应的试验结果与混凝土实际工程常温慢速反应的时间等效关系式，评价抑制效果。

4.3.3.4 骨料碱活性试验

1. 岩相法

试验按《水工混凝土砂石骨料试验规程》（DL/T 5151—2001）中"岩相法"（同ASTM C295—2003，Standard Guide for Petrographic Examination of Aggregates for Concrete）进行，结果略。

结果表明，砂和砾石组成复杂，砂和砾石中均含有碱活性组分：微晶质至隐晶质石英、微晶石英、波状消光石英或玉髓，因此砂和砾石均具有潜在的碱硅酸反应活性特征。

2. 骨料的碱硅酸反应膨胀性——DL/T 5151—2001"砂浆棒快速法"

试验按《水工混凝土砂石骨料试验规程》（DL/T 5151—2001）"砂浆棒快速法"［同ASTM C1260 "Standard Test Method for Potential Alkali Reactivity of Aggregates (Mortar－Bar Method)"］进行，结果列于表4.3－4。试验所用水泥为南京江南－小野田水泥有限公司生产的52.5级硅酸盐水泥（P·Ⅱ），其等当量 Na_2O 含量为0.50%，实验时用化学纯KOH将水泥的碱含量调整为0.90%（等当量 Na_2O 含量）。

表4.3－4 红柳滩砂砾石料场骨料的碱硅酸反应活性

序号	样 品	膨 胀 率/%					
		3d	7d	10d	14d	28d	56d
1	≥150mm砾石Ⅰ-Ⅲ-1	0.022	0.082	0.130	0.177	0.266	0.353
2	150～80mm砾石Ⅰ-Ⅲ-2	0.021	0.104	0.163	0.207	0.303	0.390
3	80～40mm砾石Ⅰ-Ⅲ-3	0.029	0.124	0.178	0.225	0.310	0.392
4	40～20mm砾石Ⅰ-Ⅲ-4	0.021	0.094	0.132	0.165	0.225	0.293
5	20～5mm砾石Ⅰ-Ⅲ-5	0.029	0.116	0.162	0.201	0.282	0.368
6	<5mm砂Ⅰ-Ⅲ-6	0.030	0.116	0.168	0.220	0.283	0.388

DL/T 5151 规定：砂浆试件 14d 的膨胀率小于 0.1% 时，则骨料为非活性；砂浆试件 14d 的膨胀率大于 0.20% 时，则骨料具有潜在碱活性；砂浆试件 14d 的膨胀率在 0.10%～0.20% 的，对这种骨料应结合岩相分析（如 ASTM C295）、试件检测（如 ASTM C856）、工程应用记录或 28d 后的膨胀测试结果等来进行综合评定。

表 4.3-4 的结果显示，由不小于 150mm 砾石和 40～20mm 砾石配制的砂浆试件在 14d 的膨胀率分别为 0.177% 和 0.165%，大于 0.10% 的限定值，但小于 0.20% 的限定值。将该两组试件继续养护，28d 时的膨胀率分别为 0.266% 和 0.225%，超过 0.20% 的限值。至 56d 时试件的膨胀率达 0.353% 和 0.293%。由 150～80mm、80～40mm、20～5mm 砾石和小于 5mm 砂配制的砂浆试件在 14d 膨胀率分别为 0.207%、0.225%、0.201% 和 0.220%，均大于 0.20% 的限定值，因此 DL/T 5151—2001 "砂浆棒快速法"判定砾石和砂具有碱硅酸反应活性。

3. **骨料的碱硅酸反应膨胀性——CECS 48—1993 "砂、石碱活性快速试验方法"**

试验按 CECS 48—1993 "砂、石碱活性快速试验方法"（同 NF P18-588-1991，Aggregates-dimensional stability test in alkali medium—Accelerated Mortar MICROBAR test，Normalisation Francaise）进行，结果见表 4.3-5。试验所用水泥为南京江南-小野田水泥有限公司生产的 52.5 级硅酸盐水泥（P·Ⅱ），其等当量 Na_2O 含量为 0.50%，试验时用化学纯 KOH 将水泥的碱含量调整为 1.50%（等当量 Na_2O 含量）。

CECS 48 规定，当砂浆试件最大膨胀率不小于 0.10% 时，骨料被判定具有碱硅酸反应活性，否则，骨料不具有碱硅酸反应活性。由不小于 150mm 砾石配制的砂浆试件在 3 个水泥与骨料比下的最大膨胀率为 0.075%，小于 0.10% 的限定值，因此 CECS 48 砂石碱活性快速试验方法判定不小于 150mm 砾石Ⅰ-Ⅲ-1 不具有碱硅酸反应活性。由 150～80mm 砾石、80～40mm 砾石、40～20mm 砾石、20～5mm 砾石和小于 5mm 砂配制的砂浆试件在 3 个水泥与骨料比下的最大膨胀率分别为 0.108%、0.147%、0.130%、0.130% 和 0.140%，均大于 0.10% 的限定值，因此 CECS 48 砂石碱活性快速试验方法判定 150～80mm 砾石Ⅰ-Ⅲ-2、80～40mm 砾石Ⅰ-Ⅲ-3、40～20mm 砾石Ⅰ-Ⅲ-4、20～5mm 砾石Ⅰ-Ⅲ-5 和小于 5mm 砂Ⅰ-Ⅲ-6 具有碱硅酸反应活性。

表 4.3-5 骨料的碱硅酸反应活性（CECS 48—1993 砂、石碱活性快速试验方法）

序号	样 品	膨胀率/%			判 定
		10∶1*	5∶1*	2∶1*	
1	≥150mm 砾石Ⅰ-Ⅲ-1	0.035	0.048	0.075	不具有碱硅酸反应活性
2	150～80mm 砾石Ⅰ-Ⅲ-2	0.053	0.075	0.108	具有碱硅酸反应活性
3	80～40mm 砾石Ⅰ-Ⅲ-3	0.076	0.106	0.147	具有碱硅酸反应活性
4	40～20mm 砾石Ⅰ-Ⅲ-4	0.059	0.082	0.130	具有碱硅酸反应活性
5	20～5mm 砾石Ⅰ-Ⅲ-5	0.059	0.085	0.130	具有碱硅酸反应活性
6	<5mm 砂Ⅰ-Ⅲ-6	0.060	0.080	0.140	具有碱硅酸反应活性

* 水泥与骨料之比。

4. **骨料的碱硅酸反应膨胀性——混凝土棱柱体法**

混凝土棱柱体法是按照《水工混凝土砂石骨料试验规程》（DL/T 5151—2001）进行，

试验粗骨料为 3 种级配：20～15mm、15～10mm 和 10～5mm 各 1/3 等量混合，细骨料为小于 5mm 砂。当进行粗骨料碱活性检验时，细骨料采用非活性河砂；当进行细骨料碱活性时，粗骨料采用非活性的灰岩。粗细骨料比为 6∶4，水泥用量为 420kg/m³，水泥为江南-小野田 52.5 级 Ⅱ 型硅酸盐水泥，通过添加 NaOH 将其碱含量调整为 1.25%，水灰比为 0.42，成型为 75mm×75mm×275mm 的混凝土棱柱体试件，每组样品各 3 条。养护条件为 40℃、100%RH 的湿空气。表 4.3-6 是混凝土棱柱体的膨胀率。

《水工混凝土砂石骨料试验规程》（DL/T 5151—2001）规定：当 1 年龄期时（40℃、100%RH 条件下）混凝土棱柱体的膨胀大于 0.040% 时，骨料将被判定为碱活性的。表4.3-6 的数据表明，由不小于 150mm 砾石、150～80mm 砾石、80～40mm 砾石、40～20mm 砾石和 20～5mm 砾石配制的混凝土棱柱体试件在 365d 龄期时的膨胀率为0.077%、0.085%、0.082%、0.073% 和 0.066%，均大于 0.04%，因此 DL/T 5151—2001 混凝土棱柱体法判定不小于 150mm 砾石、150～80mm 砾石、80～40mm 砾石和20～5mm 砾石具有碱硅酸反应活性。由小于 5mm 砂和非活性粗骨料配制的混凝土棱柱体试件在 365d 时的膨胀率为 0.036%，略小于 0.04%，按照标准，小于 5mm 砂被混凝土棱柱体法判定为不具有碱硅酸反应活性。但砂已使得混凝土试件产生了一定的膨胀，膨胀率已接近标准规定的限值 0.04%。

表 4.3-6　　　　　　　　　40℃湿空气养护的混凝土棱柱体的膨胀率

序号	样 品	膨 胀 率/%							
		14d	28d	56d	91d	126d	182d	273d	360d
1	≥150mm 砾石	0.001	0.004	0.037	0.055	0.060	0.068	0.072	0.077
2	150～80mm 砾石	0.000	0.005	0.037	0.060	0.070	0.074	0.081	0.085
3	80～40mm 砾石	−0.002	0.005	0.034	0.053	0.057	0.067	0.078	0.082
4	40～20mm 砾石	0.001	0.005	0.029	0.037	0.054	0.067	0.070	0.073
5	20～5mm 砾石	0.001	0.006	0.027	0.039	0.048	0.048	0.061	0.066
6	<5mm 砂	0.004	0.008	0.007	0.010	0.017	0.017	0.022	0.036
7	CON	−0.007	−0.001	0.002	0.010	0.010	0.015	0.018	0.020

注　CON 为非活性对比样。

5. 骨料碱活性试验小结

（1）DL/T 5151—2001 岩相分析表明，红柳滩砂砾石料场的砂和砾石组成复杂，砂和砾石中均含有碱活性组分：微晶质至隐晶质石英、微晶石英、波状消光石英或玉髓，因此砂和砾石均具有潜在的碱硅酸反应活性特征。

（2）DL/T 5151—2001 砂浆棒快速法试验结果表明，由不小于 150mm 砾石和 40～20mm 砾石配制的砂浆试件在 14d 的膨胀率分别为 0.177% 和 0.165%，大于 0.10% 的限定值，但小于 0.20% 的限值；28d 时的膨胀率分别为 0.266% 和 0.225%，超过 0.20% 的限值；至 56d 时试件的膨胀率分别达 0.353% 和 0.293%。岩相分析表明，不小于 150mm砾石含有约 4% 的微晶质至隐晶质石英和 3% 波状消光石英，40～20mm 砾石含有约 5% 微晶质至隐晶质石英和 1% 微晶石英。综合这些结果，不小于 150mm 砾石和 40～20mm 砾石具有碱硅酸反应活性。由 150～80mm 砾石、80～40mm 砾石、20～5mm 砾石和小于 5mm 砂配制的砂浆试件在 14d 膨胀率分别为 0.207%、0.225%、0.201%和 0.220%，均大于 0.20%的限定值，150～80mm 砾石、80～40mm 砾石、20～5mm 砾石和小于 5mm 砂具有碱硅酸反应活性。

（3）CECS 48—1993 "砂、石碱活性快速试验方法"（同法国国家标准 NF P18-588—1991）检验结果表明，不小于 150mm 砾石不具有碱硅酸反应活性；150～80mm 砾石、80～40mm 砾石、40～20mm 砾、20～5mm 砾石和小于 5mm 砂具有碱硅酸反应活性。

（4）DL/T 5151—2001 混凝土棱柱体法检验表明，由不小于 150mm 砾石、150～80mm 砾石、80～40mm 砾石、40～20mm 砾石和 20～5mm 砾石配制的混凝土棱柱体试件在 365d 龄期时的膨胀率为 0.077%、0.085%、0.082%、0.073%和 0.066%，均大于 0.04%，因此不小于 150mm 砾石、150～80mm 砾石、80～40mm 砾石和 20～5mm 砾石具有碱硅酸反应活性。由小于 5mm 砂和非活性粗骨料配制的混凝土棱柱体试件在 365d 时的膨胀率为 0.036%，略小于 0.04%，按照标准，小于 5mm 砂被 DL/T 5151—2001 混凝土棱柱体法判定为不具有碱硅酸反应活性。但砂已使得混凝土试件产生了一定的膨胀，膨胀率已接近标准规定的限值 0.04%。

岩相分析方法一般作为定性分析方法，确认骨料是否存在碱活性组分；砂浆棒快速法和砂、石碱活性快速试验方法等快速法一般作为筛选方法，当快速法判定骨料不具有碱活性时，通常可直接判定骨料不具有碱活性，当快速法判定骨料具有碱活性时，可根据混凝土棱柱体法进一步判定；混凝土棱柱体法被认为是最能代表工程实际情况的方法，通常作为骨料碱活性最终判定用试验方法。综合岩相分析、快速试验结果和混凝土棱柱体试验结果，红柳滩砂砾石料场不小于 150mm 砾石Ⅰ-Ⅲ-1、150～80mm 砾石Ⅰ-Ⅲ-2、80～40mm 砾石Ⅰ-Ⅲ-3、40～20mm 砾石Ⅰ-Ⅲ-4 和 20～5mm 砾石Ⅰ-Ⅲ-5 具有碱硅酸反应活性。红柳滩砂砾石料场小于 5mm 砂Ⅰ-Ⅲ-6 含有微晶质至隐晶质石英、波状消光石英和玉髓，其含量约为 7%、1%和 0.2%，快速法判定砂具有碱硅酸反应活性，混凝土棱柱体试验时试件的膨胀率为 0.036%，略低于 0.04%的标准控制值，考虑到工程结构的重要性，砂被综合判定为具有碱硅酸反应活性。

4.3.3.5 碱骨料反应抑制措施研究

1. 抑制骨料碱活性效能试验

试验参照《水工混凝土砂石骨料试验规程》（DL/T 5151—2001）进行，养护条件为 40℃、100%RH。水泥为永登 P·MH42.5 中热硅酸盐水泥，用 NaOH 调整水泥的碱含量至 1.0%；掺合料为平凉Ⅰ级粉煤灰，按 4 个掺量（15%、20%、30%、35%）进行骨料碱活性抑制试验；骨料为石英玻璃，结果列于表 4.3-7 中。

《水工混凝土砂石骨料试验规程》（DL/T 5151—2001）规定：对掺用掺合料的对比试件，若 14d 龄期膨胀率降低率（相对于标准试件）不小于 75%，并且 56d 的膨胀率小于 0.05%，则认为所掺的掺合料及其相应掺量具有抑制碱骨料反应的效能。表 4.3-7 的数据表明，只有 35%粉煤灰掺量时试件 14d 龄期膨胀率降低率（相对于标准试件）达到 75%，满足标准要求，15%、20%和 30%粉煤灰掺量时试件 14d 龄期膨胀率降低率均小于 75%，且掺量越低，膨胀率降低率越小。在 56d 时，所有对比试件的膨胀率均大于 0.05%，为 0.178%～0.431%。根据 DL/T 5151，粉煤灰在试验选定的掺量下不具有抑制碱骨料反应的效能。但由表 4.3-7 可以看出，随着粉煤灰掺量的增加，试件的膨胀率越来越小，表明粉煤灰对高活性石英玻璃的碱骨料反应膨胀具有明显的抑制作用。

表 4.3-7 掺合料抑制骨料碱活性效能试验结果（工程水泥，碱含量调整为 1.00%）

序号	试件	粉煤灰及其掺量 /%	14d 膨胀率 /%	14d 膨胀率降低率 /%	28d 膨胀率 /%	56d 膨胀率 /%
1	标准试件	0	0.310	—	0.511	0.571
2	对比试件	15	0.184	41	0.306	0.431
3		20	0.167	46	0.260	0.378
4		30	0.126	59	0.184	0.279
5		35	0.077	75	0.119	0.178

当采用不调整碱含量的工程水泥——碱含量为 0.31% 的永登 P·MH42.5 中热硅酸盐水泥时，0、15%、20%、25%、30% 和 35% 平凉 I 级粉煤灰对石英玻璃骨料碱活性抑制试验结果表见 4.3-8。试验参照《水工混凝土砂石骨料试验规程》（DL/T 5151—2001）进行，养护条件为 40℃、100%RH。在 56d 前，随着粉煤灰掺量的增加，试件的膨胀率趋于减小，此后 15% 和 20% 粉煤灰掺量的试件膨胀率高于不掺粉煤灰的砂浆试件，其他掺量的粉煤灰对碱骨料反应具有抑制作用。

石英玻璃是高活性的骨料，通常控制这类骨料的膨胀需要更高的粉煤灰掺量或更低的水泥或混凝土碱含量。

表 4.3-8 掺合料抑制骨料碱活性效能试验结果（工程水泥，碱含量不调整）

序号	粉煤灰掺量 /%	膨 胀 率/%							
		7d	14d	28d	56d	84d	144d	174d	203d
1	0	0.188	0.217	0.225	0.234	0.240	0.250	0.259	0.269
2	15	0.133	0.161	0.181	0.214	0.256	0.275	0.297	0.308
3	20	0.125	0.151	0.175	0.211	0.259	0.291	0.314	0.323
4	25	0.085	0.117	0.136	0.174	0.213	0.236	0.240	0.253
5	30	0.063	0.085	0.109	0.132	0.167	0.194	0.217	0.226
6	35	0.084	0.100	0.117	0.135	0.164	0.187	0.209	0.218

2. 实际配合比混凝土碱骨料反应抑制作用评估

（1）试验方案。评价混凝土碱骨料反应抑制作用的试件采用实际配合比混凝土棱柱体（调整粗骨料最大尺寸为 20mm），试件尺寸为 75mm×75mm×285mm。由于减小了粗骨料的尺寸，为方便成型，试验调整了砂率和水灰比，见表 4.3-9。

温度对碱骨料反应膨胀速率的影响试验方法在 ASTM C1260—2001 的基础上做了部分修改。骨料为 5 个区分别采集的砾石及 5 个区砾石的混合样，每种骨料都有三种粒径，分别为 0.16～0.63mm、0.63～2.50mm 和 5～10mm。另外将 5 个区采集的砂混合作为一

表 4.3－9　　　　C32 和 C50 原混凝土混凝土配合比和试验建议调整的配合比

序号	混凝土强度等级	单方混凝土材料用量/(kg/m³)							
		胶凝材料用量	水泥	粉煤灰	水	JM－Ⅱ减水剂	DH₉引气剂	砂	石
1	原设计 C35	232	174	58	95	1.16	0.8/万	622	1522
2	原设计 C55	339	161 水泥＋27 硅灰	51	95	2.71	0.9/万	529	1507
3	C32，粉煤灰 30%	240	168	72	106	1.20	0.8/万	646	1581
4	C32，粉煤灰 35%	240	156	84	106	1.20	0.8/万	646	1581
5	C50，粉煤灰 15%	340	289	51	102	2.72	0.9/万	529	1507
6	C50，粉煤灰 20%	340	272	68	102	2.72	0.9/万	529	1507

个样，制备 0.16～0.63mm 和 0.63～2.50mm 的骨料。每个试件中的骨料只采用单一粒径，水泥与骨料比为 1∶1，水灰比为 0.30，水泥碱含量通过外加 NaOH 调整到 1.20%。试件在标准养护室中养护 24h±2h 后脱模，测初长，然后浸泡在 1mol/L NaOH 溶液中，分别在 40℃、60℃和 80℃的养护箱中养护，经过不同时间取出试件测量长度变化。

（2）试验结果。

1）实际配合比混凝土试件的膨胀。溶液浓度的确定依据不同总碱量下混凝土孔溶液计算浓度确定，原则是在试验养护过程中使养护溶液与孔溶液浓度基本平衡，尽可能减少养护过程中离子特别是碱离子在混凝土与环境之间的迁移。为方便成型，试验时对工程拟用的混凝土配合比进行了调整，增大了砂率，C32 混凝土的粉煤灰掺量为 30%和 35%，C50 混凝土的粉煤灰掺量为 15%和 20%。表 4.3－10、表 4.3－11 为混凝土棱柱体在溶液养护条件下的膨胀率试验结果。

表 4.3－10　　　　在与孔溶液组成近似的溶液中养护的 C50 混凝土棱柱体膨胀率

试验编号	骨料	膨　胀　率/%								
		14d	28d	56d	112d	161d	189d	217d	252d	301d
F15Ⅰ-1	Ⅰ区1点	0.003	0.005	0.011	0.019	0.023	0.026	0.028	0.034	0.038
F15Ⅰ-2	Ⅰ区2点	0.003	0.006	0.012	0.021	0.034	0.043	0.049	0.052	0.056
F15Ⅱ-1	Ⅱ区1点	−0.001	0.004	0.009	0.023	0.030	0.036	0.044	0.049	0.053
F15Ⅱ-2	Ⅱ区2点	0.002	0.003	0.012	0.021	0.026	0.029	0.031	0.033	0.038
F15Ⅲ	Ⅲ区	−0.001	0.007	0.013	0.022	0.025	0.029	0.034	0.039	0.043
F15Ⅰ-Ⅲ	Ⅰ-Ⅲ区	−0.001	0.005	0.013	0.022	0.024	0.027	0.032	0.035	
F15CON	CON	−0.001	0.001	0.002	0.006	0.011	0.013	0.017	0.020	0.020
F20Ⅰ-1	Ⅰ区1点	0.002	0.004	0.010	0.016	0.020	0.025	0.027	0.030	0.034
F20Ⅰ-2	Ⅰ区2点	−0.001	0.003	0.009	0.014	0.021	0.026	0.030	0.032	0.035
F20Ⅱ-1	Ⅱ区1点	0.002	0.006	0.013	0.018	0.025	0.031	0.034	0.038	0.042
F20Ⅱ-2	Ⅱ区2点	−0.002	0.004	0.011	0.013	0.021	0.024	0.026	0.028	0.029
F20Ⅲ	Ⅲ区	−0.001	0.006	0.012	0.015	0.020	0.023	0.026	0.030	0.033
F20Ⅰ-Ⅲ	Ⅰ-Ⅲ区	−0.002	0.003	0.008	0.015	0.019	0.025	0.028	0.031	0.033
F20CON	CON	−0.002	0.002	0.004	0.003	0.008	0.010	0.012	0.013	0.013

注　表中标注"F15Ⅰ-1"中的 F15 代表粉煤灰掺量为 15%，F20 代表粉煤灰掺量为 20%，Ⅰ-1 为骨料，代表Ⅰ区1点；CON 为非活性骨料，用作对比试验，其余类推。

表 4.3-11   在与孔溶液组成近似的溶液中养护的 C32 混凝土棱柱体膨胀率

试验编号	骨料	膨 胀 率/%								
		14d	28d	56d	112d	161d	189d	231d	252d	301d
F30Ⅰ-1	Ⅰ区1点	0.002	0.006	0.008	0.0011	0.015	0.018	0.020	0.023	0.025
F30Ⅰ-2	Ⅰ区2点	−0.002	0.002	0.009	0.015	0.019	0.021	0.024	0.025	0.028
F30Ⅱ-1	Ⅱ区1点	0.002	0.006	0.009	0.013	0.016	0.019	0.021	0.024	0.027
F30Ⅱ-2	Ⅱ区2点	0.003	0.005	0.010	0.014	0.018	0.021	0.024	0.027	0.029
F30Ⅲ	Ⅲ区	0.002	0.003	0.008	0.012	0.017	0.020	0.023	0.025	0.027
F30Ⅰ-Ⅲ	Ⅰ-Ⅲ区	−0.002	0.003	0.005	0.007	0.010	0.011	0.013	0.015	0.016
F30CON	CON	−0.002	0.002	0.003	0.004	0.005	0.006	0.007	0.008	0.010
F35Ⅰ-1	Ⅰ区1点	−0.006	0.002	0.006	0.010	0.013	0.015	0.018	0.020	0.021
F35Ⅰ-2	Ⅰ区2点	−0.003	−0.001	0.002	0.007	0.012	0.014	0.017	0.020	0.023
F35Ⅱ-1	Ⅱ区1点	−0.003	0.003	0.004	0.009	0.012	0.014	0.016	0.018	0.022
F35Ⅱ-2	Ⅱ区2点	−0.002	0.004	0.008	0.013	0.015	0.017	0.019	0.021	0.021
F35Ⅲ	Ⅲ区	−0.005	0.005	0.009	0.013	0.016	0.019	0.021	0.023	0.024
F35Ⅰ-Ⅲ	Ⅰ-Ⅲ区	0.004	0.005	0.007	0.009	0.011	0.013	0.015	0.016	0.018
F35CON	CON	−0.004	−0.002	−0.001	0.000	0.001	0.001	0.002	0.003	0.004

注 表中标注"F30Ⅰ-1"中的 F30 代表粉煤灰掺量为 30%，F35 代表粉煤灰掺量为 35%，Ⅰ-1 为骨料，代表Ⅰ区 1 点；CON 为非活性骨料，用作对比试验，其余类推。

结果表明，随着养护时间的增长，混凝土棱柱体试件的膨胀近似呈指数规律增大。在胶凝材料用量相同时，粉煤灰掺量增大混凝土试件的膨胀趋于减小。各区砂砾石的碱骨料反应膨胀性能有所差异，均高于非活性对比样。80℃养护条件下，粉煤灰掺量增大，混凝土棱柱体试件的膨胀率趋于减小，C50 混凝土在粉煤灰掺量为 15% 时试件达到 0.04% 膨胀率所需的最短时间约为 183d，当粉煤灰掺量为 20% 时，混凝土试件粉煤灰掺量达到 0.04% 膨胀率所需的最短时间约为 275d。掺有 30% 和 35% 粉煤灰的 C32 混凝土在试验范围（301d）内膨胀尚未达到 0.04%。

2）温度对混凝土中碱硅酸反应膨胀速率的影响。①膨胀过程：结果表明，40℃时试验范围内碱骨料反应膨胀与养护时间近似呈线性关系，60℃和 80℃时碱骨料反应膨胀与养护时间近似呈指数关系。相同龄期时，养护温度升高，碱骨料反应膨胀越大，说明温度对碱骨料反应具有促进作用。对于砾石，当骨料粒径由 0.16~0.63mm 增大至 0.63~2.50mm 时，相同温度条件下养护相同时间时试件的膨胀趋于增大，当骨料粒径继续增大至 5.0~10.0mm 时，试件的膨胀趋于减小。对于砂，骨料粒径由 0.16~0.63mm 增大至 0.63~2.50mm，试件膨胀略有减小。②碱硅酸反应膨胀活化能：化学反应速率常数强烈地依赖于温度，一般随温度上升而迅速增加。对溶液中许多反应，有效的粗略规则是，在室温附近，温度每升高 10℃，K 为原来的 2~3 倍。

3）混凝土碱硅酸反应安全性。对于实际工程来说，需要在短期内采用快速有效的手段评价实际工程混凝土的长期安全耐久性。有很多加速手段可用来评估混凝土遭受碱骨料反应破坏的行为，其中最普遍采用的加速方法是提高试件的养护温度和养护湿度及增加混凝土的碱含量。碱含量过高有时会使不具有碱活性的石英晶体发生碱硅酸反应膨胀，因此多数试验工作采用提高养护温度来加速试验进程。迄今，尽管很多试验都采用各种不同的养护温度来加速碱骨料反应，但由于没有考虑实际环境中的混凝土结构与加速试验混凝土试件之间的差异，这些加速方法的试验结果并不能直接用于评价混凝土的长期安全性。

碱骨料反应过程包含了一系列物理化学的过程，但有研究表明 Arrhenius 方程是研究碱骨料反应速率的有效工具，温度对碱骨料反应及其膨胀的加速作用可以用 Arrhenius 方程定量描述，这就为通过短期的试验研究预测实际工程混凝土结构碱骨料反应安全性提供了一条可行的途径。

研究工作采用工程实际配合比混凝土试件，选取混凝土棱柱体法用于判定骨料是否具有碱活性的 0.04% 膨胀率为混凝土遭受破坏的阀值，即当混凝土试件的膨胀率大于 0.04% 时就认为混凝土结构失效，研究工程配合比混凝土在升温加速条件下的膨胀行为，确定膨胀率达到 0.04% 所需要的时间。通过碱硅酸反应活化能或碱硅酸反应膨胀活化能的测定，依据描述温度对碱骨料反应或其膨胀影响的 Arrhenius 方程，建立混凝土试件在升温加速条件下失效的时间与工程结构混凝土安全服役时间的数学模型，用于评价工程结构混凝土的碱骨料反应安全性。

设定混凝土失效的膨胀率为 0.04%，根据混凝土试件在 80℃ 加速试验时的膨胀率，可得到 80℃ 条件下实际配合比混凝土失效所需要最短时间。黄河拉西瓦水电站混凝土中的年平均温度按 15℃ 考虑，可计算工程混凝土在实际条件下的碱骨料反应安全使用时间 t_2，结果见表 4.3 - 12。

表 4.3 - 12　15℃ 下含具有碱活性砂砾石混凝土的碱骨料反应安全使用最短时间

序号	混凝土强度等级	粉煤灰掺量 /%	n	实际配合比混凝土试件在 80℃ 时膨胀达到 0.04% 所需要的最短时间/d	实际配合比混凝土在 15℃ 条件下达到 0.04% 膨胀率所需要的最短时间/a
1	C50	15	0.98	183	91
2	C50	20	1.00	275	123
3	C32	30	0.98	>301	>150
4	C32	35	0.91	>301	>223

注　C32 混凝土在 80℃ 养护时膨胀率在试验周期内还未到 0.04%。

实际配合比混凝土在 15℃（混凝土中的年平均温度）条件下达到 0.04% 膨胀率所需要的最短时间可以确定为混凝土的使用寿命。从表 4.3 - 12 的结果看，当 C50 混凝土中的粉煤灰掺量为 15% 时，混凝土的碱骨料反应安全使用时间约为 90 年，当粉煤灰掺量增大至 20% 时，混凝土碱骨料反应安全使用时间约 120 年。掺有 30% 和 35% 粉煤灰的 C32 混凝土的碱骨料反应安全使用时间在 150 年以上。

4.3.3.6　结论

（1）骨料碱活性。红柳滩砂砾石料场的砂和砾石组成复杂，砂和砾石中均含有碱活性组分：微晶质至隐晶质石英、微晶石英、波状消光石英或玉髓，因此砂和砾石均具有潜在的碱硅酸反应活性特征。

结合岩相分析、砂浆棒快速法、砂石碱活性快速试验方法和混凝土棱柱体法膨胀试验的结果，红柳滩砂砾石料场的不小于 150mm 砾石Ⅰ-Ⅲ-1、150～80mm 砾石Ⅰ-Ⅲ-2、80～40mm 砾石Ⅰ-Ⅲ-3、40～20mm 砾石Ⅰ-Ⅲ-4、20～5mm 砾石Ⅰ-Ⅲ-5 和小于 5mm 砂Ⅰ-Ⅲ-6 具有碱硅酸反应活性。

（2）碱骨料反应抑制措施。按《水工混凝土砂石骨料试验规程》（DL/T 5151—2001）中"抑制骨料碱活性效能试验"检验，平凉Ⅰ级粉煤灰在试验选定的 15％、20％、30％和 35％掺量下不具有抑制高活性石英玻璃碱骨料反应的效能。但随着粉煤灰掺量的增加，试件的膨胀率越来越小，表明粉煤灰对高活性石英玻璃的碱骨料反应膨胀具有明显的抑制作用。

在使用永登低碱中热 42.5 级硅酸盐水泥和采用类似本试验的混凝土配合比时，掺 15％平凉Ⅰ级粉煤灰的 C50 混凝土的碱骨料反应安全使用时间约为 90 年，当粉煤灰掺量增大至 20％时，C50 混凝土碱骨料反应安全使用时间约为 120 年。掺有 30％和 35％粉煤灰的 C32 混凝土的碱骨料反应安全使用时间为 150 年以上。

4.3.4 实例 2：半干式人工砂生产工艺智能化控制技术

4.3.4.1 概述

《半干式人工砂生产工艺智能化控制技术》是中国水利水电第九工程局有限公司（以下简称水电九局）的专利，课题依托观音岩水电站砂石加工系统工程项目。2008 年 4 月，水电九局中标了观音岩水电站人工砂石加工系统。系统生产供应观音岩水电站建设所需混凝土、喷混凝土用砂石骨料。其中碾压混凝土约 470 万 m³，常态混凝土 380 万 m³，喷混凝土约 15 万 m³，系统需生产混凝土粗细骨料约 1860 万 t，砂率达 33％，砂石系统需生产成品砂（常态砂和碾压砂）约 613.8 万 t。

成品砂质量控制的三个关键性指标是：细度模数、石粉含量和含水率。它们不仅影响到混凝土的成本，还牵涉到温控混凝土的冷水及冰片掺量等因素。为了能有效地控制成品砂的质量，在半干式制砂工艺的基础上，引进了成品砂质量的智能化控制系统，以确保成品砂质量稳定。

干法制砂粉尘污染严重，只有实行封闭式生产才能避免粉尘污染问题，且生产成品砂各项指标极不稳定；湿法制砂含水率不易控制在 6％以下，需要较大的仓容用于人工砂的脱水干化，生产过程中的废水排放量大，石粉流失量大，成品砂的石粉含量偏低；半干式制砂能解决干法和湿法制砂存在的问题，但在制砂过程中对各个环节的控制要求很严格，制砂的某一个环节发生变化，成品砂的质量也随之变化，要求自动控制程度比较高。基于现状，采用现有人工制砂技术中最先进的半干式制砂工艺技术结合自动化控制技术，对人工砂生产的各个环节进行全过程检测和控制，使生产的人工砂质量始终保持稳定状态。

人工砂采用半干式制砂工艺智能化的意义在于提供一种新的人工制砂控制技术，解决了过去人工砂细度模数、石粉含量和含水率质量控制难的问题，提高了工程施工质量，降低工程运行成本，保证人工砂的各项指标处于受控状态，并能使人工砂的细度模数、石粉含量和含水率实现自动监测和控制，从而使人工砂的质量达到混凝土用砂的最优标准。有效控制了人工砂的含水率，消除粉尘大气污染，解决环保问题，为建绿色环保工程提供基础条件。

采用半干式人工制砂智能化控制技术，主要目的是保证成品砂质量和稳定性，使成品砂的生产过程处于一种动态的可控状态。我们通过在金沙江观音岩电站砂石系统的设计和应用，提高了成品砂质量的稳定性，确保了主体工程的施工质量，同时通过智能化控制系统，降低了砂石加工系统的运行成本，解决环保问题，给混凝土工程项目提供了新的技术依据，为人工砂石加工工艺技术提供了技术支撑。

4.3.4.2 主要的创新点

（1）含水率的自动控制。

（2）细度模数的在线监控。

（3）石粉含量的在线监控。

观音岩水电站人工砂石加工系统需采用一套系统，生产常态砂与碾压砂，成品砂由来自中碎系统二筛车间筛分的砂、黑旋风 ZX250C 回收的细砂和石粉、刮砂机回收的砂和四筛的砂。由于刮砂机、中碎系统与黑旋风细砂回收装置是一个闭合系统，各部位的产能呈动态平衡，组合成的砂的质量参数处于稳定状态。细碎车间是只要调节碾压砂和常态砂，因此成品砂的质量和细碎与四筛密切相关，细碎与四筛配合的 8 台立轴破与高频筛和筛分参数是不相同的，需要按一定的方式组合起来，才能生产出合格的成品砂。由皮带秤进行计量，计算机软件分析，实时监测，生产砂的质量是否与设备配套，成品砂质量是否合格，如不合格，能过智能化控制系统自运调节给料量，含水率等参数。

4.3.4.3 半干湿制砂智能化控制技术

1. 成品砂含水率的自动控制

在生产过程中，制砂料源经含水率检测仪自动检测后进入制砂机破碎，制砂料源一般为 3～40mm 的骨料，控制含水率的主要设备有电动供水球阀和含水率检测仪。

系统生产时，根据制砂机料源的进料流量和含水率指标来调整电动供水球阀的供水量，从而达到系统成品砂的最佳含水率控制指标。具体流程是通过安装在制砂车间进料胶带机上的红外含水率测定仪测量出进砂车间料源的含水率指标，通过进料胶带机上的负荷检测装置测量出其进料流量指标，系统将上述检测出来的砂含水率和制砂车间料源流量指标传输至自动化控制系统的上位机上，上位机根据获得的制砂料源的技术指标信息，发出控制指令，通过控制电动供水球阀开度来调节出水量。

2. 人工砂细度模数和石粉含量自动控制

半干式制砂工艺的人工砂细度模数、石粉含量的自动控制主要是根据半干式制砂工艺的特点，在系统调试运行时找出制砂车间进料量、砂筛车间筛分的各粒径段出料量、粉砂车间供料量和砂细度模数的相对关系，通过改变中碎二筛车间的砂和来自细碎四筛车间的砂比例来调整成品骨料细度模数和石粉含量。人工砂细度模数自动控制的主要流程为：当半干式制砂系统正常运转、并相对于某一固定比例生产运行时，细碎四筛车间和中碎二筛车间总是成一个相对稳定的比例关系，此时通过半干式制砂工艺生产出来的成品砂细度模数 FM 在 2.4～2.8 之间；当系统处理能力根据生产需要情况增大或减小时，制砂车间的给料量也相应增减，安装于制砂车间进料胶带机上的负荷检测装置及时感知这一变化，并及时将其变化情况传输给半干式制砂工艺自动化控制系统的上位机，自动控制系统在接收到该情况的检测信号后，发出控制指令，控制给料机频率来调整粉砂车间的给料量，从而使系统生产的成品砂的细度模数在 2.4～2.8 稳定运行，石粉含量根据常态砂与碾压砂的不同要求，分别控制在 14%～18% 和 18%～22%。

4.3.4.4 取得的主要研究成果

观音岩水电站砂石系统于 2009 年 6 月底进行单机调试和空负荷联动调试，2009 年 9 月调试完成具备供料条件，至 2011 年 10 月 20 日已向电站工程建设供应 395 万 t 砂石骨料。该课题在观音岩水电站砂石加工系统实际生产运行中，成品砂的细度模数、石粉含量和含水率通过自动化控制均达到混凝土用砂的最优标准，且保持稳定状态，为人工砂生产质量控制提供了生产技术保障。系统采用了"半干式人工砂智能化控制技术"，成功解决成品砂含水率控制难和半干式制砂工艺中扬尘问题。

（1）含水率的自动控制：采用半干式制砂工艺含水率控制的工艺技术，通过计算机自动控制系统调整电动供水球阀的开度调节制砂水源的含水率来控制成品砂含水率，成品砂含水率处于比较稳定的 3%～5%，使成品砂含水率不大于 6%。

（2）细度模数的自动控制：采用半干式制砂工艺的细度模数控制技术，通过计算机自动控制系统调整粉砂车间的给料能力来调整成品砂的细度模数，并使其稳定在 2.4～2.8。

（3）石粉含量的自动控制：采用半干式制砂工艺的石粉含量控制技术，设置高速粉砂车间和低速制砂车间，通过计算机自动控制系统调整石粉分离和集尘装置位于粉砂车间的扬粉系统及负压吸尘系统来调节成品砂的石粉含量，并使其控制为 12%～22%。

4.3.5 实例 3：锦屏一级大坝混凝土组合骨料研究与应用

4.3.5.1 概述

1. 料源选择

李光伟在《锦屏一级大坝混凝土组合骨料研究与应用》论文中，针对锦屏一级水电站工程骨料料源情况，进行了组合骨料研究与应用。锦屏一级水电站超级拱坝坝高 305m，工程区没有天然骨料，可做大坝混凝土人工骨料的母岩只有大理岩和变质砂岩。超级拱坝对混凝土性能要求高，最高抗压强度为 40MPa，极限拉伸值不小于 1.1×10^{-4}，自身体积变形 -10×10^{-6}～$+40\times10^{-6}$，但大理岩岩石强度只有 $50\sim70$MPa，强度偏低，且加工人工骨料石粉含量高达 40%，运输跌落过程中二次破碎较严重；变质砂岩强度满足要求，但存在碱硅酸盐活性。为此，经过大量试验研究，锦屏一级拱坝混凝土采用组合骨料，即大奔流沟砂岩粗骨料和三滩大理岩细骨料组合。与全砂岩骨料混凝土相比，混凝土中采用大理岩人工细骨料替代砂岩人工细骨料，并通过对配合比优化减少混凝土的用水量及胶凝材料用量，提高混凝土的抗压强度以及早期的抗拉强度，可以减少混凝土的干缩变形以及自生体积收缩变形，降低大坝混凝土的绝热温升值以及减少大坝混凝土的线膨胀系数，改善大坝混凝土的耐久性能；改良后的混凝土强度高，变形指标和耐久性满足设计要求。

2. 骨料整型技术

大奔流沟砂岩系变质砂岩，岩石变质后结晶发生定向排列而呈各向异性，致使加工后各级成品骨料针片状指标控制困难，粒形较差，特别是特大石针片状含量一度高达 25%；经多次现场和场外加工试验，采用反击破整形等工艺后，粗骨料针片状指标及骨料粒型得到明显改善，满足设计及规范要求。三滩大理岩强度总体满足要求，但中间夹有 20%～

30％的强度偏低的白色中粗晶大理岩条带，且分布不均匀，料源均一性较差，开采时难以剔除，加工性能不理想，跌落损失大，造成大理岩制砂石粉含量超过50％，废弃料多，且剔除难度大；为此，经加工工艺试验研究和设备改进，确定采用风选工艺筛选石粉，细骨料经选粉机风力分级控制石粉含量，全加工系统采用干法生产，细骨料加工质量控制稳定，石粉含量控制在13％～19％，细度模数控制在2.2～2.8，含水量控制在3.5％以内。

3. 碱活性抑制

针对砂岩骨料碱活性，开展了大量混凝土碱活性抑制试验研究工作。研究成果表明掺粉煤灰可以有效抑制砂岩骨料混凝土碱活性反应，其有效最低安全掺量为20％，确定的锦屏一级拱坝混凝土原材料控制标准为：水泥的碱含量控制在0.5％以下，减水剂碱含量控制在4％以下，粉煤灰掺量35％，混凝土总碱含量控制在1.5kg/m³以下。

4.3.5.2 组合骨料对拱坝混凝土抗裂性能的影响

混凝土的裂缝是由多种因素综合作用的结果，它包括外荷载所产生的拉应力；混凝土硬化时的干燥收缩及自缩受到约束产生的收缩应力；混凝土内水化热温升及环境温度变化所引起的不均匀温度变形等。水工混凝土的抗裂能力主要是指抵抗混凝土温度变形导致裂缝的能力，其影响因素主要是：混凝土的抗拉强度、弹模、徐变、自生体积变形、干缩变形、线膨胀系数和水化温升等。

采用砂岩和组合骨料进行了拱坝混凝土基本性能比较的试验，研究结果见表4.3-13，结果表明：采用组合骨料混凝土强度高于砂岩骨料混凝土，表明组合骨料混凝土的强度特性优于砂岩骨料混凝土。与砂岩骨料混凝土相比，采用组合骨料可以降低混凝土的绝热温升值，减小混凝土的线膨胀系数，从而可以改善混凝土的热学性能。但采用组合骨料混凝土同时也存在着弹性模量大、徐变变形小的不足。

表 4.3-13　　　　　不同品种骨料拱坝混凝土性能相对指标（龄期180d）　　　　　%

骨料品种		抗压强度/MPa	劈拉强度/MPa	弹性模量/MPa	徐变/(×10⁻⁶) MPa	干缩/(×10⁻⁶)	自变收缩/(×10⁻⁶)	绝热温升/℃	线膨胀系数
粗骨料	细骨料								
砂岩	砂岩	100	100	100	100	100	100	100	100
砂岩	大理岩	102	101	105	76	66	50	97	84

综合评价结果表明：采用大理岩砂替代砂岩砂后混凝土的抗裂变形指数提高了17.1％。这是由于采用大理岩砂替代砂岩砂后，降低了拱坝混凝土的绝热温升和线膨胀系数，减少了拱坝混凝土的收缩变形，提高了拱坝混凝土的抗拉强度，从而提高了拱坝混凝土的抗裂能力。

4.3.5.3 结语

锦屏一级水电站工程区域内出露的岩石主要为大理岩和砂岩，两种岩石加工的人工骨料在性能上各自存在着不足。石英砂岩为具有潜在碱活性的骨料，大理岩无法加工出满足水工混凝土施工规范要求的粗骨料。鉴于工程区域内无法选择单一品种满足要求的人工骨料实际情况，锦屏一级水电站拱坝混凝土采用组合人工骨料。

锦屏一级水电站拱坝混凝土中采用组合骨料不仅能降低拱坝混凝土中活性骨料的成分，减少砂岩混凝土的碱活性膨胀，减少拱坝混凝土的收缩变形和温度变形，提高拱坝混土的体积稳定性；同时还可以减少拱坝混凝土的绝热温升和线膨胀系数，提高拱坝混凝土抗拉强度，从而改善和提高了拱坝混凝土的抗裂能力。工程实践表明：采用砂岩作为粗骨料、大理岩作为细骨料的组合骨料在锦屏一级水电站高拱坝混凝土中的应用是成功的。

4.4 掺合料新技术与应用

4.4.1 粉煤灰

4.4.1.1 粉煤灰技术要求

粉煤灰在混凝土中使用已有几十年的历史，并取得了许多成功的经验。水工混凝土中掺入粉煤灰，可以显著改善混凝土拌和物性能，降低水化热温升，十分有利于温控和防裂。但是粉煤灰的效应主要表现在后期，在掺量较大的情况下，混凝土早期强度发展缓慢，其早期强度低，但其后期强度和其他性能增长显著。

水工混凝土浇筑后一般投入使用的过程较长，所以水工混凝土掺用粉煤灰其最大的优势就是利用了粉煤灰后期强度的特性。近年来，由于粉煤灰品质不断提高，特别是Ⅰ级粉煤灰的大量生产，粉煤灰也由过去一般掺合料变为如今的混凝土功能材料使用。由于粉煤灰与其他掺合料不同，粉煤灰颗粒呈微珠形，粉煤灰等级越高，颗粒就越细，微珠含量越多，对混凝土性能改善就越明显。例如三峡工程把优质的Ⅰ级粉煤灰（需水量比不大于92%）作为功能材料使用，充分发挥Ⅰ级粉煤灰球形颗粒含量高的形态效应、微集料效应和火山灰效应，起到了固体减水剂的作用。

根据《水工混凝土掺用粉煤灰技术规范》（DL/T 5055—2007）标准规定，用于水工混凝土的粉煤灰分为Ⅰ级、Ⅱ级、Ⅲ级三个等级，用于水工混凝土的粉煤灰的技术要求应符合表 4.4-1 的规定。

表 4.4-1　　　　　　　　用于水工混凝土的粉煤灰的技术要求

项　目		技　术　要　求		
		Ⅰ级	Ⅱ级	Ⅲ级
细度（45μm 方孔筛筛余）/%		≤12.0	≤25.0	≤45.0
需水量比/%		≤95	≤105	≤115
烧失量/%		≤5.0	≤8.0	≤15.0
含水量/%		≤5.0		
三氧化硫/%		≤1.0		
游离氧化钙/%	F 类粉煤灰	≤1.0		
	C 类粉煤灰	≤4.0		
安定性		合格		

注　当粉煤灰用于活性骨料混凝土时，需限制粉煤灰的碱含量，其允许值应经过论证确定。粉煤灰的碱含量以纳当量（$Na_2O+0.658K_2O$）计。

DL/T 5055—2007 标准将粉煤灰分为 F 类和 C 类两种。F 类粉煤灰是由无烟煤或烟煤煅烧收集的粉煤灰，其游离氧化钙百分数小于 1.0%；C 类粉煤灰是由褐煤或次烟煤煅烧收集的粉煤灰，其游离氧化钙百分数小于 4.0%，同时氧化钙含量一般大于 10%。C 类粉煤灰含有较高的游离氧化钙（fCaO），容易出现安定性不良的问题，为保证工程质量，对 C 类粉煤灰不仅要控制 fCaO 含量，同时要求安定性合格。

同时，新标准对水工混凝土掺用粉煤灰也提出了具体的技术要求。掺粉煤灰的混凝土的强度设计龄期要充分利用粉煤灰的后期性能，在保证设计要求条件下，宜尽可能采用较长设计龄期，以获得较好的技术经济效果。

水工混凝土粉煤灰的最大掺量，需要按照招标文件技术要求，依据有关规程规范标准，结合混凝土结构类型、水泥品种和粉煤灰品质等级，通过试验后确定最大掺量。从近年来的工程使用经验来看，碾压混凝土坝大多使用Ⅱ级粉煤灰，掺量一般控制在 50%～65% 的范围。这与中国的火电厂都能生产Ⅱ级粉煤灰有关。Ⅰ级粉煤灰主要使用在大型水利水电工程及高等级混凝土中，比如 200m 级的龙滩碾压混凝土重力坝、高等级的抗冲蚀混凝土和结构混凝土都使用Ⅰ级粉煤灰，这对改善混凝土施工性能、温控防裂和耐久性起到了良好的效果。目前Ⅲ级粉煤灰已经在水工建筑物中很少使用。

粉煤灰作为碾压混凝土最为主要的掺合料，用量是很大的。为了保证粉煤灰供应和质量稳定，工程使用时应最好选用 2～3 个粉煤灰供应厂家为宜，各厂家粉煤灰应固定储存和使用，避免影响混凝土的质量和外观颜色。

4.4.1.2 粉煤灰工程实例

1. 实例 1：万家寨大坝开创了Ⅰ级粉煤灰应用的先河

1997 年 10 月在三峡坝区召开三峡二期工程大坝混凝土配合比初步讨论会，决定于 1997 年 12 月开始浇筑大坝混凝土。会议由长江三峡工程开发总公司建设部主持，参加会议的单位有三峡总公司工程建设部、三峡总公司试验中心、中国水利水电科学研究院、长江科学院、青云公司、葛洲坝集团、三七八联营体等单位。会议对三峡试验中心、中国水利水电科学研究院及长江科学院三单位提交的大坝混凝土配合比进行了分析讨论，三个单位平行试验结果误差较大，特别是在粉煤灰掺量上对大坝混凝土抗冻等级试验结果不一致，结论分歧很大。有的科研单位发言认为目前的大坝粉煤灰掺量还没有超过 30% 的。针对此情况，作者根据黄河龙羊峡、李家峡及万家寨等大坝混凝土掺用粉煤灰情况进行了汇报说明，龙羊峡、李家峡大坝混凝土采用Ⅱ级粉煤灰，大坝内部最大粉煤灰掺量已经达到 30%，特别是万家寨大坝混凝土内部采用Ⅰ级粉煤灰，掺量已达 35%，已经突破粉煤灰最大掺量 30% 设计要求。此情况立即引起与会者的高度关注，纷纷询问万家寨大坝混凝土配合比粉煤灰掺量情况。

万家寨水利枢纽位于黄河北干流托克托至龙口河段峡谷内，地处山西省偏关县与内蒙古准格尔旗。枢纽拦河大坝为混凝土重力坝，最大坝高 105m，坝顶高程 982.00m，坝顶长度 443m，总装机 108 万 kW，总库容 8.96 亿 m^3，属大（1）型工程，混凝土总量约 190 万 m^3。1995 年 4 月 28 日万家寨大坝混凝土正式开盘浇筑，提交的大坝混凝土施工配合比无论从拌和、运输、浇筑的各个环节，还是混凝土性能等方面质量抽检检测表明，大坝混凝土采用山西神头一电厂、二电厂电除尘收集生产的Ⅰ级粉煤灰，有效改善了混凝土施工和易性和硬化混凝土性能，提交的大坝混凝土施工配合比具有较高的准确性和可行性。神头电厂Ⅰ级粉煤灰的化学成分及粉煤灰物理性能试验结果分别见表 4.4-2 及表 4.4-3，试验结果表明，神头电厂粉煤灰满足Ⅰ级粉煤标准要求。

表 4.4-2 粉 煤 灰 的 化 学 成 分

项 目	化 学 成 分/%						
	烧失量	SiO_2	Al_2O_3	Fe_2O_3	CaO	MgO	SO_3
神头一电厂	0.61	45.53	40.86	3.59	3.18	1.03	0.28
神头二电厂	0.86	45.52	39.27	3.49	2.07	1.14	0.26
国标（GBJ 146—90）						<3	

表 4.4-3 粉 煤 灰 的 物 理 性 能

指 标	密度 /(g/cm³)	细度 (0.045mm方孔筛)	需水量比 /%	烧失量 /%	含水量 /%
神头一电厂	2.26	3.42	94.8	0.61	0.09
神头二电厂	2.28	5.17	94.6	0.68	0.11
国标（GBJ 146—90）	<12	<95		<5	<1

万家寨水利枢纽工程大坝混凝土施工配合比见表 4.4-4，施工配合比表明：大坝内部混凝土设计指标 R_{90}150D50S4，水胶比 0.63，掺Ⅰ级粉煤灰 35%，胶凝材料总量 143kg/m³（规范要求不低于 140kg/m³），其中水泥 93kg/m³，粉煤灰 50kg/m³。由于神头电厂粉煤灰需水量比小于 95%，具有一定的减水作用，大坝内部及基础混凝土，抗冻标号 D50，均未掺引气剂，大坝上、下游迎水面混凝土抗冻标号分别为 D200、D150，未掺粉煤灰，均掺引气剂，但用水量均高于大坝基础和内部混凝土。说明大坝内部和基础掺用 35% 和 20% 的Ⅰ级粉煤灰，不但降低用水量，而且有效降低了坝体内部混凝土水化热温升，对大坝温控防裂十分有利。大坝混凝土质量控制数据统计表明，大坝内部混凝土抗压强度 28d 保证率 $P=96.5\%$，90d 保证率 $P=93.3\%$，离差系数为 1.11，质量达到优良等级。万家寨水利枢纽工程开创了大坝混凝土最先使用Ⅰ级粉煤灰的先河。

表 4.4-4 万家寨水利枢纽工程大坝混凝土施工配合比

序号	工程部位	混凝土标号	配 合 比 参 数							材 料 用 量/(kg/m³)			
			级配	水胶比	砂率/%	粉煤灰/%	减水剂/%	引气剂/(1/万)	坍落度/cm	用水量	水泥	粉煤灰	容重
1	大坝内部	R_{90}150D50S4	三	0.63	31	35	0.5	—	3~5	102	105	57	2460
2			四	0.63	25	35	0.5	—	3~5	90	93	50	2480
3	基础、迎水面 952.00m以下	R_{90}250D50S8	三	0.53	29	20	0.5	—	3~5	102	154	38	2460
4			四	0.53	25	20	0.5	—	3~5	90	136	34	2480
5	迎水面 952.00m以上	R_{90}250D200S8	三	0.48	24	—	0.5	0.5	3~5	104	217	—	2470
6			四	0.48	29	—	0.5	0.5	3~5	92	192	—	2490
7	下游坝面、钢管周围	R_{90}200D150	三	0.50	29	—	0.5	0.4	3~5	104	208	—	2470
8			四	0.50	25	—	0.5	0.4	3~5	92	184	—	2490

注 1. 水泥为抚顺及大同 525 号中热水泥，神头电厂Ⅰ级粉煤灰，灰岩人工粗细骨料，砂细度模数 2.4~2.8。
2. 骨料级配，三级配：30:30:40；四级配：25:20:25:30。

2. 实例2：三峡大坝Ⅰ级粉煤灰优选

（1）概述。1995年三峡工程第一阶段大坝混凝土配合比开始试验，混凝土采用Ⅱ级粉煤灰，主要厂家为汉川、阳逻、重庆、珞璜、湘潭和松木坪等电厂，在当时Ⅰ级粉煤灰不落实的情况下，从各电厂供应的Ⅱ级粉煤灰中，优选了质量较好的重庆电厂粉煤灰，其需水量比95.5%，品质接近Ⅰ级粉煤灰标准，在三峡工程中曾被称之准Ⅰ级粉煤灰。

三峡第一阶段混凝土配合比选择试验全面展开后，发现混凝土采用花岗岩人工骨料、中热水泥、珞璜粉Ⅱ级煤灰（需水量比95.5%准Ⅰ级）、一般高效减水剂（减水率大于15%）和引气剂联合掺用的条件下，骨料最大粒径150mm、四级配、坍落度3～5cm，混凝土的单位用水量仍高达$104～110kg/m^3$，较天然骨料混凝土高30%左右，较一般的碎石混凝土高15%～20%。如五强溪石英砂岩人工骨料和二滩正长岩人工骨料岩人工骨料混凝土用水量$85kg/m^3$和$99kg/m^3$。混凝土用水量高意味着混凝土胶凝材料用量高约$20～50kg/m^3$。如此高的用水量，不但使混凝土胶凝材用量高，水化热引起的温升也高，对混凝土温控防裂极为不利；而且混凝土用水量高也使硬化混凝土孔隙率增加，对混凝土耐久性和干缩都是不利的。因而，降低花岗岩人工骨料混凝土用水量是配合比设计急需解决的重要课题，研究采用Ⅰ级粉煤灰是降低花岗岩人工骨料用水量和改善混凝土性能的主要技术措施之一。

三峡工程第二阶段大坝混凝土配合比试验从1997年7月开始，三峡试验中心在第一阶段大量试验研究的基础上，组织了中国水利水电科学研究院、长江科学院等科研单位，选用安徽平圩、重庆珞璜、山西神头和江苏南京四个电厂的Ⅰ级粉煤灰，开展了降低混凝土用水量及混凝土性能的试验研究工作。

（2）Ⅰ级粉煤灰掺量对混凝土用水量及强度影响。试验按《水工混凝土试验规程》（SD 105—82）进行。采用湖南特种水泥厂525号中热水泥，平圩、珞璜、神头和南京Ⅰ级粉煤灰，浙江龙游 ZB-1A 高效减水剂0.8%，河北石家庄 DH9S，下岸溪人工砂，古树岭碎石。混凝土坍落度3～5cm，含气量4.0%～5.5%。

不同厂家Ⅰ级粉煤灰掺量对混凝土用水量及强度的影响见表4.4-5。

表4.4-5　不同厂家Ⅰ级粉煤灰掺量对混凝土用水量及强度的影响（水胶比0.50）

序号	粉煤灰掺量/%	供应厂家	用水量/(kg/m³)	坍落度/cm	含气量/%	抗压强度/MPa	
						28d	90d
1	20	平圩电厂	82	4.4	5.5	29.0	39.6
2		珞璜电厂	89	5.4	5.4	27.2	37.6
3		南京电厂	88	3.9	4.6	30.4	37.2
4		神头电厂	83	3.6	5.4	27.3	42.1
5	30	平圩电厂	78	4.5	5.4	26.6	44.7
6		珞璜电厂	84	4.3	5.6	25.2	37.5
7		南京电厂	86	4.3	4.7	24.5	39.5
8		神头电厂	79	3.4	5.1	24.6	38.4

续表

序号	粉煤灰掺量/%	供应厂家	用水量/(kg/m³)	坍落度/cm	含气量/%	抗压强度/MPa	
						28d	90d
9		平圩电厂	75	2.6	4.8	24.1	42.7
10	40	珞璜电厂	71	5.1	4.9	20.7	34.3
11		南京电厂	75	4.7	5.6	23.5	37.7
12		神头电厂	76	3.7	5.5	20.7	33.0
13		平圩电厂	73	4.7	4.2	19.8	36.1
14	50	珞璜电厂	70	3.7	5.4	16.5	29.2
15		南京电厂	74	4.3	5.0	20.2	38.2
16		神头电厂	74	3.4	5.6	19.8	34.9

在相同外加剂掺量、相同含气量、相同坍落度条件下，粉煤灰掺量在50%范围以内，混凝土用水量随粉煤灰掺量的增加而减少，当粉煤灰掺量30%时可减少用水量约12%，掺量50%时可减少用水量约18%。可见Ⅰ级粉煤灰具有显著的减水效果，具有明显的固体减水剂减水作用。

由于不同厂家粉煤灰的需水量比不同，使得混凝土用水量不同。需水量比相近的平圩灰和神头灰、南京和珞璜灰混凝土用水量分别接近。但当粉煤灰掺量提高到40%～50%，南京灰较平圩灰高10kg/m³左右。因此，混凝土用水量根据不同厂家粉煤灰的需水量比和粉煤灰掺量需要分别确定。

四个厂家粉煤灰在同水胶比、同掺量条件下，混凝土28d抗压强度基本一致；90d则随粉煤灰掺量不同有所差异，粉煤灰掺量较低时差异不大，掺量高时差异较大。平圩粉煤灰强度最高，珞璜粉煤灰强度最低。粉煤灰混凝土强度除受粉煤灰细度影响外，还受其化学成分的影响。因此，在混凝土配合比设计和工程应用时，不但要考虑不同厂一家粉煤灰需水量比的差异，还要考虑其强度的差异。特别是对混凝土标号高和在高温季节浇筑混凝土时，应优先选用品质好的粉煤灰。因此，Ⅰ级粉煤灰已成为三峡工程花岗岩人工骨料混凝土减少用水量的主要措施之一。

同时需要指出的是，由于粉煤灰对含气量具有较强的吸附作用，要使新拌混凝土保持相同含气量，引气剂掺量需要随粉煤灰掺量的增大而增加，即粉煤灰掺量每增加10%，引气剂剂量约增加0.01%。

（3）结论：

1）三峡工程花岗岩人工骨料料混凝土土用水量高，降低混凝土用水量是三峡工程配合比设计的主要课题之一。经试验研究，掺用Ⅰ级粉煤灰可以有效降低混凝土用水量。Ⅰ级粉煤灰与ZB-1A高效减水剂联合掺用，四级配混凝土用水量可降低到85kg/m³左右，达到国内同类人工骨料混凝土用水量的先进水平，因此，采用Ⅰ级粉煤灰是降低花岗岩骨料混凝土用水量的主要技术措施之一。

2）在相同水灰比条件下，采用Ⅰ级粉煤灰与ZB-1A联合掺用，比Ⅱ级粉煤灰与ZB-1联合掺用可以减少用水量20%以上，混凝土90d强度仍高10%以上，这对改善混凝土性能，降低混凝土用水量和胶凝材料用量，减少混凝土水化热温升，具有显著的效果。

3）混凝土水胶比 0.45～0.55，Ⅰ级粉煤灰掺量 30％～40％，缓凝高效减水剂 ZB-1A 与引气剂 DH9S 联掺，控制湿筛混凝土含气量 5％，混凝土抗冻标号可达 D300。

4）由于Ⅰ级粉煤灰优越的性能性能，在三峡工混凝土采用Ⅰ级粉煤灰技术措施，取得巨大的技术和经济效益，为推动水工混凝土采用Ⅰ级粉煤灰提供了技术支撑和积极贡献。

4.4.2 粒化高炉矿渣粉

4.4.2.1 矿渣粉技术指标

《用于水泥和混凝土中的粒化高炉矿渣粉》（GB/T 18046—2008）国家标准，规定了粒化高炉矿渣粉的定义、组分与材料、技术要求、试验方法、检测规定、包装、标志、运输和贮存等。本标准适用于作水泥混合材和混凝土掺合料的粒化高炉矿渣粉。混凝土中掺用的粒化高炉矿渣粉应符合表 4.4-6 的技术指标规定。

表 4.4-6　　　　　　　　　　　粒化高炉矿渣粉技术指标

项　　　目		级　　别		
		S105	S95	S75
密度/（kg/m³）　　　　　　　　≥		2800		
比表面积/（m²/kg）　　　　　　≥		500	400	300
活性指数/％　>	7d	95	75	55
	28d	105	95	75
流动度比/％		≥95		
含水量（质量百分比）/％		<1.0		
三氧化硫（质量百分比）/％		<4.0		
氯离子（质量百分比）/％		<0.06		
烧失量（质量百分比）/％		<3.0		

4.4.2.2 矿渣混凝土工程实例

1. 矿渣＋石粉双掺料在戈兰滩大坝碾压混凝土研究与应用

李仙江发源于云南省涧乡，是红河水系的一级支流。戈兰滩水电站位于李仙江下游，距中越国界约 40km，距云南省思茅地区江城县约 50km，坝址以上流域面积 17170km²。戈兰滩水电站主要任务为发电，总装机容量为 450MW。戈兰滩水电站工程为Ⅱ等，工程规模为大（2）型，大坝最大坝高 113m，坝顶长度 466m，主体工程混凝土方量约 150 万 m³，其中碾压混凝土约 90 万 m³。

随着云南省和周边地区国民经济的发展，云南省粉煤灰供应趋紧。业主对粉煤灰市场调查，在本工程以及本工程项目业主在李仙江干流上开发的其他几个梯级电站建设期内，各粉煤灰厂家的粉煤灰已全部预定。为此，业主利用玉溪地区钢铁企业生产的高炉矿渣和景谷水泥厂的石灰石矿，采用景谷水泥厂现有设备加工粒化高炉矿渣粉（S）和石灰石粉

（L）作为混凝土掺合料。水泥采用景谷水泥厂和建峰水泥厂生产的 P·O42.5 水泥。

2. 粒化高炉矿渣及石粉的作用机理

粒化高炉矿渣是炼铁时矿石中的 SiO_2、Al_2O_3 等杂质在高温情况下与石灰等溶剂化合而成的物质，其化学成分主要是 CaO、SiO_2、Al_2O_3。在一般的矿渣中，CaO、SiO_2 和 Al_2O_3 占总量的 90% 以上。热熔矿渣经过水、压缩空气或蒸气的急速冷却，形成以玻璃体结构为主的、活性得到提高的"粒化高炉矿渣"。

在矿渣中，CaO 的含量大则活性高。但如果 CaO 含量过高（超过 51%），则由于熔融矿渣的黏度下降，矿渣结晶能力增大，容易结晶。此时矿渣中玻璃体成分减少，活性降低。矿渣中 Al_2O_3 含量高则活性大，SiO_2 的存在对玻璃体结构的形成有一定的帮助，但含量过多时由于得不到足够的 CaO、MgO 与其化合，矿渣的活性较差。因此，矿渣中 CaO、Al_2O_3 含量都较高而 SiO_2 含量较低，则矿渣的活性最好。

矿渣磨到一定细度（比表面积），才能充分参与水化反应提高活性。矿粉细度大小直接影响矿粉的增强效果，原则上矿粉细度越大则效果越好，但过细则粉磨困难，成本大幅度增加，综合考虑矿粉的细度以 $400\sim600m^2/kg$ 为优良。

按照《用于水泥和混凝土中的粒化高炉矿渣粉》（GB/T 18046—2000）等有关试验方法对玉溪地区钢铁企业生产的高炉矿渣粉（由景谷水泥厂进行研磨）进行了试验，其物理性能检测结果见表 4.4-7。按照《水泥化学分析方法》（GB/T 176—1996）对高炉矿渣粉进行化学成分分析，其检测结果见表 4.4-8。

试验结果表明，矿渣粉的各项指标满足 GB/T 18046—2000 规定的 S75 级别的技术要求。

表 4.4-7　　　　　　　　　　　　矿渣粉的物理性能检测

项　目		密度/(g/cm³)	细度/%	比表面积/(kg/m³)	SO₃/%	含水量/%	烧失量/%	流动度比/%	强度比/%	
									7d	28d
检测结果		2.96	8.0	451	1.1	0.1	3.0	98	65	77
GB/T 18046—2000	S105	≥2.8	—	≥350	≤4.0	≤1.0	≤3.0	≥85	≥95	≥105
	S95	≥2.8	—	≥350	≤4.0	≤1.0	≤3.0	≥90	≥75	≥95
	S75	≥2.8	—	≥350	≤4.0	≤1.0	≤3.0	≥95	≥55	≥75

注　表中细度采用 0.045mm 筛试验。

表 4.4-8　　　　　　　　　　　　矿渣粉和石灰石粉的化学成分

掺合料品种　　项目	化 学 成 分/%										
	SiO₂	Al₂O₃	Fe₂O₃	CaO	MgO	Na₂O	K₂O	SO₃	fCaO	TiO₂	烧失量
矿渣粉	34.18	9.30	3.52	36.93	9.62	0.31	0.60	1.13	0.06	0.69	3.00
石粉	1.81	1.74	0.25	54.64	0.44	0.04	0.65	—	0.37	0.04	40.03

石灰石是非活性混合料，在混凝土的水化过程中并不参与水化反应，但因为石灰石易磨性好，高细石灰石粉掺入混凝土后能够明显减少胶凝材颗粒堆积的空隙率，可以改善混凝土的和易性、保水性和抗渗性等物理性能。缺点是混凝土的后期强度增进率极小，当掺量较大时更加明显。石粉的性能检测结果见表 4.4-9。

表 4.4-9　　　　　　　　　　　石粉的性能检测结果

项　　目	密度 /(g/cm³)	细度/%		比表面积 /(kg/m³)
		0.045mm	0.08mm	
检测结果	2.76	60.8	29.2	265

3. 不同比例矿渣粉与石粉双掺料试验

由于单独使用高炉矿渣的活性指数太高（相当于水泥的活性指数），为此，进行不同比例的矿渣粉与石粉的水泥浆抗压强度试验，试验结果见表 4.4-10。

表 4.4-10　　　　　　　　　　不同比例的矿渣粉与石粉的水泥浆抗压强度

矿渣粉：石粉	掺合料掺量 /%	抗压强度/MPa				抗压强度比/%			
		7d	28d	90d	180d	7d	28d	90d	180d
—	0	79.6	88.3	91.0	107.1	100	100	100	100
40：60	20	57.7	72.3	75.8	96.5	72.5	81.8	83.2	90.0
50：50	20	63.2	74.3	79.9	100.1	79.4	84.1	87.8	93.4
60：40	20	67.1	75.7	80.7	100.1	84.4	85.7	88.6	94.1
40：60	50	39.4	57.5	60.2	72.3	49.5	65.1	66.1	67.5
50：50	50	40.3	62.0	65.6	80.1	50.6	70.2	72.3	74.8
60：40	50	43.6	65.9	69.7	86.7	54.7	74.6	76.5	80.9

表 4.4-10 试验结果表明：

（1）掺与不掺矿渣石粉的水泥浆相比，其抗压强度有所降低，但其抗压强度比随着龄期的增长而增大。

（2）掺合料中矿渣与石粉比例相同时，水泥浆的抗压强度随掺合料掺量增加而降低。

（3）掺合料掺量相同时，矿渣：石粉为 60：40 的比例为掺合料的水泥浆抗压强度较另外两种比例的水泥浆相应的抗压强度要高一些。

（4）由于考虑到高炉矿渣（由玉溪运输到景谷）和石灰石粉（当地开采）的价格的经济效益，经技术经济论证，确定采用矿渣：石粉＝50：50 的双掺料作为戈兰滩工程掺合料。

4. 矿渣粉与石粉双掺料水化热

矿渣粉与石粉双掺料对混凝土的影响主要取决于它的两个综合效应：一是火山灰效应；二是微集料效应。按照《水泥水化热测定方法》（溶解热法）（GB/T 12959—91）进行了双掺料胶凝材料的水化热试验，试验结果表明：水泥中掺入一定量的矿渣粉与石粉双掺料，可以降低水化热。如建峰 P·O42.5 和景谷 P·O42.5 水泥掺入 50% 的矿渣粉与石粉双掺料，其 7d 的水化热值比不掺掺合料的水泥水化热降低了 30% 左右。

5. 矿渣粉与石粉 SL 双掺料在戈兰滩大坝碾压混凝土中应用

戈兰滩水电站工程采用矿渣粉与石粉双掺料，经过科研单位和施工单位大量的试验研究，试验结果表明，采用矿渣：石粉＝50：50 的双掺料作为碾压混凝土掺合料，满足施工和设计要求，戈兰滩大坝碾压混凝土施工配合比见表 4.4-11。

表 4.4 - 11　　　　　　　　　　戈兰滩大坝碾压混凝土施工配合比

设计指标级配	水胶比	双掺料掺量/%	砂率/%	单位体积材料用量/(kg/m³)							浆砂体积比 PV
				水	水泥	双掺料	砂	小石	中石	大石	
C₉₀15W4F50 三级	0.50	60.0	34.0	83	66	100	731	439	585	439	0.40
C₉₀20W8F100 二级	0.45	55.0	38	93	93	114	784	527	791	—	0.42

注　水泥泰裕 P·O32.5，掺合料为矿渣：石粉＝50：50 双掺料，减水剂 SFG 掺 0.8%、引气剂 JM - 200 掺 0.04%；控制 VC 值 3～5s，含气量 3%～4%。

　　2007 年戈兰滩水电站工程现场碾压混凝土施工表明，碾压混凝土拌和物具有较好的工作度、可塑性和易密性，液化泛浆良好，保证了碾压混凝土连续、快速的施工要求。同时混凝土质量检测表明，硬化混凝土 90d 的抗压强度达到了配制强度，后期强度期增长率较大，混凝土抗渗性能、变形性能及耐久性均满足设计提出的技术性能要求。

4.4.3　硅粉

4.4.3.1　硅粉的技术指标

　　根据水规科〔1991〕10 号《水工混凝土硅粉品质标准暂行规定》及《高强高性能混凝土用矿物外加剂》（GB/T 18736—2017），水工混凝土中掺用的硅粉的技术指标应符合表 4.4 - 12 中的规定。

表 4.4 - 12　　　　　　　　　　硅 粉 的 技 术 指 标

项　　目		技术指标
二氧化硅/%		≥85
含水率/%		≤3.0
烧失量/%		≤6.0
细度（满足其中一项即为合格）	45μm 筛余量/%	≤5.0
	比表面积/(m²/kg)	≥15000
均匀性	密度：与均值偏差/%	≤5
	细度：筛余量与均值的偏差/%	≤5
活性指数/%	3d	≥85
	7d	≥90
	28d	≥105

4.4.3.2　硅粉混凝土

　　林宝玉、吴绍章主编的《混凝土工程新材料设计与施工》一书中对硅粉混凝土进行了详细的阐述。硅粉混凝土早在 1952 年、1971 年和 1978 年就曾在斯堪的纳维亚半岛一些国家中开始应用，但是直到 1982 年在挪威技术研究院对硅粉混凝土的性能进行了首次综合研究后，才开始被人们所注意。由于硅粉具有和硅酸盐水泥独特的互补性能，现在已被确定为一种新型的辅助的胶结材料被广泛研究和应用。

瑞典的 Jhjorn 大桥是第一个应用硅粉混凝土的工程。现今全世界已有许多结构工程使用硅粉，其中最有声望的新结构是 1987 年建成的巴黎的 L，Arochede va Detense。

中国研究和应用硅粉混凝土始于 20 世纪 80 年代，例如黄浦江过江隧道及龙羊峡水电站中孔溢洪道等都取得了良好的技术经济效果。目前，硅粉混凝土已被确认为可以代替树脂砂浆作为水工泄水建筑物的护面材料，掺用硅粉配制的高性能混凝土也已逐渐被水利水电、交通、冶金、煤炭、建筑等行业所接受。

硅粉是硅铁和硅金属生产中的工业尘埃，由于它的优异性能，还由于严格的环保法，国内外已将硅粉回收并作为商品出售。据统计，1981 年全世界硅粉产量在 100 万 t 以上。我国目前拥有几座硅铁电炉，每年可回收硅粉 15 万 t 以上，大量的硅粉随炉气排入大气，既造成严重的环境污染，又浪费可贵的资源。

硅粉具有下列特性：①它是一种非常细的粉末，它的平均粒径是水泥的 1/100 还小，比表面积为 15～20m^2/g；②由于它是从蒸气冷凝而得，故其粉末具有非常完美的球状形态；③这种粉末含有 85%～95% 以上玻璃态的活性二氧化硅；④硅粉的容重为 2.2～2.5g/cm^3，松散容重为 200～300kg/m^3。

硅粉掺入混凝土后，对新拌和硬化混凝土的作用与上述几个特性有关。近年来，国内外学者使用热差分析和 X 射线测试了 Ca(OH)$_2$ 和 C—S—H 的形成和数量变化；使用扫描电子显微镜对水化产物的形貌进行观测；使用压泵法测试浆体孔隙率及孔径分布，对硅粉的作用可综合如下。

硅粉具有极强的火山灰性能。当它掺入混凝土中和水接触后，部分小颗粒迅速溶解，溶液中富 SiO$_2$ 贫 Ca 的凝胶在硅粉粒子表面形成附着层。一定时间后，富 SiO$_2$ 和贫 Ca 凝胶附着层开始溶解和水泥水化产生的 Ca(OH)$_2$；反应生成 C—S—H 凝胶。

南京水科院曾研究了不同硅粉掺量砂浆的 X 衍射强度及孔径分布，结果表明，掺用 10% 硅粉其 X 衍射强度为：$d=4.9$Å 比不掺的减少 92%，$d=2.62$Å 比不掺的减少 68%。对孔结构研究同样表明，当硅粉掺量为 5%～20% 时，普通水泥砂浆的孔隙率比硅粉砂浆大 66%～145%，在最可几孔径方面，普通水泥砂浆为 1480Å，而硅粉砂浆为 350～500A，减少了 3/4～2/3，占总孔体积百分数最多的孔径范围：普通水泥砂浆为 1000～2000Å，而硅粉砂浆仅为 200～500Å。

4.4.4 氧化镁

4.4.4.1 氧化镁品质指标

水工大体积混凝土中掺用氧化镁可以产生延迟性膨胀，补偿混凝土温降过程中的体积收缩，有助于温控防裂。根据《水工混凝土掺用氧化镁技术规范》（DL/T 5296—2013），氧化镁膨胀剂中 MgO 含量、游离氧化钙（fCaO）含量、烧失量、含水量、细度和活性度等技术指标和相应的试验方法，掺用氧化镁混凝土的技术要求，以及掺用氧化镁混凝土的质量控制和检查等技术要求。氧化镁品质指标要求见表 4.4-13；氧化镁产品的匀质性指标见表 4.4-14。

表 4.4 - 13   氧化镁品质指标要求

项　　目	品　质　指　标	
	Ⅰ	Ⅱ
MgO 含量/%	≥85.0	
fCaO/%	≤2.0	
烧失量/%	≤4.0	
含水量/%	≤1.0	
细度（80μm 方孔筛筛余）/%	≤5.0	≤10.0
活性反应时间/s	≥50 且＜200	≥200 且＜300

表 4.4 - 14   氧化镁产品的匀质性指标

项目名称	技术要求	项目名称	技术要求
MgO 含量	控制值±2.0%之内	活性反应时间	控制值±30s 之内

4.4.4.2　外掺氧化镁在拱坝混凝土中的研究与应用实例

1. 概述

中国水利水电科学研究院张国新在《氧化镁在大坝混凝土中的研究与应用》论文中，对全坝外掺氧化镁（MgO）拱坝快速筑坝技术的应用进行了论述。中国自 1999 年起已有近 20 年历史，建成了十余座拱坝，但缺乏相关的设计和施工规范，其应用理念和效果也不尽相同，既取得了一些经验，也有一些教训。实践中多采用简化的材料力学概念确定 MgO 掺量。同重力坝相比，拱坝具有变形复杂的结构特点，对掺 MgO 后拱坝新的变形特点在设计认识上处于摸索阶段，尚未形成一套系统成熟的实用技术，仍有许多问题需要研究。

2. 研究内容

（1）MgO 混凝土筑坝基本理论研究。提出了 MgO 混凝土筑坝的三个差：室内实验与实际膨胀差、时间差、地区差。对这三个问题进行定量计算和分析，以对 MgO 混凝土筑坝进行理论指导。另外混凝土掺 MgO 后会产生膨胀变形，膨胀速率与温度密切相关，如龄期 100d 时，40℃养护比 20℃养护的膨胀量大 1～2 倍。对于温度不断变化的混凝土来讲，温度的影响起至关重要的作用，因此 MgO 膨胀模型不仅要反映龄期、MgO 掺量等因素，还应考虑温度相关性，否则将难以反映真实的变形及应力状况。本项目在充分把握 MgO 微膨胀变形性能的基础上提出能反映微膨胀混凝土真实特性的仿真模拟模型。

（2）混凝土外掺 MgO 后材料性能的研究。本项目通过室内试验，说明了混凝土外掺 MgO 后，混凝土龄期、环境温度对混凝土的抗压、抗拉强度及弹性模量等参数的影响情况。混凝土材料性能参数都随龄期的增长和试验温度的升高而增大，但增长率不同，抗拉、抗压强度低龄期 28d 前的增长率大于高龄期的增长率，28d 后各龄期的增长变化率不大；高温 28d 前的弹模提高较多，其后各龄期的弹模提高率都随龄期的增长而逐渐减小，试验成果为外掺 MgO 混凝土筑坝量化分析提供了依据。

（3）MgO 微膨胀混凝土筑坝施工期和运行期温度场、应力场仿真软件的开发。混凝土本身具有多种特殊性质，如水化热、强度和弹模随龄期变化、徐变随龄期、应力和温度变化等，加上 MgO 的膨胀特性和实际施工的复杂性，使得 MgO 混凝土坝的仿真模拟变得十分复杂。本项目研发了一套适合 MgO 混凝土整体拱坝的仿真分析软件，以快速高效、精确地仿真分析 MgO 混凝土整体拱坝的温度场、应力场的变化过程。

（4）外掺 MgO 混凝土拱坝的施工技术及质量控制方法的研究。提出了掺 MgO 混凝土原材料的检验方法和混凝土拌和过程中 MgO 均匀性控制的检测方法，原则规定：现场进行坝体浇筑的每批混凝土均要用滴定法进行 MgO 均匀性检测。对 MgO 含量超标（设计控制标准）的混凝土，严格采取挖出措施，不允许留存在坝体混凝土内，并提出了拱坝施工中工程质量控制要素和方案。

（5）MgO 微膨胀混凝土整体浇筑拱坝技术总结及相应设计规范的研究。根据已建 MgO 微膨胀混凝土拱坝的经验，研究坝体不分横缝或合理放宽横缝距离、设置诱导缝等措施，以简化施工工艺，达到快速筑坝目的。同时制定应用该技术建造混凝土拱坝的设计方法和基本准则，并推荐与该技术相适应的计算分析程序。同时从原材料到施工提出完整系统的质量控制要求，以保证该技术的应用取得成功。最终提出适用南方地区的《全坝外掺 MgO 微膨胀混凝土拱坝技术规范》。

3. 外掺 MgO 微膨胀混凝土在拱坝快速施工中的应用

据不完全统计，全国采用全坝外掺 MgO 微膨胀混凝土技术建成的拱坝已有 11 座，研究和应用实践表明，由于受 MgO 掺量的限制，混凝土的胀量是有限的，仅靠掺 MgO 而全部取代温度控制和分缝，难以达到防裂的目的。而依靠全坝外掺 MgO 和少量分缝，则可以取代温度控制，简化施工，达到快速施工的目的。

MgO 混凝土膨胀发挥应力补偿作用的条件之一是约束，因此以往多成功应用于填塘、坝基附近、孔口周围、导流洞堵头等强约束部位。对于整坝而言，由于重力坝脱离约束区后失去外部约束，混凝土的膨胀对收缩应力补偿作用不大，而拱坝整个坝体都处于坝基及坝肩的约束之下，整体的变形会引起约束应力，因此拱坝全坝外掺 MgO 使混凝土具有微膨胀性，对防止温降裂缝的作用是明显的。但是，对拱坝而言，混凝土的膨胀和收缩都是荷载，因此膨胀量不能过大，同时由于混凝土安定性的要求，国家标准《通用硅酸盐水泥》（GB 175—2007）、《中热硅酸盐水泥、低热硅酸盐水泥、低热矿渣硅酸盐水泥》（GB 200—2003）标准要求水泥中的 MgO 含量不能超过 5%，因此，MgO 膨胀对温降的补偿作用是有限的，必要时还要采取其他防裂措施。

中国最早建成的两座外掺 MgO 混凝土拱坝是广州的长沙坝和贵州的沙老河坝，这两座拱坝均采用 MgO 完全代替温控措施和分缝措施，且施工未避开高温季节，结果都出现了危害性裂缝。尤其是沙老河拱坝，全坝产生 5 条贯穿上下游的裂缝，最大缝宽达到 8mm。由于外掺 MgO 后混凝土的膨胀量不足以补偿温降带来的收缩，用以简化温控、减少分缝是可以的，但要用 MgO 完全取代温度控制和分缝措施难以达到防裂的目的，具体在多大程度上简化温控措施，应该通过仿真分析的手段确定。理论分析和实践都表明，对于建在中国南方的百米级的拱坝，外掺 MgO 并辅以适当的分缝，可以代替温控措施，在不采取其他温控措施的条件下达到防止危害裂缝产生的目的。

贵州的三江河拱坝是利用外掺 MgO 混凝土加少量分缝措施成功建成的第一座拱坝。

该拱坝位于贵阳市北郊三江河上，坝高 71.5m，坝顶弧长 137.5m，坝顶厚 4m，底厚 10.44m，混凝土总方量 3.8 万 m^3。根据仿真分析的结果，仅靠外掺 5％的 MgO 所产生的 100～130μm 的微膨胀，即使利用 2002 年 11 月至 2003 年 5 月的低温季节施工，大坝应力仍超过混凝土的允许应力，因此根据仿真分析结果在两岸从高程 145.00m 起设两条诱导缝。大坝建成后，第一年冬季两条诱导缝张开，次年 3 月对诱导缝进行灌浆，6 月开始蓄水，至 2012 年已正常运行 9 年。仿真分析结果表明，不分缝时坝基附近最大拉应力大于 2.0MPa，两岸坝肩附近大面积拉应力超过 2.5MPa，局部拉应力超过 4.0MPa，全坝外掺 4.5％的 MgO 后坝基处的最大拉应力降到 1.1MPa，两岸坝肩附近仍有大面积大于 2.0MPa 的拉力区。如果仅靠外掺 MgO 不分缝则两岸坝肩附近的裂缝仍不能避免。在大拉应力区设置横缝后，拉应力大幅度下降，满足抗裂要求。需要说明的是，由于坝肩附近仍有 1.8MPa 左右的拉应力，叠加温度骤降的应力后最大拉应力仍可能超过混凝土的抗拉强度。

另一座建成并成功应用的拱坝是位于贵州息烽县的鱼简河 RCC 拱坝，该坝坝高 81m，顶拱弧长 180m，坝顶厚 4m，坝底厚 16.5m，混凝土总方量 11 万 m^3。仿真分析结果表明，不掺 MgO 不设缝时，坝中面中下部有大面积超过 1.5MPa 的拉应力，最大拉应力超过 2.5MPa，两岸中上部以上大面积的拉应力超过 2.0MPa，最大达到了 3.0MPa 以上。在两岸及坝中下部出现裂缝是难以避免的。考虑分两条横缝，及两条诱导缝坝体拉应力区及最大拉应力均有所减小，但河床坝段高程 995.00m 以下仍有 2.4MPa 的拉应力，两岸高程 1040.00m 以上的拉应力仍超过 2.0MPa，仍不满足抗裂要求。在分两横缝两诱导缝的基础上，全坝外掺 4.5％的 MgO，要求混凝土膨胀量在 180d μm，大坝应力状态得到改善，除个别部位拉应力为 1.8MPa 外，大坝最大拉应力小于 1.5MPa，满足抗拉要求。对于鱼简河拱坝，掺 MgO 可以补偿温度应力 0.5MPa 左右，可以作为分缝措施的补充。鱼简河拱坝已成功运行 8 年，未见裂缝产生，工作状态正常。

黄花寨混凝土拱坝是目前采用外掺 MgO 建成的最高拱坝。该坝最大坝高 108m，最大中心角 95°，坝顶最小中心角 48°，坝顶弧长 243.58m，坝顶宽度取 6m，经计算取坝底宽 25.1m，坝体最厚部位 25.6m，坝体混凝土方量达 30 万 m^3。根据仿真计算结果，大坝设置了 2 条横缝和 2 条诱导缝，全坝采用自然浇筑，未采取额外的温控措施，至 2014 年大坝已运行 3 年，未出现危害性裂缝，大坝运行正常。

4. 结语

MgO 微膨胀混凝土已有近 50 年的研究和应用历史，全坝外掺 MgO 浇筑拱坝技术也已有十多年的经验，总结近几年 MgO 膨胀混凝土应用的基本理论、膨胀量仿真模型、外掺 MgO 在拱坝中的应用等方面的研究成果，有如下几点认识：

（1）MgO 微膨胀混凝土，具有延迟性膨胀、无回缩的特点，可以部分补偿温降收缩引起的拉应力。在重力坝强约束区和拱坝中应用，可以部分取代温控措施达到防裂目的。

（2）在目前规范规定的 MgO 含量 5％限制之下，采用外掺 MgO 方式，如果 MgO 的膨胀性能够保证，可以提供 100μm 左右的膨胀量，可补偿 10～15℃的温降收缩。

（3）MgO 混凝土的膨胀可补偿的温降收缩量是有限的。实践表明，用 MgO 完全取代拱坝的分缝和温控措施尚难以达到防裂目的。对于 100m 级的拱坝采用外掺 MgO 加适当分缝的方式，可以取代温控措施快速修建拱坝。

（4）有限元仿真分析方法是确定 MgO 补偿效果和分缝方式的有效手段，对于高拱坝掺 MgO 后的应力状态和分缝方案应进行有限元仿真分析，以确定合理 MgO 掺量及分缝方案。

（5）MgO 的膨胀性对大坝防裂的作用是可以肯定的，但是对其膨胀量和补偿温降收缩的能力要正确分析，避免盲目乐观，不能完全取代温控。同时，要充分考虑朱伯芳院士提出的"时间差""地区差"和"室内外差"，对不同地区不同工程通过仿真分析的方式，确定其温降补作用和相应的其他防裂措施。

4.4.5 天然火山灰

4.4.5.1 天然火山灰质品质指标及技术要求

根据《水工混凝土掺用天然火山灰质材料技术规范》（DL/T 5273—2012），天然火山灰质材料的品质指标见表 4.4 - 15；天然火山灰质材料的匀质性指标见表 4.4 - 16；天然火山灰质材料取代水泥的最大限量见表 4.4 - 17。

表 4.4 - 15　　天然火山灰质材料的品质指标

项　目	技术要求	项　目	技术要求
细度（45μm 方孔筛筛余）/%	≤25.0	三氧化硫/%	≤4.0
需水量比/%	≤115	安定性（沸煮法）	合格
烧失量/%	≤10.0	活性指数（28d）/%	≥60
含水量/%	≤1.0	火山灰活性	合格

表 4.4 - 16　　天然火山灰质材料的匀质性指标

项　目	指标控制范围	项　目	指标控制范围
密度	控制指标±0.10g/cm³ 之内	需水量比	控制值±0.5% 之内
细度	控制值±0.5% 之内		

表 4.4 - 17　　天然火山灰质材料取代水泥的最大限量

混凝土品种		硅酸盐水泥、中热硅酸盐水泥、低热矿渣水泥	普通硅酸盐水泥
重力坝碾压混凝土	内部	60	55
	外部	55	50
重力坝常态混凝土	内部	45	40
	外部	30	25
拱坝碾压混凝土		55	50
拱坝常态混凝土		30	25

4.4.5.2 缅甸丹伦江滚弄水电站工程火山灰选择试验实例

1. 概述

滚弄水电站位于缅甸丹伦江上游的掸邦滚弄境内，坝址至户里乡约 7km，至滚弄县约 8km，至中国耿马孟定清水河口岸 37km，为丹伦江上游干流河道上第一个梯级电站。滚弄水电站坝址控制流域面积约 12.90 万 km²，水库正常蓄水位 519.00m，死水位 511.00m，汛期限制水位 512.00m，电站装机 1400MW，安装 5 台 280MW 水轮发电机组，多年平均发电量 72.53 亿 kW·h，属一等大（1）型工程。

滚弄水电站枢纽主要由混凝土重力坝、坝身泄洪建筑物、右岸泄洪洞，左岸坝后式地面发电系统等建筑物所组成。大坝最低建基面高程 420.00m，坝顶高程 523.00m，最大坝高 103m，坝顶长度 438.5m，共分为 15 个坝段。沿坝轴线从左至右依次布置有左岸非溢流坝段、左岸冲砂坝段、进水口坝段、右岸冲砂坝段、溢流表孔坝段、右岸非溢流坝段。

滚弄水电站远离粉煤灰产地，但距中国火山灰产地龙陵、腾冲较近。根据 2009 年 11 月 23 日金安桥水电站有限公司技术部下发的《滚弄水电站火山灰选择试验计划》，中心试验室组织对计划要求的项目进行了试验检测，现将试验结果整理如下。

试验目的：通过对火山灰物理性能试验、品质化学分析、火山灰水化热试验、火山灰胶砂强度性能试验以及初步的碾压混凝土基本性能等试验结果，为缅甸丹伦江滚弄水电站工程混凝土掺合料选择提供初步依据。

2. 原材料品质检验

（1）水泥。水泥是混凝土中最核心的组分，水泥品质的变化对混凝土的性能影响极大。根据计划要求试验采用水泥为永保水泥厂生产的 P·MH42.5 级中热硅酸盐水泥，水泥的化学成分及矿物组成列于表 4.4-18 中。水泥的物理力学性能检验结果见表 4.4-19。检验结果表明，中热水泥满足《中热硅酸盐水泥、低热硅酸盐水泥、低热矿渣硅酸盐水泥》（GB 200—2003）的技术要求。

表 4.4-18　　　　　　　　　　水泥的化学成分及矿物组成

水泥品种	化学成分/%								矿物成分/%			
	CaO	SiO_2	Al_2O_3	Fe_2O_3	MgO	SO_3	R_2O*	Loss	C_3S	C_2S	C_3A	C_4AF
永保中热 42.5	57.45	20.67	5.89	5.32	4.53	2.15	0.45	2.18	54.49	18.41	2.32	15.95
GB 200—2003 中热 42.5	—	—	—	—	≤5.0	≤3.5	—	≤3.0	≤55	—	≤6	

* R_2O 为当量碱含量，$R_2O=Na_2O+0.658K_2O$，下同。

表 4.4-19　　　　　　　　　　水泥的物理力学性能试验结果

水泥品种	比表面积 /(m²/kg)	密度 /(m²/kg)	标稠 /%	安定性	凝结时间 /(h：min)		抗压强度 /MPa			抗折强度 /MPa		
					初凝	终凝	3d	7d	28d	3d	7d	28d
永保中热 42.5	298	3.17	25.4	合格	2：45	3：39	21.3	29.3	46.1	4.6	6.2	7.8
GB 200—2003 中热 42.5	≥250			合格	≥1h	≤12h	≥12.0	≥22.0	≥42.5	≥3.0	≥4.5	≥6.5

该水泥矿物组成中 C_4AF 含量较高，有利于混凝土的防裂性能；水泥中 MgO 含量也较高，能产生"延滞性"微膨胀效果，可以部分补偿混凝土的后期收缩，从而降低混凝土因自身收缩和温度收缩导致混凝土产生裂缝的风险，提高混凝土特别是大体积混凝土的抗

裂性能，目前大型水电站工程均要求主体工程所用水泥 MgO 含量在 4.0% 以上，但不超过国家标准规定的 5.0%。

（2）火山灰。滚弄水电站调研对永德、龙陵、腾冲三地的火山灰进行了取样，共 5 个火山灰样品，其中 PL1 龙陵江腾火山灰、PT1 腾冲华辉火山灰为成品，直接用于试验；PY1 永德火山灰、PY2 永德火山灰、PL2 龙陵江腾火山灰为原岩样，经试验磨机加工成粉状成品用于试验。5 个火山灰样品的化学成分及物理性能试验结果见表 4.4-20 和表 4.4-21。

表 4.4-20　　　　　　　　　　　火山灰的化学成分　　　　　　　　　　　　%

样品编号		CaO	SiO₂	Al₂O₃	Fe₂O₃	MgO	Na₂O	K₂O	SO₃	R₂O	Loss
GW-1	PY1	3.06	65.92	11.64	5.62	0.61	0.99	0.72	0.11	1.46	1.54
GW-2	PY2	6.10	52.64	12.30	11.43	4.45	0.84	0.73	0.08	1.32	2.20
GW-3	PL1	5.38	56.38	15.42	7.68	3.31	1.23	0.73	0.10	1.71	0.95
GW-4	PL2	5.28	50.38	16.31	10.53	4.78	1.11	0.72	0.06	1.58	3.00
GW-5	PT1	6.21	57.34	13.4	8.50	3.46	1.31	0.72	0.12	1.78	0.81
备注		PY1—永德火山灰 1 号；PL1—龙陵江腾火山灰 1 号；PT1—腾冲华辉火山灰；PY2—永德火山灰 2 号；PL2—龙陵江腾火山灰 2 号。									

由检测结果可知，三个地区五个矿源点的火山灰矿，其主要化学成分氧化钙、二氧化硅、三氧化二铝、四氧化三铁的含量相差较大；三氧化硫含量均较低，在 0.06% ~ 0.12%，碱含量均较高，在 1.32% ~ 1.78%。

表 4.4-21　　　　　　　　　　火山灰的物理性能试验结果

样品名称		密度/(g/cm³)	细度/%	比表面积/(m²/kg)	需水量比/%	含水率/%	备注
GW-1	PY1 永德火山灰 1 号	2.68	19.6	621	100	0.63	块矿、加工
GW-2	PY2 永德火山灰 2 号	2.63	22.0	589	100	0.94	粉矿、加工
GW-3	PL1 龙陵江腾火山灰 1 号	2.68	10.9	506	100	0.64	成品火山灰
GW-4	PL2 龙陵江腾火山灰 2 号	2.76	22.9	570	101	2.61	块矿、加工
GW-5	PT1 腾冲华辉火山灰	2.72	12.2	490	98	0.43	成品火山灰
备注		细度为 45μm 方孔筛筛余百分含量					

试验用成品样均可达到 Ⅱ 级粉煤灰相关控制指标要求，需水量比在 98% ~ 101%，其中编号 GW-5 腾冲成品火山灰的需水量比最低，可达到 98%。

（3）外加剂。在碾压混凝土试验中，采用浙江龙游五强混凝土外加剂有限公司生产的 ZB-1Rcc15 缓凝高效减水剂和 ZB-1G 引气剂。试验结果表明：两种外加剂均满足《混凝土外加剂》（GB 8076—2008）技术要求，外加剂性能试验结果见表 4.4-22。

3. 胶砂强度试验

采用永保水泥厂生产的 42.5 级中热硅酸盐水泥，分别掺入等量的不同品种火山灰，进行水泥胶砂强度试验，试验方法按《水泥胶砂强度检验方法（ISO 法）》（GB/T

17671—1999）进行。试验时以水泥胶砂跳桌流动度 130～140mm 为基准，以 30％的火山灰等量取代水泥成型胶砂试件，试验配比见表 4.4－23。

表 4.4－22 外加剂性能试验结果

名 称	外 加 剂		减水率/％	含气量/％	凝结时间差（h：min）		泌水率比/％	抗压强度比/％		
	品种	掺量/％			初凝	终凝		3d	7d	28d
减水剂	ZB－1RCC15	0.6	20.5	1.8	＋320	＋315	18.6	151	143	137
引气剂	ZB－1G	0.005	7.1	4.8	＋20	＋25	13.6	100	98	95
GB 8076—2008	缓凝高效减水剂		≥14	≤4.5	＞+90	—	≤100	—	≥125	≥120
	引气剂		≥6	≥3.0	－90～+120	－90～+120	≤70	≥95	≥95	≥90

表 4.4－23 掺火山灰胶砂强度试验配比

编号	火 山 灰 品 种	火山灰掺量/％	水泥/g	火山灰/g	标准砂/g	水胶比
GW－0	永保中热水泥	0	540	—	1350	0.50
GW－1	PY1 永德火山灰 1 号	30	378	162	1350	0.50
GW－2	PY2 永德火山灰 2 号	30	378	162	1350	0.50
GW－3	PL1 龙陵江腾火山灰 1 号	30	378	162	1350	0.50
GW－4	PL2 龙陵江腾火山灰 2 号	30	378	162	1350	0.505
GW－5	PT1 腾冲华辉火山灰	30	378	162	1350	0.490

注 以胶砂跳桌流动度 130～140mm 为基准。

掺入火山灰后的胶砂强度试验结果见表 4.4－24。掺不同品种火山灰的胶砂抗折强度、抗压强度柱状图如图 4.4－1、图 4.4－2 所示。试验结果表明：

（1）PT1 腾冲华辉火山灰需水量较小，PL2 龙陵江腾火山灰需水量较大，其余均无较大差别。

（2）水泥品种确定时，掺 PL1 龙陵江腾火山灰的胶砂强度最高，其次是 PT1 腾冲华辉火山灰，而强度最低的是 PY2 永德火山灰。

表 4.4－24 掺入火山灰后的胶砂强度试验结果

编号	抗折强度/抗折强度比/（MPa/％）					抗压强度/抗压强度比/（MPa/％）				
	3d	7d	28d	60d	90d	3d	7d	28d	60d	90d
GW－0	4.6/100	6.2/100	7.8/100	8.6/100	8.9/100	21.3/100	29.3/100	46.1/100	56.1/100	56.6/100
GW－1	2.7/59	3.5/57	4.8/62	5.4/63	6.1/69	10.8/51	15.3/52	23.8/52	31.0/55	32.6/58
GW－2	2.4/52	3.4/55	4.6/59	5.4/63	5.9/66	9.6/45	13.5/46	21.8/47	28.2/50	30.6/54
GW－3	2.9/63	3.9/63	5.6/72	7.0/81	7.5/84	11.4/54	16.2/55	28.9/63	38.0/68	42.2/75
GW－4	2.4/52	3.4/55	4.6/59	5.7/66	5.9/66	10.2/48	14.0/48	23.2/50	29.4/52	31.6/56
GW－5	2.6/57	3.5/57	5.0/64	6.3/73	7.0/79	10.6/50	15.4/53	25.0/54	34.2/61	37.0/65

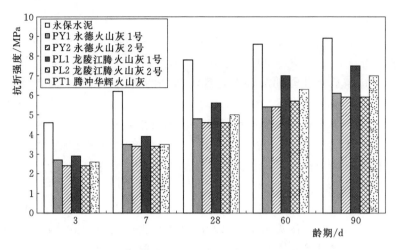

图 4.4－1　掺不同品种火山灰的胶砂抗折强度柱状图

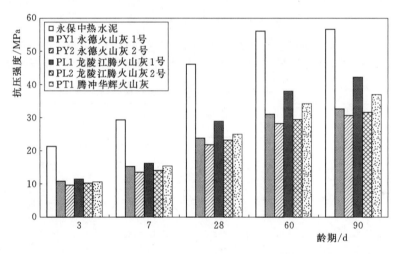

图 4.4－2　掺不同品种火山灰的胶砂抗压强度柱状图

4. 水化热试验

采用直接法，在水泥中掺入等量的不同品种火山灰组成的胶凝材料，进行水化热试验，试验结果见表 4.4－25。

表 4.4－25　　　　　　　掺火山灰水泥水化热试验结果

编号	品　　种	火山灰掺量 /%	水化热/（kJ/kg）			
			1d	3d	5d	7d
GW－0	永保中热水泥	0	173.0	237.5	253.0	273.0
GW－1	PY1 永德火山灰 1 号	30	125.5	176.0	196.5	207.5
GW－2	PY2 永德火山灰 2 号	30	140.5	180.0	211.0	226.5
GW－3	PL1 龙陵江腾火山灰 1 号	30	129.0	175.5	193.5	203.0
GW－4	PL2 龙陵江腾火山灰 2 号	30	129.5	170.5	188.5	229.5
GW－5	PT1 腾冲华辉火山灰	30	135.5	176.5	204.0	229.5

试验结果表明：

(1) 中热水泥各龄期的水化热满足国家标准《中热硅酸盐水泥、低热硅酸盐水泥、低热矿渣硅酸盐水泥》(GB 200—2003) 的相关技术要求，且明显低于最高限值。

(2) 掺入火山灰后水化热明显降低，各龄期总的来说，水化热降低率低于掺合料的掺量。

(3) 火山灰掺量一定且水泥类型相同时，各种火山灰组成的胶凝材料水化热相比较，龙陵江腾火山灰 1 号和永德火山灰 1 号较低，腾冲华辉火山灰和龙陵江腾火山灰 2 号较高，与水泥胶砂强度的规律相对应，即活性高的火山灰其发热量也较大。

5. 掺火山灰碾压混凝土试验

采用永保水泥厂生产的 42.5 级中热硅酸盐水泥，金安桥人工砂石骨料，分别掺入龙陵江腾火山灰 1 号、龙陵江腾火山灰 2 号和腾冲华辉火山灰分别进行碾压混凝土试验（由于永德的两个火山灰样品数量不足，没有进行碾压混凝土试验）。

试验配合比参照金安桥碾压混凝土配合比参数，水胶比 0.50、用水量 90kg/m³、砂率 37%（采用原状人工砂、石粉含量 13.5%、故砂率较高）、掺缓凝高效减水剂及引气剂、三级配，碾压混凝土试验结果见表 4.4-26，从试验结果来看，龙陵江腾火山灰 1 号和腾冲华辉火山灰抗压强度结果相差不大，均较龙陵江腾火山灰 2 号混凝土强度高。

表 4.4-26　　　　　　　　　　掺火山灰碾压混凝土试验结果

火山灰品种	水胶比	用水量/(kg/m³)	砂率/%	火山灰掺量/%	外加剂掺量/%		VC值/s	含气量/%	抗压强度/MPa		
					ZB-1 RCC15	ZB-1G			28d	90d	180d
龙陵江腾火山灰 1 号	0.50	90	37	60	1.0	0.15	2.5	3.3	12.8	19.1	22.8
龙陵江腾火山灰 2 号	0.50	90	37	60	1.0	0.15	3.5	2.9	9.7	15.2	18.6
腾冲华辉火山灰	0.50	90	37	60	1.0	0.15	3.5	3.5	12.2	18.2	22.8

6. 结语

(1) 从化学成分结果来看，五个火山灰样品 R_2O 都较高，如要用于工程，应避免使用碱活性骨料。

(2) 从五个火山灰样品的物理性能来看，可以加工成满足 II 级粉煤灰要求的技术指标。其中龙陵江腾及腾冲华辉的成品火山灰品质优于加工的火山灰。

(3) 当掺入 30% 火山灰取代水泥，龙陵江腾火山灰 1 号和腾冲华辉火山灰这两个成品灰样品的胶砂抗压强度最高，90d 龄期时分别达到不掺火山灰的 75% 和 65%，且随龄期的延长而增大。

(4) 从水化热试验来看，掺入 30% 火山灰取代水泥，7d 时龙陵江腾火山灰 1 号成品灰的水化热最低，为 203.0kJ/kg。

(5) 三个样品掺火山灰碾压混凝土试验结果表明，龙陵江腾火山灰 1 号和腾冲华辉火山灰这两个成品灰的抗压强度较一致，均比龙陵江腾火山灰 2 号的抗压强度高，胶砂抗压强度结果也是这两个品种的强度高。

4.4.6 磷渣粉

4.4.6.1 磷渣粉品质指标及技术要求

根据《水工混凝土掺用磷渣粉技术规范》（DL/T 5387—2007），磷渣粉品质指标要求见表 4.4 - 27；水工混凝土掺用磷渣粉技术要求见表 4.4 - 28。

表 4.4 - 27 磷渣粉品质指标要求

项　目	技术要求	项　目	技术要求
比表面积/（m²/kg）	≥300	安定性	合格
需水量比/%	≤105	五氧化二磷/%	≤3.5
三氧化硫/%	≤3.5	烧失量/%	≤3.0
含水量/%	≤1.0	活性指数/%	≥60

表 4.4 - 28 水工混凝土掺用磷渣粉技术要求 ％

混凝土品种		硅酸盐水泥	普通硅酸盐水泥	矿渣硅酸盐水泥
重力坝碾压混凝土	内部	60	60	35
	外部	60	55	30
重力坝常态混凝土	内部	50	45	30
	外部	35	30	20
拱坝碾压混凝土		60	55	30
拱坝常态混凝土		35	30	20
面板混凝土		30	25	—
结构混凝土		30	25	—
抗冲磨混凝土		25	20	—

4.4.6.2 磷渣粉在沙沱水电站大坝碾压混凝土中的研究及应用实例

1. 概述

林育强、郭定明论文《磷渣粉在沙沱水电站大坝碾压混凝土中的研究及应用》，针对沙沱水电站工程附近粉煤灰资源供应相对不足，磷渣非常丰富的资源优势，利用当地磷渣粉作为掺合料，进行了大坝碾压混凝土试验研究，探讨磷渣粉部分替代粉煤灰作为碾压混凝土掺合料的可行性。

磷渣是用磷矿石制取黄磷后电炉法制取黄磷时排出的工业副产物。在密闭式电弧炉中，用焦炭和硅石分别作为还原剂和助熔剂，在超过 1000℃ 的高温下磷矿石发生熔融、分解、还原反应，磷矿石中分解的 CaO 和硅石中的 SiO₂ 结合，形成熔融炉渣从电炉排出，在炉前经高压水淬冷形成粒化电炉磷渣，简称磷渣。以粒化电炉磷渣磨细加工制成的粉末即磷渣粉。通常每生产 1t 黄磷大约产生 8～10t 磷渣。中国是世界第一大黄磷生产和出口国，据不完全统计，2006 年我国黄磷生产总量为 83.07 万 t，产渣量为 660 万～830 万 t，而我国年处理黄磷渣仅占全年产渣量的 10% 左右，除少部分被用于建筑材料（如水泥和混凝土)以及农业外,大部分都作为废渣露天堆放,不仅占用大量的土地,而且污染地下水和土壤,危及环境安全,也造成了大量废渣资源的浪费。

2. 磷渣化学及矿物成分

(1)磷渣的化学成分。磷渣的主要化学成分为 CaO、SiO_2、Al_2O_3 等化合物,此外还有少量的 Fe_2O_3、P_2O_5、MgO、F、K_2O、Na_2O 等,其中 CaO 和 SiO_2 总量一般在 85% 以上,且 CaO 的含量大于 SiO_2。磷渣中 Al_2O_3 含量大多小于 5%。受黄磷生产工艺的影响,我国磷渣中的 P_2O_5 含量一般小于 3.5%,但很难小于 1%。不同产地的磷渣化学组成不同,这主要取决于生产黄磷时所用磷矿石、硅石、焦炭的化学组成和配比关系。

(2)磷渣的矿物组成。磷渣的矿物组成与其产出状态密切相关。粒状电炉磷渣以玻璃态为主,玻璃体含量达 85%~90%,潜在矿物相为硅灰石和枪晶石,此外还有部分结晶相,如石英、假硅灰石、方解石及氟化钙等,粒状磷渣的玻璃体结构使其具有较高的潜在活性。

3. 磷渣粉碾压混凝土性能试验

(1)原材料性能及碾压混凝土配合比。限于篇幅,主要对磷渣粉碾压混凝土性能试验结果进行论述。掺磷渣粉碾压混凝土原材料为:彭水茂田水泥厂 42.5 普通硅酸盐水泥、贵州大龙电厂的粉煤灰、瓮福黄磷厂的磷渣粉、南京瑞迪公司生产的 HLC-NAF 缓凝高效减水剂、山西桑穆斯公司生产的 AE 引气剂和沙沱水电站料场的灰岩人工骨料,试验所用原材料主要性能均满足相关规范技术要求。

试验分别研究了在相同水胶比,单掺粉煤灰、单掺磷渣粉、复掺粉煤灰和磷渣粉时碾压混凝土的力学、变形、热学及耐久性能,以及不同掺量对混凝土性能影响。试验采用三级配碾压混凝土,水胶比为 0.50,掺合料总掺量分别为 45%、55% 和 65%,减水剂掺量0.7%,引气剂掺量 0.1%。碾压混凝土配合比及拌和物性能见表 4.4-29。

表 4.4-29 碾压混凝土配合比及拌和物性能(三级配)

编号	水胶比	粉煤灰/%	磷矿渣/%	砂率/%	材料用量/(kg/m^3)						VC 值/s	含气量/%
					水	水泥	粉煤灰	磷矿渣	砂	石		
S1		45	0	34	81	89	73	0	751	1479	5.0	4.0
S2	0.50	0	45	34	80	88	0	72	758	1494	6.0	5.0
S3		22.5	22.5	34	80	88	36	36	755	1488	7.0	4.4
S4		55	0	34	80	72	88	0	751	1479	6.0	3.8
S5	0.50	0	55	34	79	71	0	87	759	1496	6.5	4.5
S6		27.5	27.5	34	79	71	43.5	43.5	756	1489	5.5	4.1
S7		65	0	34	79	55.5	102.5	0	751	1479	6.0	4.6
S8	0.50	0	65	34	78	54.5	0	101.5	761	1498	5.2	5.0
S9		32.5	32.5	34	78	54.5	50.5	50.5	756	1490	4.5	4.2

(2)力学性能。混凝土的力学性能试验结果表明,单掺磷渣粉的碾压混凝土早期强度与单掺粉煤灰相当或略低,但掺磷渣粉混凝土的后期强度增长率高,28d 龄期以后掺磷渣

粉混凝土抗压强度高于掺粉煤灰碾压混凝土。说明磷渣水化较粉煤灰慢以致早期水化不完全，混凝土强度较低，随着龄期增长，磷渣在 $Ca(OH)_2$ 等碱性激发剂的作用下逐渐水化，强度增加；同时，由于早期水化慢，磷渣混凝土水化更为均匀，有利于其后期强度的增长。

复掺粉煤灰和磷渣粉的碾压混凝土强度发展趋势与单掺磷渣粉混凝土相同，但强度值高于单掺磷渣粉混凝土和单掺粉煤灰混凝土。说明复掺粉煤灰和磷渣粉可以在一定程度上激发磷渣粉活性，提高混凝土性能。

总体来看，掺磷渣混凝土与掺粉煤灰混凝土的拉压比相当或略高，说明其脆性略低于掺粉煤灰混凝土，这对提高混凝土抗裂性能是有利的。

（3）变形性能。混凝土的变形性能对其抗裂性有重要意义。碾压混凝土的极限拉伸值、抗压弹性模量试验结果表明：

1）极限拉伸值和弹性模量随着龄期的增加而增大，都是在早期增长快，后期较慢；极限拉伸值和弹性模量随着掺和料掺量的增加而减小。等掺量下，复掺磷渣和粉煤灰碾压混凝土的极限拉伸值和弹性模量最高，单掺磷渣粉混凝土次之，单掺粉煤灰混凝土最低。

2）碾压混凝土自生体积变形呈收缩状态，掺磷渣粉时混凝土的早期自生体积变形收缩值略小，后期自生体积收缩变形略大。单掺磷渣粉碾压混凝土的后期自生体积变形收缩值最大。

3）单掺粉煤灰时碾压混凝土的干缩性能略优于单掺磷渣粉，但两者差值并未随龄期增长而增大。复掺磷渣粉和粉煤灰时碾压混凝土的干缩值早期与单掺粉煤灰相当，后期介于单掺粉煤灰和单掺磷渣粉碾压混凝土之间。

（4）热学性能。混凝土绝热温升试验结果表明，单掺粉煤灰的混凝土水化热温升比单掺磷渣粉的混凝土发展快，单掺粉煤灰混凝土，3d 龄期水化热温升比单掺磷渣粉混凝土高 1.0℃，7d 龄期水化热温升高 0.7℃，且 28d 龄期的绝热温升也要高 0.4℃。复掺粉煤灰和磷渣粉的混凝土绝热温升略低于单掺粉煤灰的混凝土，但高于单掺磷渣粉的混凝土。

磷渣粉对混凝土早期水化温升的降低效果优于粉煤灰，这是由于掺入磷渣粉的胶凝材料水化过程中，可溶性磷与 $Ca(OH)_2$ 一生成了氟羟基磷灰石和磷酸钙，覆盖在 C、A 的表面，从而抑制了其水化，同时可溶性磷与石膏的复合作用延缓了 C、A 的水化过程，导致一定程度的缓凝现象。

（5）耐久性能。碾压混凝土抗渗、抗冻性能试验结果表明，掺磷渣粉混凝土 90d 龄期抗渗、抗冻性能与掺粉煤灰混凝土相当，说明磷渣粉的掺入对混凝土的长期耐久性能无不利影响。这是由于磷渣粉后期活性较高、混凝土内部孔结构得到优化、孔隙率有效降低，从而使混凝土长期耐久性能得到有效改善。

4. 磷渣粉碾压混凝土的应用

2009 年 8 月 14 日，在沙沱电站工程 12 号坝段高程 312.00～315.00m 开始采用复掺磷渣粉与粉煤灰三级配碾压混凝土，供浇筑碾压混凝土近 100 万 m³。现场施工及检测表明，复掺粉煤灰和磷渣粉的碾压混凝土，拌和物性能、施工性能满足施工要求，各项力学、热学及耐久性能指标完全满足设计要求，工程进度及质量得到有效保证。磷渣粉在沙沱水电站的成功应用为磷渣粉作为掺合料在水工大体积混凝土中的推广提供了经验，促进了磷渣的资源化规模化利用。

4.4.7 石灰石粉

4.4.7.1 石粉作用

石粉是指颗粒小于0.16mm的经机械加工的岩石微细颗粒（国外指小于0.075mm颗粒），它包括人工砂中粒径小于0.16mm的细颗粒和专门磨细的岩石粉末。石粉形貌与水泥颗粒相似，为形状不规则的多棱体，为非活性掺合料，掺入混凝土中，可改善细粉料的颗粒级配，有填充效应，并可提高浆体之间的机械咬合力。

碾压混凝土配合比设计中，石粉含量一般是指石粉占人工砂质量的百分数。由于碾压混凝土中胶凝材料和水的用量较少，当人工砂中含有适量的石粉时，因其与掺合料的细度基本相当，石粉在砂浆中能够替代部分掺合料，与胶凝材料一起起到填充空隙和包裹砂粒表面的作用，即相当于增加了胶凝材料浆体。石粉最大贡献是提高了碾压混凝土浆砂体积比，可以显著改善灰浆量较少的碾压混凝土拌和物的工作性，增进混凝土的匀质性、密实抗渗性，提高混凝土的强度及断裂韧性，改善施工层面的胶粘性能，减少胶凝材料用量，降低绝热温升。

石粉作为掺合料在碾压混凝土中的作用越来越受到人们的重视，现在石粉已成为碾压混凝土材料不可缺少的组成部分，人工砂中石粉含量的高低直接影响碾压混凝土拌和物性能。在普定、汾河二库、江垭、大朝山、棉花滩、蔺河口、沙牌、百色、索风营、龙滩、光照、金安桥等许多碾压混凝土坝中，人们对石粉含量的认识也越来越清楚，石粉含量为18%左右时，碾压混凝土拌和物性能明显改善。《水工混凝土施工规范》规定人工砂石粉（$d \leqslant 0.16$mm颗粒）含量常态混凝土宜控制在6%～18%，碾压混凝土宜控制在12%～22%，最佳石粉含量应通过试验确定。

4.4.7.2 石灰石粉

石灰岩石粉是目前碾压混凝土中最为主要的石粉掺合料，石粉不论是外掺、内掺或作为掺合料的组成部分，在碾压混凝土中的作用显得尤为重要。由于石灰岩是水泥生产重要的原材料，故石灰岩石粉作为掺合料，其性能与水泥相容性较好。

石灰岩是地壳中分布最广的矿产之一。按其沉积地区，石灰岩又分为海相沉积和陆相沉积，以前者居多；按其成因，石灰岩可分为生物沉积、化学沉积和次生沉积3种；按矿石中所含成分不同，石灰岩可分为硅质石灰岩、黏土质石灰岩和白云质石灰岩3种。

景洪、戈兰滩、居甫度、土卡河等工程采用铁矿渣＋石灰石粉各50%的复合掺合料，简称SL掺合料；百色、金安桥、柬埔寨甘再、几内亚苏阿皮蒂等工程采用石粉替代部分粉煤灰作掺合料，其性能、掺量均与二级粉煤灰相近，使用效果较好。

4.4.7.3 石灰石粉品质指标

根据《水工混凝土掺用石灰石粉技术规范》（DL/T 5304—2013）规定，用于水工混凝土的石灰石粉的品质指标要求见表4.4-30。

表 4.4－30　　　　　　　用于水工混凝土的石灰石粉的品质指标要求

项　目	品质指标	项　目	品质指标
细度（80μm 方孔筛筛余）/％	≤10.0	亚甲基蓝吸附量/（g/kg）	≤1.0
需水量比/％	≤105	含水量/％	≤1.0
CaCO₃	≥85.0	抗压强度比/％	≥60

4.5　外　加　剂

4.5.1　外加剂在水工混凝土中的作用

水工混凝土施工规范规定，水工混凝土中必须掺加适量的外加剂。在混凝土中掺入适量的外加剂，能提高混凝土质量，改善混凝土性能，减少用水量，节约水泥，降低成本，加快施工进度。在水工混凝土中，外加剂已成为除水泥、骨料、掺合料和水以外的第五种必备材料，掺外加剂是混凝土配合比优化设计的一项重要技术措施。

混凝土外加剂品类繁多，可以改善混凝土多种性能，满足施工生产、质量性能等各种要求。其中最为常用的是混凝土减水剂和引气剂。混凝土减水剂的发展过程可分为三个阶段。第一代，以木钙、糖蜜、糖钙为主的普通减水剂，成本低廉，但减水率低，目前仍作为萘系外加剂复合的主要原料使用；第二代，以 ZB、JM 等一批萘系高效减水剂为代表，其良好的性能取代了第一代减水剂；第三代，以聚羧酸类、丙烯酸接枝共聚物等多种高分子减水剂为代表，具备突出的高减水、高保塑、高增强性能，在高性能混凝土中应用效果显著。

目前，中国外加剂生产厂家众多，一个工程使用什么样的外加剂应根据工程设计和施工技术要求在工程开工之初进行优选，并根据该工程使用的水泥、掺合料、砂石骨料等原材料进行严格的适应性试验论证确定。为了方便管理，一个大中型工程优选出 1～2 种同类外加剂为宜（包括备用在内），一般情况下，在工程施工中不要随便更换外加剂品种。相对于其他原材料而言，外加剂掺量虽然较少，但对混凝土质量至关重要，因此其掺量经试验论证确定之后，应严格控制。外加剂质量及其稳定性应按有关标准在出厂和使用过程中进行严格检验，外加剂的运输和储存也要按相关标准规定严格执行。

当代大体积水工混凝土外加剂主要采用高效减水剂。高效减水剂对水泥有强烈分散作用，可大幅度地提高水泥拌和物的流动度，在混凝土坍落度相同时，能大幅降低用水量，并显著提高混凝土各龄期强度，进而降低胶凝材料用量节约成本。由于水泥硬化所需水量一般只为水泥或胶凝材料质量的 20％ 左右，混凝土拌和水中其余水量在蒸发散失过程中极易形成连通的毛细孔道，造成混凝土缺陷。采用减水剂降低拌和用水对改善混凝土微观结构，提高强度、抗渗、抗冻、抗裂等多种性能作用显著。

近年来，水利水电工程不论是常态混凝土还是碾压混凝土，设计对其耐久性均提出了更高的要求。抗冻等级是耐久性极为重要的指标，不论是寒冷地区或南方温和炎热地区，还是大坝外部、内部，混凝土均设计有抗冻等级。大坝混凝土施工具有仓面大、浇筑强度高、层间结合以及温控要求严等特点。为了适应大坝混凝土施工特点，改善混凝土的拌和物性能，降低单位用水量，减少水泥用量和水化热温升，提高抗裂性及耐久性，大坝混凝土中必须掺用外加剂。

4.5.2　外加剂品种及品质要求

根据《水工混凝土外加剂技术规程》（DL/T 5100—2014），水工混凝土掺用的外加剂品种有：高性能减水剂、高效减水剂、普通减水剂、引气剂、泵送剂、早强剂、缓凝剂等，其中对第三代聚羧酸类高性能减水剂的减水率、泌水率比、含气量、凝结时间差、经时变化量、抗压强度比等品质指标提出了更高要求。相对于其他原材料而言，外加剂掺量虽然较少，但对混凝土质量至关重要，因此外加剂与水泥、骨料、掺合料等原材料的适应性试验就显得十分重要，必须通过试验优选确定品种和掺量。掺外加剂混凝土的性能要求应符合表 4.5-1；外加剂匀质性指标见表 4.5-2。

表 4.5-1　　　　　　　　掺外加剂混凝土的性能要求

项 目		外 加 剂 品 种											
		高性能减水剂			高效减水剂		普通减水剂			引气剂	泵送剂	早强剂	缓凝剂
		早强剂	标准型	缓凝型	标准型	缓凝型	早强剂	标准型	缓凝型				
减水率/% ≥		25	25	25	15	15	8	8	8	6	15	—	—
泌水率比//% ≥		50	60	70	90	100	95	95	100	70	70	100	100
含气量/%		≤2.5			<3.0	<3.0	≤2.5	≤2.5	≤3.0	4.5~5.5	≤4.5	—	<2.5
凝结时间之差/min	初凝	−90~+90	−90~+120	≥+90	−60~+90	≥+120	≤+30	0~+90	≥+90	−90~+120	≥+120	−90~+30	≥+210
	终凝	—	—	—			≤0						
1h经时变化量	坍落度/mm	—	≤80	≤60						—	≤60		
	含气量/%									−1.5~+1.5			
抗压强度比/% ≥	1d	180	170	—	140	—	135	—	—	—	—	135	—
	3d	170	160	—	130	125	130	115	90	90		130	90
	7d	145	150	140	125	125	115	115	110	90	115	110	90
	28d	130	140	130	120	120	105	110	110	85	110	100	105
收缩率比/% ≥	28d	110	110	110	125	125	125	125	125	125	125	125	125
相对耐久性/% ≥		—								80			

注　1.除含气量、1h经时变化量、相对耐久性外，表中所列数据均为受检混凝土与基准混凝土的差值或比值。

　　2.凝结时间之差性能指标中的"—"号表示提前，"＋"号表示延缓。

　　3.含气量1h经时变化量指标中的"—"号表示含气量减少，"＋"号表示含气量增加。

表 4.5－2　　　　　　　　　　　　外加剂匀质性指标

项　目	指　标
水泥砂浆减水率	应不小于生产厂所提供标样的检测值的95％
氯离子含量	不超过生产厂控制值
总碱量	非碱性速凝剂应不大于1.0‰ 其他外加剂应不超过生产厂控制值
含固量 S	$S>25\%$ 时，应控制在 $(0.95\sim1.05)S$； $S\leqslant25\%$ 时，应控制在 $(0.90\sim1.10)S$
含水率 W	粉状速凝剂应不大于2.0％。 对其他外加剂： $W>5\%$ 时，应控制在 $(0.90\sim1.10)W$； $W\leqslant5\%$ 时，应控制在 $(0.80\sim1.20)W$
密度 D	$D>1.1g/cm^3$ 时，应控制在 $(D\pm0.03)g/cm^3$； $D\leqslant1.1g/cm^3$ 时，应控制在 $(D\pm0.02)g/cm^3$
细度	粉状速凝剂0.08mm筛筛余应小于15％； 其他外加剂应在生产厂控制范围内
pH 值	非碱性速凝剂应在 $2.0\sim7.0$ 范围内； 其他外加剂应在生产厂控制值 ±1.0 范围内
硫酸钠含量	不超过生产厂控制值
不溶物含量	不超过生产厂控制值

注　表中的 S、W 和 D 分别为含固量、含水率和密度的生产厂控制值。

4.5.3　向家坝水电站工程外加剂优选试验

向家坝水电站是金沙江梯级开发中的最后一个梯级，位于四川省与云南省交界处的金沙江下游河段。向家坝水电站工程为一等大（1）型工程，工程枢纽建筑物主要由混凝土重力坝、左岸坝后厂房、右岸地下引水发电系统及左岸河中垂直升船机等组成。坝顶高程384.00m，最大坝高162m，坝顶长度909.26m。主体及导流工程混凝土总量约1369万 m^3，其中主体工程1221万 m^3，导流工程148万 m^3。

向家坝工程混凝土量巨大，外加剂品质直接关系到混凝土质量，为此，中国长江三峡工程开发总公司试验中心进行了外加剂优选试验，根据试验成果，提出适用于向家坝工程的混凝土外加剂选择意见，供工程选用。

向家坝工程混凝土外加剂优选试验，共进行10个萘系与11个聚羧酸系减水剂、9个引气剂对比初选试验，依据《混凝土外加剂标准》（GB 8076—1997）与《混凝土外加剂匀质性试验方法》（GB 8077—2000）进行初选试验。根据初选试验结果确定出技术性能较好、质量可靠的几种萘系减水剂、聚羧酸减水剂和引气剂进行优选试验。

4.5.3.1　外加剂理化性能

11个萘系减水剂、12个聚羧酸系减水剂、9个引气剂的理化性能试验结果见表4.5－3、表4.5－4、表4.5－5。

表 4.5 - 3　　　　　　　　　　萘系减水剂理化性能试验结果

编号	厂家	样品代号	状态	含水率/%	pH 值	表面张力/(mN/m)	R_2O/%	Na_2SO_4/%	Cl^-/%
1	江苏博特	JM - IIc	粉剂	5.67	5.26	68.2	10.96	9.76	0.04
2	浙江龙游	ZB - 1A	粉剂	7.53	8.88	68.4	8.08	5.11	0.25
3	上海麦斯特	R561P	粉剂	6.24	11.1	65.5	8.79	2.55	0.22
4	四川冶建	JG - 3	粉剂	6.32	8.14	69.2	9.57	3.60	0.07
5	四川吉龙	LONS - 50	粉剂	10.24	6.10	68.1	11.87	6.04	0.06
6	重庆江北	FDN - OR	粉剂	7.78	7.65	65.4	16.35	18.42	0.44
7	北京奥凯	OCL - B3	粉剂	8.46	9.70	69.8	15.30	15.64	1.85
8	山东华伟	NOF - 2B	粉剂	6.70	7.34	60.3	8.50	1.70	0.25
9	河北石家庄	DH4BG	粉剂	7.43	8.87	65.8	8.59	2.39	0.37
10	山东莱芜	FDN - AH1	粉剂	3.94	8.38	71.0	6.81	2.58	0.04
11	山西黄腾	UNF - 1	粉剂	10.84	9.34	70.9	14.97	10.09	2.04

表 4.5 - 4　　　　　　　　　聚羧酸系减水剂理化性能试验结果

编号	厂家	样品代号	状态	含水率/%	密度/(g/cm³)	pH 值	表面张力/(mN/m)	R_2O/%	Na_2SO_4/%	Cl^-/%
1	江苏博特	JM - PCA	原液	78.21	1.070	8.09	36.7	1.61	0.83	0.01
2	浙江龙游	ZB - 800C	原液	77.18	1.076	8.81	42.9	1.64	1.46	0.01
3	上海麦斯特	Rheoplus26R	原液	76.61	1.071	7.53	59.1	0.93	0.37	0.01
4	四川冶建	JG - HPC	原液	74.04	1.096	8.56	42.3	2.08	0.70	0.03
5	重庆江北	PCA - R	原液	80.08	1.070	6.66	58.7	1.72	2.80	0.03
6	北京奥凯	OCL - S	原液	78.08	1.072	8.90	62.2	1.79	1.18	0.01
7	山东华伟	NOF - AS	原液	63.57	1.118	4.78	44.9	1.25	1.38	0.01
8	上海华登	HP400R	原液	75.97	1.081	8.51	57.5	1.85	0.80	0.01
9	西卡公司	Viscorete1210	原液	74.87	1.084	5.04	55.6	1.41	0.24	0.03
10	马贝	SR2	原液	75.78	1.094	7.63	46.2	1.76	0.39	0.02
11*	马贝	X404	原液	69.65	1.083	7.90	44.2	1.58	0.56	0.01
12	山西黄腾	HT - HPC	原液	73.85	—	7.56	63.0	1.46	0.70	0.01

* X404 为丙烯酸系减水剂。

表 4.5 - 5　　　　　　　　　　引气剂理化性能试验结果

编号	厂家	样品代号	状态	含水率/%	密度/(g/cm³)	pH 值	表面张力/(mN/m)	R_2O/%	Cl^-/%
1	上海同济	SJ - 2	粉剂	4.30	—	5.40	33.4	1.47	0.11
2	西卡公司	AER50 - C	原液	89.80	1.018	6.57	29.0	0.99	0.03
3	马贝	PT1	原液	94.58	1.023	9.26	46.1	0.81	0.00
4	上海华登	AE600	原液	79.04	1.030	6.80	37.1	1.37	0.01

编号	厂家	样品代号	状态	含水率/%	密度/(g/cm³)	pH 值	表面张力/(mN/m)	R₂O/%	Cl⁻/%
5	浙江龙游	ZB－1G	粉剂	2.42	—	9.23	32.7	25.16	0.20
6	江苏博特	JM－2000©	粉剂	3.67	—	9.18	34.0	12.27	0.09
7	山东华伟	NOF－AE	原液	67.36	1.063	9.14	39.4	1.84	0.02
8	麦斯特	AIR202	原液	78.34	1.043	9.66	40.4	1.82	0.04
9	河北石家庄	DH9	胶体	54.85	—	9.47	30.9	3.16	0.12

由外加剂理化性能检验结果看出：

（1）在萘系减水剂中，重庆江北 FDN－OR 总碱量 16.35％、硫酸钠含量 18.42％，北京奥凯 OCL－B3 总碱量 15.30％、硫酸钠含量 15.64％，均属于低浓产品，对混凝土耐久性不利。OCL－B3 的氯离子含量高达 1.85％，根据 ACI201・2R－1 指南，氯离子会降低混凝土抗硫酸盐的能力，即使不考虑对钢筋的腐蚀，使用 OCL－B3 的风险性也要比 FDN－OR 高，而 FDN－OR 的风险性又要明显高于其他 9 种减水剂。另外，江苏博特 JM－ⅡC 的 pH 值偏小（5.26）。

（2）在聚羧酸系减水剂中，江苏博特 JM－PCA 的表面张力（36.7mN/m）明显较其他品种低。西卡公司 Viscorete1210 和山东华伟 NOF－AS 的 pH 值分别为 5.04 和 4.78，偏酸性。

（3）在引气剂中，上海同济 SJ－2、西卡公司 AER－50C 和上海华登 AE600 的 pH 值均小于 7。浙江龙游 ZB－1G 的 Cl⁻ 离子含量（0.2％）偏高。浙江龙游 ZB－1A 碱含量（25.16％）偏高。马贝公司 PT1 和麦斯特 AIR202 表面张力（分别为 46.1mN/m、40.4mN/m）偏大。

4.5.3.2 萘系减水剂选择试验

1. 萘系减水剂品质检验

按照《混凝土外加剂》（GB 8076—1997）标准，对 11 个萘系减水剂进行对比试验，混凝土试验采用 42.5 中热水泥。每个样品分别选择 3 个不同掺量（山西黄腾 UNF－1 只做一个掺量），试验结果见表 4.5－6。

表 4.5－6 掺萘系减水剂混凝土性能试验结果

序号	厂家	品种	掺量/%	减水率/%	含气量/%	泌水率比/%	外观描述	抗压强度比/%			凝结时间差/min		收缩率比/%
								3d	7d	28d	初凝	终凝	
1	江苏博特	JM－ⅡC	0.4	12.9	0.7	81.4	较好	128	151	145	—	—	—
			0.6	19.0	1.1	37.2	较好	156	171	156	250	305	104
			0.8	21.0	1.7	19.8	轻微泌浆	145	162	135	—	—	—
2	浙江龙游	ZB－1A	0.4	16.2	0.9	41.2	较好	175	174	142	—	—	—
			0.6	20.5	1.7	10.4	较好	193	191	141	180	210	109
			0.8	24.3	3.0	2.6	轻微泌浆	203	200	140	—	—	—

续表

序号	厂家	品种	掺量 /%	减水率 /%	含气量 /%	泌水率比 /%	外观描述	抗压强度比 /%			凝结时间差 /min		收缩率比 /%
								3d	7d	28d	初凝	终凝	
3	上海麦斯特	R561P	0.4	12.9	0.7	53.6	较好	170	178	140	—	—	—
			0.6	18.1	0.9	33.5	较好	183	198	135	32h 未初凝		119
			0.8	19.0	1.4	11.6	轻微泌浆	112	177	134	—	—	—
4	四川冶建	JG3	0.4	20.0	1.4	24.4	较好	194	196	159	318	378	
			0.6	22.9	1.6	32.4	轻微泌浆	164	185	142	—	—	104
			0.8	24.8	3.4	22.4	轻微泌浆	试件破坏 *			—	—	
5	四川吉龙	LONS－50	0.4	16.7	0.7	48.1	较好	143	155	144	—	—	
			0.6	18.1	1.7	52.2	轻微泌浆	137	140	125	530	675	113
			0.8	20.0	2.0	49.9	轻微泌浆、板结	103	135	113	—	—	
6	重庆江北	FDN－OR	0.4	15.7	1.0	31.5	较好	163	169	139	—	—	
			0.6	19.0	1.0	19.2	轻微泌浆	177	172	137	361	415	126
			0.8	20.0	1.4	95.2	泌浆、板结	161	165	138	—	—	
7	北京奥凯	OCL－B3	0.4	16.7	0.6	32.4	较好	169	165	146	85	90	110
			0.6	18.1	1.1	22.2	轻微板结	167	162	134	—	—	
			0.8	19.5	1.1	48.9	板结	157	164	127	—	—	
8	山东淄博	NOF－2B	0.4	19.0	0.8	33.5	较好	188	185	147	115	140	110
			0.6	21.0	1.0	8.8	轻微泌浆	215	205	149	—	—	
			0.8	23.8	1.2	36.5	轻微泌浆	176	190	131	—	—	
9	河北石家庄	DH4BG	0.4	16.7	0.7	30.0	较好	141	157	140	—	—	
			0.6	18.6	0.8	35.8	轻微泌浆	154	161	130	141	108	117
			0.8	20.5	1.1	108.4	轻微泌浆、板结	试件破坏 *		126	—	—	
10	山东莱芜	FDN－AH1	0.4	15.2	0.6	21.3	较好	159	158	153	—	—	
			0.6	18.1	0.7	40.9	轻微泌浆、板结	164	166	165	284	254	115
			0.8	20.0	0.6	71.2	泌浆、板结	151	154	140	—	—	
11	山西黄腾	UNF－1	0.8	20.5	1.1	16.1	较好	203	197	154	12	−24	127

　*　由于早期强度过低，试件在拆模时被破坏。

试验结果表明：

(1) 减水率。要求减水剂的减水率能达到 18％，同时在该掺量下混凝土拌和物无泌浆、无板结。UNF－1（掺量 0.8％，减水率 20.5％），掺量高于其他减水剂，JG3（掺量 0.4％，减水率 20％）、NOF－2B（0.4，19.0）、ZB－1A（0.6，20.5）、JM－Ⅱ C（0.6，19.0）、R561P（0.6，18.1）均能达到该要求，其余 5 个品种减水剂，在达到 18％减水率时，都有轻微泌浆现象。

(2) 抗压强度比。在不泌浆、不板结的条件下，0.4％掺量 JG3 混凝土抗压强度比最高，28d 达到 159％、3d 达到 194％。将 11 个品种按抗压强度由高到低排序，依次为：

JG3 (掺量 0.4，28d 抗压强度比 159、3d 抗压强度比 194)，JM - ⅡC (0.6，156、156)，UNF - 1 (0.8，154、203)，山东莱芜 FDN - AH1 (0.4，153、159)，NOF - 2B (0.4，147、188)，OCL - B3 (0.4，146、169)，LONS - 50 (0.4，144、143)，ZB - 1A (0.6，141、193)，DH4BG (0.4，140、141)，FDN - OR (0.4，139、163)，R561P (0.6，135、183)。

（3）凝结时间差。山西黄腾 UNF - 1 凝结时间差较短，缓凝效果差。麦斯特 R561P 0.6%掺量混凝土 32h 未初凝，然而其 3d 抗压强度比却高达 183%，0.8%掺量时混凝土 3d 抗压强度比骤降至 112%，故而 0.6%可能是该减水剂的极限掺量。四川吉龙 LONS - 50 和重庆江北 FDN - OR 在 0.6%掺量时有轻微泌浆现象。上述三者在掺量较大时有不利影响。四川冶建 JG3 的凝结时间差虽然也较长，但其 3d 抗压强度比高，且 0.6%掺量时 3d 抗压强度比仍然较稳定，较长的凝结时间差应该是 JG3 减水剂本身的特性，而非因掺量过大引起。

（4）泌水率比。0.6%掺量的 ZB - 1A 为 10.4%；0.4%掺量的 JG3 为 24.4%。将 10 个品种按泌水率比由低到高排序，依次为：ZB - 1A (掺量 0.4、泌水率比 10.4)，UNF - 1 (0.8，16.1)，FDN - AH1 (0.4，21.3)，JG3 (0.4、24.4)，DH4BG (0.4、30.0)，FDN - OR (0.4、31.5)，OCL - B3 (0.4、32.4)，NOF - 2B (0.4、33.5)，R561P (0.6、33.5)，JM - ⅡC (0.6、37.2)，LONS - 50 (0.4、48.1)。

综合分析：将萘系减水剂的掺量、减水率、泌水率比、28d 强度比、收缩率比、初凝时间差的值进行加权平均，以对其量化考量，见表 4.5 - 7。

表 4.5 - 7　　　　　　　　萘系减水剂加权对比

厂家	品种	掺量 /%	减水率 /%	泌水率比 /%	28d 抗压强度比 /%	收缩率比 /%	初凝时间差 /min	加权和	排序
江苏博特	JM - ⅡC	0.6 (1.27)	19 (0.95)	37.2 (1.29)	156 (0.94)	104 (0.91)	250 (1.01)	1.046	6
浙江龙游	ZB - 1A	0.6 (1.27)	20.5 (0.88)	10.4 (0.36)	141 (1.04)	109 (0.96)	180 (1.40)	0.915	2
上海麦斯特	R561P	0.6 (1.27)	18.1 (0.99)	33.5 (1.16)	135 (1.09)	119 (1.05)	600 (0.42)	1.027	5
四川冶建	JG3	0.4 (0.85)	20 (0.90)	24.4 (0.84)	159 (0.92)	104 (0.91)	318 (0.79)	0.878	1
四川吉龙	LONS - 50	0.4 (0.85)	16.7 (1.08)	48.1 (1.66)	144 (1.02)	113 (0.99)	530 (0.47)	1.082	7
重庆江北	FDN - OR	0.4 (0.85)	15.7 (1.15)	31.5 (1.09)	139 (1.06)	126 (1.11)	361 (0.70)	1.005	4
北京奥凯	OCL - B3	0.4 (0.85)	16.7 (1.08)	32.4 (1.13)	146 (1.00)	110 (0.97)	85 (2.96)	1.217	10
山东淄博	NOF - 2B	0.4 (0.85)	19 (0.95)	33.5 (1.16)	147 (1.00)	110 (0.97)	115 (2.19)	1.120	9
河北石家庄	DH4BG	0.4 (0.85)	16.7 (1.08)	30 (1.04)	140 (1.05)	117 (1.03)	141 (1.78)	1.103	8

续表

厂家	品种	掺量/%	减水率/%	泌水率比/%	28d 抗压强度比/%	收缩率比/%	初凝时间差/min	加权和	排序
山东莱芜	FDN-AH1	0.4 (0.85)	15.2 (1.18)	21.3 (0.74)	153 (0.96)	115 (1.01)	284 (0.89)	0.952	3
山西黄腾	UNF-1	0.8 (1.70)	20.5 (0.88)	16.1 (0.56)	154 (0.95)	127 (1.12)	12 (21.0)	2.972	11
平均值		0.47	18.0	28.9	146.7	113.7	251.6	1.04	
权重		0.1	0.2	0.2	0.2	0.2	0.1		

注 1．"掺量""泌水率比"两项，括号中数为实测值与平均值之比；"减水率""28d 抗压强度比"及"初凝时间差"三项，括号中数为平均值与实测值之比。

2．平均值为该项所有品种实测值中去掉一个最大值和一个最小值后，取余下的平均。

3．"加权和"为该品种括号中数与权重乘积之和，"加权和"越小的，可认为其性能越好。

按照减水率大于 16％，首先淘汰 FDN-OR 与 FDN-AH1，其次淘汰缓凝效果最差的 UNF-1、OCL-B3，因北京冶建人员已撤出"四川冶建"，故也将其淘汰。对剩下的 6 个品种再次排序，结果见表 4.5-8。

表 4.5-8 萘系减水剂加权对比二次排序

厂家	品种	掺量/%	减水率/%	泌水率比/%	28d 抗压强度比/%	收缩率比/%	初凝时间差/min	加权和	排序
江苏博特	JM-ⅡC	1.5	0.93	1.22	0.93	0.92	1.09	1.046	3
浙江龙游	ZB-1A	1	0.87	0.28	1.03	0.96	1.51	0.915	1
上海麦斯特	R561P	1.5	0.98	1.10	1.08	1.05	0.45	1.027	2
四川吉龙	LONS-50	1	1.06	1.58	1.01	0.92	0.51	1.082	4
山东淄博	NOF-2B	1	0.93	1.10	0.99	0.97	2.37	1.120	6
河北石家庄	DH4BG	1.06	0.98	1.04	1.04	1.93		1.103	5
权重	—	0.1	0.2	0.2	0.2	0.2	0.1		

取二次排序的前 5 位，分别为：浙江龙游 ZB-1A，上海麦斯特 R561P，江苏博特 JM-ⅡC，四川吉龙 LONS-50，河北石家庄 DH4BG。

2. 萘系减水剂混凝土性能试验

通过上述综合分析，采用 7 种（ZB-1A、LONS-50、R561P、JM-ⅡC、DH4BG、NOF-2B、UNF-1）品质相对较好的萘系减水剂进行混凝土性能比较试验，从而达到外加剂优选的目的。试验采用固定胶凝材料用量 200kg/m³、240kg/m³、280kg/m³，粉煤灰掺量 30％（内江Ⅰ级灰），引气剂 AIR202，坍落度控制 4～6cm，含气量控制 5％±0.5％，二级配常态混凝土。

（1）混凝土拌和物性能。试验采用上述试验条件进行混凝土拌和物性能试验，试验结果见表 4.5-9。

表 4.5 - 9　　　　　　　　　　　　　混凝土拌和物试验结果

试验编号	水胶比	粉煤灰品种及掺量/%/(kg/m³)	胶材用量/(kg/m³)	减水剂/%	AIR202/(1/万)	用水量/(kg/m³)	坍落度/cm	含气量/%	凝结时间/(h:min) 初凝	终凝	坍落度保持值/cm/损失率/% 0min	60min	泌水率/%
H426	0.535		200	ZB-1A 0.5	1.9	107	6.4	5.3	—	—	—	—	—
H427	0.446		240	ZB-1A 0.5	1.9	107	5.7	4.9	13:28	17:11	5.7/0	1.7/70.0	0.93
H428	0.393		280	ZB-1A 0.5	1.9	110	7.0	5.4	—	—	—	—	—
H429	0.540		200	JM-ⅡC 0.5	2.0	108	4.0	5.1	—	—	—	—	—
H430	0.458		240	JM-ⅡC 0.5	2.0	110	5.8	5.0	13:26	17:50	6.5/0	2.6/60	1.08
H431	0.400		280	JM-ⅡC 0.5	2.0	112	6.9	5.4	—	—	—	—	—
H432	0.545		200	R561P 0.5	2.0	109	4.5	4.2	—	—	—	—	—
H433	0.458		240	R561P 0.5	2.1	110	6.0	4.3	25:05	32:43	6.0/0	1.7/72	0.84
H434	0.400		280	R561P 0.5	2.2	112	7.5	5.5	—	—	—	—	—
H435	0.555	内江Ⅰ30	200	DH4BG 0.5	2.6	111	7.1	4.5	—	—	—	—	—
H436	0.467		240	DH4BG 0.5	2.7	112	7.2	4.7	16:48	20:47	7.2/0	2.6/63.9	0.34
H437	0.404		280	DH4BG 0.5	2.7	113	7.1	5.5	—	—	—	—	—
H438	0.550		200	NOF-2B 0.5	2.1	110	6.2	4.7	—	—	—	—	—
H439	0.462		240	NOF-2B 0.5	2.2	111	5.3	4.3	17:45	21:37	5.3/0	2.4/54.5	2.76
H440	0.400		280	NOF-2B 0.5	2.2	112	4.0	4.3	—	—	—	—	—
H441	0.560		200	LONS-50 0.5	2.5	112	3.0	3.5	—	—	—	—	—
H442	0.475		240	LONS-50 0.5	2.7	114	7.1	5.7	18:55	23:21	7.1/0	4.0/43.7	4.83
H443	0.411		280	LONS-50 0.5	2.8	115	7.6	5.0	—	—	—	—	—
I66	0.540		200	UNF-1 0.8	1.9	108	5.2	5.3	—	—	—	—	—
I67	0.446		240	UNF-1 0.8	2.0	107	5.4	4.9	7:45	10:39	5.2/0	2.5/51.9	0.30
I68	0.386		280	UNF-1 0.8	2.2	108	6.0	6.1	—	—	—	—	—

从表 4.5 - 9 可知，在胶材用量 240kg/m³ 相同条件下：

1）减水剂掺量：试验采用减水剂掺量均为 0.5%，而山西黄腾 UNF-1 按厂家的建议掺 0.8%，掺量高于其他减水剂。

2）用水量：不同萘系减水剂混凝土拌和物用水量在 107～114kg/m³ 范围内变化，用水量由低到高依次为 ZB-1A、UNF-1（107kg/m³）、JM-ⅡC、R561P（110kg/m³）、NOF-2B（111kg/m³）、DH4BG（112kg/m³）和 LONS-50（114kg/m³）。

3）坍落度损失：不同减水剂混凝土拌和物 60min 坍落度损失率在 43.7%～72.0% 变化，坍落度损失率较小的为 LONS-50 减水剂（43.7%），较大的为 R561P 减水剂（72.0%）。其他减水剂由低到高依次为 UNF-1（51.9%）、NOF-2B（54.5%）、JM-ⅡC（60.0%）、DH4BG（63.9%）、ZB-1A（70.0%）。

4）泌水率：不同减水剂混凝土拌和物泌水率在 0.30%～4.83% 变化，泌水率最小为 UNF-1（0.3%），最大为 LONS-50（4.83%），其他减水剂由小到大依次为 DH4BG

（0.34%）、R561P（0.84%）、ZB－1A（0.93%）、JM－ⅡC（1.08%）和 NOF－2B（2.76%）。

5）凝结时间：不同减水剂混凝土拌和物初凝时间为 7h45min～25h5min，而山西黄腾 UNF－1 初凝时间相对较短（7h45min），其他减水剂初凝时间 13h 以上。终凝滞后于初凝 3～7h。

综合分析：通过对上述 7 种萘系减水剂混凝土拌和物试验结果进行性能比较，山西黄腾 UNF－1 掺量高，凝结时间短，只对其他 6 种减水剂进行定量分析，试验结果见表 4.5－10。从表 4.5－10 可知，不同萘系减水剂混凝土拌和物性能较好的依次为 DH4BG、JM－ⅡC、R561P、ZB－1A、NOF－2B、LONS－50。

表 4.5－10　　　　　　　　　　　萘系减水剂混凝土拌和物加权对比

厂家	品种	用水量/(kg/m³)	坍落度损失率/%	泌水率/%	加权和	排序
江苏博特	JM－ⅡC	0.99	1.01	0.682	0.894	2
浙江龙游	ZB－1A	0.97	1.18	0.587	0.912	4
上海麦斯特	R561P	0.99	1.21	0.531	0.910	3
四川吉龙	LONS－50	1.03	0.74	3.051	1.607	6
山东华伟	NOF－2B	1.00	0.92	1.744	1.221	5
河北石家庄	DH4BG	1.01	1.08	0.215	0.768	1
权重		0.333	0.333	0.333		

（2）硬化混凝土性能。试验采用表 4.5－9 中混凝土拌和物成型强度试件，强度试验结果见表 4.5－11，加权对比结果见表 4.5－12。

从表 4.5－11 可知，7 种不同萘系减水剂 90d 混凝土抗压强度平均值在 36.2～42.2MPa，最高强度与最低强度相差 6.0MPa。其中 NOF－2B 减水剂混凝土最高（42.2MPa），由高到低依次为 R561P（41.1MPa）、DH4BG（41.0MPa）、LONS－50（40.9MPa）、JM－ⅡC（38.8MPa）、UNF－1（37.9MPa），ZB－1A 减水剂混凝土强度最低（36.2MPa）。劈拉强度与抗压强度规律基本一致。

（3）萘系减水剂优选小结。通过对 6 种萘系减水剂混凝土性能进行量化分析并进行排序，混凝土性能相对较好的为河北石家庄 DH4BG，依次为上海麦斯特 R561P、江苏博特 JM－ⅡC、浙江龙游 ZB－1A、山东华伟 NOF－2B、四川吉龙 LONS－50。

4.5.3.3　聚羧酸系减水剂选择试验

1. 聚羧酸系减水剂掺量选择试验

按照《混凝土外加剂》（GB 8076—1997）标准对 12 个聚羧酸系减水剂进行对比试验，混凝土试验采用 42.5 中热水泥。每个品种选择 3 个不同掺量（山西黄腾 HT－HPC 只做一个掺量），试验结果见表 4.5－13。由试验结果可以看出：

（1）减水率。要求减水剂的减水率能达到 18% 以上，同时在该掺量下拌和物无泌浆、无板结。HT－HPC（掺量 0.6，减水率 24.8，下同形式）、JM－PCA（0.6，19.0）、ZB－800C（0.6，18.1）、Rheoplus26R（0.6，19.0）、JG－HPC（0.4，20.0）、PCA－R（0.6，19.0）、OCL－S（0.6，19.0）、NOF－AS（0.5，19.0）、Viscorete1210（0.6，19.0）、SR2（0.8，19.0）、X404（0.6，18.1）均能满足该要求；HP400R 0.5% 掺量时

混凝土减水率只有 17.1%，而 0.6% 掺量混凝土出现轻微泌浆。

表 4.5-11 硬化混凝土强度试验结果

试验编号	水胶比	粉煤灰品种及掺量/%	胶材用量/(kg/m³)	减水剂/%	抗压强度/MPa						劈拉强度/MPa			
					7d	平均	28d	平均	90d	平均	28d	平均	90d	平均
H426	0.535		200	ZB-1A 0.5	11.1		17.7		27.2		1.64		2.68	
H427	0.446		240	ZB-1A 0.5	16.7	16.1	28.4	26.2	38.5	36.2	2.34	2.17	3.52	3.32
H428	0.393		280	ZB-1A 0.5	20.4		32.4		43.0		2.54		3.75	
H429	0.540		200	JM-ⅡC 0.5	12.5		19.8		30.0		1.70		2.89	
H430	0.458		240	JM-ⅡC 0.5	16.8	16.4	26.8	26.6	40.9	38.8	2.12	2.24	3.19	3.32
H431	0.400		280	JM-ⅡC 0.5	19.8		33.2		45.6		2.90		3.88	
H432	0.545		200	R561P 0.5	13.8		22.5		33.7		1.99		3.07	
H433	0.458		240	R561P 0.5	17.1	17.3	29.4	28.2	43.0	41.1	2.56	2.47	3.57	3.44
H434	0.400	内江Ⅰ30	280	R561P 0.5	21.1		32.7		46.7		2.85		3.68	
H435	0.555		200	DH4BG 0.5	12.5		21.6		32.2		1.79		2.79	
H436	0.467		240	DH4BG 0.5	16.8	16.6	28.6	28.1	40.5	41.0	2.52	2.45	3.48	3.43
H437	0.404		280	DH4BG 0.5	20.6		34.2		50.3		3.05		4.01	
H438	0.550		200	NOF-2B 0.5	12.8		21.8		31.7		1.70		2.75	
H439	0.462		240	NOF-2B 0.5	19.4	18.4	30.9	29.7	41.9	42.2	2.70	2.42	3.99	3.58
H440	0.400		280	NOF-2B 0.5	23.0		36.5		52.9		2.86		4.01	
H441	0.560		200	LONS-50 0.5	13.3		21.3		34.1		1.86		2.86	
H442	0.475		240	LONS-50 0.5	17.3	17.3	27.1	27.7	41.1	40.9	2.33	2.36	3.43	3.32
H443	0.411		280	LONS-50 0.5	21.4		34.8		47.5		2.88		3.66	
I66	0.540		200	UNF-1 0.8	12.2		18.8		27.4		1.72		2.54	
I67	0.446		240	UNF-1 0.8	18.4	17.1	29.9	27.1	41.7	37.9	2.48	2.27	3.44	3.27
I68	0.386		280	UNF-1 0.8	20.8		32.5		44.5		2.62		3.83	

表 4.5-12 混凝土性能加权对比结果

厂家	品种	抗压强度/MPa	劈拉强度/MPa	硬化混凝土	拌和物性能	加权和	排序
		90d	90d				
江苏博特	JM-ⅡC	1.03	1.02	1.025	0.894	0.960	3
浙江龙游	ZB-1A	1.10	1.02	1.060	0.912	0.986	4
上海麦斯特	R561P	0.97	0.99	0.980	0.910	0.945	2
四川吉龙	LONS-50	0.98	1.02	1.000	1.607	1.304	6
山东华伟	NOF-2B	0.95	0.95	0.950	1.221	1.086	5
河北石家庄	DH4BG	0.98	0.99	0.975	0.768	0.872	1
平均值		40.0	3.40				
权重				0.50	0.50		

（2）抗压强度比。在不泌浆、不板结的条件下，掺 0.4％四川冶建 JG - HPC 混凝土抗压强度比最高，28d 抗压强度比达到 172％，3d 抗压强度比达到 258％。将 12 个品种按照抗压强度比由高到低排序，依次为：JG - HPC（掺量 0.4，28d 抗压强度比 172、3d 抗压强度比 258，下同形式），HP400R（0.5，154、154）、NOF - AS（0.5，154、151）、Rheoplus（0.8，153、177）、JM - PCA（0.8，152、180）、HT - HPC（0.6，148、171）、PCA - R（0.6，146、173）、ZB - 800C（0.8，141、193）、SR2（0.8，140、162）、Viscorete（0.8，139、183）、OCL - S（0.6，135、165）、X404（0.8，132、166）

（3）凝结时间差。马贝公司 SR2 0.8％掺量混凝土凝结时间差偏长，初凝达到 460min，终凝未能准确测得，然而其 3d 抗压强度仍能达到 162％，将掺量提高至 1.0％，虽然拌和物出现轻微泌浆，但混凝土 3d 抗压强度依然达到 152％。四川冶建 JG - HPC（掺量 0.4％，初凝时间差 87min，下同形式）、重庆江北 PCA - R（0.6，97）、北京奥凯 OCL - S（0.6，65）、马贝 X404（0.6，82）、HT - HPC（0.6，－6）凝结时间差偏短，缓凝效果不佳。

（4）泌水率比。0.8％掺量 JM - PCA 为 23.0％，ZB - 800C 为 11.9％，Viscorete1210 为 8.7％；0.4％掺量的 JG - HPC 为 55.1。将 12 个品种按泌水率比由低到高排序，依次为：HT - HPC（掺量 0.6、泌水率比 5.1，下同形式）、Viscorete1210（0.8、8.7）、Rheoplus26R（0.8、11.3）、ZB - 800C（0.8、11.9）、JM - PCA（0.8、23.0）、PCA - R（0.6、25.6）、SR2（0.8、40.4）、OCL - S（0.6、50.4）、JG - HPC（0.4、55.1）、HP400R（0.5、60.4）、NOF - AS（0.6、70.3）、X404（0.8、84.3）。

表 4.5 - 13　　　　　掺聚羧酸系减水剂混凝土性能试验结果

序号	厂家	品种	掺量 /%	减水率 /%	含气量 /%	泌水率比 /%	外观描述	抗压强度比 /%			凝结时间差 /min		收缩率比 /%
								3d	7d	28d	初凝	终凝	
1	江苏博特	JM - PCA	0.6	19.0	1.3	24.8	较好	175	193	154	105	111	99
			0.8	21.9	1.1	23.0	较好	180	201	152	—	—	—
			1.0	23.8	1.0	14.7	轻微泌浆	183	197	143	—	—	—
2	浙江龙游	ZB - 800C	0.6	18.1	2.0	31.0	较好	175	174	142	110	158	102
			0.8	21.0	2.4	11.9	较好	193	191	141	—	—	—
			1.0	23.8	1.2	15.2	轻微泌浆	203	200	140	—	—	—
3	上海麦斯特	Rheoplus 26R	0.6	19.0	1.2	25.5	较好	174	182	149	199	215	108
			0.8	20.5	1.2	11.3	较好	177	183	153	158	208	—
			1.0	22.4	1.2	22.0	轻微泌浆、板结	179	181	149	—	—	—
4	四川冶建	JG - HPC	0.4	20.0	0.7	55.1	较好	258	225	172	87	131	99
			0.6	21.9	1.0	35.0	轻微泌浆、板结	248	202	149	—	—	—
			0.8	23.8	0.7	27.1	严重泌浆、板结	282	228	154	—	—	—
5	重庆江北	PCA - R	0.6	19.0	1.4	25.6	较好	173	179	146	97	131	107
			0.8	21.0	1.8	9.6	轻微泌浆	175	192	157	—	—	—
			1.0	22.9	2.2	18.9	轻微泌浆、板结	185	190	153	—	—	—

续表

序号	厂家	品种	掺量 /%	减水率 /%	含气量 /%	泌水率比 /%	外观描述	抗压强度比 /%			凝结时间差 /min		收缩率比 /%
								3d	7d	28d	初凝	终凝	
6	北京奥凯	OCL-S	0.6	19.0	2.2	50.4	较好	165	169	135	65	98	100
			0.8	20.5	2.0	40.2	轻微泌浆	171	179	142	—	—	—
			1.0	21.9	2.2	36.9	轻微泌浆、板结	155	173	137	—	—	—
7	山东华伟	NOF-AS	0.5	19.0	1.4	25.4	较好	151	162	154	145	172	103
			0.6	21.4	2.3	70.3	较好	181	189	143	—	—	—
			0.8	23.8	1.9	55.7	轻微泌浆	173	178	140	—	—	—
8	上海华登	HP400R	0.4	15.7	1.4	40.5	较好	147	162	141	—	—	—
			0.5	17.1	1.0	60.4	较好	154	171	154	—	—	—
			0.6	21.0	1.0	38.4	轻微泌浆	231	190	144	115	183	101
9	西卡公司	Viscorete 1210	0.6	19.0	1.6	17.0	较好	163	181	140	200	247	106
			0.8	20.5	1.6	8.7	较好	183	201	139	—	—	—
			1.0	21.4	1.8	2.4	较好	167	179	125	—	—	—
10	马贝	SR2	0.6	17.1	1.1	73.5	较好	151	156	136	—	—	—
			0.8	19.0	1.0	40.4	较好	162	179	140	324	324	106
			1.0	20.5	0.8	27.0	轻微泌浆	152	166	145	—	—	—
11	马贝	X404	0.6	18.1	0.8	97.3	较好	174	170	133	82	142	112
			0.8	20.0	1.2	84.3	较好	166	168	132	—	—	—
			1.0	21.4	1.2	85.1	轻微泌浆	155	157	120	—	—	—
12	山西黄腾	HT-HPC	0.6	24.8	2.9	5.1	较好	171	174	148	-6	-24	110

2. 初步分析

将聚羧酸减水剂的掺量、减水率、泌水率比、28d 强度比、初凝时间差以及收缩率比的值进行加权平均,以对其量化考核,见表 4.5-14 和表 4.5-15。

表 4.5-14　　　　　　　聚羧酸系减水剂加权对比

厂家	品种	掺量 /%	减水率 /%	泌水率比 /%	28d 强度比 /%	初凝时间差 /min	收缩率比 /%	加权和	排序
江苏博特	JM-PCA	0.6 (1.00)	19.0 (0.99)	24.8 (0.74)	154 (0.94)	105 (1.27)	99 (0.95)	0.95	4
浙江龙游	ZB-800C	0.6 (1.00)	18.1 (1.04)	31.0 (0.92)	142 (1.02)	110 (1.21)	102 (0.98)	1.01	6
上海麦斯特	Rheoplus26R	0.6 (1.00)	19.0 (0.99)	25.5 (0.76)	149 (0.97)	199 (0.67)	108 (1.04)	0.92	3
四川冶建	JG-HPC	0.4 (0.67)	20.0 (0.94)	55.1 (1.64)	172 (0.84)	87 (1.53)	99 (0.95)	1.09	9
重庆江北	PCA-R	0.6 (1.00)	19.0 (0.99)	25.6 (0.76)	146 (0.99)	97 (1.37)	107 (1.03)	0.99	5

续表

厂家	品种	掺量 /%	减水率 /%	泌水率比 /%	28d强度比 /%	初凝时间差 /min	收缩率比 /%	加权和	排序
北京奥凯	OCL	0.6 (1.00)	19.0 (0.99)	50.4 (1.50)	135 (1.07)	65 (2.05)	100 (0.96)	1.21	10
山东华伟	NOF - AS	0.5 (0.83)	19.0 (0.99)	25.4 (0.76)	154 (0.94)	145 (0.92)	103 (0.99)	0.91	2
上海华登	HP400R	0.4 (0.67)	15.7 (1.20)	40.5 (1.21)	141 (1.03)	115 (1.16)	101 (0.97)	1.07	8
西卡公司	Viscorete1210	0.6 (1.00)	19.0 (0.99)	17.0 (0.51)	140 (1.03)	200 (0.67)	106 (1.02)	0.88	1
马贝	SR2	0.8 (1.33)	19.0 (0.99)	40.4 (1.20)	140 (1.03)	324 (0.41)	106 (1.02)	1.02	7
马贝	X404	0.6 (1.00)	18.1 (1.04)	97.3 (2.90)	133 (1.09)	82 (1.62)	112 (1.07)	1.48	11
山西黄腾	HT - HPC	0.6 (1.00)	24.8 (0.76)	5.1 (0.15)	148 (0.98)	6 (22.2)	110 (1.06)	2.91	12
平均值		0.60	18.9	33.6	145	133	104	1.20	
权重		0.10	0.20	0.20	0.20	0.10	0.20		

注 1．"掺量""泌水率比"及"初凝时间差"三项，括号中数为实测值与平均值之比，"减水率""28d强度比"及"初凝时间差"三项，括号中数为平均值与实测值之比。

2．平均值为该项所有品种实测值中去掉一个最大值和一个最小值后，取余下的平均。

3．加权和为该品种括号中数与权重乘积之和，加权和越小的，可认为其性能越好。

因 X404 泌水率比过大（已大于国标 95% 的限值），HP400R 减水率偏低，HT - HPC、PCA - R、OCL 缓凝效果较差，四川冶建公司发生变化，西卡公司人员变化过大予以淘汰。剩下的 5 个品种按照加权和再次排序结果见表 4.5 - 15。5 个品种排序先后分别是：山东华伟 NOF - AS；上海麦斯特 R26R；江苏博特 JM - PCA；浙江龙游 ZB - 800C；马贝公司 SR2。

表 4.5 - 15 聚羧酸系减水剂加权二次排序

厂家	品种	掺量 /%	减水率 /%	泌水率比 /%	28d强度比 /%	初凝时间差 /min	收缩率比 /%	加权和	排序
江苏博特	JM - PCA	(1.00)	(0.99)	(0.70)	(0.94)	(1.19)	(0.95)	0.93	3
浙江龙游	ZB - 800C	(1.00)	(1.04)	(0.88)	(1.02)	(1.13)	(0.98)	1.00	4
上海麦斯特	Rheoplus26R	(1.00)	(0.99)	(0.72)	(0.97)	(0.63)	(1.04)	0.91	2
山东华伟	NOF - AS	(0.83)	(0.99)	(0.72)	(0.94)	(0.86)	(0.99)	0.90	1
马贝	SR2	(1.33)	(0.99)	(1.14)	(1.03)	(0.39)	(1.02)	1.01	5
权重		0.10	0.20	0.20	0.20	0.10	0.20		

3. 聚羧酸减水剂混凝土性能试验

通过上述综合分析，采用 5 种（JM - PCA、ZB - 800C、Rheoplus26R、NOF - AS、

SR2）品质相对较好的聚羧酸减水剂进行常态、泵送混凝土性能比较试验，从而达到外加剂优选的目的。

（1）常态混凝土。试验采用固定胶凝材料用量 $200kg/m^3$、$240kg/m^3$、$280kg/m^3$，粉煤灰掺量 30%（内江Ⅰ级灰），引气剂 AIR202，坍落度控制 4～6cm，含气量控制 5% ±0.5%，二级配常态混凝土。

1）混凝土拌和物性能。采用上述试验条件进行混凝土拌和物性能试验，试验结果见表 4.5-16。

从表 4.5-16 可知，在胶凝材料 $240kg/m^3$ 相同条件下：

a. 用水量：不同聚羧酸减水剂混凝土拌和物用水量在 106～$109kg/m^3$ 范围内变化，最高与最低用水量相差 $3kg/m^3$，用水量较低的为 JM-PCA、Rheoplus26R 和 SR2（同为 $106kg/m^3$），其次为 NOF-AS（$108kg/m^3$），ZB-800C 相对较高（$109kg/m^3$）。

b. 坍落度损失：不同减水剂混凝土拌和物 60min 坍落度损失率在 25.7%～40.0%，坍落度损失率较小的为 JM-PCA 减水剂（25.7%），较大的为 NOF-AS 减水剂（40.0%）。其他减水剂由低到高依次为 ZB-800C（29.4%）、Rheoplus26R（32.3%）、SR2（32.5%）。

c. 泌水率：不同减水剂混凝土拌和物泌水率在 0.58%～1.89%，泌水率最小为 JM-PCA（0.58%），最大为 NOF-AS（1.89%），其他减水剂由小到大依次为 Rheoplus26R（0.78%）、ZB-800C（1.29%）和 SR2（1.41%）。

表 4.5-16　　　　　　　　　常态混凝土拌和物试验结果

试验编号	水胶比	粉煤灰品种及掺量/%	胶材用量/(kg/m³)	减水剂/%	AIR202/(1/万)	用水量/(kg/m³)	坍落度/cm	含气量/%	坍落度保持值/cm/损失率/%		泌水率/%
									0min	60min	
H444	0.535		200	JM-PCA 0.5	1.8	107	5.6	5.1	—	—	—
H445	0.442		240	JM-PCA 0.5	1.8	106	7.4	6.2	7.4/0	5.5/25.7	0.58
H446	0.382		280	JM-PCA 0.5	1.6	107	7.8	5.3	—	—	—
H447	0.540		200	ZB-800C 0.5	2.0	108	6.7	6.4	—	—	—
H448	0.454		240	ZB-800C 0.5	1.8	109	6.8	5.3	6.8/0	4.8/29.4	1.29
H449	0.393		280	ZB-800C 0.5	1.8	110	6.9	5.5	—	—	—
H450	0.540	内江Ⅰ30	200	Rheoplus26R 0.5	1.8	108	6.8	6.0	—	—	—
H451	0.442		240	Rheoplus26R 0.5	1.8	106	6.5	6.2	6.5/0	4.4/32.3	0.78
H452	0.382		280	Rheoplus26R 0.5	1.8	107	8.5	5.9	—	—	—
H453	0.545		200	NOF-AS 0.3	1.8	109	6.0	5.0	—	—	—
H454	0.450		240	NOF-AS 0.3	1.7	108	5.9	5.2	5.9/0	3.6/40.0	1.89
H455	0.389		280	NOF-AS 0.3	1.7	109	5.8	4.2	—	—	—
H456	0.535		200	SR2 0.5	1.8	107	7.8	5.2	—	—	—
H457	0.442		240	SR2 0.5	1.6	106	8.0	5.4	8.0/0	5.4/32.5	1.41
H458	0.382		280	SR2 0.5	1.6	107	6.4	5.4	—	—	—

综合分析，通过对上述聚羧酸减水剂混凝土拌和物试验结果进行性能比较，试验结果见表4.5-17。从表4.5-17可知，5种不同聚羧酸减水剂混凝土拌和物性能较好的依次为JM-PCA、Rheoplus26R、ZB-800C、SR2、NOF-AS。

表4.5-17 聚羧酸减水剂常态混凝土拌和物加权对比

厂家	品种	用水量 /(kg/m³)	坍落度损失率 /%	泌水率 /%	加权和	排序
江苏博特	JM-PCA	0.99	0.80	0.49	0.76	1
浙江龙游	ZB-800C	1.02	0.92	1.08	1.01	3
上海麦斯特	Rheoplus26R	0.99	1.01	0.66	0.89	2
山东华伟	NOF-AS	1.01	1.25	1.59	1.28	5
马贝	SR2	0.99	1.02	1.18	1.06	4
权重		33.33	33.33	33.33		

2）硬化混凝土性能。试验采用表4.5-16中混凝土拌和物成型强度试件，硬化混凝土强度试验结果见表4.5-18；常态混凝土性能加权对比结果见表4.5-19。

表4.5-18 硬化混凝土强度试验结果

试验编号	水胶比	粉煤灰品种及掺量/%	胶材用量/(kg/m³)	减水剂/%	抗压强度/MPa						劈拉强度/MPa			
					7d	平均	28d	平均	90d	平均	28d	平均	90d	平均
H444	0.535		200	JM-PCA 0.5	10.8		19.2		29.0		1.75		2.90	
H445	0.442		240	JM-PCA 0.5	18.2	17.4	30.6	28.9	41.5	40.0	2.61	2.49	3.70	3.58
H446	0.382		280	JM-PCA 0.5	23.3		37.0		49.5		3.12		4.15	
H447	0.540		200	ZB-800C 0.5	9.2		15.7		24.8		1.53		2.40	
H448	0.454		240	ZB-800C 0.5	15.8	14.6	26.5	24.4	38.4	34.6	2.26	2.19	3.36	3.06
H449	0.393		280	ZB-800C 0.5	18.9		31.1		40.7		2.77		3.41	
H450	0.540		200	Rheoplus26R 0.5	9.9		16.0		24.7		1.45		2.16	
H451	0.442	内江 Ⅰ30	240	Rheoplus26R 0.5	17.1	15.7	28.5	25.8	39.7	35.8	2.61	2.29	3.50	3.08
H452	0.382		280	Rheoplus26R 0.5	20.0		32.9		43.0		2.81		3.57	
H453	0.545		200	NOF-AS 0.3	11.0		18.9		28.3		1.60		2.72	
H454	0.450		240	NOF-AS 0.3	18.6	17.9	29.4	28.3	40.9	40.9	2.38	2.36	3.43	3.47
H455	0.389		280	NOF-AS 0.3	24.2		36.7		53.6		3.09		4.27	
H456	0.535		200	SR2 0.5	10.2		16.9		26.9		1.61		2.69	
H457	0.442		240	SR2 0.5	16.0	15.7	27.7	26.3	36.5	36.9	2.41	2.31	3.55	3.41
H458	0.382		280	SR2 0.5	21.0		34.2		47.2		2.92		3.99	

从表4.5-18可知，表4.5-19中5种不同聚羧酸盐减水剂90d混凝土抗压强度平均值在34.6～40.9MPa范围内变化，最高强度与最低强度相差6.3MPa。其中NOF-AS减水剂混凝土强度最高（40.9MPa），由高到低依次为JM-PCA（40.0MPa）、SR2

（36.9MPa）、Rheoplus26R（35.8MPa）、ZB-800C减水剂强度最低（34.6MPa）。劈拉强度与抗压强度规律基本一致。

表 4.5-19 **常态混凝土性能加权对比结果**

厂家	品种	抗压强度/MPa	劈拉强度/MPa	硬化混凝土	拌和物性能	加权和	排序
		90d	90d				
江苏博特	JM-PCA	0.940	0.928	0.934	0.76	0.847	1
浙江龙游	ZB-800C	1.087	1.085	1.086	1.01	1.048	4
上海麦斯特	Rheoplus26R	1.050	1.078	1.064	0.89	0.977	2
山东华伟	NOF-AS	0.919	0.957	0.938	1.28	1.109	5
马贝	SR2	1.019	0.974	0.997	1.06	1.029	3
平均值		37.6	3.32				
权重				0.50	0.50		

综合分析：通过对 5 种聚羧酸盐减水剂混凝土性能进行量化分析并进行排序，混凝土性能相对较好的为江苏博特 JM-PCA，性能由好到差依次为上海麦斯特 Rheoplus26R、马贝 SR2、浙江龙游 ZB-800C、山东华伟 NOF-AS。

（2）泵送混凝土。试验采用固定胶凝材料用量 300kg/m³，粉煤灰掺量 20%（内江Ⅰ级灰），砂率 42%，引气剂 AIR202，坍落度控制 16~18cm，含气量控制 5%±0.5%，二级配泵送混凝土。

1）泵送混凝土拌和物试验。对品质较好的 5 种聚羧酸减水剂和山西黄腾 HT-HPC 进行泵送混凝土拌和物性能试验，拌和物试验结果见表 4.5-20。

表 4.5-20 **泵送混凝土拌和物试验结果**

试验编号	水胶比	粉煤灰品种及掺量/%	减水剂/%	AIR202/(1/万)	用水量/(kg/m³)	坍落度/cm	含气量/%	凝结时间/(h：min) 初凝	凝结时间/(h：min) 终凝	坍落度保持值/cm/损失率/% 0min	坍落度保持值/cm/损失率/% 60min	压力泌水率/%	常压泌水率/%
H461	0.460		JM-PCA 0.5	0.6	138	16.3	5.0	8：25	11：56	16.3/0	11.8/27.6	9.76	1.79
H459	0.460		ZB-800C 0.5	0.6	138	16.5	4.4	9：23	13：11	16.5/0	15.0/9.1	6.82	4.78
H460	0.460	内江Ⅰ20	Rheoplus26R 0.5	0.6	138	16.7	4.2	8：38	11：55	16.7/0	15.5/7.2	8.33	4.80
H468	0.460		NOF-AS 0.4	0.6	138	17.6	5.5	12：12	15：32	17.6/0	14.0/20.5	6.58	6.00
H464	0.467		SR2 0.5	0.6	140	16.9	5.0	10：32	14：05	16.9/0	11.5/32.0	7.39	3.95
I69	0.460		HT-HPC 0.6	0.6	138	17.9	6.4	7：04	9：48	17.9/0	11.4/36.3	11.5	2.00

从表 4.5-20 可知，在胶凝材料用量 300kg/m³ 相同条件下：

a. 用水量：掺用不同聚羧酸减水剂混凝土拌和物在达到相同坍落度时用水量（除 SR2 泵送剂混凝土用水量高 2kg/m³ 外）基本相同。

b. 坍落度损失：掺用不同聚羧酸减水剂混凝土拌和物 60 分钟坍落度损失在 7.2%~32.0% 范围内变化。坍落度损失最小的是 Rheoplus26R（7.2%），由小到大依次为 ZB-800C（9.1%）、NOF-AS（20.5%）、JM-PCA（27.6%）、SR2（32.0%）和 HT-

HPC（36.3%）。

c. 泌水率：掺用不同聚羧酸减水剂混凝土拌和物压力泌水率在 6.58%～11.5% 范围内变化，而常压泌水率则在 1.79%～6.0% 范围内变化，常压泌水率低于压力泌水率。其中掺 HT-PHC 混凝土拌和物压力泌水率相对最大（11.5%），而常压泌水率却相对最小（1.79%）。NOF-AS 压力泌水率（6.58%）与常压泌水率（6.0%）基本一致。其他三种减水剂 ZB-800C、Rheoplus26R 和 SR2 混凝土拌和物压力泌水率较常压泌水率分别高 2.04%、3.53% 和 3.44%。

d. 凝结时间：掺用不同聚羧酸减水剂混凝土初凝在 7h4min～12h12min 范围内变化，终凝滞后初凝 3h 左右。

综合分析，通过对上述 6 种聚羧酸减水剂泵送混凝土拌和物试验结果进行性能比较，试验结果见表 4.5-21。从表 4.5-21 可知，不同聚羧酸减水剂混凝土拌和物性能较好的依次为 ZB-800C、Rheoplus26R、JM-PCA、NOF-AS、SR2、HT-HPC。

表 4.5-21　　　　　　聚羧酸减水剂泵送混凝土拌和物加权对比

厂家	品种	坍落度损失率 60min/%	压力泌水率 /%	泌水率 /%	加权和	排序
江苏博特	JM-PCA	27.6 (1.25)	9.76 (1.16)	1.79 (0.46)	0.957	3
浙江龙游	ZB-800C	9.1 (0.41)	6.82 (0.81)	4.78 (1.23)	0.817	1
上海麦斯特	Rheoplus26R	7.2 (0.33)	8.33 (0.99)	4.80 (1.23)	0.850	2
山东华伟	NOF-AS	20.5 (0.93)	6.58 (0.78)	6.00 (1.54)	1.083	4
马贝	SR2	32.0 (1.45)	7.39 (0.88)	3.95 (1.02)	1.117	5
山西黄腾	HT-HPC	36.3 (1.64)	11.5 (1.37)	2.00 (0.51)	1.173	6
平均值		22.1	8.40	3.89		
权重		33.33	33.33	33.33		

2）硬化混凝土性能。试验采用表 4.5-20 中混凝土拌和物成型强度试件，硬化混凝土强度试验结果见表 4.5-22；混凝土变形性能试验结果见表 4.5-23；泵送混凝土性能加权对比结果见表 4.5-24。

表 4.5-22　　　　　　　　硬化混凝土强度试验结果

试验编号	水胶比	粉煤灰种及掺量/%	减水剂/%	抗压强度/MPa			劈拉强度/MPa	
				7d	28d	90d	28d	90d
H461	0.460		JM-PCA 0.5	22.5	35.8	47.8	2.93	3.80
H459	0.460		ZB-800C 0.5	21.8	34.9	45.3	2.87	3.88
H460	0.460	内江 I 20	Rheoplus26R 0.5	21.5	35.4	46.9	2.74	3.82
H468	0.460		NOF-AS 0.4	23.1	35.9	47.9	2.98	3.95
H464	0.467		SR2　0.5	24.2	37.9	47.6	2.89	3.86
I69	0.460		HT-HPC 0.6	—	30.5	43.2	2.80	3.62

表 4.5 - 23　　　　　　　　　　　　　　混凝土变形性能试验结果

试验编号	水胶比	粉煤灰种及掺量/%	减水剂/%	极限拉伸/(×10⁻⁴)		抗压弹模/GPa		干缩率/(×10⁻⁶)
				28d	90d	28d	90d	90d
H461	0.460	内江 I 20	JM - PCA 0.5	1.16	1.26	33.0	41.7	251
H459	0.460		ZB - 800C 0.5	0.91	1.20	33.3	40.3	243
H460	0.460		Rheoplus26R 0.5	0.96	1.09	34.5	42.0	164
H468	0.460		NOF - AS 0.4	1.22	1.16	34.4	40.2	238
H464	0.467		SR2 0.5	1.16	1.26	33.0	41.7	198
I69	0.460		HT - HPC 0.6	0.94	1.25	32.7	35.1	—

表 4.5 - 24　　　　　　　　　　　　　　泵送混凝土性能加权对比结果

厂家	品　种	抗压强度/MPa	劈拉强度/MPa	极限拉伸值90d	抗压弹模/GPa	硬化混凝土	拌和物性能	加权和	排序
		90d	90d		90d				
江苏博特	JM - PCA	0.97	1.01	0.95	0.96	0.973	0.957	0.965	3
浙江龙游	ZB - 800C	1.02	0.98	1.00	1.00	1.000	0.817	0.909	1
上海麦斯特	Rheoplus26R	0.99	1.00	1.10	0.96	1.013	0.850	0.932	2
山东华伟	NOF - AS	0.97	0.98	1.03	0.96	0.995	1.083	1.039	4
马贝	SR2	0.98	0.99	0.95	0.96	0.970	1.117	1.044	5
山西黄腾	HT - HPC	1.08	1.05	0.96	1.14	1.058	1.173	1.116	6
平均值		46.45	3.82	1.20	40.17				
权重						0.50	0.50		

综合评价，采用聚羧酸盐减水剂进行泵送混凝土试验，通过定量分析排序，性能结果由好到差依次为 ZB - 800C、Rheoplus26R、JM - PCA、NOF - AS、SR2、HT - HPC。

4. 聚羧酸减水剂优选小结

通过采用不同聚羧酸盐减水剂进行常态、泵送混凝土性能试验，并对混凝土性能试验结果进行定量分析排序，性能结果由好到差依次为上海麦斯特 Rheoplus26R、江苏博特 JM - PCA、浙江龙游 ZB - 800C、山东华伟 NOF - AS、马贝 SR2、山西黄腾 HT - HPC。

4.5.3.4　引气剂选择试验

1. 掺引气剂混凝土品质试验

以拌和物含气量为主要控制指标，对 10 个品种的引气剂进行混凝土性能检验，检验结果见表 4.5 - 25。

2. 初步分析

将引气剂掺量、泌水率比、28d 强度比、收缩率比以及气泡间距系数的值进行加权平均，以对其量化考核，考核结果见表 4.5 - 26 和表 4.5 - 27。

表 4.5-25　　　　　　　　掺引气剂混凝土性能试验结果

序号	厂家	品种	掺量 /(1/万)	减水率 /%	含气量 /%	泌水率比 /%	外观描述	抗压强度比/%			收缩率比 /%	气泡间距系数 /μm
								3d	7d	28d		
1	上海同济	SJ-2	2.2	11.9	4.8	53.8	较好	117	110	106	115	158
2	西卡公司	AER50-C	3.0	11.0	4.4	70.0	较好	107	119	109	94	233
3	马贝公司	PT1	9.0	11.9	4.6	63.7	较好	105	111	94	103	358
4	上海华登	AE600	2.5	11.9	5.0	69.1	较好	112	110	111	101	221
5	浙江龙游	ZB-1G	1.0	11.9	5.2	51.9	较好	96	103	100	103	242
6	江苏博特	JM-2000C	0.6	10.5	4.6	65.9	较好	133	129	115	94	231
7	山东淄博	NOF-AE	1.1	8.6	4.9	58.6	较好	118	117	108	107	274
8	上海麦斯特	AIR202	1.4	10.5	5.1	28.0	较好	107	109	114	97	217
9	河北石家庄	DH9	1.1	8.1	4.8	46.6	较好	103	102	105	104	252
10	四川育才	GK-9A	0.5	7.1	4.3	49.7	较好	104	102	102	100	253

注 GK-9A 数据来源于溪洛渡外加剂优选试验。

表 4.5-26　　　　　　　　引 气 剂 加 权 对 比

厂家	品种	掺量 /(1/万)	泌水率比 /%	28d 抗压强度比/%	收缩率比 /%	气泡间距系数/mm	加权和	排序
上海同济	SJ-2	2.2 (1.37)	53.8 (0.94)	106 (1.01)	115 (1.14)	158 (0.66)	0.99	6
西卡公司	AER50-C	3.0 (1.86)	70.0 (1.22)	109 (0.98)	94 (0.93)	233 (0.97)	1.17	9
马贝公司	PT1	9.0 (6.00)	63.7 (1.11)	94 (1.14)	103 (1.02)	358 (1.49)	2.09	10
上海华登	AE600	2.5 (1.55)	69.1 (1.20)	111 (0.96)	101 (1.00)	221 (0.92)	1.11	8
浙江龙游	ZB-1G	1.0 (0.62)	51.9 (0.90)	100 (1.07)	103 (1.02)	242 (1.01)	0.93	4
江苏博特	JM-2000C	0.6 (0.37)	65.9 (1.15)	115 (0.93)	94 (0.93)	231 (0.96)	0.88	3
山东淄博	NOF-AE	1.1 (0.68)	58.6 (1.02)	108 (0.99)	107 (1.06)	274 (1.14)	0.99	6
上海麦斯特	AIR202	1.4 (0.87)	28.0 (0.49)	114 (0.94)	97 (0.96)	217 (0.90)	0.84	1
河北石家庄	DH9	1.1 (0.68)	46.6 (0.81)	105 (1.02)	104 (1.03)	252 (1.05)	0.93	4
四川育才	GK-9A	0.5 (0.31)	49.7 (0.87)	102 (1.05)	100 (0.99)	253 (1.05)	0.87	2
平均值		1.61	57.4	107	101	240	10.8	—
权重		0.18	0.18	0.18	0.18	0.28	—	—

注 1. 括号中数为实测值与平均值之比；平均值为该项所有品种实测值中去掉一个最大值和一个最小值后，取余下的平均。

2. "抗压强度比"一项，括号中的数为实测值与平均值之比的倒数。

3. "加权和"为该品种括号中数与权重乘积之和，"加权和"越小的，可认为其性能越好。

对 10 个品种的引气剂进行末位淘汰，淘汰掉 PT－1（掺量最大、间距系数最大、强度最低），AER50－C（泌水率比最大），对剩下的 8 个品种二次排序的结果见表 4.5－27，取二次排序的前 5 位和 SJ－2，分别为：上海麦斯特 AIR202；四川育才 GK9A；江苏博特JM－2000C；浙江龙游 ZB－1G；河北石家庄 DH9、上海同济 SJ－2。

表 4.5－27　　　　　　　　　　　　　引气剂加权和的二次排序

厂家	品种	掺量 /(1/万)	泌水率比 /%	28d 抗压强 度比/%	收缩率比 /%	气泡间距系数 /mm	加权和	排序
上海华登	AE600	1.55	1.20	0.96	1.00	0.92	1.11	7
浙江龙游	ZB－1G	0.62	0.90	1.07	1.02	1.01	0.93	4
江苏博特	JM－2000C	0.37	1.15	0.93	0.93	0.96	0.88	3
山东华伟	NOF－AE	0.68	1.02	0.99	1.06	1.14	0.99	6
上海麦斯特	AIR202	0.87	0.49	0.94	0.96	0.90	0.84	1
河北石家庄	DH9	0.68	0.81	1.02	1.03	1.05	0.93	4
四川育才	GK9A	0.31	0.87	1.05	0.99	1.05	0.87	2
上海同济	SJ－2	1.37	0.94	1.01	1.14	0.66	0.99	6
权重		0.18	0.18	0.18	0.18	0.28		

3. 掺引气剂混凝土试验

通过对不同引气剂品质结果进行综合分析，优选出品质相对较好的 6 种引气剂（上海麦斯特 AIR202、四川育才 GK9A、江苏博特 JM－2000C、浙江龙游 ZB－1G、河北石家庄 DH9、上海同济 SJ－2）进行常态、泵送混凝土性能对比试验。

（1）常态混凝土试验。试验采用固定胶凝材料用量 250kg/m³，粉煤灰掺量 30%（内江Ⅰ级灰），砂率 33%，减水剂 JM－ⅡC 0.5%，坍落度控制 6～8cm，含气量控制（5±0.5）%，二级配常态混凝土。

1）混凝土拌和物试验。混凝土拌和物试验结果见表 4.5－28。

表 4.5－28　　　　　　　　　　　　　混凝土拌和物试验结果

试验 编号	水胶比	粉煤灰品 种及掺量 /%	胶材用量 /(kg/m³)	减水剂 /%	引气剂 /(1/万)	用水量 /(kg/m³)	坍落度 /cm	含气量 /%	坍落度保持值/cm /损失率/%		泌水率 /%
									0min	60min	
H480	0.44		250	JM－ⅡC 0.5	AIR202　2.0	110	6.4	3.3	6.4/0	3.4/46.9	1.88
H481	0.44		250	JM－ⅡC 0.5	ZB－1G　1.6	110	5.6	5.7	5.6/0	2.8/50.0	1.28
H482	0.44	内江Ⅰ30	250	JM－ⅡC 0.5	GK－9A　0.9	110	6.0	5.5	6.0/0	3.0/50.0	0.50
H483	0.44		250	JM－ⅡC 0.5	JM－2000C　0.9	110	6.8	5.7	6.8/0	2.2/67.6	0.00
H484	0.44		250	JM－ⅡC 0.5	DH9　0.9	110	6.6	5.1	6.6/0	2.3/65.2	0.26
I70	0.44		250	JM－ⅡC 0.5	SJ－2　7.0	110	6.4	5.0	6.5/0	4.5/30.8	0.42

从表 4.5－28 可知，在胶凝材料用量 250kg/m³ 相同条件下：

a. 用水量：混凝土拌和物在达到相同坍落度、含气量时，掺用不同品种引气剂混凝土拌和物用水量完全相同（110kg/m³）。

b. 坍落度损失：混凝土掺用不同品种引气剂 60min 坍落度损失率在 30.8%～67.6% 范围内变化，其中 SJ－2 损失率最小（30.8%），由低到高依次为 AIR202（46.9%）、ZB－1G 和 GK－9A（50.0%）、DH9（65.2%），JM－2000C 最大（67.6%）。

c. 泌水率：掺用不同品种引气剂混凝土拌和物泌水率在 0～1.88% 范围内变化，其中 JM－2000C 最小，基本没有泌水，由低到高依次为 DH9（0.26%）、SJ－2（0.42%）、GK－9A（0.50%）、ZB－1G（1.28%），AIR202 最大（1.88%）。

从表 4.5－29 可知，河北石家庄 DH9 引气剂混凝土拌和物综合性能相对较好，其他品种由好到差依次为上海同济 SJ－2、江苏博特 JM－2000C、四川育才 GK－9A、浙江龙游 ZB－1G、上海麦斯特 AIR202。

表 4.5－29 引气剂常态混凝土拌和物加权对比

厂家	品　种	坍落度损失率 60min/%	泌水率 /%	加权和	排序
上海麦斯特	AIR202　2.0	46.9/0.906	1.88/2.611	1.759	6
四川育才	GK－9A　0.9	50.0/0.966	0.50/0.694	0.830	4
江苏博特	JM－2000C　0.9	67.6/1.306	0.00/0.000	0.653	3
河北石家庄	DH9　0.9	65.2/0.533	0.26/0.361	0.447	1
上海同济	SJ－2　7.0	30.8/0.595	0.42/0.583	0.589	2
平均值		51.75	0.72		
权重		50	50		

2）硬化混凝土性能试验。采用表 4.5－24 中混凝土拌和物成型强度、抗冻和气孔参数试件。硬化混凝土强度试验结果见表 4.5－30；硬化混凝土抗冻性能试验结果见表 4.5－31。

表 4.5－30 硬化混凝土强度试验结果

试验编号	水胶比	粉煤灰种及掺量/%	引气剂品种及掺量 /(1/万)	抗压强度/MPa			劈拉强度/MPa	
				7d	28d	90d	28d	90d
H480	0.44		AIR202　2.0	17.8	27.3	41.2	2.47	3.53
H481	0.44		ZB－1G　1.6	18.4	30.3	42.2	2.54	3.74
H482	0.44	内江Ⅰ30	GK－9A　0.9	18.7	30.9	43.0	2.42	3.76
H483	0.44		JM－2000C　0.9	16.7	27.8	41.7	2.21	3.63
H484	0.44		DH9　0.9	17.0	28.4	39.3	2.34	3.35
I70	0.44		SJ－2　7.0	18.6	31.5	45.3	2.62	3.66

从表 4.5－30 可知，掺用不同引气剂混凝土 90d 的抗压强度除 SJ－2 略高、DH9 结果略低外，其他三种（AIR202、JM－2000C、DH9）抗压强度基本相当。而不同引气剂混凝土劈拉强度基本相当。

表 4.5-31 　　　　　　　　　硬化混凝土抗冻性能试验结果

试验编号	水胶比	粉煤灰种及掺量/%	引气剂品种及掺量/(1/万)	抗冻结果			气泡间距系数/μm
				次数	重量损失/%	相对动弹模/%	
H480	0.44	内江Ⅰ30	AIR202　2.0	200	0.19	95.22	196
H481	0.44		ZB-1G　1.6	200	0.15	94.39	154
H482	0.44		GK-9A　0.9	200	0.44	94.45	213
H483	0.44		JM-2000C　0.9	200	0.13	92.85	174
H484	0.44		DH9　0.9	200	0.19	93.67	223
I70	0.44		SJ-2　7.0	200	5.84	95.04	245

从表 4.5-31 可知，掺用不同引气剂，在相对动弹模基本相当条件下，混凝土抗冻达到 200 次冻融循环时 SJ-2 重量损失超标，抗冻标号只能满足 F150 技术要求。其他品种引气剂混凝土抗冻性能均较好。

表 4.5-32 结果表明，对不同引气剂常态混凝土性能进行综合评价，其混凝土性能较好的为和河北石家庄 DH9，性能由好到差依次为江苏博特 JM-2000C、四川育才 GK-9A、浙江龙游 ZB-1G、上海麦斯特 AIR202、上海同济 SJ-2。

表 4.5-32 　　　　　　　　　常态混凝土性能加权对比结果

厂家	品种	抗压强度/MPa	劈拉强度/MPa	重量损失	气泡间距系数	硬化混凝土	拌和物性能	加权和	排序
		90d	90d						
上海麦斯特	AIR202　2.0	1.02	1.02	0.16	0.98	0.795	1.759	1.277	5
浙江龙游	ZB-1G　1.6	1.00	0.97	0.13	0.77	0.718	1.372	1.045	4
四川育才	GK-9A　0.9	0.98	0.96	0.38	1.06	0.845	0.830	0.838	3
江苏博特	JM-2000C　0.9	1.01	0.99	0.11	0.87	0.745	0.653	0.699	2
河北石家庄	DH9　0.9	1.07	1.08	0.16	1.11	0.855	0.447	0.651	1
上海同济	SJ-2　7.0	0.93	0.99	5.03	1.22	2.04	0.589	1.314	6
平均值		42.1	3.61	1.16	200.8				
权重						0.50	0.50		

（2）泵送混凝土试验。试验采用固定胶凝材料用量 300kg/m³，粉煤灰掺量 20%（内江Ⅰ级灰），砂率 42%，泵送剂 ZB-800C 0.5%，坍落度控制 16~18cm，含气量控制 5±0.5%，二级配泵送混凝土。

1）混凝土拌和物性能试验。混凝土拌和物试验结果见表 4.5-33。

表 4.5-33 试验结果表明：

a. 用水量：掺用不同品种引气剂混凝土拌和物用水量基本相同（138kg/m³）。

b. 坍落度损失：掺用不同品种引气剂混凝土拌和物 60min 坍落度损失在 31.0%~47.9% 范围内变化，其中掺用引气剂 SJ-2 混凝土坍落度损失最小（27.0%），其次由高到低依次为 JM-2000C（31.0%）、AIR202（37.2%）、DH9（39.0%）、GK-9A

（41.3%），ZB-1G 最高（47.9%）。

表 4.5-33　　　　　　　　泵送混凝土拌和物试验结果

试验编号	水胶比	粉煤灰品种及掺量/%	胶材用量/(kg/m³)	减水剂/%	引气剂/(1/万)		用水量/(kg/m³)	坍落度/cm	含气量/%	坍落度保持值/cm/损失率/%		泌水率/%
										0min	60min	
H485	0.46		300		DH9	0.3	138	16.0	5.9	16.4/0	10.0/39.0	2.04
H486	0.46		300		JM-2000C	0.3	138	16.5	4.6	16.8/0	11.6/31.0	1.09
H487	0.46	内江Ⅰ 20	300	ZB-800C 0.5	AIR202	0.6	138	16.6	4.9	16.4/0	10.3/37.2	1.40
H488	0.46		300		ZB-1G	0.4	138	16.5	5.2	16.5/0	8.6/47.9	1.81
H489	0.46		300		GK-9A	0.3	138	16.7	5.4	16.7/0	9.8/41.3	1.29
I71	0.46		300		SJ-2	1.0	138	16.4	5.8	17.1/0	12.5/27.0	1.89

c. 泌水率：掺用不同品种引气剂混凝土拌和物泌水率在 1.09%～2.04% 范围内变化，其中掺用 JM-2000C 引气剂混凝土拌和物泌水率最小（1.09%），其次由高到低依次为 AIR202（1.40%）、GK-9A（1.29%）、ZB-1G（1.81%）、SJ-2（1.89%），DH9 最高（2.04%）。

从表 4.5-34 可知，江苏博特 JM-2000C 引气剂混凝土拌和物综合性能相对较好，其他品种由好到差依次为上海麦斯特 AIR202、上海同济 SJ-2 和四川育才 GK-9A、河北石家庄 DH9、浙江龙游 ZB-1G。

表 4.5-34　　　　　　　　引气剂混凝土拌和物加权对比

厂家	品种	坍落度损失率 60min/%	泌水率 /%	加权和	排序
上海麦斯特	AIR202　2.0	37.2/1.00	1.40/0.88	0.940	2
浙江龙游	ZB-1G　1.6	47.9/1.29	1.81/1.14	1.215	5
四川育才	GK-9A　0.9	41.3/1.11	1.29/0.81	0.960	3
江苏博特	JM-2000C　0.9	31.0/0.83	1.09/0.69	0.760	1
河北石家庄	DH9　0.9	39.0/1.05	2.04/1.28	1.165	4
上海同济	SJ-2　7.0	27.0/0.73	1.89/1.19	0.960	3
平均值		37.2	1.59		
权重		50	50		

2）硬化混凝土性能试验。采用表 4.5-32 中混凝土拌和物成型强度、抗冻和气孔参数试件。硬化混凝土强度试验结果见表 4.5-35；硬化混凝土抗冻性能试验结果见表 4.5-36。

从表 4.5-35 可知，除掺 SJ-2、DH9 引气剂混凝土 90d 抗压强度略为偏低，JM-2000C、AIR202 强度偏高外，其他两种引气剂抗压强度结果基本相当。28d 劈拉强度结果基本相当。

表 4.5－35 硬化混凝土强度试验结果

试验编号	水胶比	粉煤灰种及掺量/%	引气剂品种及掺量/(1/万)	抗压强度/MPa			劈拉强度/MPa	
				7d	28d	90d	28d	90d
H485	0.46	内江Ⅰ 20	DH9 0.3	21.1	32.8	42.2	2.61	3.83
H486	0.46		JM－2000C 0.3	23.2	35.6	51.1	2.89	4.28
H487	0.46		AIR202 0.6	20.7	34.9	48.2	2.88	3.56
H488	0.46		ZB－1G 0.4	22.0	35.7	44.8	2.77	3.62
H489	0.46		GK－9A 0.3	21.7	34.8	45.8	3.03	3.32
I71	0.46		SJ－2 1.0	17.6	29.0	40.2	2.50	3.42

表 4.5－36 硬化混凝土抗冻性能试验结果

试验编号	水胶比	粉煤灰种及掺量/%	引气剂品种及掺量/(1/万)	抗冻结果			气泡间距系数/μm
				次数	重量损失/%	相对动弹模/%	
H485	0.46	内江Ⅰ 20	DH9 0.3	200	0.41	94.39	259
H486	0.46		JM－2000C 0.3	200	0.44	93.62	277
H487	0.46		AIR202 0.6	200	0.30	95.69	305
H488	0.46		ZB－1G 0.4	200	0.14	93.96	236
H489	0.46		GK－9A 0.3	200	1.31	97.79	266
I71	0.46		SJ－2 1.0	200	4.16	98.04	314

从表 4.5－36 可知，不同引气剂混凝土达到 200 次冻融循环时，混凝土抗冻标号均满足 F200 技术要求。在相对动弹模基本相当条件下，SJ－2 引气剂 200 次冻融循环时重量损失明显大于其他品种。

从表 4.5－37 可知，对不同引气剂泵送混凝土性能进行综合评价，其混凝土性能较好的为江苏博特 JM－2000C，性能由好到差依次为四川育才 GK－9A、上海麦斯特 AIR202、浙江龙游 ZB－1G、河北石家庄 DH9、上海同济 SJ－2。

表 4.5－37 泵送混凝土性能加权对比结果

厂家	品种	抗压强度/MPa	劈拉强度/MPa	重量损失	气泡间距系数	硬化混凝土	拌和物性能	加权和	排序
		90d	90d						
上海麦斯特	AIR202 2.0	0.94	1.03	0.36	1.11	0.860	0.940	0.900	3
浙江龙游	ZB－1G 1.6	1.01	1.01	0.39	0.86	0.818	1.215	1.016	4
四川育才	GK－9A 0.9	0.99	1.11	0.27	0.96	0.833	0.960	0.896	2
江苏博特	JM－2000C 0.9	0.89	0.86	0.12	1.00	0.718	0.760	0.739	1
河北石家庄	DH9 0.9	1.08	0.96	1.16	0.94	1.035	1.165	1.100	5
上海同济	SJ－2 7.0	1.13	1.07	3.68	1.14	1.755	0.960	1.358	6
平均值		45.4	3.67	1.13	276				
权重						0.50	0.50		

4. 引气剂优选小结

综上所述，通过采用不同引气剂进行常态、泵送混凝土性能比较试验，并根据性能试验结果进行定量分析排序，引气剂混凝土性能由好变差依次为江苏博特 JM－2000C、四川育才 GK－9A、上海麦斯特 AIR202、河北石家庄 DH9、浙江龙游 ZB－1G、上海同济 SJ－2。

4.5.3.5　结语

（1）经综合性能比较分析，第一阶段水泥性能由高到低排序，中热水泥为贵州水城、四川双马、四川峨眉山、金顶峨眉、广安腾辉、重庆地维、湖南坝道和华新昭通；低热水泥为金顶峨眉、湖南坝道。第二阶段水泥性能由高到低排序，湖北荆门、广西鱼峰、宜宾双马和四川嘉华。所有参选水泥均可用于向家坝工程。

（2）粉煤灰品质和混凝土性能比较结果由好到差排序，Ⅰ级灰为四川内江、湖北襄樊、云南宣威、四川黄桷庄、重庆珞璜和四川江油；Ⅱ级灰为四川江油和云南宣威。补充的粉煤灰试验结果表明，除贵州凯里Ⅰ级灰混凝土性能相对较差外，其他几种粉煤灰混凝土试验结果基本相当。

（3）粒化高炉矿渣粉与粉煤灰复合掺用，混凝土各项性能好于单掺粉煤灰混凝土，在有条件的情况下应优先选用或创造条件使用。

（4）萘系减水剂性能综合比较试验结果表明，性能相对较好的萘系减水剂为河北石家庄 DH4BG、上海麦斯特 R561P、江苏博特 JM－ⅡC、浙江龙游 ZB－1A、山东华伟 NOF－2B、四川吉龙 LONS－50。

（5）聚羧酸减水剂通过常态、泵送混凝土性能比较试验，性能较好的为上海麦斯特 Rheoplus26R、江苏博特 JM－PCA、浙江龙游 ZB－800C、山东华伟 NOF－AS、马贝 SR2。

（6）通过不同引气剂的常态、泵送混凝土性能比较试验，性能较好的引气剂为江苏博特 JM－2000C、四川育才 GK－9A、上海麦斯特 AIR202、河北石家庄 DH9、浙江龙游 ZB－1G。

4.6　PVA　纤　维

4.6.1　PVA 纤维（聚乙烯醇纤维）

PVA 纤维（聚乙烯醇纤维）以聚乙烯醇为原料纺丝制得的合成纤维。将这种纤维经甲醛处理所得到聚乙烯醇缩甲醛纤维，中国称维纶，国际上称维尼纶。比较低分子量聚乙烯醇为原料经纺丝制得的纤维是水溶性的，称为水溶性聚乙烯醇纤维。一般的聚乙烯醇纤维不具备必要的耐热水性，实际应用价值不大。聚乙烯醇缩甲醛纤维具有柔软、保暖等特性，尤其是吸湿率（可达 5%）在合成纤维诸品种中是比较高的，故有合成棉花之称；但其耐热性差，软化点只有 120℃。

20 世纪 30 年代初期，德国瓦克化学公司首先制得聚乙烯醇纤维。1939 年，日本樱田一郎、矢泽将英，朝鲜李升基将这种纤维用甲醛处理，制得耐热水的聚乙烯醇缩甲醛纤维，1950 年由日本仓敷人造丝公司（现为可乐丽公司）建成工业化生产装置。1984 年聚乙烯醇纤维世界产量为 94kt。20 世纪 60 年代初，日本维尼纶公司和可乐丽公司生产的水溶性聚乙烯醇纤维投放市场。

聚乙烯醇纤维所用原料聚乙烯醇的平均分子量为 60000～150000，热分解温度为 200～220℃，熔点为 225～230℃。聚乙烯醇纤维可用湿法纺丝和干法纺丝制得。将热处理后的聚乙烯醇纤维经缩醛化处理可得聚乙烯醇缩甲醛纤维。缩醛化处理过程是将丝束经水洗除去芒硝（硫酸钠）后，从醛化溶液（由醛化剂甲醛、稀释剂水、催化剂硫酸、阻溶胀剂硫酸钠组成）中通过，再经水洗的过程。也可将丝束切成短纤维，用气流输送至后处理机，在不锈钢网上进行缩醛化处理。为改善纤维性能，可将含有交联剂硼酸的聚乙烯醇溶液（浓度为 16%）进行湿法纺丝，所得初生纤维在碱性凝固浴中凝固，经中和、水洗和多段高倍拉伸和热处理，则可获得强度达 106～115cN/dtex 的长丝。这种产品称为含硼湿法长丝。其性能如下：

(1) 具有很好的机械性能，其强度高、模量高、伸度低。

(2) 耐酸碱性、抗化学药品性强。

(3) 耐光性：在长时间的日照下，纤维强度损失率低。

(4) 耐腐蚀性：纤维埋入地下长时间不发霉、不腐烂、不虫蛀。

(5) 纤维具有良好的分散性：纤维不黏连、水中分散性好。

(6) 纤维与水泥、塑料等的亲和性好，黏合强度高。

(7) 对人体和环境无毒无害。

聚乙烯醇缩甲醛纤维在工业领域中可用于制作帆布、防水布、滤布、运输带、包装材料、工作服、渔网和海上作业用缆绳。高强度、高模量长丝可用作运输带的骨架材料、各种胶管、胶布和胶鞋的衬里材料，还可制作自行车胎帘子线。由于这种纤维能耐水泥的碱性，且与水泥的黏结性和亲合性好，可代替石棉作水泥制品的增强材料。可与棉混纺，制作各种衣料和室内用品，也可生产针织品。但耐热性差，制得的织物不挺括，且不能在热水中洗涤。此外，在无纺布、造纸等方面也有使用价值。

溶解性。聚乙烯醇纤维可与其他纤维混纺，再在纺织加工后被溶去，得到细纱高档纺织品，也可制得无捻纱或无纬毯。还可作为黏合剂用于造纸，以提高纸的强度和韧性。此外，还可制特殊用途的工作服、手术缝合线等。

改性品种。重要的改性品种是氯乙烯和聚乙烯醇接枝共聚纤维，中国称为维氯纶。它以低聚合度聚乙烯醇水溶液作分散介质，在催化剂作用下，使氯乙烯和聚乙烯醇接枝共聚；从得到共聚物乳液中，以乳液纺丝法纺得纤维；再经与聚乙烯醇缩甲醛纤维相似的后处理过程，制得纤维成品。它兼有聚氯乙烯纤维和聚乙烯醇缩甲醛纤维的优点。

4.6.2 工程实例：PVA 纤维在溪洛渡大坝混凝土中的应用

4.6.2.1 改性 PVA 纤维应用

改性 PVA 纤维主要应用在特殊防裂措施部位，根据工程实践经验，主要应用在大坝基础、长间歇混凝土层面等部位。

1. 扩大基础

由于扩大基础混凝土结构尺寸大，受基岩约束作用强，为提高其自身抗裂性能，对扩大基础部位混凝土掺加改性 PVA 纤维，掺量依据表 4.6-1 确定。

表 4.6-1　　　　　　　　　　　改性 PVA 纤维的性能指标

序号	试 验 项 目	指标
1	断裂强度/MPa	≥1500
2	初始模量/MPa	≥35×10³
3	断裂伸长率/%	5~9
4	密度/(g/cm³)	1.28~1.31
5	耐碱性能（极限拉力保持率)/%	≥95

大坝混凝土局部采用的改性 PVA 纤维长度 12~15mm，当量直径 14~20μm。纤维性能指标满足 Q/CTG19—2015 的相关要求。改性 PVA 纤维混凝土成型工艺为预拌法，改性 PVA 纤维掺量 0.9kg/m³，具体用量通过现场试验最终确定。

2. 长间歇层面

长间歇层面上层浇筑层宜采用改性 PVA 混凝土，并铺设层面限裂钢筋。

根据溪洛渡大坝混凝土特性和温控防裂要求，结合有关专家建议和专题会议精神，经过现场试验，在开裂风险高的部位使用了 PVA 纤维混凝土。

4.6.2.2　现场试验

1. 试验规划

（1）初步规划。2009 年 7 月 31 日，溪洛渡大坝混凝土层间结合及下一步试验工作专题会（建设部专题会议纪要 2009 年第 179 期）建议从 PVA 和聚丙烯两种纤维中选择一种进行生产性试验。

（2）专题安排。2009 年 8 月 17 日，溪洛渡大坝混凝土试验专题会（建设部专题会议纪要 2009 年第 188 期）要求开展掺加 PVA 纤维混凝土的生产性试验。

（3）试验大纲。2009 年 8 月 23 日，监理工程师批准了施工单位上报的大坝 A 区混凝土外掺 PVA 纤维室内试验和生产性试验大纲。

2. 室内试验成果

2009 年 10 月 12 日，水电八局提出了《外掺 PVA 纤维混凝土生产试验报告（中间报告)》。试验报告总结了室内试验和生产性试验成果。

（1）掺 PVA 纤维的混凝土 28d 龄期劈拉强度提高 8.3%；7d、28d 龄期极限拉伸值和轴拉强度均提高约 10%，弹性模量降低 2GPa 左右。

（2）自生体积变形收缩值较小。

3. 生产性试验成果

（1）得出了关于拌和楼投料顺序和搅拌时间的结论，拌和物中 PVA 纤维分散均匀，没有"成团、成束"现象，仓面下料、平仓和振捣均正常。

（2）现场抽检表明，掺 PVA 纤维混凝土 7d 劈拉强度提高 4.8%，28d 劈拉强度提高 8.5%；28d 极限拉伸值平均提高 10.7%。

4.6.2.3　现场应用试验

根据现场试验成果，于 2009 年 10 月开始在部分浇筑仓使用 PVA 混凝土，并在使用过程中适时调整 PVA 混凝土的使用要求。

1. 2009 年 10 月要求

根据中间报告成果，鉴于河床坝段固结灌浆导致混凝土间歇期大多超过 28d，岸坡坝段首仓混凝土体型普遍狭长，为降低混凝土开裂风险，项目部于 2009 年 10 月 23 日发出工作联系单，要求在下述部位浇筑 PVA 混凝土：

(1) 河床坝段。长间歇之后，到正常浇筑 3m 升层之前的仓号。

(2) 其他坝段。基础面首仓及体型狭长或不规则仓号。

2. 2009 年 12 月要求

2009 年第 28 次温控例会进一步明确了浇筑外掺 PVA 纤维混凝土的部位：

(1) 计划间歇期超过 14d 的仓面。

(2) 结构敏感部位（如缓坡坝段狭长形、三角形断面的基础部位）。

(3) 固结灌浆作业面（含质量检查、加密或补强等）。

(4) 廊道封闭的 1～2 个仓号。

3. 2010 年 4 月要求

2010 年 4 月 20 日，项目部再次发出工作联系单，明确需要浇筑 PVA 纤维混凝土的部位：

(1) 长间歇（暂定间歇期超过 14d）仓面上部的 1 仓或计划间歇期超 14d 的仓号。

(2) 结构敏感部位（如基础面首仓及体型狭长或不规则仓号）。

(3) 固结灌浆（含质量检查、加密灌浆或补灌等）作业面。

(4) 廊道封闭的 1～2 个仓号。

(5) 下游贴角平台收面的最后一坯层，坝体轮廓线以外部分。

4. 2010 年高温季节要求

鉴于高温季节混凝土开裂风险较小，2010 年第 13 次温控会议明确：高温季节（6～9月）基础强约束区预计长间歇仓号（停面 28d 及以上）可掺 PVA，其余部位不掺 PVA。

5. 2010 年 9 月以后要求

2010 年 9 月 26 日，在成都组织召开了大坝仿真分析及温控专题会，会议建议在开裂风险大的部位采用外掺 PVA 纤维混凝土，以提高抗裂性能。会后，要求在陡坡断面近似三角形的坝段（长宽比大于 5）和导流底孔边墙（体型狭长，长宽比达 7～9）浇筑 PVA 纤维混凝土。

4.6.2.4　PVA 纤维混凝土浇筑量及试验检测情况

1. PVA 混凝土浇筑量

从 2009 年 9 月生产性试验开始，至 2010 年 11 月，共使用 PVA 纤维混凝土 12.11 万 m³。并进行试验检测，成果分析如下。

(1) 极限拉伸值和弹模。试验中心统计时段为 2008 年 10 月 18 日—2010 年 11 月 30 日，水电八局统计时段为 2009 年 12 月 1 日—2010 年 11 月 30 日。两家单位试验结果基本一致：7d、28d、90d、180d 龄期，掺 PVA 纤维混凝土极限拉伸值分别提高 12.6%、10.6%、7.1% 和 4.7%；各龄期抗压弹模降低约 5%。

（2）自生体积变形。2010 年 3 月和 5 月，试验中心取样的 $C_{180}40$ 混凝土试验结果表明，在龄期 180d 时，未掺 PVA 纤维的混凝土自生体积变形在 $（-22.82\sim-8.43）\times 10^{-6}$ 之间，掺 PVA 纤维混凝土自生体积变形在 $（-7.23\sim5.40）\times10^{-6}$ 之间，掺 PVA 纤维的混凝土自生体积变形收缩值减少 14.7×10^{-6}。

2. 相关试验成果

成都勘测设计研究院、长江科学院、中国水利水电科学研究院、葛洲坝试验检测公司、三峡集团公司试验中心、溪洛渡试验中心、水电八局溪洛渡试验室分别进行了大坝混凝土性能试验研究。对于水胶比为 0.41，粉煤灰掺量为 35% 的大坝 $C_{180}40$（四级配）混凝土，PVA 掺量为 0.9kg/m³ 和不掺 PVA 纤维时，混凝土力学、热学性能试验结果对比如下。

（1）长江科学院试验成果。力学性能试验。90d 龄期极限拉伸值提高 12.0%，劈拉强度提高 3.7%，轴拉强度提高 5.4%，弹模降低 6.4%。

（2）三峡试验中心结果。28d 龄期极限拉伸值提高 7.8%，劈拉强度提高 15.2%，轴拉强度提高 3.8%，弹模降低 2.3%。

（3）溪洛渡试验中心结果。90d 龄期限拉伸值提高 15.2%，劈拉强度提高 5.5%，轴拉强度提高 1.9%，弹模降低 6.4%。

（4）水电八局试验结果。90d 龄期限拉伸值提高 1.1%～1.9%，180d 龄期劈拉强度提高 2.0%，轴拉强度提高 1.6%，弹模降低 3.1%。

3. 混凝土开裂统计

2009 年 9 月—2010 年 2 月，共浇筑大坝主体混凝土 73 仓，其中掺 PVA 的浇筑 39 仓，仅有 1 仓出现裂缝（15～09 仓，高程 336.50～338.00m，固结灌浆完成后冲仓发现裂缝时混凝土龄期为 10d），开裂仓比例为 2.6%；不掺 PVA 的浇筑 34 仓，有 18 仓出现裂缝，开裂仓比例为 52.9%。

4.6.2.5 结语

上述各单位的试验结果均表明，掺 PVA 纤维对提高混凝土的抗裂性能有利；现场浇筑情况统计表明，长间歇是导致混凝土开裂的重要原因，但掺 PVA 纤维可大大降低混凝土的开裂风险。因此，建议在以下开裂风险大的部位采用 PVA 纤维混凝土：

（1）陡坡部位断面近似三角形的坝块。

（2）导流底孔边墙，尤其是 7～10 号导流底孔边墙和隔板（长宽比大于 10）。

（3）导流底孔顶板。

（4）浇筑时平均气温低于 10℃、预计间歇期超过 14d 的最后 1 坯层。

（5）根据仿真分析结果，开裂风险大需掺 PVA 纤维的其他部位。

PVA 纤维混凝土耐久性研究还缺乏试验和现场数据，需要作进一步的研究。

4.7 拌 和 水

根据《水工混凝土施工规范》（SL 677—2014 或 DL/T 5114—2001）规定：凡符合 GB 5749 的饮用水，均可用于拌和混凝土。未经处理的工业污水和生活污水不应用于拌和混凝土；地表水、地下水和其他类型水在首次用于拌和混凝土时，应经检验合格方可使用。

检验项目和标准应同时符合下列要求：①混凝土拌和用水与饮用水样进行水泥凝结时间对比试验；②对比试验的水泥初凝时间差及终凝时间差均不应大于 30min，且初凝和终凝时间应符合 GB 175 的规定；③混凝土拌和用水与饮用水样进行水泥胶砂强度对比试验，被检验水样配制的水泥胶砂 3d 和 28d 龄期强度不应低于饮用水配制的水泥胶砂 3d 和 28d 龄期强度的 90%。同时对拌和与养护混凝土用水的 pH 值和水中的不溶物、可溶物、氯化物、硫酸盐的含量提出了具体的指标要求。

混凝土拌和用水要求见表 4.7-1。

表 4.7-1　　　　　　　　　　　混凝土拌和用水要求

项　　目	钢筋混凝土	素混凝土
pH 值	≥4.5	≥4.5
不溶物/(mg/L)	≤2000	≤5000
可溶物/(mg/L)	≤5000	≤10000
氯化物，以 Cl^- 计/(mg/L)	≤1200	≤3500
硫酸盐，以 SO_4^{2-} 计/(mg/L)	≤2700	≤2700
碱含量	≤1500	≤1500

注　碱含量按 $Na_2O+0.658K_2O$ 计算值表示，采用非活性骨料时，可不检验碱含量。

凡是符合国家标准《生活饮用水水质标准》（GB 5749—1985）的生活饮用水、地表水、地下水、海水、经处理后的生活和工业废水都可作为混凝土拌和和养护用水的水源。拌和用水和养护用水无论采用什么水源，其水中所含物质不应对混凝土产生以下有害作用：影响混凝土的和易性及凝结；有损于混凝土强度发展；降低混凝土的耐久性；加快钢筋腐蚀及导致预应力钢筋脆断；污染混凝土表面。因而符合国家标准的饮用水适用于拌和和养护混凝土。

地表水、地下水和其他水源是否适用于拌和和养护混凝土必须按新标准检验以下三项限制指标：一是拌和用水对水泥凝结时间影响的限值；二是拌和用水对砂浆或混凝土抗压强度影响的限值；三是对水中有害物的含量限值。如果满足这三项指标，则可用于拌和和养护混凝土。

混凝土的拌和用水不应使水泥的凝结时间不正常，并不应使混凝土有较大的强度损失。根据本标准规定，用被检测水试验所得的混凝土初凝与终凝时间与用符合国家标准的饮用水或蒸馏水，在相同水泥、同一配合比时所获得的初凝和终凝时间差值均不得大于 30min，且混凝土初凝和终凝时间还应符合国家标准的规定；用被检测水配制的水泥砂浆或混凝土的 28d 抗压强度（若有早期抗压强度要求时需增加 7d 抗压强度）不得低于用符合国家标准的饮用水或蒸馏水拌制的对应砂浆或混凝土抗压强度的 90%。

凝结时间差、抗压强度比是从拌和用水对混凝土物理力学性能的影响来控制拌和用水品质，但水中某些物质对混凝土其他性能如耐久性、钢筋锈蚀、混凝土饰面等的影响还未能体现出来。新标准又规定了水中有害物质含量限值，其中包括水的 pH 值、不溶物、可溶物、氯化物、硫酸盐和硫化物含量，按混凝土类别（钢筋混凝土、素混凝土）规定不同的限值，预应力混凝土要求更严，具体限值可参照 JGJ 63—1989 标准。

水的 pH 值应大于 4.5（4.0），没有规定上限值。不溶物、可溶物的含量限值与 ISO 标准一致。

混凝土中氯离子（Cl^-）含量允许限值是国际上争论激烈的问题，各国标准规定的松严程度有很大的差别。新标准中钢筋混凝土与素混凝土拌和水中 Cl^- 含量的限值分别为 1200mg/L 与 3500mg/L，是比较低的。当拌和水中氯离子总含量超过规定限值时，必须核对混凝土中氯离子总含量是否超过有关标准允许值，如未超过时，采用加大钢筋保护层、提高混凝土密实度等技术措施，仍可拌制混凝土。

硫酸根离子（SO_4^{2-}）与水泥中的铝酸三钙（C_3A）反应生成水化硫铝酸钙，若此反应过程在混凝土塑性状态下进行，不会因反应产物体积的增大产生有害内应力，否则会发生很大的膨胀变形和有害应力，降低混凝土耐久性。考虑到 SO_4^{2-} 对钢筋有腐蚀作用，规定拌制钢筋混凝土与素混凝土拌和水中的 SO_4^{2-} 含量小于 2700mg/L 是较为合适的。

混凝土拌和用水的检测方法可按 JGJ 63—1989 标准中的规定进行。

大坝混凝土施工配合比试验研究

5.1 概　述

大坝混凝土是水工大体积混凝土的典型代表，它具有其自身的特点：大坝混凝土工作环境复杂，需要长期在水的浸泡下、高水头压力下、高速水流的侵蚀下以及各种恶劣的气候和地质环境下工作，为此，大坝混凝土耐久性能（以抗冻等级 F 表示）、温控防裂性能比其他混凝土要求更高。大坝混凝土具有长龄期、大级配、低坍落度、掺掺合料和外加剂、绝热温升低、温控防裂要求严、施工强度高等特点，不论在温和、炎热、严寒的各种恶劣环境条件下，其可塑性、使用方便、经久耐用、适应性强、安全可靠等优势是其他材料无法替代的，已成为水利水电工程极为重要的建筑材料。

大坝混凝土施工配合比设计其实质就是对混凝土原材料进行的最佳组合，目的就是在满足施工和易性和设计要求的强度、耐久性等条件下，通过试验，对新拌混凝土拌和物进行试拌和调整，经济合理地选择出各种材料的用量组合。质量优良、科学合理的施工配合比在水工混凝土快速筑坝中占有举足轻重的作用，具有一定的技术含量，直接关系到大坝质量和温控防裂，可以起到事半功倍的作用，获得明显的技术经济效益。从三峡大坝工程开始之后，逐步确立了大坝混凝土施工配合比设计"三低两高两掺"的技术路线特点，即低水胶比、低用水量和低坍落度，高掺粉煤灰和较高石粉含量，掺缓凝减水剂和引气剂的技术路线，有效改善了大坝混凝土性能，提高了密实性和耐久性，降低了混凝土水化热温升，对大坝混凝土的温控抗裂十分有利。

影响大坝混凝土抗裂性能和耐久性的因素十分复杂，但主要有两个关键因素：一是如何提高大坝混凝土自身的抗裂性能和耐久性；二是大坝混凝土的高质量施工和温度控制。提高大坝混凝土自身抗裂性能和耐久性，主要是通过混凝土原材料优选和科学合理的配合比设计，这与水泥品种、掺合料品质、骨料粒形级配、外加剂性能以及配合比设计优化有关，目前大坝混凝土施工配合比设计仍是建立在经验工程的基础上。大坝混凝土施工配合比试验具有周期长（设计龄期 90d 或 180d）、骨料粒径大（最大粒径 150mm 四级配）、劳动强度高（以人工为主）、试验存在一定误差（如坍落度试验等）等特点。所以，大坝混凝土施工配合比设计试验需要提前一定的时间进行，并要求试验选用的原材料尽量与工程实际使用的原材料相吻合，避免由于原材料"两张皮"现象，造成试验结果与实际施工存在较大差异的情况发生。

由于重力坝与拱坝的工作性态完全不同，所以重力坝与拱坝在混凝土设计指标有很大区别。近年来重力坝除三峡、向家坝（下部碾压混凝土）及藏木大坝外，重力坝主要以碾压混凝土坝为主。采用碾压混凝土筑坝技术最大的优势是快速，碾压混凝土既有混凝土的特性，符合水胶比定则，施工又具有土石坝快速施工的特点，重力坝采用碾压混凝土筑坝技术具有明显优势，所以碾压混凝土坝已成为最具有竞争力的坝型之一。拱坝以混凝土强度作为控制指标，所以拱坝具有材料分区简单，混凝土抗压强度、抗拉强度、抗冻等级、抗渗等级及极限拉伸值等指标要求高，特别是混凝土采用 180d 设计龄期，利用混凝土后期强度，提高了粉煤灰掺量，降低胶凝材料用量，对温控防裂极为有利。

大坝混凝土施工配合比与科研设计阶段提交的大坝混凝土配合比相互关联又有一定的区别。众所周知，混凝土坝设计时，需要提供混凝土材料的基本资料，为此，在工程可行性研究设计阶段，需要进行大坝混凝土科研试验。由于科研阶段，工程使用的料场未投产，其他原材料也不是最终确定的，故科研阶段试验采用的原材料样品与施工阶段工程实际使用的原材料存在一定差异，其最大区别就是试验条件发生了变化。虽然科研阶段提交的大坝混凝土配合比仅是一个原则性的报告，但对大坝混凝土温控计算、招标文件编制和施工配合比设计仍起着十分重要的指导作用。大坝混凝土施工配合比设计是在施工阶段进行的配合比试验，试验采用加工的成品骨料和优选确定的水泥、掺合料、外加剂等原材料，保证了施工配合比参数稳定，材料用量准确，具有可靠的操作性，使新拌混凝土坍落度或 VC 值始终控制在设计的范围内，为混凝土拌和控制和施工浇筑提供了可靠的保证。

大坝混凝土施工配合比设计主要依据《水工混凝土配合比设计规程》（DL 5330—2015）、《水工混凝土试验规程》（SL 352—2006 或 DL/5150—2001）、《水工混凝土施工规范》（SL 677—2014 或 DL/5144—2001）等标准，并按照工程招标投标文件要求的大坝混凝土设计指标，参照类似工程大坝混凝土施工配合比设计试验工程实例，密切围绕水工混凝土"温控防裂、提高耐久性"关键技术，按照招标文件要求，编制科学合理的配合比试验计划，通过大坝混凝土原材料优选、配合比参数选择、试验配合比确定、拌和物性能试验、硬化混凝土性能试验结果分析以及施工配合比的应用调整等，确定最终的大坝混凝土施工配合比。

大坝混凝土施工配合比试验主要内容：新拌混凝土拌和物性能试验，主要包括和易性、坍落度、含气量、凝结时间、表观密度等；硬化混凝土性能试验，主要包括力学性能（抗压强度、劈拉强度、抗拉强度、抗剪强度等），变形性能（极限拉伸、弹性模量、干缩、自生体积变形、徐变等），耐久性能（抗渗、抗冻、碱骨料反应等），热学性能（绝热温升、导温系数、导热系数、比热系数）等。大坝混凝土施工配合比试验中，混凝土拌和物性能与硬化混凝土性能密切相关，新拌混凝土拌和物性能是大坝混凝土施工质量保证的基础，直接关系到大坝混凝土浇筑质量、施工进度以及温控防裂和整体性能。为此，大坝混凝土施工配合比试验应以拌和物性能试验为重点，要摒弃重视硬化混凝土性能试验、轻视混凝土拌和物性能试验的理念，要求新拌混凝土在满足施工和易性的前提下，力求单位用水量和胶凝材料用量较低，是混凝土具有较低的水化热温升，硬化混凝土具有良好的抗渗性、抗冻性、较高的极限拉伸值、较低的弹性模量以及良好的抗裂性能和整体性能，达到水工建筑物设计的使用寿命要求。

本章主要通过大坝混凝土施工配合比试验研究和工程实例，为大坝混凝土又好又快施工提供技术支撑。

5.2　水工混凝土配合比设计方法

5.2.1　配合比设计方法

水工混凝土配合比设计采用三种方法：绝对体积法、假重容重法、拌和物密度法。三种方法可以相互验证。目前绝对体积法是水工混凝土配合比设计的主要方法。水工混凝土配合比设计骨料采用饱和面干，这是与工民建等其他混凝土在配合比设计的最大区别。由于新拌混凝土的水化反应，坍落度随着时间过程其经时损失不可避免，坍落度的损失变化对新拌混凝土含气量和表观密度有一定影响，由于新拌混凝土拌和物质量是在一个允许的范围内波动，规范规定骨料的允许误差是 $10kg/m^3$。

由于水利水电工程标准的发布部门政出多门，导致水利水电工程标准的修订、颁发各自为政，也直接影响到水工混凝土配合比设计方法，现对水利行业（SL）、电力行业（DL）以及原水利水电（SD）等标准中水工混凝土配合比设计方法辑录如下，供配合比设计参考使用。

5.2.1.1　DL 5330—2015 配合比设计方法

《水工混凝土试验规程》（DL 5330—2015）条款 1.0.3 混凝土配合比设计的基本原则（以下采用原规程体例）：

1　应根据工程要求、结构型式、施工条件和原材料状况确定各组成材料的用量，配制出既满足工作性、强度及耐久性等要求，又经济合理的混凝土。

2　混凝土配合比试验使用的原材料宜采用工程中实际使用的原材料。

3　在满足工作性要求的前提下，宜选用较小的用水量。

4　在满足强度、耐久性及其他要求的前提下，选用合适的水胶比。

5　宜选取最优砂率，即在保证混凝土拌和物具有良好的黏聚性并达到要求的工作性时用水量最小的砂率。

6　宜选用最大粒径较大的骨料及最佳级配。

1.0.4　进行混凝土配合比设计时，应收集水泥、掺合料、外加剂、砂石骨料及拌和用水等混凝土原材料，并按规范的要求进行相关性能试验。

1.0.5　进行混凝土配合比设计时，应明确下列要求：

1　混凝土强度等级及保证率。

2　混凝土的抗渗等级、抗冻等级等。

3　混凝土的工作性。

4　骨料最大粒径。

5　其他要求。

1.0.6　进行混凝土配合比设计时，应根据原材料的性能及混凝土的技术要求进行配合比计算，并通过试验室试配、调整后确定。室内试验确定的配合比尚应根据现场情况进行必要的调整。

1.0.7 进行混凝土配合比设计时，除应遵守本标准的规定外，还应符合国家现行有关标准的规定。

5.2.1.2 SL 352—2006 附录 A 配合比设计方法

《水工混凝土试验规程》（SL 352—2006）附录 A 水工混凝土配合比设计方法：

A.1 基本原则

A.1.1 水工混凝土配合比设计，应满足设计与施工要求，确保混凝土工程质量且经济合理。

A.1.2 混凝土配合比设计要求做到：

1 应根据工程要求，结构型式，施工条件和原材料状况，配制出既满足工作性、强度及耐久性等要求，又经济合理的混凝土，确定各组成材料的用量。

2 在满足工作性要求的前提下，宜选用较小的用水量。

3 在满足强度、耐久性及其他要求的前提下，选用合适的水胶比。

4 宜选取最优砂率，即在保证混凝土拌和物具有良好的粘聚性并达到要求的工作性时用水量最小的砂率。

5 宜选用最大粒径较大的骨料及最佳级配。

A.1.3 混凝土配合比设计的主要步骤：

1 根据设计要求强度和耐久性选定水胶比。

2 根据施工要求工作度和骨料最大粒径等选定用水量和砂率。

3 采用绝对体积法计算各组成材料用量。

4 通过试验室试配和必要的现场调整，确定每立方米混凝土材料用量和配合比。

A.1.4 进行混凝土配合比设计时，应收集有关原材料的资料，并按有关标准对水泥、掺合料、外加剂、砂石骨料等性能进行检验，并符合标准规定。检验内容包括：

1 水泥的品种、品质、强度等级、密度等。

2 石料岩性、种类、级配、表观密度、吸水率等。

3 砂料岩性、种类、级配、表观密度、细度模数、吸水率等。

4 外加剂种类、品质等。

5 掺合料的品种、品质、密度等。

6 拌和用水品质。

A.1.5 进行混凝土配合比设计时，应收集相关工程设计资料，明确设计要求：

1 混凝土强度及保证率。

2 混凝土的抗渗等级、抗冻等级和其他性能指标。

3 混凝土的工作性。

4 骨料最大粒径。

A.1.6 进行混凝土配合比设计时，除应遵守本标准的规定外，还应符合国家现行有关标准的规定。

5.2.1.3 原标准 SD 105—82 附录一配合比设计方法

原水利水电工程标准《水工混凝土试验规程》（SD 105—82）附录一混凝土配合比设计方法：

一、总则

1. 目的及适用范围：

（1）混凝土配合比设计的目的是在满足设计要求的强度、耐久性和施工要求的和易性的条件下，通过试拌和必要的调整，经济合理地选出混凝土单位体积中各种组成材料的用量。

（2）本方法主要适用于容重为 $2200\sim2550\text{kg/m}^3$ 的塑性混凝土。

2. 基本原则。混凝土配合比设计应遵循的基本原则是：

（1）最小单位用水量：水灰比是决定混凝土强度和耐久性的主要因素，在满足和易性的条件下，力求单位用水量最小。

（2）最大石子粒径和最多石子用量：根据结构物的断面和钢筋的稠密程度以及施工设备等情况，在满足和易性的条件下，应选择尽可能大的石子最大粒径和最多用量。

（3）最佳骨料级配：应选择空隙率较小的级配。同时也要考虑料场的天然级配，尽量减少弃方。

（4）经济合理地选择水泥品种和标号，优先考虑采用优质、经济的粉煤灰混合材和外加剂等。

3. 基本资料：

（1）设计对混凝土的要求：

①混凝土的设计标号；

②强度保证率；

③抗冻、抗渗标号等。

（2）施工对混凝土的要求和施工控制水平：

①施工部位及容许采用的石子最大粒径；

②混凝土的坍落度；

③机口混凝土强度的均方差或离差系数。

（3）原材料特性：

①水泥品种、标号和比重；

②石子种类、级配和捣实容重；

③砂子种类、级配和细度模数；

④砂、石饱和面干比重、吸水率和含水量；

⑤混合材、外加剂的种类及有关数据。

二、配合比设计方法

在原材料一定的条件下，选择配合比的四个主要步骤是：

步骤一、根据设计要求的强度和耐久性选定水灰比；

步骤二、根据施工要求的坍落度和石子最大粒径等选定用水量，用水量除以选定的水灰比求出水泥用量；

步骤三、根据"绝对体积法"或"容重法"计算砂、石用量；

步骤四、通过试验和必要的调整，确定 $1m^3$ 混凝土材料用量和配合比。

5.2.2　大坝混凝土配制强度

大坝混凝土施工配合比设计目前仍是建立在试验的基础上。大坝混凝土施工配合比初步设计，根据混凝土组成原材料密度，采用绝对体积法计算各组成材料用量及混凝土表观密度，通过试验对混凝土拌和物表观密度进行验证，并对配合比参数进行分析调整，修正计算值误差。

为满足大坝混凝土的主要设计指标、混凝土强度保证率和施工和易性要求，施工配合比应按施工图纸的要求进行混凝土配合比设计。在设计混凝土施工配合比时，应考虑到施工质量的不均匀性，而导致的混凝土强度的波动，为此应使混凝土配制强度有一定的富度。

根据《水工混凝土施工规范》（SL 677—2014 或 DL/T 5144—2015）中"配合比选定"的有关要求，混凝土配制强度按下式计算：

$$f_{cu,0} = f_{cu,k} + t\sigma$$

式中　$f_{cu,0}$——混凝土的配制强度，MPa；

　　　$f_{cu,k}$——混凝土设计龄期的强度标准值，MPa；

　　　t——概率度系数，当保证率为 $P=95\%$ 时，$t=1.65$；保证率为 $P=85\%$ 时，$t=1.04$；

　　　σ——混凝土强度标准差，MPa，其取值参照表 5.2-1。

表 5.2-1　　　　　　　　　　　　　标 准 差 取 值 表

混凝土强度标准值	≤$C_{90}15$	$C_{90}20\sim C_{90}25$	$C_{90}30\sim C_{90}35$	$C_{90}40\sim C_{90}45$	≥$C_{90}50$
σ/MPa	3.5	4.0	4.5	5.0	5.5

5.2.3　配合比试验需提供的成果资料

5.2.3.1　配合比试验需提供的资料

水利水电工程实行招标投标制，招标文件技术条款中对大坝混凝土设计主要技术指标及配合比试验内容均提出具体的技术要求（详见 3.3 节大坝混凝土材料分区及设计指标）。大坝混凝土施工配合比设计应按照有关规程规范进行，并参照类似工程大坝混凝土施工配合比试验实例，密切围绕水工混凝土"温控防裂、提高耐久性"关键技术，进行大坝混凝土施工配合比设计试验。招标文件中对大坝混凝土施工配合比试验内容提出具有要求如下：

（1）各种不同类型结构物的混凝土配合比必须通过试验选定，其试验方法应按 DL/T 5330 或 SL 677 有关规定执行。

（2）承包人的混凝土配合比设计中混凝土的最大水胶比，粉煤灰掺量应满足大坝混凝土设计指标及使用部位中要求，同时又具有足够的和易性，并能满足所要求的强度及抹面要求。

（3）混凝土配合比试验前 28d，承包人应提交进行试验的试验室及其组织情况的报告，并经监理人批准。这份提交的报告中应包括：该试验室的级别、设备、试验项目的负责人，并同时提交至少含有 5 个龄期的混凝土配合比试验计划，最少应具有 3d、7d、28d、90d、180d 龄期的试验结果。

（4）承包人在监理人批准的时间内将混凝土配合比试验的 180d 龄期内各组各种龄期混凝土试验结果分批提交监理人。试验中所用的所有材料来源均需得到监理人批准。

（5）混凝土试验应提供如下数据及资料：

1）对不同强度等级的大体积混凝土，应提供龄期为：7d、28d、90d、180d 或 365d 的水胶比与抗压强度关系曲线，每条曲线至少 4 个试验点，每一试验点的数据应由 3 组试验结果得到。对于混凝土中掺用各种百分比含量的粉煤灰应分列相应的关系。

2）具体大坝混凝土施工配合比设计还必须给出表 5.2－2 示例所要求的试验资料。

表 5.2－2　　　　　大坝混凝土施工配合比试验所需提供的资料表示例

需要的试验特性		混凝土龄期/d							
		0	1	3	7	28	90	180	365
坍落度		√							
温度		√							
含气量		√							
密度		√				√			
泌水		√							
凝结时间	初凝	√							
	终凝	√							
抗压强度				√	√	√	√	√	√
劈拉强度					√	√	√	√	√
轴拉强度					√	√	√	√	
极限拉伸值					√	√	√	√	
弹性模量					√	√	√	√	
抗渗等级						√	√	√	
抗冻等级						√	√	√	
徐变					√	√	√	√	
自生体积变形						√	√	√	
绝热温升			√	√	√	√			

注　"√"表示必须给出的试验资料。

5.2.3.2　混凝土试验成果的提交内容

承包人应依据试验成果，向监理人提交以下资料：

（1）选用材料及其产品质量证明书。

（2）试件的配料、拌和和试件的外形尺寸。

（3）试件的制作和养护说明。

（4）试验成果及其说明。

（5）不同水胶比与不同龄期的混凝土强度曲线及数据。

（6）不同掺合料掺量与强度关系曲线及数据。

（7）按时提交混凝土拌和物坍落度、含气量、凝结时间、表观密度、坍落度和含气量经时损失率等试验资料，以及各种龄期混凝土的抗压强度、抗拉强度、抗渗、抗冻、极限拉伸值、弹性模量以及绝热温升等试验资料。

5.3　大坝混凝土施工配合比参数分析

5.3.1　大坝混凝土施工配合比一览表

大坝混凝土施工配合比设计其实质就是对混凝土原材料进行的最佳组合，目的就是在满足施工和易性和设计要求的强度、耐久性等条件下，通过试验，对新拌混凝土拌和物进行试拌和调整，经济合理地选择出各种材料的用量组合。质量优良、科学合理的配合比在水工混凝土快速筑坝中占有举足轻重的作用，具有一定的技术含量，直接关系到大坝质量和温控防裂，可以起到事半功倍的作用，获得明显的技术经济效益。从三峡大坝工程开始之后，逐步确立了大坝混凝土配合比设计"三低两高两掺"的技术路线特点，即低水胶比、低用水量和低坍落度，高掺粉煤灰和较高石粉含量，掺缓凝减水剂和引气剂的技术路线，有效改善了大坝混凝土性能，提高了密实性和耐久性，降低了混凝土水化热温升，对大坝混凝土的温控抗裂十分有利。

中国部分典型工程重力坝常态混凝土、拱坝常态混凝土施工配合比一览表见表 5.3 - 1 和表 5.3 - 2。本章通过大坝常态混凝土施工配合比参数分析（有关碾压混凝土施工配合比可见《碾压混凝土快速筑坝技术》田育功著），进一步对施工配合比设计技术路线进行详细的阐述。

5.3.2　大坝混凝土施工配合比参数分析

水胶比、砂率、单位用水量是混凝土配合比设计最基本的三大参数。大坝混凝土与普通混凝土相比，其骨料最大级配、掺合料掺量、坍落度、含气量、胶凝材料用量以及表观密度等参数明显不同。《水工混凝土配合比设计规程》（DL 5330—2015）、《水工混凝土施工规范》（SL 677—2014 及 DL/5144—2001）对大坝混凝土水胶比最大允许值、砂率、坍落度等参数均提出了具体要求。

由表 5.3 - 1、表 5.3 - 2 施工配合比一览表，对大坝混凝土施工配合比参数分析如下。

5.3.2.1　水胶比选择

水胶比是指单位体积混凝土用水量与胶凝材料用量的比值（单位用水量是以砂石骨料饱和面干状态为准）。可用 $W/(C+F)$ 表示。

水胶比是决定混凝土强度和耐久性的关键参数和主要因素。影响水胶比大小的主要因素与混凝土设计指标、设计龄期、抗冻等级、极限拉伸值、骨料种类、掺合料和外加剂品

表5.3-1　部分典型工程重力坝常态混凝土施工配合比一览表

工程名称（原材料）	混凝土设计指标	级配	配合比参数						材料用量/(kg/m³)				粗骨料				表观密度/(kg/m³)	使用部位
			水胶比	粉煤灰/%	砂率/%	减水剂/%	引气剂/(1/万)	坍落度/cm	水	水泥	粉煤灰	砂	小石	中石	大石	特大		
三峡三期左岸大坝（Ⅰ级粉煤灰、花岗岩骨料）	R₉₀150D150S10	四	0.55	40	28	0.3	0.6	3~5	86	94	63	613	319	319	478	478	2450	大坝内部
	R₉₀200D150S10	三	0.50	35	31	0.3	0.6	3~5	98	127	69	658	296	444	740	—	2432	大坝基础
	R₉₀200D250S10	三	0.50	30	31	0.3	0.6	3~5	99	139	59	675	296	444	740	—	2452	水上水下外部
	R₉₀200D250S10	四	0.50	30	27	0.3	0.6	3~5	89	125	53	585	320	320	480	480	2452	
	R₉₀250D250S10	三	0.45	30	30	0.3	0.5	3~5	99	154	66	630	297	446	744	—	2436	水位变化区外部、公路桥墩
	R₉₀250D250S10	四	0.45	30	26	0.3	0.5	3~5	89	138	59	558	321	321	482	482	2450	
	C₉₀15F100W8	二	0.55	40	36	0.6	0.35	5~7	117	128	85	729	519	778	—	—	2357	大坝内部
		三	0.55	40	31	0.6	0.35	3~5	94	103	68	664	443	443	591	—	2407	
		四	0.55	40	26	0.6	0.35	3~5	84	92	61	594	321	321	481	481	2436	
	C₉₀20F150W10	二	0.50	35	36	0.6	0.35	5~7	118	153	83	702	521	782	—	—	2360	大坝基础
		三	0.50	35	31	0.6	0.35	3~5	95	124	67	637	437	437	583	—	2409	
		四	0.50	35	26	0.6	0.35	3~5	85	111	60	565	322	322	483	483	2438	
三峡三期右岸厂房大坝（Ⅰ级粉煤灰、花岗岩骨料）	C₉₀20F250W10	二	0.50	30	36	0.6	0.35	5~7	117	164	70	722	514	770	—	—	2358	大坝基础
		三	0.50	30	31	0.6	0.35	3~5	96	134	58	656	438	438	584	—	2405	
		四	0.50	30	26	0.6	0.35	3~5	85	119	51	566	322	322	483	483	2432	
	C₉₀25F250W10	二	0.45	30	35	0.6	0.35	5~7	118	184	79	692	514	772	—	—	2360	水上水下外部、公路桥墩
		三	0.45	30	30	0.6	0.35	3~5	97	151	65	627	446	446	594	—	2404	
		四	0.45	30	25	0.6	0.35	3~5	86	134	57	539	323	323	485	485	2433	
	C₉₀30F250W10	二	0.45	20	35	0.6	0.30	5~7	120	213	53	692	514	772	—	—	2365	孔口周边、胸墙、牛腿等结构部位
		三	0.45	20	30	0.6	0.30	3~5	98	174	44	628	439	439	586	—	2410	
		四	0.45	20	25	0.6	0.30	3~5	87	155	39	539	324	324	485	485	2439	

续表

工程名称（原材料）	混凝土设计指标	配合比参数							材料用量/(kg/m³)				粗骨料				表观密度/(kg/m³)	使用部位
		级配	水胶比	粉煤灰/%	砂率/%	减水剂/%	引气剂/(1/万)	坍落度/cm	水	水泥	粉煤灰	砂	小石	中石	大石	特大		
龙羊峡（Ⅱ级粉煤灰、砂砾石骨料）	$R_{90}250S8D250$	四	0.45	30	17	0.5	0.5	3~5	85	132	57	375	458	366	458	549	2480	大坝基础、厂房等
	$R_{90}250S8D250$	四	0.45	—	19	0.5	0.5	3~5	80	178	—	426	454	363	454	545	2500	上游迎水面
	$R_{90}200S4D50$	四	0.55	30	17	DH3 0.5	0.3	3~5	85	108	47	381	465	372	465	557	2480	大坝内部
	$R_{90}150S4D50$	三	0.63	35	31	0.5	0.3	3~5	102	105	57	681	455	455	605	—	2460	大坝内部
	$R_{90}150S4D50$	四	0.63	35	25	0.5	0.3	3~5	90	93	50	562	421	337	421	505	2480	大坝内部
万家寨（Ⅰ级粉煤灰、灰岩骨料）	$R_{90}250S8D50$	三	0.53	20	29	0.5	0.3	3~5	102	154	38	628	461	461	615	—	2460	基础、迎水面952.00m以下
	$R_{90}250S8D50$	四	0.53	20	25	0.5	0.3	3~5	92	139	35	554	415	332	415	498	2480	迎水面952.00m以上
	$R_{90}250S8D250$	三	0.48	—	28	0.5	0.5	3~5	104	217	—	602	464	464	619	—	2470	迎水面952.00m以上
	$R_{90}250S8D250$	四	0.48	—	24	0.5	0.5	3~5	92	191	—	530	419	335	419	503	2490	下游坝面、坝内
	$R_{90}200D150$	三	0.50	—	29	0.5	0.5	3~5	105	210	—	625	459	459	612	—	2470	钢管周围
	$R_{90}200D150$	四	0.50	—	25	0.5	0.5	3~5	90	180	—	555	416	333	416	500	2490	钢管周围
百色（RCC重力坝、Ⅱ级粉煤灰、辉绿岩骨料）	$R_{90}20S8D50$	准三	0.50	30	29	0.8	DH9 0.6	3~5	128	179	77	642	472	472	629	—	2600	大坝基础
	$R_{90}20S8D50$	二	0.50	30	33	0.8	0.6	5~7	140	196	84	706	645	788	—	—	2560	大坝基础
龙滩（RCC重力坝、Ⅰ级粉煤灰、灰岩骨料）	C20W10F100	三	0.50	25	31	0.5	0.3	5~7	95	142	48	667	300	450	751	—	2453	大坝基础、坝顶、通航坝段等
	C25W10F100	四	0.50	25	27	0.5	0.3	5~7	85	128	42	593	324	324	486	486	2468	
	C25W10F100	三	0.46	15	30	0.5	0.3	5~7	97	179	32	640	302	453	755	—	2458	溢流面、底孔、引水洞边墙等
龙口（Ⅰ级粉煤灰、天然砂、灰岩骨料）	$R_{90}200W6F50$	三	0.55	20	32	0.70	0.8	3~5	105	153	38	696	443	443	591	—	2470	基础约束区
	$R_{90}200W4F100$	四	0.55	20	28	0.7	0.8	3~5	95	138	35	628	323	233	485	485	2510	
	$R_{90}150W4F100$	四	0.60	30	29	0.7	0.8	3~5	95	126	47	655	320	320	481	481	2510	海漫、大坝内部

续表

工程名称（原材料）	混凝土设计指标	级配	水胶比	粉煤灰/%	砂率/%	减水剂/%	引气剂/(1/万)	坍落度/cm	水	水泥	粉煤灰	砂	小石	中石	大石	特大	表观密度/(kg/m³)	使用部位
金安桥（RCC重力坝、II级粉煤灰、玄武岩骨料）	C_{90}20W8F100	三	0.55	35	31	0.6	1.5	3~5	120	142	76	707	472	472	631	—	2620	大坝基础
	C_{90}20W8F100	四	0.55	35	25	0.6	1.5	3~5	100	118	64	595	357	357	534	534	2660	大坝基础
向家坝（I级粉煤灰、灰岩人工骨料）	C_{180}15W6F100	三	0.52	45	31	0.6	4.0	4~6	92	97	80	663	443	443	590	—	2408	坝体内部混凝土
	C_{180}15W6F100	四	0.52	45	27	0.6	4.0	4~6	82	87	71	593	321	321	481	481	2437	基础混凝土（水位变化区、坝体顶部下游折坡外表混凝土、升船机坝槽段中下部）
	C_{180}250W10F150	二	0.50	40	35	0.6	3.5	6~8	105	126	84	727	616	753	—	—	2411	
	C_{90}250W10F200	三	0.50	40	30	0.6	3.5	4~6	92	110	74	645	458	458	587	—	2420	
		四	0.50	40	26	0.6	3.5	4~6	82	98	66	574	332	332	497	497	2478	
光照（RCC重力坝、II级粉煤灰、灰岩骨料）	R_{90}150W4F150	四	0.50	30	29	0.7	1.2	3~5	95	133	57	645	316	316	474	474	2510	大坝内部
	C_{90}25W10F100	三	0.55	20	32	0.6	0.6	3~5	105	153	38	689	439	512	513	—	2450	基础垫层
		二	0.55	20	36	0.6	0.6	5~7	128	186	47	744	529	795	—	—	2428	基础垫层 掺氧化镁3.8%
黄登（RCC重力坝、II级粉煤灰、玄武岩骨料）	C_{90}25W10F100	三	0.50	40	27	0.8	0.013	3~5	110	132	88	567	460	460	613	—	2430	基础垫层
	C_{90}20W8F100	三	0.55	40	28	0.8	0.013	3~5	110	120	80	594	458	458	610	—	2430	非溢流坝段坝顶
景洪（矿渣+石粉双掺料、天然骨料）	C_{90}15W8F100	三	0.55	30	32	0.6	0.6	3~5	102	130	89	655	439	439	586	—	2440	大坝基础
	C_{90}20W8F100	三	0.50	25	36	0.6	0.6	5~7	120	188	97	705	659	659	—	—	2430	
功果桥（II级粉煤灰、砂岩）	C_{90}15W4F100	三	0.49	30	31	0.75	0.9	5~7	122	174	75	641	357	499	571	—	2440	基础垫层及左1号高程以下副坝
官地（II级粉煤灰、玄武岩灰、玄武岩骨料）	C_{90}25W10F100	三	0.52	30	31	0.8	2	5~7	122	164	70	684	472	472	630	—	2615	1240m高程以下建基面
	C_{90}20W18F100	三	0.55	30	32	0.8	2	5~7	122	155	67	710	468	468	624	—	2615	1240m高程以上建基面

表 5.3-2　部分典型工程拱坝常态混凝土施工配合比

工程名称（骨料、掺合料）	混凝土设计指标	配合比参数							材料用量/(kg/m³)									使用部位
		级配	水胶比	粉煤灰/%	砂率/%	减水剂/%	引气剂/(1/万)	坍落度/cm	水	水泥	粉煤灰	砂	小石	中石	大石	特大	表观密度	
李家峡（Ⅱ级粉煤灰、天然砂砾石骨料）	R₉₀250S8D100	四	0.45	30	20	SW-1 0.5	DH9 0.6	3~5	85	132	57	437	437	350	437	524	2460	大坝基础
	R₉₀250S6D250	三	0.45	15	26	0.5	0.7	5~7	95	179	32	555	473	473	633	—	2440	水位变化区
	R₉₀250S6D250	四	0.45	15	19	0.5	0.7	3~5	84	159	28	418	445	356	445	534	2470	
	R₉₀200S4D50	四	0.50	30	21	0.5	0.5	3~5	82	115	49	465	437	350	437	524	2460	大坝内部
二滩（Ⅰ级粉煤灰、玄武岩正长岩骨料）	C₁₈₀35W8F250	四	0.44	31.2	25	ZB-10.7	AEA 2021.5	1~3	88	137	63	596	381	358	500	548	2670	A 区（基础）
	C₁₈₀30W8F250	152mm	0.49	30	26			1~3	93	133	57	615	381	357	548	477	2661	B 区（中部）
	C₁₈₀25W8F250		0.50	29.7	27			1~3	90	126	54	643	405	405	500	429	2654	C 区（上部）
拉西瓦（Ⅰ级粉煤灰、天然砂砾石骨料）	C₁₈₀25W10F300	二	0.45	35	34	ZB-1A 0.55	DH9 1.1	5~7	100	144	78	706	548	823	—	—	2150	大坝上部
		三	0.45	35	29	0.55	1.1	4~6	86	124	67	624	458	458	612	—	2400	
		四	0.45	35	25	0.5	1.1	4~6	77	111	60	550	330	330	495	496	2430	
	C₁₈₀32W10F300	二	0.40	34	30	0.55	1.1	5~7	100	175	75	697	541	811	—	—	2400	大坝下部
		三	0.40	29	30	0.55	1.1	4~6	86	150	65	617	453	453	605	—	2430	
		四	0.40	25	30	0.5	1.1	4~6	77	135	58	545	327	327	490	490	2450	
江口（Ⅰ级粉煤灰、灰岩人工骨料）	C₉₀30W8F150	四	0.48	30	24	ZB-1A 0.6	DH9 0.9	3~5	82	120	51	537	340	340	510	510	2490	二道坝
		三	0.48	30	28	0.6	0.9	3~5	100	146	62	603	465	465	619	—	2460	
	C₉₀25W8F150	四	0.52	35	25	0.6	0.9	3~5	82	103	55	563	337	337	507	506	2490	坝体内部、水垫塘、表孔、闸门
		三	0.52	35	30	0.6	0.9	3~5	100	125	67	650	455	455	608	—	2460	
	C₉₀20W8F150	四	0.55	25	26	0.6	0.8	3~5	82	97	52	587	334	334	502	502	2490	大坝基础、孔口周边
		三	0.55	35	31	0.6	0.8	3~5	100	118	64	675	451	451	501	—	2460	

续表

工程名称(骨料、掺合料)	混凝土设计指标	级配	配合比参数						材料用量/(kg/m³)									使用部位
			水胶比	粉煤灰/%	砂率/%	减水剂/%	引气剂/(1/万)	坍落度/cm	水	水泥	粉煤灰	砂	小石	中石	大石	特大	表观密度	
小湾(Ⅰ级粉煤灰,黑云花岗片麻岩骨料、角闪斜长片麻岩骨料)	C₁₈₀40W₉₀14F₉₀250	二	0.40	30	34	ZB-1A 0.7	FS 1.0	5~7	126	220	95	680	660	660	—	—	2440	A区 坝体下部
		三			29	0.7	1.0	3~5	105	183	79	612	450	450	600	—	2480	
		四			23	0.7	1.0	3~5	90	157	68	505	338	338	507	507	2510	
	C₁₈₀35W₉₀12F₉₀250	二	0.45	30	34	0.7	1.0	5~7	126	196	84	692	671	671	—	—	2440	B区 坝体中部
		三			30	0.7	1.0	3~5	105	163	70	640	448	448	597	—	2470	
		四			23	0.7	1.0	3~5	90	140	60	513	343	343	515	515	2520	
	C₁₈₀30W₉₀10F₉₀250	二	0.50	30	35	0.7	1.0	5~7	126	176	76	714	664	664	—	—	2440	C区 坝体上部
		三			30	0.7	1.0	3~5	105	147	63	644	450	450	601	—	2460	
		四			25	0.7	1.0	3~5	90	126	54	560	336	336	504	504	2510	
构皮滩(Ⅰ级粉煤灰,灰岩骨料)	C₁₈₀25W12F200	三	0.50	30	31	JG-3 0.6	FS 0.8	3~5	96	134	58	687	308	462	770	—	2515	拱坝坝体
	C₁₈₀30W12F200	四	0.50	30	25	0.6	0.8	3~5	85	119	51	570	344	344	517	517	2547	
	C₁₈₀35W12F200	二	0.45	20	36	0.6	0.8	3~5	114	202	51	757	542	814	—	—	2480	拱坝坝体、孔口周边
		三	0.45	20	31	0.6	0.8	3~5	96	170	43	683	306	459	766	—	2523	拱坝坝体
	C₁₈₀35W12F200	三	0.45	30	30	0.6	0.8	3~5	96	149	64	659	310	464	775	—	2517	
		四	0.45	30	24	0.6	0.8	3~5	85	132	57	543	346	346	520	520	2550	
溪洛渡(Ⅰ级粉煤灰,玄武岩粗骨料、灰岩细骨料)	C₁₈₀40F300W15	四	0.41	35	22	JM-ⅡC 0.5	AIR202 3.8	5~7	80	127	68	486	473	379	473	568	2654	大坝A区
	C₁₈₀35F300W14	三	0.45	35	26	0.5	3.8	5~7	90	143	77	559	349	523	872	—	2613	大坝B区
		二			33	0.5	3.8	5~7	107	170	91	677	603	905	—	—	2553	
		四	0.45	35	23	0.5	3.8	5~7	80	116	62	512	470	376	470	564	2653	

续表

工程名称（骨料、掺合料）	混凝土设计指标	级配	配合比参数 水胶比	粉煤灰/%	砂率/%	减水剂/%	引气剂/(1/万)	坍落度/cm	材料用量/(kg/m³) 水	水泥	粉煤灰	砂	粗骨料 小石	中石	大石	特大	表观密度	使用部位
溪洛渡（Ⅰ级粉煤灰、玄武岩粗骨料、灰岩细骨料）	$C_{180}35F300W14$	三	0.45	35	27	0.5	3.8	5~7	90	130	70	585	347	521	868	—	2611	大坝 B 区
		二	0.45	35	34	0.5	3.8	5~7	107	155	83	705	601	901	—	—	2552	
	$C_{180}30F300W13$	四	0.49	35	24	0.5	3.8	5~7	82	109	58	536	465	372	465	558	2654	大坝 C 区
		三	0.49	35	28	0.5	3.8	5~7	90	120	64	611	345	517	862	—	2609	
		二	0.49	35	35	0.5	3.8	5~7	109	144	78	729	594	891	—	—	2545	
	$C_{90}42F300W15$	二	0.38	25	32	0.5	3.8	5~7	108	213	71	651	608	911	—	—	2552	闸墩、孔口
		三	0.38	25	25	0.5	3.8	5~7	93	184	61	531	350	524	874	—	2618	
锦屏一级（Ⅰ级粉煤灰、砂岩粗骨料＋大理岩细骨料）	$C_{180}40F300W15$	四	0.37	35	22	0.8	1.5	3~5	85	149	80	474	341	341	512	512	2494	大坝 A 区
		三	0.37	35	24	0.8	1.5	3~5	95	167	90	504	405	405	811	—	2477	
		二	0.37	35	35	0.8	1.5	5~7	118	207	112	694	654	654	—	—	2439	
	$C_{180}35F300W14$	四	0.41	35	23	0.8	1.5	3~5	85	135	73	500	340	340	510	510	2493	大坝 B 区
		三	0.41	35	25	0.8	1.5	3~5	95	151	81	531	405	405	809	—	2477	
		二	0.41	36	35	0.8	1.5	5~7	118	187	101	724	653	653	—	—	2436	
	$C_{180}30F250W13$	四	0.45	35	24	0.8	1.5	3~5	85	123	66	526	338	338	507	507	2490	大坝 C 区
		三	0.45	35	26	0.8	1.5	3~5	95	137	74	558	403	403	806	—	2476	
		二	0.45	37	35	0.8	1.5	5~7	118	170	92	753	651	651	—	—	2434	
大岗山（Ⅰ级粉煤灰、正长花岗岩骨料）	$C_{180}36F250W12$	四	0.45	35	26	0.7	NOF-AE2.0	3~5	90	130	70	552	314	314	471	471	2412	大坝 A 区
		三	0.45	35	29	0.7	2.0	3~5	99	143	77	604	296	443	739	—	2401	
	$C_{180}30F250W12$	四	0.48	35	26.5	0.7	2.0	3~5	90	122	66	566	314	314	471	471	2414	大坝 B 区
		三	0.48	35	29.5	0.7	2.0	3~5	99	134	72	618	295	443	738	—	2400	

续表

工程名称（骨料、掺合料）	混凝土设计指标	级配	水胶比	粉煤灰/%	砂率/%	减水剂/%	引气剂/(1/万)	坍落度/cm	水	水泥	粉煤灰	砂	小石	中石	大石	特大	表观密度	使用部位
大岗山（Ⅰ级粉煤灰、正长花岗岩骨料）	$C_{180}25F200W12$	四	0.50	35	27	0.7	2.0	3~5	90	117	63	578	313	313	469	469	2412	大坝C区
		三	0.50	35	30	0.7	2.0	3~5	99	129	69	631	294	441	736	—	2400	
	$C_{180}40F250W12$	四	0.43	35	25.5	0.7	2.0	3~5	90	136	73	539	315	315	473	473	2414	大坝局部高应力区
		三	0.43	35	28.5	0.7	2.0	3~5	99	150	81	590	296	444	741	—	2401	
	$C_{180}40F_{90}300W_{90}15$	四	0.42	35	24	0.6	4.2	3~5	83	128	69	525	334	334	502	502	2477	A区混凝土
		三	0.42	35	29	0.6	4.0	3~5	97	150	81	611	450	450	602	—	2441	
		二	0.42	35	35	0.6	3.5	7~9	114	176	95	703	656	656	—	—	2400	
白鹤滩（Ⅰ级粉煤灰、灰岩人工骨料）	$C_{180}35F_{90}300W_{90}14$	四	0.46	35	25	0.6	4.2	3~5	83	117	63	551	332	332	499	499	2476	B区混凝土
		三	0.46	35	30	0.6	4.0	5~7	97	137	74	637	448	448	599	—	2440	
		二	0.46	35	32	0.6	3.5	7~9	114	161	87	731	652	652	—	—	2397	
	$C_{180}30F250W_{90}13$	四	0.50	35	26	0.6	4.2	3~5	83	108	58	576	329	329	496	496	2475	C区、回填混凝土
		三	0.50	35	31	0.6	4.0	5~7	97	126	68	663	445	445	595	—	2439	
		二	0.50	35	37	0.6	3.5	7~9	114	148	80	758	648	648	—	—	2396	
	$C_{90}40F300W15$	三	0.40	35	29	0.6	4.0	5~7	98	159	86	606	447	447	598	—	2441	孔口及闸墩、抗冲磨二期回填
		二	0.40	35	37	0.6	3.5	10~12	118	192	103	732	625	625	高流态			
乌东德（Ⅰ级粉煤灰、灰岩骨料）	$C_{180}35W14F200$	四	0.50	35	25	0.6	引气剂掺量按 4.5~5.5	3~5	83	108	58	567	344	344	516	516	2536	大坝下部
		三	0.50	35	29	0.6		3~5	93	121	65	644	478	478	637	—	2516	
		二	0.50	35	35	0.6	5.5	5~7	117	152	82	738	692	692	—	—	2473	
	$C_{180}30W12F200$	四	0.50	35	25	0.6	含气量控制	3~5	83	108	58	567	344	344	516	516	2536	大坝上部
		三	0.50	35	29	0.6		3~5	93	121	65	644	478	478	637	—	2516	

材料用量/（kg/m³）：粗骨料

种及掺量等密切相关。水胶比是影响和决定混凝土耐久性和多种性能的最重要的参数，因而，在配合比设计中应高度重视水胶比的选择。近年来，不论是严寒的北方或温和的南方地区，抗冻等级已成为大坝混凝土耐久性极为重要的指标。

水胶比的大小直接影响混凝土的强度和其他性能。大坝坝体不同部位的混凝土，在不同气候（严寒、寒冷和温和）条件下，根据混凝土耐久性的要求提出大坝混凝土水胶比最大允许值，应严格遵守。根据大量的科研成果和工程实践，水胶比（水灰比）过大，混凝土耐久性会显著降低。在保证混凝土强度要求的前提下，减小混凝土水胶比是提高混凝土耐久性的重要因素。大坝混凝土材料应综合研究混凝土的力学、耐久性（包括抗渗、抗冻、抗冲耐磨、抗侵蚀）和热学指标，在满足大坝混凝土低热要求的同时，大坝混凝土应有足够的强度、耐久性以及抗裂性，为此《水工混凝土施工规范》（SL 677—2014 或 DL/5144—2015）对大坝混凝土水胶比最大允许值提出具体要求，见表 5.3-3。

由表 5.3-1 和表 5.3-2 施工配合比参数可以看出，大坝施工配合比水胶比均小于规范规定的大坝混凝土水胶比最大允许值。比如三峡大坝内部混凝土，设计指标 $R_{90}150S8D100$（$C_{90}W8F100$），掺 I 级粉煤灰，选用 0.55 水胶比，具有明显的低水胶比特性，对提高混凝土强度、温控防裂和耐久性发挥了显著作用。

表 5.3-3　　　　　　　　　　大坝混凝土水胶比最大允许值

部　　位	严寒地区	寒冷地区	温和地区
上、下游水位以上（坝体外部）	0.50	0.55	0.60
上、下游水位变化区（坝体外部）	0.45	0.50	0.55
上、下游最低水位以下（坝体外部）	0.50	0.55	0.60
基础	0.50	0.55	0.60
内部	0.60	0.65	0.65
受水流冲刷部位	0.45	0.50	0.50

注　1. 在有环境水侵蚀情况下，水位变化区外部及水下混凝土最大允许水胶比减小 0.05。
　　2. 表中规定的最大允许值，已考虑了掺用减水剂和引气剂的情况，否则酌情减小 0.05。

5.3.2.2　最优砂率与骨料级配

砂率是指单位体积混凝土中砂在砂石体积比中所占的百分率。因为砂和石的密度较为接近，所以通常以砂和石的质量比来代替体积比计算砂率。砂率可用 $S/(S+G)$ 表示。

《水工混凝土配合比试验规程》（DL/T 5330）规定：混凝土配合比宜选取最优砂率。最优砂率是在满足和易性要求下，单位用水量较小、混凝土拌和物密度较大时所对应的砂率。影响砂率的主要因素是粗骨料的品质、粒型、级配、空隙率等因素，砂率大小直接影响大坝混凝土的施工性能、密实性、强度及耐久性。砂率大，表明含砂多，砂的比表面积增大，混凝土和易性好，但相应增加了单位用水量，一般砂率每增减 1%，混凝土单位用水量相应增减 2kg/m³。同时试验结果表明，随砂率增大，混凝土强度呈下降趋势。但砂率过小，则骨料的空隙中砂浆数量就会不足，砂浆就不能完全包裹粗骨料，致使新拌混凝土和易性、流动性差，影响混凝土的正常浇筑和密实性。为此，最优砂率是大坝混凝土施工配合比设计极为重要的参数。

大坝混凝土施工配合比最优砂率选择及评价根据作者多年的工程经验，一般采用三种方法为宜：①按照粗骨料最优级配，即堆积密度最大，而空隙率最小的原则确定最优砂率；②通过混凝土拌和物进行评价，水工混凝土试验规程规定，含砂情况采用镘刀抹平程度分多、中、少三级；多，用镘刀抹混凝土拌和物表面时，抹1～2次就可使混凝土表面平整无蜂窝；中，用镘刀抹混凝土拌和物表面时，抹4～5次就可使混凝土表面平整无蜂窝；少，抹面困难，抹8～9次后混凝土表面仍不能消除蜂窝；③把湿筛后二级配混凝土装入成型试模，在振动台振动30s，观测混凝土表明泛浆快慢和多少情况，并用抹刀刮试模表面泛浆厚度，一般泛浆厚度在2cm左右时，则砂率较优，在振动台进行砂率试验评价与实际仓面振捣泛浆情况较吻合。而人工砂石粉含量大小对液化泛浆较敏感，仓面混凝土采用人工振捣或采用振捣台车振捣其砂率也不相同，一般相差1%。所以最优砂率的选择是建立在理论和实践的基础上。

表5.3-1和表5.3-2表明，一般常态混凝土四级配、三级配及二级配骨料最优级配主要采用：

四级配，小石∶中石∶大石∶特大石＝20∶20∶30∶30。

三级配，小石∶中石∶大石＝30∶30∶40。

二级配，小石∶中石＝40∶60。

从表5.3-1和表5.3-2可以看出，当最优砂率与粗骨料最优级配对应时，大坝常态混凝土人工骨料四级配砂率在22%～26%范围，三级配砂率在28%～31%范围，二级配砂率在34%～36%范围。砂率大小的选择与砂细度模数、颗粒级配及石粉含量等因素有关。

5.3.2.3　单位用水量选定

单位用水量是指$1m^3$混凝土中所需的用水量（以砂石骨料饱和面干状态为准），称为单位用水量，简称用水量，用W表示。

用水量的选定原则是在满足新拌混凝土施工和易性的前提下，力求单位用水量最小。影响用水量的主要因素与骨料种类、粒形、掺合料种类、品质以及坍落度的大小等因素有关，特别是采用密度大的辉绿岩、玄武岩以及花岗岩等人工骨料，混凝土用水量和外加剂掺量显著增加。当采用优质的Ⅰ级粉煤灰，在其需水量比小的减水作用下，可有效降低混凝土单位用水量。所以单位用水量的选定直接关系到混凝土的性能及经济性。用水量与坍落度之间存在着良好的相关关系，大量的试验结果表明，一般坍落度每增减1cm，则单位用水量相应增减$2kg/m^3$。

表5.3-1和表5.3-2表明，大坝常态混凝土施工配合比的单位用水量四级配在80～$90kg/m^3$、三级配在92～$104kg/m^3$、二级配在107～$125kg/m^3$范围。

5.3.2.4　粉煤灰掺合料

大坝混凝土使用的掺合料（如粉煤灰、矿渣粉、磷渣粉、硅粉、石灰石粉、天然火山灰等）品种较多，活性也不同，对混凝土性能影响不同。在大坝混凝土掺合料研究与应用方面，粉煤灰作为大坝混凝土掺合料始终占主导地位，所以粉煤灰在大坝混凝土的作用机理研究是深化的，应用是成熟的。特别是在高坝混凝土中，粉煤灰作为掺合料具有无可替代的作用。

表 5.3-1 和表 5.3-2 表明，目前高坝常态混凝土主要采用 Ⅰ 级粉煤灰，重力坝常态混凝土大坝内部粉煤灰掺量一般在 30%～45%，比如三峡、向家坝大坝内部混凝土 Ⅰ 级粉煤灰掺量高达 40%、45%；拱坝坝体常态混凝土 Ⅰ 级粉煤灰掺量采用 35%，Ⅰ 级粉煤灰掺量较大与大坝混凝土采用 180d（90d）设计龄期有关，充分利用了粉煤灰混凝土后期强度的性能优势。

5.3.2.5 外加剂选择

外加剂是指在拌制混凝土过程中，掺入一般不超过胶凝材料质量 5% 的无机、有机或无机与有机的化合物，用于改变混凝土和易性、提高强度及耐久性的物质，称为混凝土的外加剂。

大坝混凝土使用的外加剂一般主要以萘系缓凝高效减水剂和引气剂为主。外加剂是改善混凝土性能最主要的技术措施之一，可以有效地降低单位用水量，减少胶材用量，有利温控和提高耐久性能。外加剂已经成为大坝混凝土不可缺少的重要材料组分。《水工混凝土施工规范》（SL 677 或 DL/T 5144）规定，水工混凝土应掺加适量的外加剂，外加剂品种和掺量应通过试验确定。

表 5.3-1 和表 5.3-2 表明，一般缓凝高效减水剂掺量在 0.5%～0.8% 范围，引气剂掺量根据抗冻等级要求的含气量进行确定。由于在大坝混凝土中掺用缓凝高效减水剂，可以明显延缓大坝混凝土的凝结时间，十分有利于大体积混凝土浇筑。

5.3.2.6 坍落度选用

坍落度是用于评定混凝土拌和物的和易性。以 mm 或 cm 为计量单位。

大坝混凝土粒径最大达 150mm，对于四级配、三级配的大坝混凝土拌和物，对大于 40mm 粒径骨料采用湿筛法剔除，方可进行坍落度试验。坍落度大小对混凝土的施工性能有着显著的影响，是常态混凝土拌和物和易性评价及配合比设计极为重要的参数之一，和易性包括混凝土的保水性，流动性和黏聚性。

《水工混凝土施工规范》（SL 677 或 DL/T 5144）规定，混凝土的坍落度应根据建筑物的结构断面、钢筋间距、运输距离、浇筑方法、运输方法、振捣能力和气候条件确定，并宜采用较小的坍落度。同时规定混凝土在浇筑地点（时）的坍落度按照表 5.3-4 选用。

表 5.3-4　　　　　　　　　　混凝土在浇筑地点（时）的坍落度

混凝土类别	坍落度/mm	混凝土类别	坍落度/mm
素混凝土或少筋混凝土	10～40	配筋率超过 1% 的钢筋混凝土	50～90
配筋率不超过 1% 的钢筋混凝土	30～60		

注　在有温度要求或高、低温季节浇筑混凝土时，其坍落度可根据实际情况酌量增加。

表 5.3-1 和表 5.3-2 表明，大坝混凝土主要为素混凝土，采用较小坍落度，一般四级配、三级配大坝混凝土坍落度按照 3～5cm 控制，二级配按照 5～7cm 控制。二滩大坝四级配坍落度选用 1～3cm，这里需要强调的是坍落度的控制是指浇筑地点（时）的坍落度。按照工程习惯称谓，施工配合比表中坍落度采用厘米（cm）表示。

5.3.2.7 含气量控制

抗冻等级是大坝混凝土耐久性极为重要的设计指标。目前随着筑坝技术不断发展，大坝混凝土抗冻等级设计指标呈现越来越高的趋势。抗冻等级与混凝土含气量有着直接的关系，为此，《水工混凝土施工规范》（SL 677 或 DL/T 5144）规定，有抗冻要求的混凝土应掺加引气剂。含气量应根据混凝土抗冻等级和骨料最大粒径等因素，通过试验确定，并应符合《水工混凝土耐久性技术规范》（DL/T 5241）的要求，混凝土含气量可按表 5.3 - 5 执行。

表 5.3 - 5 　　　　　　　　　　　　有抗冻要求的混凝土含气量

骨料最大粒径 /mm	含气量/%	
	抗冻等级≥F200	抗冻等级≤F150
10	7.0±1.0	6.0±1.0
20	6.0±1.0	5.0±1.0
40	5.5±1.0	4.5±1.0
80	4.5±1.0	3.5±1.0
150（120）	4.0±1.0	3.0±1.0

表 5.3 - 5 数据表明，混凝土中必须掺入引气剂，才能满足设计要求的抗冻等级。大坝混凝土含气量是按照骨料最大粒径和抗冻等级的不同进行控制，一般四级配、三级配混凝土，抗冻等级 F100，含气量需要控制在 3.0%～4.0%；抗冻等级 F150～F200，含气量需要控制在 4.0%～5.0%；抗冻等级不小于 F300，含气量需要控制在 4.5%～5.5%。由于含气量大小与坍落度经时损失有关，根据大量工程经验，含气量一般按照混凝土出机口 15min 测试为宜。

5.3.2.8　胶凝材料用量

胶凝材料是指单位体积混凝土中水泥与掺合料组成材料的总称。比如粉煤灰、硅粉、天然火山灰、矿渣与石粉等掺合料已成为胶凝材料重要的组成部分。大坝混凝土掺合料主要以粉煤灰为主，一般地占到胶凝材料的 30% 左右。关于大坝常态混凝土胶凝材料用量，《水工混凝土施工规范》（SL 677 或 DL/T 514）规定，大体积混凝土的胶凝材料用量不宜低于 140kg/m³，水泥熟料含量不宜低于 70kg/m³。

由表 5.3 - 1 和表 5.3 - 2 可知：重力坝常态混凝土，四级配，大坝内部强度等级 $C_{90}15$，胶凝材料一般在 143～158kg/m³ 范围，其中水泥用量在 87～94kg/m³；基础混凝土强度等级 $C_{90}20$，胶凝材料一般在 164～194kg/m³，其中水泥用量在 98～139kg/m³。比如万家寨大坝内部四级配混凝土，设计指标 $R_{90}150S4D50$，胶凝材料 143kg/m³，其中水泥用量 93kg/m³，Ⅰ级粉煤灰 50kg/m³；又比如向家坝大坝内部四级配混凝土，设计指标 $C_{180}15W6F100$，胶凝材料 158kg/m³，其中水泥用量 87kg/m³，Ⅰ级粉煤灰 71kg/m³。表明 180d 设计龄期水泥用量更低，大坝内部混凝土符合规范胶凝材料用量不宜低于 140kg/m³，水泥熟料含量不宜低于 70kg/m³ 规定。

超高拱坝混凝土四级配，掺Ⅰ级粉煤灰 35%，强度等级 $C_{180}35$，胶凝材料一般在 166～208kg/m³，其中水泥用量在 108～135kg/m³；强度等级 $C_{180}30$，胶凝材料一般在 166～190kg/m³，其中水泥用量在 108～133kg/m³。比如江口拱坝四级配混凝土，设计指标 $C_{90}30W8F150$，胶凝材料 171kg/m³，其中水泥用量 120kg/m³，Ⅰ级粉煤灰 51kg/m³；又比如白鹤滩拱坝四级配混凝土，设计指标 $C_{180}30W13F250$，胶凝材料 $166kg/m^3$，其中水泥用量 $108kg/m^3$，Ⅰ级粉煤灰 $58kg/m^3$，由于采用 180d 设计龄期，胶凝材料用量是很低的，对拱坝温控防裂起到了重要作用。

5.3.2.9　表观密度

混凝土表观密度（过去称容重）是大坝混凝土施工配合比设计重要的计算参数，也是重力坝设计荷载的重要参数，表观密度即重度的取值范围，决定坝体断面尺寸及抗滑稳定。

表 5.3 - 1 和表 5.3 - 2 表明，一般四级配混凝土表观密度在 $2412\sim2670kg/m^3$ 范围，三级配在 $2400\sim2620kg/m^3$。影响大坝混凝土表观密度的因素主要与骨料密度密切相关，比如金安桥、溪洛渡采用玄武岩骨料，百色采用辉绿岩骨料，由于火成岩骨料密度达 $3.0g/cm^3$ 左右，致使混凝土表观密度达到 $2600\sim2670kg/m^3$。

5.4　水工混凝土施工配合比试验工法[*]

5.4.1　前言

水工混凝土质量的优劣直接关系到大坝的施工质量、安全运行和使用寿命。由于水工混凝土工作条件的复杂性、长期性、重要性等特点，其设计指标或配合比试验方法均与普通混凝土有很大区别，所以大坝混凝土施工配合比设计具有一定的技术含量。水工混凝土设计指标采用长龄期（90d 或 180d），抗渗、抗冻、抗裂和温控指标要求高，配合比设计采用大骨料级配、低胶材用量、高掺掺合料和外加剂，混凝土拌和物采用较小的坍落度（VC 值）、良好的和易性、适宜的含气量、同时满足不同季节和不同气候条件施工要求的凝结时间。为了达到混凝土高质量、高性能和经济性的要求，混凝土施工配合比试验工作尤为重要。

5.4.2　工法特点

（1）本工法是在长期的、大量的水利水电工程现场试验过程中形成的，工法有别于水工混凝土试验规程，是对试验规程的补充和完善，具有鲜明的实用性和可操作性。

（2）工法严格按照水工混凝土设计指标要求，紧密结合工程所处的地域环境、气候条件、施工条件和原材料特性，科学地规范了水工混凝土配合比试验程序。

（3）工法突出混凝土拌和物性能，重点研究新拌混凝土坍落度（VC 值）、含气量、凝结时间、表观密度等性能与时间、时段、温度变化的相互关系，为混凝土施工浇筑提供科学依据。

（4）建立混凝土配合比试验工艺流程，使混凝土配合比试验科学、规范、合理、有序的进行。

---

[*]　水工混凝土施工配合比试验工法、国家级工法、编号：SDJTGF012—2007，中国水利水电第四工程局，田育功、高居生、胡红峡、郑凯，2007 年 4 月 25 日。

（5）试验数据采用先进的计算机程序进行处理，保证试验结果及时、科学、准确的整理分析。

5.4.3 工艺原理

（1）根据水工混凝土配合比设计指标，制定科学合理的配合比设计技术路线和配合比试验计划，规划布置试验室，准备有代表性的、足够的原材料，配合比试验过程严格按照规程、规范和工法要求进行。

（2）工法重点突出水工混凝土配合比的拌和物性能，关键技术是对新拌混凝土坍落度（VC 值）和易性评价、含气量、凝结时间、表观密度等性能与时间、时段、温度变化等相互间的关系进行研究，找出其内在规律。

（3）按照工法进行配合比试验，确保试验结果的准确可靠，提交满足设计、施工要求且经济合理的施工配合比。

5.4.4 施工工艺流程

施工工艺流程如图 5.4-1 所示。

5.4.5 操作要点

5.4.5.1 编制试验计划

根据混凝土设计指标和控制指标要求，按照不同工程地域、气候条件、施工条件、原材料特性情况，制定合理的技术路线，编制科学的"水工混凝土配合比试验"计划。

5.4.5.2 现场试验室

由于水工混凝土配合比试验是在施工现场进行，所以现场试验室是保证混凝土配合比试验的首要条件，应根据试验项目和现有条件科学合理的布置现场试验室，一般布置12～18 间试验工作间。拌和间是水工混凝土配合比试验的最重要工作间，应高度重视拌和间的布置。一般试验拌和间应有 50～80m² 的面积，用于布置搅拌机、拌和钢板、振动台、水池、料仓和工作台等。

（1）搅拌机。由于水工大体积混凝土大粒径的特点，搅拌机必须有足够的拌和容量，采用自落式搅拌机一般为 100～150L，强制式搅拌机一般为 60～100L。

（2）拌和钢板。钢板尺寸应满足长×宽×厚＝（2000～2500mm）×（1500～2000mm）×（8～10mm）的要求。钢板一般纵向垂直对齐搅拌机出料口，水平摆放且比地面低50mm 或在钢板周边焊接∠50mm 角铁，这样方便混凝土拌和的连续试验。同时钢板侧面应布置有排水的集水沉淀池。

（3）振动台。振动台台面尺寸一般为（1000mm±10mm）×（1000mm±10mm），表面平整光洁，频率在（50±3）Hz，振幅（0.5±0.02）mm，安装在不妨碍其他试验和操作的位置，要求台面水平。

（4）料仓。一般在拌和间端部靠墙布置 4～5 个高 90～110cm 的料仓，分别堆放试验用的饱和面干砂料和粗骨料，其中砂料仓应足够大。料仓上部可预制搭建工作台，放置水泥、粉煤灰等材料及工器具。

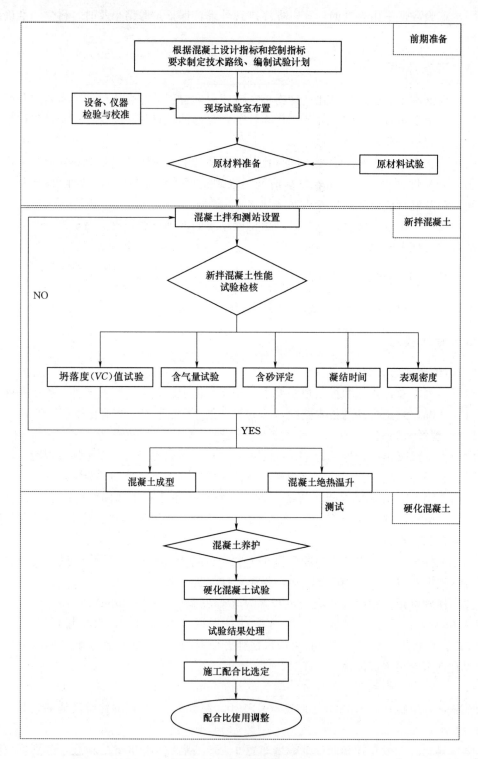

图 5.4-1 施工工艺流程

（5）力学间。力学间的面积应保证各种材料试验机的布置、安装、维护、检修和试验人员的正常操作等不受影响，面积一般为 $40\sim60m^2$。根据力学试验内容，一般配置 100kN 和 1000kN 万能材料试验机、2000kN 压力试验机及相关的附件等。全级配混凝土力学性能试验配置 $5000\sim10000kN$ 的压力试验机。

（6）养护室。养护室严格按温度、湿度要求布置。根据混凝土工程量、取样频率、养护龄期以及施工高峰期等因素，确定养护室面积一般为 $40\sim80m^2$，屋顶宜采用混凝土预制密封。

5.4.5.3 原材料的准备

为了保证试验结果的一致性、准确性、连续性以及成果分析，混凝土配合比试验原材料准备工作十分重要。水工混凝土配合比试验用的原材料（水泥、掺合料、骨料、外加剂等）试验样品，必须按材料用量计划备足同一批次的、具有代表性的工程实际使用样品，尽量避免二次取样，防止原材料波动导致试验结果的差异，这是保证高质量配合比试验的前提。各种材料应根据计划提前检测，掌握配合比试验所需原材料的品质和性能。

（1）胶凝材料。水泥、掺合料等胶凝材料保存应避免受潮，一般采用塑料薄膜等防潮材料密封包裹。试验拌和时，应把胶凝材料拆包分别装入带旋转盖的塑料大桶容器中，盛料应使用专门的器具，每次盛完料后应及时加盖，保持胶凝材料原状，避免受潮。

（2）骨料。骨料需要提前一天堆放到室内料仓，表面覆盖湿麻袋保持湿润，以满足骨料饱和面干状态。每天拌和前，对室内料仓存放的骨料进行翻拌，保持骨料均匀，并检测骨料含水率，为配合比计算提供准确依据。

（3）外加剂。外加剂溶液需要提前一天进行配制，且足量。一般减水剂浓度为10％～20％，引气剂浓度为1％～2％。同时应对外加剂配制难易程度、是否沉淀进行观察评定，为混凝土拌和楼外加剂溶液配制和控制提供依据。

5.4.5.4 混凝土拌和

混凝土拌和试验是施工配合比试验的重点，拌和间室内温度应保持为 $15\sim25℃$。混凝土拌制前，一般采用与配合比相近的砂浆或小级配混凝土进行搅拌机搅拌挂浆，出机后的拌和物用于拌和钢板挂浆。第一罐新拌混凝土一般仅用于初步评判，不用于正式成型。水工混凝土不宜采用人工拌和，原因是拌和量少、骨料粒径大、外加剂机理以及边界条件影响等因素，容易造成拌和结果与机械拌和存在较大差异。

（1）拌和容量。考虑拌和条件边界效应的影响，混凝土拌和最小容量一般不宜少于搅拌机容量的 1/2，以保证拌和物的均匀性、稳定性。

（2）投料顺序。应通过试验确定。自落式搅拌机投料顺序一般为粗骨料、胶凝材、水和外加剂混合溶液、细骨料；强制式搅拌机投料顺序一般为细骨料、胶凝材、水和外加剂混合溶液、粗骨料。其中，应在计算好的水中盛出少量水以备冲洗盛外加剂容器，然后将外加剂溶液倒入剩余水中。

（3）拌和卸料。按规定时间搅拌好的混凝土卸料后，应用镘刀将罐内的浆体尽量刮净，然后将搅拌机恢复到原位，及时遮盖湿麻袋或加盖，防止搅拌机内失水干燥，以备连续试验拌和。刮出的浆体和出机的新拌混凝土混合翻拌三遍，观察评定混凝土外观和匀质性。用于成型的新拌混凝土，应及时用湿麻袋覆盖，避免坍落度损失过快影响试验结果。

5.4.5.5 和易性试验

大量试验发现，新拌混凝土水化反应、表面水分蒸发等原因造成新拌混凝土的坍落度、含气量经时损失不可避免，因此，对设计的混凝土配合比要进行大量反复的试拌，掌握混凝土拌和物的稳定性和规律性，这是施工配合比试验的关键。试验时，仪器和工具与新拌混凝土接触部分应提前润湿或挂浆。

（1）过湿筛。对出机的新拌混凝土进行拌和物性能试验时，若骨料粒径大于 40mm，应采用湿筛法剔除大于 40mm 粒径骨料，筛前应用喷雾器或湿拖把对方孔筛润湿。过湿筛后的拌和物，需两人采用小方铁锹对翻 3 遍。

（2）温度测试。将温度计插入出机后的混凝土中 50～100mm，温度测试完备后方可拔出温度计，同时记录室温。

（3）坍落度（VC 值）。一般两人同时在钢板上平行进行坍落度试验，减小人为误差；碾压混凝土 VC 值一般测试两次。同时，需要进行坍落度（VC 值）的经时损失试验，为施工提供依据。

（4）含气量。混凝土拌和物含气量测试应采用精密含气仪。装料时严禁工具碰撞含气仪量钵沿口，试验后应及时对含气仪气阀保护清洗。同时，要进行含气量与坍落度（VC 值）经时损失的关系试验，为拌和楼质控、施工浇筑及混凝土耐久性提供依据。

（5）含砂评定。含砂情况对混凝土性能有很大影响，一般采用 3 种方法评定：①用镘刀抹混凝土拌和物表面；②通过振动台振实过程中测试试模内混凝土泛浆情况；③在仓面观测振捣器振捣时混凝土泛浆情况。

（6）表观密度试验。表观密度试验采用原级配混凝土，四分法装料，用振动台进行试验。常态混凝土一次性装料，碾压混凝土分层装料，以混凝土振实泛浆为准。

（7）凝结时间。对新拌混凝土拌和物过 5mm 湿筛，将砂浆装入凝结时间试模。常态混凝土临近初凝、终凝时应加密试验，碾压混凝土按等时段（每隔 1～2h）进行试验。试验数据采用计算机计算绘图。

5.4.5.6 混凝土成型

（1）成型粒径。采用标准试模进行成型时，混凝土拌和物的骨料最大粒径不得超过试模最小断面尺寸的 1/3，用于成型强度、弹模、抗渗、抗剪、抗折等试验的混凝土过 40mm 湿筛；用于成型极限拉伸、抗冻、干缩、湿胀等试验的新拌混凝土过 30mm 湿筛；过筛后拌和物必须翻拌均匀。全级配试验采用 450mm×450mm×450mm 和 ϕ450mm×900mm 试模成型。

（2）试模装料。成型前，试模内壁应均匀刷油，以不浸纸为宜；成型时，应将同型号试模放在混凝土拌和物旁摆放整齐，采用小方铁锹按试模对角线正反方向均匀装料，避免骨料集中。碾压混凝土、全级配混凝土成型时需注意分层装料。

（3）试模振捣。混凝土成型时需用振动台机械振实；由于人工插捣成型试验结果偏差大，不宜采用。振实过程中，可用抹刀光面贴试模内壁插数下，以排除试件表面气泡。碾压混凝土振动成型以液化泛浆为准。全级配混凝土成型宜采用软轴振捣棒进行插捣。

（4）抹面编号。成型后试件摆放位置要做好标识，及时抹面编号，编号一般分三行编写，三行分别为试验编号、龄期和试验日期。

（5）试件拆模。试件编号后宜及时放入养护室养护，也可采用薄膜覆盖并加盖湿麻袋保湿。拆模时间视混凝土强度等级、粉煤灰掺量、凝结时间以及气候条件决定。拆模后的试件应及时送入养护室养护。

5.4.5.7 混凝土养护

养护是保证硬化混凝土性能、试验结果精度十分重要的必要条件。

（1）养护室条件。必须满足温度（20±3）℃、湿度大于95％的保湿保温条件，应安装恒温恒湿自动控制仪、喷雾设施和空调等措施。

（2）养护室安全。养护室内应配置36V的低压安全灯，进出养护室应配置自动切断电源装置或醒目警示标志。

（3）养护架。一般采用∠50mm角钢（或φ32mm钢筋）以及φ10～14mm的钢筋制作养护架，一般养护架尺寸长×宽×高为（1500～2000mm）×（500～600mm）×（1400～1600mm），每层高度宜为250～300mm，分为5～6层。

（4）试件摆放。混凝土试件摆放间距为10～20mm，试件按试验日期摆放在规定月份的养护架上，方便试验和检查。

5.4.5.8 硬化混凝土试验

硬化混凝土试验必须符合规程规范的要求。试验时，混凝土试件从养护室取出后要注意保湿，及时进行试验。

（1）物理力学试验。强度、弹模、抗剪、抗弯等试验一般采用1000～2000kN的试验机，极限拉伸一般采用100～300kN的试验机。若进行全级配混凝土试验，根据强度等级，一般采用5000～10000kN的试验机。

（2）抗冻试验。采用微机自动控制的风冷式快速冻融机。试验前，抗冻试件至少在养护室标准温度的水中浸泡96h（4d）；试验时，擦去试件表面水分，测试试件的初始质量和自振频率，抗冻试件基准值一定要测试准确。

（3）抗渗试验。采用混凝土抗渗试验仪进行试验。试件到龄期后，从养护室取出试件，待表面晾干后，用钢丝刷将圆锥体侧面浮浆清除，然后用毛刷刷去粉尘。一般在试件侧面采用水泥黄油腻子密封，其比例为水泥∶黄油＝3∶1～4∶1。在试件侧面将配制好的密封材料用三角刀均匀刮涂1～2mm厚，然后将试件套入抗渗试模中，在试验机上用100～200kN的力将试件压入套模中。试验结束后，及时将试件在试验机上退出、劈开、标记，测量渗水高度。

（4）干缩试验。干缩室必须安装空调，确保恒温干燥条件，试验采用卧式测长仪，干缩室门上应留有玻璃观察窗，防止试验时发生意外。

（5）数据处理。试验数据采用计算机处理，编制相应的计算处理程序。记录应符合国家计量认证或实验室认可要求。

5.4.5.9 绝热温升试验

在绝热条件下，测定混凝土胶凝材料（包括水泥、掺合料等）在水化过程中的温度变化及最高温升值，为混凝土温度应力计算提供依据。混凝土绝热温升试验采用绝热温升测定仪，仪器置于（20±5）℃的清洁、无腐蚀气体的绝热温升室内进行。由于绝热温升试件体积大、比较笨重，人工装卸困难，所以，在绝热温升室内安装起吊设施，一般将倒链安装在横梁和三角支架上。

混凝土绝热温升试验采用原级配。试验前 24h 应将混凝土原材料放在（20±5）℃的室内，使其温度与室温一致；试验时必须严格按照提供的混凝土配合比进行拌和试验，拌和物满足和易性要求后，方可进行绝热温升试验。制作试件的容器内壁应均匀涂刷一层黄油或其他脱模剂，便于脱模，成型时将拌制好的原级配混凝土拌和物分两层装入容器中，每层均用捣棒插捣密实，在试件的中心部位安装一只紫铜测温管或者玻璃管，管内盛少量变压器油，插入中心温度计，用棉纱或橡皮泥封闭测温管管口，以防混凝土或浆液落入管内，然后盖上容器上盖，全部封闭。用倒链把装入好的混凝土绝热温升试件连同容器放入绝热室内，启动仪器开始试验，直到规定的试验龄期，并做好实验记录。其中混凝土从拌和、成型到开始测读温度，应在 30min 内完成。

试验结束后，打开绝热室的密封盖，取出中心温度计，用倒链把混凝土绝热温试件连同容器从绝热室内提出，小心脱模，防止脱模过程中损伤容器。

5.4.5.10 施工配合比选定

根据混凝土设计指标、施工要求以及现场复核试验结果，并进行技术经济分析比较，确定科学合理的混凝土施工配合比。

5.4.5.11 施工配合比调整

混凝土配合比在使用中，应根据施工现场的条件变化和原材料的波动情况，及时对配合比进行调整。但关键参数，如水胶比、单位用水量、粉煤灰掺量一般不允许调整；施工配合比调整主要根据现场砂细度模数、粗骨料超逊径、气温和含气量变化，对砂率、级配、外加剂掺量等按照施工配合比参数关系规律进行调整。

5.4.6 质量控制

5.4.6.1 质量标准

采用本工法试验，除严格执行《水工混凝土试验规程》（SL 352 或 DL/T 5150）、《水工混凝土施工规范》（DL/T 5144）、《水工碾压混凝土施工规范》（DL/T 5112）以及与工法相关的国家行业标准和招标投标文件，结合本工法特点注意以下质量标准：

（1）实际工程混凝土设计指标技术要求。

（2）试验室编制并被批准的《试验室质量管理体系文件》和《混凝土配合比试验计划》。

5.4.6.2 质量保证措施

（1）试验室应具备计量认证（或国家试验室认可资质），推行"全面质量管理，质量第一"的方针，实行严格的科学管理，有效地控制影响检测质量的各个要素，确保检测数据和检测结果的真实性、准确性和完整性。

（2）检验与校准。试验室用于混凝土检测的仪器设备检定合格后，才能用于各类试验中，以确保量值传递的准确性。

（3）试验室检测试验人员经考核，应取得试验资格上岗证。并定期参加学习培训，不断提高技术业务能力。

（4）试验室定期组织与权威的国家认定第三方检测机构进行比对试验，以验证环境设施标准性、仪器设备精确性、检验过程规范性及试验人员的操作水平，提高试验检测能力。

（5）为保证混凝土配合比试验的顺利进行，试验要配备足够合理的人员，确保所有操作专门设备、从事检测和评价结果以及签署检测报告人员的能力。

5.4.7 安全措施

（1）严格遵照执行国家、地方和行业安全方面的法律、法规、标准和试验室安全体系的要求进行试验操作，建立完善的职业健康安全管理体系，编制安全操作规程。试验人员必须经过安全方面的培训，清楚所使用仪器的安全操作规程，熟练掌握安全用电、用水等方面的常识和知识。

（2）试验前后，对所有使用的电器控制闸刀、电器、线路连接进行检查，开关控制到位。

（3）试验前后，对试验仪器状态进行检查，试验人员必须熟悉操作规程。

（4）养护室需配置低压照明系统，进出养护室必须有自动控制电源的开关或明显标志。

（5）化学试验使用的各类药品分橱存放，严格管理，使用前后做好登记；对特殊药品按要求的试验过程严格控制，并作明显标识。

（6）各类试验中，必须严格按程序操作，杜绝人身伤害事故的发生。

（7）在试验过程中如果发生安全事故，试验人员应根据所掌握的安全知识和专业知识迅速采取应急措施，事故的处理依照有关的事故、不符合项与预防措施控制程序执行。

5.4.8 环保措施

（1）严格遵照执行国家、地方和行业在环境保护方面的法律、法规和标准，建立完善的环境管理体系，编制环境保护相关程序文件规定。试验人员必须经过环保知识方面的培训，清楚所使用仪器、设备和材料对环境所带来的危害，并控制试验操作对环境所造成的危害程度，贯彻执行的国家、地区及行业等有关环境保护法规中规定的环保指标。

（2）试验室应保持整洁、有序、安静、卫生，对检测中形成的残渣、杂物和有害物质应实施严格的控制和管理，达到环境保护的要求。

（3）在试验过程中如遇到相邻区域的互相干扰或影响时，应进行有效隔离措施，防止交叉污染。如实施隔离后仍达不到规定要求，应暂停试验检测活动，待具备条件再进行试验。

（4）试验人员应在检验开始、检验中间、检验完成后检查和记录环境监控参数，避免环境条件发生偏离后给检验结果造成不良影响。

5.5 配合比试验实例

5.5.1 三峡二期工程大坝混凝土施工配合比试验研究

5.5.1.1 概述

长江三峡水利枢纽工程混凝土总量约 2800 万 m^3，主体工程大坝混凝土总量 1630 万 m^3，其中二期工程大坝混凝土总量 1238.9 万 m^3。三峡大坝混凝土质量要求高，施工强度大，2000 年浇筑混凝土 548 万 m^3，为世界之最。三峡大坝混凝土施工配合比设计至关重要，配合比设计决定了混凝土的各种性能，是混凝土质量控制中的重要依据。大坝建成后，承受最大水头高达 113m，上下游迎水面常年淹没在水下部分维修困难。深孔、表孔和排砂孔等单宽流量大，经常受到水流冲刷。鉴于三峡工程在国民经济中的重要性，对建筑物整体性、混凝土强度、耐久性、抗裂性能提出更为严格的要求。因此，对三峡大坝混凝土施工配合比进行合理的设计，不仅关系到大坝的质量和安全运行，而且也关系到三峡工程的施工速度和经济性。1997 年作者主持了三峡二期工程大坝ⅡA 标厂房坝段混凝土施工配合比试验工作，本节重点对三峡二期大坝混凝土施工配合比试验研究进行阐述。

5.5.1.2　原材料

（1）水泥。选定荆门、华新、石门三个水泥厂的 525 号中热硅酸盐水泥为主要供应厂家，中热水泥在满足国家标准 GB 200—1989 的条件下，对水泥的细度、水化热、碱含量、MgO、SO_3 等指标提出了更为严格的要求。其中水泥熟料 MgO 含量指标控制在 3.5%～5.0% 范围，根据 4 年抽样检测结果的统计，MgO 含量在 3.8%～4.4% 范围内。并且要求混凝土总碱含量小于 2.5kg/m^3。

（2）粉煤灰。三峡大坝混凝土由于使用花岗岩人工骨料，用水量大，较天然骨料混凝土高 30% 左右，较一般的碎石混凝土高 15%～20%。为减少混凝土用水量并提高耐久性，三峡工程将具有固体减水剂之称的Ⅰ级粉煤灰作为功能材料掺用。

（3）骨料。细骨料为人工砂，其母岩为下岸溪鸡公岭矿山的斑状花岗岩，粗晶粒镶嵌结构，主要矿物成分为石英、斜长石、白云母及磁铁矿等，新鲜岩石的表观密度 2690kg/m^3，吸水率 0.2%，F.M＝2.6～2.7，石粉含量在 7.7% 左右；粗骨料采用基础开挖的微新和新鲜闪云斜长花岗岩，粗粒结构，表观密度 2720kg/m^3，经大型加工系统破碎筛分为：5～20mm、20～40mm、40～80mm、80～150mm 四级成品粗骨料。

（4）外加剂。为适应三峡大坝采用花岗岩人工骨料用水量大，混凝土施工浇筑仓面大、强度高的特点，必须选用具有缓凝、高效减水等综合性能的减水剂；为了确保三峡大坝的耐久性，还需在混凝土中掺用引气剂以引入结构合理的气泡。外加剂的选择是在三峡开发总公司试验中心从 24 个厂家 30 种产品试验的基础上，优选推荐了 ZB‐1A、FDN‐9001、R561C 三种缓凝高效减水剂和 PC‐2 及 DH9 两种引气剂。三种减水剂及引气剂性能试验按照《混凝土外加剂》（GB 8076—1997）进行，经分析比较，优选 ZB‐1A 缓凝高效减水剂和 DH9 引气剂为大坝混凝土主用产品。

5.5.1.3　大坝混凝土施工配合比设计

三峡大坝混凝土施工配合比设计，是在三峡开发总公司提出的二期工程大坝混凝土配合比设计原则的指导下，混凝土配合比设计采用"两掺一高两低"技术路线原则，即坚持在混凝土中联合掺用缓凝高效减水剂、引气剂和Ⅰ级粉煤灰，适当加大粉煤灰掺量，极大地降低了混凝土单位用水量，采用了较低的水胶比和坍落度，这是提高三峡工程混凝土质量的关键。

　1.混凝土主要设计指标及配制强度

根据设计要求，大坝内部、基础、导流洞封堵等部位混凝土强度保证率不得低于 80%，其余部位混凝土强度保证率不得低于 90%，大坝主要部位混凝土设计指标及配制强度列于表 5.5‐1。

表 5.5-1   三峡大坝常规混凝土标号及主要设计指标

序号	混凝土标号	级配	抗冻标号	抗渗标号	抗侵蚀	极限拉伸/(×10⁻⁴) 28d	极限拉伸/(×10⁻⁴) 90d	限制最大水胶比	最大粉煤灰掺量/%	保证率P/%	使用部位	配制强度/MPa
1	R₉₀200	三	D₁₅₀	S₁₀	√	0.80	0.85	0.55	30	80	基岩面2m范围内	22.9
2	R₉₀200	四	D₁₅₀	S₁₀	√	0.80	0.85	0.55	10	80	基础约束区	22.9
									25～30	80		
3	R₉₀150	四	D₁₀₀	S₈		0.70	0.75	0.60	15	80	内部	17.3
									30～35	80		
4	R₉₀200	三、四	D₂₅₀	S₁₀		0.80	0.85	0.50	25	80	水上、水下外部	22.9
5	R₉₀250	三、四	D₂₅₀	S₁₀		0.80	0.85	0.45	20	90	水位变化区外部、公路桥墩	32.8

2. 施工配合比设计参数

根据大坝混凝土设计指标、配制强度，三峡大坝施工配合比设计参数见表 5.5-2。

表 5.5-2   三峡大坝混凝土施工配合比设计参数

级配、最大粒径/mm	用水量/(kg/m³)	粉煤灰掺量/%	砂率/%	含气量/%	坍落度/cm
四级配150	85±5	0、20、30、40	25±2	5.0±0.5	3～5
三级配80	102±5	0、20、30、40	30±2	5.0±0.5	3～5
二级配40	120±5	0、20、30、	35±2	5.0±0.5	5～7

注 1. 水胶比：通过水胶比与抗压强度关系试验及设计指标，选定水胶比。

     2. 砂率：选用最佳砂率，即在满足和易性要求下，用水量最小时对应的砂率。

     3. 用水量：在满足和易性条件下，力求单位用水量最小。

     4. 坍落度：以出机15min测值为准，以满足浇筑地点的坍落度检测值。

3. 水胶比与抗压强度关系试验

按照大坝混凝土施工配合比设计参数，进行了水胶比与混凝土抗压强度的线性关系和在不同龄期的强度发展系数试验研究，为混凝土施工配合比设计试验提供了科学的依据。

试验条件：荆门525号中热水泥，Ⅰ级粉煤灰掺量0%、30%、40%，ZB-1A减水剂和DH₉引气剂，水胶比选用0.40、0.45、0.50、0.55、0.60，含气量控制在4.5%～5.5%，采用最优砂率和最佳级配，坍落度二级配控制5～7cm，三级配、四级配控制3～5cm。试验结果表明，混凝土抗压强度与水胶比和粉煤灰掺量都有较好的相关性，相关系数 γ 在0.97以上，7d、14d、90d不同龄期与28d混凝土抗压强度的发展系数经计算如下：

（1）掺粉煤灰0，混凝土7d、14d、90d平均强度发展系数分别是28d的67%、80%、116%。

（2）掺粉煤灰30%，混凝土7d、14d、90d平均强度发展系数分别是28d的65%、74%、147%。

（3）掺粉煤灰40%，混凝土7d、14d、90d平均强度发展系数分别是28d的62%、77%、168%。

试验结果还说明，掺 30％、40％的Ⅰ级粉煤灰具有一定的减水作用，分别比不掺粉煤灰的混凝土降低用水量 6％和 8％，同时混凝土早期强度较低，可以有效降低混凝土水化热温升，粉煤灰混凝土后期强度增进率显著，强度发展系数是 28d 的 147％～168％。

5.5.1.4　大坝混凝土施工配合比试验

1. 混凝土拌和物性能试验

根据三峡大坝混凝土主要设计指标、配制强度和水胶比与抗压强度关系试验成果，进行了大坝混凝土施工配合比试验研究，大坝常态混凝土施工配合比及拌和物性能试验结果见表 5.5 - 3。

大坝混凝土拌和物性能试验包括新拌混凝土的坍落度、含气量、温度、容重、泌水率比、凝结时间等。混凝土拌和物各组成材料按一定比例严格配料，采用 150L 自落式常搅拌机拌和，搅拌时间 3min，新拌混凝土出机翻拌 3 遍，过湿筛成型，振动时间 30s，养护室温度（20±3）℃，湿度 95％以上。常规混凝土拌和物性能试验结果见表 5.5 - 3。结果表明：

（1）用水量。由于混凝土粉煤灰、外加剂掺量不同，坍落度在 3～5cm 时，用水量四级配在 84～88kg/m³、三级配在 98～102kg/m³；坍落度要求在 5～7cm 时，二级配用水量在 122～126kg/m³。

（2）砂率。通过试验确定了最优砂率，砂率随水胶比的增减而增减，最优砂率四级配在（25±1）％，三级配在（30±1）％，二级配在（35±1）％。

（3）和易性。新拌混凝土的和易性一般用坍落度试验评，观测捣棒插捣是否困难，混凝土表面是否容易抹平来综合评定混凝土的棍度、含砂情况、析水性和黏聚性等。水工混凝土施工规范规定，坍落度是指混凝土在浇筑地点的坍落度，考虑到新拌混凝土出机后坍落度损失、运输、浇筑以及气温等因素影响，为此坍落度以出机 15min 测值为准。

（4）含气量。含气量是影响混凝土耐久性的重要指标，试验表明，掺入粉煤灰后，引气剂 DH_9 的掺量明显增多，粉煤灰掺量每增加 10％，引气剂 DH_9 掺量约增加 0.001％。

（5）凝结时间。三峡工程仓号大，气温较高，施工时间长，因此对混凝土凝结时间的要求也更高。一般控制在初凝大于 12h，终凝小于 24h。

（6）混凝土温度。混凝土拌和物的温度要求大坝基础混凝土约束区混凝土浇筑温度除 12 月至次年 2 月采取自然入仓外，其他季节不得超过 12～14℃（相应出机口温度 7℃），脱离基础约束区混凝土 11 月至次年 3 月自然入仓，其他季节混凝土浇筑温度不得超过 16～18℃（相应出机口温度 14℃）。

表 5.5 - 3　　　　　　　　常规混凝土拌和物性能试验结果

试验编号	设计要求	试验配合比								新拌混凝土拌和物性能							
		级配	水胶比	坍落度/cm	用水量/kg	粉煤灰/％	砂率/％	ZB-1A	DH_9	坍落度/cm	黏聚性	棍度	含砂	含气量	容重/kg	初凝/(h：min)	终凝/(h：min)
T2 - 1	大坝内部 $R_{90}150D100S8$	三	0.55	3～5	102	40	30	0.5	0.011	6.0	好	上	中	6.2	2446	16：55	25：00
T2 - 2		四	0.55	3～5	86	40	25	0.5	0.010	4.5	好	中	中	4.3	2462	17：30	23：20

试验编号	设计要求	试验配合比								新拌混凝土拌和物性能							
		级配	水胶比	坍落度/cm	用水量/kg	粉煤灰/%	砂率/%	ZB-1A	DH9	坍落度/cm	黏聚性	棍度	含砂	含气量	容重/kg	初凝/(h:min)	终凝/(h:min)
T2-3	大坝基础 R90 200D150S10	三	0.50	3～5	102	35	30	0.5	0.011	4.7	好	上	中	4.8	2425	17:40	23:15
T2-4		四	0.50	3～5	88	35	25	0.5	0.011	4.5	好	上	中	5.7	2473	16:15	22:40
T2-5	水上水下外部 R90 200D250S10	三	0.50	3～5	102	25	30	0.5	0.011	4.5	好	中	中	5.3	2430	15:46	21:20
T2-6		四	0.50	3～5	88	25	25	0.5	0.011	4.8	好	中	中	5.2	2468	15:00	20:50
T2-7	水位变化区外部 R90 250D250S10	三	0.45	3～5	103	20	29	0.5	0.011	4.5	好	中	中	5.4	2447	14:50	19:50
T2-8		四	0.45	3～5	90	20	24	0.5	0.011	5.6	好	中	中	5.0	2475	13:20	21:10
T3-1	大坝内部 R90 150D100S8	三	0.55	3～5	98	40	30	0.6	0.008	5.1	好	中	中	5.0	2435	17:35	25:50
T3-2		四	0.55	3～5	85	40	25	0.6	0.007	4.8	好	中	中	4.5	2468	18:20	24:20
T3-3	大坝基础 R90 200D150S10	三	0.50	3～5	100	35	30	0.6	0.008	5.2	好	中	中	4.6	2440	18:20	24:40
T3-4		四	0.50	3～5	86	35	25	0.6	0.008	5.5	好	中	中	4.7	2468	17:05	23:35
T3-5	水上水下外部 R90 200D250S10	三	0.50	3～5	100	25	30	0.6	0.008	4.4	好	中	中	5.0	2452	17:00	24:00
T3-6		四	0.50	3～5	86	25	25	0.6	0.008	5.5	好	中	中	5.4	2476	16:00	23:20
T3-7	水位变化区外部 R90 250D250S10	三	0.45	3～5	100	20	29	0.6	0.008	4.6	好	中	中	5.2	2455	14:50	24:00
T3-8		四	0.45	3～5	87	20	24	0.6	0.008	6.8	好	上	中	5.2	2466	14:15	22:35

2. 力学性能和变形性能试验

混凝土抗压强度和极限拉伸值是混凝土力学性能和变形性能最重要的指标，混凝土抗压/劈拉强度、轴压强度、轴压弹模、泊松比、极拉强度、抗压弹模、极限拉伸等试验结果见表5.5-4。试验结果表明，混凝土力学强度、极限拉伸值均达到设计指标，且有一定的富裕量。同时由于提高了粉煤灰掺量并引入一定的含气量，混凝土弹性模量值相对较低，泊松比一般在0.18～0.21，28d龄期与90d龄期泊松比基本接近。

表5.5-4　　　　　　　　混凝土力学性能和变形性能试验结果

试验编号	混凝土设计要求	水胶比	抗压/劈拉强度/MPa			轴压强度/MPa		轴压弹模 E_n/(×10⁴ MPa)		泊松比 μ		极拉强度/MPa		抗压弹模 E_a/(×10⁴ MPa)		极限拉伸 ε_p(×10⁻⁴)	
			7d	28d/28d劈	90d	28d	90d	28d	90d	28d	90d	28d	90d	28d	90d	28d	90d
T2-1	大坝内部 R90 150D100S8	0.55	7.3	14.4/1.35	22.1	13.4	23.4	1.86	2.77	0.19	0.19	1.60	2.77	2.17	2.65	0.76	0.86
T2-2		0.55	8.7	15.6/1.54	23.6	12.7	22.4	1.94	2.75	0.19	0.21	1.85	2.21	2.28	2.50	0.79	0.85
T2-3	大坝基础 R90 200D150S10	0.50	9.6	18.6/1.74	28.7	17.4	27.5	2.37	2.99	0.15	0.20	1.90	2.79	2.67	3.32	0.82	1.02
T2-4		0.50	10.1	20.4/1.79	30.7	23.0	30.8	2.69	3.14	0.20	0.17	2.08	3.26	2.72	3.21	0.87	1.06
T2-5	水上水下外部 R90 200D250S10	0.50	10.6	22.2/1.93	34.1	24.7	34.6	2.67	3.29	0.18	0.19	2.8	3.32	2.90	3.26	0.86	1.01
T2-6		0.50	14.0	25.9/2.13	36.4	26.3	37.8	2.89	3.45	0.20	0.21	2.7	3.12	3.04	3.21	0.89	0.99
T2-7	水位变化区外部 R90 250D250S10	0.45	15.2	28.8/2.25	36.3	29.3	45.1	2.91	3.77	0.19	0.21	3.12	3.15	3.01	3.35	0.89	1.09
T2-8		0.45	16.4	28.4/2.26	38.8	29.8	46.0	3.38	3.67	0.21	0.21	3.36	3.55	3.05	3.85	0.86	1.11

续表

试验编号	混凝土设计要求	水胶比	抗压/劈拉强度/MPa			轴压强度/MPa		轴压弹模 $En/(\times 10^4$ MPa)		泊松比 μ		极拉强度/MPa		抗压弹模 $E_a/(\times 10^4$ MPa)		极限拉伸 $\varepsilon_p(\times 10^{-4})$	
			7d	28d/28d劈	90d	28d	90d	28d	90d	28d	90d	28d	90d	28d	90d	28d	90d
T3-1	大坝内部	0.55	8.2	18.4/1.32	22.2	—	21.4	—	2.59	—	0.21	—	2.57	—	2.76	—	0.88
T3-2	R₉₀150D100S8	0.55	8.5	16.0/1.28	23.2	—	22.8	—	2.74	—	0.19	—	2.48	—	2.40	—	0.87
T3-3	大坝基础	0.50	9.8	16.9/1.61	27.8	—	25.6	—	3.21	—	0.19	—	2.54	—	2.68	—	0.88
T3-4	R₉₀200D150S10	0.50	10.5	19.8/1.71	29.0	—	27.4	—	3.30	—	0.20	—	3.18	—	2.84	—	0.99
T3-5	水上水下外部	0.50	14.1	23.8/1.93	35.0	—	33.8	—	3.22	—	0.19	—	1.82	—	2.96	—	1.02
T3-6	R₉₀200D250S10	0.50	14.5	25.4/2.37	36.0	—	35.2	—	3.46	—	0.20	—	1.90	—	3.22	—	1.04
T3-7	水位变化区外部	0.45	17.1	31.0/2.20	43.8	—	41.5	—	3.58	—	0.21	—	3.11	—	3.29	—	1.13
T3-8	R₉₀250D250S10	0.45	17.4	29.6/2.32	41.1	—	40.2	—	3.30	—	0.19	—	2.60	—	3.05	—	1.08

3. 耐久性性能试验

三峡大坝混凝土的耐久性日益受到高度关注，全世界因混凝土耐久性问题造成的经济损失和社会影响十分巨大。因此，三峡工程对耐久性提出了更为严格的要求。抗冻性已不是单纯表示混凝土抗冻性能的指标，而是表示混凝土耐久性能的重要指标。混凝土抗冻性能试验采用快速冻溶法，试验结果表明，混凝土采用 90d 龄期，引入 4.5%～5.5% 的含气量，加之掺 I 级粉煤灰混凝土的后期强度增进率很高，标号很高的 D200、D250 以及 D300 的混凝土均具有很好的抗冻性能。

4. 大坝混凝土施工配合比

根据上述大量的试验研究和复核试验，并经过施工现场的实际应用，大坝常规混凝土施工配合比满足设计和施工和易性要求，三峡大坝左厂坝段常规混凝土施工配合比见表 5.5-5。从表 5.5-5 数据分析，可以看出三峡大坝混凝土施工配合比具有以下特点：

（1）大坝采用 0.55、0.50、0.45 三个水胶比，特别是针对混凝土抗冻标号要求不同以及工程使用部位，采用 40%、35%、30% 三种粉煤灰掺量，使施工配合比参数简练操作性强。

（2）配合比中联掺缓凝高效减水剂、引气剂，增大 I 级粉煤灰掺量，有效降低了用水量，减少了水泥用量，内部四级配混凝土水泥用量 93～94kg/m³，降低了混凝土水化热温升，技术经济效果显著。

（3）按不同的季节对外加剂的缓凝作用提出专门的要求外，施工配合比中 ZB-1A 采用 0.5% 和 0.6% 两种掺量，更加灵活地解决了不同时段温度对混凝土凝结时间的要求。

表 5.5-5　　　　　　　　三峡大坝左厂坝段常规混凝土施工配合比

序号	工程部位设计指标	配合比参数							单位材料用量/(kg/m³)				
		骨料级配	水胶比	砂率/%	粉煤灰/%	ZB-1A/%	DH₉/%	坍落度/cm	用水量	水泥	粉煤灰	人工砂	碎石
1	大坝内部	三	0.55	31	40	0.5	0.011	3～5	102	111	74	649	1493
2	R₉₀150D100S8	四	0.55	26	40	0.5	0.011	3～5	86	94	62	570	1676

续表

序号	工程部位设计指标	配合比参数							单位材料用量/(kg/m³)				
		骨料级配	水胶比	砂率/%	粉煤灰/%	ZB-1A/%	DH₉/%	坍落度/cm	用水量	水泥	粉煤灰	人工砂	碎石
3	大坝基础 R₉₀200D150S10	三	0.50	31	35	0.5	0.011	3～5	102	133	71	644	1483
4		四	0.50	26	35	0.5	0.011	3～5	88	114	62	564	1660
5	水上水下外部 R₉₀200D250S10	三	0.50	31	30	0.5	0.011	3～5	102	143	61	646	1486
6		四	0.50	26	30	0.5	0.011	3～5	88	123	53	565	1662
7	水位变化区外部 R₉₀250D250S10	三	0.45	30	30	0.5	0.011	3～5	102	159	68	618	1491
8		四	0.45	25	30	0.5	0.011	3～5	88	137	59	538	1670
9	大坝内部 R₉₀150D100S8	三	0.55	31	40	0.6	0.008	3～5	98	107	71	673	1497
10		四	0.55	26	40	0.6	0.008	3～5	85	93	62	570	1680
11	大坝基础 R₉₀200D150S10	三	0.50	31	35	0.6	0.008	3～5	100	130	70	647	1490
12		四	0.50	26	35	0.6	0.008	3～5	86	112	60	566	1666
13	水上水下外部 R₉₀200D250S10	三	0.50	31	30	0.6	0.008	3～5	100	140	60	648	1493
14		四	0.50	26	30	0.6	0.008	3～5	86	120	52	567	1588
15	水位变化区外部 R₉₀250D250S10	三	0.45	30	30	0.6	0.008	3～5	100	155	67	621	1500
16		四	0.45	25	30	0.6	0.008	3～5	87	135	58	540	1674

注　1. 采用绝对体积法：荆门中热水泥比重 3200kg/m³，平圩Ⅰ级粉煤灰比重 2220kg/m³，人工砂比重 2650kg/m³，碎石比重 2740kg/m³。

　　2. 骨料级配：三级配，大石∶中石∶小石＝40∶30∶30；四级配，特大石∶大石∶中石∶小石＝30∶30∶20∶20。

5.5.1.5　结语

三峡二期工程大坝混凝土施工配合比进行了大量的试验研究，配合比设计采用"两掺一低"的技术路线原则，在大坝混凝土中掺Ⅰ级灰粉煤灰是配合比设计的重大突破，也是大体积混凝土向配制高性能混凝土方面重要的技术创新。

提交的三峡大坝混凝土施工配合比试验研究报告，1998 年 9 月经过专家审查会确定。三峡大坝混凝土施工配合比几年来在左岸厂房坝段现场浇筑应用，无论是混凝土拌和、运输、浇筑、振捣等各个环节，还是混凝土力学性能、极限拉伸、抗冻性能等方面的抽样检测，均表明该配合比具有很高的准确性和可操作性，左非 12～18 号坝段，左厂 1～10 号坝段从 1997 年 12 月开盘浇筑至 2002 年 12 月，共浇筑混凝土 320 万 m³，数理统计结果表明，均方差 $\sigma < 3.5MPa$，离差系数 C_v 在 0.09～0.13，保证率 P 在 95%～99%，混凝土质量评定为优良等级。

5.5.2　黄河拉西瓦拱坝混凝土施工配合比试验研究

5.5.2.1　概述

1. 工程概况

拉西瓦水电站主体工程为混凝土双曲拱坝，最大坝高 250m，最大底宽 49m，坝顶宽度 10m，坝顶中心弧线长 459.63m，水库正常蓄水位 2452.00m，相应总库容 10.29 亿

m^3，安装 6 台 70 万 kW 的水轮机组，总装机 420 万 kW，属一等大（1）型工程。主体工程混凝土总量 373.4 万 m^3，其中坝体混凝土 253.9 万 m^3。为黄河上最大的水电站，也是国内在建的第二高双曲拱坝。

坝址区为大陆腹地，中纬度内陆高原，为典型的半干旱大陆性气候。一年冬季长，夏秋季短，冰冻期为 10 月下旬至次年 3 月。坝址多年平均气温 7.2℃，月平均最高气温 18.3℃，月平均最低气温 −6.3℃，属高原寒冷地区。气候干燥，年降雨量少，蒸发量大；冬季干冷，夏季光照射时间长（2913.9h），辐射热强。工程具有冬季施工期长、寒潮出现次数多和日温差大等特点，且坝高库大，对混凝土质量要求十分严格。

坝体混凝土具有承载力大、抗裂性能、耐久性能要求高等特点。为了达到上述要求和降低内部温升，通过科学、合理、严格的大坝混凝土施工配合比复核试验，使大坝混凝土具有高强度、高极拉值、适宜弹模、抗裂性好、微膨胀性和耐久性等性能。

拉西瓦配合比试验按照拉西瓦建设公司要求，分三个阶段进行试验，本节重点对第三阶段大坝混凝土施工配合比复核试验进行阐述。

2. 设计要求

黄河拉西瓦水电站工程大坝混凝土施工配合比复核试验是根据《关于进行拉西瓦水电站工程大坝混凝土施工配合比复核试验的通知》（拉建司质安字〔2005〕49 号）、《关于明确主坝混凝土原材料（水泥、外加剂、粉煤灰）生产厂家及品种的通知》（拉建司工字〔2005〕223 号）进行，大坝混凝土设计指标见表 5.5-6，复核试验主要配合比参数推荐见表 5.5-7，主坝混凝土配合比性能复核试验项目见表 5.5-8。

按照上述文件通知要求，水电四局试验中心高度重视，鉴于拉西瓦工地现场试验室未建好的情况，在征得拉西瓦建设分公司和东北院监理处的同意，大坝混凝土施工配合比复核试验定在西宁水电四局试验中心进行。

大坝混凝土施工配合比复核试验从 2005 年 8 月下旬开始，由于采用两种水胶比、两种水泥、三种粉煤灰掺量，加之原材料多，导致混凝土配合比组合多，按任务书要求，混凝土配合比组合要达到 110 组之多，致使配合比工作量大，将无法保证试验按期完成。为此，对配合比组合进行了认真的分析，提出了具有代表性的混凝土配合比进行复核试验。大坝混凝土施工配合比复核试验主要进行了混凝土原材料试验检测，新拌混凝土性能试验，常规混凝土力学、变形、耐久性、热学等性能试验，全级配力学、弹性模量试验，层间铺筑富浆混凝土、砂浆、保持含气量稳定性配合比等试验。试验期间，监理工程师两次到西宁试验中心对试验进行了见证，最终成果报告如下。

表 5.5-6　　　　　　　　　　　大坝混凝土设计指标

编号	设计等级	骨料级配	水胶比	龄期/d	强度保证率/%	粉煤灰掺量/%	胶材用量	极限拉伸/(×10⁻⁴)		坍落度/cm
								28d	90d	
1	C32F300W10	三	0.40/0.45	180	85	30、35		0.85	≥1.0	4~6
2	C32F300W10	四	0.40/0.45	180	85	30、35		0.85	≥1.0	4~6
3	C25F300W10	三	0.40/0.45	180	85	30、35		0.85	≥1.0	4~6
4	C25F300W10	四	0.40/0.45	180	85	30、35		0.85	≥1.0	4~6

表 5.5－7　　　　　　　　　　复核试验主要配合比参数推荐表

序号	设计标号	骨料级配	水灰比	坍落度/cm	砂率/%	粉煤灰/%	外加剂/% JM-Ⅱ/ZB-Ⅰ	外加剂/% DH9/(1/万)	密度/(kg/m³)	原材料用量/(kg/m³) 水	原材料用量/(kg/m³) 胶材用量	原材料用量/(kg/m³) 水泥	原材料用量/(kg/m³) 粉煤灰
1	C25F300W10	三	0.45	4～6	29	30	0.5	0.6～0.9	2430	86	191	134	57
2	C25F300W10	三	0.45	4～6	29	35	0.5	0.6～0.9	2430	86	191	124	67
3	C25F300W10	四	0.45	4～6	25	30	0.5	0.6～0.9	2450	77	171	120	51
4	C25F300W10	四	0.45	4～6	25	35	0.5	0.6～0.9	2450	77	171	111	60
5	C32F300W10	三	0.40	4～6	29	30	0.5	0.6～0.9	2430	86	215	150	65
6	C32F300W10	三	0.40	4～6	29	35	0.5	0.6～0.9	2430	86	215	140	75
7	C32F300W10	四	0.40	4～6	25	30	0.5	0.6～0.9	2450	77	192	134	58
8	C32F300W10	四	0.40	4～6	25	35	0.5	0.6～0.9	2450	77	192	125	67

注　1. 砂率、减水剂、引气剂掺量可根据现场试验情况进行微调整。
　　2. 骨料级配：四级配，小石：中石：大石：特大石＝2：2：3：3；三级配，小石：中石：大石＝3：3：4。
　　3. 混凝土容重：三级配 2430kg/m³，四级配 2450kg/m³。

表 5.5－8　　　　　　　　　　主坝混凝土配合比性能复核试验项目

序号	复核试验项目	试验龄期/d 7	试验龄期/d 28	试验龄期/d 90	试验龄期/d 180	备注
1	混凝土抗压强度	√	√	√	√	
2	混凝土劈拉强度	√	√	√	√	
3	混凝土轴心抗拉强度	√	√	√		
4	混凝土极限拉伸		√	√		
5	混凝土轴心抗压强度		√	√	√	
6	混凝土静力抗压弹模		√	√	√	
7	混凝土干缩（湿胀）	√	√	√		1～90d 龄期
8	混凝土自生体积变形	√	√	√	√	1～180d 龄期
9	混凝土线膨胀系数		√			
10	混凝土导温系数		√			
11	混凝土比热		√			
12	混凝土绝热温升	√				1～28d 龄期
13	混凝土抗渗性			√		
14	混凝土抗冻性			√		

5.5.2.2　原材料试验

1. 水泥

拉西瓦水电站工程对水泥质量要求很高，除要满足《中热硅酸盐水泥、低热硅酸盐水泥、低热矿渣硅酸盐水泥》（GB 200—2003）中对中热硅酸盐水泥的全部要求外，结合拉西瓦水电站工程特点，用于拉西瓦水电站主体工程的水泥还应满足《拉西瓦水电站工程对水泥和粉煤灰的质量要求》中对水泥的质量要求。

根据《关于明确主坝混凝土原材料（水泥、外加剂、粉煤灰）生产厂家及品种的通知》（拉建司工字〔2005〕223 号），大坝混凝土采用甘肃祁连山水泥股份有限责任公司生产的"祁连山"牌中热 42.5 级水泥（以下简称"永登水泥"）和青海水泥股份有限公司生产的"昆仑山"牌中热 42.5 级水泥（以下简称"大通水泥"）。水泥样品拉运到西宁试验室后，及时对两种水泥取样进行了物理力学性能试验和化学成分分析试验。

水泥物理力学性能试验结果表明，两种水泥细度接近，大通水泥和永登水泥比表面积均在 300m²/kg 左右，分别为 296m²/kg 和 302m²/kg，已经达到《拉西瓦水电站工程对水泥和粉煤灰的质量要求》中大坝指标的上限。两种水泥 0.08mm 筛余量相差不多，但永登水泥稍大一些；大通水泥密度为 3.25g/cm³，永登水泥密度为 3.20g/cm³，大通水泥密度较大，这与大通水泥中矿物成分 C_4AF 含量较高有关；大通水泥初凝比永登水泥长大约 1h，但终凝时间相差不多；两种水泥的抗压强度和抗折强度相比表明，大通水泥早期抗压强度比永登水泥强度高，后期比永登水泥低；抗折强度早期大通水泥稍高，后期永登水泥高。

水泥化学成分分析试验结果表明，两种水泥含碱量均满足《拉西瓦水电站工程对水泥和粉煤灰的质量要求》中的有关规定，其中永登水泥检测结果为 0.48%，大通水泥为 0.58%，接近上限；两种水泥的游离氧化钙及三氧化硫含量均比较接近，满足规范要求。永登水泥和大通水泥氧化镁含量分别为 4.74% 和 4.13%，均满足《拉西瓦水电站工程对水泥和粉煤灰的质量要求》中的有关规定。两种水泥的各种矿物成分均满足规范 GB 200—2003 要求。永登水泥的 C_3A 和 C_3S 含量大于大通水泥，使得水化热大于大通水泥。永登水泥中 C_4AF 含量为 15.02%，未能达到《拉西瓦水电站工程对水泥和粉煤灰的质量要求》中对水泥 C_4AF 含量"宜不小于 16.0"的大坝值，希望生产厂家能够提高。

两种水泥的水化热比对试验结果表明，3d、7d 永登水泥水化热分别为 220kJ/kg、262kJ/kg，大通水泥水化热分别为 207kJ/kg、254kJ/kg。经比较，永登水泥水化热较高，这是由于永登水泥中 C_3A 和 C_3S 含量稍高，比表面积稍大的关系。

2. 粉煤灰

拉西瓦水电站工程地处高寒干燥的西北地区，且坝高库大，混凝土设计指标要求高。为了满足设计要求，保证工程的安全运行和使用寿命，并利用粉煤灰低热、抗裂、后强等优点以提高混凝土的耐久性能。所以，拉西瓦水电站工程对粉煤灰质量要求同样很高，除要满足《水工混凝土掺用粉煤灰应用技术规范》（DL/T 5055—1996）中对粉煤灰品质的全部要求外，结合拉西瓦水电站工程特点，用于拉西瓦水电站主体工程的粉煤灰还应满足《拉西瓦水电站工程对水泥和粉煤灰的质量要求》。

根据《关于明确主坝混凝土原材料（水泥、外加剂、粉煤灰）生产厂家及品种的通知》（拉建司工〔2005〕223 号）和《关于进行拉西瓦水电站工程大坝混凝土施工配合比复核试验的通知》（拉建司质安字〔2005〕49 号）要求，大坝混凝土内掺粉煤灰共有 3 种，分别为甘肃平凉诚信达电力有限责任公司生产的Ⅱ级粉煤灰（以下简称"平凉粉煤灰"）、青海创盈集团有限公司生产的连城Ⅰ级粉煤灰（以下简称"连城粉煤灰"）和甘肃正信公司生产的Ⅰ级粉煤灰（以下简称"靖远粉煤灰"）。粉煤灰样品拉运到西宁后，试验室及时对 3 种粉煤灰取样进行了品质检验和化学成分分析。

粉煤灰品质检验结果表明，3 种粉煤灰各项指标均达到了相应的质量品质要求。靖远粉煤灰筛余量最小，连城粉煤灰居中，平凉Ⅱ级粉煤最大，但平凉Ⅱ级粉煤灰除细度（$45\mu m$ 方孔筛筛余量）外，其他各项指标均已达到了Ⅰ级粉煤指标；连城粉煤灰和平凉Ⅱ级粉煤对两种水泥的需水比均为 88％，靖远粉煤灰对两种水泥的需水比均为 85％，3 种粉煤灰均具有良好的减水效果，堪称固体减水剂；3 种粉煤灰相比，平凉Ⅱ级粉煤的烧失量、三氧化硫和含水量均为最小，其他两种煤灰的各项指标也十分优良。

粉煤灰化学成分分析结果表明，3 种粉煤灰的化学成分比较接近，烧失量均很低，远远小于规范和拉西瓦水电站工程对粉煤灰的质量要求中的大坝指标，尤其向平凉Ⅱ级粉煤灰的烧失量只有 0.31％，这样小的烧失量结果在Ⅰ级灰中也是不多的。从 3 种粉煤灰的含碱量表明，连城粉煤灰和靖远粉煤灰含碱量较小，平凉粉煤灰超出拉西瓦水电站工程对粉煤灰的质量要求中的大坝指标，但是根据有关资料，在粉煤灰掺量为 30％左右的条件下对混凝土的碱骨料反应起到抑制作用。3 种粉煤灰的氧化钙含量普遍偏高，均在 7％左右，但安定性试验结果表明：粉煤灰掺量为 30％、35％时，试验的试件均无裂缝产生，安定性试验合格。粉煤灰中 SiO_2 和 Al_2O_3 是形成球形硅铝玻璃体的两种主要活性成分，从试验结果表明，平凉Ⅱ级粉煤灰中该两种成分的含量最高，总和达到 76.41％，靖远粉煤灰含量较少，总和达到 74.35％。

3. 骨料

根据《关于进行拉西瓦水电站工程大坝混凝土施工配合比复核试验的通知》（拉建司质安字〔2005〕49 号）要求，拉西瓦水电站大坝混凝土试验采用红柳滩料场的天然骨料。骨料样品拉运到试验室后，试验人员及时对粗、细骨料取样进行了品质和性能试验。

（1）细骨料。拉西瓦工地拉到西宁试验中心的细骨料虽然属于中砂，但颗粒偏粗，用来配制混凝土有泌水现象，为了解决混凝土泌水问题，又从拉西瓦工地拉运一些细砂与粗砂进行混合。对天然粗砂、细砂以及混合砂品质指标及颗粒级配进行了检测试验。

检测结果表明，天然砂质量较好，各项指标均满足规范要求。从砂子的颗粒级配表明，天然粗砂细度模数 FM 为 2.90，细砂 FM 为 1.81，混合砂配制按粗砂：细砂＝70：30 和 80：20 的比例混合，经检测混合砂的细度模数 FM 分别为 2.54 和 2.73。

（2）粗骨料。拉西瓦工程采用的粗骨料为红柳滩天然卵石，已按照规范要求将开采的天然混合砂砾石筛分为 5～20mm、20～40mm、40～80mm、80～150mm 四级，成品粗骨料控制指标为：超径控制在 5％以内，逊径控制在 10％以内。粗骨料品质指标及物理性能检验结果满足规范要求。

4. 外加剂

根据《关于明确主坝混凝土原材料（水泥、外加剂、粉煤灰）生产厂家及品种的通知》（拉建司工字〔2005〕223 号）要求，大坝混凝土掺用的混凝土减水剂有两种，分别为浙江龙游五强混凝土外加剂有限责任公司生产的 ZB-1A 型高效缓凝减水剂及江苏博特新材料有限公司生产的 JM-Ⅱ高效缓凝减水剂，引气剂为河北省外加剂厂生产的 DH9 型引气剂。

对选定的两种缓凝高效减水剂进行了掺外加剂混凝土性能试验，试验按《水工混凝土外加剂技术规程》（DL/T 5100—1999）进行。

（1）试验条件。采用永登 42.5 中热水泥，拉西瓦天然粗细骨料，粗骨料最大粒径 20mm，分两级，采用（5～10mm）:（10～20mm）=45:55 级配；天然混合砂细度模数 2.7。

（2）试验参数。水泥 310kg/m³，砂率 40%，减水剂掺量 0.5%，用水量应使坍落度达到 70～90mm。

（3）掺外加剂混凝土性能试验结果表明：减水剂掺量 0.5%，ZB-1A、JM-Ⅱ减水率分别为 21.1% 和 20.5%，含气量在 1.5%～2.0% 范围，初凝时间在 9:20—13:00，混凝土 3d、7d、28d 龄期抗压强度比均大于 125%。引气剂 DH9 减水率为 10.3%，含气量在 4.5% 范围，性能优良，均满足规范要求。

5.5.2.3 大坝混凝土施工配合比复核试验

1. 混凝土的配制强度

根据拉西瓦水电站大坝混凝土主要设计指标，按照《水工混凝土施工规范》（DL/T 5144—2001）规定，拉西瓦大坝混凝土的配制强度按下式计算，保证率和概率度系数关系见表 5.5-9，混凝土强度标准差按表 5.5-10 取值。经计算，大坝中部、底部设计指标 $C_{180}32W300W10$ 混凝土配制强度 36.7MPa，大坝上部设计指标 $C_{180}25F300W10$ 混凝土配制强度 29.2MPa，配制强度见表 5.5-11。

$$f_{cu,0} = f_{cu,k} + t\sigma \qquad (1)$$

式中　$f_{cu,0}$——混凝土的配制强度，MPa；

　　　$f_{cu,k}$——混凝土设计龄期的强度标准值，MPa；

　　　t——概率度系数，依据保证率 P 选定；

　　　σ——混凝土强度标准差，MPa。

表 5.5-9　　　　　　　　　　保证率和概率度系数关系表

保证率 P/%	65.5	69.2	72.5	75.8	78.8	80.0	82.9	85.0	90.0	93.3	95.0	97.7	99.9
概率度系数 t	0.40	0.50	0.60	0.70	0.80	0.84	0.95	1.04	1.28	1.50	1.65	2.0	3.0

表 5.5-10　　　　　　　　　　混凝土强度标准差 σ 值

混凝土强度标准值	≤C15	C20～C25	C30～C35	C40～C45	≥C50
σ(90d)/MPa	3.5	4.0	4.5	5.0	5.5

表 5.5-11　　　　　　　　　　配制强度计算表

序号	设计等级	级配	保证率 P/%	龄期 /d	标准差 σ	概率度系数 t	配制强度 /MPa
1	C32F300W10	三	85	180	4.5	1.04	36.7
2	C32F300W10	四	85	180	4.5	1.04	36.7
3	C25F300W10	三	85	180	4.0	1.04	29.2
4	C25F300W10	四	85	180	4.0	1.04	29.2

2. 复核试验配合比参数

（1）试验条件：

1）水泥。甘肃祁连山水泥股份有限公司生产的"祁连山"牌 42.5 中热硅酸盐水泥，青海水泥股份有限责任公司生产的"昆仑山"牌 42.5 中热硅酸盐水泥。

2）粉煤灰。青海创盈投资集团有限公司生产的连城Ⅰ级粉煤灰，甘肃平凉诚信达电力有限责任公司生产的Ⅱ级粉煤灰，甘肃靖远电厂生产的Ⅰ级粉煤灰。

3）骨料。拉西瓦红柳滩天然骨料，细骨料为组细混合砂，细度模数 2.7。

4）外加剂。浙江龙游五强混凝土外加剂有限公司生产的 ZB-ⅠA 缓凝高效减水剂；江苏博特新材料有限公司生产的 JM-Ⅱ缓凝高效减水剂；河北省混凝土外加剂厂生产的 DH9 型引气剂。

（2）试验配合比参数。依照拉建司质安字〔2005〕49 号文的要求，大坝混凝土施工配合比复核试验参数已确定（详见表 5.5-7"复核试验主要配合比参数推荐表"及表 5.5-8"主坝混凝土配合比性能复核试验项目"）。根据上述文件通知要求，由于采用两种水胶比、两种粉煤灰掺量以及两种以上原材料，混凝土配合比组合将达到 110 组之多，致使配合比工作量很大，将无法保证试验在规定的时间内按期完成。为此对配合比的组合进行了认真的分析，提出了具有代表性的 42 组混凝土配合比进行复核试验。

（3）复核试验配合比参数：

1）大坝中部、底部混凝土，设计指标 $C_{180}32W300W10$，水胶比 0.40、粉煤灰掺量 30%、35%、单位用水量三级配、四级配分别为 $86kg/m^3$ 及 $77kg/m^3$。

2）大坝上部，混凝土设计指标 $C_{180}25F300W10$，水胶比 0.45、粉煤灰掺量 30%、35%、单位用水量三级配、四级配分别为 $86kg/m^3$ 及 $77kg/m^3$。

3）砂率三级配、四级配分别为 29%、25%。骨料级配：三级配，小石：中石：大石 = 30：30：40；四级配，小石：中石：大石：特大 = 20：20：30：30。

4）坍落度 15min 控制在 40~60mm，含气量 4.5%~5.5%，通过外加剂掺量调整进行控制。

大坝混凝土复核试验配合比参数分别见表 5.5-12、表 5.5-13、表 5.5-14、表 5.5-15。

表中试验编号意义说明：四位英文字母加一位数字，依次表示四局（S）、水泥品种（K—大通昆仑山、Q—永登祁连山）、粉煤灰品种（P—平凉、L—连城、J—靖远）、外加剂品种（Z—ZB-1A、J—JM-Ⅱ）、配合比序号。例如 SKPZ-1：S-四局、K-大通、P-平凉、Z-ZB-1A、1—第一个配合比。

表 5.5-12　　　　　　　　　　$C_{180}25F300W10$ 三级配试验参数

序号	试验编号	水泥品种	粉煤灰品种	级配	水胶比	煤灰掺量/%	砂率/%	外加剂/%		材料用量/(kg/m³)	
								JM/ZB	DH9	水	胶凝材料
1	SKPZ-1	大通	平凉	三	0.45	30	29	0.5	0.011	86	191
2	SKPJ-2		平凉	三	0.45	35	29	0.5	0.013	86	191
3	SKLZ-1		连城	三	0.45	30	29	0.5	0.011	86	191
4	SKLJ-2		连城	三	0.45	35	29	0.5	0.013	86	191
5	SKJZ-1		靖远	三	0.45	30	29	0.5	0.011	86	191
6	SKJJ-2		靖远	三	0.45	35	29	0.5	0.013	86	191

续表

序号	试验编号	水泥品种	粉煤灰品种	级配	水胶比	煤灰掺量/%	砂率/%	外加剂/% JM/ZB	外加剂/% DH9	材料用量/(kg/m³) 水	材料用量/(kg/m³) 胶凝材料
7	SQPZ-1	永登	平凉	三	0.45	30	29	0.5	0.011	86	191
8	SQPJ-2	永登	平凉	三	0.45	35	29	0.5	0.013	86	191

表 5.5-13   C₁₈₀25F300W10 四级配试验参数

表 5.5-13 C_{180}25F300W10 四级配试验参数

序号	试验编号	水泥品种	粉煤灰品种	级配	水胶比	煤灰掺量/%	砂率/%	外加剂/% JM/ZB	外加剂/% DH9	材料用量/(kg/m³) 水	材料用量/(kg/m³) 胶凝材料
1	SKPZ-3	大通	平凉	四	0.45	30	25	0.5	0.011	77	171
2	SKPJ-4	大通	平凉	四	0.45	35	25	0.5	0.013	77	171
3	SKLZ-3	大通	连城	四	0.45	30	25	0.5	0.011	77	171
4	SKLJ-4	大通	连城	四	0.45	35	25	0.5	0.013	77	171
5	SKJZ-3	大通	靖远	四	0.45	30	25	0.5	0.011	77	171
6	SKJJ-4	大通	靖远	四	0.45	35	25	0.5	0.013	77	171
7	SQPZ-3	永登	平凉	四	0.45	30	25	0.5	0.011	77	171
8	SQPJ-4	永登	平凉	四	0.45	35	25	0.5	0.013	77	171
9	SQLZ-3	永登	连城	四	0.45	30	25	0.5	0.011	77	171
10	SQLJ-4	永登	连城	四	0.45	35	25	0.5	0.013	77	171
11	SQJZ-3	永登	靖远	四	0.45	30	25	0.5	0.011	77	171
12	SQJJ-4	永登	靖远	四	0.45	35	25	0.5	0.013	77	171

表 5.5-14 C_{180}32F300W10 三级配试验参数

序号	试验编号	水泥品种	粉煤灰品种	级配	水胶比	煤灰掺量/%	砂率/%	外加剂/% JM/ZB	外加剂/% DH9	材料用量/(kg/m³) 水	材料用量/(kg/m³) 胶凝材料
1	SKPJ-5	大通	平凉	三	0.40	30	29	0.5	0.013	86	215
2	SKPZ-6	大通	平凉	三	0.40	35	29	0.5	0.011	86	215
3	SKLJ-5	大通	连城	三	0.40	30	29	0.5	0.013	86	215
4	SKLZ-6	大通	连城	三	0.40	35	29	0.5	0.011	86	215
5	SKJJ-5	大通	靖远	三	0.40	30	29	0.5	0.013	86	215
6	SKJZ-6	大通	靖远	三	0.40	35	29	0.5	0.011	86	215
7	SQPJ-5	永登	平凉	三	0.40	30	29	0.5	0.013	86	215
8	SQPZ-6	永登	平凉	三	0.40	35	29	0.5	0.011	86	215
9	SQLJ-5	永登	连城	三	0.40	30	29	0.5	0.013	86	215
10	SQLZ-6	永登	连城	三	0.40	35	29	0.5	0.011	86	215

表 5.5 – 15　　　　　　　　　　C$_{180}$32F300W10 四级配试验参数

序号	试验编号	水泥品种	粉煤灰品种	级配	水胶比	煤灰掺量/%	砂率/%	外加剂/%		材料用量/(kg/m³)	
								JM/ZB	DH9	水	胶凝材料
1	SKPJ – 7		平凉	四	0.40	30	25	0.5	0.013	77	192
2	SKPZ – 8		平凉	四	0.40	35	25	0.5	0.011	77	192
3	SKLJ – 7		连城	四	0.40	30	25	0.5	0.013	77	192
4	SKLZ – 8	大通	连城	四	0.40	35	25	0.5	0.011	77	192
5	SKJJ – 7		靖远	四	0.40	30	25	0.5	0.013	77	192
6	SKJZ – 8		靖远	四	0.40	35	25	0.5	0.011	77	192
7	SQPJ – 7		平凉	四	0.40	30	25	0.5	0.013	77	192
8	SQPZ – 8		平凉	四	0.40	35	25	0.5	0.011	77	192
9	SQLJ – 7		连城	四	0.40	30	25	0.5	0.013	77	192
10	SQLZ – 8	永登	连城	四	0.40	35	25	0.5	0.011	77	192
11	SQJJ – 7		靖远	四	0.40	30	25	0.5	0.013	77	192
12	SQJZ – 8		靖远	四	0.40	35	25	0.5	0.011	77	192

3. 新拌混凝土拌和物性能试验

新拌混凝土拌和物性能试验包括：新拌混凝土和易性、坍落度、含气量、凝结时间、容重等性能试验。新拌混凝土性能优劣直接关系到大坝混凝土的施工进度和质量，是对混凝土拌和物及浇筑质量控制的重要依据，必须高度重视。为此，要求新拌混凝土拌和物性能试验结果必须和施工现场保持一致，满足施工浇筑质量要求。

混凝土拌和物性能试验按照《水工混凝土试验规程》（DL/T 5150—2001）进行，混凝土配合比计算采用假定密度法，拌和采用型号 150L 自落式搅拌机，投料顺序为粗骨料、胶凝材料、细骨料、水（外加剂先溶于水并搅拌均匀），拌合容量不少于 120L，搅拌时间为 180s，和现场拌和相一致。混凝土出机后采用湿筛法将粒径大于 40mm 骨料剔除，然后人工翻拌 3 次，进行新拌混凝土的和易性、坍落度、温度、含气量、凝结时间、密度等试验，新拌混凝土符合要求后，再成型所需试验项目的相应试件。

混凝土和易性包括流动性、黏聚性及保水性，一般用坍落度试验评定混凝土和易性，要求坍落度控制在设计范围之内，新拌混凝土坍落度测定以出机 15min 时测值为准。《水工混凝土施工规范》（DL/T 5144—2001）中规定：混凝土坍落度是指浇筑地点的坍落度。由于新拌混凝土水泥的水化反应硬化过程、外加剂机理、自然条件、施工运输、浇筑振捣等多方面的因素，新拌混凝土的坍落度损失是不可避免的。大量的施工经验证明，坍落度以出机 15min 测值为准，可以满足混凝土入仓浇筑，可使室内试验新拌混凝土坍落度测值和现场仓面要求的混凝土坍落度相吻合。新拌混凝土拌和物性能试验结果分别见表 5.5 – 16～表 5.5 – 19。试验结果表明：

（1）和易性。混凝土拌和物容易插捣，黏聚性较好，无石子离析情况，混凝土表面也无明显析水现象。通过拌和物性能试验，表明拌和物和易性良好，混凝土复核试验配合比设计参数满足现场混凝土施工要求。

（2）坍落度。机口坍落度在 15min 损失较快，所以出机坍落度按 80～100mm 进行控制，出机 15min 后的坍落度测值在 40～60mm 设计范围之内。不同原材料对坍落度有一定的影响。

大通水泥拌制混凝土出机坍落度大于永登水泥拌制混凝土出机坍落度，但 15min 后坍落度均在设计范围。

从表 5.5－16～表 5.5－19 可以表明掺靖远粉煤灰比连城粉煤灰、平凉粉煤灰的混凝土出机坍落度大 10～20mm，掺连城和平凉粉煤灰混凝土出机坍落度接近。3 种粉煤灰减水效果明显，从混凝土坍落度表明靖远灰减水效果大于连城灰和平凉灰。

掺减水剂 JM－Ⅱ拌制混凝土出机坍落度大于掺减水剂 ZB－1A 拌制混凝土出机坍落度，这与 JM－Ⅱ减水率大于 ZB－1A 减水率相吻合。

（3）含气量。混凝土的含气量试验是在新拌混凝土出机后过湿筛，人工翻 3 遍进行测试，试验结果表明：在引气剂掺量不变的情况下两种减水剂，掺 JM－Ⅱ混凝土含气量偏低，达不到控制指标，因此掺 JM－Ⅱ混凝土相对掺 ZB－1A 混凝土引气剂掺量提高了 0.002%，15min 时测试的混凝土含气量控制在 4.5%～5.5% 范围之内。

（4）凝结时间。混凝土初凝时间在 13～17h；终凝时间在 18～25h。不同原材料对凝结时间的影响：

1）大通水泥拌制混凝土凝结时间大于永登水泥拌制混凝土凝结时间；

2）掺连城灰拌制混凝土凝结时间大于掺靖远灰拌制混凝土凝结时间，而掺平凉灰拌制混凝土凝结时间最短；

3）两种外加剂凝结时间相近。粉煤灰掺量 30%，掺 JM－Ⅱ混凝土初凝时间在 13～15h、终凝时间在 18～22h；掺 ZB－1A 混凝土初凝时间在 14～16h、终凝时间在 19～22h；粉煤灰掺量 35%，掺 JM－Ⅱ混凝土初凝时间在 14～17h、终凝时间在 18～25h，掺 ZB－1A 混凝土初凝时间在 14～17h、终凝时间在 20～22h。

（5）表观密度。三级配混凝土表观密度在 2410～2430kg/m³，四级配混凝土表观密度在 2430～2450kg/m³，与设计表观密度基本吻合。

表 5.5－16　　　　　　　　　$C_{180}25F300W10$ 三级配拌和物性能试验结果

序号	试验编号	拌和物性能										
		坍落度/mm		含气量/%		凝结时间/(h：min)		混凝土温/℃	容重/(kg/m³)	含砂	析水	黏聚性	棍度
		出机	15min	出机	15min	初凝	终凝						
1	SKPZ－1	90	55	7	4.5	14：58	19：45	18.5	2421	中	无	好	上
2	SKPJ－2	95	55	6.4	5.0			18.5	2437	中	少	较好	上
3	SKLZ－1	91	45	7.6	4.5			19	2411	中	无	较好	上
4	SKLJ－2	95	58	6.3	5.4			19	2377	中	无	好	上
5	SKJZ－1	92	58	5.4	5.1	14：30	21：45	17	2430	中	无	较好	中
6	SKJJ－2	96	62	6.6	5.4	15：30	23：27	17	2411	中	无	较好	上
7	SQPZ－1	95	68	6.4	4.8	13：50	19：00	18	2417	中	无	好	上
8	SQPJ－2	101	56	6.5	4.7	13：20	17：40	18	2430	中	少	好	上

表 5.5－17　　　　　　　　C$_{180}$25F300W10 四级配拌和物性能试验结果

序号	试验编号	拌和物性能							混凝土温/℃	容重/(kg/m³)	含砂	析水	黏聚性	棍度
		坍落度/mm		含气量/%		凝结时间/(h：min)								
		出机	15min	出机	15min	初凝	终凝							
1	SKPZ－3	88	57	7.5	5.6	13：45	19：00	17.5	2445	中	无	较好	上
2	SKPJ－4	108	64	8.0	5.8	16：40	25：15	18	2438	中	无	较好	上
3	SKLZ－3	90	62	7.0	5.2			17	2440	中	无	好	上
4	SKLJ－4	105	64	7.5	5.8			18	2431	中	无	好	上
5	SKJZ－3	90	62	6.6	5.0	15：50	21：20	17	2444	中	无	好	上
6	SKJJ－4	103	60	6.8	5.3	15：25	21：15	17	2453	中	无	较好	上
7	SQPZ－3	88	56	6.3	5.8	13：40	19：45	17	2428	中	微	较好	上
8	SQPJ－4	98	65	8.0	4.5	17：12	22：48	17	2456	中	微	较好	上
9	SQLZ－3	96	56	5.9	5.4	16：30	21：35	15	2444	中	无	好	上
10	SQLJ－4	81	42	5.7	5.1			17	2435	中	微	较好	上
11	SQJZ－3	82	63	5.8	5.2	14：27	20：30	18	2453	中	无	好	上
12	SQJJ－4	101	66	8.0	6.0	15：45	22：40	18	2441	中	无	较好	上

表 5.5－18　　　　　　　　C$_{180}$32F300W10 三级配拌和物性能试验结果

序号	试验编号	拌和物性能							混凝土温/℃	容重/(kg/m³)	含砂	析水	黏聚性	棍度
		坍落度/mm		含气量/%		凝结时间/(h：min)								
		出机	15min	出机	15min	初凝	终凝							
1	SKPJ－5	107	63	6.9	5.8	14：35	19：00	18.5	2424	中	少	较好	上
2	SKPZ－6	95	60	6.4	5.4			18.5	2411	中	无	好	上
3	SKLJ－5	82	60	7	5.3			18	2411	中	少	好	上
4	SKLZ－6	93	58	6.2	5.1			18	2424	中	无	好	上
5	SKJJ－5	92	54	5.4	4.7	14：57	21：00	17	2433	中	无	好	上
6	SKJZ－6	85	62	5.9	5.0	14：32	20：20	17	2404	中	无	好	上
7	SQPJ－5	98	65	6.3	5.0			18	2424	中	无	好	上
8	SQPZ－6	89	60	6.0	4.6			18	2424	中	无	好	上
9	SQLJ－5	103	65	6.4	5.6			19	2443	中	少	好	上
10	SQLZ－6	86	58	6.9	4.9			19	2457	中	无	好	上

表 5.5－19　　　　　　　　C$_{180}$32F300W10 四级配拌和物性能试验结果

序号	试验编号	拌和物性能							混凝土温/℃	容重/(kg/m³)	含砂	析水	黏聚性	棍度
		坍落度/mm		含气量/%		凝结时间/(h：min)								
		出机	15min	出机	15min	初凝	终凝							
1	SKPJ－7	100	62	7.0	5.0	15：35	22：00	18	2441	中	无	好	上

续表

序号	试验编号	拌 和 物 性 能										
		坍落度/mm		含气量/%		凝结时间/(h：min)		混凝土温/℃	容重/(kg/m³)	含砂	析水	黏聚性	棍度
		出机	15min	出机	15min	初凝	终凝						
2	SKPZ-8	93	61	6.9	4.9	16：05	22：02	18	2435	中	无	好	上
3	SKLJ-7	100	65	6.9	5.2			18	2436	中	无	好	上
4	SKLZ-8	93	60	6.8	5.4			18	2438	中	无	好	上
5	SKJJ-7	113	61	6.7	5.0	14：02	19：10	17	2460	中	无	较好	上
6	SKJZ-8	98	62	6.4	5.4	14：36	20：00	17	2448	中	无	好	上
7	SQPJ-7	87	46	6.0	5.0	13：28	17：40	17	2406	中	无	较好	中
8	SQPZ-8	85	60	6.7	6.6	16：12	20：28	17	2420	中	无	好	上
9	SQLJ-7	92	53	5.8	5.3	15：10	21：25	17	2424	中	无	较好	上
10	SQLZ-8	97	43	5.7	5.1			17	2442	中	无	好	上
11	SQJJ-7	98	64	7.6	6.0	13：40	19：35	18	2431	中	无	较好	上
12	SQJZ-8	95	61	6.3	5.0	17：15	22：03	18	2463	中	无	好	上

4. 力学性能试验结果

混凝土抗压强度是混凝土极为重要的性能指标，结构物主要利用其抗压强度承受荷载，并常以抗压强度为混凝土主要设计参数，且抗压强度与混凝土的其他性能有良好的相关关系，抗压强度的试验方法对比其他方法易于实施，所以混凝土的主要指标常用抗压强度来控制和评定。

混凝土抗压强度的试验方法：根据《水工混凝土试验规程》（DL/T 5150—2001）进行。混凝土力学性能试验结果见表 5.5-20～表 5.5-23，试验结果表明：

（1）设计等级 C25F300W10 的 7d 抗压强度平均值 12.2MPa、28d 抗压强度平均值 23.8MPa、90d 抗压强度平均值 34.7MPa、180d 抗压强度平均值 41.2MPa；7d 劈拉强度平均值 1.2MPa、28d 劈拉强度平均值 2.1MPa、90d 劈拉强度平均值 2.8MPa、180d 劈拉强度平均值 3.2MPa。

（2）设计等级 C32F300W10 的 7d 抗压强度平均值 16.5MPa、28d 抗压强度平均值 31.0MPa、90d 抗压强度平均值 40.9MPa、180d 抗压强度平均值 47.1MPa；7d 劈拉强度平均值 1.5MPa、28d 劈拉强度平均值 2.4MPa、90d 劈拉强度平均值 3.4MPa、180d 劈拉强度平均值 3.8MPa。

（3）混凝土平均强度增长率以 180d 为 100%，设计等级为 C25F300W10 混凝土 7d 增长率为 30%，28d 增长率为 58%、90d 增长率为 84%；设计等级为 C32F300W10 混凝土 7d 为增长率 35%，28d 为增长率 66%、90d 为增长率 87%。

（4）强度结果反映了混凝土的强度波动受原材料中水泥、粉煤灰、外加剂品质的影响。其中粉煤灰和外加剂相同时，用永登 42.5 中热水泥混凝土比大通 42.5 中热水泥混凝土强度高 3～5MPa；水泥和外加剂相同时，连城Ⅰ级粉煤灰混凝土比靖远Ⅰ级粉煤灰混凝土高 3～5MPa，靖远Ⅰ级粉煤灰混凝土强度比平凉Ⅱ级粉煤灰混凝土强度高约 1MPa；水泥和粉煤灰相同时，用 ZB-1A 外加剂混凝土比 JM-Ⅱ 外加剂混凝土强度高 1～3MPa。

（5）对比结果说明，180d 的抗压强度掺粉煤灰 30％的强度比掺粉煤灰 35％的强度高；永登水泥和连城粉煤灰组合的抗压强度比永登水泥和平凉粉煤灰、永登水泥和靖远粉煤灰组合的抗压强度高，大通水泥和连城粉煤灰组合的抗压强度比大通水泥和平凉粉煤灰、大通水泥和靖远粉煤灰组合的抗压强度高，但是永登水泥和连城粉煤灰组合的抗压强度要比大通和连城粉煤灰组合的抗压强度高。

（6）混凝土力学性能试验结果表明：混凝土 90d 和 180d 龄期的抗压强度均超过配制强度。

表 5.5-20　　　　　　　　C_180 25F300W10 三级配力学性能试验结果

序号	编号	水泥品种	粉煤灰品种及掺量/%	水胶比	用水量/(kg/m³)	砂率/%	抗压强度/MPa				劈拉强度/MPa			
							7d	28d	90d	180d	7d	28d	90d	180d
1	SKPZ-1	大通	平凉30	0.45	86	29	10.4	22.0	33.1	45.8	1.15	2.17	2.75	3.76
2	SKPJ-2		平凉35				10.8	20.2	32.8	44.8	1.25	2.10	2.62	3.28
3	SKLZ-1		连城30				14.8	23.1	36.0	48.9	1.18	2.63	3.25	3.64
4	SKLJ-2		连城35				13.0	23.0	35.3	47.0	1.22	2.47	2.99	3.42
5	SKJZ-1		靖远30				10.6	21.9	33.7	38.4	1.11	2.01	2.61	3.06
6	SKJJ-2		靖远35				9.7	20.7	31.3	32.2	1.01	1.91	2.61	2.70
7	SQPZ-1	永登	平凉30				11.2	22.4	35.0	38.9	1.06	1.93	2.68	2.99
8	SQPJ-2		平凉35				11.0	21.8	34.0	37.7	1.03	1.81	2.65	2.95

表 5.5-21　　　　　　　　C_180 25F300W10 四级配力学性能试验结果

序号	编号	水泥品种	粉煤灰品种及掺量/%	水胶比	用水量/(kg/m³)	砂率/%	抗压强度/MPa				劈拉强度/MPa			
							7d	28d	90d	180d	7d	28d	90d	180d
1	SKPZ-3	大通	平凉30	0.45	77	25	12.3	25.3	32.3	40.3	1.09	2.05	2.35	2.72
2	SKPJ-4		平凉35				11.5	24.7	31.1	39.5	1.06	1.92	2.39	2.69
3	SKLZ-3		连城30				11.5	22.1	37.1	43.5	1.08	1.91	2.95	3.27
4	SKLJ-4		连城35				8.6	19.0	32.4	38.8	0.87	1.67	2.59	2.73
5	SKJZ-3		靖远30				12.5	24.0	33.1	39.1	1.25	2.12	2.76	3.41
6	SKJJ-4		靖远35				12.2	23.5	34.2	38.6	1.08	1.81	2.47	2.84
7	SQPZ-3	永登	平凉30				13.2	25.6	33.8	38.0	1.19	2.02	2.48	2.84
8	SQPJ-4		平凉35				11.4	27.2	34.9	36.9	1.41	2.07	2.62	2.76
9	SQLZ-3		连城30				15.1	25.4	41.0	46.0	1.38	2.21	2.97	3.73
10	SQLJ-4		连城35				16.1	26.6	42.6	43.4	1.46	1.80	3.04	3.60
11	SQJZ-3		靖远30				15.3	26.9	36.6	43.6	1.46	2.21	2.72	3.51
12	SQJJ-4		靖远35				15.2	26.2	34.4	40.5	1.30	2.32	2.56	3.09

表5.5-22 $C_{180}32F300W10$ 三级配力学性能试验结果

序号	编号	水泥品种	粉煤灰品种及掺量/%	水胶比	用水量/(kg/m³)	砂率/%	抗压强度/MPa				劈拉强度/MPa			
							7d	28d	90d	180d	7d	28d	90d	180d
1	SKPJ-5		平凉30				15.2	30.8	39.5	47.4	1.45	2.50	3.59	3.88
2	SKPZ-6		平凉35				16.8	31.5	39.6	46.2	1.51	2.80	3.62	3.79
3	SKLJ-5	大通	连城30				16.6	29.6	40.5	49.0	1.28	2.52	3.54	4.14
4	SKLZ-6		连城35				15.1	28.3	42.7	46.1	1.39	2.35	3.57	3.95
5	SKJJ-5		靖远30				14.2	29.3	39.3	43.8	1.18	2.36	3.13	3.35
6	SKJZ-6		靖远35	0.40	86	29	15.7	30.1	41.6	42.3	1.12	2.22	3.17	3.20
7	SQPJ-5		平凉30				15.3	29.0	39.8	42.8	1.26	2.11	3.63	3.31
8	SQPZ-6	永登	平凉35				14.2	29.2	40.2	41.6	1.38	2.22	2.83	3.17
9	SQLJ-5		连城30				19.0	31.6	40.7	56.8	1.72	2.47	3.71	4.57
10	SQLZ-6		连城35				23.0	36.5	45.3	55.9	1.79	2.30	3.75	4.47

表5.5-23 $C_{180}32F300W10$ 四级配力学性能试验结果

序号	编号	水泥品种	粉煤灰品种及掺量/%	水胶比	用水量/(kg/m³)	砂率/%	抗压强度/MPa				劈拉强度/MPa			
							7d	28d	90d	180d	7d	28d	90d	180d
1	SKPJ-7		平凉30				16.5	30.1	39.2	42.5	1.43	2.19	3.23	3.75
2	SKPZ-8		平凉35				17.4	32.6	40.5	41.2	1.52	2.26	3.34	3.53
3	SKLJ-7	大通	连城30				14.7	31.4	42.9	50.4	1.35	2.59	3.13	4.20
4	SKLZ-8		连城35				12.8	29.8	41.1	48.2	1.28	2.05	2.85	4.18
5	SKJJ-7		靖远30				15.2	29.8	39.4	46.1	1.33	2.55	3.23	3.94
6	SKJZ-8		靖远35	0.40	77	25	15.9	31.3	40.5	45.4	1.50	2.67	3.33	3.80
7	SQPJ-7		平凉30				14.8	29.6	38.0	43.6	1.54	2.19	2.96	3.68
8	SQPZ-8		平凉35				15.4	30.3	39.7	42.6	1.57	2.37	3.23	3.24
9	SQLJ-7	永登	连城30				17.1	33.2	40.5	52.6	1.44	2.18	3.25	3.60
10	SQLZ-8		连城35				18.4	34.7	46.1	51.8	1.64	2.44	3.70	3.33
11	SQJJ-7		靖远30				18.9	30.1	38.7	47.2	1.64	2.21	3.00	3.94
12	SQJZ-8		靖远35				18.4	31.2	40.3	43.7	1.51	2.09	3.28	3.40

5. 极限拉伸、弹性模量试验

（1）极限拉伸值试验结果。极限拉伸值是衡量混凝土抗裂性能的重要指标。混凝土试件轴心拉伸时，试件断裂前或将产生裂缝前的最大拉应变值即为极限拉伸值。极限拉伸值的大小直接代表了混凝土抗裂能力，从提高混凝土抗裂考虑，希望混凝土的极限拉伸大些，弹性模量低些。极限拉伸值的提高，是防止拱坝开裂的一项重要措施。混凝土极限拉伸性能试验结果见表5.5-24～表5.5-27。

试验结果表明：

1）设计等级 C25F300W10 的 28d 极限拉伸值平均值在 0.87×10^{-4}，除 7 组极限拉伸值低于 0.85×10^{-4} 设计要求外，其余均满足设计要求；90d 极限拉伸值平均值在 1.04×10^{-4}，除 1 组极限拉伸值达不到要求外，其余均满足 1.00×10^{-4} 极限拉伸值设计要求。

2）设计等级 C32F300W10 的 28d 极限拉伸值平均值在 0.90×10^{-4}，除 1 组极限拉伸值低于 0.85×10^{-4} 设计要求外，其余均满足设计要求；90d 极限拉伸值平均值在 1.06×10^{-4}，除 2 组极限拉伸值达不到要求外，其余均满足 1.00×10^{-4} 极限拉伸值设计要求。

3）设计等级 C25F300W10 和 C32F300W10 的平凉配制的混凝土极限拉伸值 28d 平均值为 0.878×10^{-4}，90d 平均值为 1.059×10^{-4}；连城配制的混凝土极限拉伸值 28d 平均值为 0.891×10^{-4}，90d 平均值为 1.073×10^{-4}；靖远配制的混凝土极限拉伸值 28d 平均值为 0.892×10^{-4}，90d 平均值为 1.078×10^{-4}。

4）靖远配制的混凝土极限拉伸值略高于平凉和连城配制的混凝土极限拉伸值、平凉略高低于连城的极限拉伸值。

5）ZB-1 配制的混凝土极限拉伸值比 JM-Ⅱ 配制的混凝土极限拉伸值略高，与 ZB-1 配制的混凝土强度高的结果相符。

影响极限拉伸值低于设计要求因素分析认为：①主要是与掺粉煤灰混凝土早期强度偏低有关，特别是 28d 掺 35%粉煤灰混凝土及少数混凝土强度偏低时极限拉伸值也相应偏低；②水泥对极限拉伸值的影响，混凝土随着龄期的增加极限拉伸而较为显著的增加，从 28d 的极限拉伸值结果表明，由于不同水泥生产厂家生产的水泥矿物成分含量不同，对混凝土极限拉伸值影响不同。

上述试验结果说明混凝土极限拉伸值与强度试验结果趋势一致的。

表 5.5-24　　　　　　C_{180}25F300W10 三级配极限拉伸性能试验结果

序号	编号	水泥品种	粉煤灰品种及掺量/%	水胶比	用水量/(kg/m³)	砂率/%	轴拉强度/MPa				极限拉伸值/($\times 10^{-4}$)			
							7d	28d	90d	180d	7d	28d	90d	180d
1	SKPZ-1	大通	平凉 30	0.45	86	29		2.40	3.60	3.70		0.83	1.13	1.16
2	SKPJ-2		平凉 35				1.48	2.22	2.67	3.32	0.66	0.84	1.04	1.11
3	SKLZ-1		连城 30				1.56	2.36	2.71	3.87	0.66	0.82	1.01	1.14
4	SKLJ-2		连城 35				1.36	2.14	2.98	3.30	0.58	0.82	1.00	1.14
5	SKJZ-1		靖远 30				1.47	2.52	3.33	3.76	0.61	0.87	1.20	1.21
6	SKJJ-2		靖远 35				1.49	2.30	3.18	3.77	0.69	0.85	1.02	1.08
7	SQPZ-1	永登	平凉 30					2.80	3.53	3.58		0.86	1.02	1.10
8	SQPJ-2		平凉 35				1.74	2.44	3.45	3.56	0.70	0.88	1.05	1.09

表 5.5 - 25　　　　　　　$C_{180}25F300W10$ 四级配极限拉伸性能试验结果

序号	编号	水泥品种	粉煤灰品种及掺量/%	水胶比	用水量/(kg/m³)	砂率/%	轴拉强度/MPa				极限拉伸值/(×10⁻⁴)			
							7d	28d	90d	180d	7d	28d	90d	180d
1	SKPZ - 3	大通	平凉 30	0.45	77	25		2.80	3.58	3.90		0.90	1.16	1.18
2	SKPJ - 4		平凉 35				1.58	2.66	3.62	3.88	0.64	0.88	1.09	1.16
3	SKLZ - 3		连城 30				1.30	2.12	3.17	3.20	0.60	0.84	1.05	1.12
4	SKLJ - 4		连城 35				1.60	2.36	3.46	3.39	0.69	0.83	1.04	1.09
5	SKJZ - 3		靖远 30				1.84	2.70	3.43	4.14	0.79	0.93	1.18	1.26
6	SKJJ - 4		靖远 35				1.58	2.60	3.04	3.58	0.66	0.95	1.06	1.07
7	SQPZ - 3	永登	平凉 30				1.68	2.71	3.77	3.80	0.70	0.96	1.18	1.19
8	SQPJ - 4		平凉 35					2.08	3.22	3.36		0.81	1.01	1.06
9	SQLZ - 3		连城 30					2.66	3.26	3.48		0.88	1.01	1.02
10	SQLJ - 4		连城 35				1.76	2.29	3.35	3.50	0.74	0.86	1.00	1.00
11	SQJZ - 3		靖远 30					2.58	3.55			0.86	1.04	
12	SQJJ - 4		靖远 35				2.4	2.62	3.45	3.46	0.78	0.86	1.02	1.02

表 5.5 - 26　　　　　　　$C_{180}32F300W10$ 三级配极限拉伸性能试验结果

序号	编号	水泥品种	粉煤灰品种及掺量/%	水胶比	用水量/(kg/m³)	砂率/%	轴拉强度/MPa				极限拉伸值/(×10⁻⁴)			
							7d	28d	90d	180d	7d	28d	90d	180d
1	SKPJ - 5	大通	平凉 30	0.40	86	29		2.93	3.45	4.12		0.88	1.07	1.08
2	SKPZ - 6		平凉 35				1.50	2.64	3.41	4.03	0.78	0.90	1.04	1.06
3	SKLJ - 5		连城 30											
4	SKLZ - 6		连城 35				1.93	3.04	4.28	4.40	0.68	0.88	1.18	1.18
5	SKJJ - 5		靖远 30					2.65	3.64	4.29		0.92	1.04	1.14
6	SKJZ - 6		靖远 35				1.84	2.74	3.56	4.42	0.72	0.93	1.04	1.09
7	SQPJ - 5	永登	平凉 30				1.74	2.06	2.84	2..79		0.84	1.04	1.08
8	SQPZ - 6		平凉 35				1.16	2.70	2.92	4.55	0.78	0.86	1.01	1.13
9	SQLJ - 5		连城 30				1.69	1.95	2.94	3.12	0.66	0.85	1.08	1.11
10	SQLZ - 6		连城 35					2.71	3.62	3.75	0.77	0.93	1.05	1.05

（2）弹性模量试验结果。混凝土抗压弹性模量（静力状态）是指 $\phi150\text{mm} \times 300\text{mm}$ 的圆柱体标准试件受压应力达到破坏应力 40% 时的压应力与压应变的比值。过高的抗压弹性模量对混凝土结构的抗振防裂是不利的。影响弹性模量的因素主要有：

1）骨料含量越高，骨料自身的弹性模量越大，则混凝土弹性模量越大。

2）混凝土水灰比越小，混凝土越密实，弹性模量越大。

3）混凝土养护龄期越长，弹性模量也越大。

4）早期养护温度较低时，弹性模量较大，亦即蒸汽养护混凝土的弹性模量较小。

5）掺入引气剂将使混凝土弹性模量下降。

表 5.5 - 27　　　　　　C₁₈₀32F300W10 四级配极限拉伸性能试验结果

序号	编号	水泥品种	粉煤灰品种及掺量/%	水胶比	用水量/(kg/m³)	砂率/%	轴拉强度/MPa				极限拉伸值/(×10⁻⁴)			
							7d	28d	90d	180d	7d	28d	90d	180d
1	SKPJ-7	大通	平凉30	0.40	77	25		3.13	4.12	4.01		0.90	1.13	1.08
2	SKPZ-8		平凉35				1.67	2.98	3.75	3.62	0.68	0.96	1.05	1.02
3	SKLJ-7		连城30				1.99	2.85	4.19	4.20	0.78	0.99	1.21	1.22
4	SKLZ-8		连城35				1.64	2.62	3.68	3.75	0.70	0.94	1.09	1.12
5	SKJJ-7		靖远30				2.16	2.25	3.64	4.09	0.91	0.85	1.16	1.14
6	SKJZ-8		靖远35				2.00	2.95	3.68	4.20	0.80	0.95	1.09	1.14
7	SQPJ-7	永登	平凉30				2.10	2.60	3.57	3.71	0.84	0.88	0.99	1.05
8	SQPZ-8		平凉35				1.86	2.50	3.24	3.41	0.77	0.87	0.98	1.00
9	SQLJ-7		连城30				2.12	2.64	3.55	3.76	0.85	0.94	1.08	1.11
10	SQLZ-8		连城35				2.38	2.94	4.08	3.83	0.82	1.00	1.15	1.09
11	SQJJ-7		靖远30					2.84	3.13			0.88	1.05	
12	SQJZ-8		靖远35				2.05	2.34	3.12	3.48	0.82	0.85	1.03	1.06

弹性模量性能试验结果见表 5.5 - 28～表 5.5 - 31。

试验结果表明：混凝土的静力抗压弹性 28d 龄期的平均值在 27.4GPa、90d 龄期的平均值在 31.4GPa、180d 龄期的平均值在 33.9GPa，混凝土弹性模量适中。

大坝混凝土弹性模量与强度密切相关，28d、90d、180d 永登水泥拌制的混凝土弹性模量高于大通水泥拌制的混凝土；28d、90d、180d 靖远粉煤灰的弹性模量值高于平凉和连城粉煤灰的弹性模量值；连城和平凉粉煤灰的弹性模量值基本相同；28d、90d、180d 与外加剂 ZB-1 拌制的弹性模量值高于 JM-Ⅱ 的弹性模量值。

弹性模量试验结果充分说明混凝土弹性模量值的大小与抗压强度规律结果是吻合的。说明了混凝土强度越高，弹性模量越大。

表 5.5 - 28　　　　　　C₁₈₀25F300W10 三级配弹性模量性能试验结果

序号	编号	水泥品种	粉煤灰品种及掺量/%	水胶比	用水量/(kg/m³)	砂率/%	轴心抗压强度/MPa			静力抗压弹模/GPa		
							28d	90d	180d	28d	90d	180d
1	SKPZ-1	大通	平凉30	0.45	86	29	14.6	28.0	30.5	21.8	31.8	32.1
2	SKPJ-2		平凉35				13.5	26.9	28.5	20.4	29.7	31.6
3	SKLZ-1		连城30				16.3	25.5	29.7	25.8	29.7	31.9
4	SKLJ-2		连城35				14.4	22.3	30.1	23.2	30.5	31.3
5	SKJZ-1		靖远30				13.6	24.7	27.8	26.8	31.8	33.6
6	SKJJ-2		靖远35				13.9	22.5	30.3	25.0	28.4	33.5
7	SQPZ-1	永登	平凉30				15.7	26.7	31.6	24.9	29.1	35.2
8	SQPJ-2		平凉35				19.2	25.0	32.6	26.1	27.2	35.7

表 5.5 - 29　　　　　　　　$C_{180}25F300W10$ 四级配弹性模量性能试验结果

序号	编号	水泥品种	粉煤灰品种及掺量/%	水胶比	用水量/(kg/m³)	砂率/%	轴心抗压强度/MPa			静力抗压弹模/GPa		
							28d	90d	180d	28d	90d	180d
1	SKPZ-3	大通	平凉 30	0.45	77	25	25.1	34.8	39.7	28.1	33.9	35.5
2	SKPJ-4		平凉 35				16.3	25.6	25.3	27.9	28.1	30.7
3	SKLZ-3		连城 30				15.9	27.7	35.3	24.5	30.5	34.1
4	SKLJ-4		连城 35				13.0	23.8	33.4	22.3	29.1	33.4
5	SKJZ-3		靖远 30				19.7	28.5	34.2	27.2	33.4	34.3
6	SKJJ-4		靖远 35				15.9	27.5	34.5	26.9	30.8	34.0
7	SQPZ-3	永登	平凉 30				19.8	29.9	33.2	28.3	31.2	34.2
8	SQPJ-4		平凉 35				16.5	24.9	28.6	27.4	28.1	32.7
9	SQLZ-3		连城 30				17.1	27.2	32.5	31.6	31.8	32.7
10	SQLJ-4		连城 35				16.6	23.4	33.4	27.9	31.0	33.1
11	SQJZ-3		靖远 30				19.9	27.6	33.3	28.2	31.0	32.9
12	SQJJ-4		靖远 35				19.9	26.7	31.5	27.5	31.9	33.3

表 5.5 - 30　　　　　　　　$C_{180}32F300W10$ 三级配弹性模量性能试验结果

序号	编号	水泥品种	粉煤灰品种及掺量/%	水胶比	用水量/(kg/m³)	砂率/%	轴心抗压强度/MPa			静力抗压弹模/GPa		
							28d	90d	180d	28d	90d	180d
1	SKPJ-5	大通	平凉 30	0.40	86	29	21.6	26.1	32.1	28.1	32.7	34.6
2	SKPZ-6		平凉 35				20.1	25.6	30.8	26.4	31.3	32.9
3	SKLJ-5		连城 30				20.2	29.7	33.6	27.2	32.2	34.3
4	SKLZ-6		连城 35				22.6	32.7	42.6	28.5	33.0	35.8
5	SKJJ-5		靖远 30				22.9	26.1	35.8	28.4	33.4	35.7
6	SKJZ-6		靖远 35				19.7	31.0	36.2	28.7	31.6	35.0
7	SQPJ-5	永登	平凉 30				18.7	26.6	34.7	27.1	28.1	32.4
8	SQPZ-6		平凉 35				21.0	34.5	34.9	27.8	38.3	36.3
9	SQLJ-5		连城 30				16.9	22.5	30.5	26.9	31.9	31.9
10	SQLZ-6		连城 35				23.2	29.6	37.5	28.0	32.8	33.8

6. 混凝土的耐久性能试验

混凝土的耐久性是指在外部和内部不利因素的长期作用下，保持其原有设计性能和使用功能的性质。是混凝土结构经久耐用的重要指标。外部因素指的是酸、碱、盐的腐蚀作用，冰冻破坏作用，碳化作用，干湿循环引起的风化作用，荷载应力作用和振动冲击作用等。内部因素主要指的是碱骨料反应和自身体积变化。通常用混凝土的抗渗性、抗冻性、抗碳化性能、抗腐蚀性能和碱骨料反应综合评价混凝土的耐久性。根据拉西瓦的有关要求只对混凝土耐久性的抗冻性能和抗渗性能进行了试验，试验结果如下。

表 5.5 - 31　　　　　　　　C₁₈₀32F300W10 四级配弹性模量性能试验结果

序号	编号	水泥品种	粉煤灰品种及掺量/%	水胶比	用水量/(kg/m³)	砂率/%	轴心抗压强度/MPa			静力抗压弹模/GPa		
							28d	90d	180d	28d	90d	180d
1	SKPJ - 7	大通	平凉 30				20.9	28.6	33.1	27.2	29.5	31.6
2	SKPZ - 8		平凉 35				22.7	29.6	36.6	29.6	32.9	29.9
3	SKLJ - 7		连城 30				23.1	31.4	37.1	26.9	32.1	35.1
4	SKLZ - 8		连城 35				16.2	29.5	34.3	25.4	30.6	34.2
5	SKJJ - 7		靖远 30				21.9	34.5	36.0	28.8	30.5	35.5
6	SKJZ - 8		靖远 35	0.40	77	25	22.3	33.8	39.4	31.1	35.3	38.7
7	SQPJ - 7	永登	平凉 30				18.8	33.6	36.7	31.7	32.0	36.6
8	SQPZ - 8		平凉 35				20.7	28.1	32.4	30.1	32.8	35.6
9	SQLJ - 7		连城 30				19.0	29.3	35.9	30.2	31.0	34.8
10	SQLZ - 8		连城 35				21.0	29.5	36.8	30.6	32.5	38.0
11	SQJJ - 7		靖远 30				21.6	26.9	34.5	28.2	31.1	32.6
12	SQJZ - 8		靖远 35				23.2	31.6	36.2	28.3	32.1	34.6

(1) 抗冻性能试验。拉西瓦大坝混凝土抗冻等级设计指标为 F300，设计试验龄期为 90d。试验按照《水工混凝土试验规程》（DL/T 5150—2001）进行。试验采用 DR2 型混凝土冻融试验机，混凝土中心冻融温度为 （-17±2)℃～(8±2)℃，一个冻融循环过程耗时为 2.5～4h。抗冻指标以相对动弹模数和重量损失两项指标评定，以混凝土试件的相对动弹模数低于 60% 或重量损失率超过 5% 时即可认为试件已达破坏。

拉西瓦大坝混凝土抗冻按照试验要求及相关文件共进行了 22 组混凝土抗冻试验，结果见表 5.5 - 32～表 5.5 - 35。

抗冻试验结果与 2004 年 9 月西北勘测设计研究院和水电四局试验中心提交的配合比报告中的抗冻试验结果进行了分析比对，本次抗冻试验结果相对动弹模数在 85.4% 以上，重量损失率小于 4.96%，满足设计要求；但是掺过高的粉煤灰对抗冻性能不利。从试验结果可以表明，掺 30% 粉煤灰的抗冻性能指标比掺 35% 粉煤灰的要好，掺靖远粉煤灰的抗冻指标要比掺连城和平凉粉煤灰的好，掺连城粉煤灰的要比掺平凉灰的好。

(2) 抗渗性。混凝土的抗渗性是指抵抗压力液体渗透作用的能力。抗渗性是决定混凝土耐久性最主要的技术指标。因为混凝土抗渗性好，即混凝土密实性高，外界腐蚀介质不易侵入混凝土内部，从而抗腐蚀性能就好。同样，水不易进入混凝土内部，冰冻破坏作用和风化作用就小。因此混凝土的抗渗性可以认为是混凝土耐久性指标的综合体现。

拉西瓦大坝混凝土抗渗设计指标为 W10，设计试验龄期为 90d。试验按照《水工混凝土试验规程》（DL/T 5150—2001）中规定的逐级加压法进行。混凝土抗渗性能是指混凝土抵抗压力水渗透的能力。试验时，水压从 0.1MPa 开始，以后每隔 8h 加压 0.1MPa 水压，试验达到预定水压力后，卸下试件劈开，测量渗水高度，取 6 个试件渗水高度的平均值。

表 5.5-32 $C_{180}25F300W10$ 三级配抗冻试验结果

序号	编号	水泥品种	粉煤灰品种及掺量/%	水灰比	含气量/%	快速冻融 N 次相对动弹模量/重量损失/%						抗冻等级
						50	100	150	200	250	300	
1	SKPZ-1	大通	平凉30	0.45	4.5	97.9/0.58	97.5/1.22	96.3/1.65	96.0/1.98	95.4/2.63	95.1/2.85	>300
2	SKPJ-2		平凉35		5.0	97.6/0.43	97.2/1.36	97.3/2.15	96.7/2.65	95.9/3.10	95.6/3.37	>300
3	SKLZ-1		连城30		4.5	96.8/0.77	95.7/1.29	94.5/1.63	92.9/1.86	91.7/2.02	87.8/2.41	>300
4	SKLJ-2		连城35		5.4	94.7/0.36	93.6/0.83	93.7/1.30	91.0/1.87	86.1/2.44	84.8/2.85	>300
5	SQPZ-1	永登	平凉30		4.8	97.5/1.12	97.0/1.75	95.5/2.24	95.0/2.69	94.6/3.01	93.3/4.00	>300
6	SQPJ-2		平凉35		4.7	90.9/1.29	89.4/2.01	88.5/2.52	88.3/3.29	87.0/4.02	86.2/4.66	>300

表 5.5-33 $C_{180}25F300W10$ 四级配抗冻试验结果

序号	编号	水泥品种	粉煤灰品种及掺量/%	水灰比	含气量/%	快速冻融 N 次相对动弹模量/重量损失/%						抗冻等级
						50	100	150	200	250	300	
1	SKPZ-3	大通	平凉30	0.45	5.6	98.7/0.24	98.3/0.42	97.9/0.58	96.2/0.69	95.4/1.89	91.9/2.86	>300
2	SKPJ-4		平凉35		5.8	96.3/0.22	95.7/0.57	95.2/1.05	94.8/1.97	94.1/2.78	89.7/3.46	>300
3	SKLZ-3		连城30		5.2	98.0/0.49	97.3/0.73	97.1/0.96	96.9/1.14	95.5/1.78	93.1/2.69	>300
4	SKLJ-4		连城35		5.8	93.4/0.39	92.1/0.94	88.5/1.70	87.4/2.87	86.2/3.91	85.4/4.77	>300
5	SKJZ-3		靖远30		5.0	97.0/0.08	96.3/0.26	94.3/0.57	93.7/0.80	92.1/0.96	91.5/1.47	>300
6	SKJJ-4		靖远35		5.25	96.1/0.37	95.5/0.66	93.8/0.87	93.4/1.27	92.9/1.53	91.7/1.95	>300
7	SQPZ-3	永登	平凉30		5.8	96.3/0.36	95.6/0.83	95.0/1.14	94.4/1.83	93.8/2.81	93.3/3.69	>300
8	SQPJ-4		平凉35		4.5	90.0/0.91	89.4/1.98	88.9/2.81	88.8/3.96	88.2/4.27	87.4/4.70	>300
9	SQLZ-3		连城30		5.4	97.6/1.15	97.3/1.86	96.4/2.60	96.2/3.01	95.6/3.46	95.0/3.73	>300
10	SQLJ-4		连城35		5.1	96.3/0.75	94.7/1.22	92.2/2.08	91.1/3.13	90.3/4.07	89.2/4.56	>300
11	SQJZ-3		靖远30		5.2	97.8/0.39	97.6/0.68	95.8/1.21	95.2/1.52	94.6/1.91	93.5/2.09	>300
12	SQJJ-4		靖远35		6.0	94.5/0.52	92.7/1.04	92.2/1.56	91.9/2.08	91.2/2.63	88.9/3.33	>300

表 5.5－34　　　　　　　　　　$C_{180}32F300W10$ 三级配抗冻试验结果

序号	编号	水泥品种	粉煤灰品种及掺量/%	水灰比	含气量/%	快速冻融						抗冻等级
						N 次相对动弹模量/重量损失/%						
						50	100	150	200	250	300	
1	SKJJ－5	大通	靖远 30	0.40	4.7	98.0/0.44	97.8/0.72	96.1/1.00	94.4/1.15	93.9/1.42	92.3/2.02	＞300
2	SKJZ－6		靖远 35		5.0	98.4/0.33	98.3/0.71	97.7/1.06	97.5/1.27	96.3/1.89	95.2/2.68	＞300

表 5.5－35　　　　　　　　　　$C_{180}32F300W10$ 四级配抗冻试验结果

序号	编号	水泥品种	粉煤灰品种及掺量/%	水灰比	含气量/%	快速冻融						抗冻等级
						N 次相对动弹模量/重量损失/%						
						50	100	150	200	250	300	
1	SQPJ－7	永登	平凉 30	0.40	5.0	97.0/0.13	95.5/0.68	93.1/1.26	92.7/1.68	92.3/2.08	91.0/2.53	＞300
2	SQPZ－8		平凉 35		6.6	96.3/0.50	93.9/1.20	93.5/1.78	93.2/2.54	92.2/3.16	91.9/4.03	＞300

拉西瓦大坝混凝土抗渗按照试验要求及相关文件共进行了 42 组配合比的混凝土抗渗试验，抗渗试验结果表明，混凝土在经历 1.1MPa 逐级水压后的最大渗水高度为 2.1cm，说明在进行的试验混凝土抗渗性能具有较高储备，满足混凝土 W10 抗渗的设计要求，也能充分保障大坝混凝土的抗渗能力。

7. 混凝土干缩、湿胀试验

（1）混凝土干缩试验。混凝土干缩变形的大小用干缩率表示。干缩试验方法：采用 $100mm \times 100mm \times 515mm$ 的试件，两端埋设金属测头，在温度为 $(20\pm2)℃$，相对湿度为 $55\% \sim 65\%$ 的干燥室中进行，混凝土干燥至规定龄期，测量试件干缩前后的长度变化，以试件单位长度变化来表示干缩率。混凝土干缩性能试验结果表明：

大坝混凝土的 28d 龄期干缩率平均值在 187×10^{-6}，90d 龄期干缩率平均值在 301×10^{-6}。混凝土的干缩率在 14d 时发展较快，随着龄期的延长，干缩率逐步增大。总体表明大坝混凝土的干缩性能趋势是较小的。

混凝土的干缩是由混凝土中的水分损失所引起的，它与混凝土的用水量有关，当其材料用量相同的条件下，混凝土的用水量越小，它在干燥的过程中所失去的水分也越少，因而其干缩也越小。本次试验采用的粉煤灰是Ⅰ级粉煤灰，具有一定的减水作用，随着粉煤灰用量的增加混凝土的用水量减少。另一方面，粉煤灰的火山灰反应较慢，水化反应产物减少，残留较多的原始空隙未被填充，这些空隙一般较大，混凝土中的水往往在这些空隙中，这些空隙中的水失去对干缩的影响不大。由于混凝土掺用优质Ⅰ级粉煤灰、高效减水剂，有效降低了单位用水量和胶材用量，因而大坝混凝土的干缩变形不大。

掺连城粉煤灰的干缩要比掺平凉和靖远粉煤灰的干缩小，掺靖远粉煤灰的干缩要比掺平凉的小；用永登配制的混凝土要比大通配制的干缩小；掺 ZB－1 外加剂的干缩要比掺

JM -Ⅱ的小。

影响混凝土干缩的主要因素有：

1）水泥品种与掺合料。一般水泥中 C_3A 含量较大，碱含量较高，细度较细的水泥干缩较大。

2）混合材比表面积的大小是影响水泥干缩的主要因素。优质的粉煤灰，由于含有大量的球形颗粒，需水量较小，掺入混凝土中能很好地降低单位用水量，干缩较小。

3）配合比。由于混凝土单位用水量小，胶凝材料用量少，所以拉西瓦混凝土干缩率小。

骨料可以约束水泥石的干缩，骨料粒径越大，水泥浆含量越少，混凝土干缩越小。拉西瓦骨料品质坚硬，干缩小。

4）外加剂。可以极大地降低混凝土单位用水量，因此可以降低混凝土的干缩。

5）湿度。湿度对混凝土干缩有很大的影响，相对湿度越小，干缩越大。

6）养护。延长混凝土的养护时间可推迟混凝土的干缩的发生和发展，但对最终的干缩并无显著的影响。

混凝土的干缩可以持续很长的时间，但干缩的速度随龄期的延长而迅速地减慢。

（2）混凝土湿胀试验。干燥混凝土吸湿或吸水后，其干缩变形可得到部分恢复，这种变形称为混凝土的湿胀。对于已干燥的混凝土，即使长期泡在水中，仍有部分干缩变形不能完全恢复，残余收缩约为总收缩的 30%～50%。这是因为干燥过程中混凝土的结构和强度均发生了变化。

混凝土的湿胀试验是将干缩试验经最后一次测长的试件，泡入装有饱和 $Ca(OH)_2$ 溶液的恒温水槽内进行的。湿胀试验的龄期从泡水时算起，为 1d、3d、7d、14d、28d。湿胀试件的测长方法与干缩的测长方法相同。湿胀试验结果结果表明，多数试件龄期达到 7d 后不在膨胀，基本趋于稳定。

（3）干缩湿胀综合对比分析。干缩湿胀综合对比分析图表明（图略）：

1）连城配制的混凝土干缩略低于平凉和靖远配制的混凝土干缩，连城配制的混凝土湿胀略高于于平凉和靖远配制的混凝土湿胀；平凉配制的混凝土干缩略高于靖远配制的混凝土干缩，平凉配制的混凝土湿胀略低于靖远配制的混凝土湿胀。

2）ZB -1 配制的混凝土干缩比 JM -Ⅱ配制的混凝土干缩略小，但混凝土湿胀比相差甚微。

3）大通配制的混凝土干缩比永登配制的混凝土干缩略高，大通配制的混凝土湿胀比永登配制的混凝土湿胀略小。

8. 混凝土自生体积变形

混凝土在恒温绝湿条件下，由于胶凝材料的水化作用而引起混凝土的体积变形。混凝土的自生体积变形对混凝土的抗裂问题有着不容忽视的影响，在混凝土配合比设计过程中有意识地控制和利用混凝土的自生体积膨胀变形，将有可能大大改善混凝土的抗裂性能。拉西瓦混凝土配合比自生体积变形试验结果见表 5.5 - 36～表 5.5 - 42。

拉西瓦混凝土配合比试验情况表明，150d 时各种配合比的混凝土自生体积变形呈先收缩再膨胀或先膨胀后收缩然后再胀型等两种变化类型。一部分配比组合在前一周内呈现出膨胀趋势，然后开始收缩，代表性的配比主要有 SKPZ-3、SKPJ-4、SKPJ-7、SKPZ-8、SKLJ-7、SKJZ-3 等，还有一部分配比组合开始就呈现出收缩的趋势，如 SQPJ-7、SQPZ-8、SQLJ-4 等，均大约在 $35\sim40d$ 收缩趋于稳定，$50\sim60d$ 后一部分组合开始呈现出收缩减少趋势或开始膨胀，80d 内自生体积变形为 $5\times10^{-6}\sim-20\times10^{-6}$，150d 自生体积变形为 $15\times10^{-6}\sim-20\times10^{-6}$。在 150d 时所有的配比组合开始呈现出收缩减少或膨胀增加的走势。

从水泥和粉煤灰的 6 大组合表明，在 150d 龄期时，永登水泥和靖远粉煤灰、永登水泥和连成粉煤灰、大通水泥和连成粉煤灰等几个组合拌制的混凝土收缩最小，其平均结果为正值，其中编号为 SQLJ-7 配合比膨胀量最大，其膨胀量达到 17 个微应变；永登水泥和平凉粉煤灰、大通水泥和平凉粉煤灰、大通水泥和靖远粉煤灰几个组合拌制的混凝土收缩最大，平均结果为负值，其中编号为 SQPJ-7 配合比收缩量最大，在 150d 龄期时自生体积变形为 -22 个微应变。从两种水泥的变形值比较，大通水泥的收缩稍小于永登水泥；从两种减水剂比较，在 150d 龄期时掺 JM-Ⅱ 的收缩略小于掺 ZB-1A 的混凝土；从 3 种粉煤灰的试验结果对比表明，掺连城粉煤灰的混凝土自生体积变形总体平均略显膨胀，掺平凉粉煤灰和靖远粉煤灰和的混凝土自生体积变形总体平均为为负值，其中平凉粉煤灰收缩最大。从粉煤灰的两种掺量来对比，掺 30％粉煤灰自生体积变形总体平均为正值，但接近于 0，而掺 35％粉煤灰的混凝土自生体积变形总体平均为负值，分析其原因可能是由于粉煤灰掺量过大会抑制水泥中方镁石的生成，虽然增大粉煤灰可以减少混凝土的收缩，对方镁石的生成反应产生起了副作用，从根本上抑制了混凝土的膨胀。

从拉西瓦混凝土的抗裂要求表明，在拉西瓦混凝土配合比设计采用中热微膨胀水泥是改善混凝土抗裂性的关键。同 2003 年 6 月—2004 年 9 月期间所进行的拉西瓦水电站配合比设计试验相比，由于水泥中氧化镁含量的提高，混凝土的收缩率已大大减少，有些组合的配比在后期已呈现微膨胀性能。

总之，由于龄期的原因，目前对混凝土自生体积变形试验所得出的结论仅做参考，随着龄期的延长，对混凝土自生体积变形试验的结果还有得于进一步探讨。

表 5.5-36 自生体积变形试验结果（永登水泥平凉粉煤灰，三级配）

SQPZ-1		SQPJ-2		SQPJ-5		SQPZ-6	
龄期/d	变形量/$(\times10^{-6})$	龄期/d	变形量/$(\times10^{-6})$	龄期/d	变形量/$(\times10^{-6})$	龄期/d	变形量/$(\times10^{-6})$
0	0.00	0	0.00	0	0.00	0	0.00
1	6.99	1	-3.79	1	7.90	1	-0.85
2	2.60	2	-4.14	2	7.47	2	2.69
3	9.67	3	-5.00	3	10.56	3	6.14
4	6.48	4	-4.14	4	7.47	4	3.28
5	6.39	5	-7.59	5	11.33	5	2.94
6	5.88	6	-1.38	6	6.70	6	2.52
7	5.97	7	-0.34	7	10.73	7	-1.36
8	9.76	8	-4.40	8	7.30	8	-1.19

SQPZ-1		SQPJ-2		SQPJ-5		SQPZ-6	
龄期/d	变形量/(×10⁻⁶)	龄期/d	变形量/(×10⁻⁶)	龄期/d	变形量/(×10⁻⁶)	龄期/d	变形量/(×10⁻⁶)
9	5.37	9	−1.90	9	9.97	9	−2.47
10	5.12	10	−2.50	10	6.79	10	−2.81
11	3.28	11	−1.64	11	3.09	11	−4.81
12	3.87	12	−5.34	12	3.52	12	−7.76
13	−3.37	13	−4.31	13	0.43	13	−10.70
14	−3.20	14	−7.93	14	0.77	14	−14.67
15	−2.77	15	−7.67	15	−2.75	15	−13.98
17	−3.37	17	−8.10	17	−3.35	17	−15.01
21	−6.56	21	−11.47	21	−2.58	21	−17.78
24	−7.58	24	−11.98	24	−3.44	24	−18.63
29	−6.99	29	−11.72	29	−3.01	29	−18.54
34	−3.79	34	−12.33	34	−3.69	34	−18.88
38	−4.04	38	−12.93	38	−4.20	38	−19.48
43	−3.79	43	−12.76	43	−4.03	43	−19.05
48	0.65	48	−11.81	48	−3.41	48	−18.75
56	−2.04	56	−10.69	56	−5.91	56	−21.26
60	0.06	60	−9.31	60	−7.70	60	−19.34
64	−0.88	64	−9.74	64	−8.89	64	−20.02
69	−2.57	69	−10.86	69	−9.92	69	−21.72
73	−2.15	73	−10.94	73	−5.97	73	−21.38
77	−2.23	77	−11.03	77	−2.11	77	−21.30
80	1.47	80	−11.55	80	1.07	80	−18.10
85	3.00	85	−11.37	85	2.52	85	−16.74
92	3.42	92	−11.89	92	3.29	92	−16.57
96	1.39	96	−11.63	96	0.99	96	−18.35
111	1.73	111	−11.37	111	1.24	111	−22.15
123	3.74	123	−11.98	123	1.24	123	−20.22
130	5.01	130	−10.68	130	1.41	130	−18.52
140	6.70	140	−10.08	140	2.52	140	−16.82
152	9.25	152	−7.33	152	4.83	152	−14.53

表 5.5 - 37　　　　　自生体积变形试验结果（永登水泥平凉粉煤灰，四级配）

SQPZ - 3		SQPJ - 4		SQPJ - 7		SQPZ - 8	
龄期/d	变形量/(×10⁻⁶)	龄期/d	变形量/(×10⁻⁶)	龄期/d	变形量/(×10⁻⁶)	龄期/d	变形量/(×10⁻⁶)
0	0.00	0	0.00	0	0.00	0	0.00
1	−0.60	1	−1.11	1	−5.41	1	−5.85
2	3.01	2	2.44	2	−1.61	2	−2.12
3	−1.03	3	1.51	3	−2.79	3	−2.97
4	0.00	4	2.27	4	−2.03	4	−2.12
5	0.00	5	2.36	5	−6.42	5	−5.94
6	−0.86	6	2.36	6	−3.05	6	−2.80
7	−0.60	7	1.59	7	−2.88	7	−6.61
8	−0.26	8	−1.79	8	−2.29	8	−6.36
9	−1.80	9	−3.07	9	−3.47	9	−7.55
10	−1.29	10	−3.84	10	−4.40	10	−8.31
11	−4.13	11	−1.96	11	−10.05	11	−10.69
12	−7.31	12	−5.60	12	−13.17	12	−10.26
13	−10.32	13	−8.47	13	−12.57	13	−13.31
14	−9.98	14	−8.30	14	−12.40	14	−13.06
15	−13.68	15	−11.94	15	−16.12	15	−16.79
17	−14.37	17	−12.45	17	−16.62	17	−17.22
21	−17.38	21	−11.86	21	−16.62	21	−16.71
24	−17.98	24	−12.54	24	−16.71	24	−17.22
29	−17.98	29	−12.11	29	−20.33	29	−16.96
34	−18.41	34	−12.79	34	−20.93	34	−17.56
38	−18.92	38	−13.30	38	−17.39	38	−18.06
43	−18.75	43	−13.22	43	−17.30	43	−18.06
48	−18.22	48	−12.22	48	−16.38	48	−17.05
56	−20.72	56	−11.12	56	−19.33	56	−19.84
60	−22.52	60	−8.93	60	−21.28	60	−21.63
64	−23.38	64	−10.04	64	−22.13	64	−22.81
69	−24.67	69	−11.23	69	−23.65	69	−23.83
73	−24.58	73	−11.23	73	−23.57	73	−24.08
77	−24.58	77	−11.31	77	−23.40	77	−24.08
80	−22.43	80	−11.83	80	−24.08	80	−20.69
85	−21.05	85	−9.95	85	−22.13	85	−22.73
92	−21.23	92	−9.78	92	−21.79	92	−23.41
96	−22.43	96	−12.17	96	−24.33	96	−24.93

续表

SQPZ-3		SQPJ-4		SQPJ-7		SQPZ-8	
龄期/d	变形量/(×10⁻⁶)	龄期/d	变形量/(×10⁻⁶)	龄期/d	变形量/(×10⁻⁶)	龄期/d	变形量/(×10⁻⁶)
111	−23.97	111	−11.91	111	−24.25	111	−24.68
123	−23.54	123	−12.42	123	−28.97		
130	−22.60	130	−12.85	130	−27.79	130	−24.25
140	−20.97	140	−10.46	140	−26.7	140	−23.32
152	−17.37	152	−8.16	152	−22.03	152	−20.86

表 5.5-38　　　自生体积变形试验结果（永登水泥靖远粉煤灰，四级配）

SQJZ-3		SQJJ-4		SQJJ-7		SQJZ-8	
龄期/d	变形量/(×10⁻⁶)	龄期/d	变形量/(×10⁻⁶)	龄期/d	变形量/(×10⁻⁶)	龄期/d	变形量/(×10⁻⁶)
0	0.00	0	0.00	0	0.00	0	0.00
1	3.80	1	−4.39	1	1.87	1	2.09
2	2.95	2	−5.06	2	4.49	2	0.39
3	2.86	3	−1.51	3	1.11	3	0.81
4	−0.09	4	−0.59	4	1.78	4	0.65
5	−0.26	5	−4.90	5	5.00	5	0.22
6	−1.28	6	−1.35	6	5.42	6	0.22
7	−0.60	7	−5.32	7	5.59	7	0.81
8	−5.25	8	−5.06	8	4.24	8	−0.46
9	−2.73	9	−5.99	9	4.16	9	−0.54
10	−2.90	10	−7.00	10	2.37	10	−2.38
11	−2.64	11	−9.46	11	2.46	11	−6.25
12	−2.30	12	−9.12	12	−0.93	12	−5.57
13	−5.33	13	−12.25	13	−0.93	13	−5.40
14	−4.91	14	−11.83	14	−0.50	14	−5.06
15	−8.62	15	−15.55	16	−4.98	16	−9.36
17	−5.08	17	−15.88	20	−8.03	20	−12.55
21	−8.54	21	−15.38	23	−8.87	23	−13.65
24	−9.05	24	−15.97	28	−8.70	28	−13.23
29	−12.77	29	−15.55	33	−9.12	33	−13.48
34	−9.31	34	−16.22	37	−9.62	37	−13.99
38	−6.02	38	−16.73	42	−9.46	42	−14.08
43	−5.85	43	−16.56	47	−8.60	47	−13.18
48	−5.03	48	−11.73	55	−7.59	55	−12.16
56	−7.72	56	−14.52	59	−5.13	59	−13.94

SQJZ-3		SQJJ-4		SQJJ-7		SQJZ-8	
龄期/d	变形量/(×10⁻⁶)	龄期/d	变形量/(×10⁻⁶)	龄期/d	变形量/(×10⁻⁶)	龄期/d	变形量/(×10⁻⁶)
60	−9.62	60	−12.23	63	−6.31	63	−10.92
64	−6.64	64	−13.50	68	−7.15	68	−7.81
69	−7.67	69	−14.76	72	−9.17	72	−9.93
73	−3.86	73	−10.70	76	−9.50	76	−8.49
77	−3.95	77	−10.79	79	−8.24	79	−8.66
80	−0.92	80	−7.32	84	−6.56	84	−10.92
85	0.53	85	−5.81	91	−6.14	91	−10.49
92	0.70	92	−5.13	95	−4.86	95	−9.17
96	−0.75	96	−7.24	110	−4.19	110	−8.15
111	−0.58	111	−7.07	122	−1.31	122	−9.51
123	2.46	123	−3.85	129	−0.22	129	−9.08
130	3.82	130	−2.68	139	0.79	139	−7.22
140	4.76	140	−1.92	151	2.98	151	−5.35
152	6.15	152	1.19				

表 5.5-39　自生体积变形试验结果（永登水泥连成粉煤灰，四级配）

SQLZ-3		SQLJ-4		SQLJ-7		SQLZ-8	
龄期/d	变形量/(×10⁻⁶)	龄期/d	变形量/(×10⁻⁶)	龄期/d	变形量/(×10⁻⁶)	龄期/d	变形量/(×10⁻⁶)
0	0.00	0	0.00	0	0.00	0	0.00
1	3.13	1	−4.45	1	8.01	1	−4.38
2	2.53	2	−4.96	2	6.91	2	−5.31
3	5.49	3	−6.07	3	10.45	3	−6.58
4	3.13	4	−5.39	4	8.26	4	−5.99
5	−0.68	5	−5.22	5	12.06	5	−6.07
6	1.85	6	−6.32	6	6.40	6	−6.92
7	2.62	7	−9.92	7	3.37	7	−6.66
8	−1.28	8	−9.67	8	3.28	8	−6.15
9	−2.56	9	−10.60	9	5.81	9	−11.29
10	−3.32	10	−7.00	10	5.13	10	−11.46
11	−1.96	11	−13.18	11	−0.85	11	−13.73
12	−5.26	12	−16.52	12	−0.17	12	−13.22
13	−8.55	13	−15.84	13	−3.28	13	−16.42
14	−8.13	14	−19.52	14	−3.28	14	−16.16
15	−7.79	15	−19.18	15	−6.82	15	−15.91

SQLZ-3		SQLJ-4		SQLJ-7		SQLZ-8	
龄期/d	变形量/($\times 10^{-6}$)	龄期/d	变形量/($\times 10^{-6}$)	龄期/d	变形量/($\times 10^{-6}$)	龄期/d	变形量/($\times 10^{-6}$)
17	−8.38	17	−15.76	17	−3.62	17	−16.33
21	−11.51	21	−22.87	21	−10.45	21	−19.70
24	−12.45	24	−23.80	24	−7.76	24	−20.46
29	−11.93	29	−23.46	29	−7.08	29	−20.04
34	−12.53	34	−23.89	34	−7.59	34	−20.54
38	−12.96	38	−20.38	38	−4.13	38	−21.05
43	−12.79	43	−20.29	43	−3.88	43	−21.05
48	−8.24	48	−19.59	48	−3.47	48	−20.05
56	−7.21	56	−18.56	56	−2.12	56	−19.12
60	−5.03	60	−20.44	60	−0.19	60	−20.98
64	−6.13	64	−21.29	64	−0.78	64	−21.83
69	−7.67	69	−18.80	69	−2.31	69	−23.27
73	−7.41	73	−14.94	73	−2.14	73	−19.39
77	−3.52	77	−14.77	77	1.83	77	−19.23
80	−3.09	80	−15.37	80	6.04	80	−19.99
85	−1.81	85	−13.41	85	7.57	85	−18.13
92	−1.56	92	−13.33	92	7.57	92	−17.87
96	0.12	96	−15.62	96	9.58	96	−16.37
111	0.46	111	−15.45	111	9.75	111	−16.28
123	2.56	123	−12.71	123	11.17	123	−16.96
130	4.27	130	−11.51	130	12.78	130	−15.69
140	5.55	140	−10.15	140	14.90	140	−14.85
152	7.51	152	−8.02	152	17.44	152	−12.22

表 5.5-40　　　自生体积变形试验结果（大通水泥平凉粉煤灰，四级配）

SKPZ-3		SKPJ-4		SKPJ-7		SKPZ-8	
龄期/d	变形量/($\times 10^{-6}$)	龄期/d	变形量/($\times 10^{-6}$)	龄期/d	变形量/($\times 10^{-6}$)	龄期/d	变形量/($\times 10^{-6}$)
0	0.00	0	0.00	0	0.00	0	0.00
1	−1.70	1	−0.60	1	−1.02	1	3.00
2	4.73	2	−2.22	2	5.42	2	1.37
3	6.94	3	−1.80	3	1.56	3	9.25
4	4.73	4	1.83	4	5.00	4	8.65
5	4.39	5	5.37	5	8.61	5	4.19
6	4.39	6	5.37	6	4.83	6	8.30

SKPZ-3		SKPJ-4		SKPJ-7		SKPZ-8	
龄期/d	变形量/(×10⁻⁶)	龄期/d	变形量/(×10⁻⁶)	龄期/d	变形量/(×10⁻⁶)	龄期/d	变形量/(×10⁻⁶)
7	1.10	7	5.88	7	5.42	7	5.22
8	3.80	8	4.77	8	8.09	8	3.76
9	4.14	9	4.68	9	7.75	9	7.70
10	−0.76	10	3.79	10	6.28	10	2.91
11	−0.59	11	−0.17	11	6.19	11	3.60
12	−0.51	12	0.17	12	3.10	12	−0.17
13	−0.17	13	0.34	13	3.35	13	−0.17
14	0.34	14	0.43	14	−0.26	14	−3.60
16	−4.23	16	0.26	16	−0.77	16	−4.03
20	−11.17	20	−6.90	20	−7.81	20	−14.22
23	−11.93	23	−11.55	23	−12.44	23	−15.16
28	−15.83	28	−15.52	28	−16.47	28	−18.85
33	−16.00	33	−15.35	33	−16.64	33	−22.44
37	−16.67	37	−16.12	37	−17.24	37	−19.53
42	−16.59	42	−16.37	42	−17.24	42	−19.88
47	−12.19	47	−15.66	47	−16.44	47	−19.28
55	−11.01	55	−18.43	55	−15.51	55	−18.17
59	−8.81	59	−16.60	59	−13.52	59	−16.46
63	−9.74	63	−17.37	63	−10.42	63	−17.14
68	−11.35	68	−18.48	68	−11.36	68	−18.26
72	−9.41	72	−16.99	72	−9.97	72	−17.07
76	−7.46	76	−15.11	76	−8.18	76	−15.18
79	−9.23	79	−13.49	79	−7.92	79	−13.98
84	−7.28	84	−15.66	84	−6.31	84	−16.0
91	−7.20	91	−15.23	91	−5.96	91	−15.8
95	−6.10	95	−14.00	95	−8.35	95	−18.3
110	−9.49	110	−13.49	110	−7.75	110	−21.5
122	−9.91	122	−13.91	122	−8.35	122	−19.3
129	−9.66	129	−14.51	129	−7.92	129	−18.0
139	−8.30	139	−12.20	139	−2.87	139	−12.7
151	−6.61	151	−10.44	151	0.71	151	−7.54

表 5.5 - 41 自生体积变形试验结果（大通水泥靖远粉煤灰，四级配）

SKJZ - 3		SKJJ - 4		SKJJ - 7		SKJZ - 8	
龄期/d	变形量/($\times 10^{-6}$)	龄期/d	变形量/($\times 10^{-6}$)	龄期/d	变形量/($\times 10^{-6}$)	龄期/d	变形量/($\times 10^{-6}$)
0	0.00	0	0.00	0	0.00	0	0.00
1	3.98	1	-0.43	1	-1.20	1	-1.02
2	9.96	2	1.77	2	1.07	2	-2.64
3	6.49	3	2.11	3	-2.31	3	-2.13
4	10.04	4	1.86	4	-2.91	4	-6.59
5	9.61	5	1.26	5	0.30	5	-3.15
6	9.61	6	1.43	6	0.56	6	-3.07
7	6.24	7	-1.71	7	-2.48	7	-6.59
8	5.12	8	4.74	8	0.05	8	-3.75
9	9.01	9	0.66	9	-0.47	9	-4.17
10	8.12	10	3.05	10	1.50	10	-5.57
11	4.15	11	-0.94	11	-2.22	11	-5.57
12	4.23	12	-1.02	12	-5.18	12	-8.83
13	4.83	13	-3.82	13	-0.94	13	-12.52
14	0.94	14	-3.56	14	-8.48	14	-12.27
16	0.77	16	-3.99	16	-9.00	16	-16.73
20	-6.41	20	-10.86	20	-16.11	20	-19.65
23	-10.90	23	-15.36	23	-16.54	23	-20.59
28	-14.62	28	-19.10	28	-20.43	28	-24.45
33	-14.79	33	-23.17	33	-24.68	33	-24.62
37	-11.58	37	-19.86	37	-21.29	37	-25.22
42	-11.67	42	-19.95	42	-21.38	42	-25.22
47	-11.04	47	-19.20	47	-20.47	47	-24.05
55	-9.84	55	-18.18	55	-23.51	55	-19.45
59	-7.75	59	-16.32	59	-21.50	59	-21.33
63	-4.46	63	-13.18	63	-18.28	63	-18.32
68	-2.80	68	-14.37	68	-19.05	68	-19.34
72	-1.05	72	-12.94	72	-17.98	72	-17.52
76	1.01	76	-11.07	76	-16.27	76	-16.07
79	0.58	79	-11.49	79	-16.10	79	-18.23
84	2.21	84	-9.87	84	-18.37	84	-16.53
91	4.98	91	-9.19	91	-17.94	91	-12.16
95	3.96	95	-7.25	95	-16.44	95	-14.88
110	4.73	110	-7.42	110	-16.01	110	-14.46

SKJZ-3		SKJJ-4		SKJJ-7		SKJZ-8	
龄期/d	变形量/(×10⁻⁶)	龄期/d	变形量/(×10⁻⁶)	龄期/d	变形量/(×10⁻⁶)	龄期/d	变形量/(×10⁻⁶)
122	3.87	122	−3.94	122	−16.27	122	−16.50
129	4.64	129	−3.17	129	−15.50	129	−14.80
139	5.93	139	−2.49	139	−14.90	139	−13.09
151	7.98	151	0.17	151	−11.22	151	−11.47

表 5.5-42　　自生体积变形试验结果（大通登水泥连成粉煤灰，四级配）

SKLZ-3		SKLJ-4		SKLJ-7		SKLZ-8	
龄期/d	变形量/(×10⁻⁶)	龄期/d	变形量/(×10⁻⁶)	龄期/d	变形量/(×10⁻⁶)	龄期/d	变形量/(×10⁻⁶)
0	0.00	0	0.00	0	0.00	0	0.00
1	−4.83	1	−4.65	1	−0.94	1	−4.84
2	1.67	2	−1.72	2	1.11	2	1.14
3	−2.14	3	−5.08	3	1.62	3	−2.32
4	−0.43	4	−1.37	4	1.45	4	−1.81
5	0.64	5	−2.06	5	4.54	5	0.88
6	0.90	6	−1.29	6	4.71	6	−2.24
7	1.50	7	−1.29	7	1.54	7	−2.06
8	4.19	8	−2.32	8	4.02	8	0.54
9	4.10	9	−2.14	9	4.88	9	−2.06
10	6.15	10	−6.04	10	1.12	10	−2.35
11	2.52	11	−6.30	11	−2.83	11	−6.50
12	−0.51	12	−6.12	12	0.77	12	−7.02
13	−0.34	13	−6.21	13	−2.91	13	−7.02
14	−3.89	14	−5.78	14	−2.40	14	−6.76
16	−0.60	16	−6.21	16	−3.00	16	−10.91
20	−7.69	20	−8.97	20	−12.94	20	−16.98
23	−12.35	23	−14.05	23	−14.23	23	−18.27
28	−16.32	28	−18.01	28	−18.00	28	−22.43
33	−16.75	33	−22.23	33	−18.17	33	−22.60
37	−17.26	37	−22.75	37	−18.77	37	−23.12
42	−21.15	42	−24.27	42	−18.94	42	−23.03
47	−20.26	47	−22.04	47	−14.75	47	−18.59
55	−19.40	55	−17.05	55	−13.46	55	−17.65
59	−13.42	59	−10.76	59	−7.72	59	−15.56
63	−14.19	63	−11.61	63	−8.58	63	−12.61

续表

SKLZ-3		SKLJ-4		SKLJ-7		SKLZ-8	
龄期/d	变形量/(×10⁻⁶)	龄期/d	变形量/(×10⁻⁶)	龄期/d	变形量/(×10⁻⁶)	龄期/d	变形量/(×10⁻⁶)
68	−15.30	68	−12.90	68	−6.36	68	−13.64
72	−9.74	72	−10.91	72	−8.33	72	−12.07
76	−8.03	76	−13.16	76	−6.44	76	−10.35
79	−11.15	79	−11.53	79	−8.50	79	−10.86
84	−9.36	84	−9.55	84	−6.61	84	−8.97
91	−9.19	91	−13.52	91	−2.75	91	−8.89
95	−7.61	95	−12.30	95	−1.81	95	−9.14
110	−7.18	110	−7.99	110	−1.30	110	−4.90
122	−4.23	122	−3.24	122	−1.90	122	−5.05
129	−2.95	129	−1.53	129	−2.24	129	−4.02
139	−1.92	139	0.96	139	−0.09	139	−2.99
151	0.64	151	1.56	151	1.97	151	−0.32

9. 混凝土热学性能试验

水工大体积混凝土因为水泥水化反应时产生明显的温升，并在随后的降温过程中体积收缩受约束而出现开裂。因此，热学性能对大体积混凝土的性能影响很大，同时热学性能也是坝体温度应力和裂缝控制计算的重要参数。混凝土绝热温升与配合比有着密切关系，是混凝土配合比设计的重要根据之一，其他热学性能与混凝土所用原材料性能有关，特别是与混凝土所用的粗骨料关系很大。

根据《关于进行拉西瓦水电站工程大坝混凝土施工配合比复核试验》（拉建司字〔2005〕49号）的通知，对复核试验配合比混凝土进行了导温系数、比热、线膨胀系数、绝热温升的试验和测定。由于西宁试验室设备不完善的原因，比热测定、导热系数试验委托原国家电力公司成都勘测设计研究院科研所进行。

（1）混凝土导温系数、比热测定、线膨胀系数试验。

1）混凝土导温系数。混凝土的导温系数是表示混凝土进行热交换的特征指数，其值越大越有利于热量的扩散。一般情况下，混凝土的导温系数随骨料用量的增多和单位用水量的减少而增大，水泥品种和混凝土龄期对导温系数没有显著影响。混凝土导温系数一般为 0.003～0.005m³/h。

导温系数结果见表5.5-43。结果表明，混凝土的导温系数在 0.0034～0.0037m³/h 范围。

2）混凝土比热测定。混凝土的比热是指单位重量的混凝土温度升高1℃时所需的热量。一般情况下，骨料品种对比热几乎不起作用，因为岩石的比热不会随矿物类型不同而变化很多。但是水泥石的比热很大程度上取决于孔隙率（W/C）、含水量和温度，混凝土比热强烈地依赖于这些因素，岩石比热一般在 0.7～0.85kJ/(kg·℃)，占混凝土组成的大部分，水泥石的比热比岩石大，因此混凝土比热一般范围为 0.8～1.2kJ/(kg·℃)。

导温系数、比热测定结果见表5.5-43。结果表明，混凝土比热在 0.884～0.913kJ/

（kg·℃）范围。

表 5.5－43 　　　　　　　　　　导温系数、比热测定结果

序号	编号	设计等级	级配	水泥品种	粉煤灰品种及掺量/%	水灰比	用水量/(kg/m³)	砂率/%	减水剂/%	引气剂DH9/%	导温系数/(m³/h)	比热/[kJ/(kg·℃)]
1	SQPZ－1	C25F300W10	三		平凉 30	0.45	86	29	0.5 (ZB－1)	0.011	0.0035	0.913
2	SQPJ－2	C25F300W10	三		平凉 35	0.45	86	29	0.5 (JM－Ⅱ)	0.013	0.0035	0.917
3	SQPJ－5	C32F300W10	三	永登	平凉 30	0.40	86	29	0.5 (JM－Ⅱ)	0.013	0.0036	0.900
4	SQPZ－6	C32F300W10	三		平凉 30	0.40	86	29	0.5 (ZB－1)	0.011	0.0035	0.910
5	SQPZ－8	C32F300W10	四		平凉 35	0.40	77	25	0.5 (ZB－1)	0.011	0.0034	0.871
6	SKPZ－6	C32F300W10	三		平凉 35	0.40	86	29	0.5 (ZB－1)	0.011	0.0036	0.901
7	SKLZ－6	C32F300W10	三	大通	连城 35	0.40	86	29	0.5 (ZB－1)	0.011	0.0035	0.903
8	SKJZ－6	C32F300W10	三		靖远 35	0.40	86	29	0.5 (ZB－1)	0.011	0.0037	0.884

3）混凝土线膨胀系数。普通混凝土的线膨胀系数一般在 $10 \times 10^{-6}/℃$ 左右，变化范围大约是 $(6 \sim 13) \times 10^{-6}/℃$。

线膨胀系数结果见表 5.5－44。结果表明，混凝土线膨胀系数在 $(7.93 \sim 8.66) \times 10^{-6}/℃$ 范围。

表 5.5－44 　　　　　　　　　　线 膨 胀 系 数 结 果

序号	编号	设计等级	级配	水泥品种	粉煤灰品种及掺量/%	水灰比	用水量/(kg/m³)	砂率/%	减水剂/%	引气剂DH9/%	线膨胀系数/(×10⁻⁶/℃)
1	SQPZ－1	C25F300W10	三	永登	平凉 30	0.45	86	29	0.5 (ZB－1)	0.011	8.23
2	SQPJ－2		三	永登	平凉 35				0.5 (JM－Ⅱ)	0.013	8.17
3	SQPZ－3				平凉 30				0.5 (ZB－1)	0.011	8.35
4	SQPJ－4				平凉 35				0.5 (JM－Ⅱ)	0.013	8.38
5	SQLZ－3	C25F300W10	四	永登	连城 30	0.45	77	25	0.5 (ZB－1)	0.011	8.27
6	SQLJ－4				连城 35				0.5 (JM－Ⅱ)	0.013	8.17
7	SQJZ－3				靖远 30				0.5 (ZB－1)	0.011	8.19
8	SQJJ－4				靖远 35				0.5 (JM－Ⅱ)	0.013	8.41
9	SQPJ－5	C32F300W10	三	永登	平凉 30	0.40	86	29	0.5 (JM－Ⅱ)	0.013	8.26
10	SQPZ－6				平凉 35				0.5 (ZB1)	0.011	7.93
11	SQPJ－7				平凉 30				0.5 (JM－Ⅱ)	0.013	8.53
12	SQPZ－8				平凉 35				0.5 (ZB－1)	0.011	8.30
13	SQLJ－7	C32F300W10	四	永登	连城 30	0.40	77	25	0.5 (JM－Ⅱ)	0.013	8.66
14	SQLZ－8				连城 35				0.5 (ZB－1)	0.011	7.97
15	SQJJ－7				靖远 30				0.5 (JM－Ⅱ)	0.013	8.33
16	SQJZ－8				靖远 35				0.5 (ZB－1)	0.011	8.53

续表

序号	编号	设计等级	级配	水泥品种	粉煤灰品种及掺量/%	水灰比	用水量/(kg/m³)	砂率/%	减水剂/%	引气剂 DH9/%	线膨胀系数/(×10⁻⁶/℃)
17	SKPZ-3				平凉 30				0.5 (ZB-1)	0.011	8.54
18	SKPJ-4				平凉 35				0.5 (JM-II)	0.013	8.53
19	SKLZ-3	C25F300W10	四	大通	连城 30	0.45	77	25	0.5 (ZB-1)	0.011	8.12
20	SKLJ-4				连城 35				0.5 (JM-II)	0.013	8.33
21	SKJZ-3				靖远 30				0.5 (ZB-1)	0.011	8.23
22	SKJJ-4				靖远 35				0.5 (JM-II)	0.013	8.16
23	SKPJ-7				平凉 30				0.5 (JM-II)	0.013	8.23
24	SKPZ-8				平凉 35				0.5 (ZB-1)	0.011	8.58
25	SKLJ-7	C32F300W10	四	大通	连城 30	0.40	77	25	0.5 (JM-II)	0.013	8.54
26	SKLZ-8				连城 35				0.5 (ZB-1)	0.011	8.24
27	SKJJ-7				靖远 30				0.5 (JM-II)	0.013	8.36
28	SKJZ-8				靖远 35				0.5 (ZB-1)	0.011	8.18

（2）混凝土绝热温升。由于水泥水化而产生的热量使混凝土温度升高。混凝土的绝热温升试验是在没有热量交换的绝热条件下，直接测定混凝土由于水泥水化而产生的温度升高值，因而每 m³ 混凝土单位水泥用量越低，绝热温升值越小。绝热温升试验采用全级配。按照《关于进行拉西瓦水电站工程大坝混凝土施工配合比复核试验的通知》（拉建司质安字〔2005〕49 号）要求，对大坝混凝土施工配合比进行绝热温升试验。复核试验选择了有代表性的 5 组配合比进行了绝热温升试验，混凝土绝热温升试验配合比参数见表 5.5-45。

表 5.5-45　　　　　　　　　混凝土绝热温升试验配合比参数

序号	试验编号	混凝土设计等级	级配	水胶比	水泥品种	煤灰品种	煤灰掺量/%	砂率/%	用水量/(kg/m³)	减水剂品种	减水剂/%	DH9掺量/%	胶凝总量/(kg/m³)
1	LQLZ-8	C32F300W10	四	0.40	永登	连城	35	25	77	ZB-1A	0.5	0.011	193
2	LKLZ-8	C32F300W10	四	0.40	大通	连城	35	25	77	ZB-1A	0.5	0.011	193
3	LQLZ-6	C32F300W10	三	0.40	永登	连城	35	29	86	ZB-1A	0.5	0.011	215
4	LQPJ-7	C32F300W10	四	0.40	永登	平凉	30	25	77	JM-II	0.5	0.013	193
5	LQPJ-4	C25F300W10	四	0.45	永登	平凉	35	25	77	JM-II	0.5	0.013	171

这里省略混凝土配合比绝热温升试验结果。为了便于分析比较，对试验结果进行了回归分析，分析结果见表 5.5-46。

从绝热温升试验的分析结果表明：绝热温升随时间变化关系在 1～1.5d 以前呈现出开口朝上的二次函数单调增加的变化关系，1～1.5d 以后呈现出以卒中绝热温升为极限值的双曲函数单调增加的变化关系。

从 5 组混凝土绝热温升对比情况表明，三级配 LQLZ - 6 的绝热温升值较高，28d 绝热温升为 25.6℃，最终绝热温升为 27.2℃；四级配 LQPJ - 4 绝热温升值较低，28d 绝热温升为 21.0℃，最终绝热温升为 22.2℃。在配合比相同的情况下，两种水泥的绝热温升接近，但大通水泥稍低一些；粉煤灰掺量掺 30% 比掺 35% 粉煤灰混凝土绝热温升稍高。

表 5.5 - 46　　　　　　　　　　混凝土的绝热温升试验分析结果

序号	试验编号	混凝土设计等级	级配	28d绝热温升值/℃	拟 合 方 程	最终绝热温升值/℃
1	LQLZ - 8	C32F300W10	四	24.0	$T=25.4t/(1.548+t)$，$R=0.9998$，$t>1.5d$	25.4
2	LKLZ - 8	C32F300W10	四	23.5	$T=25.3t/(1.876+t)$，$R=0.9998$，$t>1.25d$	25.3
3	LQLZ - 6	C32F300W10	三	25.6	$T=27.2t/(1.450+t)$，$R=0.9998$，$t>1.25d$	27.2
4	LQPJ - 7	C32F300W10	四	23.3	$T=24.8t/(1.437+t)$，$R=0.9997$，$t>1d$	24.8
5	LQPJ - 4	C25F300W10	四	21.0	$T=22.2t/(1.317+t)$，$R=0.9999$，$t>1d$	22.2

5.5.2.4　大坝混凝土施工配合比

优良的大坝混凝土施工配合比是保证混凝土施工浇筑质量进度的基础保证，并可以取得显著的技术和经济效益。针对拉西瓦水电站高双曲拱坝的特点，拉西瓦大坝混凝土施工配合比设计技术路线采用"两低三掺"技术方案，即采用较低的水胶比和用水量，掺优质Ⅰ级粉煤灰、缓凝高效减水剂和引气剂，从而达到有效地降低混凝土温升，提高混凝土的抗裂性能和耐久性能，特别是抗冻性和极限拉伸值，并取得好的技术和经济效益。

针对大坝不同部位设计指标 $C_{180}20W10F300$、$C_{180}35W10F300$ 混凝土，与设计指标 $C_{180}25W10F300$、$C_{180}32W10F300$ 混凝土进行分析比较，虽然上述混凝土设计指标要求的强度等级不同，但抗冻等级和抗渗等级却采用相同设计指标。由于抗冻等级和极限拉伸值是大坝混凝土施工配合比设计的主要控制指标，为此，根据大量的试验结果对比分析：从大坝混凝土控制指标和简化施工配合比考虑，设计指标 $C_{180}20W10F300$ 混凝土采用与大坝上部 $C_{180}25W10F300$ 混凝土相同的配合比参数；设计指标 $C_{180}35W10F300$ 混凝土采用与大坝中部、底部混凝土设计指标 $C_{180}32W10F300$ 相同的配合比参数，以满足混凝土主要控制指标设计要求。

根据拉西瓦大坝混凝土施工配合比复核试验结果，从大坝部位工作的重要性考虑：大坝中部、底部混凝土设计指标 $C_{180}32W10F300$（$C_{180}35W10F300$），水胶比 0.40，掺粉煤灰 30%；大坝上部混凝土设计指标 $C_{180}25W10F300$（$C_{180}20W10F300$），水胶比 0.45，掺粉煤灰 35%。铺筑砂浆水胶比比同等级混凝土缩小 0.03，富浆混凝土采用相同水胶比。由于 ZB - 1A 及 JM - Ⅱ 两种减水剂引气效果不同，大坝混凝土采用 ZB - 1A 时引气剂 DH9 掺量为 0.011%，采用 JM - Ⅱ 时引气剂 DH9 掺量为 0.013%；由于富浆混凝土流动度大，故引气剂 DH9 掺量均为 0.007%。

大坝混凝土原材料：水泥为永登 42.5 或大通 42.5 中热硅酸盐水泥；粉煤灰为连城、靖远 I 级粉煤灰或平凉 II 级粉煤灰；骨料为红柳滩天然骨料，砂 $FM = 2.6 \sim 2.8$；三级配：小石：中石：大石＝30：30：40，四级配：小石：中石：大石：特大＝20：20：30：30。

新拌混凝土质量控制：当坍落度每增减 1cm，用水量相应增减 $2kg/m^3$；砂细度模数 FM 每增减 0.2，砂率相应增加 1%；含气量控制在 4.5% ~ 5.5%。

拉西瓦水电站工程大坝混凝土施工配合比复核试验经过大量、反复的试验优化，数据可靠，结果表明，混凝土各种性能满足设计和施工要求，提交的大坝混凝土施工配合比与高达 242m 的二滩、292m 的小湾高双曲拱坝配合比进行比较，该施工配合比具有先进水平。黄河拉西瓦水电站工程大坝混凝土施工配合比详见表 5.5 - 47 和表 5.5 - 48。

5.5.2.5 结语

（1）黄河拉西瓦水电站工程大坝混凝土施工配合比复核试验，是根据拉建司有关"拉西瓦水电站工程大坝混凝土施工配合比复核试验的通知"要求，从 2005 年 8 月下旬开始，试验人员按照《水工混凝土试验规程》（DL/T 5150—2001），科学地、合理地、严格地进行了试验。

（2）拉西瓦大坝混凝土所选用的原材料满足规范和设计要求。永登和大通 42.5 中热硅酸盐水泥强度高，氧化镁含量适宜，比表面积、碱含量、水化热均满足 GB 200—2003 标准要求及拉西瓦工程有关原材料技术标准的要求；连城、靖远 I 级粉煤灰和平凉 II 级粉煤灰需水量比小，三种粉煤灰拌制的混凝土和易性良好，满足要求；缓凝高效减水剂 ZB - 1A 及 JM - II 减水率高，引气剂 DH_9 引气效果良好，选用的外加剂满足施工和设计要求。

（3）拉西瓦水电站工程大坝混凝土施工配合比复核试验最终结果表明，混凝土拌和物的和易性良好，满足施工要求；混凝土的力学性能、变形性能、耐久性能以及热学性能等均满足设计要求。

（4）全级配混凝土复核试验结果与标准试件试验结果具有较好的相关关系。由于试件体积与混凝土骨料级配的关系，全级配混凝土强度低于标准试件，而弹性模量高于标准试件。

（5）富浆混凝土和铺筑砂浆具有较高的胶材和浆体含量以及良好的级配，工作性能好，黏结强度较高，满足层间等部位铺筑要求。

（6）根据抗裂防裂要求，进行了大坝基础纤维混凝土和微膨胀混凝土试验。掺钢纤维、玄武岩纤维及膨胀剂混凝土的各项性能指标满足设计要求。

（7）保持混凝土含气量试验研究，是混凝土配合比研究的一项重大技术创新。由于只是初步试验研究阶段，还有待对掺含气稳定剂混凝土性能进行全面的深化试验研究，是该项新技术尽早成功应用与混凝土中。

（8）拉西瓦水电站工程大坝混凝土施工配合比复核试验经过大量的、反复的试验优化，数据可靠，结果表明，该施工配合比具有先进水平。对提交的大坝混凝土施工配合比还应根据施工现场及原材料的实际情况，在以后的使用中进一步的调整完善。

表 5.5-47

黄河拉西瓦水电站工程大坝混凝土施工配合比（ZB-1A）

序号	工程部位	设计指标	级配	水胶比	砂率/%	粉煤灰/%	ZB-1A/%	DH9/%	坍落度/cm	用水量	水泥	粉煤灰	砂	5~20	20~40	40~80	80~150	ZB-1A	DH9	容重/(kg/m³)
														粗骨料/mm				外加剂		
1	大坝上部	$C_{180}25W10F300$（$C_{180}20W10F300$）	砂浆	0.42	100	25	0.6	—	9~11	230	411	137	1369	—	—	—	—	3.288	—	2150
2			二	0.45	34	35	0.55	0.011	5~7	100	144	78	706	548	823	—	—	1.221	0.024	2400
3			三	0.45	29	35	0.55	0.011	4~6	86	124	67	624	458	458	612	—	1.051	0.021	2430
4			四	0.45	25	35	0.5	0.011	4~6	77	111	60	550	330	330	495	496	0.855	0.019	2450
5	上部富浆混凝土	$C_{180}25W10F300$（$C_{180}20W10F300$）	一	0.45	42	25	0.6	0.007	7~9	125	208	70	821	1134	—	—	—	1.668	0.019	2360
6			二	0.45	38	30	0.6	0.007	7~9	107	167	71	781	636	637	—	—	1.428	0.017	2400
7			三	0.45	33	30	0.6	0.007	7~9	91	141	61	705	429	573	429	—	1.212	0.014	2430
8	大坝中部底部	$C_{180}32W10F300$（$C_{180}35W10F300$）	砂浆	0.37	100	25	0.6	0.007	9~11	220	446	149	1331	—	—	—	—	3.57	—	2150
9			二	0.40	34	30	0.55	0.011	5~7	100	175	75	697	541	811	—	—	1.375	0.028	2400
10			三	0.40	29	30	0.55	0.011	4~6	86	150	65	617	453	453	605	—	1.183	0.024	2430
11			四	0.40	25	25	0.5	0.011	4~6	77	135	58	545	327	327	490	490	0.965	0.021	2450
12	中底部富浆混凝土	$C_{180}32W10F300$（$C_{180}35W10F300$）	一	0.40	42	25	0.6	0.007	7~9	125	234	78	807	1114	—	—	—	1.872	0.022	2360
13			二	0.40	38	30	0.6	0.007	7~9	107	188	80	769	627	627	—	—	1.608	0.019	2400
14			三	0.40	33	30	0.6	0.007	7~9	91	160	68	696	424	566	424	—	1.368	0.016	2430

注 1. 水泥为大登 42.5 或大通 42.5 中热硅酸盐水泥；粉煤灰为连城、靖远 I 级粉煤灰或平凉 II 级粉煤灰。
2. 骨料为红柳滩天然骨料，砂 $FM=2.6$~2.8；三级配：中石：小石=30：30：40，小石：中石：大石=30：30：40，四级配：小石：中石：大石：特大=20：20：30：30。
3. 坍落度每增减 1cm，用水量相应增减 2kg/m³；砂细度模数每增减 0.2，砂率相应增减 1%；含气量控制在 4.5%~5.5%。

表 5.5－48　　黄河拉西瓦水电站工程大坝混凝土施工配合比（JM－Ⅱ）

序号	工程部位	设计指标	级配	水胶比	砂率/%	粉煤灰/%	JM－Ⅱ/%	DH9/%	坍落度/cm	用水量	水泥	粉煤灰	砂	粗骨料/mm 5~20	20~40	40~80	80~150	JM－Ⅱ	DH9	容重/(kg/m³)
1	大坝上部	C180 25W10F300	砂浆	0.42	100	25	0.6	—	9~11	230	411	137	1369	—	—	—	—	3.288	—	2150
2			二	0.45	34	35	0.55	0.013	5~7	100	144	78	706	548	823	—	—	1.221	0.024	2400
3		(C180 20W10F300)	三	0.45	29	35	0.55	0.013	4~6	86	124	67	624	458	458	612	—	1.051	0.021	2430
4			四	0.45	25	35	0.5	0.013	4~6	77	111	60	550	330	330	495	496	0.855	0.019	2450
5	上部富浆混凝土	C180 25W10F300	一	0.45	42	25	0.6	0.007	7~9	125	208	70	821	1134	—	—	—	1.668	0.019	2360
6		(C180 20W10F300)	二	0.45	38	30	0.6	0.007	7~9	107	167	71	781	636	637	—	—	1.428	0.017	2400
7			三	0.45	33	30	0.6	0.007	7~9	91	141	61	705	429	573	429	—	1.212	0.014	2430
8	大坝中部底部	C180 32W10F300	砂浆	0.37	100	25	0.6	—	9~11	220	446	149	1331	—	—	—	—	3.57	—	2150
9		(C180 35W10F300)	二	0.40	34	30	0.55	0.011	5~7	100	175	75	697	541	811	—	—	1.375	0.028	2400
10			三	0.40	29	30	0.55	0.013	4~6	86	150	65	617	453	453	605	—	1.183	0.024	2430
11			四	0.40	25	30	0.5	0.013	4~6	77	135	58	545	327	327	490	490	0.965	0.021	2450
12	中底部富浆混凝土	C180 32W10F300	一	0.40	42	25	0.6	0.007	7~9	125	234	78	807	1114	—	—	—	1.872	0.022	2360
13		(C180 35W10F300)	二	0.40	38	30	0.6	0.007	7~9	107	188	80	769	627	627	—	—	1.608	0.019	2400
14			三	0.40	33	30	0.6	0.007	7~9	91	160	68	696	424	566	424	—	1.368	0.016	2430

注　1. 水泥为永登42.5或大通42.5中热硅酸盐水泥；粉煤灰为连城、靖远Ⅰ级粉煤灰或平凉Ⅱ级粉煤灰。
2. 骨料为红柳滩天然骨料，砂 FM=2.6~2.8；小石：中石：大石=30：30：40，四级配；小石：中石：大石：特大=20：20：30：30。
3. 坍落度每增减1cm，用水量相应增减2kg/m³；砂细度模数每增减0.2，砂率相应增减1%；含气量控制在4.5%~5.5%。

提高混凝土抗冻等级技术创新研究

提高混凝土抗冻等级技术创新研究[*]

6.1 概　　述

6.1.1 耐久性对混凝土建筑物的影响

强度和耐久性是混凝土的两大基本特性，也是当今混凝土科学两个主要研究体系，但历来人们都重视按强度设计混凝土的理念，而忽视了耐久性的设计，致使工程经过一段时间运行以后，尚未达到"服务寿命"时就屡屡出现险情，甚至出现溃坝、垮桥、断路、倒楼和塌洞等工程事故，给人民的生命财产造成了巨大损失。

混凝土耐久性主要包括：抗裂性、抗渗性、抗冻性、抗磨蚀性、抗溶蚀性、抗侵蚀性、抗碳化性、碱骨料反应等，其中抗冻性能是混凝土耐久性能的重要指标之一。冻融是在气候寒冷地区影响混凝土耐久性的主要因素之一。当温度降到足够低时，混凝土内的水分将结冰而产生膨胀内应力（冰冻是体积增大 1/9，最直观的是水缸结冰破坏的实例），由温度变化引起混凝土内疲劳应力将是比较大的，这必将影响到混凝土的耐久性。混凝土产生冻融破坏必须具备两个条件：一是混凝土必须与水接触或混凝土中有一定的含水量；二是混凝土所处的自然环境必须存在反复交替的正负温度。

李文伟、[美] 理查德·W·罗伯斯的专著《混凝土开裂观察与思考》中指出：20 世纪 70 年代美国等一些国家发现，50 年代后修建成的混凝土工程设施，尤其是混凝土桥面等出现病害甚至破坏的现象要比 20 年前建造的结构更为严重。20 世纪 80 年代列入美国《全国桥梁目录》中有 57.5 万座公路桥梁，其中一半以上出现腐蚀破坏，40% 的桥梁承载能力不足需要加固处理，每年平均有 150～200 座桥梁部分或完全坍塌，寿命不足 20 年。《美国坝工登记表》记录 1958 年以前共兴建 2800 座大坝，其中 32% 的坝年久失修，问题严重。据美国专家估计，一个大坝的平均寿命大约为 50 年。对这些年久失修的大坝，如果进行全面的加固维修，所需的费用将大得惊人。美国一些州政府从经济、安全和生态诸多方面因素考虑，在 20 世纪 90 年代拆除了一批大坝，今后还将继续拆坝。威斯康星大学的一份研究报告表明，维修大坝的费用远远超过拆除所需的开支。

* 该课题《保持混凝土含气量提高混凝土耐久性方法》研究属发明专利（专利号 200810092471），发明人主要有：田育功、席浩、董国义、李悦、张来新、马伊民、马成、王焕等。

中国水工混凝土的耐久性问题也是不容乐观。1985 年原水电部组织了中国水利水电科学研究院、南京水利科学研究院、长江科学院等 9 个单位，对全国 32 座混凝土高坝和 40 余座钢筋混凝土水闸等水工混凝土建筑物进行了耐久性和老化病害的调查，并编写了《全国水工混凝土建筑物耐久性及病害处理调查报告》。调查结果表明：32 座混凝土坝的调查结果，有裂缝者占 100%，渗漏溶蚀的占 100%，冲蚀、磨损及空蚀的占 68.7%，碳化和钢筋锈蚀局部破坏的占 40.6%，环境水质侵蚀占 31.2%，冻融破坏的占 21.9%，碱骨料反应等其他问题的占 12.5%。中国 20 世纪 50—60 年代建成的混凝土坝，都存在不同程度的病害，不少已严重变形，有些存在严重隐患；40 余座水闸和土石坝溢洪道的调查结果，混凝土耐久性和老化病害的问题比大坝工程更为严峻。其中混凝土开裂的占 64.3%；碳化和钢筋锈蚀的占 47.5%；冻融破坏分布的区域广泛，不仅东北、华北和西北地区存在，而且在华东地区的山东、安徽和苏北也存在，此类病害占 26%，渗漏占 28.3%；磨蚀占 24%；水质侵蚀占 4.3%。长江流域 20 世纪 50 年代修建的世界著名的荆江分洪闸工程，经历了 30 多年的环境考验，这个巨型水闸在 20 世纪 80 年代，底版、翼墙、闸墩、闸门槽和胸墙等部位，裂缝遍布，钢筋裸露，成为病危工程，不得不投资数千万人民币予以维修加固；此外，汉江杜家台分洪闸、武汉第一防洪大闸等工程，在运行了 30 年后，也必须除险加固处理。同类例子举不胜举。

中国东北地区坝工混凝土建筑物冻融破坏严重，其寿命大致 10～40 年；华东地区的一些水工建筑物也不理想，有些工程运转了 7～25 年就出现了严重的腐蚀破坏。综合评估，中国水工混凝土建筑物的寿命大致 30～50 年。

根据《水利水电工程结构可靠性设计统一标准》（GB 50199—2013）第 3.3.2 条规定："1 级建筑物结构的设计使用年限应采用 100 年，其他的永久性建筑物结构应采用 50 年。临时建筑物结构的设计使用年限根据预定的使用年限及可能滞后的时间可采用 5～15 年。"《水利水电工程合理使用年限及耐久性设计规范》（SL 654—2014）中规定："根据建筑物级别的不同，水库大坝壅水建筑物的合理使用年限为 50～150 年。"

综上所述，水电大坝使用年限最长为 150 年，到达使用年限后，大坝均面临退役、拆除的命运。美国在 1997 年 7 月 1 日，由美国土木工程师协会（ASCE）公布了《大坝及水电设施退役导则》；美国大坝协会 2006 年编写出版了《大坝退役导则》和《退役坝拆除的科学与决策》；国际大坝委员会于 2014 年完成了技术公报《大坝退役导则》（编号 160）（初稿）；中国水利部也颁布了《水库降等与报废管理办法（试行）》（水利部令第 18 号），并于 2003 年 7 月 1 日起实施，给出了大坝符合降等与报废的条件，为中国水库大坝的退役报废提供了依据。

6.1.2　混凝土抗冻安全性定量化设计建议

进入 20 世纪 70 年代以后，客观事实的教训使耐久性问题逐步受到工程界的重视，20 多年来国内外很多学者相继提出了"按服务年限设计混凝土"的命题，对材料、结构和施工工艺开展了深入的研究，并研究预测服务年限的数学和物理模型，推动了人们对混凝土耐久性的重视。混凝土建筑物的有效服役期（即所谓的"供用寿命"简称"寿命"）的设计和控制，将成为 21 世纪中国混凝土科学的重大理论和技术课题。

混凝土耐久性是指其在长期使用过程中抵御内部病害、外部侵蚀破坏的能力和安全使用性能，是混凝土质量品质的综合反映，主要表现在抗冻性、钢筋耐锈蚀性能、耐腐蚀性、抗裂性、抗碱-集料反应等方面，它直接决定着水工建筑物工程的使用寿命。长期以来，大量的水工建筑物因混凝土耐久性问题而丧失使用功能，造成巨大经济损失。大量的工程实践表明，混凝土含气量对混凝土耐久性影响巨大。由于混凝土含气量稳定性差、波动大以及性能良莠不分引气剂使用，致使大量的水利水电工程建筑物出现了严重的冻融破坏。比如丰满大坝就是一个典型受到冻融破坏的案例。为此，水工混凝土强度指标虽然不是很高，但其耐久性抗冻等级设计指标却是很高，不论严寒地区或温和地区，水工混凝土均设计有抗冻等级，这是与普通混凝土的最大区别。

水工混凝土耐久性主要用抗冻等级进行衡量和评价，抗冻等级是水工混凝土耐久性极为重要的控制指标之一。在对已建的水工混凝土建筑物钻取芯样进行抗冻试验时，芯样的抗冻试验结果比新拌混凝土成型的抗冻试验结果要低得多，严重影响建筑物的质量安全和长期耐久性。1985 年中国水利水电科学研究院等单位的调查表明，有 22％的大型水工混凝土工程（大坝）和 21％中小型钢筋混凝土工程（水闸等）存在着冻融剥蚀破坏。下面以几个典型工程为例来说明。

（1）20 世纪 50 年代初期修建的佛子岭大坝，其设计、施工质量控制是十分严格的。但大坝于 1954 年建成不久，即发现坝体产生多处裂缝，曾于 1965—1966 年、1969 年两次加固修复。经过 40 年的运行，"1995 年专家会诊确定为'病坝'，主要表现为坝体裂缝加大、多处渗水、强度降低、大坝严重位移等"。因此，大坝混凝土耐久性问题很不乐观，已日益引起专家、学者和决策层的重视。

（2）丰满水电站位于吉林省第二松花江上，最大坝高 91m，坝顶长 1068m，混凝土总方量 210 万 m³，坝区极限最低气温−39℃，一年内气温正负交替的次数达 80 多次。该大坝是日伪时期修建，混凝土浇筑质量低劣，大坝渗漏严重。在运行的 40 余年过程中出现大面积的混凝土冻融破坏，破坏部位主要集中在上游水位变动区、电厂尾水渠和大坝下游面。冻融破坏达数万 m²。一般冻蚀深度 20～50cm，最大剥蚀深度达 1m 以上。该工程对混凝土冻融破坏进行了多次修补，修补面积 2 万 m² 以上。自 1990 年开始，为保证大坝安全运行，又进行一次大规模的工程加固，在原坝体表面外包 50～100cm 厚的混凝土，以防止大坝渗漏和冻融破坏。2007 年丰满大坝被定义为"病危坝"，为根治丰满水电站的安全隐患，2014 年开始在原大坝下游 120m 处新建一座大坝，坝高近百米、库容超百亿m³、电站装机容量超百万千瓦。

（3）云峰水电站位于吉林省鸭绿江中游，最大坝高 113.7m，坝顶长 828m，混凝土浇筑方量 304.8m³。坝区气候寒冷，最低气温−41℃。每年正负交替的次数约 74 次。大坝1966 年建成，1975 年就在溢流面上出现了大面积冻融剥蚀破坏，1981 年检查时破坏面积达 9000m²，占溢流坝面面积的 50％。剥蚀深度约为 5～20cm。自 20 世纪 80 年代后期对大坝进行了加固，凿除原溢流坝面表层破损混凝土，重新浇筑 50cm 后的抗冻混凝土（C30，F300），新浇混凝土超过 2 万 m³。

（4）北京地区混凝土坝工程的冻融破坏。北京属华北地区，最低气温−25℃左右。年内正负温度交替 80～100 次。因此水工混凝土冻融破坏也比较严重。如下马岭水电站大坝经 30 年运行，上游水位变动区冻融剥蚀面积大 500m²，剥蚀深度 4～7cm。

（5）鲁北地区水闸混凝土的冻融破坏：属华北北部，最低气温－20℃左右，年内正负温度交替约 90 次。因此，该地区许多水闸的水位变动区混凝土都出现了冻融剥蚀破坏，剥蚀深度为 0.5～6cm。

（6）新疆塔斯特面板坝。阿尔泰吉木乃县塔斯特面板坝位于高寒地区，1 月平均气温－20℃，极端最低气温－35℃。工程于 1986 年完成初步设计，1987 年开工建设。混凝土面板厚度在高程 1506.00m 以上为 30cm，以下平均厚度为 40cm。混凝设计强度等级 C20，其抗渗等级 W8，抗冻等级 F200，要求施工坍落度小于 3cm。经几年运行后，现场检查发现在高程 1505.00～1510.00m（水位变动区）范围内的所有面板，冻融破坏严重，几乎整块板表面剥落、疏松，剥蚀深度一般 2～6cm，最深处在 10cm 以上。这些面板已失去使用功能，被定为病险库工程。

上述实例表明，中国黄河以北地区，普遍存在冻融破坏问题。

针对中国水工混凝土冻害严重的实际情况，一些专家研究认为中国混凝土的抗冻等级设计指标偏低，而且不能反映混凝土结构物抵抗冰冻安全运行的使用年限。为解决这一关键问题，就必须解决抗冻性的室内试验与结构物实际运行的关系。对这一问题，美国、日本和苏联均开展过研究。中国于"九五"将它列为攻关项目。中国水利水电科学研究院结合十三陵抽水蓄能电站上库，对防渗面板混凝土实际运行中冻融循环与室内快速冻融试验相关关系进行了研究。经过 3 年的实际测试，初步得出：不同种类、不同施工条件的混凝土，按中国现行的混凝土试验规程所定的快速冻融试验方法，室内外对比关系在 1∶10～1∶15，大约平均为 1∶12，这表明室内冻融循环一次相当于自然条件下的 12 次冻融循环。尽管这一结果还很粗浅，但它已能够概略地评定混凝土结构物抗冻安全使用年限。以十三陵上库堆石坝混凝土面板为例，通过现场取芯发现，施工质量良好的混凝土，经测试其室内冻融循环最高可达 600 次，相当于室外抗冻安全冻融运行 7200 次，以每年冻融 100 次计算，可抗冻安全运行 70 年左右。但对于施工质量不良、水灰比偏大、含气量偏小的面板混凝土，现场取芯经室内抗冻循环测试仅达 150 次，相当于室外 1800 次，这些质量达不到要求的混凝土，其抗冻融安全运行寿命只能达到 18 年。对在施工和运行中存在缺陷的混凝土，如大量裂缝、密实度不够等，其抗冻安全运行寿命将会更短。

单纯从冬季气温和抗冻条件来看，乌鲁瓦提面板坝与十三陵抽水蓄能电站相仿，其面板混凝土设计抗冻等级为 F250。如果也取室内外抗冻对比关系 12 计算，按每年 100 次冻融循环估算，施工质量良好的面板混凝土抗冻设计使用年限也仅有 30 年，达不到 50 年的使用寿命。考虑到该坝防渗面板每平方千米具有 66.7m 的裂缝，其使用寿命将低于 30 年的抗冻安全寿命。

水利行业标准《水工建筑物抗冰冻设计规范》（SL 211—2006）中规定，在严寒地区，冻融次数大于或等于 100 次，最高抗冻等级为 F400，按十三陵抽水蓄能电站的条件，混凝土的有效使用寿命也只有 48 年，达不到 50～100 年的要求。大量的工程实例也表明，从耐久性观点出发，中国的抗冻等级标准偏低，必须认真进行研究。中国水利水电科学研究院在完成了国家"九五"攻关项目"重点工程混凝土安全性"研究课题时，提出混凝土抗冻安全性定量化设计的初步建议，见表 6.1-1。

表 6.1-1		混凝土抗冻安全性定量化设计的初步建议	
混凝土结构物的类别	安全性运行年限/a	地区	混凝土抗冻安全性设计等级
大坝等重要建筑物	80～100	东北	F800～F1000
		西北	F800～F1000
		华北	F500～F600
		华东	F100～F200
		华中	F100～F150
		华南	F50
港口工程、工业与民用建筑、大型水闸等	50	东北	F500
		西北	F500
		华北	F300～F400
		华东	F100～F200
		华中	F100
		华南	F50
道路、桥梁等	30	东北	F300
		西北	F300
		华北	F200～F300
		华东	F50～F150
		华中	F50
		华南	F50

注 表中抗冻等级均为开始冻融试验结果，港口工程按港工抗冻试验方法采用海水。

表 6.1-1 表明，初步建议的混凝土抗冻安全性设计等级远高于目前水利水电等现行规范标准的抗冻等级要求，但它与长江科学院一些专家对三峡大坝研究提出长寿命混凝土的建议抗冻等级为 F800 是吻合的。瑞士的 Contra 双曲拱坝外部混凝土为 C40，要求冻融5000 次，弹性模量的减小幅度应小于 5%～10%，其目的也是要提高大坝混凝土的抗冻融耐久性。

6.1.3 保持混凝土含气量、提高混凝土耐久性

中国是世界上名副其实的水电大国、水电强国。在开发利用水资源和水能资源中，大坝工程是一项十分重要的建设措施，大坝建设关系着千百万人民的生命财产安全，千年大计，质量第一。水工混凝土质量的优劣直接关系到大坝的使用寿命和安全运行。由于水工混凝土工作条件的复杂性、长期性和重要性，对水工混凝土的耐久性要求已经提高到一个新的高度和水平。水工混凝土耐久性主要用抗冻等级进行衡量和评价。不论是南方、北方或炎热、寒冷地区，水工混凝土的设计抗冻等级大都达到或超过 F100、F200，严寒地区的抗冻等级达到 F300，甚至 F400，今后要求会更高。而混凝土含气量与混凝土耐久性能密切相关，但新拌混凝土出机含气量与实际浇筑后的混凝土含气量存在很大差异，反映在硬化混凝土含气量达不到设计要求，从而导致混凝土满足不了设计要求的抗冻等级。

作者亲自参与了龙羊峡、李家峡、万家寨、百色、光照、拉西瓦、金安桥、喀腊塑克等 30 多座大坝混凝土施工配合比试验研究，对水工混凝土耐久性有着深刻的认识。大量的工程实践表明，水工混凝土在拌和楼机口取样进行的成型试件，经标准养护室养护到设计龄期进行试验，硬化混凝土均以满足设计要求的抗压强度、抗拉强度、抗渗性能、抗冻性能和极限拉伸值等性能。但对大坝混凝土钻孔取芯，芯样的抗冻性能试验结果与机口取样的抗冻性能却存在较大的差异。

影响混凝土抗冻等级的主要因素是浇筑后的大坝混凝土含气量达不到新拌混凝土含气量，这也是浇筑仓面现场取样混凝土进行含气量试验所证明的。由于混凝土生产从拌和、运输、入仓、平仓、振捣或碾压等工序环节，需要一定的时间，导致新拌混凝土出机口坍落度（VC 值）与仓面现场混凝土坍落度（VC 值）存在着一定的时间差，即经时损失，由于水泥的水化反应，新拌混凝土经时损失不可避免，坍落度（VC 值）的大小直接影响含气量，一般坍落度损失 20mm（或 VC 值增大 2s），混凝土含气量相应降低 1%。加之仓面混凝土在高频振动棒或大型振动碾的振捣下，混凝土含气量急剧损失，由于现场浇筑后的混凝土含气量的损失，这是导致硬化混凝土抗冻等级达不到设计要求的主要因素。

针对混凝土含气量损失不能满足大坝混凝土芯样的情况，通过查阅大量资料和研究，2005 年中国水利水电第四工程局试验中心正式提出了"保持混凝土含气量、提高混凝土耐久性"课题立项，课题研究依托黄河拉西瓦水电站高混凝土拱坝。拉西瓦工程地处青藏高原，海拔高，昼夜温差大，严寒且大风，自然条件十分恶劣，所以混凝土耐久性抗冻等级设计指标要求很高，不论是大坝外部、内部或水位变化区，混凝土设计指标抗冻等级均为 F300。"保持混凝土含气量、提高混凝土耐久性"经过三年多大量探索和试验研究，在不改变试验条件和拌和楼设施的情况下，通过在混凝土中掺入微量的自主研发的稳气剂技术方案，主要从改变混凝土内部气孔结构进行研究，研究保持混凝土含气量稳定性与混凝土拌和物性能、力学性能、耐久性能、变形性能以及施工性能之间相互关系的影响，达到有效改善大坝混凝土施工质量和提高混凝土耐久性能抗冻等级的目的。研究成果表明：保持混凝土含气量可以明显改变硬化混凝土气孔结构，抗冻等级成倍提高，同时抗渗性及极限拉伸值也相应提高，有效地改善了新拌混凝土和易性和保塑性，十分有利混凝土施工浇筑。"保持混凝土含气量、提高混凝土抗冻等级方法"技术创新研究成果具有非常重要的现实意义。

6.2　保持混凝土含气量、提高混凝土抗冻等级创新研究实例

6.2.1　概述

6.2.1.1　含气量对混凝土抗冻等级的影响

提高混凝土抗冻等级主要技术措施是在混凝土中掺入引气剂。引气剂是一种表面活性物质，它能使混凝土在搅拌过程中引入大量的不连续的微小气泡，孔径多为 $50\sim200\mu m$，分布均匀，使混凝土中含有一定量的空气，当混凝土含气量达到 4.5%～5.5% 时，可以有效地提高混凝土的抗冻性、抗渗性等耐久性能，同时提高混凝土的韧性和变形能力，降

低弹性模量。

混凝土中的气泡，特别是微小气泡是不稳定的，在混凝土搅拌、运输、浇筑过程中极易发生迁移、融合而成大气泡，当混凝土承受外力发生变形时，极易产生应力集中，导致混凝土破坏，各项性能相应降低。含气量越大，这种迁移、融合机会就越高。大量试验研究表明：混凝土含气量超过一定量时，含气量每增大1%，混凝土强度约降低3%～5%左右，所以混凝土含气量不宜过高，《水工混凝土施工规范》（DL/T 5144—2001）对混凝土的含气量专门做出规定。

在对已建的水工混凝土建筑物钻取混凝土芯样进行抗冻试验时，芯样的抗冻试验结果比室内抗冻试件的抗冻试验结果要低得多，这是大量的已建工程普遍存在切不可忽视的现象，严重影响建筑物的耐久性能。大量的试验研究发现，大坝结构和大坝外部硬化混凝土的含气量一般只有2.3%左右，远远低于设计要求的4.5%～5.5%含气量，值得我们关注和反思。

6.2.1.2 影响混凝土含气量因素分析

含气量对混凝土耐久性影响，即对抗冻性能影响已经得到公认，其影响因素分析如下：

（1）混凝土施工过程影响。水工混凝土在实际的生产工艺（拌和、出机、运输、入仓、平仓、振捣以及硬化等）过程中，由于水泥水化反应、气候环境变化以及施工条件等因素的影响，新拌混凝土的坍落度和含气量损失不可避免。大量试验结果表明：在引气剂掺量固定时，混凝土含气量伴随着坍落度损失而降低（一般坍落度损失20～30mm，含气量约降低1%）；随着骨料级配的增大而降低；随着时间的延长而降低；随着浇筑振捣而降低；一般硬化混凝土含气量比新拌混凝土出机含气量约降低50%左右。

（2）新拌混凝土抗冻试验方法影响。水工混凝土骨料粒径很大，混凝土拌和物室内试验时，混凝土拌和物出机后采用湿筛法剔除超过40mm骨料粒径，翻拌均匀，测试其坍落度、含气量、凝结时间等，和易性满足要求后方可进行成型试验。如果需要进行抗冻试验，再对湿筛后的拌和物过30mm湿筛，翻拌均匀，装入400mm×100mm×100mm抗冻试模，放在振动台上振实，抹面编号放入养护室，待终凝后拆模放到标准养护室养护，到龄期进行抗冻试验。

（3）硬化后混凝土抗冻试验影响。混凝土施工入仓浇筑，采用高频振捣器振捣密实，硬化后混凝土达到龄期或超过龄期后，对大坝混凝土钻取芯样，对钻取的混凝土芯样采用锯石机、磨平机等设备加工制取标准抗冻试件，然后进行抗冻试验。

上述分析比较发现：室内新拌混凝土抗冻试验是在标准环境条件下，剔除了拌和物中大于30mm粒径骨料，含气量在没有损失的情况下进行抗冻试件成型，放到标准养护室到龄期进行抗冻试验。而实际的大坝混凝土为全级配混凝土，全级配大骨料粒径的混凝土由于经时损失和在高频振捣的强力振捣作用下，含气量急剧损失，与室内混凝土含气量差别很大，达不到设计要求的混凝土含气量，所以硬化混凝土的抗冻性能明显降低，严重影响混凝土耐久性。

6.2.1.3 课题研究依托工程

由中国水利水电第四工程局施工的黄河拉西瓦水电站工程，地处青藏高原，海拔高，昼夜温差大，严寒干燥，光照强烈，风力大，自然条件十分恶劣，所以混凝土耐久性要求指标很高，混凝土设计指标抗冻等级 F300，抗冻等级是拉西瓦大坝混凝土耐久性极为重要的控制指标之一，混凝土含气量稳定与否是确保混凝土抗冻性能的关键。由于大坝硬化混凝土与室内新拌混凝土的抗冻性存在差异，所以十分有必要对保持混凝土含气量提高混凝土耐久性进行深入研究。

因此，不论是新拌混凝土或硬化混凝土，如何保持混凝土含气量稳定性是本课题研究的核心，也是提高混凝土耐久性研究的重大技术创新。本课题研究依托拉西瓦工程大坝混凝土，在不改变试验条件和拌和楼设施的情况下，通过在混凝土中掺入稳气剂技术方案，研究保持含气量稳定性与混凝土拌和物性能、力学性能、耐久性能、变形性能以及施工性能的关系影响，达到有效改善大坝混凝土施工质量和提高混凝土耐久性的目的。

《保持混凝土含气量提高混凝土耐久性试验研究》课题，于 2005 年 1 月被列为中国水利水电第四工程局科技开发基金项目（局技 2005〔4 号〕）。课题于 2005 年 2 月开始研究，历经 2 年半时间完成了课题研究，提出研究成果如下。

6.2.2 稳气剂机理作用

6.2.2.1 稳气剂

保持混凝土含气量，希望通过试验研究，采用常规拌和工艺，操作简单，混凝土拌和物的运输和振捣工艺没有大的改变和特殊的要求、施工单位不需要增加特殊的工器具和设备、操作上符合常规习惯，在提高混凝土耐久性前提下，通过研究开发具有性能稳定、价格合理的特种添加剂，研究保持混凝土含气量的稳定性。目前，尚未看到有关该类研究的相关资料和报道，根据以往各大型工程的实际施工情况和搜集的各种有关资料，分析认为有一种材料——稳气剂，可能具有该种功能。最终经过大量查询和反复的试验研究，研发了具有保持混凝土含气量产品，即稳气剂 WQ-X 和 WQ-Y。

6.2.2.2 稳气剂作用机理

（1）物理性能。稳气剂 WQ-X 和 WQ-Y，为无嗅、无味、无毒易溶解于水的白色粉末。

（2）分子结构。（保密）。

（3）作用机理。稳气剂 WQ-X 和 WQ-Y 的水溶液形成凝胶的主要驱动力是对温度非常敏感的分子间或链段间的疏水缔合或组装。这种缔合是由于分子链中的疏水基团所致，而亲水基的存在对凝胶强度，特别是凝胶温度影响非常大。在低温下，此类物质完全水化，水分子在疏水基团周围形成类似冰结构；随着温度的升高，水化作用逐渐变弱，因而破坏了这种冰结构；同时，分子间的疏水作用逐渐增强，最终形成具有三维交联网络结构凝胶。所以，归结起来有以下作用机理：

1）非离子表面活性，降低表面张力。稳气剂属非离子型的表面活性物质，由于其在混合相中的存在，降低了界面的表面张力，使气泡稳定且持久。由于长链的众聚物分子黏附于水分子表面，吸收和固化部分拌和水而膨胀，这就导致了拌和水黏度增加，因而提高水泥基材的黏结力，提高混凝土的极限拉伸强度。同时，吡联众聚物链的分子形成一种吸引力，这种力阻碍水相的流动，导致凝胶的形成和黏聚力增加。

2）提高了表面膜强度，保持气体稳定。若使气泡稳定持久，应提高表面膜强度。由于该物质属长链分子，分子量大，在表面膜中定向排列的分子层排列的更加紧密，形成强度大的表面膜而使气泡不易破裂，保持相体中气泡的稳定。

3）提高膜表面黏度，降低气体的通过性。根据拉普拉斯（Laplace）方程："气泡越小，气液相产生的压力差 ΔP 越大，当大、小气泡相邻时，由于压差的存在和作用，气体可以从小气泡透过液膜扩散到大气泡中，产生气泡汇集，结果使小气泡变小直至消失，而大气泡变得更大最后破裂。"而加入该物质以后，相体中液膜的表面黏度提高，气体的透过性受阻或变差，气体扩散速率变慢，使得气泡持久稳定。同时，降低了塑性混合相离析和泌水的风险。

4）稳气剂在广泛的 pH 值范围内呈现出极好的适应性。很多物质在 pH 值不同时呈现出对材料的不适应性，而该物质在混合相中时，其溶液的黏度几乎不受酸碱的影响，pH 值呈现出极高的稳定性。水泥砂浆和混凝土拌和物中，存在活泼的阳离子（如：水泥水化过程中产生的 Ca^{2+}、Al^{3+} 等），混合相呈现较强的碱性环境，所以，稳气剂在混合相中的化学稳定性仍然非常高。

5）三维交联网络结构的盘绕作用。在低剪切力的作用下，众聚物分子可以相互缠绕，形成三维交链网络结构，导致黏度增加，但这种缠绕是可解开的，高分子链由于具有柔韧性，在高频振捣作用下，产生剪切稀释或剪切释放，但相体中的气泡随着剪切作用变形而不破裂，具有非常高的机械稳定性。

6.2.3 稳气剂对混凝土性能影响研究

6.2.3.1 稳气剂初步选择试验

为了研究掌握稳气剂 WQ-X、WQ-Y 两种产品在不同掺量下对混凝土含气量以及含气量损失的影响，进行了掺稳气剂混凝土拌和物性能、强度性能的初步选择试验。试验于 2005 年 3 月开始，在西宁试验中心进行，初步选择试验结果如下。

（1）试验条件如下：

水　泥　青海昆仑山牌 P·O42.5 水泥

粉煤灰　甘肃平凉Ⅱ级粉煤灰

骨　料　拉西瓦红柳滩天然粗细骨料

减水剂　江苏博特公司缓凝高效减水剂 JM-Ⅱ，河北石家庄引气剂 DH9

稳气剂　稳气剂 WQ-X、WQ-Y

（2）掺稳气剂初步选择试验。两种稳气剂按平行掺量进行对比，即 WQ-X、WQ-Y 均量 0、0.010%、0.020%、0.030%，水胶比 0.40，骨料最大粒径 20mm，Ⅰ级配，考虑水工混凝土的特点，均掺粉煤灰 20%，坍落度 70～90mm，含气量 5.0%～6.0%，采用质量法计算，设计表观密度 2400kg/m³。

掺稳气剂混凝土初步配合比参数的确定，是经过初步试拌的结果发现，稳气剂掺量每增加 0.010%，单位用水量约增加 5kg，才能满足坍落度要求。掺稳气剂混凝土初步试验配合比见表 6.2-1，掺稳气剂混凝土拌和物及抗压强度初步试验结果见表 6.2-2。结果表明：

1）坍落度：出机混凝土拌和物坍落度、含气量均在上限，15min 测值；坍落度基准混凝土损失较大，掺稳气剂混凝土比基准混凝土损失小；同时稳气剂掺量从 0.010％增加到 0.030％时，坍落度损失逐渐减小；30min 掺稳气剂混凝土，损失更小，坍落度均达到设计要求。

2）含气量：基准混凝土损失快，掺稳气剂混凝土 15min 含气量损失较小，同时随稳气剂掺量增加和时间的延长，30min 混凝土保持含气量效果明显。

3）抗压强度：稳气剂掺量 0.010％时，掺稳气剂混凝土强度比基准混凝土高；稳气剂掺量 0.020％时，掺稳气剂混凝土强度比基准混凝土稍高；稳气剂掺量 0.030％时，掺稳气剂混凝土强度比基准混凝土有所降低。

上述试验结果分析表明，掺稳气剂对混凝土坍落度、含气量保持效果明显；但随稳气剂掺量的增加，用水量相应增加；同时经时损失试验后，稳气剂 WQ-Y 比 WQ-X 含气量大，导致了掺稳气剂 WQ-Y 混凝土抗压强度降低幅度较大；当稳气剂掺 0.030％时，抗压强度低于基准混凝土，反映了过大的含气量对混凝土性能也是不利的。虽然稳气剂掺量在 0.010％～0.030％时，均可满足保持混凝土含气量的要求，但是通过经济比较分析，选择稳气剂 WQ-X 为试验研究用产品，掺量按 0.010％左右。

表 6.2-1　　　　　　　　掺稳气剂混凝土初步试验配合比

试验编号	水胶比	砂率/％	粉煤灰/％	用水量/(kg/m³)	JM-Ⅱ/％	DH9/％	稳气剂		坍落度设计/mm	含气量设计/％
							品种	掺量/％		
HK-0	0.40	36	20	125	0.0	0.008	基准	0.000	70～90	5.0～6.0
HK-1	0.40	36	20	130	0.5	0.008		0.010	70～90	5.0～6.0
HK-2	0.40	36	20	135	0.5	0.008	WQ-X	0.020	70～90	5.0～6.0
HK-3	0.40	36	20	140	0.5	0.008		0.030	70～90	5.0～6.0
HK-4	0.40	36	20	130	0.5	0.008		0.010	70～90	5.0～6.0
HK-5	0.40	36	20	135	0.5	0.008	WQ-Y	0.020	70～90	5.0～6.0
HK-6	0.40	36	20	140	0.5	0.009		0.030	70～90	5.0～6.0

表 6.2-2　　　　　　掺稳气剂混凝土拌和物及抗压强度初步试验结果

试验编号	稳气剂		坍落度/mm			含气量/％			抗压抗压/抗压强度比/(MPa/％)		
	品种	掺量/％	出机	15min	30min	出机	15min	30min	7d	14d	28d
HK-0	基准	0	89	57	26	5.8	3.7	2.8	8.4/100	19.0/100	35.0/100
HK-1		0.010	91	65	61	5.3	4.9	4.8	12.0/143	26.7/141	38.6/110
HK-2	WQ-X	0.020	88	70	69	5.7	5.5	5.5	10.0/119	25.8/136	36.0/103
HK-3		0.030	90	77	74	6.1	5.8	5.6	7.5/89	20.3/107	34.8/99
HK-4		0.010	92	71	63	5.7	5.4	5.1	10.6/126	22.6/119	36.2/103
HK-5	WQ-Y	0.020	87	78	70	6.3	5.8	5.6	8.1/96	19.6/103	33.7/96
HK-6		0.030	86	81	78	7.0	6.7	6.3	6.3/75	17.1/90	31.5/90

6.2.3.2　掺稳气剂混凝土性能比对试验

保持混凝土含气量提高混凝土耐久性试验研究课题，依托拉西瓦大坝工程混凝土抗冻等级 F300 的设计要求进行研究。为此，根据拉西瓦大坝混凝土配合比参数，在大坝混凝土中掺入稳气剂与常规混凝土进行平行比对试验，研究稳气剂不同掺量对混凝土性能的影响，达到有效改善大坝混凝土施工工艺和提高混凝土施工质量和耐久性能的目的。

1. 试验条件

水　　泥　甘肃　祁连山牌 P·MH42.5 水泥

粉煤灰　甘肃连城Ⅰ级粉煤灰

骨　　料　拉西瓦红柳滩天然骨料，细骨料细度模数 2.87

外加剂　浙江龙游外加剂有限公司 ZB-1A 缓凝高效减水剂，河北外加剂厂 DH9 型引气剂

稳气剂　WQ-X 稳气剂

2. 掺稳气剂混凝土配合比参数

根据拉西瓦大坝混凝土施工配合比，在不改变拉西瓦大坝混凝土配合比的基础上，采用设计指标 $C_{180}32W10F300$、水胶比 0.40，Ⅲ级配，掺粉煤灰 30%，坍落度 40～60mm，含气量 4.5%～5.5%，表观密度 2430kg/m³，在混凝土中分别掺稳气剂 0、0.005%、0.010%、0.015%、0.020%。掺稳气剂混凝土配合比参数见表 6.2-3。

表中的坍落度、含气量均按 15min 控制。由于水工混凝土在实际的浇筑中，混凝土从拌和、出机、运输、入仓、平仓、振捣以及硬化等过程中，混凝土由于水泥水化反应、气候环境以及施工条件等因素的影响，新拌混凝土的坍落度和含气量损失不可避免。针对拉西瓦工程从拌和到浇筑地点的时间过程，所以坍落度、含气量均按 15min 控制。

表 6.2-3　　　　　　　　　掺稳气剂混凝土配合比参数

试验编号	水胶比	砂率 /%	粉煤灰 /%	水 /(kg/m³)	ZB-1A /%	DH9 /%	稳气剂 /%	坍落度 /mm	含气量 /%
LBA1-1	0.40	29	30	86	0.55	0.011	0	40～60	4.5～5.5
LBA1-2	0.40	29	30	86	0.55	0.011	0.005	40～60	4.5～5.5
LBA1-3	0.40	29	30	86	0.55	0.011	0.010	40～60	4.5～5.5
LBA1-4	0.40	29	30	86	0.55	0.011	0.015	40～60	4.5～5.5
LBA1-5	0.40	29	30	86	0.55	0.011	0.020	40～60	4.5～5.5

3. 掺稳气剂混凝土拌和物性能试验

掺稳气剂混凝土拌和物性能试验按照《水工混凝土试验规程》（DL/T 5150—2001）进行，拌和采用型号 150L 自落式搅拌机，投料顺序为粗骨料、胶凝材料、细骨料、水（外加剂先溶于水并搅拌均匀），拌和容量不少于 120L，搅拌时间为 180s，和现场拌和一致。试验发现稳气剂 WQ-X 为白色粉末，虽然易溶于水，但溶液易形成胶状，故 WQ-X 采用干掺法，即把干粉直接加入到胶凝材料中，拌和时间比不掺的延长 30s，试验温度 17～20℃，混凝土温度 18℃。掺稳气剂混凝土拌和物性能试验结果见表 6.2-4。结果表明：

（1）用水量。由于中热水泥与普硅水泥品质不同，掺 WQ－X 0.010％时混凝土单位用水量不变，说明 WQ－X 与中热水泥有很好的适应性。

（2）和易性。掺 WQ－X 对混凝土和易性改善明显，新拌混凝土黏聚性更好，不出现泌水，而不掺时混凝土则有少量泌水。

（3）坍落度。掺 WQ－X 混凝土出机坍落度比不掺的要小些，但15min 后坍落度损失明显减小，保坍性能提高，触变性能好；同时随稳气剂掺量的增加，坍落度逐步呈下降趋势；当 WQ－X 掺量在 0.010％时，保坍效果十分明显。

（4）含气量。掺 WQ－X 混凝土出机含气量比不掺小，但随着时间延长，含气量损失很小，新拌混凝土表面气孔微小，无大气孔现象。特别是 WQ－X 掺量在 0.010％～0.020％时，含气量保持性好，稳气效果明显增强。

（5）凝结时间。掺 WQ－X 混凝土初凝时间和终凝时间要比不掺的延长 2～3h。

表 6.2－4 掺稳气剂混凝土拌和物性能试验结果

| 试验编号 | 坍落度/mm | | | | 含气量/％ | | | | 和易性 | | | | 表观密度/(kg/m³) |
	出机	15min	30min	60min	出机	15min	30min	60min	含砂	析水	黏聚性	棍度	
LBA1－1	92	60	31	15	6.5	5.1	3.3	2.4	中	微	较好	中	2418
LBA1－2	89	59	44	29	6.0	5.2	4.4	3.6	中	无	好	上	2430
LBA1－3	86	62	58	49	6.1	5.8	5.4	5.0	中	无	好	上	2441
LBA1－4	80	57	50	44	5.4	6.2	6.0	5.5	中	无	好	上	2448
LBA1－5	75	51	45	40	6.3	5.8	5.8	5.4	中	无	好	上	2454

4. 掺稳气剂混凝土力学性能试验

掺稳气剂混凝土力学性能试验结果见表 6.2－5。结果表明：掺稳气剂混凝土抗压强度、劈拉强度均大于不掺的。虽然随稳气剂掺量增加混凝土含气量保持效果明显，人们关注和担忧的是掺含气稳气剂是否对混凝土强度有较大影响。试验结果证明：混凝土并未因含气量稳定而影响混凝土的强度，相反，掺稳气剂对混凝土强度是有利的，尤其是后期抗压强度比有一定提高，有助于提高混凝土抗裂性能。

表 6.2－5 掺稳气剂混凝土力学性能试验结果

| 编号 | 水胶比 | 稳气剂/％ | 坍落度/mm | 含气量/％ | 抗压强度/MPa | | | 劈拉强度/MPa | | |
					7d	28d	90d	7d	28d	90d
LBA1－1	0.40	0	60	5.1	10.7	19.4	31.1	1.08	1.77	2.31
LBA1－2	0.40	0.005	59	5.2	10.9	20.9	32.5	1.12	1.89	2.66
LBA1－3	0.40	0.010	62	5.8	12.1	22.1	33.2	0.93	1.78	3.24
LBA1－4	0.40	0.015	57	6.2	12.4	26.6	34.2	0.99	1.60	2.91
LBA1－5	0.40	0.020	51	5.8	15.4	29.4	41.0	1.25	2.15	3.31

5. 掺稳气剂混凝土极限拉伸值、弹性模量试验

掺稳气剂混凝土极限拉伸值、弹性模量试验结果见表 6.2－6。结果表明：掺稳气剂混凝土比不掺稳气剂混凝土的极限拉伸值有所提高，随稳气剂掺量的增加极限拉伸值也逐

渐增大，表明掺稳气剂对提高混凝土抗裂有利；但弹性模量与强度规律试验结果趋势一致，随稳气剂掺量的增加，弹性模量也呈增大趋势。

表 6.2-6　　　　　　　掺稳气剂混凝土极限拉伸值、弹性模量试验结果

编号	水胶比	稳气剂/%	坍落度/mm	含气量/%	轴拉强度/MPa		极限拉伸值/(×10⁻⁴)		轴心抗压强度/MPa		静力抗压弹模/GPa	
					28d	90d	28d	90d	28d	90d	28d	90d
LBA1-1	0.40	0	60	5.1	2.55	3.03	0.86	1.03	14.3	20.9	21.5	25.2
LBA1-2	0.40	0.005	59	5.2	2.59	3.17	0.88	1.06	14.8	21.8	22.4	26.5
LBA1-3	0.40	0.010	62	5.8	2.62	3.34	0.90	1.12	15.4	22.5	23.4	27.4
LBA1-4	0.40	0.015	57	6.2	2.68	3.38	0.92	1.10	15.9	23.1	24.7	28.8
LBA1-5	0.40	0.020	51	5.8	2.71	3.23	0.89	1.06	18.1	25.0	25.7	29.4

6. 掺稳气剂混凝土抗冻、抗渗性能试验

抗冻性能是水工混凝土耐久性极为重要的指标，是拉西瓦混凝土配合比设计的关键，也是本课题试验研究的重点。

混凝土抗冻试验按《水工混凝土试验规程》（DL/T 5150—2001）中的快速抗冻试验方法进行。混凝土抗冻破坏评定标准，是以抗冻试件相对动弹模量下降至初始值的 60%，质量损失率超过 5% 时认为混凝土试件已被冻坏。抗冻试验采用水冷式 DR-2 型快速冻融试验机，水冷式 DR-2 型快速冻融试验机如图 6.2-1 所示。

图 6.2-1　水冷式 DR-2 型快速冻融试验机

掺稳气剂混凝土抗冻、抗渗性能试验结果见表 6.2-7。

结果表明：掺稳气剂混凝土抗冻性能冻融次数在 300 次时，抗冻试件相对动弹模量仍达到 89.5%～90.4%，而不掺稳气剂混凝土相对动弹模量已经下降到 78.2%，相比动弹模量降低了 11.3%～12.2%；掺稳气剂混凝土质量损失率很小，仅为 1.62%～2.16%，而不掺质量损失率较大为 3.46%，相比质量损失率 1.30%～1.84%。抗冻试验结果充分表明，掺稳气剂混凝土抗冻性能大幅度提高，随稳气剂掺量的增加，试件质量损失很小，掺稳气剂对保持混凝土含气量提高混凝土耐久性效果十分明显。

表 6.2-7   掺稳气剂混凝土抗冻、抗渗性能试验结果

| 编号 | 水胶比 | 稳气剂/% | 坍落度/mm | 含气量/% | N 次相对动弹模量/重量损失/% | | | | | | 抗渗等级 |
					50	100	150	200	250	300	
LBA1-1	0.40	0	60	5.1	97.5/0.45	95.0/0.68	92.7/1.34	89.8/2.15	83.3/2.90	78.2/3.46	>W10
LBA1-2	0.40	0.005	59	5.2	96.5/0.17	95.8/0.34	95.1/0.68	94.8/1.08	93.5/1.68	89.5/2.16	>W10
LBA1-3	0.40	0.010	62	5.8	95.4/0.16	95.0/0.28	94.8/0.75	94.4/0.98	94.3/1.36	90.2/1.86	>W10
LBA1-4	0.40	0.015	57	6.2	96.5/0.19	96.5/0.26	94.5/0.68	94.2/0.94	93.8/1.25	90.4/1.74	>W10
LBA1-5	0.40	0.020	51	5.8	96.2/0.16	94.6/0.31	94.1/0.59	93.8/0.85	93.1/1.13	89.6/1.62	>W10

7. 掺稳气剂混凝土干缩试验结果

掺稳气剂混凝土干缩试验结果见表 6.2-8，掺稳气剂混凝土龄期与干缩率关系曲线如图 6.2-2 所示。

表 6.2-8   掺稳气剂混凝土干缩试验结果

| 编号 | 水胶比 | 稳气剂/% | 坍落度/mm | 含气量/% | 干缩率/(×10⁻⁶) | | | | | |
					3d	7d	14d	28d	60d	90d
LBA1-1	0.40	0	60	5.1	-39	-107	-117	-204	-223	-252
LBA1-2	0.40	0.005	59	5.2	-29	-96	-135	-212	-250	-269
LBA1-3	0.40	0.010	62	5.8	-38	-96	-154	-231	-250	-250
LBA1-4	0.40	0.015	57	6.2	-29	-87	-144	-211	-240	-268
LBA1-5	0.40	0.020	51	5.8	0	-19	-135	-212	-231	-231

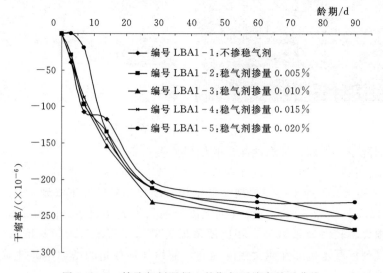

图 6.2-2   掺稳气剂混凝土龄期与干缩率关系曲线

结果表明：掺稳气剂混凝土 7d 早龄期干缩率约在 $0\sim38\mu m$，说明掺稳气剂混凝土早龄期干缩率较小，随稳气剂掺量增加干缩率呈下降趋势，对混凝土早期防裂是有利的。14d 后干缩率增幅较大，90d 约在 $231\sim269\mu m$ 范围波动，表明掺稳气剂保持含气量对混凝土干缩率无影响。

6.2.3.3 高频振捣对掺稳气剂混凝土含气量影响试验

通常，新拌混凝土坍落度、含气量经时损失快，试验结果表明，掺稳气剂对保持混凝土坍落度、含气量稳定效果明显。在实际的混凝土施工浇筑过程中，经高频振捣后的混凝土，其含气量急剧下降，对硬化混凝土抗冻性能有很大的影响。为此，对掺稳气剂混凝土采用高频振捣后，对振捣后的混凝土测试其含气量，研究掺稳气剂与不掺稳气剂的混凝土含气量损失情况试验对比分析。

试验采用拉西瓦大坝混凝土配合比，设计指标 $C_{180}25W10F300$，采用三、四级配，稳气剂掺量选择 0.005%、0.010%。高频振捣混凝土配合比试验参数见表 6.2-9，高频振捣对掺稳气剂混凝土含气量影响试验结果见表 6.2-10，高频振捣掺稳气剂混凝土含气量试验如图 6.2-3 所示。

表 6.2-9　高频振捣混凝土配合比试验参数（$C_{180}32W10F300$）

试验编号	级配	水胶比	砂率/%	粉煤灰/%	用水量/(kg/m³)	减水剂ZB-1A/%	引气剂DH9/%	稳气剂WQ-X/%	表观密度/(kg/m³)	坍落度/mm
LBQ-1	三	0.40	29	35	86	0.50	0.011	0.000	2430	40~60
LBQ-2	三	0.40	29	35	86	0.50	0.011	0.005	2430	40~60
LBQ-3	三	0.40	29	35	86	0.50	0.011	0.010	2430	40~60
LBQ-4	四	0.40	25	35	77	0.50	0.011	0.000	2450	40~60
LBQ-5	四	0.40	25	35	77	0.50	0.011	0.005	2450	40~60
LBQ-6	四	0.40	25	35	77	0.50	0.011	0.010	2450	40~60

表 6.2-10　高频振捣对掺稳气剂混凝土含气量影响试验结果

试验编号	坍落度/mm				含气量/%				高频振捣后含气量/%			和易性			
	出机	15min	30min	60min	出机	15min	30min	60min	15min	30min	60min	砂含	析水	黏聚性	棍度
LBQ-1	95	61	37	18	6.6	5.5	3.5	2.0	4.0	2.3	1.8	中	微	较好	中
LBQ-2	88	65	26	45	6.0	5.2	4.4	3.9	4.8	4.1	3.6	中	无	好	上
LBQ-3	79	67	60	55	5.6	5.3	5.0	4.5	5.1	4.6	4.1	多	无	好	上
LBQ-4	98	59	33	21	6.9	5.6	3.2	2.2	3.9	2.2	1.6	中	微	较好	中
LBQ-5	78	59	48	40	5.9	5.4	5.0	4.3	4.8	4.3	3.8	中	无	好	上
LBQ-6	76	62	57	46	5.7	5.5	5.1	4.4	5.1	4.7	4.4	多	无	好	上

结果表明：不掺稳气剂混凝土坍落度、含气量经时损失很快，掺稳气剂混凝土经时损失明显减小，保持含气量效果好。采用高频振捣棒进行振捣后，新拌混凝土含气量均有不同程度的损失。与未经过高频振捣的 15min 混凝土含气量为基准进行比较，不掺稳气剂

图 6.2-3　高频振捣掺稳气剂混凝土含气量试验

混凝土经过高频振捣后 30min 的含气量损失约 60%，而在混凝土中掺稳气剂 0.01% 时，经高频振捣后 30min 的含气量损失约 15%。表明在混凝土中掺入适宜的稳气剂，虽然混凝土经过高频振捣后，但含气量损失幅度很小。研究成果进一步论证了在混凝土中掺入稳气剂，对保持混凝土含气量，提高混凝土耐久性具有十分重要的现实意义。

6.2.3.4　小结

（1）掺稳气剂混凝土坍落度、含气量经时损失很小，和易性明显改善，有利施工。

（2）掺稳气剂混凝土，力学性能、极限拉伸均有提高，但弹性模量也呈增长的趋势。

（3）掺稳气剂混凝土抗冻性能明显提高，对提高混凝土耐久性作用显著。

（4）掺稳气剂混凝土早期干缩率较小，对防裂是有利的。

（5）在混凝土中掺入适宜的稳气剂，虽然混凝土经过高频振捣后，但含气量损失幅度很小。

通过掺稳气剂混凝土性能研究成果，进一步论证了在混凝土中掺入稳气剂，对保持混凝土含气量，提高混凝土耐久性具有非常重要的现实意义。从技术经济综合分析比较，选择稳气剂 WQ-X 为保持混凝土含气量所选产品，确定掺量为 0.010%。

6.2.4　保持混凝土含气量、提高耐久性试验研究

6.2.4.1　现场试验室验证试验研究

2006 年 8—9 月在拉西瓦工地现场试验室，进一步验证掺稳气剂对保持混凝土含气量，提高混凝土耐久性的可行性试验研究。验证试验是在"稳气剂对混凝土性能影响研究"试验结果的基础上，按照拉西瓦大坝混凝土施工配合比及大坝混凝土的原材料，模拟现场施工情况，采用振动台和高频振捣器两种振捣方法进行研究，使试验研究过程更接近现场实际施工。

1. 试验条件

水　　泥　甘肃"祁连山"牌 P·MH42.5 水泥

粉煤灰　甘肃连城 I 级粉煤灰

骨　　料　拉西瓦红柳滩天然骨料，细骨料细度模数 2.90

外加剂　浙江龙游外加剂有限公司 ZB-1A 缓凝高效减水剂，河北外加剂厂 DH9 型引气剂

稳气剂　WQ-X 稳气剂

2. 掺稳气剂混凝土试验配合比

保持混凝土含气量试验配合比，与拉西瓦大坝混凝土施工配合比保持一致，只是在施工配合比中掺入 WQ－X 稳气剂进行研究试验。保持混凝土含气量试验配合比分别见表 6.2－11 和表 6.2－12。

表 6.2－11　　　　　保持混凝土含气量（$C_{180}25W10F300$）试验配合比

试验编号	级配	水胶比	砂率/%	粉煤灰/%	水/(kg/m³)	ZB－1A/%	DH₉/%	稳气剂/%	表观密度/(kg/m³)	坍落度/mm
SKB0－1	三					0.55	0.011	0	2430	40～60
SKB1－1	三	0.45	29	35	86	0.55	0.011	0.010	2430	40～60
SKB2－1	三					0.55	0.011	0.020	2430	40～60
SKB0－2	四					0.50	0.011	0.00	2450	40～60
SKB1－2	四	0.45	25	35	77	0.50	0.011	0.010	2450	40～60
SKB2－2	四					0.50	0.011	0.020	2450	40～60

表 6.2－12　　　　　保持混凝土含气量（$C_{180}32W10F300$）试验配合比

试验编号	级配	水胶比	砂率/%	粉煤灰/%	水/(kg/m³)	ZB－1A/%	DH₉/%	稳气剂/%	表观密度/(kg/m³)	坍落度/mm
SKB0－3	三					0.55	0.011	0	2430	40～60
SKB1－3	三	0.40	29	30	86	0.55	0.011	0.010	2430	40～60
SKB2－3	三					0.55	0.011	0.020	2430	40～60
SKB0－4	四					0.50	0.011	0.00	2450	40～60
SKB1－4	四	0.40	25	30	77	0.50	0.011	0.010	2450	40～60
SKB2－4	四					0.50	0.011	0.020	2450	40～60

6.2.4.2　保持混凝土含气量拌和物性能

保持混凝土含气量拌和物性能试验结果见表 6.2－13～表 6.2－15。结果表明：

（1）和易性。掺含气量稳气剂对混凝土和易性改善明显，新拌混凝土黏聚性更好，无泌水。而不掺稳气剂时混凝土则有微量泌水。

（2）坍落度。出机 15min 时坍落度按 50～70mm 控制，随掺稳气剂掺量增加坍落度经时损失减小，保坍性能明显提高，历经 60min 坍落度仍能保持在 30～50mm。坍落度损失如图 6.2－4 和图 6.2－5 所示。

（3）含气量。掺稳气剂后，新拌混凝土含气量稳定性明显增强，新拌混凝土表面气孔微小，无大气孔现象。新拌混凝土采用振动台振动 20s，测试新拌混凝土的含气量，掺稳气剂混凝土与不掺的混凝土出机含气量接近，但新拌混凝土从出机到 60min 时，掺稳气剂混凝土的含气量损失很小。新拌混凝土经高频振捣棒振捣后，含气量均存在不同程度的损失减小。但掺稳气剂混凝土 60min 时经高频振捣含气量仍为 4.0%～5.0%，而不掺稳气剂的混凝土含气量仅有 2.0%～2.8%，相对损失率大约 40%～50%。同时稳气剂掺量 0.020% 比掺量 0.010% 含气稳定性效果更好。不同混凝土掺稳气剂含气量对比如图 6.2－6 和图 6.2－7 所示。

（4）凝结时间。不掺稳气剂时混凝土初凝时间在 12h～14h20min，终凝时间在 15h～19h55min；稳气剂掺量 0.010% 时，混凝土初凝时间在 12h50min～15h28min，终凝时间在 16h20min～19h58min；稳气剂掺量 0.020% 时，混凝土初凝时间在 14h05min～19h30min，终凝时间在 18h45min～23h20min。结果表明：掺稳气剂 0.010% 时，混凝土的初凝时间和终凝时间要比不掺稳气剂延长约 1h 左右；掺稳气剂 0.020% 时，初凝时间和终凝时间要比不掺稳气剂混凝土延长 3～6h，反映稳气剂掺量较大时凝结时间延长。

表 6.2－13　　保持混凝土含气量（C₁₈₀25W10F300）拌和物性能试验结果

试验编号	拌和物性能										混凝土温/℃	表观密度/(kg/m³)	含砂	析水	黏聚性	棍度
	坍落度/mm				含气/%				凝结时间/(h：min)							
	出机	15min	30min	60min	出机	15min	30min	60min	初凝	终凝						
SKB0－1	91	76	54	30	6.0	5.6	4.8	4.1	12：58	17：35	20	2379	中	微	较好	中
SKB1－1	102	86	60	33	6.8	6.2	6.0	5.4	13：57	17：42	20	2415	中	无	好	上
SKB2－1	99	70	53	35	6.6	6.4	6.0	5.6	19：30	23：20	19	2428	中	无	好	上
SKB0－2	75	50	25	10	6.0	5.5	4.0	2.5	12：57	18：15	19	2402	中	微	较好	中
SKB1－2	80	68	50	30	7.2	7.2	6.0	5.7	12：50	19：00	20	2429	中	无	好	上
SKB2－2	86	62	50	35	7.4	7.2	6.1	5.7	16：40	21：18	19	2441	中	无	好	上

表 6.2－14　　保持混凝土含气量（C₁₈₀32W10F300）拌和物性能试验结果

试验编号	拌和物性能										混凝土温/℃	表观密度/(kg/m³)	含砂	析水	黏聚性	棍度
	坍落度/mm				含气/%				凝结时间/(h：min)							
	出机	15min	30min	60min	出机	15min	30min	60min	初凝	终凝						
SKB0－3	89	61	32	9	6.8	6.0	4.5	3.5	14：20	19：55	20	2389	中	微	较好	中
SKB1－3	101	79	58	42	6.9	6.6	5.7	5.4	15：28	19：58	20	2414	中	无	好	上
SKB2－3	77	50	40	25	6.0	5.7	5.1	4.4	17：20	21：10	19	2444	中	无	好	上
SKB0－4	84	62	20	8	5.8	4.7	4.0	3.2	12：00	15：00	19	2430	中	微	较好	中
SKB1－4	86	61	62	39	6.6	6.4	5.6	5.3	13：40	16：20	19	2446	中	无	好	上
SKB2－4	90	72	66	46	7.5	7.4	7.2	5.7	14：05	18：45	19	2458	中	无	好	上

表 6.2 – 15　　　　　　保持混凝土含气量拌和物高频振捣后含气量试验结果

试验编号	高频振捣后含气量/%			试验编号	高频振捣后含气量/%		
	15min	30min	60min		15min	30min	60min
SKB0－1	5.0	3.7	2.0	SKB0－3	5.2	3.7	2.6
SKB1－1	5.4	4.8	4.2	SKB1－3	5.7	5.2	4.4
SKB2－1	5.5	5.0	4.6	SKB2－3	5.3	4.7	4.2
SKB0－2	5.1	3.5	2.0	SKB0－4	4.4	3.8	2.8
SKB1－2	5.8		4.1	SKB1－4	5.4	5.0	4.0
SKB2－2	5.9	5.2	4.6	SKB2－4	6.1	5.3	4.9

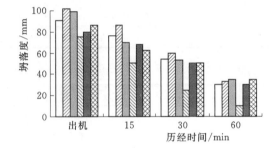

图 6.2 – 4　C$_{180}$25F300W10 混凝土
掺稳气剂坍落度比对图

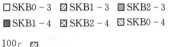

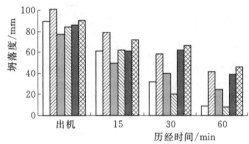

图 6.2 – 5　C$_{180}$32F300W10 混凝土
掺稳气剂坍落度比对图

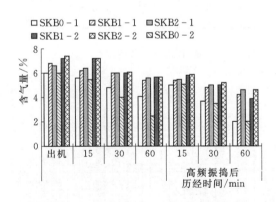

图 6.2 – 6　C$_{180}$25F300W10 混凝土
掺稳气剂含气量比对图

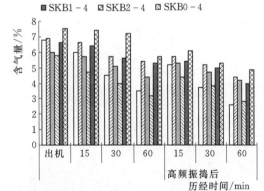

图 6.2 – 7　C$_{180}$32F300W10 混凝土
掺稳气剂含气量比对图

上述试验结果表明：掺稳气剂比未掺稳气剂的混凝土拌和物和易性、坍落度、含气量、凝结时间等性能得到很大程度的改善，含气量稳气剂掺量在 0.01%～0.02% 效果明显。

6.2.4.3 保持混凝土含气量力学性能试验

保持混凝土含气量力学性能试验结果见表 6.2-16、表 6.2-17，保持混凝土含气量力学性能直方图如图 6.2-8 所示。

试验结果表明：混凝土掺稳气剂后，混凝土的强度有所提高，说明掺稳气剂对提高混凝土强度是有利的。

表 6.2-16 $C_{180}25F300W10$ 力学性能试验结果

试验编号	级配	水胶比	煤灰掺量/%	坍落度/mm	含气量/%	稳气剂/%	抗压强度/MPa				劈拉强度/MPa		
							7d	28d	90d	180d	28d	90d	180d
SKB0-1	三	0.45	35	76	5.6	0.000	10.0	20.8	30.4	36.7	2.10	2.49	2.75
SKB1-1	三	0.45	35	86	6.2	0.010	11.1	21.6	31.7	37.0	2.26	2.62	3.02
SKB2-1	三	0.45	35	70	6.4	0.020	11.7	22.2	32.4	37.9	2.38	2.69	2.97
SKB0-2	四	0.45	35	50	5.5	0.000	10.7	22.0	39.3	42.7	1.95	3.07	3.26
SKB1-2	四	0.45	35	68	7.2	0.010	12.4	24.4	41.8	44.9	2.00	3.10	3.40
SKB2-2	四	0.45	35	62	7.2	0.020	13.3	25.0	42.3	44.6	2.08	3.04	3.19

表 6.2-17 $C_{180}32F300W10$ 力学性能试验结果

试验编号	级配	水胶比	煤灰掺量/%	坍落度/mm	含气量/%	稳气剂/%	抗压强度/MPa				劈拉强度/MPa		
							7d	28d	90d	180d	28d	90d	180d
SKB0-3	三	0.40	30	61	6.0	0.00	15.6	26.8	38.3	42.6	2.15	3.16	3.40
SKB1-3	三	0.40	30	79	6.6	0.010	17.6	28.4	41.0	46.8	2.26	3.38	3.55
SKB2-3	三	0.40	30	50	5.7	0.020	18.8	29.6	43.2	46.2	2.45	3.54	3.65
SKB0-4	四	0.40	30	62	4.7	0.00	20.2	28.3	38.5	44.9	2.22	2.97	3.23
SKB1-4	四	0.40	30	61	6.4	0.010	22.0	30.2	40.5	45.2	2.38	3.19	3.21
SKB2-4	四	0.40	30	72	7.4	0.020	23.6	32.0	43.2	45.8	2.52	3.38	3.45

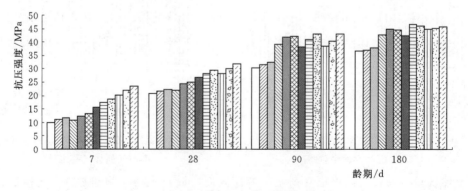

图 6.2-8   保持混凝土含气量力学性能直方图

6.2.4.4 保持混凝土含气量极限拉伸值、弹性模量

保持混凝土含气量极限拉伸值、弹性模量试验结果见表 6.2-18、表 6.2-19。

试验结果表明：保持混凝土含气量的极限拉伸值、弹性模量和强度规律相似，掺稳气剂后，混凝土的极限拉伸值、弹性模量相应增加，但增加幅度不大。

表 6.2-18 　　　　　　　 $C_{180}25F300W10$ 极限拉伸值、弹性模量试验结果

试验编号	级配	水胶比	煤灰掺量/%	坍落度/mm	含气量/%	稳气剂/%	轴拉强度/MPa		极限拉伸值/(×10⁻⁴)		轴心抗压强度/MPa		静力抗压弹模/GPa	
							28d	90d	28d	90d	28d	90d	28d	90d
SKB0-1	三	0.45	35	76	5.6	0.00	2.03	2.65	0.86	1.00	11.7	21.5	22.2	26.0
SKB1-1	三	0.45	35	86	6.2	0.010	2.16	2.64	0.88	1.04	13.6	22.1	23.1	27.2
SKB2-1	三	0.45	35	70	6.4	0.020	2.28	3.10	0.89	1.09	15.1	22.6	24.5	28.0
SKB0-2	四	0.45	35	50	5.5	0.00	2.21	3.08	0.85	1.05	13.0	22.1	20.6	27.3
SKB1-2	四	0.45	35	68	7.2	0.010	2.39	3.05	0.89	1.07	15.3	23.8	21.9	29.9
SKB2-2	四	0.45	35	62	7.2	0.020	2.22	2.99	1.05	1.08	17.8	25.5	22.7	29.5

表 6.2-19 　　　　　　　 $C_{180}32F300W10$ 极限拉伸值、弹性模量试验结果

试验编号	级配	水胶比	煤灰掺量/%	坍落度/mm	含气量/%	稳气剂/%	轴拉强度/MPa		极限拉伸值/(×10⁻⁴)		轴心抗压强度/MPa		静力抗压弹模/GPa	
							28d	90d	28d	90d	28d	90d	28d	90d
SKB0-3	三	0.40	30	61	6.0	0.00	2.54	2.81	0.90	1.08	15.0	21.5	25.3	35.5
SKB1-3	三	0.40	30	79	6.6	0.010	2.48	2.92	0.95	1.14	15.5	22.3	27.3	31.6
SKB2-3	三	0.40	30	50	5.7	0.020	2.56	3.07	0.96	1.13	19.2	25.5	30.4	33.6
SKB0-4	四	0.40	30	62	4.7	0.00	2.51	3.00	0.93	1.06	19.6	24.3	27.0	29.5
SKB1-4	四	0.40	30	61	6.4	0.010	2.55	3.43	0.99	1.12	21.3	28.0	28.6	31.4
SKB2-4	四	0.40	30	72	7.4	0.020	2.51	3.11	0.99	1.14	20.2	26.0	29.6	30.3

6.2.4.5 保持混凝土含气量耐久性能试验

1. 抗冻性能

抗冻试验采用电脑自动控制的风冷式 CDR-2 型快速冻融机，如图 6.2-9 所示。该快速冻融机具有将可编程控制器和长图记录仪换成了工业控制计算机，将冷冻机水冷系统机更换成了风冷机组，将冻融箱设计成一体化结构，增加了完善的测控软件系统，设有多级软硬件安全保护功能等特点。使混凝土快速冻融试验操作更为简便、准确。

保持混凝土含气量混凝土抗冻性能的试验结果见表 6.2-20、表 6.2-21；保持含气量混凝土冻融次数与相对动弹模量关系曲线如图 6.2-10 所示；保持含气量混凝土冻融次数与质量损失率关系曲线如图 6.2-11 所示。

结果表明：不掺稳气剂的混凝土经过 F350～400 次冻融循环后，混凝土抗冻等级达到极限。掺稳气剂的混凝土由于保持了混凝土含气量的稳定性，混凝土经过 F500 次冻融循环后，相对动弹模量仍然达到 75%～80%，质量损失率在 3%～4%，还有较大抗冻融

富裕量，可达到抗冻等级 F600 次。掺稳气剂混凝十与不掺稳气剂混凝土的抗冻试件，经冻融循环试验后的试件比对情况如图 6.2-12 所示。

图 6.2-9　电脑自动控制的风冷式 CDR-2 型快速冻融机

表 6.2-20　　　　　　　　　　C_{180}25F300W10 抗冻性能的试验结果

试验编号	级配	水胶比	煤灰掺量/%	坍落度/mm	含气量/%	稳气剂/%	N 次相对动弹模量/质量损失率/%									
							100	150	200	250	300	350	400	450	500	550
SKB0-1	三	0.45	35	76	5.6	0.00	89.3/1.42	83.4/2.06	79.3/2.88	73.3/3.95	70.2/4.48	65.2/5.42	—	—	—	—
SKB1-1	三	0.45	35	86	6.2	0.010	96.3/0.47	95.7/0.85	93.6/1.42	90.6/1.78	88.8/2.01	85.0/2.38	82.3/2.81	79.9/3.09	77.3/3.72	74.6/4.68
SKB2-1	三	0.45	35	70	6.4	0.020	95.9/0.57	94.3/0.65	94.0/0.70	93.1/0.88	91.9/1.06	89.5/1.41	86.0/1.77	81.0/2.31	77.1/3.07	73.3/4.38
SKB0-2	四	0.45	35	50	5.5	0.00	89.8/0.74	87.2/1.17	84.3/1.74	81.5/2.55	79.7/4.08	66.3/5.55	—	—	—	—
SKB1-2	四	0.45	35	68	7.2	0.010	91.5/0.18	91.4/0.50	90.1/0.68	88.2/1.11	87.5/2.01	82.2/2.49	78.3/2.97	74.7/3.60	71.5/4.17	69.0/4.62
SKB2-2	四	0.45	35	62	7.2	0.020	93.5/0.12	93.0/0.25	92.7/0.45	90.6/0.68	88.8/1.27	87.2/1.40	84.1/1.86	80.2/2.34	75.2/3.29	70.9/4.14

表 6.2-21　　　　　　　　　　C_{180}32F300W10 抗冻性能的试验结果

试验编号	级配	水胶比	煤灰掺量/%	坍落度/mm	含气量/%	稳气剂/%	N 次相对动弹模量/质量损失率/%									
							100	150	200	250	300	350	400	450	500	550
SKB0-3	三	0.40	30	61	6.0	0.00	93.9/0.90	90.4/1.68	86.0/2.24	82.3/2.84	78.6/3.50	76.0/4.18	72.4/5.03	—	—	—
SKB1-3	三	0.40	30	79	6.6	0.010	94.5/0.18	89.8/0.41	88.8/0.62	86.7/0.91	85.2/1.32	83.9/1.73	82.3/1.89	80.8/2.33	80.1/2.79	71.8/3.86
SKB2-3	三	0.40	30	50	5.7	0.020	94.9/0.21	94.9/0.24	94.1/0.31	91.5/0.35	90.7/0.92	87.9/1.30	84.6/1.69	79.3/2.45	73.8/3.16	69.7/3.94

续表

试验编号	级配	水胶比	煤灰掺量/%	坍落度/mm	含气量/%	稳气剂/%	N次相对动弹模量/质量损失率/%									
							100	150	200	250	300	350	400	450	500	550
SKB0-4	四	0.40	30	62	4.7	0.00	94.3/0.39	89.7/0.77	84.7/1.28	82.6/2.02	78.3/3.15	71.4/5.02	—	—	—	—
SKB1-4	四	0.40	30	61	6.4	0.010	96.4/0.33	95.1/0.55	93.3/0.81	90.4/1.09	88.7/1.26	85.3/1.41	83.1/1.65	80.6/2.14	78.5/2.51	73.1/3.82
SKB2-4	四	0.40	30	72	7.4	0.020	96.6/0.67	95.2/0.90	93.1/1.21	89.8/1.41	85.4/1.72	81.8/2.07	78.6/2.32	76.2/2.55	72.7/2.85	68.8/3.64

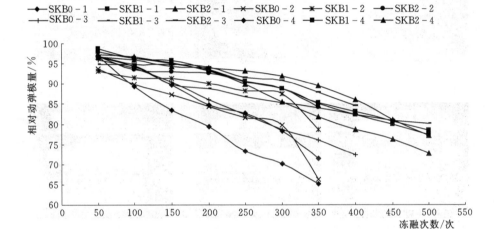

图 6.2-10　保持含气量混凝土冻融次数与相对动弹模量关系曲线

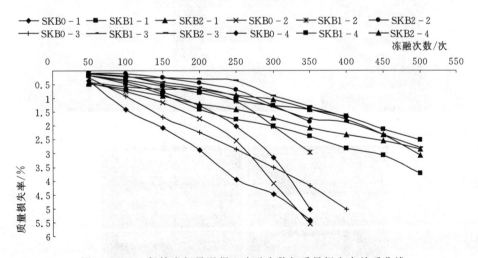

图 6.2-11　保持含气量混凝土冻融次数与质量损失率关系曲线

2. 抗渗试验

保持混凝土含气量混凝土抗渗性能的试验结果见表 6.2-22、表 6.2-23。混凝土抗

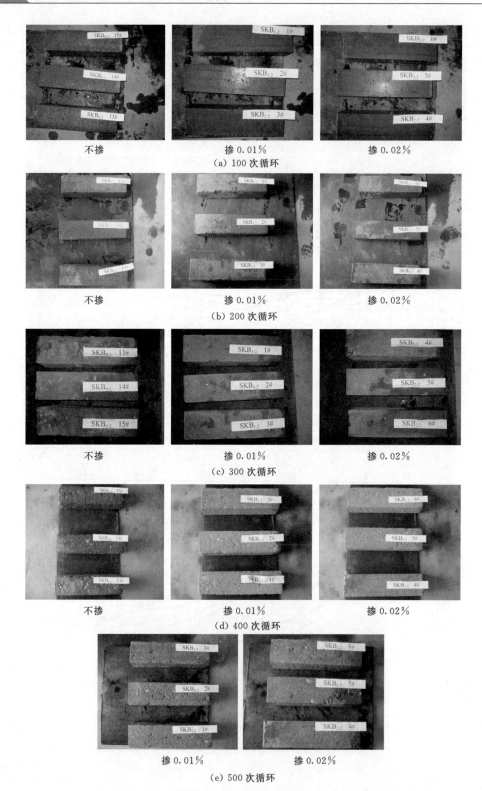

不掺　　　　　　　掺 0.01%　　　　　　掺 0.02%

（a）100 次循环

不掺　　　　　　　掺 0.01%　　　　　　掺 0.02%

（b）200 次循环

不掺　　　　　　　掺 0.01%　　　　　　掺 0.02%

（c）300 次循环

不掺　　　　　　　掺 0.01%　　　　　　掺 0.02%

（d）400 次循环

掺 0.01%　　　　　　　掺 0.02%

（e）500 次循环

图 6.2-12（一）　掺与不掺含气量稳气剂混凝土冻融试验后比对图

掺 0.01%　　　　　　　　　掺 0.02%

(f) 550 次循环

图 6.2-12（二）　掺与不掺含气量稳气剂混凝土冻融试验后比对图

渗试验按照《水工混凝土试验规程》（DL/T 5150—2001）逐级加压法进行。

结果表明：在 1.2 MPa 同一最大水压力下，掺与不掺稳气剂的混凝土渗水高度相差很大，掺稳气剂混凝土渗水高度在 0～32mm，不掺稳气剂混凝土渗水高度在 39～61mm。说明了掺稳气剂混凝土抗渗等级明显提高。

表 6.2-22　　　　　　　　　C_{180} 25F300W10 抗渗性能的试验结果

试验编号	级配	水胶比	煤灰掺量/%	坍落度/mm	含气量/%	稳气剂/%	最大水压力/MPa	渗水高度/cm	抗渗等级
SKB0-1	三	0.45	35	76	5.6	0.00	1.2	4.4	＞W11
SKB1-1	三	0.45	35	86	6.2	0.010	1.2	2.8	＞W11
SKB2-1	三	0.45	35	70	6.4	0.020	1.2	1.7	＞W11
SKB0-2	四	0.45	35	50	5.5	0.00	1.2	6.1	＞W11
SKB1-2	四	0.45	35	68	7.2	0.010	1.2	3.0	＞W11
SKB2-2	四	0.45	35	62	7.2	0.020	1.2	1.5	＞W11

表 6.2-23　　　　　　　　　C_{180} 32F300W10 抗渗性能的试验结果

试验编号	级配	水胶比	煤灰掺量/%	坍落度/mm	含气量/%	稳气剂/%	最大水压力/MPa	渗水高度/cm	抗渗等级
SKB0-3	三	0.40	30	61	6.0	0.00	1.2	3.9	＞W11
SKB1-3	三	0.40	30	79	6.6	0.010	1.2	1.2	＞W11
SKB2-3	三	0.40	30	50	5.7	0.020	1.2	0	＞W11
SKB0-4	四	0.40	30	62	4.7	0.00	1.2	5.3	＞W11
SKB1-4	四	0.40	30	61	6.4	0.010	1.2	3.2	＞W11
SKB2-4	四	0.40	30	72	7.4	0.020	1.2	0.8	＞W11

6.2.4.6　小结

（1）掺稳气剂不会改变混凝土配合比参数。

（2）掺稳气剂混凝土坍落度、含气量经时损失很小，对保持混凝土含气量效果明显。

（3）稳气剂 WQ-X 掺量在 0.010% 时，对混凝土凝结时间无影响。

（4）掺稳气剂对提高混凝土强度是有利的。

（5）掺稳气剂混凝土的极限拉伸、弹性模量与强度规律发展相似。

（6）掺稳气剂显著提高了混凝土抗冻耐久性能，混凝土抗冻等级可以达到 F550 以上。

（7）掺稳气剂混凝土抗渗等级显著提高，渗水高度明显降低。

6.2.5　硬化混凝土气泡参数研究

影响混凝土抗冻性因素很多，其中最为重要的是混凝土含气量。测定硬化混凝土中气泡的数量、大小和间距，用来计算混凝土的含气量、气泡数、气泡直径和间距系数等气泡参数，其中含气量、平均气泡直径和和间距系数，这三个参数相互之间有一定的关系，含气量一定时，气泡越小，气泡间距就越小。研究分析掺稳气剂与不掺稳气剂的硬化混凝土气泡参数特性，对提高混凝土耐久性有着重要的实际意义。

6.2.5.1　混凝土气孔参数测定

掺稳气剂混凝土气泡参数测定，委托北京工业大学交通工程重点实验室进行。2006年8—9月，在拉西瓦工地现场试验室进行了保持混凝土含气量提高耐久性试验研究，掺稳气剂混凝土试件按照拉西瓦大坝混凝土施工配合比成型，具体试验配合比见表 6.2 - 11、表 6.2 - 12。

测试混凝土气泡参数的试样制备，是把 150mm 立方体的混凝土试件标准养护到 180d 龄期，然后将混凝土试件切割成 100mm×100mm，厚度为 10～20mm 试样，经打磨、抛光、清洁并喷涂荧光剂后用于气泡参数测定，试样制备、处理如图 6.2 - 13 所示。采用硬化混凝土分析仪测定，气泡参数测定过程如图 6.2 - 14 所示。系统采用 COSMOS 软件自动采集数据并自动计算得到结果。混凝土试样的测试范围为 60mm×60mm。

混凝土气泡参数主要测试：空气量、气泡数、气泡间距系数、平均气泡直径、气泡直径范围等。测定结果见表 6.2 - 24；混凝土气孔结构分析测试如图 6.2 - 15 所示。

图 6.2 - 13　试样制备、处理

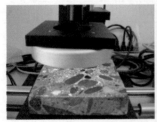

图 6.2 - 14　气泡参数测定过程照片

表 6.2－24　　　　　　硬化混凝土气泡参数测定分析结果报告表

序号	原编号	室内编号	含气量 15min/%	气泡数 /(个/36cm²)	气泡间距系数 /μm	平均气泡直径 /μm	气泡直径范围 /μm
1	SKB0－1	0－1	5.1	3330	171.4	178.5	17.4～2649.2
1	SKB0－1	0－1	5.0	3378	172.2	174.1	17.4～3038.9
	平均值		5.05	3354	171.8	176.3	
2	SKB0－2	0－2	2.3	3039	195.7	99.6	17.4～2516.6
2	SKB0－2	0－2	2.2	2781	204.1	105.3	17.4～2511.4
	平均值		2.25	2910	199.9	102.45	
3	SKB0－3	0－3	3.0	2948	216.4	137.8	17.4～1782.3
3	SKB0－3	0－3	3.0	2718	225.1	140.0	17.4～1756.0
	平均值		3	2833	220.75	138.9	
4	SKB0－4	0－4	1.6	2533	215.7	129.3	17.4～1049.7
4	SKB0－4	0－4	1.6	3246	190.4	110.9	17.4～1211.1
	平均值		1.6	2889.5	203.05	120.1	
5	SKB1－1	1－1	2.4	6064	146.1	89.9	17.4～2172.0
5	SKB1－1	1－1	2.4	4228	174.9	103.2	17.4～2394.9
	平均值		2.4	5146	160.5	96.55	
6	SKB1－2	1－2	4.9	5054	127.3	147.6	17.4～1704.6
6	SKB1－2	1－2	4.6	7412	108.6	106.6	17.4～2041.4
	平均值		4.75	6233	117.95	127.1	
7	SKB1－3	1－3	2.1	4380	174.4	92.9	17.4～1801.1
7	SKB1－3	1－3	2.4	4800	167.9	93.8	17.4～～3437.0
	平均值		2.25	4590	171.15	93.35	
8	SKB1－4	1－4	1.7	3730	178.7	90.7	17.4～1641.5
8	SKB1－4	1－4	2.0	3547	184.4	106.7	17.4～1911.9
	平均值		1.85	3638.5	181.55	98.7	
9	SKB2－1	2－1	2.7	3109	205	157.3	18.2～1190.7
9	SKB2－1	2－1	2.8	4317	174.4	125.7	17.4～1410.8
	平均值		2.75	3713	189.7	141.5	
10	SKB2－2	2－2	4.0	5050	140.2	145.2	17.4～1742.5
10	SKB2－2	2－2	4.1	6712	119.8	124.8	17.4～1763.6
	平均值		4.05	5881	130	135	
11	SKB2－3	2－3	2.0	4082	180.5	102.3	17.4～1049.7
11	SKB2－3	2－3	2.2	4068	181.5	100.9	17.4～1606.5
	平均值		2.1	4075	181	101.6	
12	SKB2－4	2－4	1.9	5935	142.4	63.3	17.4～1719.7
12	SKB2－4	2－4	1.5	4183	167.9	63.9	17.4～1435.2
	平均值		1.7	5059	154.9	63.6	

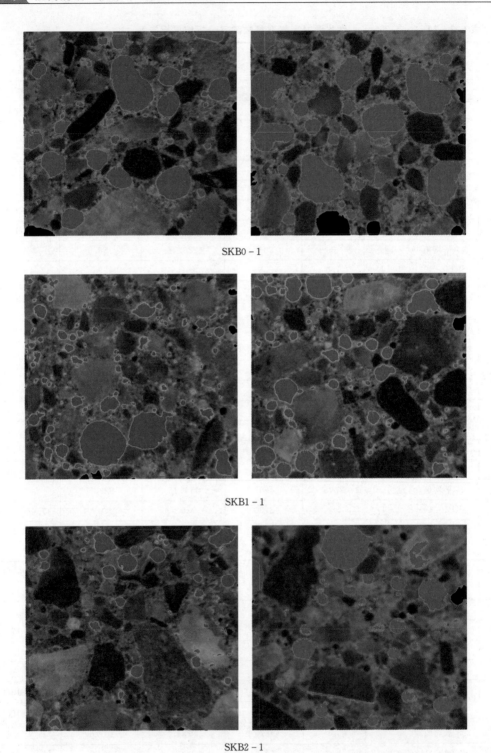

SKB0-1

SKB1-1

SKB2-1

图 6.2-15（一）　混凝土气孔结构分析测试照片

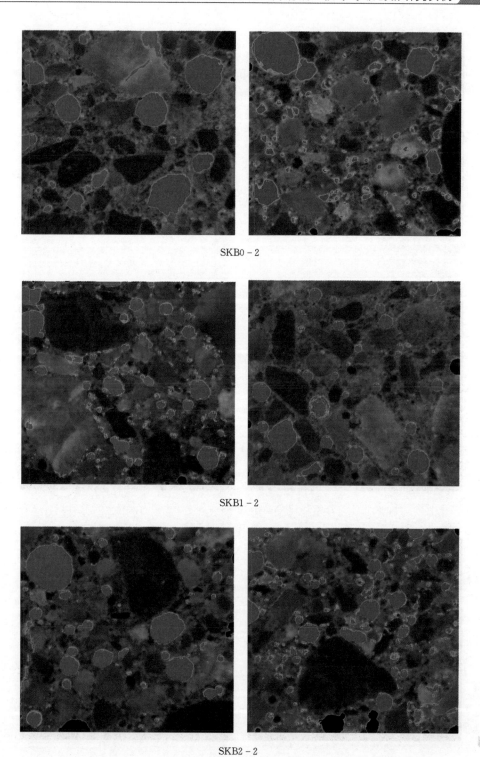

SKB0－2

SKB1－2

SKB2－2

图 6.2-15（二） 混凝土气孔结构分析测试照片

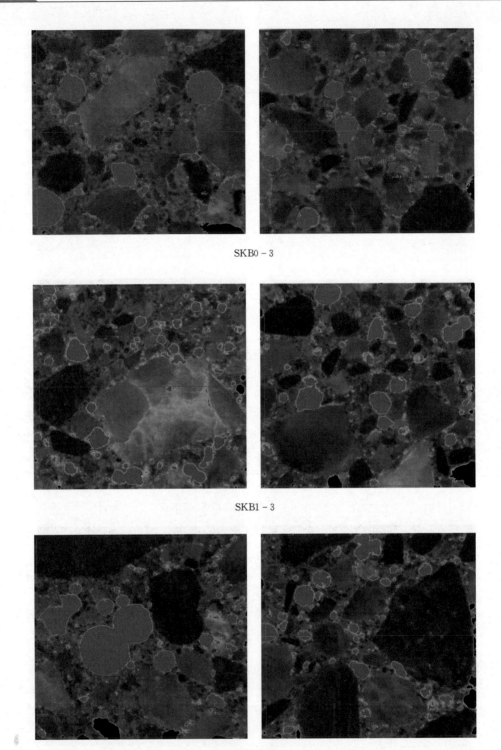

SKB0-3

SKB1-3

SKB2-3

图 6.2-15（三） 混凝土气孔结构分析测试照片

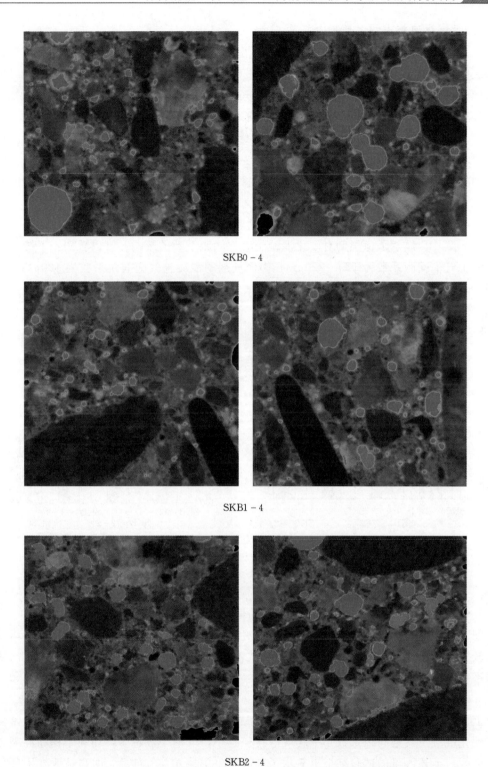

SKB0 - 4

SKB1 - 4

SKB2 - 4

图 6.2 -15（四） 混凝土气孔结构分析测试照片

6.2.5.2　硬化混凝土空气量测定

根据硬化混凝土气泡参数测定分析结果报告见表 6.2-24，测试的硬化混凝土空气量结果表明：平均硬化混凝土空气量在 1.6％～5.05％范围波动，没有规律，即掺稳气剂与不掺稳气剂的硬化混凝土与新拌混凝土的含气量无相关性。

6.2.5.3　掺稳气剂对混凝土气泡个数的影响

表 6.2-24 结果表明：不掺稳气剂的混凝土气泡个数在 3000 个/36cm² 左右，而掺稳气剂的混凝土气泡个数在 4000～6000 个/36cm²，研究发现，稳气剂到一定掺量时，随着稳气剂掺量增加，混凝土气泡个数在减少。掺与不掺稳气剂对混凝土气泡个数分布的影响如图 6.2-16 所示。

6.2.5.4　掺稳气剂对混凝土气泡间距系数的影响

图 6.2-17 显示了稳气剂对硬化混凝土气泡间距系数的影响：可以看到，不掺稳气剂的混凝土气泡间距系数为 170～220μm，掺稳气剂的混凝土气泡间距系数为 120～180μm，掺稳气剂后，混凝土气泡间距系数变小，稳气剂的掺量对混凝土气泡间距系数无直接影响。

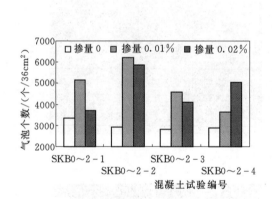

图 6.2-16　掺与不掺稳气剂对
混凝土气泡个数分布的影响

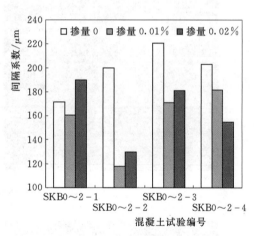

图 6.2-17　稳气剂对硬化混凝土
气泡间距系数的影响

6.2.5.5　掺稳气剂对混凝土平均气泡直径的影响

图 6.2-18 显示了稳气剂对混凝土平均气泡直径的影响，可看出不掺稳气剂平均气泡直径较大，为 110～180μm，掺稳气剂平均气泡直径变小，为 70～140μm，但稳气剂的掺量对平均气泡直径没有明显的对应关系。

6.2.5.6　掺稳气剂对混凝土抗冻性的影响

上面结果表明：混凝土的抗冻性与硬化混凝土气泡个数、气泡间距系数有一定影响关系，硬化混凝土气泡间距系数、平均气泡直径越小，气泡个数越多，均利于提高混凝土的抗冻性能。上述大量的试验结果也显示了在混凝土中掺入稳气剂后，明显地改变了硬化混凝土气孔结构，使硬化混凝土气泡间距系数变小、平均气泡直径变小、气泡个数增多，使产生的孔结构更能满足混凝土抗冻性能要求，如图 6.2-19 所示。在混凝土中掺稳气剂后，混凝土抗冻等级达到 F550 以上，抗冻性能显著提高。

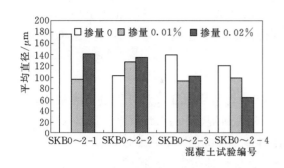

图 6.2-18 稳气剂对混凝土
平均气泡直径的影响

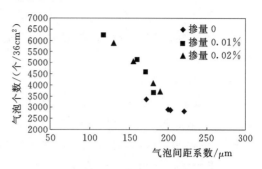

图 6.2-19 混凝土气泡个数与
气泡间距系数的关系

6.2.5.7 小结

（1）掺稳气剂与不掺稳气剂的硬化混凝土与新拌混凝土的含气量无相关性。

（2）掺稳气剂比不掺的混凝土气泡个数约增加 33%～100%。

（3）掺稳气剂后，混凝土气泡间距系数变小。

（4）掺稳气剂混凝土平均气泡直径变小，为 70～140μm。

（5）掺稳气剂明显地改变了硬化混凝土气孔结构。

6.2.6 保持混凝土含气量提高耐久性试验研究现场应用

6.2.6.1 保持含气量掺稳气剂现场应用

2007 年 1 月 13 日和 2007 年 10 月 31 日—11 月 2 日，在拉西瓦大坝工程非溢流坝段 9 号-09 仓面和大坝工程溢流坝段 12 号-40 仓面，分别进行了掺稳气剂保持混凝土含气量现场应用试验，其中在 12 号-40 仓面进行了全仓面（大约 3000m³ 混凝土掺加了稳气剂）应用试验，现场应用混凝土施工配合比参数见表 6.2-25，控制浇筑地点坍落度 40～60mm，考虑运输等经时损失情况，故出机坍落度按 50～70mm 控制，出机含气量按上限控制在 5.0%～5.5%。大坝混凝土采用甘肃祁连山牌 P·MH42.5 水泥、连城 I 级粉煤灰、红柳滩天然粗细骨料、ZB-1A 缓凝高效减水剂、DH9 引气剂、WQ-X 稳气剂。

表 6.2-25　　　　　　　掺稳气剂现场应用混凝土施工配合比

工程部位设计等级	级配	水胶比	用水量/(kg/m³)	粉煤灰/%	砂率/%	外加剂/% ZB-1A	外加剂/% DH9	WQ-X/%	坍落度/mm	骨料比例（小石：中石：大石：特大石）	表观密度/(kg/m³)
主坝下部 $C_{180}32F300W10$	四	0.40	77	30	25	0.50	0.011	0.010	40～60	20:20:30:30	2450

掺稳气剂混凝土采用拉西瓦左岸 1 号拌和楼（4×4.5m³）进行拌和，按表 6.2-25 的施工配合比进行配料，将计算称量好的稳气剂 WQ-X 干粉人工均匀撒在细骨料表面，投料顺序为中石 → 大石 → 小石 → 胶凝材（水泥＋粉煤灰）→ 砂＋含气稳气剂

→特大石→水＋外加剂，并延长拌和时间 30s。对拌和楼出机后的混凝土，分别成型掺稳气剂和不掺稳气剂混凝土的相应试件进行比对试验。拌制好的混凝土用 9m³ 侧卸车水平运输到卸料平台后，缆机垂直运输直接入仓，平仓机平仓后采用 8 棒机械振捣台车振捣。

6.2.6.2 拌和物性能试验

掺稳气剂混凝土现场应用试验对混凝土拌和物坍落度、含气量分别进行大量的出机 15min、入仓、振捣后的测试。掺稳气剂和不稳气剂混凝土拌和物性能试验结果见表 6.2－26～表 6.2－28。掺稳气剂混凝土拌和物性能情况如图 6.2－20 所示。

结果表明：拌和楼生产的掺稳气剂混凝土拌和物性能与室内试验结果一致，掺稳气剂后，新拌混凝土和易性明显优于不掺稳气剂的混凝土，黏聚性好，易于振捣，仓面无泌水现象，且经过 8 棒机械振捣台车振捣后，经检测不掺混凝土含气量在 2.6%～3.8%，掺稳气剂混凝土含气量仍保持在 4.0%～4.8%，满足 4.5%～5.5% 的含气量要求，保持混凝土含气量效果显著。

表 6.2－26　　　　　掺稳气剂混凝土拌和物性能试验结果

试验编号	WQ－X /%	拌 和 物 性 能							混凝土温/℃	表观密度 /(kg/m³)	含砂	析水	黏聚性
		坍落度/mm		含气量/%			凝结时间 /(h：min)						
		出机 15min	入仓	出机 15min	入仓	振捣车振捣后	初凝	终凝					
9 号－09	0	5.8	4.1	5.0	4.2	2.6	13：08	16：60	12	2466	中	微	较好
SKY	0.010	5.6	5.2	5.7	5.6	4.8	13：65	17：30	12	2456	中	无	好

表 6.2－27　　　主坝 12 号－40 坝段 $C_{180}32F300W10$ 不掺稳气剂混凝土拌和
物性能试验结果

拌 和 楼				仓 面			
出机		15min					
序号	坍落度 /cm	含气量 /%	坍落度 /cm	含气量 /%	序号	坍落度 /cm	含气量 /%	振捣后含气量 /%
1	5.2	5.5	5.0	4.8	1	3.1	4.5	3.4
2	6.3	5.2	5.5	4.6	2	4.3	4.7	3.6
3	4.5	5.5	4.0	5.1	3	3.2	4.4	3.8
4	5.0	5.0	4.2	4.5	4	4.0	4.6	3.5
5	4.5	4.9	4.0	4.4	5	3.5	4.4	3.2
6	6.2	5.5	4.0	4.8	6	3.8	4.4	3.3
7	5.8	5.2	5.0	4.6	7	4.5	4.6	3.5

表 6.2-28　　　主坝 12 号-40 坝段 C_{180}32F300W10 掺稳定剂混凝土
拌和物性能试验结果

拌 和 楼				仓 面			
序号	出机坍落度/cm	15min 后坍落度/cm	出机含气量/%	15min 后含气量/%	序号	入仓坍落度/cm	入仓含气量/%	振捣后含气量/%
1	6.2	5.1	5.3	4.9	1	4.8	4.5	4.2
2	6.8	5.5	5.6	4.9	2	4.5	4.5	4.2
3	6.6	5.6	5.5	5.1	3	4.5	4.7	4.4
4	5.2	5.0	5.2	5.1	4	4.5	4.7	4.5
5	5.8	5.5	5.3	4.8	5	4.3	4.4	4.1
6	5.6	5.1	5.2	4.8	6	4.3	4.4	4.1
7	4.5	4.3	4.9	4.6	7	4.2	4.3	4.0
8	5.8	5.5	5.3	5.0	8	5.0	4.7	4.2
9	5.6	5.3	5.3	4.9	9	5.3	4.5	4.1
10	6.0	5.5	5.3	4.8	10	4.9	4.3	4.0
11	6.2	5.4	5.4	4.9	11	4.6	4.3	4.1
12	6.5	6.0	5.5	5.2	12	4.6	4.5	4.2
13	6.0	5.8	5.2	5.0	13	4.5	4.5	4.0
14	5.9	5.8	5.2	4.7	14	4.6	4.6	4.4
15	5.7	5.1	5.2	4.9	15	4.2	4.4	4.4
16	5.6	4.6	5.2	5.1	16	5.1	4.7	4.4
17	5.5	5.1	5.0	4.7	17	5.0	4.6	4.4
18	5.5	5.0	5.0	4.8	18	5.0	4.7	4.2
19	5.3	4.5	4.9	4.6	19	4.8	4.7	4.3
20	5.5	5.0	5.1	4.6	20	4.4	4.2	4.0
21	5.7	5.0	5.0	4.7	21	5.3	4.7	4.1
22	6.0	5.4	5.3	5.0	22	4.8	4.7	4.3
23	6.2	5.5	5.2	4.9	23	5.1	4.7	4.4
24	6.4	5.6	5.1	4.7	24	4.6	4.5	4.0

6.2.6.3　力学性能、极限拉伸、弹性模量试验

掺稳气剂混凝土力学性能、极限拉伸、弹性模量试验结果见表 6.2-29 和表 6.2-30。

结果表明：拌和楼生产的掺稳气剂混凝土力学性能、极限拉伸、弹性模量与室内试验结果一致，掺稳气剂混凝土的强度、极限拉伸、弹性模量均呈增大趋势。

出机坍落度   入仓坍落度

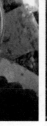

入仓含气量   振捣后的含气量   振捣后混凝土表面

图 6.2-20　掺稳气剂混凝土拌和物性能情况现场照片

表 6.2-29　　　掺稳气剂混凝土现场应用对比力学试验结果

试验编号	级配	水胶比	用水量/(kg/m³)	坍落度/mm	含气量/%	WQ-X/%	抗压强度/MPa				劈拉强度/MPa		
							7d	28d	90d	180d	28d	90d	180d
9号-09	四	0.40	77	5.8	5.0	0.00	20.0	30.9	36.1	41.3	1.77	3.06	3.45
SKY	四	0.40	77	5.6	5.7	0.010	23.1	31.6	40.6	44.2	1.98	3.68	3.94
12号-40 未掺	四	0.40	77	6.0	5.2	0.000	15.9	23.4 25.4 26.7 24.8	33.4	40.6 39.7	2.12	2.85	3.26
12号-40 掺	四	0.40	77	5.4	5.0	0.010	18.9	26.3 28.5 29.3 27.6	35.8	42.8 43.5	2.58	2.93	3.58

表 6.2-30　　　掺稳气剂混凝土现场应用对比极限拉伸、弹性模量试验结果

试验编号	级配	水胶比	用水量/(kg/m³)	坍落度/mm	含气量/%	WQ-X/%	轴拉强度/MPa		极限拉伸值/(×10⁻⁶)		轴心抗压强度/MPa		静力抗压弹模/GPa	
							28d	90d	28d	90d	28d	180d	28d	180d
9号-09	四	0.40	77	5.8	5.0	0.000	2.71	3.06	0.91	1.08	23.8	26.4	27.6	30.1
SKY	四	0.40	77	5.6	5.7	0.010	2.92	3.38	0.95	1.16	26.7	28.6	29.6	31.5
12号-40 未掺	四	0.40	77	6.0	5.2	0.000	2.34	2.96	0.87	1.08	21.1	27.9	23.7	34.4
12号-40 掺	四	0.40	77	5.4	5.0	0.010	2.48	3.20	0.92	1.15	23.2	30.1	25.7	35.9

6.2.6.4　抗冻、抗渗性能试验

1. 抗冻试验

掺稳气剂混凝土现场应用对比抗冻试验结果见表 6.2-31；现场掺稳气剂混凝土与不掺稳气剂混凝土经冻融循环试验后的试件比对情况如图 6.2-21 所示。

结果表明：拌和楼生产的掺稳气剂混凝土抗冻性能与室内试验结果一致，抗冻试验采用微机自动控制的风冷式快速冻融机，试件养护至 90d 龄期，掺稳气剂混凝土经冻融试验后，抗冻等级达到 F550 以上，比不掺稳气剂的混凝土抗冻等级提高了 60%。而且掺稳气剂混凝土试件养护至 28d 龄期时经冻融试验后，抗冻等级就已经达到 F300。

表 6.2-31　掺稳气剂混凝土现场应用对比抗冻试验结果

试验编号	级配	水胶比	坍落度/mm	含气量/%	WQ-X/%	N 次相对动弹模量/重量损失/%									
						100	150	200	250	300	350	400	450	500	550
9号-09 未掺	四	0.40	58	5.0	0.000	89.6/0.73	85.4/1.38	81.2/1.92	77.9/2.41	74.8/3.06	70.1/3.83	66.0/5.12	—	—	—
SKY	四	0.40	56	5.7	0.010	93.5/0.34	90.6/0.54	87.9/0.99	85.7/1.31	83.5/1.64	80.2/2.06	78.3/2.57	73.3/3.27	70.1/3.89	65.9/4.59
*12号-40 未掺	IV	0.40	60	5.2	0.000	89.1/1.10	81.5/1.83	70.0/2.54	63.1/3.34	58.1/4.48	—	28d 龄期			
*12号-40 掺	IV	0.40	54	5.0	0.010	90.4/0.36	88.7/0.78	83.9/1.19	77.5/1.67	68.9/2.37	—	28d 龄期			
12号-40 未掺	四	0.40	60	5.2	0.000	90.4/0.84	88.3/1.18	83.8/2.02	79.4/2.98	76.3/3.39	71.5/4.00	67.7/4.80	—	—	—
12号-40 掺	四	0.40	54	5.0	0.010	95.2/0.46	93.1/0.83	91.1/1.00	89.2/1.56	86.9/1.90	82.6/2.22	79.0/2.60	77.1/3.15	73.5/3.67	69.1/4.38

注　编号为 *12号-40 的为 28d 龄期，其余为 90d 龄期抗冻试验。

2. 抗渗试验

掺稳气剂混凝土抗渗性能试验结果见表 6.2-32。

结果表明：拌和楼生产的掺稳气剂混凝土抗渗性能与室内试验结果一致，采用逐级加压法，掺稳气剂混凝土当最大水压力达到 2.3MPa 时，抗渗等级达到了 W22，比不掺稳气剂的混凝土抗渗等级提高了 50%。

表 6.2-32　掺稳气剂混凝土抗渗性能试验结果

试验编号	级配	水胶比	坍落度/mm	含气量/%	WQ-X/%	最大水压力/MPa	渗水情况	抗渗等级
9号-09 未掺	四	0.40	5.8	5.0	0	1.5	3 个试件渗水	>W14
SKY	四	0.40	5.6	5.7	0.010	2.2	3 个试件渗水	>W21
12号-40 未掺	四	0.40	6.0	5.2	0.000	1.6	3 个试件渗水	>W15
12号-40 掺	四	0.40	5.4	5.0	0.010	2.3	3 个试件渗水	>W22

6.2.6.5　小结

（1）掺稳气剂混凝土在拌和楼生产时，将稳气剂 WQ-X 干粉人工均匀撒在细骨料表

12 号-40 未掺　　　　　　　12 号-40 掺

(a) 200 循环(28d)

12 号-40 未掺　　　　　　　12 号-40 掺

(b) 250 循环(28d)

12 号-40 未掺　　　　　　　12 号-40 掺

(c) 300 循环(28d)

图 6.2-21　现场掺稳气剂混凝土与不掺稳气剂
混凝土经冻融循环试验后的试件比对图

面，适当延长拌和时间。

（2）掺稳气剂混凝土经机械振捣后，混凝土含气量仍能保持在 4.0%～5.0% 的范围，保持混凝土含气量效果显著。

（3）拌和楼生产的掺稳气剂混凝土力学性能、极限拉伸、弹性模量与室内试验结果一致。

（4）拌和楼生产的掺稳气剂混凝土经冻融试验后，与室内研究结果吻合，抗冻等级显著提高。

（5）拌和楼生产的掺稳气剂混凝土的抗渗等级与室内试验结果一致，抗渗等级大幅度提高。

6.2.7 结论

（1）保持混凝土含气量，提高混凝土耐久性研究技术路线正确。研发的稳气剂WQ-X性能稳定，品质优良，使用方便，效果明显。

（2）在混凝土中掺入微量的稳气剂WQ-X，对保持混凝土含气量提高混凝土抗冻性能作用十分显著，同时可以有效地改善混凝土和易性，更有利于混凝土施工。

（3）研究结果表明，在混凝土中掺入稳气剂WQ-X后，硬化混凝土的强度、极限拉伸等性能均优于不掺稳气剂的混凝土，对提高抗裂性能十分有利。

（4）在混凝土中掺入稳气剂后，硬化混凝土气泡个数明显增多、气泡间距系数变小、平均气泡直径变小，明显地改变了硬化混凝土气孔结构，对提高混凝土抗冻等级、抗渗等级效果显著。

（5）现场应用表明，掺稳气剂混凝土坍落度、含气量经时损失很小，混凝土入仓经振捣车机械振捣后，含气量仍能满足设计要求，比不掺稳气剂混凝土的抗冻等级、抗渗等级性能大幅度提高。

（6）保持混凝土含气量提高混凝土耐久性研究成果是混凝土的一项重大技术创新和发明，具有非常重要的现实意义，是对混凝土实用技术的巨大贡献，应用前景十分广阔。

第7章

水工泄水建筑物抗冲磨混凝土关键技术

7.1 概　述

7.1.1 泄水建筑物是枢纽工程的重要组成部分

从 20 世纪 90 年代开始，中国的水利水电事业得到快速发展，建设了一大批大型水利水电枢纽工程，如三峡、小浪底、洪家渡、水布垭、百色、龙滩、拉西瓦、瀑布沟、光照、小湾、金安桥、糯扎渡、向家坝、溪洛渡、黄登、大藤峡等为代表的工程，这些水利水电工程的挡水建筑物不论是重力坝、拱坝、堆石坝还是闸坝，其数量、高度、规模以及泄水量等指标均位居世界前列。举世瞩目的三峡工程已成为"国之重器"，中国的水利水电工程已成为引领和推动世界水利水电发展的巨大力量。

中国的大型水利水电工程主要分布在长江、黄河、金沙江、澜沧江、雅砻江、大渡河、珠江流域以及雅鲁藏布江等大江大河上，这些大江大河主要发源于世界屋脊的青藏高原以及云贵高原，河流湍急，落差大、流量大，适合于建设高坝大库工程。如二滩拱坝高 240m，拉西瓦拱坝高 250m，小湾、溪洛渡、白鹤滩、乌东德等拱坝最大坝高近 300m，锦屏一级坝高达到了 305m，泄洪水头一般为坝高的 0.5～0.8 倍，流速一般达 40～50m/s；同时流量大，如二滩达 23900m³/s，溪洛渡达 43700m³/s。

三峡通过坝身泄水量达到 102500m³/s，广西大藤峡坝身泄水量达到 67400m³/s，由此引起的脉动振动、空化空蚀、掺气雾化、磨损磨蚀和河道冲刷问题十分突出，给消能防冲设计和施工带来极大的困难，已成为水工泄水建筑物的关键技术难题之一。

泄水建筑物是水利水电枢纽工程的重要组成部分。其主要作用为泄洪、排沙、施工期导流及初期蓄水时向下游输水，同时又要兼顾水电站进水口前冲沙、排漂等。根据泄水建筑物在枢纽总体布置中的位置，可将其分为坝身泄水和岸边泄水两种方式。近年来的工程实践表明，已建成的水利水电工程的泄洪排沙孔（洞）、挑流、溢流表孔、溢洪道、消力池、水垫塘、护坦，以及尾水等泄水建筑物经过一定时期的运行，均不同程度地出现冲刷、磨损和空蚀损坏现象，个别工程泄水建筑物发生结构性冲刷损坏，有的破坏甚至已经危及水工建筑物的安全。特别是部分工程的泄水消能护面抗冲磨防空蚀混凝土，均发生不同程度的破坏，一些工程在投入运行后的短时间内就发生严重的破坏，维护修补费用巨大。反映了水工泄水建筑物抗冲磨混凝土在结构设计、掺气减蚀设施、护面材料选择、施工工艺和质量控制等方面，还存在着较多问题，需要分析研究、总结提升和完善。因此，对水工泄水建筑物抗冲磨混凝土关键技术进行研究和分析探讨将具有非常重要的现实意义。

7.1.2　掺气减蚀设施在高速水流防空蚀破坏中的重要作用

高速水流掺气是泄水建筑物混凝土表面减免空蚀的重要措施。《混凝土重力坝设计规范》（SL 319 或 DL 5108）规定："流速超过 30～35m/s 的泄水建筑物应采取掺气措施，特殊重要的工程和流速大于 35m/s 的建筑物应通过减压箱模型试验确定防空蚀措施"或"流速超过 30m/s 的泄水建筑物宜采取掺气措施，特殊重要的工程和流速大于 35m/s 的建筑物应通过减压箱模型试验确定防空蚀措施"。《混凝土拱坝设计规范》（SL 282 或 DL/5346）规定："对于泄水建筑物，应注意下列容易发生空蚀损坏的部位和区域：进出口、闸门槽、弯曲段、水流边界突变处；反弧段及其附近；异型鼻坎、分流墩；消力池中的趾墩、消力墩；溢流面上和泄水孔内流速大于 20m/s 的区域。上述部位或区域，宜进行减压模型试验，并根据水力特性和施工条件，确定相应的工程措施。"

1960 年美国首先在大古力大坝泄水孔通气槽取得成功。中国 20 世纪 70 年代初开始该项技术的研究，并不断应用于工程实践。大量工程实践表明，当流速大于 30m/s 的工程部位易发生空蚀损坏。随着中国水利水电建设的高速发展，水利水电工程规模越来越大，坝越来越高，高速水流问题愈加突出，如掺气、雾化、脉动、诱发振动、空化、空蚀等现象，因此高速水流问题备受重视。

水流在高速运动情况时，由于底部紊流边界层发展到自由表面而开始掺气形成自然掺气。掺气水流使水流的物理特性发生了一些变化，如在水流与固体边界之间强迫掺气可减免空蚀，因而得到广泛应用。二滩泄洪洞的运行为合理设计明流洞洞顶余幅提供了宝贵的经验，中国水工隧洞规范中规定："高流速隧洞在掺气水面以上的净空余幅为隧洞面积的15%～25%。较长的隧洞除从闸门井通气外还需要在适当位置补气。"经过二滩泄洪洞的运行和原型观测，认为从保证这种超长大型泄洪洞的运行安全角度考虑，水面以上应有足够的空间，至少应取上限值。

刘家峡泄洪洞和龙羊峡底孔泄洪洞是中国 20 世纪 70—80 年代最早一批遭遇空蚀损坏的典型工程实例。刘家峡泄洪是在反弧段下游发生空蚀破坏，原因为当时对空蚀破坏认识有限，没有设置通气槽。龙羊峡底孔泄洪洞是在弧门后下游边墙，原因为施工不平整度造成的"升坎"效应。此后，开展了大量的掺气减蚀研究和原型观测，在理论和实践上取得了重大突破，一大批泄洪洞或溢洪道在采用了掺气减蚀设施后取得了良好的运行效果。

《水工建筑物抗冲磨防空蚀混凝土技术规范》（DL/T 5207—2005）规定：水流空化数小于 0.30 或流速超过 30m/s 时，必须设置掺气减蚀设施。选用合理的掺气型式，组合式掺气应进行大比尺模型试验论证，明确形成稳定的空腔；近壁层掺气浓度应大于 3%，要求特别高的部位应不低于 5%；掺气保护长度根据泄水曲线型式确定，曲线段可采用 70～100m，直线段可为 100～150m，对长泄水道应考虑设置多级掺气减蚀设施；1 级、2 级泄水建筑物流速大于 30m/s 的区域应进行混凝土抗空蚀强度试验与原型空化空蚀监测设计。

7.1.3 高速水流对泄水建筑物损坏调研

《水工建筑物抗冲磨防空蚀混凝土技术规范》（DL/T 5207—2005）列举了部分泄水建筑物冲磨空蚀损坏及门槽空蚀损坏实例（见规范条文说明），为此，泄水建筑物的护面材料越来越引起人们的高度重视。比如锦屏一级水电站位于雅砻江上，挡水建筑物拱坝最大坝高 305m，泄水建筑物具有泄量大、流速高的特点，最大流速达到 50m/s 以上，远远超过了规范的流速范围。锦屏一级泄水建筑物在选用护面材料的过程中进行了大量的调研、试验研究和论证工作。

调研的实际工程包括龙羊峡、李家峡、小浪底、刘家峡、二滩、安康、溪洛渡、金安桥、景洪、通口、鱼塘、泸定、百色、小湾、构皮滩等许多已建的或在建的水电站工程，调研的材料包括了这些工程中所用的高强或高性能混凝土、高强硅粉混凝土、硅粉纤维混凝土等。调研结论认为这些工程所用的硅粉类、纤维类及高标号混凝土作为护面抗冲磨混凝土，有着各自的优点和缺点，其使用效果不尽如人意，均存在不同的工程缺陷，一些工程在投入运行后的短时间内就发生较严重的损坏。还有一些工程护面材料抗冲磨混凝土裂缝严重、流线型差、平整度不满足要求、缺陷较多，存在安全隐患，对工程的耐久性不利。上述工程所用材料和损坏情况简介如下。

龙羊峡水电站和李家峡水电站是国内建设较早的高水头建筑物，设计中采用了 C50 硅粉混凝土，该工程在投入运行初期就发生了严重损坏。李家峡也采用了 C50 硅粉混凝土，其右中孔底板硅粉混凝土裂缝严重。2004 年检查发现护面层有脱空现象，流水从上游部位裂缝中渗入，从下游部位裂缝渗出，加上冻融作用，裂缝扩展，面层 50cm 厚的硅粉混凝土与底部基础混凝土松动。显然，护面层的抗冲稳定性不满足要求，为了防止泄水孔流道底板被冲，运行单位对护面底板挖除，由国内科研单位进行维修，采用的材料为高性能混凝土，高强硅粉混凝土，但维修后仍然发现抗冲磨护面板体存在裂缝，并有空鼓现象存在。

小浪底泄洪洞、溢洪道护面抗冲磨混凝土采用高标号硅粉混凝土，强度等级 C50 和 C70。施工过程温控防裂及施工困难极大，尽管采取了一切能够采取的措施，但护面材料硅粉混凝土裂缝仍然很多。

二滩水电站泄洪洞，为当时国内最大的泄洪洞，断面高 13.5～14.9m，宽 13m，最大流速达 45m/s，居当时国内第一。泄洪洞使用 C50 硅粉混凝土，裂缝严重，竣工后第四年即 2002 年，洞身护面发生严重损坏，损坏的起因是由于局部空蚀损坏，但存在严重裂缝的护面层，因整体性差加重了损坏程度和规模。

溪洛渡泄洪洞与锦屏一级泄洪洞均采用了龙落尾结构，溪洛渡龙落尾末端流速最大为 45m/s，采用了 $C_{90}55$ 硅粉纤维混凝土，由于温控问题突出，边墙施工难度大，施工中边墙部位抗冲磨混凝土取消了纤维并在立墙部位改泵送入仓为采用常态混凝土入仓。溪洛渡导流洞使用高性能 C40 混凝土，经一个汛期过水，混凝土被严重冲刷磨损，大面积钢筋裸露并冲断。维修中主要采用 C50 硅粉混凝土，同时在维修中作为试验材料选取的材料有环氧砂浆、钢纤维硅粉混凝土、超陶等多种抗冲磨材料，但维修后一个汛期这些材料均发生了破坏。

景洪水电站最大坝高 108m，校核水位时上下游水位差仅 27.7m，底板抗冲耐磨层厚度为 1m，采用掺 8％硅粉的 C40 硅粉混凝土。为了底板的稳定，又布置 5φ36mm 间距为 6m×6m 的锚筋桩，深入基岩深度 7.4m 将底板牢牢的锚固在基岩上。2008 年建成后第一年过水（非正常运行），护面表层发生了较大面积的损坏，底板中部出现了大面积表面抗冲耐磨层硅粉混凝土和基础混凝土脱开、冲走现象，块体厚度 1.0m，最大块体面积约 50m²，总冲毁面积为 3536.62m²，占消力池总面积 12609.075m² 的 28％。

构皮滩水电站在水垫塘使用多种掺合料的高标号混凝土，强度 C50，裂缝也较多。

小湾泄洪洞底板开始时采用 $C_{90}60W8F100$ 高标号铁钢砂混凝土，混凝土和易性差，施工难度极大。后改为硅粉纤维抗冲磨混凝土。

调研结论表明，二滩、小湾、溪洛渡等工程泄水建筑物流速达到 45m/s，所使用的护面混凝土强度均超过 $C_{90}55$，这些工程案例所使用的高标号混凝土、硅粉混凝土、硅粉纤维混凝土、钢纤维混凝土等均发生了不同程度的损坏，这些工程在建设初期都是按照《水工抗冲磨防空蚀混凝土技术规范》进行系统研究而优选的护面混凝土，其使用效果不理想，表明泄水建筑物护面材料所遵从的规范在抗冲磨混凝土的试验研究和评价体系中存在着一定的缺陷。

7.1.4 多元复合材料抗冲磨混凝土

我国从 20 世纪 60 年代就开始进行抗冲磨材料的应用研究，主要有三类：高强混凝土、特殊抗冲磨混凝土和表面防护材料。特殊抗冲磨混凝土包括真空作业混凝土、纤维增强混凝土、聚合物混凝土、聚合物浸渍混凝土、铁矿砂混凝土、刚玉混凝土、铸石混凝土等。在抗冲耐磨材料的发展历史中，各种材料相继出现，并应用于水利水电工程，它们各有自己的优缺点，从应用的历史过程看，工程中普遍认为用高强度混凝土来提高泄水建筑物的抗冲磨防空蚀能力是一个基本途径。

从 20 世纪 90 年代开始，随着各种掺合料、纤维及外加剂的广泛研究及应用，在吸收和发展高性能混凝土思路下，科研单位通过大量的试验研究及应用，逐步提出了多元复合材料抗冲磨混凝土新理念。现代多元复合材料抗冲磨混凝土虽属水工混凝土范畴，但其材料组成和性能明显有别于水工大体积混凝土和水工结构混凝土，多元复合材料以硅粉＋粉煤灰＋纤维＋聚羧酸高性能减水剂为主的抗冲磨混凝土得到大量应用。

第一代硅粉混凝土技术始于 20 世纪 80 年代，其强度和耐磨性很高，但在应用过程中存在着一定的缺陷。中国 80 年代开始应用硅粉混凝土时，采用单掺硅粉，掺量大，一般掺量达 10％～15％，由于受当时外加剂性能制约，硅粉混凝土用水量很大，胶材用量多，新拌混凝土十分黏稠，表面失水很快，收缩大，养护困难，极易产生裂缝，施工困难。

第二代硅粉混凝土技术是从 20 世纪 90 年代开始，聚羧酸等高效减水剂应用，降低了单位用水量，有的在硅粉混凝土中掺膨胀剂，进行补偿收缩，抗裂性能有所改善。由于膨胀剂的使用必须是在有约束的条件下才能有效，掺膨胀剂对抗冲磨混凝土的使用效果并不十分理想。

第三代硅粉混凝土技术从 21 世纪初开始，首先降低硅粉掺量，一般掺量为 5％～8％，并掺 Ⅰ 级粉煤灰和纤维，采用高性能减水剂，其性能得到较大提高，但施工浇筑过程中新拌硅粉混凝土急剧收缩、抹面困难和表面裂缝等问题还是一直未能很好解决。

各种化学纤维的出现，如聚丙烯腈纤维、玄武岩纤维、纤维素纤维、聚乙烯醇（PVA）等纤维，被用作防裂措施加入混凝土中，对抗冲磨混凝土表面防裂起到一定作用，但在应用过程中也存在着一定的缺陷，主要表现为：一是用水量增加较大，需要采用减水率高的外加剂或提高外加剂掺量；二是纤维混凝土拌和时纤维的投料不能采用机械化，拌和时间需要延长才能保证纤维的均匀性；三是施工浇筑时纤维容易外露，对平整度和收面的光洁度有一定影响。许多掺纤维的工程，裂缝依然存在。

7.1.5　HF 抗冲耐磨混凝土

HF 抗冲耐磨混凝土是由 HF 外加剂、优质粉煤灰或其他掺合料（如多元粉体、磨细矿渣、双掺料等）、符合要求的砂石骨料和水泥组成，并按规定的要求进行设计（耐磨层结构参数设计、配合比耐磨设计、结构和材料的抗冲设计、抗裂设计和防空蚀设计）和按照要求的施工工艺和质量控制方法组织浇筑完成的混凝土，简称 HF 抗冲耐磨混凝土。HF 抗冲耐磨混凝土是针对硅粉混凝土及其他抗冲耐磨混凝土存在的问题开发出的抗冲耐磨防空蚀材料。HF 抗冲耐磨混凝土于 1992 年开发研究以来，已在 300 多个水利水电工程中广泛使用，工程界高度认可并拥有完全的自主知识产权。

HF 抗冲耐磨混凝土跳出传统的只关注混凝土高强度和耐磨较优的选择护面混凝土的理念和做法，通过对高速水流护面混凝土损坏案例及损坏原因的科学分析，认为高速水流护面问题的解决，从材料方面来讲，在保证一定的耐磨强度的情况下，首先是解决好混凝土的抗冲损坏问题，而抗冲损坏主要由护面的结构缺陷和材料的缺陷决定。只有在结构设计、材料选择、配合比试验及施工质量控制等诸多环节中，消除其可能引起抗冲缺陷的因素，才能可靠地解决好护面混凝土的抗冲问题和耐久性问题。对于空蚀损坏的预防措施，也是通过提供易于施工的混凝土和易性加科学合理的施工工艺和质量控制方法，确保混凝土护面达到设计要求的平整度和流线型，使护面混凝土不引起空蚀的发生。同时，通过骨料和配合比以及施工工艺解决好混凝土再生不平整度过大可能引起的空蚀损坏问题。对于推移质磨损破坏问题，HF 抗冲耐磨混凝土是通过合理的结构、满足一定要求的原材料、符合抗磨要求的配合比及合理的施工工艺，使护面抗磨层达到设计要求的使用耐久性，使护面混凝土终身不维修或少维修。

HF 抗冲耐磨混凝土除具有良好的抗冲耐磨防空蚀性能以外，还具有抗裂性好、干缩性小，水化热温升低，施工与常态混凝土一样简单易行，尤其在严格按照 HF 抗冲耐磨混凝土技术要求的抗裂防裂要求操作的情况下，可以避免混凝土出现裂缝。由于 HF 抗冲耐磨混凝土良好的使用效果，使其在工程中得到了广泛的应用和认可。目前 HF 抗冲耐磨混凝土已经被《水闸设计规范》SL 及 NB 标准采纳或推荐，同时被《水工隧洞设计规范》SL 推荐为多泥沙河流使用效果好的护面材料。

7.1.6　新型环氧砂浆护面材料修补技术

水工泄水建筑物在运行过程中需要不断进行维护，损坏后要及时进行修补。传统的抗冲磨修补材料主要采用预缩砂浆、环氧树脂砂浆（混凝土）、硅粉混凝土、聚合物水泥砂浆、聚脲等材料，上述材料均存在不同的优点和缺点。近年来，一种新型环氧砂浆护面材料修补技术在泄水建筑物修补中得到广泛应用。

1. NE-Ⅱ型环氧砂浆

NE-Ⅱ型环氧砂浆具有无毒无污染、与混凝土匹配性良好、常温施工、不黏施工器具、与混凝土颜色基本一致、抗冲耐磨强度高、主要力学性能优良等特性，主要用于水工建筑物过流面的抗冲磨损、抗气蚀与抗冻融保护以及损坏后的修补，混凝土建筑物的缺陷修补以及补强与加固处理等。

NE聚氨酯灌浆材料是由特种聚醚、多异氰酸酯、助剂、阻燃剂等合成的止水堵漏材料，能渗入混凝土裂缝与结构缝，遇水反应、膨胀，形成弹性体，达到止水堵漏的目的，适用于水利水电、隧道、地铁、工业和民用建筑中混凝土结构缝、裂缝、伸缩缝等及基础部位的防渗与止水堵漏处理。可分为亲水型和疏水型，亲水型主要用于存在大量渗漏水的部位；疏水型应用于慢渗、渗漏水较小的部位。

NE型新型环氧砂浆和NE型聚氨酯灌浆材料已成功应用于小浪底、三峡、紫坪铺、二滩、拉西瓦、龙头石、苏丹麦洛维、金安桥等国内外大中型水利水电工程泄水建筑物的抗冲磨保护中，在抗冲磨混凝土修补和护面材料中发挥了主要作用。NE型新型环氧砂浆发明单位有着丰富的环氧砂浆抗冲磨层专业施工经验，并独立编制了国家级工法《水工建筑物流道抗冲磨环氧砂浆施工工法》（编号：YJGF262—2006），主持编制了《环氧树脂砂浆技术规程》（DL/T 5193—2004）。

2. HG型环氧胶泥涂层

随着新材料的研发和推广应用，近十年来，在一些大型水利水电工程的溢洪道、溢洪洞、泄洪洞、泄洪放空洞等高流速、高气蚀风险的抗冲耐磨混凝土表面批刮或喷涂一层几毫米厚的HG型环氧胶泥涂层，大大提高混凝土的抗冲磨性和耐久性，实践证明取得了很好的效果。最为典型的工程包括瀑布沟水电站、大岗山水电站和猴子岩水电站等工程。

7.1.7 抗冲磨混凝土损坏因素分析

高速水流对泄水建筑物的损坏存在三种型式：磨蚀、空蚀和水力冲刷。高速水流挟带的泥沙、石块必然引发冲磨损坏，冲磨损坏诱发空蚀大面积结构性冲毁。泄水建筑物表面不平整或有在障碍物的情况下，水流流速较高时很容易遭受空蚀破坏。如施工中由于定线误差，模板接缝不平或未清除残留突起物，抹面工艺差，达不到过流面平整度要求，就会引起局部边界分离，形成漩涡，产生空蚀破坏。

施工中由于管理或不可预见因素，抗冲磨混凝土与基础混凝土（一般为三级配C25）分期浇筑或间歇时间过长，出现两张皮脱空现象，或受强约束发生裂缝，以及止水或排水孔损坏，从而减弱混凝土的抗冲性能，在高速水流引起的磨损冲刷、脉动振动、空化空蚀的作用下，往往把抗冲磨混凝土整块掀掉，形成大面积的水力冲刷损坏。大量工程实践证明，泄水建筑物抗冲磨防空蚀混凝土关键技术是防裂和结构性破坏问题，这是抗冲磨混凝土损坏的主因。

影响泄水建筑物抗冲磨混凝土产生裂缝和损坏涉及的因素很多，裂缝的发展是一个由量变到质变的过程，裂缝发展极易引起泄水建筑物结构破坏。多年来，水工泄水建筑物抗冲磨混凝十自身抗磨性能研究颇多，但材料只是其中的一个方面，而实际裂缝和结构性破坏与水工设计、水力学、材料优选、配合比设计、施工方案、施工工艺、质量控制等有关。如抗冲磨混凝土并非强度等级越高越好，设计龄期未利用后期强度（90d），致使水泥用量多、混凝土温升大、干缩大，对抗冲磨混凝土防裂十分不利。如何使水工泄水建筑物的设计蓝图、抗冲磨混凝土试验研究成果转化为生产力，需要通过科学的抗冲磨混凝土材料优选、配合比优化设计、合理的施工组织设计和精细化施工工艺来实现，这是保证抗冲磨混凝土质量的关键所在。

7.2 抗冲磨混凝土设计指标与施工配合比

7.2.1 抗冲磨混凝土设计指标分析

《混凝土重力坝设计规范》（SL 319 或 DL 5108）规定，抗冲磨混凝土强度等级标准值采用28d龄期抗压强度，保证率95%。国内部分高坝泄水建筑物抗冲磨混凝土设计指标见表7.2-1。

表7.2-1 国内部分高坝泄水建筑物抗冲磨混凝土设计指标

工程名称	坝型	坝高/m	抗冲磨混凝土部位	设计指标	设计龄期/d	级配	备注
三峡二期	重力坝	183	大坝及排沙洞出口、抗冲磨部位	$R_{28}400S10D250$	28	二	最大流速 35m/s 单掺粉煤灰混凝土
				$R_{28}350S10D250$	28	二	
二滩	拱坝	240	泄洪洞、水垫塘	$C_{90}50W8F150$	90	二	硅粉＋粉煤灰混凝土
李家峡	拱坝	165	底孔中孔泄水道	$C_{28}50F300W8$	28	二	硅粉混凝土
万家寨	重力坝	106	溢流面、防冲板	$R_{28}300D200$	28	二	硅粉混凝土
			护坦表面及隔墙	$R_{28}350D200$	28	二	硅粉混凝土
江口	拱坝	140	表孔、导流底孔	$C_{28}35W8F150$	28	二	硅粉混凝土
			水垫塘、二道坝	$C_{28}40W8F150$	28	二	硅粉混凝土
百色	RCC重力坝	130	溢流面、溢流坝、导墙消力池、表孔	$R_{28}40S8D100$	28	二准三	硅粉纤维混凝土
龙滩	RCC重力坝	192	底孔进出口、导墙表面、溢流面	$C_{28}50W8F150$	28	二	粉煤灰高性能混凝土
光照	RCC重力坝	200.5	底孔、导墙表面、溢流面	$C_{28}40W8F150$	29	二	HF抗冲耐磨混凝土
金安桥	重力坝	160	溢洪道、消力池左右泄冲砂底孔	$C_{90}50W8F150$	90	二	粉煤灰＋硅粉＋纤维多元复合混凝土
				$C_{90}50W8F150$	90	二	单掺粉煤灰混凝土
拉西瓦	拱坝	250	水垫塘、底孔等高速水流部位	$C_{28}50W6F300$	28	二	硅粉＋粉煤灰混凝土

工程名称	坝型	坝高/m	抗冲磨混凝土部位	设计指标	设计龄期/d	级配	备注
锦屏一级	拱坝	305	泄洪洞	$C_{90}40W8F75$ $C_{90}50W8F75$	90	二	HF抗冲耐磨混凝土
			水垫塘	$C_{90}60W8F150$	90	二	硅粉＋纤维混凝土
小湾	拱坝	294.5	泄洪洞	$C_{90}50W_{90}8F_{90}100$	90	二	硅粉＋纤维混凝土
				$C_{90}60W_{90}10F_{90}100$	90	二	
			水垫塘	$C_{28}50W_{90}10F_{90}100$	28	二	
瀑布沟	堆石坝	186	泄洪洞	$C_{90}50W6F50100$	90	二	硅粉＋粉煤灰＋纤维混凝土，放空洞HF抗冲耐磨混凝土
			溢洪道、放空洞	$C_{90}40W6F100$	90	二	
				$C_{90}50W6F50$	90	二	
向家坝	重力坝	162	溢流表孔、中孔、反弧段混凝土	$C_{90}45W10F200$	90	二	抗冲磨混凝土
			溢流面侧墙、导墙和消力池底板	$C_{90}40W10F200$	90	二	抗冲磨混凝土
溪洛渡	拱坝	278	泄洪洞	$C_{90}60W8F150$	90	二	粉煤灰＋硅粉＋纤维混凝土
			水垫塘	$C_{90}60W8F150$	90	二 三	
白鹤滩	拱坝	289	泄洪洞	$C_{90}40W10F150$	90	二	低热水泥＋粉煤灰＋聚羧酸高性能减水剂
			水垫塘、二道坝	$C_{90}50W8F150$	90	二	
丰满重建	RCC重力坝	94	泄水建筑物	$C_{90}50F300$	90	二 三	HF＋粉煤灰混凝土
大藤峡	闸坝	80.01	泄洪闸	$C35W8F100$	28	二	HF抗冲耐磨混凝土
			消力池	$C40W8F100$	28	二	

表 7.2-1 数据表明，早期泄水建筑物抗冲磨混凝土设计龄期，按照混凝土重力坝、拱坝等有关设计规范，采用 28d 设计龄期，仅有二滩水电站抗冲磨混凝土采用 90d 设计龄期。进入 21 世纪，高坝泄水建筑物抗冲磨混凝土掺用优质 I 级粉煤灰，为了充分发挥粉煤灰混凝土后期强度，抗冲磨混凝土普遍采用 90d 设计龄期，有效改善高强度等级抗冲磨混凝土的施工工艺，对提高抗裂性能效果明显。如小湾、溪洛渡、金安桥、瀑布沟、向家坝、锦屏一级、溪洛渡、白鹤滩等工程抗冲磨混凝土均采用 90d 设计龄期。

《水工泄水建筑物抗冲磨防空蚀混凝土技术规范》（DL/T 5207—2005）标准条款 6.3 材料选择："抗冲磨防空蚀混凝土强度等级选择，可根据最大流速和多年平均含沙量选择混凝土强度等级，并进行抗冲磨强度优选试验"；"抗冲磨防空蚀混凝土的强度等级分 $C_{90}35$、$C_{90}40$、$C_{90}45$、$C_{90}50$、$C_{90}55$、$C_{90}60$、＞$C_{90}60$ 七级"。DL/T 5207—2005 规范明确抗冲磨混凝土设计龄期为 90d。设计龄期是抗冲磨防空蚀混凝土十分重要的设计指标之一，采用不同的设计龄期，将直接关系到抗冲磨混凝土粉煤灰掺量和胶凝材料用量的多少，进而影响到抗冲磨混凝土温控防裂性能。工程实践证明，抗冲磨混凝土采用 90d 设计龄期，可以把Ⅰ级粉煤灰掺量从 10％提高至 25％。比如设计指标相同的 C50 抗冲磨防空蚀混凝土，在相同强度等级、级配、坍落度的情况下，90d 比 28d 设计龄期混凝土可节约胶凝材料约 $50\sim100kg/m^3$，且后期强度增长显著，强度增长率一般为 28d 强度的 1.2～1.3 倍，同时方便施工，表面平整度易得到保证，特别有利于温控防裂，可以取得明显的技术和经济优势。

关于抗冲磨混凝土强度等级，设计应从防裂、方便施工等方面考虑，并非强度等级越高越好，作者建议抗冲磨混凝土保证率采用 90％为宜，因为抗冲磨混凝土的高强度与弹性模量是直线关系，强度增加，弹模亦相应增加，但极限拉伸值增加幅度极小，从施工和防裂考虑，亦需有一个最佳的结合点。

7.2.2 多元复合材料抗冲磨混凝土施工配合比

在抗冲耐磨材料的发展历史中，各种材料相继出现，并应用于水利水电工程，它们各有自己的优缺点。从应用的历史过程看，用高强度混凝土来提高泄水建筑物的抗冲磨防空蚀能力，仍然是一个基本途径。

多元复合材料抗冲磨混凝土的发展，是在硅粉混凝土应用的基础上发展起来的。从 20 世纪 90 年代开始，各种掺合料、纤维及外加剂特别是Ⅰ级粉煤灰的广泛研究及应用，在吸收和发展高性能混凝土的思路下，科研单位通过大量的试验研究及应用，逐步提出了多元复合材料抗冲磨混凝土的新理念。现代的多元复合材料抗冲磨混凝土虽属水工混凝土范畴，但其材料组成和性能明显有别于水工大体积混凝土和水工结构混凝土。一是抗冲磨混凝土设计强度等级高，一般 C40～C60；二是抗冲磨混凝土材料组成已经远远超越水工大体积混凝土仅掺单一掺合料（粉煤灰）材料组成的情况；三是为了满足抗冲磨混凝土高强度、抗磨性、防裂和韧性等要求，粉煤灰、硅粉、矿渣、纤维、聚羧酸外加剂及铁矿石骨料等组成的多元复合材料在抗冲磨混凝土中得到广泛应用，这是水工普通混凝土材料组成中所不具备的。为此，现代的抗冲磨混凝土被称为多元复合材料抗冲磨混凝土也就理所当然了。多元复合材料抗冲磨混凝土按照材料组成，其性能有各自的优势和不足。

作者对国内部分工程泄水建筑物多元复合材料抗冲磨混凝土施工配合比进行了统计，详见表 7.2 - 2。表中数据表明，抗冲磨混凝土采用硅粉混凝土居多。当硅粉掺量 8％～10％替代水泥时，虽然强度和抗冲耐磨性能有所提高，但硅粉混凝土存在的缺陷也十分明显。由于硅粉比表面积达 2000m^2/kg 以上，颗粒十分细小，致使硅粉混凝土拌和物十分黏稠，施工难度大，收仓抹面困难，平整度不易控制，且失水快，表面干缩极大，养护困难，是表面裂缝产生的主因。裂缝的发展是一个由量变到质变的过程，裂缝发展极易引起泄水建筑物的结构破坏。

表 7.2 - 2 施工配合比参数表明，近年来高坝泄水建筑物抗冲磨混凝土设计指标、材料组成发生明显变化。抗冲磨混凝土性能满足设计要求，但不同的抗冲磨材料配合比组成，对施工工艺难度、表面平整度、抗裂性能等影响极大。所以，抗冲磨混凝土施工配合比设计不但要满足设计要求，同时更要满足施工工艺的要求，这样才能保证抗冲磨混凝土的质量。

表 7.2-2　部分工程多元复合材料抗冲磨混凝土施工配合比一览表

工程名称	工程部位	设计指标	级配	配合比参数							胶材用量/(kg/m³)							备注
				水胶比	砂率/%	粉煤灰/%	硅粉+纤维	减水剂/%	引气剂/(1/万)	坍落度/cm	水	水泥	粉煤灰	硅粉+纤维	砂	石	容重	
三峡三期	泄水孔	C350W10F250	二	0.37	33	F20	—	0.6	2	5~7	111	240	60	—	653	1325	2390	单掺粉煤灰+聚羧酸外加剂混凝土
	排沙出口	C_{90}40W10F250	三	0.37	28	F20	—	0.6	2	3~5	94	203	51	—	582	1496	2426	
	排沙出口	C40W10F250	二	0.33	32	F20	—	0.6	2	5~7	111	269	67	—	623	1323	2394	硅粉+粉煤灰混凝土
二滩	泄洪洞 水垫塘	C_{90}50W8F150	二	0.36	33	F10	S6	0.86	0.7	4~6	131	325	36	S21	692	1404	2609	单掺硅粉混凝土
李家峡	中底孔 泄水道	C_{28}50W8F300	二	0.30	34	—	S8	0.9	1.1	5~7	129	385	—	S34	633	1229	2410	硅粉+粉煤灰混凝土
拉西瓦	消力塘及 底孔底板	C_{28}55W8F200	二	0.28	26	F15	S8	0.8	9	5~7	95	261	51	S27	529	1507	2470	单掺硅粉混凝土
万家寨	溢洪道	R_{90}300D200	二	0.50	37	—	S8	1.0	—	5~7	135	248	—	S22	738	1257	2400	单掺硅粉混凝土
	消力池	R_{90}350D200	二	0.45	36	—	S8	1.0	—	5~7	135	276	—	S24	707	1258	2400	立面单掺硅粉混凝土
金安桥	溢洪道 泄水孔	C_{90}50W8F100	二	0.32	32	15	S8+纤维	1.0	3	5~7	138	366	65	—	634	1347	2550	硅粉+粉煤灰+纤维
		C_{90}50W8F100	二	0.38	34	15	S8+纤维	1.0	3	5~7	152	308	25	32	679	1319	2550	
龙滩	泄水孔 溢流面	C_{28}50W8F150	二	0.289	32	10	—	1.1	—	7~9	119	371	41	—	614	1305	2450	单掺粉煤灰
光照	泄水孔 溢洪道	C_{28}40W8F150	二	0.36	36	15	HF1.8+纤维0.9	0.6	3	5~7	120	283	50	HF5.9+纤维0.9	716	1273	2448	HF+纤维混凝土
江口	泄水孔	C_{28}35W8F150	二	0.45	37	—	S5	0.6	—	5~7	125	264	—	14	750	1277	2435	单掺硅粉
	水垫塘	C_{28}40W8F150	二	0.42	37	—	S5	0.6	—	5~7	125	283	—	15	743	1264	2433	
向家坝	泄水	C_{90}40F200W10	三	0.35	32	25	—	0.6	1.5	6~8	112	240	80	—	630	1348	2410	聚羧酸高性能减水剂
	建筑物	C_{90}40F200W10	三	0.35	27	25	—	0.6	1.5	4~6	95	203	68	—	559	1523	2448	

续表

工程名称	工程部位	设计指标	级配	配合比参数							胶材用量/(kg/m³)							备注
				水胶比	砂率/%	粉煤灰/%	硅粉+纤维	减水剂/%	引气剂/(1/万)	坍落度/cm	水	水泥	粉煤灰	硅粉+纤维	砂	石	容重	
溪洛渡	泄洪洞	C₉₀60W8F150	二	0.33	34	30	S5+纤维	0.8	1.8	11~13溜槽	130	256	118	S19.7+PVA0.9	687	1342	2554	低热水泥+硅粉+粉煤灰+纤维
			二	0.33	37	30	S5+纤维	0.8	1.8	14~18	138	272	125	S20.9+PVA0.9	730	1252	2537	
	水垫塘	C₉₀60W8F150	二	0.31	28	25	S5+纤维	0.8	1.0	4~6	130	293	105	S21+PVA0.9	568	1470	2588	中热水泥+硅粉+粉煤灰+纤维
			三	0.31	24	25	S5+纤维	0.8	1.0	4~6	110	248	89	S18+PVA0.9	520	1657	2643	
白鹤滩	泄洪洞尾水洞	C₉₀40W10F150	二	0.39	34	25	—	0.6	4	16~18	147	377	94	—	805	1132	2555	低热水泥+粉煤灰+聚羧酸高性能减水剂
			二	0.38	36	15	—	0.6	5	7~9	121	319	48	—	746	1336	2570	
	水垫塘二道坝	C₉₀50W8F150	二	0.34	31	20	—	0.7	1.4	7~9	125	294	74	—	608	1392	2495	
小湾	泄洪洞（最大流速45m/s）	C₉₀50W8F₉₀100	二	0.33	31	15	S8+纤维0.9	2	1	14~18	131	305	60	32	774	1160	2468	粉煤灰+硅粉+纤维0.9kg
	泄洪洞（最大流速52m/s）	C₉₀60W8F₉₀100	三	0.33	31	15	纤维0.9	2	1	6~8	105	245	48	25	639	1523	2591	
锦屏一级	泄洪洞有压段	C₉₀50F75	二	0.31	38	30	0.9	—	HF2.5	18~20	160	361	155	—	656	1070	2415	HF抗冲耐磨混凝土砂土骨料
	泄洪洞溢洪道抗冲磨部位	C₉₀35F100	二	0.395	41	30	—	0.7	HF2.0	13~17	135	239	103	—	801	1152	2424	HF抗冲耐磨混凝土（大理岩）
大藤峡	船闸溢洪道抗冲磨部位	C35F100W8	二	0.34	27	15	—	HF3.0	2.2	5~7	118	295	52	HF10.41	529	1420	2424	HF抗冲耐磨混凝土
		C40F100W8	二	0.31	26	15	—				121	332	59	HF11.73	497	1402	2423	
		C35F100W8	三	0.34	22	15	—				98	245	43	HF8.64	455	1600	2450	

注　F—粉煤灰；S—硅粉；HF-HF抗冲耐磨混凝土专用外加剂；PVA—聚乙烯醇纤维。

7.2.3 糯扎渡抗冲磨混凝土 180d 设计龄期实例

7.2.3.1 工程简介

糯扎渡水电站位于云南省普洱市境内的澜沧江干流上，以发电为主。水库总库容 237 亿 m³，装机容量 5850MW。枢纽建筑物由拦河大坝、左岸开敞式溢洪道、左岸泄洪洞、右岸泄洪洞、左岸地下引水发电系统等组成。拦河大坝为砾土心墙堆石坝，坝高 261.5m，坝顶长 608.2m，坝体积 2794 万 m³。糯扎渡溢洪道布置于左岸平台靠岸边侧（电站进水口左侧）部位，由进水渠段、闸室控制段、泄槽段、挑流鼻坎段及出口消力塘段组成。溢洪道水平总长 1445.183m（渠首端至消力塘末端），宽 151.5m。泄槽段边墙及中隔墙 3m 高以下部分及底板为抗冲磨混凝土，抗冲磨混凝土设计指标 $C_{180}55W8F100$，采用 180d 设计龄期。溢洪道泄槽底板横缝间距较大（65～128m），而纵缝间距为 15m，底板厚度 1m，底板抗冲磨防空蚀混凝土按限裂设计，底板设计厚度 0.8～1.0m，双层双向钢筋。糯扎渡溢洪道抗冲磨混凝土采用 180d 设计龄期值得探讨。糯扎渡溢洪道抗冲磨混凝土主要设计指标见表 7.2-3。

表 7.2-3　　　　　　　糯扎渡溢洪道抗冲磨混凝土主要设计指标

混凝土设计强度等级	保证率/%	抗渗等级	抗冻等级	极限拉伸值/（×10⁻⁴）		级配	坍落度/cm
				90d	180d		
$C_{180}55$	95	W8	F100	≥1.00	≥1.10	三、二	5～7

7.2.3.2 溢洪道体型简介

溢洪道布置于左岸平台靠岸边侧（电站进水口左侧）部位，由进水渠段、闸室控制段、泄槽段、挑流鼻坎段及出口消力塘段组成。溢洪道水平总长 1445.183m（渠首端至消力塘末端），宽 151.5m。如图 7.2-1 所示。

图 7.2-1　糯扎渡溢洪道布置于左岸平台靠岸边侧

进水渠段长 172.5～250m，进口底板高程 775.00m，宽 151.5m；左侧边坡支护由贴坡式挡墙过渡至扭曲面，用挡墙与溢洪道闸体连接，右侧采用椭圆曲线导墙连接进水口闸体与溢洪道闸体；进水渠底板闸室前 60m 采用 0.5m 厚钢筋混凝土衬护。

闸室控制段布置于电站进水口左侧，基础置于弱风化粉砂岩、泥质粉砂岩和泥岩上。闸室沿水流向长 60.81m，总宽 159.5m，共设 8 个 15m×20m（宽×高）表孔，每孔均设检修门槽和 1 扇弧形工作闸门；溢流堰顶高程为 792.00m，堰高 17m，堰体上游面铅直，原点上游为三圆弧曲线，下游堰面曲线为 WES 型；闸体平台高程 821.50m，闸体上布置启闭机室、工作及交通桥。

泄槽及挑流鼻坎段总宽 151.5m，横断面为矩形，用两道中隔墙分为左、中、右三个泄槽；边墙高度为 14～12m，中隔墙高度为 12～10m。闸体右边 3 孔共用一槽，为右槽，宽 54.75m，水平长 794.707m；闸体中间 2 孔共用一槽，为中槽，宽 36m，水平长 804.707m；闸体左边 3 孔共用一槽，为左槽，宽 54.75m，水平长 814.707m。为适应地形地质条件，降低泄槽开挖边坡高度，泄槽底坡分三段：溢 0+050.810～溢 0+212.463 为泄槽平缓段，其底坡为 1.332%；溢 0+212.463～溢 0+785.400 为泄槽陡坡段，其底坡为 23%；溢 0+785.400 至挑流鼻坎起点为泄槽平缓段，其底坡为 2.6%。泄槽上部平缓段基础为弱风化粉砂岩、泥质粉砂岩、泥岩，下部陡坡段及鼻坎段基础大部分为弱风化花岗岩，局部为强风化花岗岩。泄槽底板厚 0.8～1.0m，边墙厚 1m，中隔墙厚 3m。泄槽基础裂隙发育及岩体松散部分采用固结灌浆处理，泄槽底板与基础采用锚筋锚固，底板下设基面排水设施以消除渗透压力对底板的抬动。

泄槽底板每 15m 宽设一道纵向伸缩缝，陡槽段横缝间距为 65～128m，泄槽段边墙及中隔墙 3m 高以下部分及底板为抗冲磨混凝土。溢洪道泄槽底板横缝间距较大（65～128m），而纵缝间距为 15m，底板厚度 1m，浇筑块呈薄块长条形。抗冲磨混凝土主要设计指标见表 7.2－3。溢洪道泄槽底板抗冲磨混凝土按限裂设计，底板设计厚度 0.8～1.0m，双层双向钢筋。

7.2.3.3　抗冲磨混凝土原材料及施工配合比

溢洪道抗冲磨混凝土水泥采用祥云 P·MH42.5 中热水泥，掺合料采用宣威发电粉煤灰开发有限公司生产的Ⅰ级粉煤灰，骨料为勘界河砂石加工系统生产的人工砂及人工碎石，外加剂采用江苏博特新材料有限公司生产的 JM-PCA 缓凝高效减水剂。溢洪道二级配抗冲磨混凝土施工配合比见表 7.2－4。施工配合比表明，$C_{180}55W8F100$ 抗冲磨混凝土，采用 180d 设计龄期，有效降低了胶凝材料用量，胶凝材料用量仅 329kg/m³，其中水泥263kg/m³，对温控防裂十分有利。

表 7.2－4　　　　　　　　　糯扎渡溢洪道二级配抗冲磨混凝土施工配合比

抗冲磨混凝土设计指标	配合比参数						材料用量/(kg/m³)					
	水胶比	粉煤灰/%	砂率/%	外加剂		坍落度/cm	水	水泥	粉煤灰	纤维	人工砂	骨料	JM-PCA
				JM-PCA/%	JM-2000/(1/万)								
$C_{180}55W8F100$	0.38	20	35	0.9	0.8	5～7	125	263	66	0.9	681	1265	2.96

7.2.3.4　溢洪道抗冲磨混凝土施工简介

溢洪道泄槽段缓槽段底板设计厚 0.8m，底板块体长度 30m；陡槽段、挑流鼻坎段底板设计厚 1.0m。溢洪道底板抗冲磨混凝土主要集中在 2010 年 10 月至 2012 年 3 月浇筑，陡槽段分Ⅲ区浇筑，浇筑块长度主要有 118m、68m 和 30m，挑流鼻坎段底板长度 30m 左右。底板混凝土采用二级配，坍落度控制为 5～7cm。

7.3　多元复合材料抗冲磨混凝土试验研究

7.3.1　多元复合材料抗冲磨混凝土技术方案

水工泄流建筑物如溢流坝、泄洪洞、排沙洞等，在高速水流、含泥沙或推移质水流状态下，产生的冲刷磨损和气蚀损坏一直是水利水电建设中长期被关注和需要妥善解决的问题。进入 21 世纪，随着一批大型高水头电站的兴建其泄水建筑物流速达到 40～50m/s，对抗冲磨材料的抗裂性、抗冲磨能力和快速易施工性（特别是对防护和修补材料）等均提出了更高的要求。

多年来，针对抗冲磨材料的研究和应用从未停止。由于树脂类材料造价高，水中的稳定性较差；铸铁、钢板等材料存在着与混凝土胶结难的问题；铁矿石、铸石、刚玉等材料表观密度大，骨料下沉，混凝土匀质性差，施工不理想等问题，因此，都被淘汰，直至硅粉混凝土和 HF 抗冲耐磨混凝土的出现。

由于硅粉混凝土、硅粉钢纤维混凝土和 HF 抗冲耐磨混凝土的抗压强度可以达到和超过 C60，近年来，得到设计人员的广泛青睐，成为抗冲磨设计中的首选材料。尽管上述材料具有较强的抗冲磨性能，但其自身的弱点仍然不能忽视。高强度等级的硅粉混凝土比较突出的问题是容易产生干缩裂缝，硅粉混凝土尤为明显，从而影响到它的整体抗冲蚀的能力。近年来多元复合材料抗冲磨混凝土研究与应用已成为主流方向。

中国电建集团成都勘测设计研究院依托溪洛渡水电站泄水建筑物工程，进行了多元复合材料抗冲磨混凝土试验研究。溪洛渡水电站具有"窄河谷、高水头、大泄量"的特点，泄洪洞最大流速接近 50m/s，泄洪功率约 9500MW，为二滩水电站的 2.5 倍，坝址处多年平均含砂量 1.72kg/m³，平均粒径为 0.8mm，平均推移质输砂量 180 万 t，平均悬移质输砂量 2.47 亿 t。

课题研究选择四种技术方案：方案一，单掺粉煤灰抗冲耐磨混凝土研究；方案二，HF 抗冲耐磨混凝土研究；方案三，硅粉＋粉煤灰抗冲耐磨混凝土研究；方案四，硅粉＋粉煤灰＋PVA 纤维抗冲耐磨混凝土研究。限于篇幅，仅对溪洛渡泄洪洞抗冲磨混凝土进行研究，多元复合材料抗冲磨混凝土技术方案及配合比初步设计参数见表 7.3-1。

表 7.3-1 配合比初步设计参数表明：不同设计指标 $C_{90}40W8F150$、$C_{90}50W8F150$、$C_{90}60W8F150$ 常态混凝土水胶比分别采用 0.39、0.38、0.30，泵送混凝土水胶比比常态缩小 0.01～0.02，采用三级配混凝土水胶比比二级配增大 0.01，均掺Ⅰ粉煤灰 25%，坍落度常态及泵送混凝土分别按 4～6cm 及 16～18cm 控制，含气量 3%～4%控制。

表 7.3－1　　　　多元复合材料抗冲磨混凝土技术方案及配合比初步设计参数

技术方案	强度等级	混凝土种类	设计要求粉煤灰掺量/%	级配	配合比参数	
					水胶比	粉煤灰掺量/%
方案一： 单掺粉煤灰	$C_{90}40W8F150$	常态	≤25	二	0.39	25
			≤25	三	0.39	25
		泵送	≤25	二	0.39	25
	$C_{90}50W8F150$	常态	≤25	二	0.38	25
			≤25	三	0.38	25
		泵送	≤25	二	0.37	25
	$C_{90}60W8F150$	常态	≤25	二	0.30	25
			≤25	三	0.31	25
		泵送	≤25	二	0.30	25
方案二： HF 抗冲耐磨	$C_{90}40W8F150$	常态	≤25	二	0.39	25
			≤25	三	0.39	25
		泵送	≤25	二	0.39	25
	$C_{90}50W8F150$	常态	≤25	二	0.37	25
			≤25	三	0.38	25
		泵送	≤25	二	0.36	25
	$C_{90}60W8F150$	常态	≤25	二	0.30	25
			≤25	三	0.31	25
方案三： 硅粉＋粉煤灰	$C_{90}40W8F150$	常态	≤25	二	0.39	25
			≤25	三	0.39	25
		泵送	≤25	二	0.39	25
	$C_{90}50W8F150$	常态	≤25	二	0.38	25
			≤25	三	0.38	25
		泵送	≤25	二	0.37	25
	$C_{90}60W8F150$	常态	≤25	二	0.30	25
			≤25	三	0.31	25
		泵送	≤25	二	0.30	25
方案四： 硅粉＋粉煤灰 ＋PVA 纤维	$C_{90}40W8F150$	常态	≤25	二	0.39	25
			≤25	三	0.39	25
		泵送	≤25	二	0.39	25
	$C_{90}50W8F150$	常态	≤25	二	0.38	25
			≤25	三	0.38	25
		泵送	≤25	二	0.37	25
	$C_{90}60W8F150$	常态	≤25	二	0.30	25
			≤25	三	0.31	25
		泵送	≤25	二	0.30	25

7.3.2 拌和物性能试验

水泥采用华新 42.5 中热硅酸盐水泥，掺合料采用宣威Ⅰ级粉煤灰、硅粉，骨料采用玄武岩人工粗细骨料，二级配小石：中石＝50：50，三级配小石：中石：大石＝30：30：40；外加剂为高性能减水剂 JM-PCA 和引气剂 AEA202；纤维采用聚乙烯醇 PVA 纤维（密度 1.28，抗拉强度大于 1500MPa，弹性模量 36～38GPa，断裂延伸率 7％～8％）。试验选用的原材料符合相关技术规范标准及《金沙江溪洛渡工程质量标准汇编一》要求。泄洪洞多元复合材料抗冲磨混凝土拌和物性能试验结果见表 7.3-2。

表 7.3-2　　　　　　　　　抗冲磨混凝土拌和物性能试验结果

技术方案	强度等级	混凝土种类	级配	粉煤掺量/%	水胶比	用水量/(kg/m³)	砂率/%	减水剂/%	引气剂/(1/万)	坍落度/cm	含气量/%
方案一：单掺粉煤灰25%	$C_{90}40$	常态	二	25	0.39	121	33	JM-PCA 0.7	0.9	4.0	3.5
		常态	三	25	0.39	103	29			4.1	3.5
		泵送	二	25	0.39	137	38		0.7	17.3	3.4
	$C_{90}50$	常态	二	25	0.38	120	32		0.9	4.8	3.6
		常态	三	25	0.38	102	28			5.3	3.3
		泵送	二	25	0.37	136	37		0.7	17.5	3.4
	$C_{90}60$	常态	二	25	0.30	116	31		0.9	4.4	3.6
		常态	三	25	0.31	99	27			4.0	3.3
		泵送	二	25	0.30	133	36		0.7	18.0	3.4
方案二：HF＋粉煤灰25%	$C_{90}40$	常态	二	25	0.39	118	33	HF2.0	3.5	4.7	3.3
		常态	三	25	0.39	101	29			5.0	3.4
		泵送	二	25	0.39	134	38		2.5	18.0	3.5
	$C_{90}50$	常态	二	25	0.37	117	32		3.5	4.2	3.5
		常态	三	25	0.38	100	28			4.6	3.4
		泵送	二	25	0.36	133	37		2.5	17.5	3.3
	$C_{90}60$	常态	二	25	0.30	115	31		3.5	4.8	3.6
		常态	三	25	0.31	98	27			5.1	3.3
		泵送	二	25	0.30	132	36		2.5	17.3	3.3
方案三：硅粉5%＋粉煤灰25%	$C_{90}40$	常态	二	25	0.39	126	33	JM-PCA 0.7	1.0	4.7	3.5
		常态	三	25	0.39	107	29		1.0	5.1	3.4
		泵送	二	25	0.39	142	38		0.8	17.6	3.7
	$C_{90}50$	常态	二	25	0.39	125	32		1.0	4.8	3.7
		常态	三	25	0.39	107	29		1.0	5.1	3.5
		泵送	二	25	0.39	142	38		0.8	17.6	3.8
	$C_{90}60$	常态	二	25	0.32	122	31		1.0	4.3	3.5
		常态	三	25	0.32	104	27			5.7	3.7
		泵送	二	25	0.32	139	36		0.8	17.8	3.9

续表

技术方案	强度等级	混凝土种类	级配	粉煤掺量/%	水胶比	用水量/(kg/m³)	砂率/%	减水剂/%	引气剂/(1/万)	坍落度/cm	含气量/%
方案四：硅粉5%＋粉煤灰25%＋PVA 0.9kg/m³	C₉₀40	常态	二	25	0.39	130	33		1.1	4.1	3.8
		常态	三	25	0.39	111	29			4.0	3.7
		泵送	二	25	0.39	154	38		0.9	17.2	3.5
	C₉₀50	常态	二	25	0.39	130	33	JM-PCA 0.7	1.1	4.1	4.0
		常态	三	25	0.39	111	29			4.0	3.6
		泵送	二	25	0.39	154	38		0.9	17.2	3.9
	C₉₀60	常态	二	25	0.32	127	31		1.1	5.2	3.8
		常态	三	25	0.32	108	27			4.1	3.9
		泵送	二	25	0.31	152	36		0.9	17.2	3.6

表 7.3-2 拌和物性能试验结果表明：坍落度、含气量均符合初步设计配合比参数要求。由于多元复合材料及外加剂性能不同，故混凝土单位用水量差异较大。以 C₉₀50 二级配常态混凝土为代表，从表中试验结果数据可知，单掺粉煤灰、HF＋粉煤灰、硅粉＋粉煤灰、硅粉＋粉煤灰＋纤维四种方案用水量分别为 120kg/m³、117kg/m³、125kg/m³、130kg/m³，HF 及单掺粉煤灰混凝土用水量最低，硅粉＋粉煤灰及硅粉＋粉煤灰＋纤维混凝土用水量最高。

7.3.3 力学性能试验

四种技术方案多元复合材料抗冲磨混凝土力学性能试验见表 7.3-3。

表 7.3-3 抗冲磨混凝土力学性能试验结果

技术方案	强度等级	混凝土种类	级配	水胶比	抗压强度/MPa			劈拉强度/MPa			轴拉强度/MPa		
					7d	28d	90d	7d	28d	90d	7d	28d	90d
粉煤灰	C₉₀40	常态	二	0.39	31.8	46.1	54.4	2.1	3.0	3.5	2.1	2.8	3.3
		常态	三	0.39	32.3	47.7	54.5	2.2	3.1	3.6	2.0	2.9	3.3
		泵送	二	0.39	31.3	46.8	53.2	2.1	3.1	3.4	2.1	3.0	3.2
	C₉₀50	常态	二	0.38	32.8	48.5	56.4	2.3	3.2	3.7	2.2	3.0	3.6
		常态	三	0.38	33.0	49.2	57.8	2.4	3.2	3.7	2.2	3.1	3.6
		泵送	二	0.37	33.1	49.3	56.4	2.4	3.2	3.6	2.3	3.0	3.4
	C₉₀60	常态	二	0.30	45.8	64.9	69.5	2.8	3.6	4.1	2.8	3.4	3.9
		常态	三	0.31	44.5	63.1	69.8	2.7	3.3	4.0	2.7	3.4	3.9
		泵送	二	0.30	45.2	64.4	69.3	2.9	3.5	4.1	2.8	3.5	3.8
HF	C₉₀40	常态	二	0.39	32.7	46.5	52.4	2.0	2.9	3.4	1.9	2.7	3.3
		常态	三	0.39	30.8	46.6	52.8	2.2	3.0	3.6	2.2	2.8	3.4
		泵送	二	0.39	31.4	46.3	52.3	2.1	3.0	3.4	2.0	2.7	3.3

技术方案	强度等级	混凝土种类	级配	水胶比	抗压强度/MPa			劈拉强度/MPa			轴拉强度/MPa		
					7d	28d	90d	7d	28d	90d	7d	28d	90d
HF	C₉₀50	常态	二	0.37	33.1	50.5	56.8	2.2	3.1	3.6	2.2	3.0	3.5
			三	0.38	33.4	49.2	56.5	2.3	3.1	3.7	2.2	3.0	3.6
		泵送	二	0.36	32.0	50.7	57.0	2.3	3.2	3.7	2.4	3.0	3.5
	C₉₀60	常态	二	0.30	44.8	64.5	69.2	2.8	3.5	4.1	2.5	3.4	4.0
			三	0.31	45.1	64.7	69.4	2.8	3.6	4.2	2.6	3.4	4.1
		泵送	二	0.30	44.6	63.9	69.6	2.9	3.6	4.1	2.7	3.5	4.0
硅粉5%	C₉₀40	常态	二	0.39	34.1	51.1	56.9	2.3	3.2	3.7	2.3	3.2	3.6
			三	0.39	34.9	51.3	59.2	2.5	3.4	3.8	2.3	3.3	3.7
		泵送	二	0.39	33.2	51.9	58.7	2.6	3.2	3.7	2.4	3.3	3.6
	C₉₀50	常态	二	0.38	35.0	52.1	58.2	2.4	3.3	3.8	2.4	3.3	3.7
			三	0.39	34.9	51.3	59.2	2.5	3.3	3.8	2.3	3.3	3.7
		泵送	二	0.39	33.2	51.9	58.7	2.6	3.2	3.7	2.4	3.3	3.6
	C₉₀60	常态	二	0.32	44.8	62.0	69.5	2.8	3.5	4.1	2.5	3.5	4.2
			三	0.32	45.1	63.3	70.6	2.9	3.6	4.3	2.6	3.6	4.3
		泵送	二	0.32	44.4	63.1	69.2	2.8	3.6	4.4	2.7	3.6	4.4
硅粉5%+PVA 0.9kg/m³	C₉₀40	常态	二	0.39	34.1	52.4	57.7	2.9	3.6	4.2	2.7	3.4	4.1
			三	0.39	34.8	52.8	59.0	2.9	3.7	4.3	2.7	3.6	4.2
		泵送	二	0.39	33.1	51.6	57.2	2.8	3.6	4.3	2.5	3.5	4.1
	C₉₀50	常态	二	0.39	34.1	52.4	57.7	2.9	3.6	4.2	2.7	3.4	4.1
			三	0.39	34.8	52.8	59.0	2.9	3.7	4.3	2.7	3.6	4.2
		泵送	二	0.39	33.1	51.6	57.2	2.8	3.6	4.3	2.5	3.5	4.1
	C₉₀60	常态	二	0.32	45.3	63.8	70.5	4.1	4.7		3.9		4.6
			三	0.32	44.9	64.4	71.1	3.3	4.2	4.8	3.2	3.9	4.6
		泵送	二	0.31	44.4	61.9	71.0	3.2	4.1	4.7	3.0	3.8	4.5

表7.3-3试验结果显示,四种技术方案在试验水胶比条件下均满足设计强度等级要求。以 C₉₀50 二级配常态混凝土为代表,从表中试验结果数据可知,90d 龄期,单掺粉煤灰、HF+粉煤灰、硅粉+粉煤灰、硅粉+粉煤灰+纤维四种方案抗压强度分别为56.4MPa、56.8MPa、58.2MPa、57.47MPa,抗压强度相差不大,硅粉混凝土稍高,而掺加 PVA 纤维后可提高混凝土抗拉强度。

7.3.4 抗冲磨性能试验

多元复合材料混凝土抗冲磨性能试验结果见表7.3-4。

表 7.3-4 多元复合材料混凝土抗冲磨性能试验结果

技术方案	强度等级	混凝土种类	级配	水灰比	含砂水流冲刷 抗冲磨强度 /[h/(g/cm²)]		水下钢球磨耗 抗冲磨强度 /[h/(kg/m²)]		冲击 冲击韧度 /(N·m/cm²)	
					28d	90d	28d	90d	28d	90d
粉煤灰	C₉₀40	常态	二	0.39	7.04	10.57	6.55	8.48	7.0	11.6
		常态	三	0.39	7.31	10.62	6.67	8.92	7.8	11.3
		泵送	二	0.39	6.78	10.02	6.06	8.37	7.2	10.7
	C₉₀50	常态	二	0.38	7.29	10.85	6.72	9.85	7.8	11.6
		常态	三	0.38	8.13	11.17	7.40	10.02	8.7	11.9
		泵送	二	0.37	7.92	10.56	7.24	9.81	8.4	11.3
	C₉₀60	常态	二	0.30	10.97	13.99	9.68	12.21	11.1	14.9
		常态	三	0.31	10.61	14.01	9.34	12.89	11.6	14.8
		泵送	二	0.30	9.87	13.89	9.01	12.74	10.5	14.9
HF	C₉₀40	常态	二	0.39	9.42	12.16	7.72	10.72	10.0	13.0
		常态	三	0.39	9.50	12.67	8.16	11.11	10.1	13.9
		泵送	二	0.39	9.46	12.67	7.75	10.88	10.1	13.5
	C₉₀50	常态	二	0.37	9.84	12.98	8.46	11.26	10.9	13.8
		常态	三	0.38	9.79	13.01	8.42	11.49	10.4	13.9
		泵送	二	0.36	10.01	13.22	9.09	12.01	10.7	14.8
	C₉₀60	常态	二	0.30	11.11	14.82	10.47	13.56	11.8	15.7
		常态	三	0.31	11.01	14.98	10.20	14.10	11.7	16.3
		泵送	二	0.30	11.57	14.56	10.58	13.98	12.3	15.5
硅粉5%	C₉₀40	常态	二	0.39	10.36	13.24	9.17	12.48	11.0	14.1
		常态	三	0.39	10.69	13.58	9.34	12.77	11.4	14.5
		泵送	二	0.39	10.34	13.57	9.14	12.75	11.0	14.5
	C₉₀50	常态	二	0.38	10.58	13.98	9.21	12.81	11.3	14.9
		常态	三	0.39	10.69	13.58	9.34	12.77	11.4	14.5
		泵送	二	0.39	10.34	13.57	9.14	12.75	11.0	14.5
	C₉₀60	常态	二	0.32	13.57	16.42	12.51	14.87	13.8	17.5
		常态	三	0.32	13.96	16.81	12.63	15.21	13.9	17.9
		泵送	二	0.32	13.16	15.41	11.81	14.77	13.8	16.4
硅粉5%+PVA 0.9kg/m³	C₉₀40	常态	二	0.39	11.28	13.65	10.52	12.98	12.0	14.6
		常态	三	0.39	11.90	14.25	10.65	13.11	12.7	15.2
		泵送	二	0.39	11.90	14.01	10.72	13.01	12.7	14.9
	C₉₀50	常态	二	0.39	11.28	13.65	10.52	12.98	12.0	14.6
		常态	三	0.39	11.90	14.25	10.65	13.11	12.7	15.2
		泵送	二	0.39	11.90	14.01	10.72	13.01	12.7	14.9
	C₉₀60	常态	二	0.32	14.62	15.53	13.57	14.99	15.6	16.6
		常态	三	0.32	14.88	17.27	13.99	15.88	15.2	17.8
		泵送	二	0.31	14.62	16.33	13.40	15.38	15.6	17.1

表 7.3-4 试验结果显示，在相同强度等级条件下，单掺粉煤灰混凝土抗冲磨强度小，HF 抗冲耐磨混凝土抗冲磨性能较粉煤灰混凝土有一定提高，硅粉混凝土与硅粉掺加纤维混凝土抗冲磨性能好，总体上硅粉掺加纤维混凝土比硅粉混凝土抗抗冲磨强度略高。

7.3.5 弹性模量与极限拉伸试验

多元复合材料抗冲磨混凝土弹性模量与极限拉伸试验结果见表 7.3-5。

表 7.3-5　　　多元复合材料抗冲磨混凝土弹性模量与极限拉伸试验结果

技术方案	强度等级	混凝土种类	级配	水胶比	弹性模量/GPa			极限拉伸值/($\times 10^{-6}$)		
					7d	28d	90d	7d	28d	90d
粉煤灰	$C_{90}40$	常态	二	0.39	34.6	39.3	45.2	78	85	95
			三	0.39	34.6	39.5	45.5	80	89	98
		泵送	二	0.39	34.3	39.1	45.0	79	86	95
	$C_{90}50$	常态	二	0.38	36.9	40.9	46.9	83	90	100
			三	0.38	37.0	42.0	47.1	84	94	103
		泵送	二	0.37	36.5	41.1	46.8	82	90	101
	$C_{90}60$	常态	二	0.30	42.9	48.6	53.0	85	93	104
			三	0.31	42.4	49.0	54.0	88	98	108
		泵送	二	0.30	42.5	48.7	53.8	86	95	105
HF	$C_{90}40$	常态	二	0.39	34.8	39.5	45.8	78	83	96
			三	0.39	35.0	40.0	46.0	81	89	99
		泵送	二	0.39	34.5	39.9	45.3	79	85	97
	$C_{90}50$	常态	二	0.37	37.7	41.7	47.5	81	90	101
			三	0.38	37.2	42.7	47.5	83	94	104
		泵送	二	0.36	37.8	41.5	47.0	82	90	102
	$C_{90}60$	常态	二	0.30	42.9	48.9	53.0	86	95	104
			三	0.31	43.0	49.1	53.8	89	99	109
		泵送	二	0.30	42.9	48.5	53.7	87	95	105
硅粉 5%	$C_{90}40$	常态	二	0.39	37.2	42.1	47.0	80	90	99
			三	0.39	38.0	43.7	48.0	83	93	102
		泵送	二	0.39	37.5	43.1	47.6	81	89	100
	$C_{90}50$	常态	二	0.38	40.1	45.3	49.8	84	95	104
			三	0.39	40.7	45.8	50.0	87	97	107
		泵送	二	0.39	40.8	45.0	49.6	85	95	105
	$C_{90}60$	常态	二	0.32	42.9	49.8	55.1	88	100	109
			三	0.32	44.0	50.2	55.0	93	102	112
		泵送	二	0.32	43.5	50.0	54.9	89	100	110

续表

技术方案	强度等级	混凝土种类	级配	水胶比	弹性模量/GPa			极限拉伸值/($\times 10^{-6}$)		
					7d	28d	90d	7d	28d	90d
硅粉5%+PVA 0.9kg/m³	C$_{90}$40	常态	二	0.39	37.8	43.7	47.8	86	99	114
		常态	三	0.39	37.9	43.5	48.6	89	102	117
		泵送	二	0.39	37.4	43.3	48.0	87	100	115
	C$_{90}$50	常态	二	0.39	40.9	45.9	50.1	91	104	120
		常态	三	0.39	40.2	46.0	51.0	94	108	123
		泵送	二	0.39	40.1	45.8	50.2	92	104	121
	C$_{90}$60	常态	二	0.32	43.1	50.3	55.5	95	110	126
		常态	三	0.32	44.5	50.8	55.6	98	113	129
		泵送	二	0.31	44.2	50.6	55.1	96	110	128

试验结果表明，在相同强度等级条件下，粉煤灰混凝土弹性模量最低，其次为 HF 抗冲耐磨混凝土，硅粉混凝土和硅粉 PVA 混凝土弹性模量较高。粉煤灰与 HF 抗冲耐磨混凝土极限拉伸大致相当，硅粉混凝土极限拉伸稍高，而 PVA 纤维的掺加可一定程度提高混凝土极限拉伸值。

7.3.6 干缩性能试验

多元复合材料抗冲磨混凝土干缩性能试验结果见表 7.3-6。

表 7.3-6　　　　多元复合材料抗冲磨混凝土干缩性能试验结果

技术方案	强度等级	混凝土种类	级配	水胶比	胶材/(kg/m³)	干缩/($\times 10^{-6}$)						
						0	3d	7d	14d	28d	60d	90d
粉煤灰	C$_{90}$40	常态	二	0.39	310	0	−69	−103	−141	−213	−281	−320
		常态	三	0.39	264	0	−53	−86	−114	−166	−220	−260
		泵送	二	0.39	351	0	−75	−120	−161	−233	−309	−342
	C$_{90}$50	常态	二	0.38	316	0	−70	−112	−151	−219	−291	−330
		常态	三	0.38	268	0	−60	−96	−129	−187	−248	−290
		泵送	二	0.37	368	0	−87	−139	−187	−270	−358	−370
	C$_{90}$60	常态	二	0.30	387	0	−90	−137	−175	−253	−338	−359
		常态	三	0.31	319	0	−71	−118	−148	−210	−276	−330
		泵送	二	0.30	443	0	−95	−158	−202	−292	−388	−400
HF	C$_{90}$40	常态	二	0.39	303	0	−54	−99	−135	−202	−269	−314
		常态	三	0.39	259	0	−46	−83	−113	−167	−223	−245
		泵送	二	0.39	344	0	−63	−114	−155	−230	−305	−340
	C$_{90}$50	常态	二	0.37	316	0	−56	−114	−157	−233	−312	−336
		常态	三	0.38	263	0	−46	−93	−127	−189	−252	−284
		泵送	二	0.36	369	0	−67	−136	−185	−255	−325	−360

续表

技术方案	强度等级	混凝土种类	级配	水胶比	胶材/(kg/m³)	干缩/(×10⁻⁶)						
						0	3d	7d	14d	28d	60d	90d
HF	C₉₀60	常态	二	0.30	383	0	−68	−139	−190	−223	−318	−355
		常态	三	0.31	316	0	−55	−112	−152	−226	−302	−340
		泵送	二	0.30	440	0	−80	−161	−220	−259	−360	−390
硅粉5%	C₉₀40	常态	二	0.39	323	0	−78	−116	−188	−253	−311	−340
		常态	三	0.39	274	0	−61	−91	−147	−197	−242	−263
		泵送	二	0.39	364	0	−82	−121	−195	−262	−322	−350
	C₉₀50	常态	二	0.38	329	0	−79	−118	−192	−258	−317	−370
		常态	三	0.39	274	0	−61	−91	−147	−197	−242	−300
		泵送	二	0.39	364	0	−82	−121	−195	−262	−322	−389
	C₉₀60	常态	二	0.32	381	0	−91	−137	−222	−298	−367	−390
		常态	三	0.32	325	0	−79	−118	−190	−255	−314	−341
		泵送	二	0.32	434	0	−97	−160	−232	−312	−390	−421
硅粉5%+PVA 0.9kg/m³	C₉₀40	常态	二	0.39	333	0	−71	−109	−174	−233	−283	−310
		常态	三	0.39	285	0	−57	−86	−136	−183	−221	−255
		泵送	二	0.39	395	0	−79	−120	−189	−253	−307	−330
	C₉₀50	常态	二	0.39	333	0	−71	−109	−174	−233	−283	−360
		常态	三	0.39	285	0	−57	−86	−136	−183	−221	−295
		泵送	二	0.39	395	0	−79	−120	−189	−253	−307	−380
	C₉₀60	常态	二	0.32	397	0	−85	−130	−207	−277	−337	−381
		常态	三	0.32	338	0	−67	−102	−161	−216	−262	−320
		泵送	二	0.31	490	0	−97	−148	−234	−313	−380	−410

表7.3-6试验结果显示，以 $C_{90}50$ 二级配常态混凝土为代表，从表中试验结果数据可知，90d龄期，单掺粉煤灰、HF＋粉煤灰、硅粉＋粉煤灰、硅粉＋粉煤灰＋纤维四种方案混凝土干缩分别为 $330×10^{-6}$、$306×10^{-6}$、$370×10^{-6}$、$360×10^{-6}$，结果表明，单掺粉煤灰、HF＋粉煤灰干缩小，硅粉＋粉煤灰、硅粉＋粉煤灰＋纤维干缩大。在相同强度等级条件下，硅粉混凝土干缩值最大，PVA对硅粉混凝土的干缩有一定的改善。

7.3.7 自生体积变形试验

多元复合材料抗冲磨混凝土自生体积变形性能试验结果见表7.3-7。

表 7.3 - 7　　　　　多元复合材料抗冲磨混凝土自生体积变形性能试验结果

技术方案	混凝土种类	级配	水胶比	自生体积变形试验值/($\times 10^{-6}$)								
				1d	3d	7d	14d	21d	28d	45d	60d	75d
硅粉 5%	常态	二	0.38	0	−8.1	−12.0	−13.0	−13.4	−22.2	−27.2	−28.8	−30.1
	泵送	二	0.39	0	−11.2	−12.9	−12.3	−14.4	−25.1	−28.9	−30.3	−31.6
硅粉 5%＋PVA0.9 (kg/m³)	常态	二	0.39	0	−11.7	−13.7	−13.6	−14.6	−23.1	−28.4	−31.8	−35.3
	泵送	二	0.39	0	−13.4	−13.3	−14.9	−15.6	−23.8	−28.4	−33.0	−38.2

表 7.3 - 7 试验结果显示，以 $C_{90}50$ 二级配常态混凝土为代表，从表中试验结果数据可知，90d 龄期，硅粉＋粉煤灰、硅粉＋粉煤灰＋纤维合同自生体积分别为 -30.1×10^{-6}、-35.3×10^{-6}。试验结果显示，硅粉混凝土与硅粉 PVA 混凝土自生体积变形均为收缩趋势，75d 收缩值在 $-30 \times 10^{-6} \sim -40 \times 10^{-6}$，硅粉 PVA 混凝土收缩值略大。

7.3.8　热学性能试验

多元复合材料抗冲磨混凝土热学性能试验结果见表 7.3 - 8。

表 7.3 - 8　　　　　多元复合材料抗冲磨混凝土热学性能试验结果

技术方案	混凝土类型	水胶比	热学性能							
			导温系数/(m²/h)	导热系数/[kJ/(m·h·℃)]	比热/[kJ/(kg·℃)]	线膨胀系数/($\times 10^{-6}$/℃)	绝热温升/℃			
							T_0	a	b	相关系数
硅粉 5%	常态	0.38	0.0025	7.70	1.17	6.8	31.6	0.323	0.972	0.960
	泵送	0.39	0.0025	7.34	1.13		33.0	0.325	0.975	0.960
硅粉 5%＋PVA0.9 (kg/m³)	常态	0.39	0.0024	6.66	1.05		32.2	0.230	1.147	0.987
	泵送	0.39	0.0024	6.20	1.00		34.5	0.274	1.204	0.989

注　绝热温升试验公式：$T = T_0 \times (1 - e^{-at})$，其中：$T_0$—最终温升值，℃；$t$—龄期，d；$a$、$b$—试验参数。

表 7.3 - 8 热学性能试验结果显示，掺硅粉或掺硅粉纤维的二级配常态、泵送混凝土，其绝热温升试验结果差别不大。

7.3.9　抗渗、抗冻试验

多元复合材料抗冲磨混凝土耐久性试验结果表明，四种技术方案 $C_{90}40$ 强度等级混凝土抗渗等级、抗冻等级均满足设计要求。

7.3.10　结论

多元复合材料抗冲磨混凝土四种技术方案试验研究结果表明，不同技术方案抗冲磨混凝土各有优点和缺点，综合分析如下。

（1）拌和物性能。四种技术方案混凝土的单位用水量、坍落度、含气量综合比较，HF 及单掺粉煤灰混凝用水量最低，硅粉＋粉煤灰及硅粉＋粉煤灰＋纤维混凝土用水量最高。

（2）力学性能。四种技术方案抗压强度试验结果表明，抗压强度均满足设计要求，强度相差不大，其中硅粉混凝土稍高，而掺加 PVA 纤维后可提高混凝土抗拉强度。

（3）抗冲磨强度。四种技术方案抗冲磨强度试验结果表明，在相同强度等级条件下，HF 抗冲耐磨混凝土抗冲磨性能较粉煤灰混凝土有一定提高，硅粉混凝土与硅粉掺加纤维混凝土抗冲磨性能好。

（4）弹性模量与极限拉伸值。粉煤灰混凝土弹性模量最低，其次为 HF 抗冲耐磨混凝土，硅粉混凝土和硅粉混凝土弹性模量较高。粉煤灰与 HF 抗冲耐磨混凝土极限拉伸大致相当，硅粉混凝土极限拉伸稍高，而纤维的掺加可在一定程度提高极限拉伸值。

（5）干缩试验。在相同强度等级条件下，硅粉混凝土干缩值最大，纤维对硅粉混凝土的干缩有一定的改善。

（6）自生体积变形。试验结果显示，硅粉混凝土与硅粉纤维混凝土自生体积变形均为收缩性，75d 收缩值在 $-40\times10^{-6}\sim-30\times10^{-6}$，而硅粉纤维混凝土收缩值略大。

（7）绝热温升。试验结果显示，掺硅粉或掺硅粉纤维二级配常态、泵送混凝土的绝热温升试验结果差别不大。

（8）耐久性试验。四种技术方案抗冲磨混凝土抗渗等级、抗冻等级均满足设计要求。

大量试验结果表明，掺硅粉对提高抗冲磨强度性能效果明显，但硅粉混凝土干缩值为不掺硅粉混凝土干缩值的 1.5 倍以上，由于硅粉比表面积大于 $2000\text{m}^2/\text{kg}$，硅粉混凝土对防裂十分不利，施工难度大，是导致抗冲磨混凝土产生裂缝的主要原因。由于泄水建筑物抗冲磨混凝土强度等级高，从设计和施工性能等方面综合考虑，单掺粉煤灰混凝土及 HF 抗冲耐磨混凝土均具有良好的施工和易性，可以保证抗冲磨混凝土施工表面平整度，降低裂缝发生风险，同时 HF 抗冲耐磨混凝土也可以有效提高抗冲磨性能。

7.4 HF 抗冲耐磨混凝土研究与应用

7.4.1 HF 抗冲耐磨混凝土

HF 抗冲耐磨混凝土是继硅粉混凝土之后开发出的抗冲耐磨材料，HF 抗冲耐磨混凝土于 1992 年开发研究以来，已在 300 多个水利水电工程中广泛使用，工程界高度认可并拥有完全的自主知识产权。HF 抗冲耐磨混凝土在水工泄水建筑物部分工程的应用实例详见表 7.4-1。

HF 抗冲耐磨混凝土跳出传统的只关注混凝土高强度和耐磨较优的选择护面混凝土的观念和做法，通过对高速水流护面混凝土损坏案例及损坏原因的科学分析，认为高速水流护面问题的解决，从材料方面来讲，在保证一定的耐磨强度的情况下，首先是解决好混凝土的抗冲损坏问题，而抗冲损坏主要由护面的结构缺陷和材料的缺陷决定。在结构设计、材料选择、配合比试验及施工质量控制等诸多环节中，消除其可能引起抗冲缺陷的因素，才能可靠的解决好护面混凝土的抗冲问题和耐久性问题。对于空蚀损坏的预防方面，也是通过研究科学合理的施工工艺和质量控制方法，确保混凝土护面达到设计要求的平整度和流线型，防止护面混凝土引起空蚀问题的发生。同时，通过骨料和配合比以及施工工艺几个方面的技术，解决好混凝土再生不平整度可能引起的空蚀损坏问题。

HF 抗冲耐磨混凝土技术及专用外加剂有关论文及资料见表 7.4-2。

表7.4-1　HF抗冲耐磨混凝土在水工泄水建筑物部分工程的应用实例

编号	工程名称	坝高/m	使用部位	混凝土强度等级	泄洪流量或单宽流量	流速/(m/s)	HF抗冲耐磨混凝土在泄水建筑物应用工程实例情况
1	洪家渡电站	179	泄洪洞	$C_{90}45$	$1643m^3/s$	38.13	洞式溢洪道、泄洪洞选用HF抗冲耐磨混凝土，磨损率和抗冲磨强度性能优，2004—2017年，两条隧洞未发生损坏，使用效果好
			溢洪洞	$C_{90}45$	$4591m^3/s$	35.67	
2	光照水电站	201	溢流表孔	$C_{90}45$		40	聚丙烯纤维＋HF抗冲耐磨混凝土，施工和易性好，无裂缝，抗裂性好
3	官地水电站	159	溢流面、水垫塘	C35			HF抗冲耐磨混凝土代替硅粉混凝土，2011年9月浇筑结束，HF抗冲耐磨混凝土无裂缝产生，硅粉混凝土多裂缝并发生严重损坏
4	洪口水电站	130	溢流表孔	$C_{90}50$	$52.33m^3/(s\cdot m)$	42.97	施工和易性好，无裂缝，抗裂性好
5	贵州双河口水电站	97.5	溢洪道	$C_{90}45$		30	HF抗冲耐磨混凝土代替原设计的钢纤维混凝土，施工方便，无裂缝
			导流泄洪洞	$C_{90}45$		35	HF抗冲耐磨混凝土施工和易性好，施工方便，无裂缝
6	鱼跳水电站	110	龙抬头式泄洪洞	C40		37	HF抗冲耐磨混凝土施工方便，无裂缝
			溢洪道	C40		37	
7	瀑布沟水电站	186	放空洞断面	C40	$1500m^3/s$	34（平均）	掺气坎顶的水流空化数0.28，坎后最小0.3，采用HF抗冲耐磨混凝土护面无坎损坏，防止了掺气坎损坏，抗冲磨混凝土护面无裂缝
8	金盆水库	130	泄洪洞	R50、$R_{90}50$	$6400m^3/s$	41.71	R50后期调整为$R_{90}50$，HF抗冲耐磨混凝土施工和易性好，施工方便、磨损率和抗冲磨强度性能优，无裂缝发生
			溢洪洞	$R_{90}50$		40.6	
9	武都水库	130	底中孔及导墙	$C_{90}50$		33（底孔）、25（表孔）	原方案为硅粉纤维膨胀剂混凝土，实际使用HF抗冲耐磨混凝土，溢流面无裂缝发生
10	盘石头水库	102.2	泄洪洞、溢洪道	$C_{90}50$、C40	$6263m^3/s$	40.3	原设计使用C60泵送硅粉混凝土，硅粉混凝土黏稠，无法施工，经优选对比，优选$C_{90}50$和C40HF抗冲耐磨混凝土，2001年7月施工，可采性好，无裂缝。至2018年7月无破坏
11	新疆下坂地水电站	78	导流洞兼泄洪放空洞	$C_{90}50$		32.36	采用HF抗冲耐磨混凝土，2006年开始浇筑，至2017年泄洪运用完好
12	泸定水电站	84	1号、2号导流兼泄洪洞	C40、$C_{90}35$			原设计采用C40HF混凝土。1号导流洞2008年导流过水至2011年5月截流，裂缝较多，后改为$C_{90}35$HF抗冲耐磨混凝土，夏季施工因无温控措施，经过检查，导流洞完好、底板均匀磨流，导流兼泄洪洞完好，无冲坑破坏

续表

编号	工程名称	坝高/m	使用部位	混凝土强度等级	泄洪流量或单宽流量	流速/(m/s)	HF 抗冲耐磨混凝土在泄水建筑物应用工程实例情况
13	天花板水电站	113	表孔及泄水中孔	C35	5046	36（69m水头）	水流含沙 3.11kg/m³ 天花板拱坝 3 个表孔、2 个中孔和 1 个排沙底孔，护面抗冲耐磨材料使用 HF 抗冲耐磨混凝土，2009 年 11 月至次年 4 月施工浇筑，至 2017 年使用效果良好，无损坏
14	西藏直孔水电站	56	大坝溢流面	C40			直孔水电站具有典型青藏高原高原气候特征。溢流原设计为硅粉剂混凝土，因施工浇筑困难，经优化改为 C40HF 抗冲耐磨混凝土，方便施工，无裂缝
15	锦屏一级水电站	305	泄洪洞	C₉₀40、C₉₀50	3254m³/s	50（龙落尾）	泄洪洞有压段采用 C35HF 混凝土，无压段宽 13m，高 17m，采用 C₉₀40 和 C₉₀50HF 抗冲耐磨混凝土，泄洪水头超过 250m。2011 年 4 月开始施工，至 2014 年 6 月底浇筑完成。2014 年 10 月及 2015 年 9 月，在正常水位下经过水考验，泄洪洞无损坏
16	两河口水电站	295	导流洞	C35			2010 年 6 月—2011 年 11 月，导流洞底板及小矮墙浇筑 C35HF 抗冲耐磨混凝土约 7 万 m³，HF 混凝土和易性好和可泵性好，无裂缝发生。经几年过水，2016 年检查导流洞洞无破坏
17	桐子林水电站	66.6	导流明渠溢流坝面	C35			2010 年至 2011 年 6 月，导流明渠和溢流坝面采用 C35HF 抗冲耐磨混凝土，已过水，使用效果良好，无裂缝产生
18	牛栏江引水德泽水库	142.4	导流泄洪洞溢洪道	C₉₀50	872.1m³/s	最大泄洪水头 125m	泄洪洞为龙抬头布置，2009 年 9 月至 2012 年泄洪洞浇筑 C35HF 抗冲耐磨混凝土，2012—2013 年浇筑台阶式溢洪道 C₉₀50HF 抗冲耐磨混凝土。2009—2010 年采用泵送混凝土约 15000m³，无裂缝产生。实际使用 5 年
19	新疆石门水库	106	导流洞兼泄洪洞	C40			导流洞兼泄洪洞采用 HF 抗冲耐磨混凝土，2009—2010 年浇筑，现场检查，无裂缝产生
20	大河口水电站	84.5	溢流面排沙洞	C₉₀30	校核泄洪 12800m³/s	32	溢流面及坝内无压排沙隧洞，最大泄洪流速 32m/s，使用 C₉₀30HF 抗冲耐磨混凝土，设计的硅粉混凝土，1996 年施工浇筑，至 2018 年 7 月，运行 22 年，抗冲耐磨混凝土无裂缝，使用效果良好
21	斯木塔斯水电站	106	溢洪道泄洪导流洞	C40			溢流兼深孔泄洪洞、导流兼泄洪洞，采用 C40HF 抗冲耐磨混凝土，无裂缝产生

续表

编号	工程名称	坝高/m	使用用部位	混凝土强度等级	泄洪流量或单宽流量	流速/(m/s)	HF抗冲耐磨混凝土在泄水建筑物应用工程实例情况
22	董箐水电站	150	溢洪道最大泄量 13347m³/s	C₉₀50	单宽 267m³/s	37.64	2008年至2009年10月年施工浇筑 C₉₀45HF 抗冲耐磨混凝土，裂缝很少，使用效果好
23	大藤峡水利枢纽	80.01	闸墩、闸底板及溢流面、消力池	C35			2016年4月开始在泄坝段溢流面、消力池和船闸无水廊道等部位，采用HF抗冲耐磨混凝土，和易性好、施工方便、无裂缝发生
24	黄金坪水电站	95.5	导流兼泄洪洞	C40			2009年9月至2012年底浇筑，圆形洞接13×16m城门洞，使用 C₉₀50HF 混凝土、低热水泥、泵送浇筑，使用效果好
25	石头峡水库	123.1	导流兼泄洪洞	C₉₀50			2011年5月至2013年6月施工。导流洞前段普通混凝土导流过后检查破坏较严重，后段与泄洪洞结合段HF混凝土导流过后表面平整，磨损轻微。泄洪洞至2018年7月使用效果好。大含沙量16.6 kg/m³，平均含沙 0.42 kg/m³
26	丰满水电站	90.5	溢流坝段及消力池	C40	11孔 总泄流量为 12258m³/s	34	重建工程，2017年4月开始浇筑HF混凝土。基本能够按照HF混凝土技术要求和施工质量控制方法和施工工艺组织施工，使溢流面达到无缺陷的要求
27	洛天河水库扩建工程	114	导流兼泄洪洞	C40	2308m³/s	36	导流洞2013年4月浇筑，泄洪洞2015年7月至2016年底施工。使用 C40HF 抗冲耐磨混凝土，抗裂性好、和易性好，无裂缝产生
28	河口村水库	122.5	导流兼泄洪洞溢洪道	C40	1956.67m³/s	泄洪洞孔口 35.06	2011年底至次年4月浇筑泄洪洞，2013年浇筑溢洪道。至今使用完好
29	卡基娃水电站	171	泄洪洞	C50、C40		27（平均）	坝顶高程3000m左右。采用有压接无压泄洪洞和一条开敞式进口竖井旋流泄洪洞组合泄洪消能方式。2013年11月至2014年8月浇筑 C50HF 混凝土
30	溪古水电站	144	导流排沙防空兼泄洪洞	C40	491 m³/s	约25	坝顶高程2860m。泄洪洞、竖井旋流消能。2010年5月至年底浇筑 C40HF 混凝土，是使用效果好

表 7.4－2　　　　HF 抗冲耐磨混凝土技术及专用外加剂有关论文及资料

序号	论 文 资 料	序号	论 文 资 料
1	HF 抗冲耐磨混凝土技术介绍及应用技术导则	27	不同环境下的抹面技术与抗磨耐久性问题
2	对 HF 抗冲耐磨混凝土的几点说明及技术经济比较	28	混凝土施工中的"六度"及其控制问题
3	结构设计中 HF 抗冲耐磨混凝土有关参数的确定	29	护面混凝土再生不平整度的控制方法
4	HF 抗冲耐磨混凝土护面的结构形式及参数确定	30	维修用 HF 抗冲耐磨混凝土及 HF 砂浆维修工艺及方法
5	HF 抗冲耐磨混凝土护面使用年限的选择保证技术	31	关于抗磨试验方法及试验参数选取问题
6	HF 抗冲耐磨混凝土抗裂关键技术及其要求	32	关于抗冲耐磨防空蚀混凝土的评价标准和优先问题
7	HF 抗冲耐磨混凝土抗冲技术及其设计、施工要求	33	抗冲耐磨混凝土室内试验数据的采用问题
8	HF 抗冲耐磨混凝土抗磨技术及其设计与施工要求	34	HF 抗冲耐磨混凝土配合比试验及配合比选定的要点
9	HF 抗冲耐磨混凝土防空蚀设计及施工技术方法	35	提供经验或应急 HF 抗冲耐磨混凝土配合比应该了解所属工程的有关情况
10	HF 抗冲耐磨混凝土"再生不平整度"的控制方法	36	HF 抗冲耐磨混凝土和易性的影响因素及其对混凝土抗冲、耐磨和防空蚀性能的影响
11	关于泄洪洞 HF 抗冲耐磨混凝土的设计要点	37	HF 抗冲耐磨混凝土原材料选择要求及试验检测方法
12	导流兼泄洪洞的特点及对 HF 混凝土的要求	38	HF 抗冲耐磨混凝土专用 HF 外加剂企业标准
13	HF 抗冲耐磨混凝土应用中的一些程序问题说明	39	HF 混凝土专用外加剂检验项目及试验方法
14	HF 抗冲耐磨混凝土及 HF 外加剂应具备的资质	40	关于 HF 抗冲耐磨混凝土搅拌方式及搅拌时间的说明
15	大体积 HF 抗冲耐磨混凝土温控防裂技术要求	41	深溪沟导流建筑物的特点及抗磨材料建议
16	HF 抗冲耐磨混凝土施工技术一般要求	42	HF 抗冲耐磨混凝土与硅粉混凝土技术经济比较
17	HF 抗冲耐磨混凝土施工前调研、技术交底及施工过程技术监督要点	43	某水电站泄洪洞裂缝原因及控制要求
18	HF 抗冲耐磨混凝土对施工中水泥变异引起适应性问题的解决预案	44	HF 抗冲耐磨混凝土解决水流冲刷、泥沙磨损和防空蚀的机理
19	HF 抗冲耐磨混凝土施工缺陷、瑕疵及其防治	45	解决泥沙磨损和空蚀破坏的途径和思路（框图）
20	HF 平面浇筑施工工艺	46	含沙高速水流抗冲磨防空蚀混凝土护面技术研究及应用
21	HF 抗冲耐磨混凝土立面浇筑施工工艺	47	由硅粉混凝土的裂缝危害看水工抗冲耐磨护面混凝土选择的原则与要求
22	HF 斜曲面拖模（滑膜）施工工艺	48	硅粉混凝土的缺点及工程破坏实例 20100408
23	HF 斜曲面无模施工工艺	49	几种常用抗冲耐磨混凝土的优缺点评价
24	HF 斜（曲面）翻模施工工艺	50	抗冲耐磨混凝土与高性能混凝土的异同
25	导流洞 HF 抗冲耐磨混凝土（含小矮墙）施工工艺	51	推移质磨损破坏与悬移质磨损破坏环境对护面混凝土要求的差异及对结构要求的差异
26	泵送 HF 混凝土配合比的特点及施工工艺	52	护面混凝土的抗冲、耐磨、防空蚀性能、耐久性在高速水流建筑物抗冲磨混凝土选择中的权重和排序

7.4.2　HF 抗冲耐磨混凝土施工配合比

部分工程 HF 抗冲耐磨混凝土施工配合比一览表见表 7.4-3。

7.4.3　HF 抗冲耐磨混凝土在锦屏一级水电站泄洪洞中的应用

锦屏一级水电站拱坝高达 305m，居世界首位，泄洪消能规模大，单洞最大泄量达 3024 m^3/s，具有"高水头、大流量、窄河谷、超高流速"及年运行时间长的特点。泄洪洞上下游水位差 220m，最高流速 50m/s 以上，局部水流空化数仅 0.097~0.192，远小于规范要求，对护面混凝土抗冲磨防空蚀要求高；泄洪建筑物年运行时间长，对其运行的可靠性要求较高。为减少泄水建筑物运行期流道表面因空蚀磨损损坏，保证泄水建筑物的长期安全运行，其流道表面抗冲耐磨材料的选择是泄洪建筑物设计的重点、难点技术问题之一，对泄水建筑物抗冲耐磨材料进行深入研究是必要的。

在选取何种护面混凝土作为泄洪洞的护面混凝土这个问题上，存在两种不同的意见：一种意见认为，尽管硅粉混凝土容易开裂，但掺加纤维和严格的养护可以解决裂缝问题，建议采用硅粉混凝土。另一种意见则认为，尽管硅粉混凝土在一些工程可以做到不裂，或者也未发生损坏，但硅粉混凝土损坏的工程和产生裂缝的工程居多，这些损坏的工程和产生裂缝的工程均有严格的养护措施，但还是不能保证缺陷的产生和避免损坏，锦屏如果还使用硅粉混凝土，其结果是不能预测的。建议使用 HF 抗冲耐磨混凝土作为护面混凝土较有把握。

在护面混凝土的强度和指标的选定方面，实际上也是存在很大的争议。按照《水工抗冲磨、防空蚀混凝土技术规范》（SL 265—2005），小湾水电站泄洪洞流速 45m/s，设计强度为 C60W8F100，而锦屏一级泄洪洞的流速 50m/s 和水流空化数流空化数仅 0.097~0.192，远超过规范要求，按规范护面混凝土的设计强度须到达 C60 以上。根据 HF 抗冲耐磨混凝土技术中的抗裂设计方法，为降低温控难度，建议不要按照规范要求选取混凝土的强度，而是按照锦屏水电站工程所能够达到的温控条件，选择适宜的 HF 抗冲耐磨混凝土强度，以保证混凝土不出现温度裂缝为原则。提出对 C35、C40、C50 三种强度和 28d 及 90d 两个龄期进行研究，最后根据工程实际情况选用混凝土的强度。

为了慎重起见，成都院联合中国水利水电科学研究院（以下简称水科院）和长江科学院（长科院），积极开展泄洪建筑物抗冲耐磨材料研究，在总结国内已建工程经验、试验研究及设计成果的基础上，对于硅粉混凝土及 HF 抗冲耐磨混凝土进行平行对比试验，于 2009 年 11 月编制完成了《雅砻江锦屏一级水电站泄洪建筑物抗冲耐磨材料选择专题报告》（以下简称报告）。表 7.4-4 为两个单位耐磨实验结果。报告中除成都院科研所试验认为 HF 抗冲耐磨混凝土和易性差，性能较硅粉混凝土稍差外，其余两个科研单位均认为 HF 抗冲耐磨混凝土和易性能满足施工要求，性能与硅粉混凝土相当。

受二滩水电开发有限责任公司委托，中国水利水电建设工程咨询公司于 2009 年 11 月 15—16 日在成都市主持召开了四川雅砻江锦屏一级水电站泄洪建筑物抗冲耐磨材料选择专题报告咨询会议。参加会议的有二滩水电开发有限责任公司及锦屏建设管理局、锦屏水电工程试验检测中心，长江水利委员会工程监理中心锦屏水电站工程监理部，中国水利水

表 7.4－3　部分工程 HF 抗冲耐磨混凝土施工配合比一览表

工程名称	设计指标	级配	配合比参数							材料用量/（kg/m³）							工程部位
			水胶比	砂率/%	粉煤灰/%	HF外加剂	减水剂/%	引气剂/(1/万)	坍落度/mm	水	水泥	粉煤灰	砂	粗骨料	HF外加剂	表观密度	
锦屏一级	$C_{90}35W8F100$	二	0.395	41	30	2.0	PAC 0.4	0.7	130~170	135	239	103	801	1152	6.84		有压段 $C_{90}35$ 为大理岩骨料。其余为砂岩骨料。泄洪洞掺 PVA0.9
	$C_{90}40W8F75$	二	0.395	40	30	2.5			130~150	160	284	121	745	1120	10.1	2440	
	$C_{90}50W8F75$	二	0.33	41	30	2.5			150~170	160	340	145	736	1059	12.1	2450	
大藤峡		三	0.39	23	25	2.5			50~70	104	200	67	493	1562	6.67	2431	溢流面、消力池
	$C_{90}40W6F100$	二	0.39	27	25	2.0	GK-4A GK-9A 0.75	0.7	50~70	118	227	76	549	1410	6.06	2386	
		一	0.39	30	25	2.0			70~90	132	254	84	567	1323	6.76	2367	
洪家渡	$C_{90}45$	二	0.4	38	20	2.0			50~70	117	234	58.5	781	1275	5.85		泄洪洞
		二	0.36	42	20	2.0			110~130	135	300	72.5	828	1142	8.28		
光照	C40W8F150	二	0.36	36	15	1.8		0.3	50~70	120	283	50	704	1290	6.0	2448	底孔溢流面纤维 0.9kg
官地	$C_{90}50W10F100$	三	0.32	40	20	2.5	0.6		110~130	118	195	74	867	1300	6.7	2664	溢洪道
金盆	C50	二	0.29	31	20	2.0			160~180	145	402	98	555	1247	10	2447	泄洪洞
瓦村	C40	二	0.32	35	10	2.0		0.5	50~90	130	366	41	669	1324	8.14	2488	溢洪道
龙首	C50	二	0.312	32	20	3.0			50~70	125	320	80	596	1326	12		泄水孔
	C50	二	0.312	36	20	3.0			140~160	135	346	86	677	1204	13		
盘石头	C40	二	0.37	15	15	2.2			170~190	150	300	55	680	1208	7.8		泄洪洞
	C50	二	0.377	15	15	2.2			170~190	150	360	65	635	1181	9.35		

续表

工程名称	设计指标	级配	配合比参数							材料用量/(kg/m³)								工程部位
			水胶比	砂率/%	粉煤灰/%	HF外加剂/%	减水剂/%	引气剂/(1/万)	坍落度/mm	水	水泥	粉煤灰	砂	粗骨料	HF外加剂	表观密度	
城东	C40	二	0.37		14.5	2			60~80	128	295	50	550	1410	6.9		
白禅寺	C40	二	0.377	32	11.5	2.5			50~70	130	305	40	537	1383	8.6		
冷竹关	C40	二	0.387	32	15	2.5			50~70	130	286	50	634	1350	8.4		
西干	C40	二	0.4	34.5	7	2			30~50	130	300	22	684	1298	6.44		
杨村	C40	二	0.38	38	2.5	2.5			50~70	106	245	31	705	1148	6.9		
姜射坝	C40	二	0.34	38	10	2			30~50	133	350	38	437	1418	7.8		
鱼跳	C40	二	0.368	39	15	2			50~70	13	300	53	760	1186	6.9		
	C40泵送	二	0.366	40	15	2			100~120	140	325	58	758	1138	7.7		
盘石头	C40泵送	二	0.42	38	15	2.25			170~190	150	300	54	725	1163	7.8		
	C50泵送	二	0.35	39	15	2.2			170~190	150	364	64	709	1107	9.35		
昌马	C50泵送	二	0.316	41	15	1.6			120~140	130	349	62	771	1118	6.5		
俄吾多	C40	二	0.40	32	15	3			50~70	130	276	49	682	1323	9.8		
	C50	二	0.34	34	15	3			50~70	130	325	57	623	1323	11.5		
康扬	C35W4F200	二	0.38	32	15	2.2			50~70	120	291	51	632	1334	7.9	2420	

注：
1. 以上配合比中部分抗冻要求较高的配比，其中掺有引气剂，掺量以混凝土含气量满足 3%~4%为宜。
2. 如果 HF 抗冲耐磨混凝土使用部位混凝土厚度较大，应尽量使用中热水泥，并在施工中注意混凝土的温度控制，减免温度裂缝的产生。

电第七工程局有限公司锦屏施工局及科研设计院，成都院等单位的领导、专家和代表。

会议听取了成都院对报告主要内容的介绍，并进行了认真的讨论。咨询意见认为，报告根据本工程泄水建筑物的特点和试验研究成果，在总结国内已建工程泄洪建筑物损坏特征的基础上拟定的各泄水建筑物流道表面抗冲耐磨材料选择方案基本可行，建议结合进一步室内和现场试验，在满足抗冲耐磨和防裂性能、确保施工质量的前提下，优选抗冲耐磨混凝土配合比。

表 7.4 - 4　锦屏水电站 HF 抗冲耐磨混凝土与硅粉复掺粉煤灰混凝土抗冲磨试验结果

试验单位	HF 抗冲耐磨混凝土抗冲磨强度（平均）			硅粉复掺粉煤灰混凝土抗冲磨强度		
	水下钢球法 /[h(kg/m²)]	含沙水流法 /[h(kg/m²)]	冲击韧性 /(J/cm²)	水下钢球法 /[h(kg/m²)]	含沙水流法 /[h(kg/m²)]	冲击韧性 /(J/cm²)
长科院	6.9	1.87	23.3	5.6	1.82	22
水科院		1.7			1.55	

根据专家咨询意见，自 2009 年 12 月—2010 年 5 月期间，在锦屏工地中心试验室、水电七局锦屏工地试验室、水电十四局锦屏工地试验室以及锦屏水电站业主中心试验室进行了大量的室内试验，在实验的基础上，先在室外进行了 HF 抗冲耐磨混凝土与硅粉纤维混凝土的常态、泵送试验块浇筑试验，试验块尺寸约为 2.5m×1m×1.2m，共进行了 9 个配合比的对比试验，根据现场浇筑快的结果又在锦屏水电站发电尾水洞进行多次施工浇筑对比试验。在工地室内中，发现硅粉混凝土在引气量较小的情况下，和易性差且有扒底板结现象，在现场试验中，硅粉混凝土表现出用水量波动大，坍落度不稳定（泵送混凝土配合比有时候坍落度仅 1～3cm），凝结时间不稳定等异常问题。最后，根据室内和现场试验结果，从抗裂性好、施工和易性好、稳定性好以及施工方便几方面比较，研究确定在泄洪洞有压段采用了 C35HF 抗冲耐磨混凝土，上平段采用了 $C_{90}40HF$ 抗冲耐磨混凝土，在龙落尾段采用掺化学纤维的 $C_{90}50HF$ 抗冲耐磨混凝土见表 7.4 - 5 和表 7.4 - 6。

表 7.4 - 5　　　施工采用 HF 抗冲耐磨混凝土（大理岩骨料）

设计要求	级配	用水量 /(kg/m³)	水胶比	砂率 /%	粉煤灰	HF /%	引气剂 /(1/万)	坍落度 /mm	容重 /(kg/m³)
$C_{90}40W8F75$	二级	135	0.395	41	0.25	0.025	0.7	130～150	2440

表 7.4 - 6　　　施工采用 HF 抗冲耐磨混凝土配合比（砂板岩骨料）

设计要求	级配	用水量 /(kg/m³)	水胶比	砂率 /%	粉煤灰	PVA 纤维 /(kg/m³)	HF /%	坍落度 /mm	容重 /(kg/m³)
$C_{90}40W8F75$	二级	160	0.395	40	0.25	0	0.025	130～150	2440
$C_{90}50W8F75$	二级	160	0.33	41	0.30	0.9	0.025	150～170	2450

由于泄洪洞为工期非控制标段，现场试验和浇筑工期拖得较长，两个施工单位 4 年的时间内浇筑的混凝土总计 7 万多 m³，时间跨度较大，但浇筑的 HF 抗冲耐磨混凝土和易性好，泵送性能优异。

对锦屏一级水电站所用的两种聚羧酸减水剂以及 HF 抗冲耐磨混凝土专用的 HF 外加

剂进行砂浆减水率试验结果表明，两种聚羧酸减水剂在加大掺量 0.8%（厂家建议的正常掺量为 0.6%）的情况下，其减水率分别为 20%～22%，HF 外加剂的减水率当掺量为 2.5%时为 27.3%，掺量为 2%时 24.3%。锦屏一级泄洪洞 HF 抗冲耐磨混凝土采用的掺量为 2.5%（见表 7.4-7）。

表 7.4-7　　　　锦屏水电站几种外加剂的减水率对比试验（砂浆流动度法）

外加剂品种	取样来源	掺量	减水率/%
1 号聚羧酸减水剂	样品	0.8%	21.5
	统货	0.8%	18.3
2 号聚羧酸减水剂	统货	0.8%	22.3
1 号聚羧酸减水剂＋2%HF	统货	0.8%＋2%HF	23.3
HF 外加剂	统货	2%HF	24.3
		2.5%HF	27.3

由于施工温控难度很大，为了更有利于温控防裂，$C_{90}50$HF 抗冲耐磨混凝土采用了较低的抗冻标号，采用了超过规范要求的粉煤灰最大掺量，配合比中掺用了 30%的粉煤灰。

锦屏一级泄洪洞工程如期于 2014 年 5 月 31 日浇筑完成。并于 2014 年 10 月 10 日及 2015 年 9 月 26 日，在水库蓄水至正常蓄水位的情况下，先后经过泄洪洞原型观测试验及泄洪洞事故闸门动水关闭试验，满开度运行 2h，各试验开度累积运行 7h，在高速水流的长时间过流冲刷检验下，泄洪洞工程没有出现任何质量问题，获得了国内相关专家、行业权威、工程参建各方的高度赞誉。

在锦屏一级泄洪洞采用 HF 抗冲耐磨混凝土，成功地解决了工程的几大难题：

（1）流速在国内最高，护面选择本身面临的可比较工程较少，成功案例不多，选取任何材料均存在突破国内泄洪洞流速的禁区，存在突破《水工抗冲磨、防空蚀混凝土技术规范》的使用范围，技术风险很大。

（2）锦屏一级水电站的原材料情况相对于其他类似规模的工程，存在骨料质地差的问题，其两种骨料中的大理岩，骨料粒径较好，混凝土用水量较低，但抗压强度低，不足以配制强度等级超过 C50 的混凝土。特别是大理岩硬度低，按耐磨要求，从耐磨角度考虑也不适于配制抗冲耐磨混凝土。另一种骨料是砂板岩人工骨料，这种骨料强度高，硬度大，但骨料粒型差，亚针片形颗粒较多，骨料棱角尖锐，外表粗糙，裹粉严重。级配稳定性较差，导致在室内研究阶段，几个参加试验单位提交的泵送混凝土的用水量仅 120～135kg，平行试验的三个单位推荐混凝土的用水量相差十几公斤以上，而实际工程中混凝土的用水量达到 160～170kg/m³，这一方面增加了施工控制的难度（混凝土标准差会较大）；另一方面，由于用水量很高，在同类规模工程中很少见，如果按照规范的要求，采用 C60 以上的强度等级，试配强度将达到 70MPa 以上。骨料强度富裕不足，水胶比可能到 0.26 左右，水泥用量会很高，温控问题将较小浪底工程更难以解决。砂岩骨料加上高胶材用量将导致混凝土的干缩率过大，干缩裂缝控制也会很难。

按照 HF 抗冲耐磨混凝土技术的抗裂技术要求，高流速工程可以采用了较规范要求小得多的 HF 抗冲耐磨混凝土强度，这对于解决温控难题有重要意义。在施工过程中，我们还提出降低强度等级，采用大理岩骨料等建议。并在有压段采用了大理岩骨料。这也是一种对于规范的突破。

（3）由于泄洪洞采用了龙落尾设计，使高流速区域大幅度减少，其优点明显。但龙落尾结构上平段与落尾后的出口落差很大，坡度较陡，混凝土浇筑较难度大，尤其是大落差形成的烟囱效应明显，尽管施工过程在主洞挂帘防风，支洞安装防风门，但洞内风速还是较大，加上施工支洞频繁进车进人，支洞进风量大，对于混凝土的拆模养护防裂及温控防裂造成很大的困难，施工过程我们先后多次建议加强保湿养护，并建议采取措施减小施工支洞进风问题。

（4）施工对于泵送混凝土较长的凝结时间达初凝 13h，终凝 18h 的要求，与施工赶进度需提前拆模形成矛盾。考虑到过早拆模会引起混凝土干缩裂缝。我们曾建议适当缩短凝结时间，对加快进度、温控和防止干缩都有好处。尤其是龙落尾陡坡段的浇筑中，过长的凝结时间对拉模速度影响较大。通过试验发现，混凝土凝结时间过长的原因是由于水泥的凝结时间过长引起的。水泥的凝结时间短时间内又无法改变。后来通过入仓方式的改变解决了施工进度慢的问题，保证了计划工期。

（5）HF 抗冲耐磨混凝土具有的良好的和易性、稳定性，加上 HF 抗冲耐磨混凝土技术所包含的合理的易于实施的施工工艺，使浇筑的 HF 抗冲耐磨混凝土表面平整度好，流线型达到了设计要求的平整度。为确保护面不发生空蚀损坏提高了保证。

HF 抗冲耐磨混凝土在锦屏一级流速高达 50m/s 以上的泄洪洞应用成功，突破了现有的技术规范的适用范围，突破了国内高速水流的流速禁区，为中国可靠解决高速水流抗冲耐磨和防空蚀问题开创了一条新路，值得其他工程借鉴。

7.4.4　HF 抗冲耐磨混凝土在洪家渡水电站泄洪洞中的应用

洪家渡水电站是中国长江右岸最大支流乌江干流 11 个梯级的第一级，是整个梯级中唯一具有多年调节水库的龙头电站。地处贵州省织金县与黔西县交界处。电站枢纽由混凝土面板堆石坝和左岸建筑物组成，左岸建筑物包括洞式溢洪道、泄洪洞、放空洞、发电引水系统和地面厂房等。大坝为混凝土面板堆石坝，坝高 179.5m。

洪家渡水电站泄洪建筑物抗冲耐磨混凝土的设计指标 $C_{90}45W10F100$，二级配，坍落度 5～7cm，泵送混凝土坍落度 14～16cm。抗冲磨防空蚀混凝土分别采用 HF 抗冲耐磨混凝土、硅粉混凝土、铁钢砂混凝土、HLC - Ⅲ硅粉混凝土等进行对比试验研究。洪家渡 $C_{90}45$ 混凝土抗冲磨性能对比试验结果表明，采用Ⅰ粉煤灰 20％＋2％ HF 外加剂抗冲磨混凝土，HF 抗冲耐磨混凝土磨损率 0.055g/(h×cm²)、抗抗冲磨强度 18.25h/(g/cm²)，磨损率和抗抗冲磨强度优，仅稍次于掺硅粉 15％的抗冲磨混凝土，性能明显优于其他几种混凝土。通过对比优选试验，洪家渡洞式溢洪道、泄洪洞选用 HF 抗冲耐磨混凝土作为抗冲磨护面混凝土。洪家渡泄洪洞水流流速 38.13m/s，溢洪洞流速 35.67m/s，2004 年至今，两条使用 HF 抗冲耐磨混凝土的隧洞 HF 抗冲耐磨混凝土未发生损坏，使用效果好。

7.4.5　HF 抗冲耐磨混凝土在丰满水电站重建工程中的应用

施工工艺及质量控制方法是 HF 抗冲耐磨混凝土技术的重要组成部分，其目的是解决施工过程中可能出现的施工缺陷和质量缺陷，尤其是易引起混凝土冲刷破坏和空蚀破坏的一些技术和缺陷。如混凝土的均匀性控制问题，混凝土表面平整度和表面流线型的施工技术，混凝土的硬化开裂和干缩裂缝的控制，仓内出现的失塑假凝冷缝问题，止水的安装及与混凝土的结合方法及缺陷问题，混凝土的温控防裂问题。混凝土的离析泌水问题，结构缝和施工缝的设置问题。这些问题不仅仅是 HF 抗冲耐磨混凝土施工中的问题，而且也是抗冲磨混凝土在施工中经常会遇到的问题，一些混凝土如纤维混凝土，硅粉混凝土在施工中这些问题更为严重，更难解决。

例如在丰满水电站重建工程施工中，针对丰满水电站 HF 抗冲耐磨混凝土施工过程存在或可能出现的问题，通过现场交底和施工技术指导，很好地解决了施工难题，保证了施工质量，赢得了现场技术人员的认可。

丰满水电站改建工程抗冲磨混凝土设计指标 $C_{90}50F300$，掺用 I 级粉煤灰，花岗岩人工骨料，砂子细度模数 2.6，采用 HF 抗冲磨混凝土，HF 掺量 2%，其施工配合比见表 7.4-8。

表 7.4-8　　　　　丰满水电站 HF 抗冲磨混凝土施工配合比

设计指标	级配	水胶比	砂率/%	粉煤灰/%	HF/%	引气剂/(1/万)	减水剂/%	材料用量/(kg/m³)					
								水	水泥	粉煤灰	砂	石	HF
$C_{90}50F300$	二	0.34	32	20	2	1.8	0.6	129	304	76	605	1286	7.6
	三	0.34	28	20	2	1.8	0.6	112	263	66	550	1414	6.5

7.5　泄水建筑物抗冲磨混凝土施工关键技术

7.5.1　抗冲磨防空蚀混凝土设计与施工

由于硅粉混凝土抗压强度可以达到和超过 C60，近年来，得到设计人员的广泛青睐，但其自身的弱点仍然不能忽视。高强度等级的混凝土比较突出的问题是容易产生干缩裂缝，硅粉混凝土尤为明显，从而影响到它的整体抗冲蚀的能力。

水流的脉动压力尤其是高速水流的脉动压力是作用在抗冲磨护面板体上的不容忽视的作用力。设计中仅考虑了护面整体的稳定性，即如果护面没有发生裂缝，护面的稳定性是没有问题的。但是，当护面产生裂缝，尤其是贯通性裂缝后，这种作用力就会产生严重的后果。其一，脉动压力会造成裂缝端的应力集中，使尚未贯通的裂缝扩展甚至形成贯通裂缝；其二，对于贯通性裂缝，抗冲磨混凝土护面板体被贯通裂缝分割成许多大小不同、质量不等的块体，由于各块体尺寸、质量的差异，自振频率不同，尽管有钢筋的连接，但在脉动压力作用下，各块体会产生振幅和频率各不相同的振动，这种振动在钢筋网中产生的脉动应力，钢筋将因疲劳而产生断裂，钢筋混凝土分解破碎，形成连锁反应，最终导致事故的发生。

高强度钢筋混凝土面层与基础混凝土的黏结问题也是不容忽视的。由于上下两层混凝土标号相差过大，混凝土性能存在较大差异。施工缝在施工中质量控制不严，层间结合存在薄弱部位，一旦抗冲磨混凝土面层出现了贯穿性裂缝，在脉动压力作用下，面层钢筋混凝土将被局部掀起损坏。

硅粉混凝土黏稠，施工难度大，不易振捣密实，表明失水很快，收光抹面困难，难以保证混凝土质量的均匀性和表面平整度，从而造成近壁水流流态紊乱，对混凝土形成不均匀磨损和淘刷，同时，会引起水流中推移质在混凝土表面的跳跃、冲砸，加大对混凝土的冲刷磨损速度，大大降低了其抗空蚀性能。

混凝土的质量通病也是造成抗冲蚀损坏的原因之一。常见的混凝土外观质量缺陷有：混凝土跑模，表面不平整，混凝土表面产生蜂窝、麻面、气泡及孔穴，局部混凝土不密实、强度低等问题。

7.5.2 抗冲磨混凝土与防空蚀性能关系

混凝土能否用于溢流坝坝面、溢洪道或护坦等部位，经受高速水流的作用，除了与混凝土表面能否施工平整外，与混凝土本身的抗冲磨防空蚀性能关系密切。引起混凝土表面磨蚀的主要原因有：空蚀、水流中磨损物质的运动撞击等。

空蚀是这些原因中损坏性最大的一种。不管混凝土或其他建筑材料的质量有多好，它们的抗空蚀破坏能力却很差。在承受高速水流通过的混凝土表面上，如有一障碍物或表面突变，在紧靠其下游处，产生一个强负压区。这个负压区很快被含有小的快速运动的水蒸气气穴紊流所充满。水蒸气气穴形成于负压区的上游侧，然后流经该区域，并在紧靠其下游的某点，由于水流中压力增高而破裂。当气穴破裂时，空穴周围的水在高速下冲向其中心，因而聚集了巨大的能量。这些空穴的形成、运动到破裂的整个过程就叫做空蚀。

一个小的蒸汽气穴竟能产生如此严重的冲击，聚集起来后，不仅能损坏混凝土，而且还能使最坚硬的金属产生坑穴。这种高能量冲击的重复作用最终形成坑穴或孔沟，即称之为空化侵蚀（空蚀）。当高速水流流经泄槽或溢洪道表面有突然射流或减压时，就会发生空穴。在有水流流动的水平面和斜面上，或者垂直面上，都可能发生空蚀现象。溢洪道消力池表面及消力墩邻接处周边混凝土的空化剥蚀情况，往往在一个洪水期间高速水流在混凝土表面引起了负压现象，就导致了此处的空蚀破坏。在避免不了低压的地方、在危险区域，有时用金属或者用抗空蚀能力比混凝土更强的其他材料对表面进行保护。在上游适宜位置将含气量掺入水流，这对减少空穴的发生和减轻其对某些结构物的作用方面是很有效的。

7.5.3 抗冲磨混凝土与基底混凝土同步浇筑关键技术

抗冲磨混凝土与底部基础混凝土是否同步浇筑，直接关系到层间结合质量。传统的抗冲磨混凝土施工方法，一般基底混凝土先浇筑，预留 0.5～1.0m 厚度的抗冲磨混凝土，再专门进行面层的抗冲磨混凝土浇筑。此方案虽然设计在基底混凝土中采用埋设插筋的技术方案，但往往效果不佳。原因是两种混凝土设计指标、级配、配合比等的不同，其变形、弹模、应力状态均存在很大差异，抗冲磨混凝土与基底混凝土层间的薄弱结合面极容易产生脱空和两张皮的现象，对防冲十分不利。因此，泄水建筑物泄槽、边墙等竖立面抗冲磨防空蚀混凝土施工浇筑，基底混凝土与竖立面抗冲磨混凝土层间结合，也必须采用同步浇筑、同步上升的施工方案，这是保证层间结合质量的关键。所以抗冲磨混凝土与基底混凝土同步浇筑是防止层间脱开的关键技术。

比如万家寨水利枢纽泄水消能抗冲磨混凝土施工。作者于 1996 年在万家寨坝身过流面抗冲磨混凝土施工中，针对抗冲磨与基底混凝土层间结合不良的难题，采用抗冲磨硅粉混凝土与基底混凝土一起浇筑的施工方案，很好地解决了基底老混凝土与抗冲磨硅粉混凝土层间结合难题。基底混凝土与抗冲磨混凝土施工时，最后一个升层按照 2～3m 厚度设计，不论是平面按台阶法施工或侧墙立面按一个整仓施工时，首先浇筑基底三级配混凝土，然后同步浇筑 50～80cm 厚度的抗冲磨层硅粉混凝土，有效地解决了基底与抗冲磨混凝土层间结合问题，使用效果良好。但万家寨工程 1998 年后期消力池抗冲磨护面材料采用科研单位推荐的硅粉铁钢砂混凝土，由于抗冲磨护面材料硅粉铁矿砂混凝土与基底混凝土分开浇筑，加之铁矿砂下沉，导致混凝土表面产生大量浮浆，且伴随着大量裂缝的发生，在高速水流的冲刷下造成消力池抗冲磨混凝土大面积损坏。

7.5.4 抗冲磨混凝土施工浇筑关键技术

1. 尽量采用常态混凝土浇筑方式

抗冲磨防空蚀混凝土施工与常态混凝土基本相同，但弧面、斜面等采用滑模施工较多。抗冲磨混凝土应尽量采用常态混凝土浇筑方式，由于常态混凝土坍落度一般采用 5～7cm，用水量和水泥用量较少，对温控防裂有利。采用泵送混凝土浇筑方式对抗冲磨防空蚀混凝土性能影响较大，由于泵送混凝土一般采用 16～20cm 坍落度，致使用水量多、砂率大，导致混凝土干缩大、裂缝多，不利防裂。特别是泵送抗冲磨混凝土施工，容易形成浆体上浮、骨料下沉现象，对混凝土抗冲耐磨性能十分不利。

2. 收面平整度施工关键技术

抗冲磨混凝土收面平整度施工，一般采用人工刮轨施工收面，刮轨的设计、质量、刚度应满足整平振捣器要求的震动幅度和震动力。首先对入仓的抗冲磨防空蚀混凝土采用振捣棒振捣密实，然后采用刮轨进行振捣收面，保证抗冲磨防空蚀混凝土内实外平。抗冲磨混凝土收面，关键是判断抗冲磨防空蚀混凝土凝结时间，特别是初凝时间判定尤为重要。施工收面中，必须杜绝在抗冲磨混凝土表面洒水或撒水泥不良现象。模板的光度和立模精度是保证抗冲磨混凝土平整度和外观质量的关键。

3. 养护是防止抗冲磨混凝土裂缝的关键

在振捣收面后，要及时对抗冲磨混凝土表面进行养护，未终凝之前，可采用养护剂喷护养护或采用喷雾器进行表面湿润养护，终凝后要及时进行表面洒水养护，并进行表面保护、覆盖养护材料，保湿养时间不得少于设计龄期。竖立面抗冲磨混凝土的养护，模板拆除后，表面同样需要及时覆盖养护材料，始终保持竖立面表面湿润，竖立面在条件允许情况下，可采用塑料花管（即在塑料管打眼）喷淋的养护方法。养护是防止抗冲磨混凝土产生裂缝的关键，必须按照设计要求严格执行，一般养护时间均不能少于混凝土设计龄期。

7.5.5　溪洛渡水电站水垫塘抗冲磨混凝土施工技术

7.5.5.1　工程简介

溪洛渡水电站位于四川省雷波县与云南省永善县接壤的金沙江溪洛渡峡谷中，下游距宜宾市 184km（河道里程），左岸距四川省雷波县城约 15km，右岸距云南省永善县城约 8km。

溪洛渡水电站枢纽由拦河大坝、泄洪建筑物、引水发电建筑物等组成。拦河大坝为混凝土双曲拱坝，最大坝高 278.00m，坝顶高程 610.00m，顶拱中心线弧长 681.51m；泄洪采取"分散泄洪、分区消能"的布置原则，泄洪消能建筑物由坝身 7 个表孔、8 个深孔、坝后水垫塘与两岸 4 条泄洪洞组成。4 条泄洪洞分左、右两岸布置，左岸为 1 号、2 号泄洪洞，右岸为 3 号、4 号泄洪洞。左右岸 1～4 号泄洪隧洞均为有压接无压、洞内龙落尾型式。泄洪洞由进水塔、有压洞段、地下工作闸门室、无压洞段、龙落尾段和出口挑坎等组成。出口挑坎采用对称布置、水下碰撞消能方式，以减轻下游河道冲刷。

溪洛渡水电站工程泄洪按千年一遇设计，万年一遇校核，总泄洪量为 49923m^3/s，泄洪功率近 1 亿 kW，居世界同类电站首位。

水垫塘为溪洛渡水电站泄洪消能设施的重要组成部分，其断面采用复式梯形断面平底板结构型式，中心线与拱坝中心线平行并向左岸偏移 5.00m（与拱坝溢流中心线重合），水垫塘底宽 60.00m，顶宽 208.00m，底板顶部高程 340.00m，厚 4.00m。为合理安排施工，水垫塘底板分两次浇筑，上下层厚 1.60m、2.4m，其中，在高程 343.00m 以下边墙反弧段及高程 340.00m 底板表面 60cm 范围内采用 $C_{90}60W8F150$ 抗冲耐磨硅粉混凝土，下部均采用 $C_{180}30F300W13$ 混凝土，此两种标号的混凝土均为温控混凝土。

在坝身设计泄洪流量为 32278m^3/s 时，水垫塘运行要承受巨大的动水冲击压力和脉动压力，这对水垫塘底板及反弧段面，层 60cm 厚 C60 抗冲磨混凝土施工质量提出了极高的要求。为保证水垫塘抗冲耐磨混凝土的施工质量，施工过程中开展了配合比优化试验，同时采用整平机和自动抹面机施工工艺并规范混凝土施工，以确保抗冲耐磨混凝土的施工质量。

7.5.5.2　混凝土性能及配合比参数

溪洛渡抗冲磨混凝土设计指标 $C_{90}60W8F150$，结合溪洛渡水电站工程实际情况，通过对玄武岩人工骨料硅粉混凝土、聚丙乙醇 PVA 纤维混凝土、矿渣微粉混凝土及高性能抗冲耐磨混凝土的性能试验研究，最终确定水垫塘、二道坝采用多元复合材料硅粉＋粉煤灰＋纤维抗冲磨混凝土，抗冲磨混凝土施工配合比主要参数：三级配、二级配，水胶比 0.31，Ⅰ级粉煤灰 25％、硅粉 5％、PVA 纤维 0.9kg/m^3，采用聚羧酸高效减水剂（JM-PCA）及引气剂（ZB-1G），具体参数可见表 7.2-2 部分工程多元复合材料抗冲磨混凝土施工配合比一览表。

水垫塘和二道坝基础混凝土设计指标 $C_{180}40W15F300$，抗冲磨基底混凝土 $C_{180}30W13F300$，采用四级配、三级配常态混凝土，控制坍落度 5～7cm。

结合设计要求及试验结果，综合考虑混凝土的拌和、运输、浇筑、养护等施工因素，浇筑时采用三级配温控混凝土，出机口温度不大于 7℃，浇筑温度不大于 12℃，内部温度不大于 32℃，坍落度按 70～90mm 控制，含气量控制在 3%～4%。表层 20cm 厚混凝土，考虑到提浆收面较困难，不利于表面平整度的控制，采用二级配温控混凝土。

7.5.5.3 水垫塘混凝土施工

1. 混凝土搅拌和运输

抗冲耐磨混凝土由溪洛渡右岸低线混凝土拌和系统（4×3m³。自落式搅拌楼）拌制，搅拌时间为 5min。PVA 纤维、外加剂等根据拌和楼的单次拌和所需量，称量准确后装袋待用。人工添加硅粉应提前 7d 使用机械拌成硅粉浆液待用。混凝土出机口温度不超过 7℃（冬季不超过 12℃）。混凝土采用自卸车运输。运输过程中自卸车配置防晒棚，防止温度回升过快。

2. 底板混凝土浇筑

根据水垫塘底板浇筑实际情况，并结合施工规范要求，底板混凝土浇筑采用"薄层短间歇连续浇筑"工艺。1.6m 层底板混凝土浇筑时，先浇筑表层的 1.0m 厚普通混凝土，再进行 0.6m 厚抗冲耐磨混凝土。浇筑后先用整平机将抗冲耐磨混凝土大面整平，再采用自动抹面机和人工抹面。下料位置与仓面高差不大于 1.0m，仓内铺料厚 0.5m，宽 2～4m。为确保混凝土入仓的连续性，出拌和楼及经运输后不合格的混凝土严禁入仓。在模板周围下料时，为使混凝土入仓下料不冲击模板，卸料点与模板的距离应保持在 1～1.5m。面层钢筋部位卸料前，对面层钢筋要再次绑扎确认，卸料部位离钢筋 0.3～0.5m。水垫塘底板 1.6m 层混凝土设有两道 "Z" 形铜止水与一道橡胶止水，混凝土下料时离止水片 30～50cm，有效地避免了止水片被混凝土料压住。

3. 反弧段混凝土浇筑

反弧段混凝土先采用平铺法浇筑，当浇筑至第 5 层时，改为台阶法浇筑；岩面部位采用平铺法浇筑，待形成两个台阶时，一次性将圆弧及斜面部位浇筑完成。浇筑前做好分层标示及混凝土标号分区线。混凝土浇筑采用"薄层短间歇连续浇筑"的方法。为保证反弧部位的浇筑质量，利用下料口进行下料及振捣。

4. 混凝土振捣

因水垫塘底板面层有钢筋，故仓面预留了专门的进人孔进行混凝土振捣作业，混凝土采用人工平仓，浇筑时，按照先平仓、后振捣的顺序，不得以振捣代替平仓或以平仓代替振捣。

混凝土平面部位采用西 130mm 大功率手持式振捣棒进行振捣。圆弧、斜面部位及模板周边采用加 100mm 长柄式振捣棒进行振捣，局部配合软轴棒振捣。抗冲耐磨混凝土振捣时间较普通混凝土适当延长 15～30s，总振捣时间不少于 1min，以混凝土不再显著下沉、不出现气泡并开始泛浆时为准。为保证混凝土的外观质量，模板边采用复振工艺，可有效地减少混凝土表面气泡。止水部位混凝土振捣时先用 ϕ130mm 或 ϕ100mm 振捣器振捣，使混凝土料流进止水片下部，再用 ϕ70mm 软轴振捣器伸入止水片下部振捣，并适当延长振捣时间，确保混凝土振捣密实。

5. 混凝土表明平整度

底板抗冲磨混凝土按条带浇筑完成后要及时用整平机整平，以起到控制收面高程、整平混凝土面表面提浆的作用。整平机滚杠用两根长 6m、ϕ219mm 的钢管加工制作而成，骨架采用钢桁架，两端各安装 1 台电动机，提供整平机的行驶动力，整平机的行进速度以混凝土表面充分泛浆便于抹面为宜。

6. 混凝土抹面

（1）底板混凝土抹面。底板混凝土先用整平机整平后，及时按条带利用自动抹面机依次开始抹面，一般抹 3 次，使混凝土表面平顺、平整、压光、直顺，无气孔、麻面和裂缝、空鼓等缺陷。

第一次抹面时间以整平机整平后 0~2h 为宜。若混凝土坍落度较小，气温较高，太阳直射条件下，应在整平机整平后立即进行第一次抹面；混凝土坍落度较大，气温较低，没有太阳照射条件下，第一次抹面的时间应适当推迟，使混凝土表面的水分挥发掉一些后效果较好。

第二次抹面主要是消除混凝土表面缺陷，并进行表面压实、抹光。第二次抹面距第一次抹面的间隔时间与混凝土浇筑时间、气候条件及混凝土坍落度等因素有关，一般以 2~3h 为宜，依具体情况而定。现场以手指用力按压混凝土面，仅出现细微压痕时效果较好。

第三次抹面主要是进一步压实、抹光，在混凝土初凝前 0.5~1h 进行，可采用抹光机或人工抹面。

（2）反弧段混凝土抹面。反弧段混凝土浇筑后，按照浇筑顺序逐块翻起模板。先用泥铲抹平并压光残留于反弧段混凝土表面的水泡、气泡、麻面及错台等；然后用木抹子进行第一道抹面，再用铁抹子进行第二道抹面，待硅粉混凝土接近初凝时用铁抹子进行第三道抹面、压光。

7. 混凝土保温、保湿及养护

冬季施工的混凝土，各混凝土块及横缝面采用保温被和保温卷材进行保温。夏季施工时，对浇筑的仓面实行喷雾降温，设置遮雨（阳）棚。抹面完成后及时覆盖湿润土工布，以防止因水分散失过快而产生龟裂，浇筑完成 12~18h 后对表面及侧面进行养护。平面部位采取蓄水养护，蓄水深度为 10~15cm。水温波动不大于 15℃；立面及反弧段采取挂管养护；通过混凝土内部温度计的检测数据，及时调整预埋冷却水管的通水流量。每仓混凝土的养护时间不得少于 28d。

7.5.5.4 施工难点及工艺优化

1. 水化热高、早期温升快

抗冲耐磨混凝土由于其水胶比小、水泥用量大且不易泌水，因而比普通混凝土发热量大，更容易发生塑性收缩，其早期干缩率和自身体积变形也比普通混凝土更大，因此导致抗冲耐磨混凝土在施工中往往出现混凝土内部温升过快、过高，早期开裂的问题。解决方案为：

（1）优化配合比。经多次试验，优选聚羧酸高性能减水剂 JM - PCA 减水剂后，二级配混凝土，坍落度 7~9cm，减少胶材 108kg/m³，从而有效减少了混凝土的发热量，十分有利抗裂性能的提高。

（2）优化施工工艺。抗冲耐磨混凝土表层 20cm 最初选用采用三级配混凝土收面，但在实际施工中发现混凝土用整平机提浆比较困难，需要大量人工将浆液铲至滚杠下，抹面平整度效果不佳，施工后易出现浅表龟裂。后经试验分析，表层 20cm 采用二级配硅粉混凝土。

（3）加强过程温控。混凝土料出拌和楼前及时对混凝土出机口温度进行量测，如果发现出机口温度 1h 内连续 3 点达到预警线 7℃（冬季 9℃），及时要求试验、拌和对一、二次风冷运行骨料情况、风机等进行详细检查，确保拌和楼出机口混凝土温度控制在要求以内。混凝土人仓前对混凝土入仓温度及时量测，如果入仓温度达到预警线 9℃（冬季 11℃），及时采取喷雾机喷雾和提高混凝土入仓强度等措施，并检查运输车辆混凝土保温棚遮盖情况，确保混凝土入仓温度满足要求。混凝土浇筑过程中及时对浇筑温度进行量测，如果浇筑温度达到预警线 12℃（冬季 14℃），及时采取保温被覆盖、喷雾机喷雾、加快振捣速度、提高混凝土入仓强度等措施，并检查出机口及骨料预冷情况、调查混凝土台阶覆盖时间，确保混凝土浇筑温度满足要求。

（4）完善成品保护体系。在抹面施工结束后（达初凝），应立即喷雾养护，以防止因早期失水过快而发生龟裂，待喷雾养护 1d 后，改用挂花管流水养护，连续养护时间不少于 30d。养护期间必须始终保持混凝土面湿润，不得出现干湿交替，严禁出现表面发白甚至干裂现象。

2. 施工部位埋件多、安装工艺复杂

水垫塘抗冲耐磨混凝土施工部位埋件密集，表层钢筋间距为 20cm×20cm，下料后振捣难度大；每仓分缝处设两道"Z"形铜止水与一道橡胶止水，对模板的安装及固定造成不便。解决方案为：

（1）预留作业孔。对于底板钢筋密集区，预留 80~80cm 的进口。方便施工人员进入钢筋网下层空间平仓、振捣作业。反弧段定型模板上预留 60cm×50cm 的下料口，方便下料、振捣。

（2）止水安装部位制作异形围栏。底板仓分缝处设置三道止水，这给模板、钢筋的安装及止水的固定带来了极大的困难。针对上述问题，止水部位采用定型围栏加固，三道止水装在围栏的"U"形部位，然后使模板紧密地卡在止水的上下两侧，固定止水位置，保证止水片不被损坏。

3. 反弧段混凝土浇筑难度大

反弧段作为水垫塘底板及一级边坡的连接部分，大坝深孔泄流后该区域水流冲刷较厉害，对表面平整度的精度要求高，常规的散模拼装浇筑不仅增加了模板固定的难度，而且也很难达到表面平整度的要求。且该部位浇筑仓号外形相对不规则，仓面内的布置也较为复杂，故混凝土下料、表面收面都较为困难。解决方案为：

（1）反弧段采用翻模浇筑。反弧段使用圆弧定型钢模板，模板尺寸为 4m×1.737m、5m×1.737m 两种，采用异形围栏加固。

（2）自制抹面平台，优化抹面工艺。为保护已浇筑的混凝土面，反弧段抹面采用自制抹面平台，平台由 $\phi 33.5mm$ 和长 8m 的钢管焊接而成，长 12.40m，两侧护手最高处高 80cm。

4. 层间结合及夏季施工

水垫塘底板及高程 343.00m 边墙以下抗冲耐磨混凝土的浇筑，不仅需要注意本身的浇筑质量，而且还要很好地与下层普通混凝土相结合。连续施工（不停仓）是保证混凝土质量的前提。即在普通混凝土浇筑至指定坏层后及时进行硅粉混凝土层浇筑，同时加强这两层之间的振捣，尤其是止水部位振捣。

施工部位一个单元仓号浇筑历时相对较长，约 15～20h，而且进入夏季，高温、降雨频繁，故对混凝土温控工作及仓面保护要求较高。夏季施工最重要的是控制两点：一是严格执行混凝土开仓前"天气预警"机制，各个现场负责人要了解几天内的天气情况，预报有大雨时不准开仓，且硅粉混凝土层浇筑时尽量避开白天，浇筑前半小时提前开启喷雾机对浇筑仓面降温；二是做好防雨材料准备（主要是遮阳防雨棚），安排外来水"引、拦、排"负责人，并在浇筑仓面上部搭设防雨棚，确保将雨水及时排出仓外、施工不受降雨影响。

7.5.5.5　小结

溪洛渡水电站水垫塘抗冲耐磨混凝土浇筑完成后，底板硅粉混凝土表面不平整度检测 3602 次，检测值在设计要求范围内的检测点为 3524 个，占总检测点数的 97.83%，最大值为 8.59mm；反弧段混凝土过流面大面平整度小于 2mm，施工质量和施工进度满足有关规范和施工合同的要求，混凝土体型、表面平整度及外观质量控制优良。

7.6　新型环氧砂浆修补技术与应用

7.6.1　传统抗冲磨修补材料

在水电站运行过程中，泄水建筑物过流面会受到高速水流、高速挟沙（石）水流的冲击、磨损等作用而产生破坏，尤其当流速较高、推移质较多、较大的情况下，破坏就更为严重。为保证水工建筑物的安全运行，需对泄水建筑物过流面进行修复和抗冲磨保护处理。

水利水电建设者们对水工抗冲磨材料进行了深入的研究和探索，传统的抗冲磨材料可分为有机类和无机类。其中，无机类抗冲磨材料因其具备价格低廉、施工简便、与基层混凝土相容性好等优点，应用最早、最为广泛。不锈钢板、铸石板材料作为使用最广泛的无机抗冲磨材料之一，抗磨蚀性能很好，适用于悬移质含量高、磨蚀破坏严重的情况，但其韧性差，抗冲击能力有限，过流面流线差，与混凝土基材黏结不好，现在已经较少用于新建水工泄水建筑物的抗冲磨防护；硅粉混凝土存在施工质量难以控制、易产生裂缝等问题；铁钢砂混凝土的缺点是用水量大，水泥用量高，和易性差，泌水现象明显，施工性能差；钢板衬护混凝土要解决钢板与混凝土的结合问题，造价昂贵，只能用作局部衬护，且其对振动敏感，高空蚀区不宜采用。

环氧树脂基抗冲磨材料既具有良好的抗磨蚀能力，又具有良好的抗冲击能力，与混凝土黏结良好，耐水、耐化学侵蚀性能良好，是目前抗冲磨修补材料的发展趋势。但普通环氧砂浆存在黏度高、施工需加热、材料有毒、与混凝土相容性差、易开裂脱空等诸多缺点。科研人员一直致力于环氧树脂及固化剂的改性研究，以提高环氧树脂基抗冲磨材料与混凝土的相容性、耐久性和韧性等。

7.6.2 NE 系列新型环氧砂浆

中国水利水电第十一工程局有限公司科研所长期致力于水工建筑物抗冲磨保护、缺陷修复、补强加固等领域的研究，结合工程实践，成功开发出 NE 系列新型环氧砂浆，如 NE-Ⅱ型环氧砂浆、NE-Ⅰ型粗骨料环氧砂浆，有效地解决了普通环氧砂浆的诸多弊端，具有黏结力强、抗冲磨强度高、与混凝土形变一致、耐久性好、施工方便、无毒无污染、产品系列化（能够适用于低温、潮湿等不同外界条件要求，产品有不同强度等级）等特性，并根据工程实践，不断的持续改进，形成了过流面环氧砂浆施工国家级工法，在泄水建筑物抗冲磨保护、缺陷修复和补强加固中得到广泛的成功应用。

7.6.2.1 NE-Ⅱ型环氧砂浆

1. 产品简介

NE-Ⅱ型环氧砂浆是由改性环氧树脂、新型环保固化剂、高效内脱黏剂和特种填料等制成的高性能水工抗冲耐磨保护与修复以及混凝土缺陷修补加固材料，是中国水利水电第十一工程局自主研发生产的国家专利产品（国家发明专利号：ZL 200410031153.9），曾获得了中国大禹水利科技进步三等奖、中国产品新纪录、国家重点新产品等奖项，自开发以来在国内外几百座大中型水利水电工程泄水建筑物的抗冲磨保护中发挥了主要作用。

2. 主要特性

（1）常温施工、方便快捷。常温条件下无须加热即可施工，施工便捷，不沾工器具，施工面平整光洁，产品为双组分保证，施工操作简单。

（2）环保、无污染。国家建筑材料测试中心的毒性试验检测结果表明，其毒性试验检测结果符合国家环保要求。

（3）韧性和耐久性良好。具有良好的柔韧性和抗冲击性，线性热膨胀系数与混凝土基本一致，与混凝土的匹配性和相容性良好，使用耐久性优良。

（4）产品系列化。产品系列化，能够适合于干燥面、潮湿面以及低温环境等不同施工条件的要求。

3. 施工工艺

NE-Ⅱ型环氧砂浆的施工工艺流程如图 7.6-1 所示，当用作混凝土结构防护时，原则上需混凝土施工完毕并养护 28d 后，方宜进行环氧砂浆施工。

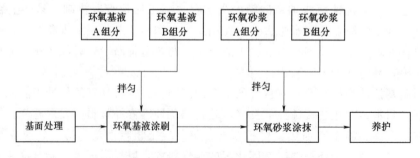

图 7.6-1 NE-Ⅱ型环氧砂浆施工工艺流程图

（1）基面处理：

1）使用切割机把不密实部位的混凝土边沿切割 0.5mm 深，凿除掉松散混凝土，直至密实混凝土部位，切割出的混凝土边线应尽量规则。

2）基础表面上的油污需处理干净。

3）混凝土基础面如有钢筋等金属构件时，低于修补厚度部分应除净锈蚀，露出新鲜表面，高于环氧砂浆修补部分时，需要将钢筋、金属构件切除。

4）用角磨机打磨或其他机械方式（如钢钎凿，喷沙法等）对混凝土基础面进行糙化处理，清除表面上的松动颗粒和薄弱层等。

5）基面糙化处理后，修补区域可用钢丝刷清除干净混凝土上的松动颗粒和粉尘，再用高压风机进行洁净处理。

6）环氧砂浆施工之前，混凝土基面需保持干燥状态，对局部渗漏水部位，应采取化学灌浆的方式进行止水堵漏，对局部潮湿的基面需烘干或自然风干。

7）基面处理完后，应经验收合格（周边混凝土密实，表面干燥，无松动颗粒、粉尘、水泥净浆层、及其他附着物和污染物等）后才能进行下道工序。

（2）底层基液拌制和涂刷：

1）底层基液涂刷前，应再次清除混凝土基面上的浮尘，以确保基液的黏结性能。

2）基液的拌制——先将称量好的 A 组分倒入广口容器中，再按给定的配比称量后将相应量的 B 组分倒入容器中进行搅拌，直至搅拌均匀（材料颜色均匀一致）后方可施工使用。为避免浪费，基液每次不宜拌和太多，原则上一次拌和不能超过 5.0kg，具体情况视施工速度以及施工温度而定，基液的耗材量为 0.3~0.5kg/m²。

3）基液拌制后，用毛刷均匀地涂在基面上，要求基液涂刷尽可能薄而均匀、不流淌、不漏刷。

4）基液拌制应现拌现用，以免因时间过长而影响涂刷质量，造成材料浪费和黏结质量降低。

5）拌好的基液如出现暴聚，凝胶等现象时，不能继续使用，应废弃重新拌制。

6）基液涂刷后静停至手触有拉丝现象，方可涂抹环氧砂浆。

7）涂刷后的基液因长时间停止工作（如超过 4h）出现固化现象（不黏手）时，需要再次涂刷基液后才能涂抹环氧砂浆。

（3）环氧砂浆的拌制和涂抹：

1）环氧砂浆的拌制——先把称量好的环氧砂浆 A 组分放入环氧砂浆专用拌和机，再把按给定的配比称量出的 B 组分也倒入拌和机，混合搅拌均匀（颜色均匀一致）后即可施工使用。

2）环氧砂浆应现拌现用，当拌和好的环氧砂浆在 1.5h 内没能使用并出现发硬、凝胶等现象时，应废弃重新拌制。

3）每次拌和的环氧砂浆的量不宜太多，具体拌和量视施工速度以及施工温度而定。

4）环氧砂浆的涂抹——用于混凝土表层修补时，如水泥砂浆的施工方法，将环氧砂浆涂抹到刷好基液的基面上，并用力压实，尤其是边角接缝处要反复压实，压实后可用抹刀轻轻拍打砂浆面，以提出浆液使砂浆表面有光泽。

5）环氧砂浆的涂抹厚度一般每层不超过 15mm，对于厚层修补，需分层施工，层与层施工时间间隔超过 12～72h 为宜，再次涂抹环氧砂浆之前还需要涂刷基液。

6）养护。环氧砂浆涂抹完毕后，需进行养护，养护期一般为 7d，养护期间要防止人踏、车压、硬物撞击等；养护期内施工面应避免阳光暴晒。

（4）材料的可操作时间。环氧砂浆与环氧基液的可操作时间见表 7.6-1。

表 7.6-1　　　　　　　　　环氧砂浆与环氧基液的可操作时间

环 境 温 度		<20℃	20～25℃	26～35℃	>35℃
可操作时间	环氧砂浆	>3h	约 2.5h	约 1.0h	<40min
	环氧基液	>2.5h	约 2.0h	约 50min	<30min

（5）注意事项：

1）环氧砂浆和环氧砂浆基液避免 200℃以上高温烘烤。

2）环氧砂浆和环氧砂浆基液 B 组分材料表层出现变色现象，属于正常情况，不影响产品质量。

（6）安全防护：

1）材料不慎黏到皮肤或衣服上时，首先擦去，然后再用丙酮或酒精等有机溶剂擦拭干净。

2）如果不慎将材料溅入眼中，应小心擦拭并使用清水冲洗，严重者送医院治疗。

3）每班次的工器具使用完毕后要及时清理，并用有机溶剂（如丙酮、香蕉水等）清洗干净。

4. 性能指标及应用领域

NE-Ⅱ型环氧砂浆的主要性能指标见表 7.6-2，可用于水工建筑物过流面的抗冲磨损和气蚀保护；水工建筑物过流面抗冲磨蚀和气蚀破坏后的修复；混凝土的缺陷修补与补强加固；混凝土结构的抗冻融保护以及冻融破坏后的修复；混凝土结构的抗碳化保护以及碳化破坏后的修复；建筑结构的抗酸碱盐腐蚀保护等。

表 7.6-2　　　　　　　　　NE-Ⅱ型环氧砂浆的主要性能指标

主要技术性能	检测指标	备　注
抗压强度/MPa	80.0	根据需要不同，还有主要用于混凝土缺陷修补强度等级为 60 型和 40 型两种
抗拉强度/MPa	10.0	—
与混凝土黏结抗拉强度/MPa	>4.0	">" 表示损坏在 C50 混凝土本体
与钢板黏结抗拉强度/MPa	>6.0	—
抗冲磨强度/[h/(g/cm²)]	>5.3	DL/T 5193—2004《环氧树脂砂浆技术规程》
	>70.0	DL/T 5150—2001《水工混凝土试验规程》
抗压弹性模量/MPa	1903	—
线性热膨胀系数/℃	$9.21×10^{-6}$	—
抗冲击性/(kJ/m²)	2.2	—
碳化深度/mm	0	无碳化

续表

主要技术性能		检测指标	备　注
老化性能		优良	相当于自然界空气中 20 年
毒性物质含量	苯	合格	按室内装修材料测试方法检测
	甲苯	合格	
	二甲苯	合格	

7.6.2.2　NE-Ⅰ型粗骨料环氧砂浆

1. 产品简介

NE-Ⅰ型粗骨料环氧砂浆（环氧混凝土）是由改性环氧树脂、新型环保固化剂及优质耐磨填料等制成的高强度、耐磨损、黏结牢固的新型高性能修补和加固材料。

2. 主要特性

NE-Ⅰ型粗骨料环氧砂浆具有优良的力学性能，与混凝土黏结牢固，不易在黏结面处发生开裂；常温施工，不沾施工器具；材料无毒、无污染，符合环保要求；抗老化性能优良，耐久性能良好。

3. 施工工艺

NE-Ⅰ型粗骨料环氧砂浆施工工艺流程图如图 7.6-2 所示。

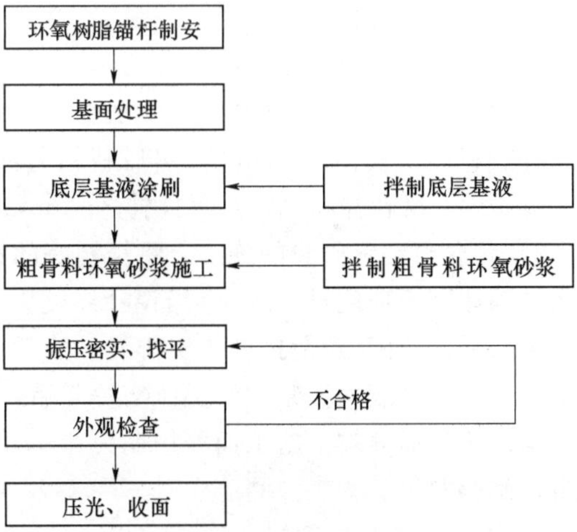

（1）环氧树脂锚杆制安。对于面积小于 2m² 、深度大于 6cm 的混凝土冲蚀坑槽，将混凝土表面清理干净后，进行环氧树脂锚杆的制作安装。

1）锚杆孔位的布置。根据混凝土冲坑的面积进行锚杆孔位的布置，间排距 0.3cm × 0.3cm，并用油漆做明显的标记。

2）钻孔。按锚杆孔的布置用风钻垂直于混凝土面进行钻孔，孔径 20mm，孔深 0.4m。达到深度要求后，用高压风清理孔内的岩粉、灰尘等杂物。

3）灌注环氧植筋胶。环氧植筋胶可选用中国水利水电第十一工程局自主研

图 7.6-2　NE-Ⅰ型粗骨料环氧砂浆施工工艺流程图

发生产的 NE600 型环氧植筋胶，它具有黏度低、黏结强度高、柔韧性良好、无体积收缩、力学性能优良、操作简便等优点。该产品分为胶枪灌注型和桶装型两种。采用桶装型时，需按比例将 A、B 组分拌和均匀后，进行环氧植筋胶的灌注，注浆要饱满、密实。

4）树脂锚杆的制作与安装。树脂锚杆的制作在钢筋加工厂内进行，钢筋不得有锈蚀、损伤等现象。树脂锚杆的加工需根据每个锚杆孔口跟基础混凝土面的高度进行，锚杆长度为孔口距基础混凝土面高程与锚杆孔深度（0.4m）之和。灌注植筋胶后，需在植筋胶初凝时间内进行树脂锚杆的安装。人工将树脂锚杆插入锚杆孔中，并转动使植筋胶与锚杆充

分黏结牢固。

　　5）养护。养护期一般为 1d，不得水浸、不得使锚杆受力。树脂锚杆施工 1d 后，方可进行粗骨料环氧砂浆的施工。

　　环氧树脂锚杆施工工艺流程图如图 7.6 - 3 所示。

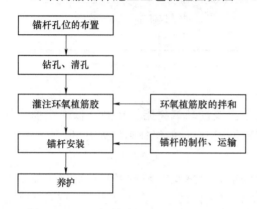

图 7.6 - 3　环氧树脂锚杆施工工艺流程图

　　（2）混凝土基面处理。基面处理工艺参照 NE - Ⅱ 型环氧砂浆基面的处理工艺。

　　（3）底层基液拌制和涂刷：

　　1）底层基液的拌制。取底层基液 A 组分和 B 组分各一桶，按比例统一倒入容器中，用基液搅拌器搅拌 2～3min，搅拌均匀后可供使用。当因施工面积所限，整桶拌和造成浪费时，可进行非整桶拌和，根据材料使用说明书按比例配制基液。

　　2）底层基液的涂刷。底层基液涂刷前，应再次用高压风清除混凝土基面的微量粉尘，以确保基液的黏结强度。使用毛刷均匀地将基液涂在基面上，要求基液刷得尽可能薄而均匀、不流淌、不漏刷。基液拌制应现拌现用，以免因时间过长而影响涂刷质量，造成材料浪费和黏结质量降低。

　　（4）粗骨料环氧砂浆的拌制和施工：

　　1）粗骨料环氧砂浆的拌制。每次拌和重量可为 20～40kg。取粗骨料环氧砂浆 A 组分倒入拌和机内，初拌 1～2min，然后将粗骨料环氧砂浆 B 组分再慢慢倒入拌和机，搅拌 2～3min 后，反转拌和机叶片再搅拌 3～5min，拌和均匀后即可使用。

　　2）粗骨料环氧砂浆的施工。将拌制好的粗骨料环氧砂浆摊铺到已刷好基液的基面上，每次摊铺厚度不应超过 5cm，（当设计厚度大于 5cm 时，则应分层振捣压实，压实后连续施工第二层。）并注意衔接处压实排气；然后用电动抹刀反复震动压实 3～4 遍，边震动边压实、边找平，表面提浆。涂层压实提浆后，间隔 1 小时左右，再次提浆、抹光、收面。

　　（5）施工面养护。施工面养护期为 3～7d，养护期间的粗骨料环氧砂浆面应避免硬物撞击、刮擦及等。

　　4. 技术指标及应用领域

　　NE - Ⅰ 型粗骨料环氧砂浆的主要性能指标见表 7.6 - 3，可用于水工建筑物高速过流面深度大于 3cm 的冲磨蚀坑槽的修补；混凝土缺陷的修补、加固与补强等。

7.6.3　NE 环氧砂浆主要工程应用

　　NE 环氧砂浆自开发以来成功应用于小浪底、三峡、紫坪铺、二滩、拉西瓦、苏丹麦洛维、金安桥、溪洛渡、锦屏等国内外几百座大中型水利水电工程泄水建筑物的抗冲磨保护，在混凝土缺陷修复和抗冲磨保护中发挥了重要作用。产品的发明单位中国水利水电第十一工程局有着丰富的环氧砂浆抗冲磨层专业施工经验，并独立编制了国家级工法《水工建筑物流道抗冲磨环氧砂浆施工工法》（编号：GJJGF296—2014），主持编制了《环氧树脂砂浆技术规程》（DL/T 5193—2004）。

表 7.6-3　　　　　　　　NE-Ⅰ型粗骨料环氧砂浆的主要性能指标

主要性能		技术指标	备注
抗压强度/MPa		>60.0	1. ">"表示试验损坏在 C50 混凝土本体。 2. 试验龄期为 28d。 3. 按室内装修材料测试方法检测
抗拉强度/MPa		>8.0	
与混凝土黏结抗拉强度/MPa		>4.0	
密度/(kg/m³)		2300	
毒性物质含量	苯、甲苯、二甲苯	合格	

1. 小浪底水利枢纽进水塔过流道抗磨蚀保护

小浪底枢纽位于黄河中游，河流泥沙平均含量为 38.0kg/m³。进水塔高速过流道设计最大流速 35m/s。NE-Ⅱ型环氧砂浆作为抗磨蚀保护材料应用于明流洞、孔板洞和排沙洞的进水口部位，施工面积达 17000 余 m²，被列为小浪底建设"五大新技术成果之一"。2000 年 2 月施工完毕后于 2010 年 9 月，经 10 个汛期的过水运行，原 NE-Ⅱ型环氧砂浆保护层完好，无脱落和明显磨蚀现象，而 3 号排沙洞出口段及工作门槽后未做抗冲磨层的混凝土表面部分骨料裸露，又进行了抗冲磨保护层施工，面积约 8000m²。如图 7.6-4 所示。

未进行环氧砂浆保护层施工的混凝土冲磨情况　　　　　　保护层抗冲磨混凝土冲磨情况

图 7.6-4　小浪底 3 号排沙洞 2010 年检查

2. 紫坪铺水利枢纽泄水建筑物修补

2005 年，紫坪铺水利枢纽 1 号、2 号泄洪洞龙抬头段以下的导泄结合段侧墙及底板、排沙放空洞出口段采用 NE-Ⅱ 环氧砂浆对泄洪洞进行大面积抗冲蚀保护层施工。当时泄洪洞、排沙放空洞均因高速水流冲蚀损坏，侧墙混凝土表面平均磨损深度约 1cm，采用 7mm 厚 NE-Ⅱ 环氧砂浆进行大面积抗冲磨层修补施工；底板平均磨损深度约 3cm，局部有深 20~30cm、面积 2~3m² 的多个冲蚀坑，对冲蚀坑采用粗骨料环氧砂浆回填，底板全断面采用 15mm 厚 NE-Ⅱ 环氧砂浆进行大面积抗冲磨层修补施工，总施工面积约 25000m²。

因抗冲磨层经 5 年运行检验无明显冲磨蚀及气蚀损坏现象，2010 年 12 月—2011 年 8 月，对 1 号、2 号泄洪洞龙抬头段分别进行了环氧砂浆抗冲磨保护处理，施工面积约

30000 m²。如图7.6-5所示。

紫坪铺排沙放空洞抗冲磨施工6年后运行效果　　　　　紫坪铺1号泄洪洞环氧砂浆施工

图7.6-5　紫坪铺效果图

3. 二滩水电站1号、2号泄洪洞冲磨破坏后修复工程

二滩水电站位于雅砻江下游，泄洪洞设计最大流速为42m/s，原设计采用C50硅粉混凝土作为抗冲磨层，建成后经过4个汛期的过水运行，边墙下部混凝土表面冲蚀破坏较为严重，2003—2004年根据冲蚀破坏情况，陆续分别采用NE-Ⅱ型环氧砂浆、NE-Ⅲ型环氧胶泥、NE-Ⅰ型粗骨料环氧砂浆、NE-Ⅵ型环氧涂料进行大面积抗冲磨修复，施工面积15000余m²，经14个汛期的泄水运行效果良好，抗冲磨修复区无脱落、剥蚀和明显冲磨蚀等现象。如图7.6-6所示。

二滩电站1号泄洪洞修复施工运行14年后效果　　　　　二滩电站泄洪洞抗冲磨层

图7.6-6　二滩水电站效果图

4. 四川龚嘴水电站冲磨破坏后修复工程

龚嘴水电站装机容量70万kW，建成后经多年过水运行，冲砂底孔冲刷磨损十分严重，特别是在边壁5.3m以下及渠槽底部磨损更严重，最深冲坑达0.36m。2010—2014年根据冲蚀破坏情况，陆续采用NE-Ⅱ环氧砂浆对10号、15号、6号冲砂底孔和9号、7号、8号溢洪道过流面进行大面积抗冲磨修复，施工面积约6000m²，经4～5个汛期的泄水运行效果良好，抗冲磨修复区无脱落、剥蚀磨损现象，如图7.6-7所示。

5. 映秀湾电站泄水建筑物

映秀湾水电站位于岷江上游，两岸沟壑纵横，山崖陡峭，是推移质的主要来源，年平

龚嘴水电站冲沙底孔侧墙冲磨破坏情况　　　　龚嘴水电站冲沙底孔侧墙修复运行 6 年后效果

图 7.6 - 7　龚嘴水电站效果图

均输砂量约 65 万 t，推移质为花岗石质，平均粒径 37mm，最大粒径达 1m 以上；悬移质年平均输砂量达 642 万 t。经多年运行后检查，闸首底板磨损严重。2005 年在 2 号闸护坦进行了 280m² 的 NE - Ⅱ型环氧砂浆试验性施工，效果良好。2008 年至 2009 年 5 月，采用 NE - Ⅱ型环氧砂浆、NE - Ⅰ型粗骨料环氧砂浆对 1 号至 5 号闸底板进行了抗冲磨修复施工，NE - Ⅱ型环氧砂浆施工总面积 3935m²，NE - Ⅰ型粗骨料环氧砂浆 56m³。经 3 个汛期过水运行环氧砂浆修复层无脱落、剥蚀及冲磨蚀破坏等现象。如图 7.6 - 8 所示。

映秀湾电站闸首底板冲磨破坏情况　　　　　　抗冲磨修复施工

图 7.6 - 8　映秀湾水电站效果图

6. 拉西瓦水电站冲磨破坏后修复工程

拉西瓦水电站位于青海省境内的黄河干流上，最大坝高 250m，属于高水头电站，总库容 10.56 亿 m³，总装机容量 420 万 kW，2010 年 3 月并网发电。

为了保护消力池底板免受高速水流冲击的破坏，2012 年 5—6 月期间，使用 NE - Ⅱ型环氧砂浆对水垫塘冲蚀破坏混凝土进行修复，共施工环氧砂浆 5000m²。施工完毕后，经过水运行检查，抗冲磨处理效果良好，达到了抗冲磨处理的目的。如图 7.6 - 9 所示。

7. 云南金安桥水电站冲磨破坏后修复工程

金安桥水电站溢洪道消力池在水流及其推移质的不断冲刷磨损作用下，水工泄洪建筑物混凝土混凝土出现不同程度的磨损、破坏，消力池底板出现部分 1m 厚抗冲磨混凝土被冲坏、锚筋桩被拉断的情况。水电十一局分别于 2007 年对 2 号导流洞底板、2013 年对消

拉西瓦水垫塘冲蚀破坏情况　　　　　　　水垫塘环氧砂浆运行后效果检查

图 7.6-9　拉西瓦水垫塘效果图

力池底板采用 NE-Ⅱ型环氧砂浆进行了抗冲磨蚀破坏后修复处理，施工总面积 9600 余 m²，运行效果良好。如图 7.6-10 所示。

金安桥消力池底板冲蚀破坏情况　　　　金安桥消力池底板修复 2 年后效果检查

图 7.6-10　金安桥消力池效果图

8. 向家坝水电站冲磨破坏后修复工程

向家坝水电站泄水建筑物采用的是高低跌坎底流消能型式，表中孔间隔布置，由 12 个表孔和 10 个中孔组成。2014 年底对消力池底板和侧墙、2 号、11 号泄洪表孔过流面、中、表孔过流面进行了检修处理，根据要求，分别采用了环氧胶泥、环氧砂浆、环氧细石混凝土作为主要的修补材料，施工面积约 12000m²，修复效果良好。如图 7.6-11 所示。

9. 溪洛渡水电站冲磨破坏后修复工程

溪洛渡水电站是国家"西电东送"骨干工程，总装机 1386 万 kW，仅次于三峡和巴西伊泰普水电站，在世界在建和已建电站中居第三位。2014 年 6 月底投产运行。经过几次汛期的运行，水垫塘底板混凝土出现面层剥落、表面粗糙，普遍外露粗骨料的情况，平均冲蚀深度 2cm，局部冲蚀坑槽深度 5cm 等不同程度的冲蚀破坏。为确保溪洛渡水电站泄洪系统的安全运行，2015 年 6—7 月采用 NE-Ⅱ型环氧砂浆对水垫塘底板混凝土冲蚀磨损部位进行修复处理。如图 7.6-12 所示。

NE 新型环氧砂浆在部分工程中的修补效果数据统计见表 7.6-4。

向家坝水电站消力池底板环氧砂浆施工　　向家坝水电站2号泄洪表孔环氧胶泥施工效果

图 7.6-11　向家坝水电站效果图

图 7.6-12　溪洛渡水垫塘底板环氧砂浆施工现场

7.6.4　综合处理技术应用

7.6.4.1　紫坪铺水利枢纽抗高速水流冲磨蚀处理及震后修复

紫坪铺水利枢纽工程位于岷江上游，都江堰城西北 9km 处，是一座以灌溉和供水为主，兼有发电、防洪、环境保护、旅游等综合效益的大型水利枢纽工程，也是都江堰灌区和成都市的水源调节工程。

紫坪铺水利枢纽 1 号、2 号泄洪排砂洞是由原导流洞以龙抬头方式改造而成，含沙量为 1.3kg/m³，设计最大流量为 1667m³/s，最高流速为 46m/s。其中，导泄结合段的洞身为钢筋混凝土衬砌，侧墙 5.35m 以下全断面采用 C50 钢纤维硅粉抗磨混凝土，底板面层 50cm 全断面采用 C50 钢纤维硅粉抗磨混凝土。在高速水流及推移质的冲刷磨蚀作用下，混凝土衬砌表层磨损较为普遍，底板局部出现冲蚀坑槽。2005 年 5 月—2006 年 7 月以及 2008 年，中国水利水电第十一工程局对紫坪铺水利枢纽泄洪洞群混凝土过流面进行了抗冲磨处理、汛后气蚀修复以及"5·12"震损修复三个阶段的工程。

该工程主要采用了聚氨酯化学灌浆、环氧树脂锚杆、粗骨料环氧砂浆填充、环氧砂浆修复等综合处理技术，主要施工内容简介如下。

1. 汛后抗冲磨处理及气蚀修复

针对检查中发现的底板和边墙的裂缝和渗水处，采用化学灌浆的手段达到止水堵漏的

表 7.6-4　　　NE 新型环氧砂浆在部分工程中的修补效果数据统计

工程名称	施工部位	混凝土强度	损坏诱因	环氧施工完工时间/(年-月)	最大流速/(m/s)	平均含沙量/(kg/m³)	施工面积/m²	厚度/mm	运行时间	使用效果
小浪底枢纽	排沙洞、明流洞、孔板洞	C70	挟沙水流冲磨蚀	1999-8	35	198~343	17000	侧墙5 底板10	2000—2011年，共3384h	无冲磨蚀或气蚀损坏
紫坪铺枢纽	1号、2号泄洪洞泄结合段、出口挑坎	C50	高速水流冲磨气蚀	2005-5	45	1.3	9000	侧墙7 底板15	2005—2011年，共2177h	无冲磨蚀或气蚀损坏
	冲砂放空洞出口挑坎侧墙	C50	挟沙水流冲磨蚀	2005-3	35		7000	10	2005—2011年，共1425h	无冲磨蚀或气蚀损坏
二滩水电站	1号泄洪洞侧墙5.5m以下、底板	C50	高流速冲磨气蚀	2003-6	45	2.5~12.8	5100	侧墙7 底板15	2003—2011年，共2748.5h	局部轻微磨蚀
龙头石水电站	2号泄洪洞底板	C40	冲磨气蚀	2010-3	30	1.5	2000	15	2010—2011年，共1281h	无冲蚀现象
映秀湾水电站	2号闸底板	C40	推移质、悬移质冲击，磨损	2005-3	15	60.8，含较多推移质	280		2005—2009年，共22080h	局部轻微冲蚀
	1号闸底板			2008-12			900	15	2009年，5088h	无冲磨蚀损坏
	3~5号闸			2009-4			3500		2009—2011年	局部轻微磨蚀

目的；对于局部冲蚀部位采用 NE 环氧砂浆进行抗冲磨修复；对于边墙和底板采用 NE 环氧砂浆进行抗冲磨保护。

（1）裂缝及渗水处化学灌浆。针对底板及边墙上的裂缝和渗水处，选用中国水利水电第十一工程局有限公司自主研发生产的 NE 聚氨酯止水灌浆材料进行止水处理。

首先沿结构缝一端向另一端沿统一方向连续使用高压风清理缝内灰尘、颗粒，确保横缝内清净、无污物；沿裂缝两侧交替造孔，孔与水平面成 56°夹角，孔中心距离裂缝为 20cm，确保钻孔穿过裂缝；然后用高压水对结构缝进行清洗，再安装自闭式灌浆嘴，进行灌浆作业，直至达到灌浆结束标准，并对局部进浆量较小的部位进行补孔、补灌。

1）施工准备。结构缝处理前需准备以下材料和设备：角磨机、电锤、JK－800 型灌浆机、NE 聚氨酯材料、环氧砂浆等。

从渗水点一端朝另一端沿统一方向连续使用高压风清理缝内灰尘、颗粒，局部还需要用工业吸尘器吸附缝内的灰尘、颗粒、杂物等，确保横缝内清净、无污物。

2）钻孔：

a. 钻孔之前需要有专人布孔，对孔位进行标注，保证进浆辐射半径能够重叠，同时又不会对混凝土造成不必要的伤害。灌浆孔距一般为 50cm。采取沿缝两侧穿插造孔的方式进行。

b. 孔径为 14mm。

c. 钻孔垂直深度为不小于 30cm，一般原则为：孔向与水平面成 56°夹角，一定要穿过裂缝，孔中心距离渗水点一般为 20cm。

d. 注意事项：钻孔时必须使用混凝土专用合金钻头，此钻头在钻进过程若遇到钢制材料时，钻头合金自行脱落，不会对钢筋造成损坏。钻孔应尽量避开蜂窝面，若遇到蜂窝需及时清理凿除并使用环氧砂浆等恢复结构，待修复部位达到强度后再钻孔（图 7.6－13）。

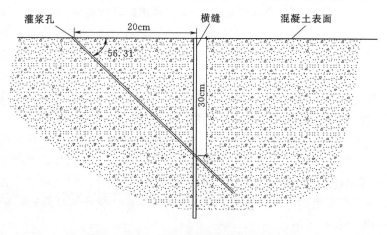

图 7.6－13　结构缝灌聚氨酯钻孔示意图

3）清孔。钻孔结束后，用 JK－800 型化学灌浆泵向孔内注入高压水，进行清洗，至回水变清为结束条件。

4）埋设灌浆嘴。灌浆嘴使用自闭式灌浆嘴，使用前重点检查顶端的逆止阀是否完好。孔内清洗完毕后将灌浆嘴旋转埋入孔内，外露长度为 4～5cm，使用专用扳手将灌浆嘴下部的密封胶圈压紧并固定牢固。

5）灌浆。结构缝自一端向另一端逐一进行灌浆。单孔灌浆压力控制在 0.5MPa 以内。结束灌浆条件为浆液均匀从缝面溢出或者进浆量小于 0.02L/min 时。灌浆使用进口高压脉动灌浆泵，以防止灌浆过程中混凝土崩裂等损坏混凝土现象。

灌浆过程中，当浆液溢出裂缝，通过短时间停泵工作，同时要采取嵌入棉纱、表面喷水等方式封堵阻止浆液流出，尽可能地使浆液向结构缝深处辐射。待流出的聚氨酯浆液变硬后灌浆工作可持续进行。

灌浆设备或高压管受损时，即使只有少量的浆液溢出，灌浆设备也必须立即停止工作，更换高压管并由专业人员进行维修。

在灌浆过程中如眼睛内溅入浆液时，需及时使用大量的清水进行清洗，而后送医院进行检查。

在施工过程中操作人员必须佩带护目镜、胶手套等防护工具，预防发生注浆嘴弹出及浆材浆液溅入眼睛等。

6）结束灌浆。灌浆结束标准为：

a. 弹性聚氨酯灌浆浆液从结构缝均匀连续的溢出。

b. 进浆量小于 0.02L/min 时，可结束灌浆。

结束灌浆工作后关闭灌浆机电源，先关闭灌浆管开关并移除灌浆管，打开灌浆管开关泄压（不可对着施工人员泄压，以免高压管内浆液喷射伤人），将高压管和注浆头卸下，用丙酮清洗设备，然后用机油保养。

7）封灌浆孔。进行灌浆孔封堵时采用 NE-Ⅱ型环氧砂浆封孔，以保证灌浆孔部位强度。

8）灌浆后效果检查。对灌后效果检查可以进行压水试验。

9）现场验收。施工结束后对灌浆效果检查主要从裂缝或渗水点外观、灌浆记录、压水试验结果进行检查、现场验收。本工程中结构缝内灌注聚氨酯溶液有可能保持其液态形状，为防止将来结构缝进水而做的预处理，该材料性能是以水为介质遇水反应并膨胀形成弹性体，故而不建议采用取芯检查的方法。压水检查后需补灌以避免缝内浆液损失

可能的补钻及补灌：对明显与其他孔相比进浆量少的孔段，需要重新钻孔补灌，并检查钻孔是否穿过结构缝。若无明显进浆，则可停止灌浆。

（2）局部冲蚀坑抗冲磨修补。对于面积大于 1m² 、深度超过 10cm 的冲坑，安装树脂锚杆—模板安装—回填细石混凝土；对于面积小于 1m² 冲坑，回填环氧混凝土。

1）安装树脂锚杆。环氧树脂锚杆的安装参照 7.6-2、图 7.6-3 所示工艺进行。环氧植筋胶采用中国水利水电第十一工程局自主研发的 NE600 型环氧植筋胶，锚杆安装完毕后，养护 1d 后进行模板安装。

2）模板安装。钢筋的安装按设计图纸布置，由测量人员用全站仪严格根据设计图纸尺寸进行放样，使误差控制在设计允许范围之内，并采用红漆标识。在现场安装过程中须根据测量点划线控制钢筋布置间距，钢筋的连接和接头错缝须满足规程、规范和设计要求。

模板支立前由专门人员对模板面清理，清净模板表面的夹渣，对变型模板清除，并对

模板面打磨刷油，并堆放整齐。模板采用内设拉筋或外撑方式固定，外撑钢管与水平夹角在 45°～60°之间。

a. 模板的制作应满足施工图纸要求的建筑物结构外形，其制作允许偏差不应超过 DL/T 5144 的规定。

b. 模板安装，必须按混凝土结构物的详图测量放样，重要结构应多设控制点，以利检查校正。模板安装过程中，必须经常保持足够的临时固定设施，以防倾覆。

3）回填细石混凝土：

a. 混凝土开始浇筑前 8h（隐蔽工程为 12h），按照招标文件要求通知监理人对浇筑部位的准备工作进行检查。检查内容包括地基处理、已浇筑混凝土面的清理以及模板、钢筋、拉筋、冷却系统、灌浆系统等设施的埋设和安装等，经监理人检验合格后，方可进行混凝土浇筑。

b. 混凝土回填后采用铁锹、振捣棒进行平仓。在止水，模板周边，钢筋密集部位，采用软轴振捣器进行振捣。每一位置的振捣采用"快插慢拔"的原则，直至混凝土表面泛浆、混凝土不再显著下沉、气泡不再冒出时为准，同时避免振捣过度。

c. 使用平板振捣器振捣及初步收面，然后用长刮尺刮平，平整后木模抹平，初凝后，再用钢抹抹压收光。

（3）边墙和底板保护层处理。边墙 5.35m 过水线以下涂抹 7mm 厚的 NE-Ⅱ型环氧砂浆抗冲磨保护层，底板涂抹 20mm 厚的 NE-Ⅱ型环氧砂浆抗冲磨保护层。

NE-Ⅱ型环氧砂浆抗冲磨保护层的施工工艺参照 7.6-2 中 NE-Ⅱ型环氧砂浆的施工工艺进行。

2. "5·12" 震损修复

2008 年 "5·12" 地震后，对泄洪洞、排沙洞等泄水建筑也及时地进行了全面检查。原环氧砂浆抗冲磨层情况完好，结构缝局部破坏，破坏情况主要包括：①混凝土原结构缝开裂（部分裂缝有渗水）；②混凝土震损挤压错台、坑槽；③混凝土裂缝周边局部混凝土掉块；④混凝土面震损裂缝（部分裂缝有渗水）。

针对混凝土原结构缝开裂以及混凝土裂缝，首先采用中国水利水电第十一工程局自主开发的 NE 聚氨酯灌浆材料进行止水处理，待作业面干燥后对结构缝开裂部分、错台、坑槽以及混凝土局部掉块部分采用 NE-Ⅱ型环氧砂浆进行找平、修复。如图 7.6-14 所示。

7.6.4.2 万家寨水利枢纽修复工程

万家寨水利枢纽位于黄河北干流上段托克托至龙口峡谷河段内，是黄河中游梯级开发的第一级，是一座以供水、发电为主，兼有防洪、防凌等效益的大型水利枢纽，2000 年全部机组发电。

2014—2015 年期间，中国水利水电第十一工程局对万家寨水利枢纽分别进行了两期修复工程，修复工程涵盖了危石处理、混凝土凿除、新混凝土浇筑、环氧树脂锚杆、化学灌浆、环氧砂浆抗冲磨层施工等多项综合处理技术。主要包括中孔溢流面、底孔、表孔溢流面、护坦（挑坎）、侧墙、导墙、挑坎的混凝土凿除；环氧树脂锚杆及砂浆锚杆施工；边墙及导墙薄壁混凝土浇筑、挑坎大体积混凝土浇筑及铜止水修复制安；挑坎帷幕灌浆；排水管钻孔及安装施工；闸门及廊道渗水裂缝化学灌浆；溢流面及侧墙表面抗冲磨环氧砂

泄洪洞底板冲蚀破坏情况　　　　　　　　　　泄洪洞修复后效果

图7.6-14　泄洪洞效果图

浆修复施工；机组尾水管脱落钢衬修复及尾水椎管灌浆工程；水位尺施工等。该项目采用了注射型环氧植筋胶、水性新老混凝土界面剂、致密实混凝土、结构缝密封胶等多种新材料及新工艺。如图7.6-15所示。

2015年混凝土滑模浇筑　　　　　　　　　　2014年环氧砂浆施工效果

图7.6-15　万家寨水利枢纽效果图

7.6.4.3　金安桥水电站综合修复工程

金安桥水电站位于云南省丽江市境内的金沙江中游河段上，由金安桥水电站有限公司投资建设的第五级电站。

金安桥水电站溢洪道消力池在水流及其推移质的不断冲刷磨损作用下，水工泄洪建筑物混凝土出现不同程度的磨损、破坏，消力池底板出现部分1m厚抗冲磨混凝土被掀开、锚筋桩被拉断的情况。中国水利水电第十一工程局分别于2007年对2号导流洞底板、2013年对消力池底板采用NE-Ⅱ型环氧砂浆进行了抗冲磨蚀破坏后修复处理，施工总面积达12000m²，运行效果良好。2017年12月至2018年5月，中国水利水电第十一工程局承接金安桥水电站综合修复工程，主要包括拆运损坏的抗冲磨混凝土、老混凝土面开槽并深度凿毛、锚筋桩、砂浆锚杆、树脂锚杆、新浇混凝土、环氧砂浆防护、结构缝缝内聚氨酯灌浆及表面封闭、临时围堰、消力池抽水、环氧混凝土、环氧砂浆抗冲磨处理、裂缝灌浆、局部修补等修复项目。主要施工内容简介如下。

1. 建基面处理工程

(1) 混凝土拆除及清运。消力池底板破坏的区域主要位于 1∶2 斜坡段和消力池高程 1276.50m 池底平台，现场破坏情况表明，该区域的混凝土与基础垫层混凝土之间的结合面存在明显脱开，因此应清除该区域的抗冲磨混凝土，基础混凝土表面进行平整，凿除明显凸出范围的表层混凝土。具体桩号为：坝横 0+318.0～坝横 0+393.0，坝纵 0+366.0～坝纵 0+451.0。拆除过程中应防止损坏基础混凝土，拆除后的混凝土及时清运出消力池。该部分工程共拆除钢筋混凝土 800m³，清运混凝土 2320m³（含混凝土破碎、解小、钢筋割除、运输至渣场）。

(2) 基础混凝土槽挖及深度凿毛。首先将要挖除的建基面基础混凝土键槽范围，采用测量仪器定位，然后用人工撒灰线标示，采用反铲改装的破碎锤破除，局部不到位的采用风镐等小型机械破碎的方法协助予以破除，施工过程中应特别注意对相邻保留板的影响，使用破碎锤进行槽挖的部位四周要保留 20cm 范围禁止凿除，该 20cm 范围采用切割机切割边线，再用风镐人工精细凿除，确保保留部分不受损伤。

建基面基础深度凿毛，根据招标文件要求，必须露出粗骨料 1/3，考虑到老混凝土目前强度较高，我公司拟采用风动凿毛机进行精细凿毛，确保凿毛面达到招标文件技术要求。

(3) 锚筋桩及锚杆施工。锚筋桩采用水泥砂浆全长注浆、多根锚筋焊接组成的锚固桩。在拆除面层抗冲磨混凝土后进行锚杆（锚筋桩）施工。锚杆应按施工图的要求，选用Ⅲ级高强度的螺纹钢筋；水泥砂浆中的水泥应采用强度等级不低于 32.5 级的普通硅酸盐水泥；水、砂的质量必须满足《水工混凝土施工规范》（DL/T 5144）的有关规定。砂采用最大粒径小于 2.5mm，细度模数不大于 2.0 的坚硬耐久的中细砂。

1) 锚筋桩：

a. 测放孔位。在拆除面层抗冲磨混凝土后进行锚杆（锚筋桩）孔位测放，测放孔位前对混凝土表面进行清洁处理，测量人员根据设计图纸进行放线，用红油漆对需施工锚筋桩处进行标记。

b. 钻孔。锚杆桩使用 SGZ-Ⅲ型地质钻机钻孔，采用 170mm 金刚钻头进行钻孔。控制孔位偏差应不大于 100mm。孔深度必须达到施工图的规定，孔深偏差值不大于 50mm。

c. 洗孔。注浆（安装锚杆桩）前将孔内的岩粉、碎石、泥浆和水采用高压风（或高压水）冲洗。钻孔清洗完毕后进行孔位编号，并对各孔的实际孔径、孔深、孔位、孔向和孔洁净度进行班组自检，填好自检记录表。内部三检合格后，报请监理工程师验收，监理工程师验收合格后用干净的水泥纸或其他物品将孔口盖好。

d. 锚筋桩制安。钢筋应按施工图的要求，选用Ⅲ级高强度的螺纹钢筋。锚筋加工长度为 3m、6m、9m 三种规格，5 根锚杆进行编号，1 号锚杆长度依次为 3m、9m、3m，2 号锚杆长度依次为 6m、9m，3 号锚杆长度依次为 3m、9m、3m，4 号锚杆长度依次为 6m、9m，5 号锚杆长度依次为 9m、6m，分别将 5 根锚筋第一段（1 号锚杆 3m 段，2 号锚杆 6m 段，3 号锚杆 3m 段，4 号锚筋 6m 段，5 号锚筋 9m 段）与内撑管按设计要求进行焊接固定，并安装固定 PVC 注浆管。制作锚杆的钢筋均除锈、除油污，并不得有机械损伤；锚杆运输过程中，应避免淋雨，注意防潮。现场存放锚杆的仓库应干燥、通风，做好防雨、排水措施，并在底部用不小于 20cm 木头垫好，在上面盖上彩条布，防止锚杆的锈蚀损坏。

现场采用脚手架搭设简易可移动门架，门架横梁安装 3 台 1t 的电动葫芦，使用门架及电动葫芦将第一段锚筋桩吊入孔内，并控制其下降深度，使用另外 2 台电动葫芦依次安装对应编号的锚杆及 PVC 注浆管，锚杆之间采用套筒连接，PVC 注浆管采用 PVC 套管连接。

e. 注浆。锚筋桩采用先安装锚筋桩再注浆的方式，注浆采用水泥砂浆，使用 2TGZ 型砂浆注浆机灌注。水泥砂浆中的水泥应采用强度等级不低于 32.5 级的普通硅酸盐水泥；水、砂的质量必须满足《水工混凝土施工规范》（DL/T 5144）的有关规定。砂采用最大粒径小于 2.5mm，细度模数不大于 2.0 的坚硬耐久的中细砂。砂浆标号必须满足施工图的要求，注浆锚杆水泥砂浆的抗压强度等级为 25MPa。

2）锚杆。锚杆钻孔采用 YT-28 型手风钻钻孔，控制孔位偏差应不大于 100mm。孔深度必须达到施工图的规定，孔深偏差值不大于 50mm。测放孔位前对混凝土表面进行清洁处理，测量人员根据设计图纸进行放线，用红油漆对需施工锚杆处进行标记。锚杆采用先注浆后安装锚杆的方法，注浆前将孔内的岩粉、碎石、泥浆和水采用高压风（或高压水）冲洗。钻孔清洗完毕后进行孔位编号，并对各孔的实际孔径、孔深、孔位、孔向和孔洁净度进行班组自检，填好自检记录表。内部三检合格后，报请监理工程师验收，监理工程师验收合格后用干净的水泥纸或其他物品将孔口盖好。钻孔内注满浆后立即插锚杆；锚杆注浆后，在砂浆凝固前，不得敲击、碰撞和拉拔锚杆。

每批锚杆材料均应附有生产厂的质量证明书，按施工图规定的材质标准以及监理人指示的抽检数量检验锚杆性能。砂浆锚杆采用砂浆饱和仪器进行砂浆密实度检测。抽检锚杆均进行注浆密实度、杆体长度指标检验。常规部位永久锚杆检测比例应不小于施工总数的 10%，且每单项或单元工程不少于 10 根。锚杆单项或单元工程质量无损检测合格率达不到要求时，应加倍检测。

检验合格判定：实测单根锚杆长度达到下列条件，判断该锚杆长度合格：常规部位永久锚杆实测入孔长度大于等于设计长度的 95%。锚杆分级标准：Ⅰ级锚杆，长度合格，锚杆饱满度 $D \geqslant 90\%$。Ⅱ级锚杆，长度合格，锚杆饱满度 $90\% > D \geqslant 80\%$。Ⅲ级锚杆，长度合格，锚杆饱满度 $80\% > D \geqslant 75\%$。Ⅳ级锚杆，长度不合格，或锚杆饱满度 $D < 75\%$。缺陷部位集中在孔底或孔口段，应按以上标准降低一级评定。单根锚杆锚固质量达到下列条件，可判断为合格：受拉抗拔等关键部位锚杆应满足Ⅰ级要求，工程常规部位永久锚杆应满足Ⅱ级及以上要求。单项或单元工程锚杆抽检质量达到下列条件，可判断为合格：受拉抗拔等关键部位锚杆抽检样本中 90% 达到Ⅰ级以上，且无Ⅲ级锚杆。常规部位永久锚杆抽检样本中 80% 达到Ⅱ级及以上，且无Ⅳ级锚杆。不合格项处理：当锚杆抽检单元检验不合格时，对该单元剩余锚杆应加倍扩检（即再抽检 10% 以上），扩检合格者可评定作业区锚杆合格；扩检不合格时，判定作业区内锚杆施工不合格，该作业区锚杆全部作返工处理。

2. 混凝土工程

该工程混凝土总量约 2752m³，单个最大浇筑仓号 225m³。常态混凝土和泵送混凝土由 HZS-50A 型强拌站生产，采用电脑控制操作。骨料由 ZL50 装载机送至 PLD1600 型配料仓，3 种骨料累加衡量后由皮带机送至提升斗进入 $1m^3$ 强拌机。散装水泥罐车和散装粉煤灰罐车采用气力输送至 100t 水泥罐和粉煤灰罐，由螺旋输送机送入水泥和粉煤灰称料斗，称量后进入 $1m^3$ 强拌机，混凝土拌制合格后由混凝土罐车送至混凝土泵，泵送入仓。外加剂与拌和用水先按设计比例拌和均匀，通过液体计量泵加入拌和机。

混凝土水平运输主要以 $6m^3$ 混凝土罐车运输，混凝土施工高峰月浇筑强度 $1800m^3/$月，小时最大入仓强度约为 $30m^3/h$，水平运输设备配置原则与运距和垂直运输设备相配套，考虑设备同时系数和备用系数，需配 $6m^3$ 混凝土罐车 3 辆，能够满足本标高峰期混凝土施工强度要求。

施工配置 1 台 HBT60 混凝土泵，并用手持插入式振捣器 $\phi100mm$ 或 $\phi50mm$ 进行振捣，仓面采用台阶法施工。钢筋在钢筋加工厂集中加工，50t 汽车吊吊运至溢洪道底板，然后人工倒运至施工作业面安装。

混凝土的温控：根据施工进度及业主要求的完工时间，拌和站拌制混凝土的时间主要在 2018 年 1 月和 3 月，这段时间气温多为 $16.4\sim21.7℃$，若浇筑温度偏高，达不到要求时，在混凝土拌制时需加入片冰等措施降低混凝土拌制温度，料仓搭设防雨（防晒）棚。

3. 环氧砂浆处理工程

混凝土结构缝顶部和面层环氧砂浆修复施工工序参照图 7.6-1 中 NE-Ⅱ型环氧砂浆的施工工艺进行，主要工艺过程为：基面处理、基液拌制及涂刷、环氧砂浆拌制及涂抹、养护等。

（1）基面处理。要求混凝土表面清洁，外露新鲜、密实的骨料。对局部潮湿的基面还需进行干燥处理，干燥处理采用喷灯烘干或自然风干。

（2）基液的拌制及涂刷。基液 A 组分和 B 组分按比例拌和均匀，涂刷前，应再次用高压风清除混凝土基面的微量粉尘，以确保基液的黏结强度。基液刷得尽可能薄而均匀、不流淌、不漏刷，涂刷后静停一段时间（具体时间视现场温度而定）后，手触拉丝现象，即可涂抹环氧砂浆。

（3）环氧砂浆的拌制及涂抹。环氧砂浆 A 组分和 B 组分按比例拌和均匀。对边角接缝处砂浆施工，要反复找平，必要时，用拍打出来的浆液填充细微接缝，并反复压实，消除缝茬。

（4）养护。施工面养护期为 7d，养护期间的环氧砂浆面应避免硬物撞击、刮擦及阳光直射等。

4. 止排水工程

止排水工程主要包括止水铜片的制作安装、GBW 止水板的安装、聚氨酯灌浆、矩形塑料盲沟管的安装等。

（1）止水铜片的制作安装。止水铜片应按其厚度分别采用咬接或搭接连接，搭接长度不得小于 20mm。咬接或搭接必须双面焊接，不得铆接。焊接接头表面应光滑、无砂眼或裂纹，不渗水。在工厂加工的接头应抽查，抽查数量不少于接头总数的 20%，在现场焊接的接头，应逐个进行外观和渗透检查合格。止水片接头处的抗拉强度不应低于母材强度的 75%。

在施工过程中应采取钢筋对铜止水片进行支撑和防护措施，防止止水铜片损伤和位移。铜片止水中心线与接缝中心线的允许偏差为±5mm，定位后应在鼻子空腔内填满塑性材料。混凝土浇筑前应将止水片上所有的油迹、灰浆和其他影响混凝土黏结的有害物质清除。止水周围的混凝土应加强振捣，使混凝土和埋入的止水结合完好，避免留下孔隙等渗水通道。

（2）GBW 止水板的安装。

1）施工缝面清理。安装止水板前，用钢丝刷、油灰刀、毛刷，将施工缝已硬化的混凝土表面的水泥浮浆、杂物及灰尘清理干净，保持干燥；局部不平整处用水泥砂浆找平，厚度为 5～10mm。

2）止水板制安。将包裹在止水板外面的隔离纸撕掉，把止水条直接安设在施工缝混凝土表面上，采用胶水将止水条与混凝土粘牢，以免错位；用滚筒滚压橡胶止水条上表面，使止水条与混凝土表面密贴、牢固；

止水条搭接时，将要搭接的两根止水条端头 6cm 范围内分别用刀切成斜面或压扁 1/2，上下重叠搭接，用手压，使其与混凝土表面紧密接触，再在搭接中部用水泥钉钉在混凝土上或水平错接 6cm 以上，错接部位两根止水条间不得有空隙，并用水泥钉分别将错接部位钉在混凝土上。止水条严禁采用对接，以免在浇筑混凝土时错位形成"决口"。以此类推安装该缝其他高度的 GBW 止水板。

3）聚氨酯灌浆。结构缝灌聚氨酯溶液施工选用中国水利水电第十一工程局生产的 NE 聚氨酯止水灌浆材料。首先沿结构缝一端向另一端沿统一方向连续使用高压风清理缝内灰尘、颗粒，确保横缝内清净、无污物；沿裂缝两侧交替造孔，孔与水平面成 56°夹角，孔中心距离裂缝为 20cm，确保钻孔穿过裂缝；然后用高压水对结构缝进行清洗，再安装自闭式灌浆嘴，进行灌浆作业，直至达到灌浆结束标准，并对局部进浆量较小的部位进行补孔、补灌。

4）矩形塑料盲沟管的安装。盲沟连接 塑料盲沟的接长连接及叠放连接用订书钉状的钉勾嵌入，钉勾由 $\phi 3～5mm$ 的不锈钢丝制作而成，纵向与横向盲沟采用三通接头连接。

土工布包裹：将两层叠加的塑料盲沟用钉勾连接好之后，在外侧使用土工布包裹严密，土工布应有一定的搭接宽度，严禁外露塑料盲沟，土工布使用扎带固定于塑料盲沟表面。

盲沟管固定：使用水泥钉加保护垫片将包裹有土工布的塑料盲沟固定在结构缝处的混凝土面上。

5. 下游河道护岸基础掏空处理

主要工作内容为 R5 路挡墙 DQ1K0＋750 附近基础掏空部位修补；1 号导流洞出口上游侧支护层脱落修补；1 号导流洞出口下游护坡基础掏空部位抛填 C20 混凝土四面体。

（1）块石清理。块石清理采用人工清理，50t 汽车吊垂直吊运（配 1m³ 料斗）至上部平台后直接装入 25t 自卸汽车，然后由 25t 自卸汽车运输至指定的 2 号渣场。

（2）混凝土贴坡施工。模板采用钢模板，混凝土运输采用 6m³ 混凝土罐车运输，串桶接料入仓。

1）施工工艺：施工准备 → 测量放线 → 锚杆施工 → 立模加固 → 浇筑混凝土 → 拆除模

板→养护。

2）施工方法：

a. 测量放线，定出贴坡边界线（或回填边界线）。

b. 清除贴坡浇筑范围内（或回填混凝土范围内）的松散石块、杂草、垃圾等所有障碍物。

c. 采用人工进行基底清理。

d. 模板采用钢模板，接缝不得漏浆；在浇筑混凝土前，模板与混凝土的接触面应清理干净并涂刷脱膜剂。模板使用后应按规定修整保存。模板之间粘贴双面不干胶带，以减小模板缝防止漏浆，以保证混凝土面的观感质量。

浇筑基础混凝土采用溜槽直接入仓浇筑，采用插入式振动棒进行振捣，混凝土振捣密实，振捣过程中快插慢抽。无漏振，无蜂窝麻面等。混凝土浇筑完成后及时养护。

e. 混凝土养护。混凝土养护期间，应重点加强混凝土的湿度和温度控制，及时对混凝土暴露面进行洒水养护，并保持暴露面持续湿润，直至混凝土终凝为止。

混凝土带模养护期间，应采取带模包裹、浇水。通过喷淋洒水措施进行保湿、潮湿养护，保证模板接缝处不至失水干燥。为了保证顺利拆模，可在混凝土浇筑24～48h后略微松开模板，并继续浇水养护至拆模后。

（3）锚杆施工。锚杆钻孔利用原有地形采用钢管、马道板等搭设简易台架施钻，人工采用YT-28手风钻按照设计图纸布孔；钻孔方向尽可能垂直结构面；锚杆孔比杆径大15mm，成孔后采用高压风清孔。

钻孔本身成直线，方向尽量与岩面垂直，不得平行于岩层面打设锚杆。

孔内注浆前必须进行清孔，顺锚杆孔用高压风清除孔内积水、岩粉、碎屑等杂物，以免孔道堵塞造成锚杆插不到位。

砂浆应随备随用，在砂浆初凝之前应使用完。注浆用的砂必须用1.5mm的方孔筛过筛。

注浆压力控制在0.4MPa以内。注浆时将注浆管插入孔底，随着浆液的注入逐渐拔出注浆管，直到孔口有浆液流出为止。

（4）混凝土四面体抛填。C20混凝土四面体在拌和站周边的预制场地按照设计图纸进行预制，预制完成后，在具备抛填条件时，采用20t汽车吊吊运至25t自卸汽车上，运输至抛填位置采用50t汽车吊吊运抛填。

6. 汛后维护项目

（1）溢洪道过流面局部冲蚀部位修补。局部冲坑采用粗骨料环氧砂浆（环氧混凝土）回填后再用20mm厚改性环氧砂浆进行表面抗冲磨施工。

对于面积小于2m²、深度3～20cm的混凝土冲磨蚀坑槽，采用粗骨料环氧砂浆进行找平；对深度大于6cm的混凝土冲蚀坑槽，将混凝土表面清理干净后，安装间排距0.3m×0.3m的φ16mm环氧树脂锚杆，环氧树脂锚杆植入混凝土深度为0.4m。回填粗骨料环氧砂浆后，表面涂抹20mm厚的环氧砂浆抗磨保护层。

对于面积大于2m²、深度大于20cm的混凝土冲磨蚀坑槽，采用粗骨料环氧砂浆（环氧混凝土）回填后进行找平。将混凝土表面清理干净后，安装间排距0.2m×0.4m的

ϕ20mm 砂浆锚杆，布设 20cm×20cm 的 ϕ16mm 钢筋网，锚杆植入混凝土深度为 1m。修补所用的粗骨料环氧砂浆（环氧混凝土）应采用无毒的双组分新型（改性）粗骨料环氧砂浆，常温下不需要加热即可使用，不粘施工器具，易于施工操作，颜色要求和混凝土颜色基本一致。

1）施工工艺。环氧砂浆的施工工艺及质量控制参照图 7.6-1 中环氧砂浆的施工工艺，具体施工步骤为：基面处理、底层基液拌制及涂刷、环氧砂浆的拌制及涂抹、养护。基面处理深度要求直至混凝土表面外露新鲜、密实的骨料，深度较浅的冲蚀部位使用电镐凿除至深度 2cm。环氧砂浆面平整度采用 2m 直尺靠检，黏结力采用现场拉拔试验检测，保证各部位满足要求。

2）环氧树脂锚杆施工。环氧树脂锚杆施工工艺流程参照图 7.6-3，具体工艺过程参照图 7.6-2 中环氧树脂锚杆制安，养护期一般为 6h 以上，不得水浸、不得使锚杆受力。树脂锚杆施工 6h 后，可进行粗骨料环氧砂浆的施工。

（2）3 号表孔溢流面直线段裂缝处理。选用 NE-Ⅳ 型环氧灌浆材料对 3 号表孔溢流面直线段裂缝进行处理，NE-Ⅳ 型环氧灌浆材料为双组分糠醛-丙酮活性稀释环氧树脂灌浆材料，具体性能指标见表 7.6-5。

表 7.6-5　　　　　　　　　　　NE-Ⅳ 型环氧树脂灌浆材料性能表

分　类	实 验 项 目	单　位	检测结果
浆液性能	外观	均匀、无分层	均匀、无分层
	浆液密度	g/cm³	1.13
	起始黏度	mPa·s	13
	可操作时间	(100mPa·s), h	7.5
固化物性能	28d 拉伸剪贴强度	MPa	7.1
	28d 抗拉强度	MPa	27
	28d 抗压强度	MPa	77
	28d 粘接强度（干黏）	MPa	5.6
	28d 粘接强度（湿黏）	MPa	4.1
	28d 抗渗压力	MPa	1.2
	抗渗压力比	%	400
	28d 弹模	MPa	753
	适用最大温度	℃	60

1）缝面清理。用电动角磨机将裂缝两边各约 10cm 宽的混凝土表面清理干净，确保无浮尘、水泥浆薄弱层、污垢及其他杂物等。

2）裂缝素描。测量混凝土表面上裂缝的宽度、走向、长度等基本数据，并在图上标出裂缝相对位置。

3）钻孔。布孔位置：在裂缝的交叉处、较宽处、端部或经拓宽处理的缝口部位，钻骑缝孔或斜孔。

布孔方式：当缝宽大于 1mm 时采用骑缝孔，小于 1mm 时采用斜孔。钻孔时孔距一般为 20~40cm，孔径为 14mm。

斜孔中心距离裂缝一般为 10~20cm，根据现场情况也可以垂直裂缝打孔。钻孔深度为 30~50cm，孔向向上（有利于出渣）并与混凝土面成 45°~60°夹角，一定要穿过裂缝。

4）封缝埋嘴。冲洗水压采用 0.5MPa，裂隙冲洗应冲至回水澄清后 10min 结束，对回水达不到澄清要求的孔段，应继续进行冲洗。用高压风将孔内积水清理干净后，埋设专用灌浆嘴，将专用灌浆嘴埋入孔内，外露长度为 7~8cm，使用专用扳手将灌浆嘴下部的密封胶圈压紧并固定牢固。采用 NE-Ⅱ型高强度环氧砂浆封缝，此材料抗压强度、粘接强度和抗冲磨强度高，完全满足裂缝的封闭和保护。

5）试漏。待封缝材料达到强度后，沿缝涂抹一层肥皂水，把其中一个的注浆嘴堵上，用大于灌浆压气的高压气体从另一个灌浆嘴中通入空气，检查各灌浆孔之间的串通情况以及封缝密闭效果，发现遗漏及时修补。

6）灌浆。灌浆材料采用 NE-Ⅳ型环氧灌浆材料，它具有无毒、无溶剂、韧性好、低黏度、黏结强度高、固化无收缩、耐久性好的特性。灌浆前，应将灌浆孔全部打开，用压缩空气尽量将孔内、缝内的积水尽量吹挤干净，并争取达到无水状态，然后准备灌浆。对于细微裂缝，可选用较长凝结时间的浆液，对于较宽的裂缝，可选用较短凝结时间的浆液。采用进口电动灌浆泵向裂缝内灌注环氧浆材，灌浆压力一般控制为 0.3~0.5MPa，灌浆顺序为从下至上，从深至浅。当进浆顺利时应降低灌浆压力；当邻孔出现纯浆后，暂停压浆；将注浆嘴移至邻孔继续灌浆，在规定的压力并浆，直达到灌浆结束。

灌浆结束标准：在设计压力下，当浆液注入量 $q \leqslant 0.02$L/min 时持续 5min 灌浆即可结束。

7）拆嘴封孔。灌浆结束后 48h，即可拆除灌浆嘴，用环氧砂浆封闭灌浆孔。

8）质量控制。灌浆材料配比、密度必须符合设计要求；灌浆材料必须合格；灌浆材料必须在质保期内使用完，当配置好的灌浆液按照规定时间灌浆完成；现场使用时，不得在灌浆材料中掺用其他外加剂、外掺料；灌浆压力控制在 0.2~0.5MPa 范围。

7. 临时围堰填筑及拆除

在消力池抽水前，需要在坝横 0+498.000 左右导墙之间填筑一个围堰，围堰高度约 1.5m，由黏土砂袋、土工膜、红砖和水泥砂砌筑而成，根据现场的实际情况，初步确定为围堰高度 1.5m，宽 2.0m，长 100m，形式为外围黏土砖砌筑，中间填筑黏土砂袋。

施工前首先在周边采购黏土、黏土砖、砂、水泥等材料，采用 25t 自卸汽车运输至现场，在搭设围堰的右岸平台直接倒至围堰处，人工使用手推车将黏土及材料从右岸运向左岸，从左岸人工砌筑、回填、压实。

拆除时从围堰最左端向右倒退人工拆除，拆除后的残渣装袋后人工倒运至右岸平台，装入 25t 自卸汽车中，运输至渣场。

8. 消力池集中抽水及经常性排水

（1）消力池集中抽水。消力池集中排水量约 40 万 m³，底板最低高程为 1275.00m，围堰底部高程 1299.00m，围堰顶部高程为 1300.80m，抽水前水深约 25m。

抽水方案流程：水泵、排水管、围堰填筑材料等设备材料进场→施工用电、排水管路布设及施工浮船制作→水泵安装、调试→验收→抽排水。

水泵等设备材料进场后，采用 25t 吊车进行安装，抽水浮船在海幔上现场制作。

（2）经常性排水。1∶10 斜坡段作业面经常性排水：在 2 号掺气槽下游砌筑一道挡水围堰，宽 240mm，将渗水导流至 3 号掺气槽，在 3 号掺气槽靠近左侧导墙处投放 5kW 扬程 30m 潜水泵，布设 100mm 钢管排水管固定在左侧导墙，将积水抽排至左侧导墙外泄槽内，确保 2 号掺气槽下部工作面的干燥。

消力池内经常性排水：根据消力池内渗水情况，在消力池下游左侧砌筑约 20～40m² 集水池，池高 50cm。在消力池底板低洼处布置 4 台 3kW 清水泵，将积水集中抽排至集水池后，统一抽排至下游河床内。

9. 溢洪道消力池修补后运行情况

金安桥水电站溢洪道消力池经处理后，已历经了 2013 年和 2014 年两个汛期的泄洪运行。为了检验消力池修补效果，2013 年 7—12 月期间，金安桥电站有限公司委托昆明勘测设计研究院科学研究分院进行了溢洪道及消力池水力学原型观测；2014 年 1 月，委托云南浩蓝水下工程有限公司对修补后的消力池进行水下质量检查及录像；2015 年 2 月，对消力池进行了抽水检查，检查表明消力池底板环氧砂浆抗冲耐磨层修补后保持完好。2017 年 12 月，根据溢洪道 1∶10 及 1∶3 斜坡段冲损情况，对消力池再次进行了抽干检查，发现 2013 年汛前环氧砂浆抗冲磨保护层有一定磨损，整体抗冲磨防护效果较好。金安桥水电站溢洪道消力池抗冲耐磨结构的研究以及成功的应用，是对改变传统水工结构模式的有益探索，为同类工程以及水工泄水建筑物的抗冲耐磨层结构设计提供了宝贵的经验。

10. 结论

（1）金安桥溢洪道消力池底板抗冲磨混凝土损坏，通过对现场调查及物探检测、水力学反演模型试验结果分析表明：消力池底板抗冲磨硅粉混凝土与基础混凝土施工中采用分期浇筑，尤其是分期浇筑间歇时间较长（最长达两年以上），使两种混凝土层间形成了薄弱层面。同时 $C_{90}50$ 高强度等级抗冲磨混凝土与基础 C25 混凝土的弹模、收缩变形存在较大差异，特别是在动水压力作用下和止水部分损坏，发生了水平分层及脱空两张皮缺陷，是造成抗冲磨混凝土面层发生大面积损坏的主要原因。

（2）金安桥水电站溢洪道消力池底板抗冲磨层损坏后，对溢洪道消力池的消能型式及抗冲耐磨结构进行了专题研究，通过现场调查，地质雷达法、单孔声波法、全孔壁成像法和混凝土芯样试验等检测手段，对消力池底板混凝土及结合面质量进行了全面普查。通过单体水工模型反演、复核等试验，确定将原 1m 厚的硅粉抗冲耐磨混凝土全部拆除，替代为新型的 NE-Ⅱ 环氧砂浆抗冲耐磨材料，解决了消力池抗冲耐磨结构易发生冲蚀损坏的难题。

（3）在水力学模型试验技术成果支撑下，金安桥水电站直接在消力池底板基础混凝土表面铺设了 2cm 厚环氧砂浆，替代传统的高标号硅粉混凝土作为抗冲耐磨层的成功应用，不仅简化了施工、加快了进度、而且可大大减少工程投资，是国内类似大型工程首创。

（4）修补材料选用中国水利水电第十一工程局有限公司自主研发的国家专利产品 NE-Ⅱ

型环氧砂浆（发明专利号：ZL 200410031153.9）。该材料无毒无污染，可常温施工且不粘施工器具，施工简便。抗冲磨强度、黏结强度高，特别是该材料的线性热膨胀系数为 $9.21×10^{-6}/℃$，介于混凝土线性热膨胀系数 $8×10^{-6}/℃$ 与 $11×10^{-6}/℃$ 之间，和混凝土基本一致，与混凝土匹配性能良好，施工后不会发生两种材料变形不一致导致的剪应力损坏以及黏结力下降等现象。

（5）金安桥水电站消力池 NE-Ⅱ型环氧砂浆抗冲磨层施工期间，为保证混凝土基础面处理效果，首次采用了 40MPa 高压水挟砂冲毛设备，可完全清除松散颗粒及凿除混凝土后的零星扰动块等，避免了常规喷砂法和角磨机研磨法处理基面带来的粉尘污染。本次混凝土基面处理工艺在国内属首次应用，处理后的基面与其他方法处理后的基面黏结拉拔力对比检测，均提高 20％以上。

金安桥水电站溢洪道消力池抗冲耐磨结构的研究以及成功的应用，是对改变传统水工结构模式的有益探索，为同类工程以及水工泄水建筑物的抗冲耐磨层结构设计提供了宝贵的经验。

第8章

大坝混凝土施工质量与
温控防裂关键技术

8.1 概 述

8.1.1 大坝混凝土施工关键技术

1993年举世瞩目的三峡工程开始建设，特别是进入21世纪，中国的高坝大库建设越来越多，大坝混凝土施工应用的新材料、新工艺、新技术、新设备越来越多，低热水泥全坝应用，Ⅰ级粉煤灰大掺量使用，石粉在混凝土中的作用，大型自动化混凝土拌和系统，预冷混凝土骨料风冷技术，混凝土水平及垂直运输入仓技术，施工缝面采用富浆混凝土、高流态混凝土、掺纤维混凝土技术，4.5m升层混凝土浇筑、大型平仓振捣设备、仓面喷雾保湿、坝面覆盖保护及个性化通水冷却等新技术创新不断，特别是大坝混凝土施工信息化、可视化、智能化等数字大坝、智能大坝新技术创新，为大坝混凝土快速施工、质量控制和温控防裂提供了强有力的技术保障。

大坝混凝土施工全过程是从两个同步进行的流程开始的，一个流程是混凝土浇筑的仓面准备；另一个流程是混凝土生产及运输。当上述两个流程汇集到一起时，便形成混凝土的浇筑流程。大坝混凝土施工主要由四大节点构成：

节点1 仓面准备：主要包括测量放样、模板加工、模板安装、钢筋加工、钢筋安装、埋件产品检验、埋件安装、机电预埋件、终检开仓证等。

节点2 混凝土生产及运输入仓：主要包括砂石料生产、原材料温控、混凝土拌和、预冷混凝土、机口检测、混凝土运输入仓等。

节点3 混凝土浇筑：主要包括仓面资源配置、混凝土平仓振捣、仓面喷雾保湿、覆盖养护、施工缝面处理（冲毛）等。

节点4 混凝土温控防裂：主要包括混凝土喷雾养护、覆盖保护、初期通水冷却（消减坝内最高温升）、二期通水冷却、缺陷查处和单元评定等。

上述混凝土"一条龙"施工以原材料准备→混凝土拌和→运输入仓→平仓振捣→养护覆盖→通水冷却等为主线，但尤为重要的是大坝混凝土仓面分区规划设计。仓面的分区规划合理与否直接关系到混凝土施工进度、浇筑强度、资源配置等方面的均衡施工，是大坝混凝土施工组织设计极为重要组成部分。

8.1.2 大坝混凝土施工质量控制措施

大坝是水工建筑物中最为重要的挡水建筑物工程，大坝的质量安全一方面影响到建筑物的安全运行和使用寿命；另一方面直接关系到国家和人民生命财产的安全。因此，任何大坝混凝土施工都必须强调"百年大计，质量第一"。三峡、白鹤滩等大坝更是"千年大计、质量第一"，所以大坝混凝土施工质量控制具有十分重要的现实意义。三峡工程开创了现代大坝混凝土新技术先河，从组织和技术层面对大坝混凝土施工实行全过程质量控制，建立了全面、细致、可操作性的质量保证体系。

组织层面直接受国务院三峡工程建设领导小组的领导，设立了专家技术委员会，工程现场业主成立了试验中心、测量中心、安全监测中心等几大中心；委派驻厂监造，从源头上对混凝土最重要的原材料水泥、粉煤灰进行质量控制；发挥监理第一线质量监督的作用，确定了小业主、大监理的地位。

技术层面制定了《三峡工程混凝土质量技术标准》，以文件形式下发了《混凝土用粗骨料质量标准及检验》(TGPS01—1998)、《混凝土拌和生产质量控制及检验》(TGPS06—1998)、《混凝土温控技术及质量规定》(TGPS10—1998) 等 11 个质量标准和技术规程，自 1998 年 12 月 1 日起实施。《三峡工程混凝土质量标准》比水利水电工程标准要求更严、更高，具有很好的可操作性，为三峡大坝混凝土高质量施工发挥了积极的保障作用。

此后，拉西瓦、小湾、金安桥、向家坝、溪洛渡、白鹤滩等大型水利水电工程纷纷效仿三峡工程的经验，制定工程内部质量控制标准，建立业主的试验中心，派驻厂建造对水泥、粉煤灰从源头上进行控制，并根据三峡工程质量控制经验，定期开展水泥、粉煤灰比对试验，为大型水利水电工程的建设提供了可靠的质量保证。

水利水电工程施工质量控制是一项系统工程，大坝混凝土施工质量要按照有关规程规范标准、招标投标文件及设计要求进行全过程施工质量控制，建立完善的质量管理和保证体系，通过对原材料、配合比、拌和、运输、浇筑、温控防裂、养护和保护等各工序的质量控制，及时掌握质量动态信息，保证混凝土质量。当混凝土施工质量不能满足要求时，应及时分析原因，提出改进措施。混凝土存在质量缺陷的，应根据对水工建筑物可靠性的影响，采取必要的处理措施。

水利水电工程建设施工过程期间，政府有关质量监督部门定期对工程质量进行巡视检查，工程重大节点如：下闸蓄水安全鉴定、工程竣工验收等组织专家对工程质量进行评价。水工混凝土施工质量控制和工程验收主要依据《水工混凝土施工规范》（SL 677 或 DL/T 5144）、《水利水电建设工程验收规程》（SL 223—2008）、《水电站基本建设工程验收规程》（DL/T 5123—2000）和具体工程制定的质量保证体系进行控制和验收。

8.1.3 大坝混凝土温控防裂关键技术

混凝土坝是典型的大体积混凝土，温控防裂问题十分突出，所谓"无坝不裂"的难题一直是坝工界研究的重点课题。由于大体积混凝土本身与周围环境相互作用的复杂性，混凝土坝裂缝的产生不是由单一的因素造成的，它的形成往往是由多种因素共同作用的结果，所以混凝土坝的温控防裂是一项系统工程。

无裂缝混凝土坝研究是一个系统工程，需要从各方面进行技术创新，从有利和不利两方面进行论证，正反两方面本身是一个相互制约、相互影响的过程，需要寻找到一个最佳的平衡点。比如：从提高极限拉伸值达到防止裂缝的目的，就必然缩小混凝土水胶比，意味着增加水泥和胶材用量，相应提高了混凝土水化热温升，增加温控负担，反而对防裂不利；控制混凝土浇筑温度，需要生产预冷温控混凝土，必然增加了拌和系统复杂性，降低了产量，增加了投入；从大坝温控防裂考虑，设计采用温控措施一个都不能少，导致了大坝混凝土施工呈现十分复杂的局面。

大坝混凝土温控防裂关键技术主要为：

（1）原材料优选和施工配合比设计是温控防裂十分关键的技术措施之一。配合比优化可以有效降低水泥用量，相应降低混凝土水化热温升，提高混凝土自身的抗裂能力。

（2）风冷骨料是控制拌和楼出机口混凝土温度的关键。对粗骨料进行降温主要采取风冷骨料措施，即一次风冷、二次风冷，可将骨料温度降到 0℃左右，效果十分明显。风冷骨料与加冰拌和是最有效的预冷混凝土措施，可以有效控制新拌混凝土出机口温控。

（3）通水冷却是降低大坝内部混凝土温升最有效的措施。大坝混凝土通水冷却分为三个阶段，即初期、中期及后期冷却。初期冷却也即一期冷却以消减新浇筑混凝土水化热温升，中期冷却以降低坝体内外温差，后期冷却即二期冷却，将坝体温度控制在设计稳定温度基础上，进行接缝灌浆。关于通水冷却温差和温降速率，《水工混凝土施工规范》（DL/T 5144—2015）规定：若采用中期冷却时，通水时间、流量和水温应通过计算和试验确定。水温与混凝土温度之差不宜大于 20℃；重力坝日降温速率不宜超过 1℃，拱坝日降温速率不宜超过 0.5℃。

（4）大坝表面全面保温是防止混凝土裂缝的关键。三峡三期工程大坝混凝土表面进行了全面保温，有效防止了坝体裂缝产生。三峡三期工程在大坝混凝土表面保温方面，在吸取三峡二期工程中的一些经验教训，注重研究了不同保温材料的保温效果。三峡右岸三期工程大坝采用聚苯乙烯板及发泡聚氨酯两种新型保温材料，没有发现一条裂缝，这一实践证明，表面保护是防止大坝裂缝极为重要的关键措施。

8.2　三峡工程开创了混凝土施工质量世界之最

8.2.1　工程概况

三峡水利枢纽工程由大坝、水电站厂房、通航建筑物和茅坪溪防护大坝等建筑物组成。大坝为混凝土重力坝，坝顶长度 2309.50m，坝顶高程 185.00m，最大坝高 181.00m，总库容 393 亿 m³。泄洪坝段居河床中部，两侧分别布置左右岸厂房坝段和非溢流坝段。泄洪坝段设有 22 个表孔，23 个深孔和 22 个导流底孔。泄洪坝段左侧的左导墙坝段和右侧的纵向围堰坝段各设 1 个泄洪排漂孔，右岸非溢流坝段设 1 个排漂孔。左岸厂房坝段设 2 个排沙孔，左岸非溢流坝段设 1 个排沙孔；右岸厂房坝段设 4 个排沙孔。导流底孔在水库初期蓄水位（156.00m）运行前开始封堵。

三峡工程建设从 1993 年至 2009，共计 17 年，分三期施工，一期 5，二期及三期分别 6 年。一期围中堡岛以右的支汊，开挖导流明渠，修建纵向围堰及三期碾压混凝土围堰的基础部分；同时在左岸修建临时船闸，开始升船机上闸首、左岸 1～6 号厂房坝段及其坝后厂房、双线五级船闸的施工；主河槽继续过流和通航。二期工程于大江截流后，在二期上下游土石围堰围护下修建河床泄洪坝段、左岸 14 台机组相应的厂房坝段及电站厂房；完成升船机上闸首、双线五级船闸、左岸非溢流坝段的施工；江水改由导流明渠宣泄，船舶经由导流明渠和临时船闸航行。三期工程自导流明渠截流起始，江水经坝身导流底孔宣泄，临时船闸通航，进行导流明渠三期上游碾压混凝土围堰、右岸 12 台机组的厂房坝段与电站厂房及右岸 6 台地下电站厂房、右岸非溢流坝段的施工；三期碾压混凝土围堰建至设计高程后，实现下闸蓄水（135.00m 水位）、双线五级船闸通航和陆续完成二期工程左岸 70 万 kW×14 台机组的安装调试和投产；同时修建右岸大坝及电站厂房工程，从而实现右岸坝体挡水、蓄水位由 135.00m 经 156.00m 逐渐抬升至 175.00m，完成右岸 70 万 kW×12 台机组、右岸地下电站厂房 70 万 kW×6 台机组及临时船闸 10 万 kW 机组安装调试和投产，总装机 2250 万 kW；并适时进行双线五级船闸一、二闸首的完建工程以及三峡工程的收官之作垂直升船机完建工程，最终全面建成三峡工程。

8.2.2　三峡大坝混凝土施工质量世界之最

8.2.2.1　大坝常态混凝土浇筑世界之最

三峡大坝坝体混凝土量 1635 万 m^3，枢纽工程混凝土总量 2794 万 m^3，是世界上坝体混凝土量最多的重力坝。大坝混凝土施工期跨度长，质量要求高，混凝土材料选择及研制成为工程主要技术问题。为充分利用工程本身开挖出的花岗岩石料，在国内首次大规模使用花岗岩作混凝土人工骨料；采用 I 级优质粉煤灰作为混凝土掺合料，并通过改进高效减水剂，使混凝土综合性能达到最优水平。大坝混凝土施工配合比采用较小水胶比、大粉煤灰掺量，有效降低混凝土单位用水量及胶凝材料用量，提高了混凝土的抗裂性并降低了混凝土成本；工程实践表明，大坝混凝土配合比设计科学合理，施工和易性良好，能够满足不同施工条件、施工工艺和设计指标的要求。

三峡大坝克服诸多不利因素影响，实现混凝土高强度连续浇筑是三峡大坝施工的显著特征。经过对大坝混凝土浇筑方案和配套设施及工艺的广泛深入的研究，确定了以塔带机为主，辅以大型门塔机和缆机的综合施工方案，改变常规传统的吊罐浇筑系统为混凝土连续浇筑系统，混凝土拌和物从拌和楼通过皮带机系统输送到塔带机并直接入仓。这种工厂自动化的生产方式，不亚于一场大坝混凝土浇筑的工艺革命。1999—2001 年连续 3 年混凝土浇筑量突破 400 万 m^3/a，其中 2000 年混凝土浇筑强度达 548 万 m^3/a，创立了月最高浇筑强度 55.35 万 $m^3/$月、日最高浇筑强度 2.2 万 m^3/d 的大坝常态混凝土浇筑世界之最。

8.2.2.2　大坝混凝土无裂缝创造世界奇迹

混凝土温控防裂是大坝施工的又一难点，采用皮带机输送预冷混凝土时温度回升较大，更增加了这一问题的难度。三峡工程首创混凝土骨料二次风冷技术，盛夏时，拌和楼生产出的混凝土全部预冷到7℃;对高强度混凝土进行"个性化"通水冷却,并严格控制标准,较好地控制了混凝土最高温度;采用保温性能优良的聚苯乙烯板进行大坝表面的永久保温,三峡大坝混凝土裂缝大大减少。尤其三期工程,大坝施工质量完全处于受控状态,多次检查右岸大坝没有发现一条裂缝,创造了大坝混凝土施工的世界奇迹。

8.2.2.3 三峡大坝里程碑工程提前建成

三峡工程建设所有重大里程碑进度均按初步设计计划完成。1997年11月8日大江成功截流;1997年12月11日大坝首仓混凝土浇筑;2002年11月6日导流明渠截流完成;2003年6月碾压混凝土围堰发挥挡水作用,三峡水库蓄水至135.00m,双线五级船闸开始试通航,7月18日首批机组并网发电;2006年5月20日大坝提前6个月全线达到设计高程185.00m,10月水库蓄水至高程156.00m,枢纽进入初期运行阶段;2007年6月11日右岸电站首批机组投入商业运行;2008年底三峡工程左右岸坝后电站26台机组较初步设计提前一年全部投产发电,枢纽工程(不包括升船机)完工。三峡大坝里程碑工程提前建成。

8.2.3 三峡大坝第一仓与收官之仓混凝土浇筑

8.2.3.1 三峡大坝第一仓混凝土浇筑

1997年12月11日10时30分,三峡大坝第一仓混凝土开盘浇筑,是继右岸导流明渠通航、大江截流之后三峡工程建设的又一重大工程转折,标志着三峡大坝混凝土正式浇筑的开始。

三峡二期工程第一仓混凝土位于左岸电站厂房坝段2号钢管引水坝段甲块齿槽内。基岩为前震旦纪闪云斜长花岗岩。混凝土建基面高程为85.00m,浇筑至高程87.00m,齿槽上游岩石开挖面坡度为1∶0.3,下游岩石开挖坡度为1∶1.5,仓号面积为715m²,混凝土浇筑量1356m³。

大坝第一仓混凝土仓面采用了大型悬臂钢模板,该模板自身刚度大,可以避免漏浆、错台及变形等混凝土缺陷。混凝土位于齿槽内,在左、右横缝上布置有传统的盒式出浆灌浆系统。第一仓混凝土浇筑施工如下。

1. 混凝土拌和运输

由于二期工程左岸厂房坝段施工前期混凝土拌和系统尚未形成,所以,左岸厂房坝段混凝土浇筑利用高程98.70m混凝土生产系统。98.70m混凝土拌和系统距离第一仓混凝土仓面3.5km,混凝土运输采用10台15t自卸汽车。垂直运输采用CC200-24型胎带机1台,该设备最大伸展范围61m,额定生产能力240m³/h。

2. 混凝土浇筑振捣

第一仓混凝土为基础混凝土,设计指标$R_{90}200D150S10$,仓号面积25m×27m,采用了台阶法浇筑,由上游向下游依次推进。施工中,每个浇筑台阶在铺筑后1~1.5h内即覆盖铺筑上一层,保证了混凝土层间结合质量,避免了因铺料面积过大,混凝土表面不能及时继续铺料浇筑,引起混凝土表面初凝,影响混凝土的质量。

混凝土振捣质量直接关系到坝体的内部质量。第一仓混凝土坍落度选用3~5cm,为了保证混凝土振捣充分,保持既定的浇筑强度,配备了相应的振捣设备,包括VBH7-

4EHI 型振捣台车 1 台，HIB 130 型振捣棒 4 台，保证了足够振捣能力。

3. 混凝土温控措施

三斗坪气象站实测多年的气温资料表明：坝址地区当年 11 月至次年 3 月气温多受寒潮袭击，气温骤降频繁。为了保证第一仓混凝土强度正常增长，防止产生混凝土温度裂缝，采取有效温控防裂措施：①骨料最大粒径 150mm、四级配，混凝土施工配合比采用两低三掺技术路线，即采用低水胶比和低坍落度、掺Ⅰ级粉煤灰、缓凝高效减水剂和引气剂，有效降低了单位用水量和胶凝材料用量，提高混凝土的耐久性和抗裂性；②加强混凝土生产质量管理，第一仓混凝土冬季浇筑，采用自然拌和，混凝土出机口温度控制在 12℃ 以下；③混凝土浇筑完毕后，选用 EPE 高发泡聚乙烯保温材料覆盖混凝土表面保温，减小混凝土内外温差，防止产生混凝土温度裂缝。

三峡大坝第一仓混凝土的顺利浇筑完成，为二期左岸大坝混凝土大规模浇筑施工开了好头，也为后续大坝混凝土施工提供了宝贵经验，标志着三峡工程建设已进入到了一个崭新的阶段。

8.2.3.2 三峡大坝收官之仓混凝土浇筑

2006 年 5 月 20 日 14 时，随着三峡大坝最后一仓即收官之仓混凝土浇筑完毕，三峡大坝全线达到 185.00m 设计高程。至此，举世瞩目的三峡大坝提前 16 个月建成，提前两年发挥防洪效益，这是三峡工程建设史上一个重要的里程碑。

三峡大坝混凝土浇筑从 1997 年 12 月 11 日开始至 2006 年 5 月 20 日完建，跨越了 10 个年头，三峡建设者历经 3114 个日日夜夜，精心浇筑了 1635 万 m³ 混凝土，三峡大坝的施工规模之大、进度之快、质量之高是当之无愧的世界第一，曾连续三年创下混凝土浇筑的世界纪录，其混凝土快速施工技术成为大坝施工集成创新的典范，三峡工程的梦想成为现实。

两院院士潘家铮在三峡大坝最后一仓混凝土浇筑完成的庆典大会发言中说：三峡大坝不仅是世界上最宏伟的一座混凝土重力坝，也是一座质量优良、安全可靠的大坝。请全国人民放心，三峡工程是一个优质工程、安全工程和争气工程，达到了"千年大计，国运所系"的要求，将千秋万代为人民造福！

三峡大坝的提前建成，凸显了三峡水利枢纽防洪的第一功能。根据国家防汛抗旱总指挥部批准的 2006 年防洪调度方案，三峡大坝 2006 年汛期全线挡水，增加的防洪库容相当于荆江分洪区的分洪能力。这意味着如果再发生 1998 年那样的大洪水，通过发挥三峡水库的调蓄功能，可以保证长江中下游安全度汛。此后，三峡工程巨大的防洪功能以为事实所证明。

三峡水库蓄水后，地震监测数据表明，库区地震次（级）均在设计范围内；干流水质总体情况良好；水库排沙比在 40% 左右，好于预计值。据坝体内 1 万多只安全监测仪器的监测数据显示，大坝安全性态正常。

8.3 大坝混凝土温控防裂关键技术综述

8.3.1 前言

混凝土坝温度控制费用不但投入大，而且已经成为制约混凝土坝快速施工的关键因素之一。长期以来人们对混凝土坝的防裂、抗裂采取了一系列措施，从坝体构造设计、原材料选择、配合比设计优化、施工技术创新、温控防裂措施、大坝安全监测乃至信息化全面管理等方面，始终围绕着混凝土坝"温控防裂"核心技术进行研究，有效提高了混凝土大坝的抗裂性能。

我国自 20 世纪 50 年代兴建了一批 100m 级高混凝土坝以来，经过半个世纪的工程实践，在混凝土坝温度控制方面积累了丰富的经验。特别是从三峡二期大坝工程开始，水利 SL 和电力 DL 先后颁发了《混凝土重力坝设计规范》《混凝土拱坝设计规范》《碾压混凝土坝设计规范》《水工混凝土施工规范》《水工碾压混凝土施工规范》等标准，这些标准中均把温度控制与防裂列为规范标准最重要的章节之一，规范建立了行之有效的温度控制与防裂设计和施工标准。期间，有的大坝也做到了不裂缝或极少裂缝的情况，例如：三峡三期重力坝、二滩拱坝、江口拱坝、构皮滩拱坝、沙牌碾压混凝土拱坝、金安桥碾压混凝土重力坝等大坝，这些不裂缝或极少裂缝的高混凝土坝需要我们认真进行总结和反思，为混凝土坝温控防裂提供宝贵的经验借鉴和技术支撑。

8.3.2 混凝土坝温控防裂设计关键技术

8.3.2.1 混凝土坝裂缝类型

混凝土坝的裂缝大多数是表面裂缝，在一定条件下，表面裂缝可发展为深层裂缝，甚至成为贯穿性裂缝。混凝土重力坝设计规范对坝体混凝土的裂缝不同分为 3 类：

(1) 表面裂缝。缝宽小于 0.3mm，缝深不大于 1m，平面缝长小于 5m，呈规则状，多由于气温骤降期温度冲击且保温不善等形成，对结构应力、耐久性和安全运行有轻微影响。需要注意的是，表面裂缝会像楔子形状一样，可能会发展为深层裂缝或贯穿性裂缝。

(2) 深层裂缝。缝宽不大于 0.5mm，缝深不大于 5m，缝长大于 5m，呈规则状，多由于内外温差过大或较大的气温骤降冲击且保温不善等形成，对结构应力、耐久性有一定影响，一旦扩大发展，危害性更大。

(3) 贯穿裂缝。缝宽大于 0.5mm，缝深大于 5m，侧（立）面缝长大于 5m，平面上贯穿全仓或一个坝块，主要是由于基础温差超过设计标准，或在基础约束区受较大气温骤降冲击产生的裂缝在后期降温中继续发展等原因形成，使结构应力、耐久性和安全系数降到临界值或其下，结构物的整体性、稳定性受到破坏。

8.3.2.2 混凝土坝温度控制设计

混凝土坝温度控制标准及措施与坝址气候等自然条件密切相关，必须认真收集坝址气温、水温和坝基地温等资料，并进行整理分析，作为大坝温度控制设计的基本依据。此外，影响水库水温的因素众多，关系复杂，上游库水温度一般可参考类似水库水温确定。坝体混凝土温度标准按照规范及温度控制设计仿真计算结果，确定坝体不同部位的稳定温度，以此作为计算坝体不同部位的温度控制标准。坝体温度控制标准主要是基础温差控制、新老混凝土温差控制、坝体混凝土内外温差控制、容许最高温度控制以及相邻块高差控制等。

基础温差是控制坝基混凝土发生深层裂缝的重要指标。由于基础容许温差涉及因素多，混凝土重力坝、混凝土拱坝以及碾压混凝土坝具有各自不同的特点，而且各工程的水文气象、地形地质等条件也很不一样,鉴于基础容许温差是导致大坝发生深层裂缝的重要指标,故高混凝土坝、中坝的基础容许温差值应根据工程的具体条件,必须经温度控制设计后确定。混凝土的浇筑温度和最高温升均应满足设计规定的要求。在施工中应通过试验建立混凝土出机口温度与现场浇筑温度之间的关系,同时还应采取有效措施减少混凝土运送过程中的混凝土温升。

8.3.2.3 坝体分缝分块设计

坝体合理分缝分块是设计控制温度应力和防止坝体裂缝发生极为关键的技术措施之一。

1. 重力坝分缝分块

混凝土重力坝设计规范规定:重力坝的横缝间距一般为15～20m。横缝间距超过22m(24m)或小于12m时,应作论证。纵缝间距一般为15～30m。块长超过30m应严格温度控制。高坝通仓浇筑应有专门论证,应注意防止施工期和蓄水以后上游面产生深层裂缝。碾压混凝土重力坝的横缝间距可较常态混凝土重力坝的横缝间距适当加大。

常态混凝土重力坝采用柱状浇筑方式施工,为此,常态混凝土重力坝设计有施工纵缝。纵缝设置将坝体施工分割成许多块状,对坝体整体性是不利的。所以,重力坝坝体分缝规定,地震设计烈度在8度以上或有其他特殊要求,需将大坝连接成整体,提高大坝的抗震性能时。

例如三峡大坝为常态混凝土重力坝,针对其底宽很大的特点,坝体设计2条施工纵缝,分别距上游面35m、70m,将坝体分成甲、乙、丙坝块柱状浇筑。三峡大坝在坝体的施工过程、纵缝灌浆和后期蓄水过程中,对坝体进行温度场、温度应力及纵缝开度三维接触非线性仿真计算,结果表明:纵缝张开度受年气温变化、通水冷却、上游面荷载作用以及施工过程等多种因素影响。其中,由年气温引起的缝面开度变化是造成施工期纵缝灌浆后重新张开的主要因素。

2. 拱坝分缝

混凝土拱坝设计规范规定:混凝土拱坝必须设置横缝,必要时亦可设置纵缝。横缝位置和间距的确定,除应研究混凝土可能产生裂缝的坝基条件、温度控制和坝体内应力分布状态等有关因素外,还应研究坝身泄洪孔口尺寸、坝内孔洞等结构布置和混凝土浇筑能力等因素。横缝间距(沿上游坝面弧长)宜为15～25m。拱坝厚度大于40m时,可考虑设置纵缝。当施工有可靠的温控措施和足够的混凝土浇筑能力时,可不受此限制。拱坝的横缝和纵缝都必须进行接缝灌浆。灌浆时坝体温度应降到设计规定值。缝的张开度不宜小于0.5mm。

我国的二滩、溪洛渡、拉西瓦、小湾、锦屏一级、大岗山、构皮滩等高拱坝,由于施工能力的提高,其底部厚度大于40m时,均未设计纵缝。例如,锦屏一级超高混凝土双曲拱坝,最大坝高305m,拱冠梁顶厚16m,拱冠梁底63m,厚高比0.207,顶拱中心线弧长552.23m。大坝设置25条横缝,分为26个坝段,横缝间距20～25m,施工不设纵缝。

3. 碾压混凝土坝分缝与坝体短缝设计技术创新

我国的碾压混凝土坝采用全断面筑坝技术,大坝采用通仓薄层连续碾压施工,坝体依靠自身防渗。碾压混凝土坝设计规范规定：碾压混凝土重力坝不宜设置纵缝，根据工程具体条件和需要设置横缝或诱导缝。其间距宜为 20～30m。碾压混凝土拱坝设计应研究拱坝横缝或诱导缝的分缝位置、分缝结构和灌浆体系。为此，碾压混凝土坝的构造分缝简单，坝体只设横缝，一般分缝间距比常态混凝土大，这对坝体整体性有利。

碾压混凝土重力坝横缝间距一般较大，为防止坝体发生贯穿裂缝或上游坝面遇库水冷击出现劈头裂缝，近年来，设计通过技术创新，当横缝超过 25m 时，在大坝上游迎水面两横缝中间设置一条深 3～5m 的短缝，很好地防止了坝体劈头裂缝的发生。

例如，金安桥碾压混凝土重力坝短缝设计技术创新。金安桥大坝共分 21 个坝段。除少数坝段外，一般为 30m 左右，厂房坝段为 34m，为避免上游坝面出现劈头裂缝，对横缝间距不小于 30m 时，在各坝段上游坝面的中心线处设置一条 3～5m 深的垂直短缝，起到了很好的防裂效果（短缝止水设施仍按原横缝两铜一橡胶止水设计）。使得蓄水前的横河向和铅直向最大拉应力降幅达 0.56MPa、0.22MPa，蓄水期分别降 0.43MPa、0.27MPa，横河向应力值降低幅度达 20%～38%。说明坝体上游面设置短缝对降低横河向拉应力预防劈头裂缝的效果非常明显，是一项行之有效的温控防裂措施。

近年来，大朝山、百色、龙滩、景洪等碾压混凝土重力坝，在大坝上游面当横缝间距大于 25m 时设置短缝，实践证明效果良好。

8.3.3 大坝混凝土温控防裂施工关键技术

大坝混凝土温控防裂，应根据坝体混凝土建筑物设计和环境温度条件，通过原材料选择、施工配合比优化，达到有效降低混凝土水化热温升、提高自身抗裂性能；坝体采取合理分缝分块、合理安排混凝土施工程序和施工进度，加强施工管理、改进施工工艺；严格控制出机口温度、浇筑温度和坝体混凝土最高温度，控制混凝土满足温度控制标准要求，及时对坝体表面养护，并采取保温措施。

8.3.3.1 原材料控制关键技术

1. 大坝混凝土对水泥内控指标要求

大量的试验研究成果和工程实践表明：水泥细度与混凝土早期发热快慢有直接关系，水泥细度越小，即比表面积越大，混凝土早期发热越快，不利温度控制；适当提高水泥熟料中的氧化镁含量可使混凝土体积具有微膨胀性能，部分补偿混凝土温度收缩；为了避免产生碱-骨料反应，水泥熟料的碱含量应控制在 0.6% 以内，同时考虑掺合料、外加剂等原材料的碱含量，规范要求控制混凝土总碱含量小于 3.0kg/m³。由于散装水泥用水泥罐车运至工地的温度是比较高的，规范规定"散装水泥运至工地的入罐温度不宜高于 65℃"。

例如，三峡大坝混凝土为了保证水泥质量，降低水泥的水化热，对中热水泥提出了具体的内部控制指标：要求中热水泥硅酸三钙（C_3S）的含量在 50% 左右，铝酸三钙（C_3A）含量小于 6%，铁铝酸四钙（C_4AF）含量大于 16%，中热水泥比表面积控制在 280～320m²/kg、熟料 MgO 含量指标控制在 3.5%～5.0% 范围、进场水泥的温度要求不允许超过 60℃，控制混凝土总碱含量小于 2.5kg/m³。

2. 粉煤灰已成为重要的功能材料

高坝混凝土掺合料主要采用Ⅰ级粉煤灰，由于优质的Ⅰ级粉煤灰需水量比小于95%，堪称固体减水剂。粉煤灰不但掺量大、应用广泛，其性能也是掺合料中最优的。近年来混凝土高拱坝，Ⅰ级粉煤灰掺量普遍为35%，特别是三峡重力坝内部混凝土，Ⅰ级粉煤灰掺量高达45%。碾压混凝土主要以Ⅱ级粉煤灰为主，粉煤灰掺量高达胶凝材料的50%～65%。为了控制Ⅱ级粉煤灰质量过大波动，要求其需水量比不大于100%。

3. 砂石骨料控制重点

(1) 人工砂石粉含量。水工混凝土施工规范及水工碾压混凝土施工规范，分别对人工砂石粉含量进行了修订，提高常态混凝土人工砂石粉含量6%～18%，碾压混凝土人工砂石粉含量12%～22%。大量的工程实践及试验证明，人工砂中含有较高的石粉含量能显著改善混凝土性能，石粉最大的贡献是提高了混凝土浆体含量，有效改善了混凝土的施工性能和抗渗性能。特别是碾压混凝土中人工砂石粉含量已成为重要的组成材料。因此，合理控制人工砂石粉含量，是提高混凝土质量的重要措施之一。

(2) 最大粒径及粒形对用水量影响。大坝混凝土应优先选用最大粒径的级配组合，可以有效降低混凝土单位用水量和胶凝材料用量。工程实践证明，粗骨料粒形对混凝土用水量和性能有很大影响，需要引起高度重视，采取切实可行的技术措施，提高骨料品质是降低混凝土用水量，提高混凝土和易性、密实性和质量的前提，有利大坝温控防裂。锦屏一级、溪洛渡工程采用两种不同岩石的粗细骨料，混凝土配合比设计采用组合骨料，取得良好的技术经济效果。

4. 外加剂是改善混凝土性能有效措施

近年来，不论是寒冷地区或温和炎热地区，大坝外部、内部混凝土均设计有抗冻等级。提高混凝土抗冻等级主要技术措施是采用缓凝高效减水剂和引气剂复合使用。减水率是评价外加剂性能的主要技术指标，水工混凝土掺用外加剂技术规范规定，缓凝高效减水剂减水率大于15%，引气剂减水率大于6%。大型水利水电工程为了有效降低混凝土单位用水量，对使用的外加剂减水率提出了内部指标要求。例如，三峡、拉西瓦、小湾、金安桥等大型工程大量使用萘系缓凝高效减水剂，要求其减水率大于18%。特别是三峡大坝混凝土，采用缓凝高效减水剂、引气剂和堪称固体减水剂的Ⅰ级粉煤灰，综合减水率达到25%，有效降低混凝土单位用水量。

8.3.3.2 大坝混凝土配合比关键技术

1. 施工配合比设计技术路线

水工混凝土配合比设计其实质就是对混凝土原材料进行的最佳组合。质量优良、科学合理的配合比在水工混凝土快速筑坝中占有举足轻重的作用，具有较高的技术含量，直接关系到大坝质量和温控防裂，可以起到事半功倍的作用，获得明显的技术经济效益。

水工混凝土除满足大坝强度、防渗、抗冻、极拉等主要性能要求外，而且大坝内部混凝土还要满足必要的温度控制和防裂要求。为此，我国的大坝混凝土配合比设计技术路线具有"三低两高两掺"的特点，即低水胶比、低用水量和低坍落度（低 VC 值），高掺粉煤灰和较高石粉含量，掺缓凝减水剂和引气剂的技术路线。

"温控防裂"是混凝土坝的核心技术。大坝混凝土配合比设计必须紧紧围绕核心技术进行精心设计。大坝混凝土施工配合比设计应以新拌混凝土和易性和凝结时间为重点，要求新拌混凝土具有良好的工作性能，满足施工要求的和易性、抗骨料分离、易于振捣或碾压、液化泛浆好等性能，要改变配合比设计重视硬化混凝土性能、轻视拌和物性能的设计理念。

水胶比、砂率、单位用水量是混凝土配合比设计的三大参数，"浆砂比"是碾压混凝土配合比设计中不可缺少的重要参数之一。大坝混凝土设计龄期 90d 或 180d，故配合比设计周期相应较长。所以，大坝混凝土配合比设计试验需要提前一定的时间进行。并要求试验选用的原材料尽量与工程实际使用的原材料相吻合，避免由于原材料"两张皮"现象，造成试验结果与实际施工存在较大差异的情况发生。

2. 大坝混凝土施工配合比分析

已建在建部分典型高重力坝及高拱坝混凝土施工配合比分别见表 8.3-1、表 8.3-2，表中数据分析表明：

（1）重力坝混凝土配合比。重力坝的工作原理是依靠自身重量抵御水推力而保持稳定的挡水建筑物，故重力坝混凝土设计指标较低。近年来重力坝除三峡大坝、向家坝大坝（部分碾压）、藏木大坝外，重力坝主要以碾压混凝土坝为主。由于碾压混凝土坝设计执行不同的水利（SL）与电力（DL）标准，碾压混凝土设计龄期采用 180d 或 90d，设计龄期对配合比设计和温控防裂有一定影响。

（2）拱坝混凝土配合比。拱坝混凝土设计以强度为主要控制指标，拱坝具有材料分区简单，混凝土设计指标明显高于混凝土重力坝，混凝土抗压强度、抗拉强度、抗冻等级、抗渗等级及极限拉伸值等指标要求很高，特别是拱坝混凝土采用 180d 设计龄期，利用混凝土后期强度，提高了粉煤灰掺量，降低胶凝材料用量，对温控防裂十分有利。

（3）施工配合比参数。大坝混凝土配合比设计主要采用"三低两高两掺"技术路线，其主要参数水胶比、单位用水量、砂率明显降低，对大体积混凝土温控防裂发挥了重要作用。从施工配合比表中还可以看出，骨料品种和粒形对混凝土用水量、外加剂掺量和表观密度影响极大。例如百色采用辉绿岩骨料，金安桥、官地、溪洛渡等采用玄武岩骨料等火成岩骨料，其混凝土拌和物表观密度达到 2630～2660kg/m³。喀腊塑克、溪洛渡、锦屏等工程采用组合骨料，有效提高了混凝土的性能。

表 8.3-1 已建在建部分典型高重力坝混凝土施工配合比

名称及坝高/m	设计指标	配合比参数						材料用量/(kg/m³)				备注
		级配	水胶比	砂率/%	粉煤灰/%	外加剂掺量/%		水	水泥	粉煤灰	表观密度	
						减水剂	引气剂					
三峡（二期）181	R₉₀250D250S10	四	0.45	25	30	0.5	0.011	86	134	57	2452	花岗岩
	R₉₀200D250S10	四	0.50	26	30	0.5	0.011	86	120	52	2442	
	R₉₀200D150S10	四	0.50	26	35	0.5	0.011	85	110	60	2425	
	R₉₀150D100S8	四	0.55	26	40	0.5	0.011	88	96	64	2442	
光照200.5	C₉₀25F100W8	三	0.45	34	50	0.7	0.004	78	83	83+14	2483	RCC灰岩煤灰代砂
	C₉₀20F100W6	三	0.50	34	55	0.7	0.004	78	70	86+21	2483	
	C₉₀15F50W6	三	0.55	35	60	0.7	0.004	78	57	85+22	2496	

续表

名称及坝高/m	设计指标	配合比参数				外加剂掺量/%		材料用量/(kg/m³)				备注
		级配	水胶比	砂率/%	粉煤灰/%	减水剂	引气剂	水	水泥	粉煤灰	表观密度	
龙滩 192	$C_{90}25F100W6$	三	0.41	33	55	0.6	0.002	79	85	108	2465	RCC 灰岩
	$C_{90}20F100W6$	三	0.45	33	61	0.6	0.002	78	67	106	2455	
	$C_{90}15F50W6$	三	0.48	34	66	0.6	0.002	79	56	109	2455	
官地 168	$C_{90}25F100W6$	三	0.45	55	32	0.8	0.012	92	92	112	2660	RCC 玄武岩骨料
	$C_{90}20F100W6$	三	0.48	60	33	0.8	0.012	92	67	106	2660	
	$C_{90}15F100W6$	三	0.51	65	34	0.8	0.012	92	56	109	2660	
向家坝 162	$C_{180}25F100W8$	三	0.43	60	34	0.7	0.017	78	73	109	2460	RCC 灰岩
	$C_{180}25F150W10$	二	0.43	60	38	0.7	0.012	90	84	126	2425	
金安桥 160	$C_{90}20F100W8$	二	0.47	37	55		0.20	100	96	117	2600	RCC 玄武岩
	$C_{90}20F100W6$	三	0.47	33	60	0.8	0.025	90	76	115	2630	
	$C_{90}15F50W6$	三	0.53	33	63	0.8	0.015	90	63	107	2630	
百色 130	$R_{180}15D25S6$	三	0.60	34	63	0.8	0.004	96	59	101	2650	RCC 辉绿岩
	$R_{180}20D50S10$	二	0.50	38	58	0.8	0.007	106	89	123	2630	
喀腊塑克 121.5	$R_{180}20\,F200W6$	三	0.45	32	50	0.9	0.010	90	100	100	2400	花岗岩粗骨料＋天然砂
	$R_{180}15\,F50W4$	三	0.56	30	62	0.9	0.006	90	61	100	2400	
	$R_{180}20\,F300W10$	二	0.45	35	40	1.0	0.012	98	131	87	2370	

表 8.3－2　　　　　　已建在建部分典型高拱坝混凝土施工配合比

名称及坝高/m	设计指标	配合比参数				外加剂掺量/%		材料用量/(kg/m³)				备注
		级配	水胶比	砂率/%	粉煤灰/%	减水剂	引气剂	水	水泥	粉煤灰	表观密度	
小湾 305	$C_{180}40F250W14$	四	0.40	23	30	0.7	0.01	90	157	68	2510	片麻花岗岩
	$C_{180}35F250W12$	四	0.45	24	30	0.7	0.01	90	140	60	2520	
	$C_{180}30F250W10$	四	0.50	25	30	0.7	0.01	90	126	54	2510	
溪洛渡 285.5	$C_{180}40F300W15$	四	0.41	22	35	0.5	0.0038	80	127	68	2654	玄武岩粗骨料＋灰岩细骨料
	$C_{180}35F300W14$	四	0.45	23	35	0.5	0.0038	80	116	62	2650	
	$C_{180}30F300W13$	四	0049	24	35	0.5	0.0038	82	109	58	2645	
拉西瓦 250	$C_{180}32F300W12$	四	0.40	25	30	0.5	0.011	77	135	58	2450	天然砂砾石
	$C_{180}25F300W10$	四	0.45	25	35	0.5	0.011	77	111	60	2450	
构皮滩 232.5	$C_{180}35F200W12$	四	0.45	24	30	0.6	0.008	85	132	57	2550	灰岩
	$C_{180}30F200W12$	四	0.50	25	30	0.6	0.008	85	119	51	2547	
	$C_{180}25F200W12$	三	0.50	31	30	0.6	0.008	96	134	58	2515	

续表

名称及坝高/m	设计指标	配合比参数						材料用量/(kg/m³)				备注
		级配	水胶比	砂率/%	粉煤灰/%	外加剂掺量/%		水	水泥	粉煤灰	表观密度	
						减水剂	引气剂					
万家口子 167.5	$C_{180}25F100W8$	二	0.47	38.5	55	0.8	0.003	96	94	110	2445	RCC 灰岩
	$C_{180}25F100W6$	三	0.48	34	60	0.8	0.003	88	75	108	2458	
江口 140	$C_{90}30F50W8$	四	0.48	24	30	0.5	0.003	84	123	52	2490	灰岩
	$C_{90}25F50W8$	四	0.52	25	35	0.5	0.003	84	105	57	2490	
沙牌 132	$R_{90}200$	三	0.50	33	50	0.75	0.001	93	93	93	2480	RCC 花岗岩
	$R_{90}200$	二	0.53	37	40	0.75	0.002	102	115	77	2482	
蔺河口 100	$R_{90}200D50S6$	三	0.47	34	62	0.7	0.002	81	66	106	2460	RCC 灰岩
	$R_{90}200D100S8$	二	0.47	37	60	0.7	0.002	87	74	111	2440	

8.3.3.3 控制浇筑温度关键技术措施

1. 风冷骨料是控制出机口温度的关键

混凝土大坝对混凝土浇筑温度控制越来越严，一般出机口温度由现场允许浇筑温度确定，即出机口温度比浇筑温度约低 4~5℃。例如，三峡、小湾、溪洛渡、拉西瓦等高坝坝基约束区混凝土出机口温度和浇筑温度分别控制在 7℃和 12℃。又例如，锦屏一级 305m 超高双曲拱坝，混凝土浇筑采用 4.5m 升层施工技术，混凝土允许最高温度为 27℃，出机口温度为 5~7℃，浇筑温度为 9~11℃，层间间歇期按 10~14d 控制。

为保证高温期混凝土浇筑温度满足要求，必须严格控制混凝土出机口温度。降低混凝土出机口温度最有效的措施就是降低骨料温度，因为骨料约占混凝土质量的 80%以上，粗骨料约占 60%以上。对骨料进行降温主要采取风冷骨料措施，即一次风冷、二次风冷，可将骨料温度降到零度左右，效果十分明显。风冷骨料与加冰拌和是最有效的预冷混凝土措施，可以有效控制新拌混凝土出机口温控。

例如，三峡左岸高程 98.70m 混凝土生产系统，于 1995 年 10 月—2004 年 4 月安全运行 9 年，共生产混凝土 585 万 m³，其中预冷混凝土（出机口温度低于 7℃）385 万 m³。混凝土预冷主要对粗骨料冷却采取两次风冷工艺，一次风冷后粗骨料综合平均温度降至 4.2℃，环境初温 28.7℃计，则降温幅度达 24.5℃。粗骨料二次风冷降温，在拌和楼料仓进行，二次风冷设计粗骨料降温幅度为 10℃，粗骨料最终降温应为 0℃左右。粗骨料通过两次风冷，降温效果十分明显。预冷混凝土主要采取"两次风冷＋片冰＋补充冷水拌和"，保证混凝土出机口温度稳定在 7℃以下。

2. 混凝土运输入仓温度回升控制

混凝土运送主要采用自卸汽车或输送带，控制新拌混凝土特别是预冷混凝土温度回升十分必要。采用自卸汽车运送混凝土，根据大量工程测温结果，在自卸汽车顶部设置遮阳篷，混凝土温度回升一般为 0.4~0.9℃，很好控制温度回升。同样，未采用遮阳篷的自卸汽车运送混凝土，在太阳照射下，混凝土温度回升达 2~5℃。自卸汽车运送混凝土空车返回拌和楼时，在拌和楼前对自卸汽车进行喷雾降温十分必要，喷雾不但给车厢降温，而且雾状环境可避免阳光直射车厢，对防止混凝土温度回升起到了很好效果。

拌和楼生产的混凝土主要采用自卸汽车运输，控制新拌混凝土特别是预冷混凝土温度回升十分必要。在自卸汽车顶部设置遮阳篷，可以很好控制温度回升。比如白鹤滩大坝混凝土，对从拌和楼运输混凝土汽车，车厢外包保温材料，车厢顶部采用液压装置的可以折叠保温的顶盖，如图8.3-1所示，有效防止了预冷混凝土温度回升。

图8.3-1 混凝土运输车厢顶部液压装置可折叠保温顶盖

3. 喷雾保湿、改变仓面小气候

入仓后的混凝土，在高温时段和阳光日照时仓面采用喷雾保湿措施，是仓面上空形成一层雾状隔热层，使仓面混凝土在浇筑过程中减少阳光直射强度，是降低仓面环境温度和降低混凝土浇筑温度回升十分重要的温控措施。

一般浇筑温度上升1℃，坝内温度相应上升约0.5℃。采用喷雾保湿可有效降低仓面温度4～6℃，是对控制浇筑温度回升十分重要的措施，决不能掉以轻心。混凝土浇筑仓面喷雾保湿不是一个简单的质量问题，直接关系到大坝温控防裂。

4. 及时养护是防止表面裂缝的必要措施

水工混凝土应按设计要求或适用于当地环境温度条件的方法组合养护。水工混凝土连续养护时间不宜少于设计龄期的时间90d或180d，使水工混凝土在一定时间内保持适当的温度和湿度，造成混凝土良好的硬化条件，是保证混凝土强度增长，不发生表面干裂的必要措施。

混凝土浇筑完毕后，对混凝土表面及所有侧面应及时洒水养护，以保持混凝土表面经常湿润。表面流水养护是降低混凝土最高温度的有效措施之一，采用表面流水养护可使混凝土早期最高温度降低1.5℃左右。

混凝土浇筑完毕后，早期应避免日光曝晒，混凝土表面宜加遮盖保护。一般应在混凝土浇筑完毕12～18h内即开始养护，但在炎热、干燥气候情况下应提前养护。混凝土表面及时进行覆盖，是防止温度回升和内外温差过大引起的表面裂缝十分有效的措施之一。三峡大坝曾在夏季通过实测，浇筑后的混凝土盖保温被与不盖保温被相比在10cm深处混凝土的温度，间隔1h低5℃，间隔2～3h低5.5℃，间隔4.5h低6.75℃。由此可知在太阳直射、气温为 28~35℃时，盖保温被可使浇筑温度降低 5~6℃。

对于顶部表面混凝土，在混凝土能抵抗水的破坏之后，立即覆盖持水材料或用其他有效方法使混凝土表面保持潮湿状态。模板与混凝土表面在模板拆除之前及拆除期间都应保持潮湿状态，水养护应在模板拆除后继续进行，永久暴露面采用长期流水养护，混凝土养护应保持连续性，养护期内不得采用时干时湿的养护方法。

5. 表面覆盖保温是防止混凝土裂缝的关键

混凝土浇筑完成后，白天太阳照射下，混凝土温度回升很快，所以新浇混凝土仓面及时覆盖是防止温度回升的关键。许多工程实测资料统计表明，温度回升值随混凝土入仓到上层覆盖新混凝土的时间长短而不同，一般间隔 1h 回升率 20%，间隔 2h，回升率 35%，间隔 3h 回升率 45%。所以，仓面铺设保温被是控制混凝土温度回升的一种方便有效的措施之一。

三峡大坝曾在夏季通过实测，新混凝土盖保温被与不盖保温被相比在 10cm 深处混凝土的温度，间隔 1h 低 5℃，间隔 2~3h 低 5.5℃，间隔 4.5h 低 6.75℃。由此可知在太阳直射、气温为 28~35℃时，盖保温被可使浇筑温度降低 5~6℃。

金安桥大坝覆盖保温测试，下午 15 时对碾压完后的混凝土进行测温，混凝土入仓温度 17℃，仓面未进行喷雾和覆盖，当时太阳照射强烈，气温 30℃，到 16 时即 1h 后继续进行测温，仅 1h 混凝土温度很快上升到 22℃，温度回升高达 5℃。测温结果表明，碾压完毕后的混凝土如果不及时进行表面覆盖，对控制浇筑温度回升十分不利。

8.3.3.4 通水冷却是控制坝体最高温度的关键措施

2009 年 7 月，谭靖夷院士在"水工大坝混凝土材料与温度控制学术交流会"上的发言指出：由于混凝土抗裂安全系数留的余地较小，而且混凝土抗裂方面还存在一些不确定的因素，因此还应在施工管理、冷却制度、冷却工艺等方面采取有效措施，以"小温差、早冷却、慢冷却"为指导思想，尽可能减小冷却降温过程中的温度梯度和温差，以降低徐变应力。此外，还要加强表面保温，使大坝具有较大的实际抗裂安全度。

此后，根据小湾、锦屏一级、溪洛渡等高坝工程经验，《水工混凝土施工规范》（DL/T 5144—2015）修订时，对重力坝、拱坝温降速率提出更严规定，重力坝日降温速率不宜超过 1℃，拱坝日降温速率不宜超过 0.5℃。

坝体内部混凝土中埋设冷却水管的主要作用：削减混凝土浇筑块一期水化热温升，降低越冬期间混凝土内部温度，以利于控制混凝土最高温度和基础温差，且减小内外温差，改变坝体施工期温度分布状况。国内大量的温度控制仿真计算及工程通水冷却结果表明，在坝体内部埋设冷却水管，一般内部水管水平间排距 1.5m×1.5m，上下层垂直间距 3m，混凝土浇筑完后 1d 后通水，通水历时一般 20d 左右，根据通水温度的不同，可有效控制坝体最高温度，通水冷却是低降低坝体内部温度是十分有效的措施。

例如，三峡二期工程左岸厂房坝段采用 1 英寸黑铁管作为冷却水管，通水冷却分为三个阶段，及初期、中期及后期冷却。初期冷却也即一期冷却以消减新浇筑混凝土水化热温升，每年 4—9 月浇筑的混凝土，通 6~8℃制冷水进行冷却，其他季节通江水冷却，将混凝土最高温升控制在 37℃以下；中期冷却以降低坝体内外温差，使大坝混凝土能顺利过冬，每年 10 月开始，对当年 4—10 月浇筑的混凝土通江水进行中期通水冷却，将坝体温度冷却到 20～22℃ 为准；后期冷却即二期冷却，在设计稳定温度基础上超冷 2℃，虽增加了投资，但保证了接缝灌浆质量。

8.3.3.5 大坝表面保护是防止裂缝的关键措施

三峡大坝混凝土表面进行了全面保温，有效防止了坝体裂缝产生。三峡三期工程在大坝混凝土表面保温方面，在吸取三峡二期工程中的一些经验教训，注重研究了不同保温材料的保温效果。从 2002 年开始，对几种不同保温材料进行实验，选择了合适的保温材料。根据实验结果和经济技术比较，三峡三期工程施工中，首次采用聚苯乙烯板（EPS，以下简称"保温板"）及发泡聚氨酯（以下简称"聚氨酯"）两种新型保温材料。

为验证大坝混凝土采用保温板保温的效果，经业主、设计、监理、施工单位三次联合分别在右厂 24 号-2～26 号-1 甲、22 号-1 甲、安Ⅲ-1 甲上游面拆除部分保温板；在右安Ⅲ～右厂 26 号坝段、右非坝段高程 165.00m 以下大面积抽条（横向、竖向结合）检查，右厂 23 号坝段加密检查，混凝土表面未发现裂缝，一致认为上述部位的保温板的粘贴质量及保温效果均良好。右岸三期工程的大坝采用聚苯乙烯板及发泡聚氨酯两种新型保温材料，没有发现一条裂缝，这是一个奇迹。这一实践证明，大坝确实可以做到不裂，充分说明表面保护是防止大坝裂缝极为重要的关键措施。

8.3.4 温度自动监测控制系统及温度反馈分析

8.3.4.1 温度自动化监测和控制系统

如果只有温控措施，没有必要的测温及监测手段，对于温控的效果就无从评价，也不便于分析发生裂缝的原因。因此，应对混凝土施工全过程进行温度观测，对所采取的温控措施进行监测，以及对已浇筑混凝土的内部状况进行观测。温度观测分为施工过程中的温度观测、混凝土最高温度观测、坝体内部温度变化过程观测。混凝土最高温度观测可利用预先在坝体内埋设的仪器进行，温度仪器主要采用差组式温度计测温、光纤测温，若预先在坝体内埋设的仪器不足时，可在浇筑混凝土的过程中埋入钢管，待收仓后在钢管内放入温度仪进行观测，观测至下一仓混凝土浇筑前为止。

例如，锦屏一级超高拱坝采用混凝土温度自动监测系统。通过基于温度传感器的大坝混凝土温度自动监测和控制系统，在大坝温控自动化和混凝土防裂中的应用，降低工人采集数据时的劳动强度，大幅提高大坝混凝土温控质量和效率。

8.3.4.2 混凝土坝温度反馈分析

混凝土坝温度反馈分析研究目的，是围绕防止蓄水期与运行期坝体裂缝产生、现有裂缝成因和混凝土坝体施工等问题进行温控防裂研究以及温控反馈分析。主要包括：混凝土的绝热温升，通水参数等；选取典型坝段进行从施工到蓄水以及运行期的全过程仿真分析，研究大坝混凝土温度及温度应力的变化过程，分析现有裂缝产生的原因；研究运行期的温度场和温度应力场，分析温度应力对大坝运行的影响，研究大坝在运行期可能出现裂缝的区域，提出运行期防裂措施，以此指导坝体的安全运行。混凝土坝温度反馈分析已经在多个高坝工程中应用。

例如，小湾拱坝、金安桥重力坝等工程均进行大坝温度控制反馈分析。金安桥大坝反馈结论及评价表明：金安桥碾压混凝土坝高温一般出现在水化热较大的常态混凝土部位以及碾压混凝土坝坝体内部水化热难以消散的部位，在混凝土水化热作用下温度达到极值后缓慢降低并逐渐趋于稳定。坝体内部温度变化较为稳定，温度梯度较小，靠近坝体表面温度梯度相对较大。上游面设置短缝明显地减小了施工期上游面的拉应力，有利于上游面混凝土的防裂。蓄水期开始至运行期，库水水温对坝体上游侧混凝土温度场影响较大，而对坝体内部混凝土影响较小，运行期坝体内部温度场趋于稳定，最高温度在 26℃左右，满足设计要求温度控制标准。

8.3.5 结语

（1）混凝土坝是典型的大体积混凝土，裂缝是混凝土坝最普遍、最常见的病害之一，几十年来大坝的温度控制与防裂一直是坝工界所关注和研究的重大课题。

（2）混凝土坝的裂缝大多数是表面裂缝，在一定条件下，表面裂缝可发展为深层裂缝，甚至成为贯穿性裂缝。

（3）大坝是水工建筑物中最为重要的挡水建筑物，坝体合理分缝分块是设计控制温度应力和防止坝体裂缝发生极为关键的技术措施之一。

（4）横缝间距超过 25m 时，坝体上游面设置短缝对防止坝体劈头裂缝效果明显，是一项行之有效的温控防裂措施。

（5）科学合理的坝体混凝土材料分区设计优化，是温控防裂和快速施工的关键技术之一，可以取得明显的技术经济效益。

（6）大型工程对混凝土原材料提出了比规范更严的内控指标，从源头上对大坝混凝土质量和温控防裂控制发挥了积极作用。

（7）大坝混凝土施工配合比设计具有较高的技术含量，我国的大坝混凝土配合比设计主要采用"三低两高两掺"技术路线，有效降低了大坝混凝土水化热温升。

（8）风冷骨料是控制混凝土出机口温度的重要措施。通水冷却是控制坝体最高温升关键措施，通水冷却要遵循"小温差、早冷却、慢冷却"指导思想，尽可能减小冷却降温过程中的温度梯度和温差。

（9）三峡大坝采用聚苯乙烯板及发泡聚氨酯两种新型保温材料，有效防止了坝体裂缝，充分说明坝体表面保护是防止大坝裂缝极为重要的措施。

8.4 三峡三期工程混凝土施工质量与温度控制

8.4.1 三峡三期工程右岸大坝挡水建筑物

8.4.1.1 三期工程右岸大坝布置

三峡三期工程右岸大坝由 1 个右厂排坝段、13 个厂房坝段和 7 个非溢流坝段组成，沿坝轴线自左至右依次为右厂排坝段、右厂 15～20 号坝段、安Ⅲ坝段、右厂 21～26 号坝段和右非 1～7 号坝段，共计 21 个坝段。

（1）右岸电站厂房装机 12 台，采用单机单管引水方式，进口高程 108.00m，右厂

15～26 号坝段全长 509m，坝体上游面铅直，下游坡比 1∶0.72，每坝段分钢管坝段和实体坝段，坝段宽度除右厂 26 号坝段为 49.4m 外，其余均为 38.3m。

（2）右岸排沙孔分别布置于右厂排坝段、安Ⅲ坝段和右厂 26 号坝段。右厂排坝段宽度 16m，在高程 75.00m 设有 4 号排沙孔，孔口尺寸为 4m×7m（宽×高）；安Ⅲ坝段分为安Ⅲ₁和安Ⅲ₂，各宽 19.15m，在高程 75.00m 设有 5 号、6 号排沙孔，孔口尺寸均为 4m×7m（宽×高）；右厂 26 号坝段宽度 49.4m，在高程 90.00m 设有 7 号排沙孔，孔口尺寸为 4m×7m（宽×高）。

（3）3 号泄洪排漂孔布置于右非 1 号坝段，进口高程 133.00m，孔口尺寸为 7m×12m（宽×高），采用无压排漂，下游采用挑流消能。

8.4.1.2　三期大坝工程特性与分标

1. 三期工程特性

三期工程右岸大坝由厂房坝段和右岸非溢流坝段组成，包括右厂排坝段、右厂 15～26 号坝段、右非 1～7 号坝段，大坝总长 665m，坝顶高程 185.00m。

右厂排坝段长 16m，左邻右纵 2 号坝段，右接右厂 15 号坝段。右厂排坝段高程 75.00m 设有 4 号排沙孔，排沙孔进口尺寸 4m×7m（宽×高）。

右厂 15～26 号坝段总长 509m。右厂 20 号与 21 号坝段间为右安Ⅲ1 和右安Ⅲ2 坝段。右厂 15～26 号坝段在上游面设电站进水口，进口高程为 108.00m。右安Ⅲ1 号、右安Ⅲ2 号坝段高程 75.00m 各布置 5 号、6 号排沙孔，右厂 26 号坝段实体坝段高程 90.00m 布置 7 号排沙孔，排沙孔进口尺寸为 4m×7m（宽×高）。

右非 1～7 号坝段总长 140m，共 7 个坝段，每个坝段长 20m。右非 1 号坝段高程 133m 设有 3 号排漂孔，有压段出口尺寸 7m×12m（宽×高）。

2. 三期工程主要标段划分

三峡三期工程共分为 10 个标段。本章主要对右岸大坝工程 1A 标（合同编号 TGP/CⅠ-3-1A 标）、右岸大坝工程 1B 标（合同编号 TGP/CⅠ-3-1B 标）情况进行分述。

右岸大坝工程 1A 标（合同编号 TGP/CⅠ-3-1A 标）为右安Ⅲ坝段～右厂 26 号坝段及右非 1～7 号坝段。主要施工项目包括地质缺陷回填处理、基础固结灌浆、防渗帷幕、基础勘探平洞回填处理、混凝土工程、接缝灌浆工程、金属结构一期埋件制安、金属结构闸门和启闭机设备安装与调试、机电设备一期埋件制安、部分机电设备安装与调试、坝顶门机安装调试、消防工程、建筑装修、工程安全监测配合、其他临时工程等。

右岸大坝工程 1B 标（合同编号 TGP/CⅠ-3-1B 标）为右厂排坝段和右厂 15～20 号坝段。主要施工项目包括基础开挖、地质缺陷处理、防渗帷幕、混凝土工程、接缝灌浆、金属结构一期埋件制安、金属结构闸门和启闭机设备安装与调试、机电设备一期埋件制安、机电设备安装与调试、坝顶门机安装调试、消防工程、建筑装修、工程安全监测配合、三期 RCC 围堰运行维护以及其他临时工程等。

8.4.2　原材料质量管理和质量控制

8.4.2.1　原材料质量管理

三峡工程使用的水泥、粉煤灰、钢筋等主要材料由三峡总公司以招标形式确定供货单位，并由三峡总公司统一组织供应，三峡总公司与供货方签订物资采购合同，与施工单位签订物资供应协议；混凝土粗、细骨料由砂石加工系统生产和供应，粗骨料到拌和系统后进行二次分级；混凝土外加剂是由三峡总公司组织对多家外加剂产品进行试验优选后推荐厂家及型号，供施工单位购买使用；止水材料由施工单位自行选购。三峡工程材料的采购、进货及使用等环节管理制度完善。

三峡总公司在工地现场建立了设备先进完善、技术力量强的试验中心，该中心通过了国家级计量认证和中国实验室国家认可委员会（CNAL）试验室认可，是业主对三峡工程混凝土原材料和混凝土质量控制的主要检测机构，对工程质量起到了重要的监督检查作用。

各种材料进场后，由厂家出具检验合格报告，各施工单位依据三峡工程质量标准按批量进行验收检验，监理单位全程旁站并进行抽样检测，三峡总公司试验中心实行随机抽样检测。

三峡总公司委托国家水泥质检中心进驻水泥厂对工程使用水泥的 MgO 含量、碱含量、水泥强度、水化热、温度等指标及生产过程实施跟踪监督，每月对水泥出厂样品抽样检测进行出厂前的质量把关。进场的水泥由承包商对其进行复检，在混凝土拌和生产过程中再由监理和三峡总公司试验中心进行随机抽样检测。

三期工程混凝土要求使用Ⅰ级粉煤灰，三峡总公司委托长江科学院对进入工地前的粉煤灰先进行质量验收检测监控，每年两次到各供灰厂家进行质量巡检。进场后再由施工、监理及三峡总公司试验中心分别抽样检测。

外加剂产品进货后由承包商进行匀质性和品质检测，配制成外加剂溶液后对其进行浓度复测，监理和三峡总公司试验中心对各种外加剂产品的品质进行了随机抽样检测。

混凝土骨料在加工系统由生产运行单位进行分批检验，并负责质量控制和供应，粗骨料到拌和系统再进行二次筛分分级。施工、监理和三峡总公司试验中心按三峡工程质量标准要求对相关项目进行了抽检。

三期工程钢筋由三峡总公司负责材料进货前的质量控制，并委托国家建筑钢材质量监督检验中心对业主直接采购的钢筋做进场检验。钢筋进场后，施工、监理单位进行质量抽检。

止水材料由施工单位按设计技术要求采购，并按批对进货进行质量检验，监理单位进行抽检。

在三峡总公司的组织管理下，通过优选材料供应商、质量跟踪检查监控，并依据三峡工程质量标准要求进行层层检测。质量保证体系完善。

8.4.2.2 原材料质量检测及成果分析

2003 年 7 月—2005 年 12 月期间，三期工程右厂排坝段、右厂 15～20 号坝段、右安Ⅲ坝段—右非 7 号坝段浇筑的混凝土使用高程 150.00m 拌和系统（1 号楼由葛洲坝集团公司负责运行管理，2 号楼由青云联营公司负责运行管理），2006 年 1 月以后混凝土使用高程 84.00m 拌和系统生产。部分标段使用了高程 98.70m 拌和系统的混凝土。各拌和系统的运行单位、混凝土工程施工及监理单位均对系统使用的水泥、粉煤灰、骨料、外加剂进行了检测。

1. 水泥

三峡三期工程主要使用的水泥为 525 号、42.5 中热水泥，供应厂家有葛洲坝股份有限公司水泥厂、华新水泥厂和湖南石门特种水泥有限公司等，2005 年 8 月以后使用了少量 42.5 低热硅酸盐水泥。各施工、监理单位和三峡总公司试验中心对水泥的品质进行了大量的检验。水泥质量检验执行中国长江三峡工程《混凝土用水泥技术要求及检验》标准，该标准主要依据《中热硅酸盐水泥、低热硅酸盐水泥、低热矿渣硅酸盐水泥》（GB 200）国家标准，并结合三峡工程特点提出了更严的要求。

葛洲坝集团公司对施工标段使用的水泥共取样检测 708 次，其中中热水泥抽检 695 次、低热水泥抽检 13 次；青云联营公司检测水泥 1194 次。各项抽样检测结果满足三峡工程质量标准要求，合格率 100%。相应标段监理单位共抽检水泥 134 次，检测结果葛洲坝和湖南石门 42.5 中热水泥 7d 抗压强度和抗折强度各有 1 组偏低，2 组葛洲坝 42.5 中热水泥 3d 水化热检测结果略超标，其余检测结果均满足三峡工程质量标准要求。

导流底孔封堵混凝土由高程 150.00m 拌和系统和高程 84.00m 拌和系统供料。施工单位葛洲坝集团公司共抽检水泥 70 次，其中中热水泥抽检 65 次，低热水泥抽检 5 次，检测结果合格率 100%。长江委监理共抽检水泥 31 组，有 1 组 7d 抗压强度不合格，其余满足三峡工程标准要求。

临时船闸改建冲砂闸混凝土为商品混凝土，2004 年 6 月由左岸高程 98.70 拌和系统供应，2004 年 7 月以后改为右岸高程 84.00m 拌和系统供应。施工单位武警水电三峡工程指挥部对华新水泥和石门水泥共抽检 29 次，华东院监理中心对水泥抽检 395 组，检测合格率均达 100%。

施工及监理单位对升船机浮式导航堤、浮箱、靠船墩混凝土使用的水泥检测结果均合格。

三峡总公司试验中心共检测 525 号中热水泥 78 组，42.5 中热水泥 224 组，42.5 低热水泥 12 组，主要品质的检测结果满足标准要求。但葛洲坝 525 号中热水泥有 1 组 3d 水化热超标；葛洲坝和华新 42.5 中热水泥有 2 组 7d 抗压强度、3 组 7d 抗折强度及 1 组 3d 水化热超标；湖南特种水泥厂低热 42.5 水泥有 1 组 7d 抗压强度、2 组 7d 抗折强度、1 组 SO_3 含量略低于三峡工程质量标准，而 28d 强度均满足要求，用该水泥拌制的导流底孔封堵混凝土强度未见异常。

2. 粉煤灰

粉煤灰质量检验采用三峡工程质量标准《混凝土用粉煤灰技术要求及检验》（TGPS·T04—2003），该标准是依据《用于水泥和混凝土中的粉煤灰》（GB 1596—91）和《水工混凝土掺用粉煤灰技术规范》（DL/T 5055—1996）基础上编制并修订，标准中要求三峡工程选用 I 级粉煤灰，并根据需水量比分为合格品和优质品两个品级，规定合格品碱含量不超过 1.7%、优质品碱含量不超过 1.5% 的技术要求。

三峡三期工程使用的粉煤灰由山东邹县热电厂、四川珞璜电厂、武汉阳逻电厂、南京华能电厂、襄樊电厂及鸭河口电厂等提供。

2003 年 7 月—2005 年 12 月期间，右厂排坝段、右厂 15～20 号坝段、右安 III 坝段—右非 7 号坝段的施工单位葛洲坝集团公司及青云联营公司分别对粉煤灰抽样检测 823 次和

934次。除青云联营公司粉煤灰碱含量检测结果有2组超标（分别为1.73%、1.79%）、个别样细度模数超标，其他各项检测结果满足三峡工程质量标准要求。对应标段监理单位共抽检粉煤灰116次，检测结果有5个批号的阳逻电厂及3个批号的邹县电厂粉煤灰碱含量超标，3个批号的珞璜电厂粉煤灰碱含量超标（于2005年1月28日在高程150.00m拌和系统停用）；有一个批号的邹县电厂粉煤灰细度偏高；其余指标满足三峡工程质量标准要求。

导流底孔封堵混凝土施工单位共抽检粉煤灰70次，长江委监理部共抽检23组，合格率均达到100%。

临时船闸改建冲砂闸施工单位共抽检粉煤灰23组，合格率100%；监理抽检检测结果为：襄樊电厂粉煤灰的烧失量、细度合格率分别为98%和70.2%，其余满足三峡工程质量标准要求。

升船机浮式导航堤、浮箱、靠船墩混凝土所用Ⅰ级粉煤灰经检测品质达到三峡工程质量标准要求。

三峡总公司试验中心对6个厂家的Ⅰ级粉煤灰共抽检283组，检测结果除1组襄樊灰样品的烧失量及1组邹县灰的细度（烧失量及细度合格率均为99.6%）、6组阳逻灰和4组珞璜灰的碱含量超标（碱含量合格率93.3%），其余检测结果均满足相关标准要求。

工程使用粉煤灰品质部分检测成果见表8.4-1。

表8.4-1　　　　　　　　　　　　粉煤灰品质部分检测成果

工程部位	检测单位	统计值	细度/%	需水量比/%	烧失量/%	SO₃/%	碱含量/%	含水量/%	合格率
高程150.00m拌和系统	葛洲坝集团三峡指挥部	检测次数	823	823	823	27	15	7	100%
		最大值	11.4	95	2.99	1.48	1.65	0.90	
		最小值	0.9	88	0.54	0.45	0.78	0.10	
		平均值	6.3	92	1.26	0.9	1.24	0.29	
	青云联合公司	检测次数	484	484	484	29	66	35	碱含量合格率97%，其他指标合格率100%
		最大值	8.4	93.1	4.3	1.0	1.79	0.2	
		最小值	3.7	86.4	0.6	0.4	1.05	0.1	
		平均值	6.1	90.1	2.3	0.7	1.41	0.2	
—	三峡总公司试验中心	检测次数	283	283	274	141	150	19	碱含量合格率93.3%，烧失量及细度合格率99.6%，其他指标合格率100%
		最大值	13.3	95	5.20	1.32	2.12	0.4	
		最小值	0.8	86	0.52	0.24	1.06	0.1	
		平均值	6.0	91	1.99	0.61	1.41	0.19	
TGPS·T04—2003		优质品	≤12	≤91	≤5	≤3.0	≤1.5	≤1.0	—
		合格品	≤12	≤95	≤5	≤3.0	≤1.7	≤1.0	

3. 混凝土骨料

三峡三期工程混凝土使用的粗、细骨料为下岸溪加工系统生产；临船改建工程2004年7月前使用古树岭加工系统生产的细骨料；右非3~5号坝段使用天然骨料。粗、细骨料均按三峡工程质量标准要求的检验项目和频次进行了抽样检验。

（1）细骨料。右厂排坝段、右厂15～20号坝段、右安Ⅲ坝段～右非7号坝段施工单位葛洲坝集团及青云公司对人工砂进行了大量的检测，细度模数波动较小（平均值在2.6左右）；石粉含量合格率93.3%～97.5%；含水率合格率在97%以上。监理对下岸溪人工砂品质共抽检1114次，其中细度模数检测639次，合格率99.9%；石粉含量检测650次，合格率95%；含水率检测1114次，合格率99.8%。

导流底孔封堵合同段监理单位对下岸溪人工砂共抽样188次，主要品质指标检测合格率为100%。

临时船闸改建冲砂闸标施工及监理单位抽检高程98.7m系统的细骨料158组，细度模数检测合格率93%；石粉含量合格率79.6%；含水率合格率91%；抽检高程84m系统细骨料660组（含水量959组），细度模数检测合格率99.7%；石粉含量合格率87.3%；含水率合格率97.4%。其他指标均满足三峡工程质量标准要求。

施工及监理单位对升船机浮式导航堤、浮箱、靠船墩混凝土使用的细骨料检测结果，除施工单位抽检的砂有1组石粉含量和含水量略低，其他指标均满足三峡工程质量标准要求。

三峡工程试验中心对三期工程混凝土使用的人工砂抽样检测56组，其中有5组样的细度模数、13组样的石粉含量及9组样的含水率超标，其余品质检测结果满足三峡工程标准要求。

（2）粗骨料。自2003年8月至2005年12月，葛洲坝集团对混凝土粗骨料品质共检测29次，二次筛分后粗骨料超逊径小石共检测886次，中石共检测885次，大石共检测884次，特大石共检测734次；青云公司对混凝土粗骨料品质检测共检测65次，二次筛分后粗骨料超逊径小石共检测2345次，中石共检测2336次，大石共检测2338次，特大石共检测1339次，检验结果满足中国长江三峡工程质量标准《混凝土用粗骨料质量标准及检验》（TGPS·T01—2003）的技术要求，各项指标控制良好。监理对二次筛分后的粗骨料的超逊径共进行抽检1023次，合格率94%以上。

导流底孔封堵合同段监理单位对二次筛分后人工粗骨料的超逊径含量共抽样120次，检测结果小石的超逊径含量偏低（合格率分别为76.4%和70.6%），其他粒径的超逊径含量合格率在90%～98.5%之间。

临时船闸改建冲砂闸标，施工单位抽检粗骨料计60组，检测结果各粒级骨料的石粉含量合格率为75%～100%，中小石的超径含量合格率低（最低合格率为26.2%），小石的逊径含量合格率为62.5%；监理单位抽检粗骨料133次，各粒级骨料的石粉含量合格率为88.9%～100%，超径含量合格率为70.5%～99.2%，逊径含量合格率为54.1%～95.3%，其他指标满足标准要求。

升船机浮式导航堤、浮箱、靠船墩混凝土粗骨料检测结果均满足三峡工程质量标准要求。

三峡总公司试验中心在各加工系统、料场抽检粗骨料196组，检测结果表明，除2组超径含量、1组逊径含量超标外，其余检测结果满足三峡工程质量标准要求。各拌和系统二次筛分630组碎石超逊径含量检测合格率在86%以上。

表 8.4-2、表 8.4-3 分别为细骨料和粗骨料品质的部分检测成果。检测成果表明，三峡工程三期混凝土粗骨料质量总体满足三峡工程质量标准要求。

4. 外加剂

三期工程混凝土外加剂选用的缓凝高效减水剂有北京冶建特种材料厂生产的 JG-3、浙江龙游五强外加剂公司生产的 ZB-1A、江苏博特新材料有限公司生产的 JM-ⅡC、意大利马贝公司生产的 X404（用于抗冲磨混凝土）及泵送剂 JM-Ⅱ、JM-PCA，上海麦斯特有限公司生产的 AIR202 及石家庄外加剂厂生产的 DH9 引气剂。

葛洲坝集团对缓凝高效减水剂及泵送剂共进行验收检验 46 次，引气剂共抽检 64 次；青云联营公司对缓凝高效减水剂及泵送剂共抽检 106 次，引气剂共抽检 85 次。检验结果表明，三期工程所用外加剂品质除引气剂个别组泌水率比超标外，其余满足三峡工程质量标准要求。监理对各品种外加剂品质指标共进行抽样检测 400 次。检测结果为：JM-ⅡC 减水剂泌水率比和 Na_2SO_4 含量分别有 1 组检测结果略超标；引气剂 DH9 的泌水率比、抗压强度比，以及引气剂 AIR202 的含水率、泌水率比和 3d、7d 抗压强度比均有超标现象（高程 150.00m 拌和系统于 2003 年 9 月 6 日停用了 DH9 引气剂）；外加剂的其他各项性能指标均符合 TGPS·T05—2003 标准要求。

施工及监理单位对导流底孔封堵混凝土使用的外加剂分别抽样 2 组和 4 组，各项性能检测结果均符合三峡工程质量标准要求。

临时船闸改建冲砂闸标施工单位抽检各品种外加剂计 36 组，检测结果除 ZB-1A 泌水率比合格率为 94%，其余各品种及指标均满足三峡工程标准要求。监理单位对外加剂品质抽检结果除引气剂 AIR202 的泌水率比合格率为 75%、3d 抗压强度比合格率为 90%，各外加剂性能指标均符合 TGPS·T05—2003 标准要求。

为确保外加剂使用有效含量的准确性，生产单位配制的每池外加剂溶液浓度均进行试验检测，检测合格后使用。拌和系统生产过程中每班对使用溶液密度进行抽检，以保证溶液浓度在规定范围内。

三峡总公司试验中心抽检各品种外加剂共 538 组，检测表明，有 1 组 ZB-1A 的减水剂泌水率比、3 组 JM-ⅡC 和 3 组 JM-Ⅱ 的 Na_2SO_4 含量、4 组 DH9 引气剂和 2 组 AIR202 引气剂的泌水率比超标，引气剂的抗压强度比及其他各项性能指标均符合 TGPS05—1998 及 TGPS·T05—2003 标准要求。三峡总公司对混凝土外加剂的部分抽样检测成果见表 8.4-4。

5. 钢筋及钢筋接头

三峡总公司委托国家建筑钢材质量监督检验中心对武钢、包钢、上钢一厂、承钢、鄂钢、龙钢、首钢、安钢、涟钢等厂家所供的热轧带肋钢筋、热轧圆钢、预应力钢绞线进行了检测。共检验热轧带肋钢筋 1705 组，热轧光圆钢筋 164 组，预应力钢绞线 19 组。检测结果除热轧带肋钢筋有 5 组不合格外，其余均满足标准要求。

三期工程施工中，葛洲坝集团共抽检钢筋 912 组，青云联营公司抽检 592 组，武警水电抽检 77 组，检验结果均满足国家标准中相应牌号、产品等级的技术要求，合格率 100%。

三峡三期工程钢筋接头型式有焊接、滚轧直螺纹连接、镦粗直螺纹连接接头，葛洲坝

表 8.4-2　人工砂品质的部分检测成果

工程部位	检测单位	产地	统计值	细度模数	表观密度/(kg/m³)	吸水率/%	石粉含量/%	石粉含量/%	云母含量/%	有机质含量	坚固性/%	含水率/%
高程150.00m混凝土拌和系统	葛洲坝集团	下岸溪	检测次数	2544	29	29	—	2544	29	29	22	4989
			最大值	2.91	2660	1.2	—	18.5	0.40	—	20.0	7.6
			最小值	2.44	2610	0.3	—	8.0	0.20	—	14.0	2.3
			平均值	2.65	2642	0.5	—	12.3	0.25	—	17.6	5.0
			合格率/%	95.4	100	—	—	93.3	100	合格	100	97.0
	青云联营公司	下岸溪	检测次数	2437	28	28	385	2050	28	28	16	8541
			最大值	2.93	2660	0.9	17.6	15.50	0.44	—	2.8	6.3
			最小值	2.51	2630	0.5	10.60	8.00	0.20	—	1.3	2.8
			平均值	2.66	2643	0.7	13.96	11.68	0.34	—	1.7	4.8
			合格率/%	90.7	100	—	95.8	97.5	100	合格	100	100
几个拌和系统汇总	三峡总公司试验中心	下岸溪	检测次数	56	41	42	54	—	39	43	40	55
			最大值	2.75	2640	1.4	—	—	1.3	—	—	7.4
			最小值	2.32	2610	0.5	—	—	0	—	—	1.5
			平均值	2.55	2630	0.8	—	—	0.4	—	—	4.9
			合格率/%	91.1	100	—	75.9	—	100	合格	100	83.6
	TGPS02—1998		人工砂	2.6±0.2	≥2550	—	10~17	10~14	<2	合格	<8	≤6
	TGPS·T02—2003		人工砂	2.6±0.2	≥2550	—	—	—	<2	合格	<25	≤6

表 8.4-3　人工碎石品质的部分检测成果

工程部位	检测单位	产地	粒径 /mm	统计值	表观密度 /(kg/m³)	吸水率 /%	含泥量 /%	有机质	针片状 /%	压碎指标 /%	坚固性 /%	二次筛分后中径筛余/%	二次筛分后超径筛余/%	二次筛分后逊径筛余/%
高程 150.00m 混凝土 拌和系统	葛洲坝 集团	下岸溪	5~20	检测次数	29	29	29	29	29	29	29	674	886	886
				最大值	2660	1	0.9	—	11	13.5	4	79.9	7.9	19.5
				最小值	2573	0.2	0.2	—	1	6.1	0.6	28.5	0.1	0
				平均值	2628	0.6	0.4	浅于标准色	3.8	10.8	1.3	59.0	2.5	3.8
				合格率/%	100	100	100	100	100	100	100	95.5	99.9	99.8
			20~40	检测次数	29	29	29	—	29	—	29	150	885	885
				最大值	2670	0.8	0.6	—	7	—	2.1	70	6.3	9.9
				最小值	2600	0.2	0.1	—	1.6	—	0.2	30	0	0.5
				平均值	2634	0.4	0.3	—	2.9	—	0.7	53.5	3.5	5.9
				合格率/%	100	100	100	—	100	—	100	94.7	99.1	100
			40~80	检测次数	29	29	29	—	24	—	29	150	884	884
				最大值	2670	0.5	0.4	—	4.3	—	0.4	71.8	6.9	9.8
				最小值	2260	0.1	0.1	—	0	—	0.1	22.7	0	0
				平均值	2633	0.3	0.2	—	0.5	—	0.2	51.1	3.0	4.1
				合格率/%	100	100	100	—	100	—	100	94.0	98.4	100
			80~150	检测次数	29	29	29	—	23	—	29	147	734	733
				最大值	2680	0.4	0.4	—	4	—	0.3	79.6	15.7	11.5
				最小值	2600	0.1	0.1	—	0	—	0.1	0	0	0
				平均值	2649	0.2	0.2	—	0.3	—	0.2	13.9	0.2	6.7
				合格率/%	100	100	100	—	100	—	100	—	99.2	98.6
TGPS·T01—2003			D20，D40 D80，D150		≥2600	≤1.5	≤1 ≤0.5	合格	≤15	≤20	≤5	40~70	<5	<10

续表

工程部位	检测单位	产地	粒径/mm	统计值	表观密度/(kg/m³)	吸水率/%	含泥量/%	有机质	针片状/%	压碎指标/%	坚固性/%	二次筛分后中径筛余/%	二次筛分后超径筛余/%	二次筛分后逊径筛余/%
高程150.00m混凝土拌和系统	青云联营公司	下岸溪	5~20	检测次数	28	28	—	—	28	28	—	678	882	882
				最大值	2660	0.65	—	—	3.4	12.6	—	29.7	0.0	0.0
				最小值	2630	0.41	—	—	1.6	10.9	—	81.3	5.8	19.5
				平均值	2650	0.54	—	—	2.5	12.0	—	60.0	2.5	3.8
				合格率/%	100	100	—	—	100	100	—	95.4	99.8	99.8
			20~40	检测次数	28	28	—	—	28		—	156	881	881
				最大值	2670	0.47	—	—	4.6		—	34.2	0.3	0.5
				最小值	2640	0.30	—	—	1.8		—	78.5	6.3	9.9
				平均值	2657	0.38	—	—	3.6		—	55.2	3.5	5.9
				合格率/%	100	100	—	—	100		—	94.9	98.3	100
			40~80	检测次数	28	28	—	—	28		—	156	882	882
				最大值	2670	0.44	—	—	5.7		—	22.7	0.0	0.2
				最小值	2630	0.19	—	—	1.6		—	76.1	6.9	9.8
				平均值	2651	0.31	—	—	3.5		—	52.8	3.0	4.0
				合格率/%	100	100	—	—	100		—	95.5	98.6	100
			80~150	检测次数	23	23	—	—	23		—	152	742	739
				最大值	2660	0.30	—	—	4.5		—	0.0	0.0	0.0
				最小值	2630	0.13	—	—	0.0		—	65.4	25.5	25.2
				平均值	2652	0.19	—	—	4.0		—	13.8	0.3	6.7
				合格率/%	100	100	—	—	100		—	—	98.9	98.5
TGPS·T01—2003			D20、D40 D80、D150		≥2600	≤1.5	≤1 ≤0.5	合格	≤15	≤20	≤5	40~70	≤5	<10

续表

工程部位	检测单位	产地	粒径/mm	统计值	表观密度/(kg/m³)	吸水率/%	含泥量/%	有机质	针片状/%	压碎指标/%	坚固性/%	二次筛分后中径筛余/%	二次筛分后超径筛余/%	二次筛分后逊径筛余/%
—	三峡总公司试验中心	人工碎石	5~20	检测次数	52	51	50	39	47	90	46	38	191	191
				最大值	2740	0.80	0.80		5.1	14.9	1.8	70.0	10.0	18.9
				最小值	2630	0.34	0.05		0.4	8.5	0	41.4	0.5	0.3
				平均值	2660	0.57	0.39	合格	2.3	11.5	0.3	59.3	2.9	4.7
				合格率/%	100	100	100	100	100	100	100	100	93.2	94.8
			20~40	检测次数	48	48	49	1	44	—	43	21	196	196
				最大值	2750	0.60	0.70	—	3.7	—	1.4	68.3	18.5	50.2
				最小值	2640	0.22	0.10	—	0	—	0	31.2	0	0.5
				平均值	2670	0.41	0.41	合格	1.9	—	0.2	51.9	4.3	7.6
				合格率/%	100	100	100	100	100	—	100	90.5	86.2	91.8
			40~80	检测次数	48	47	47	1	3	—	39	21	196	196
				最大值	2760	0.40	0.80	—	2.6	—	0.7	67.5	26.1	23.5
				最小值	2620	0.10	0.02	—	0	—	0	40.4	0	0
				平均值	2680	0.25	0.32	合格	1.2	—	0.1	52.6	2.9	5.6
				合格率/%	100	100	100	100	100	—	100	100	90.8	96.9
			80~150	检测次数	37	37	37	1	—	—	27	14	47	47
				最大值	2760	0.30	0.40	—	—	—	0.7	44.7	10.1	63.6
				最小值	2640	0.08	0.05	—	—	—	0	3.3	0	3.9
				平均值	2680	0.20	0.18	合格	—	—	0.1	16.5	0.7	9.8
				合格率/%	100	100	100	100	—	—	100	—	89.4	87.2
TGPS·T01—2003			D20, D40 D80, D150		≥2600	≤1.5	≤1 ≤0.5	合格	≤15	≤20	<5	40~70	<5	<10

表8.4-4　外加剂品质的部分检测成果

工程部位	检测单位	产品型号	掺量/%	统计值	减水率/%	含气量/%	泌水率比/%	收缩率比/%	凝结时间差/min 初凝	凝结时间差/min 终凝	抗压强度比/% 3d	7d	28d	含水量/%	Na₂SO₄/%	碱含量/%	pH值
高程150.00m混凝土拌和系统	三峡试验中心	JG3	—	检测次数	4	4	4	—	—	—	4	4	4	12	12	11	12
				最大值	23.3	1.8	41.7	—	—	—	172	189	149	8.36	7.56	12.96	11.40
				最小值	18.6	0.9	13.8	—	—	—	143	155	131	5.45	2.02	6.24	8.12
				平均值	21.1	1.6	24.2	—	—	—	160	173	139	6.80	3.93	7.65	9.26
				合格率/%	100	100	100	100	—	—	100	100	100	100	100	—	—
		JM-ⅡC	0.6%	检测次数	5	5	5	—	—	—	5	5	5	52	52	45	62
				最大值	23.8	1.4	63.1	—	—	—	194	200	158	8.24	9.23	10.71	9.98
				最小值	19.0	0.8	0	—	—	—	137	140	128	2.46	2.14	6.32	4.74
				平均值	21.0	1.0	40.4	—	—	—	167	171	147	5.28	4.93	8.39	7.32
				合格率/%	100	100	100	100	—	—	100	100	100	100	94.2	—	—
		X404	0.6%	检测次数	1	1	1	—	—	—	1	1	1	2	2	2	2
				最大值	19	0.4	86.8	—	—	—	188	207	163	70.42	0.67	1.44	7.98
				最小值	19	0.4	86.8	—	—	—	188	207	163	64.99	0.67	1.20	7.82
				平均值	19	0.4	86.8	—	—	—	188	207	163	67.71	0.67	1.32	7.90
				合格率/%	100	100	100	100	—	—	100	100	100	100	100	—	—
		DH9	0.8/万	检测次数	4	4	4	—	—	—	4	4	4	4	4	4	4
				最大值	6.7	5.0	88.6	—	—	—	85	86	89	55.66	0.67		9.39
				最小值	6.7	4.9	81	—	—	—	81	81	84	53.20	0.67		9.30
				平均值	6.7	5.0	83.6	—	—	—	82	83	86	54.21	0.67		9.35
				合格率/%	100	100	100	100	—	—	0	0	75.0	100	100	—	—
		AIR202	1.2~1.7/万	检测次数	6	6	4	—	—	—	6	6	6	120	1	4	93
				合格率/%	100	66.7	50	—	—	—	83.3	83.3	100	—	100	—	—
TGPS·T05—2003		缓凝高效减水剂			≥18	≤3.0	≤100	≤125	+120~+300, >+360		125	125	120	—	<8	—	—
		引气剂			≥6	5±0.5	≤70	≤125	−90~+120		95	95	90	—	<8	—	—

集团、青云公司、武警水电对各型式接头各抽检 366 组（含导流底孔封堵）、776 组和 56 组，所检接头的抗拉强度检测结果满足三峡工程质量标准要求。

监理单位对进场钢筋及钢筋接头的检测结果全部合格。

6. 止水材料

三峡三期工程使用的止水材料主要为铜止水，国家建筑钢材质量监督检验中心对进场的铜止水共检验 68 组，施工单位葛洲坝集团、青云公司和武警水电对其使用的止水铜片按进货的批次分别抽检 28 次（含导流底孔封堵）、34 次和 4 次，武警水电对塑料止水抽检 3 组，检测结果均满足国家标准要求。

表 8.4-5 为部分止水铜片的检测成果。

表 8.4-5　　　　　　　　　部分止水铜片的检测成果

统计时段	工程部位	材料品种	牌号	厚度/mm	统计参数	屈服强度/MPa	抗拉强度/MPa	伸长率/%
2003 年 8 月至 2005 年 12 月	三期右岸	铜止水（青云公司）	T₂M	1.2	检测次数	—	26	26
					最大值	—	260	44
					最小值	—	205	32
					合格率/%	—	100	100
				1.6	检测次数	—	8	8
					最大值	—	244	41
					最小值	—	222	36
					合格率/%	—	100	100
2003 年 8 月至 2005 年 3 月	三期右岸厂坝	铜止水（葛洲坝集团）	T₂M	1.2	检测次数	—	13	13
					最大值	—	265	48.0
					最小值	—	225	30.5
					合格率/%	—	100	100
				1.5	检测次数	—	8	8
					最大值	—	270	47.5
					最小值	—	220	30.5
					合格率/%	—	100	100
				1.6	检测次数	—	4	4
					最大值	—	250	42.0
					最小值	—	240	37.5
					合格率/%	—	100	100

表中 1.2、1.6 厚度对应上述 T₂M 牌号。

8.4.2.3 混凝土原材料质量评价

（1）三期工程材料的采购、进货及使用等环节管理制度完善，施工、监理单位和三峡总公司试验中心对材料分别进行了严格的层层质量检测，质量保证体系健全，保证了工程原材料的质量。

（2）三期大坝混凝土主要采用 525 号、42.5 中热水泥，少量的 525 号及 42.5 低热水泥。工程对中热水泥及低热水泥中的碱含量要求小于0.6%，并要求熟料中MgO含量在3.5%～5%范围内，混凝土的自生体积变形后期呈微膨胀型或基本上不收缩，有效提高了混凝土的抗裂性能。经过大量的检测，三期工程使用的水泥各项品质满足三峡工程标准要求，水泥质量稳定。

（3）工程使用的粉煤灰为Ⅰ级灰。经进场后检验，除个别粉煤灰样品的烧失量、细度略有超标，少部分样品碱含量超标，其余指标检测结果均满足相关标准要求。对碱含量超标频次较多的珞璜电厂粉煤灰于2005年1月28日在高程150.00m拌和系统予以停用；经过对混凝土的最大总含碱量检测，混凝土总碱含量在三峡工程质量标准要求的范围内。

（4）三期工程混凝土粗、细骨料质地坚硬、强度高，经检验人工砂细度模数平均2.6左右，波动较小，除个别组人工砂样品的石粉含量、含水率略有超标，粗骨料超逊径含量合格率略偏低，其余品质指标检测结果满足三峡工程质量标准要求，骨料质量控制良好。

（5）工程所选用的缓凝高效减水剂、泵送剂有萘系及聚羧酸盐系两大类，其减水率较高，有较好的缓凝效果，有个别组ZB-1A的泌水率比、JM-ⅡC和JM-Ⅱ的Na_2SO_4含量及泌水率比超标，其余各项品质均满足三峡工程质量标准要求。工程使用的DH9及AIR202引气剂，经检测泌水率比及抗压强度比有超标现象，但达到国家标准GB 8076—1997合格品的要求，且混凝土的抗冻性达到设计要求。外加剂的品质总体满足三峡工程质量标准的要求。

（6）进场钢筋、止水材料质量均满足国家标准相应牌号、产品等级的技术要求，检测合格率100%。钢筋接头的抗拉强度经检测满足三峡工程质量标准要求。

8.4.3 三期右岸大坝混凝土技术要求及配合比

8.4.3.1 三期右岸大坝混凝土分区及设计指标

三峡三期右岸大坝混凝土分区及设计指标见表8.4-6。

表8.4-6 三峡三期右岸大坝混凝土分区及设计指标

部 位		混凝土等级	龄期/d	抗冻	抗渗
基础混凝土	约束区底层	$C_{90}20$	90	F150	W10
	约束区	$C_{90}20$	90	F150	W10
外部混凝土	水上、水下	$C_{90}20$	90	F250	W10
	水位变动区	$C_{90}25$	90	F250	W10
坝内混凝土		$C_{90}15$	90	F100	W8
结构混凝土1（过水孔口周围）		$C_{90}30$	90	F250	W10
结构混凝土2（廊道、孔洞周围）		$C_{90}25$	90	F250	W10
抗冲耐磨混凝土		$C_{28}40$	28	F250	W10
引水钢管周围混凝土		$C_{28}25$	28	F250	W10

注 三峡三期工程大坝混凝土设计指标，对基础约束区和外部混凝土，极限拉伸值调整为28d、90d分别不小于0.85×10^{-4}和0.88×10^{-4}；其余均与二期大坝混凝土相同。

三峡三期工程大坝混凝土设计指标采用强度等级 C 表示（三峡二期工程大坝混凝土设计指标采用标号 R 表示），三峡二期工程与三期工程大坝混凝土设计指标符号的改变，从 R 改为 C，统一了水工混凝土强度符号。

8.4.3.2　三期右岸大坝混凝土配合比

三期工程初期混凝土配合比基本上沿用了二期工程的配合比，之后由于三期工程混凝土技术指标比二期工程有所提高（主要是混凝土极限拉伸值有所提高），因此在二期工程混凝土配合比的基础上，经过室内试验及现场调查，将砂率、坍落度、含气量、塔带机浇筑的四级配特大石比例等参数进行了适当调整，并将相邻部位或相近强度等级的混凝土配合比进行了合并，简化了配合比种类、减少了拌和楼生产及现场施工干扰，同时提高了大坝混凝土整体的均匀性。

三峡大坝混凝土施工配合比是由三峡总公司试验中心根据混凝土设计指标要求，通过试验提出推荐配合比，见表 8.4-7。

各施工单位在推荐的混凝土配合比指导下，根据各自使用的原材料和施工条件等具体情况，通过试验提出经优化的施工配合比，经监理单位批准后应用于工程。三峡大坝混凝土施工配合比采用较低水胶比和低用水量、高掺 I 级粉煤灰、缓凝减水剂和引气剂，有效提高了混凝土的抗裂性并降低了混凝土成本。经现场应用情况来看，使用三期工程混凝土配合比生产的混凝土级配合理，和易性良好，泌水少，能满足混凝土施工工艺及施工设备等各方面的要求，且混凝土强度、抗冻耐久性等各项性能指标均能满足三峡工程质量标准要求。

由于工程现场原材料及施工条件常有变化，加之工程施工时段较长，施工配合比数量繁多，配合比变动较多，主要变动的是混凝土的坍落度、用水量、砂率，但各种混凝土施工配合比相对应的主要参数如水胶比、粉煤灰掺量等基本不变（仅大坝内部 C_{90}15F100W8 混凝土的粉煤灰掺量由 40% 提高至后期的 45%），混凝土的性能也基本不变。各工程部位典型的混凝土施工配合比见表 8.4-8。

8.4.3.3　混凝土总碱含量控制

为防止混凝土发生碱骨料活性反应，除限制原材料碱含量外，规定了花岗岩人工骨料混凝土总碱含量应不超过 $2.5kg/m^3$。混凝土总碱含量的计算依据三峡工程标准 TGPS·T07—2003 规定进行，采用各年度已施工强度等级最高且水泥用量最大的混凝土配合比，各种原材料碱含量取当季度检测的最大值，引气剂 DH9、AIR202 因用量极低，其碱量在计算中忽略不计，2002—2005 年三峡工程混凝土最大总碱含量计算结果见表 8.4-9。由表可见，混凝土总碱含量最大值为 $2.07kg/m^3$，满足三峡工程花岗岩骨料混凝土总碱含量不超过 $2.5kg/m^3$ 的要求。

8.4.4　三期右岸大坝施工质量及评价

8.4.4.1　施工概况

三峡三期右岸大坝工程分为 1A 标（合同编号 TGP/CI-3-1A 标）、右岸大坝工程1B 标（合同编号 TGP/CI-3-1B 标）两个标段。下面主要对 1A 标大坝施工质量进行阐述。

表 8.4-7　三期工程主要混凝土推荐配合比

序号	使用部位	混凝土设计指标	级配	坍落度/cm	含气量/%	水胶比	粉煤灰掺量/%	用水量/(kg/m³)	砂率/%	萘系减水剂掺量/%	X404掺量/%	引气剂掺量
1	大体积内部混凝土	C₉₀15F100W8	二	5~7	4.5~5.5	0.55	40	117	36	0.5~0.7	—	AIR202 和 DH9 掺量根据实际含气量检测情况确定
			三	3~5	4.5~5.5	0.55	40	94	31	0.5~0.7	—	
			四	3~5	4.5~5.5	0.55	40	84	27	0.5~0.7	—	
2	基础、水上、水下外部混凝土	C₉₀20F150W10	二	5~7	4.5~5.5	0.50	35	118	35	0.5~0.7	—	
		C₉₀20F250W10	三	3~5	4.5~5.5	0.50	35	95	30	0.5~0.7	—	
			四	3~5	4.5~5.5	0.50	35	87	27	0.5~0.7	—	
3	水位变化区外部混凝土	C₉₀25F250W10	二	5~7	4.5~5.5	0.48	30	119	35	0.5~0.7	—	
			三	3~5	4.5~5.5	0.48	30	96	30	0.5~0.7	—	
			四	3~5	4.5~5.5	0.48	30	88	27	0.5~0.7	—	
4	拦污栅、墩、压力钢管外包混凝土、厂房混凝土、孔口周边、胸墙、牛腿等结构混凝土	C25F250W10 C₉₀30F250W10	一	7~9	5.0~6.0	0.45	20	140	38	0.5~0.7	—	
			二	5~7	4.5~5.5	0.45	20	121	33	0.5~0.7	—	
			三	3~5	4.5~5.5	0.45	20	98	28	0.5~0.7	—	
			四	3~5	4.5~5.5	0.45	20	88	25	0.5~0.7	—	
		C30F250W10	一	7~9	5.0~6.0	0.41	20	140	37	0.5~0.7	—	
			二	5~7	4.5~5.5	0.41	20	121	32	0.5~0.7	—	
			三	3~5	4.5~5.5	0.41	20	98	27	0.5~0.7	—	
5	抗冲耐磨混凝土	C35F250W10 C₉₀40F250W10	一	7~9	4.0~5.0	0.37	20	141	37	0.7	—	
			二	5~7	3.5~4.5	0.37	20	124	32	0.7	—	
			三	3~5	3.5~4.5	0.37	20	107	33		0.6	
			三	3~5	3.5~4.5	0.37	20	94	28		0.6	
		C40F250W10	一	7~9	4.0~5.0	0.37	20	100	27	0.7	—	
			二	5~7	3.5~4.5	0.33	20	145	36	0.7		
			三	3~5	3.5~4.5	0.33	20	129	31	0.7		
			三	3~5	3.5~4.5	0.33	20	107	32		0.6	

表8.4-8　三期大坝混凝土典型施工配合比（三期开始至2005年12月）

工程部位	混凝土设计指标	混凝土拌和系统	水胶比	粉煤灰掺量/%	级配	砂率/%	用水量/(kg/m³)	胶材用量/(kg/m³)			减水剂品种及掺量/%	引气剂品种及掺量/(1/万)	坍落度/cm	含气量/%
								水泥	粉煤灰	总量				
导流底孔封堵	C₉₀15F100W8	高程84.00m	0.48	40	二	43	140	175	117	292	JM-PCA 0.8	AIR202 0.8~1.0	泵 14~16	3.0~5.0
		高程150.00m	0.48	40	二	48	160	200	133	333	SP8CR-HC 0.5	AIR202 0.8	流 20~24	3.0~5.0
	C₉₀20F250W10	高程84.00m	0.50	40	三	43	140	175	117	292	JM-PCA 0.8	AIR202 0.5~0.8	泵 14~16	3.0~5.0
		高程150.00m	0.48	40	三	41	130	156	104	260	JM-PCA 0.8	AIR202 0.5~1.0	泵 14~16	3.0~5.0
	C₉₀25F250W10	高程84.00m	0.45	35	二	43	135	183	98	281	JM-PCA 0.8	AIR202 0.5~1.0	泵 14~16	3.0~5.0
		高程150.00m		35	二	48	160	217	117	334	SP8CR-HC 0.5	AIR202 0.6~0.8	流 20~25	3.0~5.0
		高程150.00m		30	二	43	133	207	89	296	JM-PCA 0.8	AIR202 1.0	泵 14~16	3.0~5.0
右安3号坝段至右非7号坝段	C₉₀15F100W8	高程150.00m拌和系统	0.55	40	二	36	117	128	85	213	JM-ⅡC 0.6	AIR202 3.5	5~7	5~7
				40	二	36	121	132	88	220	JM-ⅡC 0.6	AIR202 3.5	7~9	5~7
				40	三	31	94	103	68	171	JM-ⅡC 0.6	AIR202 3.5	3~5	5~7
				40	三	34	99	108	72	180	JM-ⅡC 0.6	AIR202 3.5	5~7	5~7
				40	四	27	84	92	61	153	JM-ⅡC 0.6	AIR202 3.5	3~5	5~7
				45	四	27	83	91	75	166	JM-ⅡC 0.6	AIR202 4.0	5~7	5~7
	C₉₀20F150W10		0.50	35	二	35	118	153	83	236	JM-ⅡC 0.6	AIR202 3.5	5~7	5~7
				35	二	35	122	159	85	244	JM-ⅡC 0.6	AIR202 3.5	7~9	5~7
				35	三	30	95	124	67	190	JM-ⅡC 0.6	AIR202 3.5	3~5	5~7
	C₉₀20F250W10		0.50	35	三	33	100	130	70	200	JM-ⅡC 0.6	AIR202 3.5	5~7	5~7
				35	四	26	85	111	60	170	JM-ⅡC 0.6	AIR202 3.5	3~5	5~7
				30	四	27	87	113	61	174	JM-ⅡC 0.6	AIR202 3.5	5~7	5~7
	C₉₀25F250W10		0.48	30	二	35	119	174	74	248	JM-ⅡC 0.6	AIR202 3.5	5~7	5~7
				30	二	35	123	179	77	256	JM-ⅡC 0.6	AIR202 3.5	7~9	5~7
				30	三	30	96	140	60	200	JM-ⅡC 0.6	AIR202 3.5	3~5	5~7
				30	三	33	101	147	63	210	JM-ⅡC 0.6	AIR202 3.5	5~7	5~7
				30	四	26	86	125	54	179	JM-ⅡC 0.6	AIR202 3.5	3~5	5~7
				30	四	27	88	128	55	183	JM-ⅡC 0.6	AIR202 3.5	5~7	5~7

续表

工程部位	混凝土设计指标	混凝土拌和系统	水胶比	粉煤灰掺量/%	级配	砂率/%	用水量/(kg/m³)	胶材用量/(kg/m³) 水泥	粉煤灰	总量	减水剂品种及掺量/%	引气剂种品及掺量/(1/万)	坍落度/cm	含气量/%
右安3号坝段至右非7号坝段	C35F250W10		0.37	20	一	37	141	305	76	381	JM-ⅡC 0.7	AIR202 2.5	7~9	4~6
				20	二	32	120	259	65	324	JM-ⅡC 0.7	AIR202 2.5	3~5	4~6
				20	二	32	124	268	67	335	JM-ⅡC 0.7	AIR202 2.5	5~7	4~6
				20	二	32	128	277	69	346	JM-ⅡC 0.7	AIR202 2.5	7~9	4~6
	C_{90}40F250W10			20	二	33	107	231	58	289	JM-ⅡC 0.6	AIR202 2.0	3~5	3~5
				20	二	33	111	240	60	300	JM-ⅡC 0.6	AIR202 2.0	5~7	3~5
				20	二	33	115	249	62	311	JM-ⅡC 0.6	AIR202 2.0	7~9	3~5
				20	三	27	100	216	54	270	JM-ⅡC 0.7	AIR202 2.5	3~5	4~6
				20	三	27	104	225	56	281	JM-ⅡC 0.7	AIR202 2.5	5~7	4~6
				20	三	28	94	203	51	254	JM-ⅡC 0.6	AIR202 2.0	3~5	3~5
				20	三	28	98	212	53	265	JM-ⅡC 0.6	AIR202 2.0	5~7	3~5
	C40F250W10	高程150.00m拌和系统	0.33	20	一	36	145	252	88	439	JM-ⅡC 0.7	AIR202 2.5	7~9	4~6
				20	二	31	125	303	76	379	JM-ⅡC 0.7	AIR202 2.5	3~5	4~6
				20	二	32	115	279	70	348	JM-ⅡC 0.6	AIR202 2.0	7~9	3~5
右排沙孔坝段至右厂15~20号坝段	C_{90}20F150W10		0.50	35	三	35	118	153	83	236	JM-ⅡC或ZB-1A0.6	AIR202 4.0	5~7	4.5~5.5
	C_{90}20F250W10			35	三	30	95	124	67	191	JM-ⅡC或ZB-1A0.6	AIR202 3.0	3~5	4.5~5.5
				35	四	27	87	113	61	174	JM-ⅡC或ZB-1A0.6	AIR202 3.0	3~5	4.5~5.5
	C_{90}15F150W10		0.55	40	二	36	117	128	85	213	JM-ⅡC或ZB-1A0.6	AIR202 4.0	5~7	4.5~5.5
	C_{90}15F250W10			40	三	31	94	103	68	171	JM-ⅡC或ZB-1A0.6	AIR202 3.0	3~5	4.5~5.5
				40	四	28	86	94	63	157	JM-ⅡC或ZB-1A0.6	DH9 0.5	3~5	4.5~5.5
	C_{90}25F250W10		0.48	30	二	35	119	174	74	248	JM-ⅡC或ZB-1A0.6	AIR202 4.0	5~7	4.5~5.5
				30	三	30	96	140	60	200	JM-ⅡC或ZB-1A0.6	AIR202 3.0	3~5	4.5~5.5
				30	四	27	88	128	55	183	JM-ⅡC或ZB-1A0.6	AIR202 3.0	3~5	4.5~5.5

续表

工程部位	混凝土设计指标	混凝土拌和系统	水胶比	粉煤灰掺量/%	级配	砂率/%	用水量/(kg/m³)	胶材用量/(kg/m³)			减水剂品种及掺量/%	引气剂品种及掺量/(1/万)	坍落度/cm	含气量/%
								水泥	粉煤灰	总量				
	C90 20F150W10		0.50	35	二	35	118	153	83	236	JM-ⅡC 或 ZB-1A0.6	AIR202 4.0	5~7	4.5~5.5
	C90 20F250W10			35	三	30	95	124	67	191	JM-ⅡC 或 ZB-1A0.6	AIR202 3.0	3~5	4.5~5.5
				35	四	27	87	113	61	174	JM-ⅡC 或 ZB-1A0.6	AIR202 3.0	3~5	4.5~5.5
	C90 15F100W8		0.55	40	三	34	99	108	72	180	JM-ⅡC 或 ZB-1A0.6	AIR202 3.0	5~7	4.5~5.5
	C90 25F250W10		0.48	30	二	35	119	174	74	248	JM-ⅡC 或 ZB-1A0.6	AIR202 4.0	5~7	4.5~5.5
				30	三	30	96	140	60	200	JM-ⅡC 或 ZB-1A0.6	AIR202 3.0	3~5	4.5~5.5
				30	四	27	88	128	55	183	JM-ⅡC 或 ZB-1A0.6	AIR202 3.0	3~5	4.5~5.5
右排沙孔坝段至厂15~20号坝段	C25F250W8		0.45	20	一	38	140	249	62	311	JM-ⅡC 或 ZB-1A0.6	AIR202 4.0	7~9	4.5~5.5
	C25F250W10	高程150.00m拌和系统		20	二	33	121	215	54	269	JM-ⅡC 或 ZB-1A0.6	AIR202 4.0	5~7	4.5~5.5
				20	三	28	98	174	34	208	JM-ⅡC 或 ZB-1A0.6	AIR202 3.0	3~5	4.5~5.5
				20	四	25	88	156	39	195	JM-ⅡC 或 ZB-1A0.6	AIR202 3.0	3~5	4.5~5.5
	C30F250W10		0.41	20	一	38	140	273	68	341	JM-ⅡC 或 ZB-1A0.7	AIR202 4.0	7~9	4.5~5.5
				20	二	32	121	236	59	295	JM-ⅡC 或 ZB-1A0.7	AIR202 4.0	5~7	4.5~5.5
				20	三	27	98	191	48	239	JM-ⅡC 或 ZB-1A0.7	AIR202 3.0	3~5	4.5~5.5
	C90 30F250W10		0.48	20	二	35	118	196	49	245	JM-ⅡC 或 ZB-1A0.6	AIR202 2.5	5~7	4.5~5.5
				20	三	30	95	158	40	198	JM-ⅡC 或 ZB-1A0.6	AIR202 2.5	3~5	4.5~5.5
				20	四	27	87	145	36	181	JM-ⅡC 或 ZB-1A0.6	AIR202 2.5	3~5	4.5~5.5
	C25F250W10		0.43	20	一	44	155	288	72	360	JM-ⅡC 或 ZB-1A0.6	AIR202 4.0	泵16~20	3.5~4.5
				20	二	41	140	260	65	325	JM-ⅡC 或 ZB-1A0.6	AIR202 4.0	泵16~20	3.5~4.5
	C90 40F250W10		0.37	20	一	37	141	305	76	381	JM-ⅡC 或 ZB-1A0.6	AIR202 4.0	7~9	4.5~5.5
	C35F250W10			20	二	33	107	231	58	289	X404 0.6	AIR202 4.0	5~7	4.5~5.5
				20	三	27	100	216	54	270	JM-ⅡC 或 ZB-1A0.6	AIR202 3.0	3~5	4.5~5.5

续表

工程部位	混凝土设计指标	混凝土拌和系统	水胶比	粉煤灰掺量/%	级配	砂率/%	用水量/(kg/m³)	胶材用量/(kg/m³)·水泥	胶材用量/(kg/m³)·粉煤灰	胶材用量/(kg/m³)·总量	减水剂品种及掺量/%	引气剂品种及掺量/(1/万)	坍落度/cm	含气量/%
右排沙孔厂15~厂20号坝段	（低热42.5）	高程150.00m拌和系统	0.45	20	二	33	116	206	52	258	JM-ⅡC 0.8	AIR202 3.0	5~7	4.5~5.5
				20	二	33	119	211	53	264	JM-ⅡC 0.8	AIR202 3.0	7~9	4.5~5.5
				20	三	28	99	176	44	220	JM-ⅡC 0.8	AIR202 3.0	7~9	4.5~5.5
			0.48	25	三	40	130	217	72	289	JM-PCA 0.8	AIR202 1.5	泵16~18	3.5~4.5
				25	二	35	125	208	52	260	JM-PCA 0.8	AIR202 2.5	泵12~14	3.5~4.5
	$C_{90}25F250W10$（低热42.5）		0.48	25	三	30	92	144	48	192	JM-ⅡC 0.8	AIR202 2.5	5~7	4.5~5.5
				25	三	30	95	148	49	197	JM-ⅡC 0.8	AIR202 2.5	7~9	4.5~5.5
				25	三	30	99	155	52	207	JM-ⅡC 0.6	AIR202 1.5	5~7	4.5~5.5
				25	三	30	102	159	53	212	JM-ⅡC 0.6	AIR202 1.5	7~9	4.5~5.5
	$C_{90}15F100W10$	高程98.70m拌和系统	0.55	40	四	26	84	92	61	153	ZB-1A 0.6	DH9 0.7	5~7	4.0~6.0
	$C_{90}20F150W10$		0.50	35	二	35	115	150	81	231	ZB-1A 0.6	DH9 0.65	5~7	4.0~6.0
				35	三	28	95	124	67	191	ZB-1A 0.6	DH9 0.65	5~7	4.0~6.0
				35	四	25	85	111	60	171	ZB-1A 0.6	DH9 0.65	5~7	4.0~6.0
	$C_{90}30F250W10$		0.45	20	三	34	117	208	52	260	ZB-1A 0.6	DH9 0.60	7~9	4.0~6.0
				20	二	27	98	174	44	218	X404C 0.6	DH9 0.65~0.7	5~7	4.0~6.0
	$C_{90}40F250W10$		0.38	15	二	33	106	237	42	279	X404C 0.6	DH9 0.7	5~7	4.0~6.0
	C40F250W10		0.30	20	二	33	112	299	74	373	X404C 0.6	DH9 0.7	5~7	4.0~6.0
临船改建	C30F250W10	高程84.00m拌和系统	0.40	20	二	42	145	290	73	363	ZB-1A 0.6	AIR202 0.8	泵16~18	3.0~5.0
	$C_{90}30F250W10$		0.45	20	二	34	121	215	54	269	ZB-1A 0.6	DH9 1.4	8~10	4.0~6.0
				20	二	27	101	180	45	225	ZB-1A 0.6	DH9 1.4	7~9	4.0~6.0
				20	二	33	125	222	56	278	ZB-1A 0.6	DH9 1.4	5~7	4.0~6.0
				20	二	28	102	181	45	227	ZB-1A 0.6	DH9 1.4	7~9	4.0~6.0
	$C_{90}15F100W8$		0.55	40	二	36	121	132	88	220	ZB-1A 0.6	DH9 1.4	5~7	4.0~6.0
				40	三	31	102	111	74	185	ZB-1A 0.6	DH9 1.4	7~9	4.0~6.0
				40	四	27	92	100	67	167	ZB-1A 0.6	DH9 1.4	7~9	4.0~6.0

表 8.4－9　　　　　　2002—2005 年三峡工程混凝土最大总含碱量检测结果

年度	标号	部 位	水胶比	级配	用水量/(kg/m³)	水泥用量/(kg/m³)	粉煤灰用量/(kg/m³)	外加剂用量/(kg/m³)	混凝土总碱量/(kg/m³)	总碱量控制值/(kg/m³)
2002	C25	右非坝段2甲B型止梗	0.45	二	126	234	56	1.344	1.13	≤2.5
2003	C40	右非坝段1乙	0.30	二	129	344	86	2.064	2.07	
2004	C₉₀40	临船改建2号坝段丙坝右墩	0.38	二	118	248	62	1.488	1.8	
2005	C₉₀40	右非1甲—25层	0.37	二	115	249	62	1.494	1.31	

1A 标包括右安Ⅲ坝段、右岸厂房 21～26 号坝段（以下简称安Ⅲ以右厂房坝段）以及右非 1～7 号坝段。右安Ⅲ～右非 7 号坝段位于三峡大坝右端，坝轴线总长 419.2m，安Ⅲ以右厂房坝段除右厂 26 号坝段长 49.4m 外，其余坝段均为 38.3m，各坝段内均设置一条横缝划分为左、右两个坝段，包括右非共计 21 个坝段。1A 标合同混凝土总量约 210 万 m³，接缝灌浆总量约 2.6 万 m²。

安Ⅲ以右厂坝段混凝土于 2003 年 2 月 16 日开工，至 2005 年 11 月 11 日先后到达高程 160.00m。至 2006 年 5 月 20 日，三峡大坝全线达到坝顶高程 185.00m。

1A 标部位大坝接缝灌浆于 2005 年 1 月 21 日开工，到 2006 年 3 月 5 日全部完成。

8.4.4.2　仓面准备与验收

1. 浇筑层面处理

施工层（缝）面一般采用 30～50MPa 高压水枪冲毛处理，对二期工程及间歇时间长的混凝土施工缝面采用凿毛处理，边角部位采用人工凿毛或钢丝刷刷毛。监理对冲毛时间和质量进行重点控制，并对层面清洗验收合格。

采用门（塔）机吊罐浇筑时，施工层面一般铺设 2～3cm 厚度、高一级标号砂浆。采用顶带机和胎带机浇筑时，上游面 10m 范围铺设二级配混凝土，其余部位铺设富浆三级配混凝土。

2. 模板

大坝上、下游面采用多卡平面模板，纵、横缝采用多卡支架配定型（键槽）模板，压力钢管及排沙孔渐变段，以及廊道顶拱等部位使用整体定型模板。并采用预留拉条模板、承重异型钢模等工艺措施，以满足混凝土外观和预埋件安装质量要求。

监理重点检查模板的支撑刚度、稳定性、平整度、光洁度、板缝拼合质量、结构边线，以及脱模剂涂刷质量等。并对基岩仓、止水基座、永久外露面和排漂（沙）孔过流面等部位的模板安装精度，进行全面复测校核。

3. 止水（浆）片等预埋件

预埋件主要包括各类止水、止浆片和排水系统，接缝灌浆和冷却管路系统等。

（1）止水安装均采用搭接焊，控制铜止水搭接长度不小于 2cm，塑料止浆片搭接长度不小于 10cm。三期工程经过工艺改进，止水安装采用卡具和配套模板固定，提高了安装质量。

（2）纵缝接缝灌浆管路采用埋设出浆盒工艺，坝体排水孔和少量的横缝灌浆管路采用拔管法施工。

（3）采用对排水槽顶部进行封闭，预埋件附近使用三级配以下混凝土，以及埋件部位人工振捣等措施，避免止水翻折、排水系统堵塞和混凝土振捣不密实。对于间歇时间较长的后浇块止水片，全面进行渗油检查并修补合格。

4. 钢筋

钢筋连接采用手工电弧焊接或直螺纹套筒连接，直径小于 25mm 的钢筋一般采用手工电弧搭接焊，直径不小于 25mm 的钢筋采用绑条焊。对钢筋接头按规范要求频率进行了取样检查，在直螺纹套筒连接结头生产过程采用专用检查工具检查，检测不合格接头切除后重新加工。监理按照有关质量要求，对各部位钢筋制安质量检查合格。

5. 仓面验收签证

仓面验收实行施工单位"三检制"和监理终检签证制度。

检查项目包括：基础岩面或混凝土施工缝处理，模板、钢筋、止水（止浆）片、灌浆系统埋件、冷却和排水系统埋件等项目；以及水机和电气埋件、观测仪器埋件等。各项目根据工序进行验收和分项签证，经监理逐项终检合格后，签发开仓合格证，浇筑单位凭开仓合格证要料开仓。

本阶段安鉴抽查部分检查验收签证，检查项目齐全，记录完整。

8.4.4.3 混凝土施工浇筑

1. 混凝土生产

混凝土生产主要由高程 150.00m 系统生产，该系统共有两座拌和楼，其中 2 号拌和楼主要负责本标段混凝土生产任务。

2003 年 8 月—2005 年 12 月，高程 150.00m 系统 2 号拌和楼累计生产混凝土 199.85 万 m³，2006 年 1 月以后由高程 84.00m 系统生产混凝土。

混凝土生产质量按照《混凝土生产质量控制及检验》（TGPS—T06）执行。

2. 混凝土运输

该部位混凝土运输主要通过两条皮带供料线给顶带机运输供料，同时采用自卸汽车给胎（顶）带机和门（塔）机供料。

TB5 和 TB6 号顶带机于 2003 年 11 月后投入运行，之前主要采用胎带机供料。安Ⅲ以右厂房坝段高程 170.00m 以下，主要以 TB5 和 TB6 号顶带机供料浇筑。右非 1～7 号坝段以胎带机浇筑为主，MQ2000 门机配合施工。拦污栅混凝土主要采用门、塔机配吊罐施工。管槽及门槽二期混凝土等部位主要采用门、塔机吊罐，结合溜槽或溜筒辅助浇筑，受施工栈桥影响部位采用 MY－BOX 辅助入仓。

3. 混凝土运输过程主要质量控制措施

（1）对自卸汽车进行运料标志识别。高程 84.00m 拌和楼采用条码识别，高程 150.00m 拌和楼采用传统的方式在车辆前部显著位置粘贴标志。

（2）控制自卸汽车运输时间。三期工程由于优选了混凝土外加剂，根据施工布置需要，适当放宽了运输控制时间，其控制标准见表 8.4－10。

（3）为避免皮带运输造成骨料分离，采用了控制卸料高度，适当调整皮带运输四级配混凝土的配合比（砂率增加 1%，特大石减少 5%～10%）等措施。并对混凝土供料线和自卸汽车设置遮阳篷，进行防雨和降温。

表 8.4-10 混凝土运输时间控制标准

运输时段平均气温/℃		5～10	10～20	20～30
混凝土运输时间/min	右岸大坝 1A 标	≤90	≤60	≤45
	右非 3～5 号坝段	≤60	≤45	≤30

4. 混凝土浇筑方法

三期工程大坝 1A 标仓号浇筑面积 160～1300m²，平均浇筑面积为 510m²。2003 年 11 月，5 号、6 号顶机供料线投产后混凝土以平浇法为主；投产前受设备运输能力控制，以台阶法施工为主。统计资料表明该部位大坝混凝土主要采用平浇法施工，后期采用台阶法施工部位主要在钢筋密集区。

基础约束区混凝土浇筑层厚按设计要求一般采用 1.5m。非约束区，台阶法施工部位浇筑层厚一般采用 1.5～2.0m；平浇法施工的部位初期一般采用 2m 层厚，在模板结构、设备运输能力和温控措施得到落实后，高程 123.30m 以上部位采用了 3m 层厚。引水压力钢管上弯段等少数部位采用 3～4.5m 层厚。

混凝土振捣以机械施工为主、辅以人工振捣。平铺法施工一般配备 1～2 台振捣臂（5 棒、8 棒）和一台平仓机作业。台阶法施工采用机械或人工平仓振捣。

8.4.4.4 混凝土浇筑过程质量控制

1. 混凝土含气量

混凝土生产过程每班均在机口对各配合比进行了含气量检测，及时调整混凝土中引气剂掺量。右非 3～5 号坝段常规混凝土机口含气量共检测 209 次，最大值为 5.7%，最小值为 1.6%，合格率 87.6%。1A 标施工单位各类混凝土机口含气量检测共计 8301 组，合格率均大于 96.7%，最大偏差小于 1.5%。逐年检测成果见表 8.4-11；监理单位机口对常态混凝土含气量共抽检 1209 组，平均合格率大于 95%，在 2004 年后一般大于 98%。

1A 标施工单位在仓面对常态混凝土含气量检测 1348 组，含气量平均值为 5.0%、最大值为 7.0%、最小值为 2.7%，表明含气量损失、变化相对较小。

以上检测表明，右安Ⅲ—右非 7 号坝段高程 160.00m 以下混凝土含气量控制总体较好。

表 8.4-11 右安Ⅲ—非 7 坝段高程 150.00m 系统 2 号拌和楼含气量检测成果统计表

时 段	抽检地点 混凝土品种	含气量 标准/%	检测 次数	含气量检测/%			
				最大值	最小值	平均值	合格率
三期开工— 2003 年 12 月	机口常规混凝土	4～6	953	6.3	3.0	5.1	98.8
2004 年 12 月— 2004 年 12 月	机口常规混凝土	4～6	2196	7.5	3.0	4.9	99.4
		5～7	1259	7.0	4.0	5.6	98.9
	机口抗冲磨混凝土	3～5	30	4.3	2.7	3.8	96.7
		4～6	60	6.0	4.0	4.8	100

续表

时　段	抽检地点 混凝土品种	含气量 标准/%	检测 次数	含气量检测/%			
				最大值	最小值	平均值	合格率
2005年12月— 2005年12月	机口常规混凝土	4～6	1715	6.5	3.6	5.0	99.7
		5～7	2079	6.8	4.4	5.7	99.8
	机口抗冲磨混凝土	3～5	20	4.5	3.6	4.1	100
		4～6	7	5.2	4.1	4.5	100
合计	机口常规混凝土	4～6	4846	7.5	3.0	5.0	99.3
		5～7	3338	7.0	4.0	5.7	99.0
	机口抗冲磨混凝土	3～5	50	4.5	2.7	3.9	98.0
		4～6	67	6.0	4.0	4.7	100

2. 混凝土坍落度

为控制好混凝土坍落度指标，每班都对混凝土坍落度定时进行检测。高程150.00m系统混凝土坍落度检测成果统计见表8.4-12，检测结果表明，逐年共检测8177次坍落度，检查合格率一般大于95%，总合格率大于98%。监理抽查1226组，合格率一般大于95%。施工单位混凝土坍落度仓面抽检成果见表8.4-13，检查成果表明仓面坍落度合格率一般大于93%。由于混凝土运输中坍落度有所损失，故略低于机口混凝土坍落度。右非3～5号坝段施工单位对常规混凝土机口坍落度共检测704次，合格率89.8%；泵送混凝土机口坍落度共检测7次，合格率100%。

检测成果表明右安Ⅲ—非7号坝段高程160.00m以下混凝土坍落度控制总体较好。

表8.4-12　　　　　　　　高程150.00m系统混凝土坍落度检测成果统计

统计时段	工程部位	抽检地点	控制要求 /cm	检测 次数	最大值 /cm	最大值 /cm	平均值 /cm	合格率 /%
三期开工— 2003年12月	右安Ⅲ— 非7坝段	机口	3～5	622	7.3	1.0	4.5	98.6
			5～7	292	9.3	3.0	6.1	94.5
			7～9	39	13.9	4.2	8.2	92.3
2004年1月— 2004年12月	右安Ⅲ— 非7坝段	机口	3～5	2397	7.4	1.5	4.0	99.7
			5～7	967	8.2	3.1	6.0	99.2
			7～9	181	11.5	5.0	8.0	97.2
2005年1月— 2005年12月	右安Ⅲ— 非7坝段	机口	3～5	1930	5.5	2.0	3.8	100
			5～7	1304	7.2	3.9	5.9	99.9
			7～9	445	9.7	6.3	7.9	100
合计	右安Ⅲ— 非7坝段	机口	3～5	4949	7.4	1.0	4.0	99.7
			5～7	2563	9.3	3.0	5.9	99.0
			7～9	665	13.9	4.2	7.9	98.8

表 8.4-13 施工仓面混凝土坍落度检测成果统计表

统计时段	工程部位	抽检地点	控制要求 /cm	检测次数	最大值 /cm	最大值 /cm	平均值 /cm	合格率 /%
2003 年	右安Ⅲ—非 7 坝段	仓面	3～5	56	5.6	1.0	3.8	98.2
			5～7	61	7.5	2.2	5.8	96.7
			7～9	13	9.9	6.1	8.0	100
2004 年	右安Ⅲ—非 7 坝段	仓面	3～5	229	5.8	1.5	4.2	99.6
			5～7	69	8.4	3.5	6.3	92.8
			7～9	24	9.2	5.5	8.1	95.8
2005 年	右安Ⅲ—非 7 坝段	仓面	3～5	133	6.5	2.2	3.9	97.7
			5～7	129	8.5	3.6	5.7	94.6
			7～9	31	10.5	6.4	8.1	93.5
合计	右安Ⅲ—非 7 坝段	仓面	3～5	418	6.5	1.0	4.1	98.8
			5～7	259	8.5	2.2	5.9	94.6
			7～9	68	10.5	5.5	8.1	96.6

3. 现场浇筑质量控制

三期大坝混凝土浇筑较严格的执行了"仓面设计"和"三检盯仓"制，并实行现场"责任挂牌"和"施工质量考核、奖惩"制度。监理旁站对"混凝土浇筑质量"和"浇筑工艺设计执行情况"及质量情况进行记录、考核和评定。

根据自检报告和有关补充资料，主要质量控制措施如下：

（1）监理根据各浇筑仓特点、浇筑设备能力和气候等情况，对浇筑方法、升层高度、台阶宽度、铺料顺序、混凝土标号、质量保证措施和浇筑资源配置等进行审查确认。

（2）控制混凝土级配、标号分区、浇筑层厚和浇筑时间。提高布料、平仓和振捣工艺，以减少骨料集中、泌水和分离。并在浇筑过程对模板变形进行监控。

（3）浇筑过程中，加强对灌浆和冷却管路等预埋件的监护。对水平钢筋网密集部位的混凝土振捣工艺进行了改进。

（4）对施工栈桥、供料线和大型施工设备布置等影响形成的部分浇筑盲区仓，采取"实测盲区范围、制定专项措施"的控制方法。

高程 160.00m 以下共计浇筑 2466 单元（仓），完全执行仓面设计的单元比例为88.9%，2005 年后达到 96% 以上。安鉴抽查有关原始记录，检查项目齐全，考核评定较严谨。

4. 混凝土雨季施工

三峡坝区雨量丰沛集中，大坝混凝土施工规模大、进度快，雨季施工质量问题较突出。为此建立了较完整的雨季混凝土施工质量控制预案。主要措施如下：

（1）及时掌握当天气象预报，中—大雨暂缓开仓。在开仓前逐项检查防雨设施，包括防雨雨布、低部位的挡水围堰、仓内排水器具，需抹面部位搭设的雨棚质量等。

（2）混凝土浇筑过程遭遇小—中雨冒雨施工时，坍落度按下限控制，控制混凝土入仓强度，采用雨布及时覆盖已浇混凝土表面，并及时排除仓内积水。混凝土覆盖前，对重要部位和失浆严重混凝土按挖除处理，对被污染的缝面做到冲洗干净。

（3）浇筑过程中遭遇大雨，暂停供料施工全面覆盖防雨布，加强仓内引、排水及时完成混凝土振捣。恢复浇筑前，冲洗干净污染缝面，对失浆严重的混凝土采用挖除（或作废料处理），浇筑层面铺设砂浆或低一级配混凝土，重要部位铺富浆混凝土或二级配混凝土。如仓面混凝土出现大面积初凝，作停仓处理。

8.4.4.5 特殊部位混凝土质量控制

1. 电站进水口、排沙孔及排漂孔混凝土施工质量控制

右厂 21～26 号坝段共布置了 6 个电站进水口，安Ⅲ及 26-2 坝段布置有 3 个排沙孔，右非 1 号坝段布置有 3 号排漂孔。

进口段底板过流面采用设样架人工抹面，立面采用大型整体钢模。根据渐变段结构复杂和成型精度要求高的特点，采用由底模、角模、边模及顶模等组成的特制大型专用钢模板，并在底板缓坡部位采用翻转钢模—抹面工艺。在进水口底板长间歇面采用了聚丙烯纤维混凝土等工艺。

2. 拦污栅墩及门槽二期混凝土施工质量控制

拦污栅墩模板以专制定型钢模板为主，门（塔）机吊罐入仓；门槽二期混凝土采用门（塔）机吊罐—溜槽入仓。主要质量控制措施为：

（1）对拦污栅墩模板接缝质量进行重点检查，控制混凝土浇筑强度以防止模板变形。

（2）采取三点定点下料或提高混凝土坍落度等方法，防止入仓骨料分离。控制下料间隔时间，以保证混凝土振捣密实且不发生初凝。

8.4.4.6 检查验收成果分析

1. 混凝土轮廓检查成果

（1）孔口过流面。右安Ⅲ—右非 7 号坝段已完成 7 号排砂孔、3 号排漂孔、21～23 号进水口轮廓检查，其他孔口检查尚在进行中。共完成过流面轮廓检查 987 点，90%的测点偏差小于 15mm，仅 3 号排漂孔有 1 点偏差大于 20mm，检查成果见表 8.4-14。

孔口过流面经处理后，采用 1m 直尺进行平整度检查全部合格。

表 8.4-14　三峡三期工程右安Ⅲ—右非 7 号坝段过流孔口轮廓检测偏差值分布表

工程部位	点数 /个	偏差范围 /mm	偏差值分布/mm									
			0～5		5～10		10～15		15～20		＞20	
			点	%	点	%	点	%	点	%	点	%
7 号排沙孔口	332	−20～+19	177	53.3	131	39.5	15	4.5	9	2.7	0	0
3 号排漂孔口	160	−24～+17	67	41.9	62	38.8	18	11.3	12	7.5	1	0.6
21 号进水孔口	195	−20～+20	81	41.5	93	47.7	5	2.6	16	8.2	0	0
22 号进水孔口	139	−20～+19	58	41.7	57	41.0	22	15.8	2	1.4	0	0
23 号进水孔口	161	−19～+15	65	40.4	70	43.5	23	14.3	3	1.9	0	0

（2）大坝轮廓检查。三期工程右安Ⅲ—右非 2 号坝段，高程 160.00m 以下体型轮廓检查共5644 点，94%的测点偏差小于 20mm，仅有 10 点偏差大于 30mm，成果见表 8.4-15。

表 8.4 - 15　　三期工程右安Ⅲ—右非 2 号坝段高程 160.00m 以下体型轮廓检查统计表

工程部位	高程范围/m	测点数/个	偏差范围/mm	0~14		15~20		20 以上		偏差值 >30mm（点）
				点	%	点	%	点	%	
右安Ⅲ-1 坝段	35~160	319	-28 ~+28	240	75.2	67	21.0	12	3.8	
右安Ⅲ-2 坝段	35~160	293	-29 ~+27	220	75.1	68	23.2	5	1.7	
右厂 21-1 坝段	40~160	468	-29 ~+29	380	81.2	81	17.3	7	1.5	
右厂 21-2 坝段	45~160	324	-39 ~+38	256	79.0	59	16.4	15	4.6	2
右厂 22-1 坝段	50~160	437	-29 ~+29	349	79.8	75	17.2	13	3.0	
右厂 22-2 坝段	55~160	292	-20 ~+29	225	77.1	64	21.9	3	1.0	
右厂 23-1 坝段	55~160	448	-29 ~+25	364	81.2	67	15.0	17	3.8	
右厂 23-2 坝段	70~160	247	-29 ~+27	185	74.9	49	19.8	13	5.3	
右厂 24-1 坝段	82~160	410	-30 ~+38	302	73.7	92	22.4	16	3.9	2
右厂 24-2 坝段	82~160	276	-42 ~+38	182	66.0	79	28.6	15	5.4	3
右厂 25-1 坝段	82~160	356	-29 ~+29	263	73.9	83	23.3	10	2.8	
右厂 25-2 坝段	82~159.8	248	-49 ~+30	179	72.2	58	23.4	11	4.4	2
右厂 26-1 坝段	82~160	359	-28 ~+29	274	76.3	82	22.8	3	0.9	
右厂 26-2 坝段	82~159.8	411	-29 ~+29	304	74.0	96	23.3	11	2.7	
右非 1 号坝段	82~161	588	-38 ~+25	453	82.1	76	16.8	5	1.1	1
右非 2 号坝段	108~160	168	-25 ~+25	133	79.2	32	19.0	3	1.8	

2. 混凝土性能检测

（1）混凝土抗压强度检测。2003 年 7 月至 2005 年 12 月，监理对高程 150.00m 拌和系统生产的混凝土共抽检 2449 组，本部位使用的 2 号拌和楼仅有 5 组混凝土抗压强度达到设计强度指标的 90%~98.4%，其余均超过设计指标要求。2005 年 3—6 月，业主试验中心、监理单位和施工单位联合对高程 150.00m 拌和系统 2 号楼混凝土生产水平进行了抽查，对其生产的 C$_{90}$25 混凝土进行了加密取样检测，其平均抗压强度 29MPa，标准差为 2.74MPa，离差系数为 0.1。

施工单位对高程 150.00m 系统 2 号拌和楼机口取样共 5874 组，分别进行 28d 龄期和 90d 龄期混凝土抗压和抗拉强度试验，仓面取样进行混凝土抗压强度试验 512 组，其中 28d 龄期 384 组、90d 龄期 124 组，仓面取样进行混凝土抗拉强度试验 150 组，其中 28d 龄期 81 组、90d 龄期 69 组，检测成果见表 8.4 - 16~表 8.4 - 20。

检测成果表明：

1）各部位混凝土强度保证率均大于 97%，混凝土检测强度 99% 以上均大于设计强度等级指标要求。

2）高程 150.00m 拌和系统机口取样混凝土，设计龄期抗压强度标准差 3.01~4.07MPa，离差系数一般小于 0.12，最大为 0.16；高程 84.00m 拌和系统机口取样混凝土设计龄期抗压强度标准差 3.70~4.86MPa，离差系数最大为 0.18。

3）右厂坝段仓面取样混凝土 28d 抗压强度标准差为 2.61～3.08MPa，离差系数最大为 0.16。

表 8.4－16　　安Ⅲ以右厂房坝段高程 150.00m 系统 2 号拌和楼混凝土机口

取样强度检查成果统计表

混凝土设计指标	水胶比	试验项目	龄期/d	组数	强度 MPa			σ/MPa	C_v	P/%	不低于设计强度百分率/%
					最大值	最小值	平均值				
C₉₀15F100W8	0.55 0.50	抗压	28	1141	24.7	10.5	16.6	2.76	0.17	—	—
			90	689	34.3	17.3	25.1	3.99	0.16	99.4	100
		抗拉	28	295	1.91	1.21	1.41	0.16	0.11	—	100
			90	145	2.45	1.51	1.91	0.24	0.12	—	100
C₉₀20F150W10	0.50	抗压	28	792	27.6	15.9	20.9	2.48	0.12	—	—
			90	590	38.1	23.5	30.0	3.01	0.10	99.9	100
		抗拉	28	221	2.21	1.46	1.70	0.15	0.09	—	100
			90	141	2.84	1.82	2.25	0.22	0.10	—	100
C₉₀20F250W10	0.50	抗压	28	328	27.6	16.0	20.6	2.48	0.12	—	—
			90	144	37.3	22.4	29.5	3.48	0.12	99.5	100
		抗拉	28	55	2.11	1.46	1.65	0.16	0.10	—	100
			90	27	2.56	1.82	2.14	—	—	—	100
C₉₀25F250W10	0.48 0.45	抗压	28	480	33.3	20.7	24.4	2.59	0.11	—	—
			90	276	44.5	27.0	33.0	3.16	0.10	99.4	100
		抗拉	28	86	2.42	1.69	1.88	0.15	0.08	—	100
			90	54	2.79	2.11	2.39	0.17	0.07	—	100
C₉₀30F250W10	0.45 0.48	抗压	28	508	36.6	25.0	28.7	2.66	0.09	—	—
			90	337	48.0	30.6	37.0	3.52	0.10	97.8	100
		抗拉	28	165	2.77	1.93	2.16	0.16	0.07	—	100
			90	62	3.28	2.41	2.65	0.20	0.07	—	100
C25F250W10	0.45 0.37	抗压	28	138	38.9	26.0	29.6	2.40	0.08	97.2	100
			90	51	45.3	34.0	38.6	3.01	0.07	—	—
		抗拉	28	27	2.93	2.11	2.27	—	—	—	—
			90	6	3.07	2.53	2.78	—	—	—	—
C30F250W10	0.41	抗压	28	5	36.7	33.1	34.9	—	—	—	100
			90	1	42.8	42.8	42.8	—	—	—	—
C35F250W10	0.33	抗压	28	36	55.7	42.3	48.7	3.48	0.07	—	100
			90	15	64.8	50.2	56.7	—	—	—	—
		抗拉	90	10	3.66	3.04	3.39	—	—	—	100

表 8.4 - 17　安Ⅲ以右厂房坝段高程 84.00m 混凝土系统机口取样强度检查成果统计表

混凝土设计指标	水胶比	试验项目	龄期/d	组数	强度/MPa			σ/MPa	C_v	P/%	不低于设计强度百分率/%
					最大值	最小值	平均值				
C$_{90}$15F100W8	0.55	抗压	28	109	28.6	11.5	17.6	2.61	0.15	—	—
			90	226	38.3	20.6	28.3	3.39	0.12	99.9	100
		抗拉	28	5	2.13	1.34	1.63	—	—	—	100
			90	30	3.03	1.81	2.24	0.28	0.12	—	100
C$_{90}$20F150W10	0.50 0.48	抗压	28	74	37.4	18.9	25.2	3.86	0.15	—	—
			90	133	49.5	28.6	37.7	4.27	0.11	99.9	100
		抗拉	28	2	2.37	1.59	1.98	—	—	—	100
			90	6	2.99	2.27	2.62	—	—	—	100
C$_{90}$20F250W10	0.50 0.48	抗压	28	50	36.0	18.2	24.1	3.81	0.16	—	—
			90	91	47.0	25.2	36.5	4.01	0.11	99.9	100
		抗拉	28	1	2.50	2.50	2.50	—	—	—	100
			90	12	3.13	2.34	2.72	—	—	—	100
C$_{90}$25F250W10	0.48 0.45	抗压	28	115	42.8	16.9	27.5	4.98	0.18	—	—
			90	195	59.8	26.6	38.9	4.86	0.12	99.8	100
		抗拉	28	3	2.15	1.74	1.98	—	—	—	100
			90	21	3.48	2.29	2.75	—	—	—	100
C$_{90}$30F250W10	0.45	抗压	28	79	41.9	25.8	33.4	3.52	0.11	—	—
			90	92	54.8	33.1	44.8	4.50	0.10	99.9	100
		抗拉	28	8	2.62	2.17	2.43	—	—	—	100
			90	14	3.53	2.54	3.11	—	—	—	100
C25F250W10	0.45	抗压	28	70	46.1	25.6	33.1	3.96	0.12	97.8	100
			90	18	50.1	33.3	43.6	—	—	—	—
		抗拉	28	11	2.7	2.08	2.37	—	—	—	—
			90	4	3.27	2.73	3.06	—	—	—	—
C30F250W10	0.40	抗压	28	8	53.3	34.3	43.0	—	—	—	100
C35F250W10	0.37	抗压	28	9	50.8	36.3	43.9	—	—	—	100
			90	1	46.5	46.5	46.5	—	—	—	—

表 8.4 - 18　　　　右非坝段高程 150.00m 系统 2 号拌和楼混凝土机口取样强度检查成果统计表

混凝土设计指标	水胶比	试验项目	龄期/d	组数	强度/MPa			σ/MPa	C_v	P/%	不低于设计强度百分率/%
					最大值	最小值	平均值				
C$_{90}$15F100W8	0.55 0.50	抗压	28	23	24.0	12.6	16.2	—	—	—	—
		抗拉	28	7	1.71	1.25	1.44	—	—	—	100

混凝土设计指标	水胶比	试验项目	龄期/d	组数	强度/MPa			σ/MPa	C_v	P/%	不低于设计强度百分率/%
					最大值	最小值	平均值				
C$_{90}$20F150W10	0.50 0.48	抗压	28	12	25.5	17.5	21.4	—	—	—	—
			90	3	29.8	25.3	26.9	—	—	—	100
		抗拉	28	3	1.66	1.53	1.62	—	—	—	100
C$_{90}$20F150W10 （低热）	0.50	抗压	28	13	19.5	14.9	17.2	—	—	—	—
			90	3	35.7	32.2	33.6	—	—	—	100
		抗拉	28	3	1.66	1.47	1.57	—	—	—	100
C9020F250W10 （低热）	0.50	抗压	28	1	16.0	16.0	16.0	—	—	—	—
			90	1	35.0	35.0	35.0	—	—	—	100
C$_{90}$20F250W10	0.50	抗压	28	8	24.2	17.3	20.4	—	—	—	—
			90	1	35.0	35.0	35.0	—	—	—	100
C$_{90}$25F250W10 （低热）	0.48	抗压	28	5	21.7	16.4	19.7	—	—	—	—
C$_{90}$25F250W10	0.48 0.45	抗压	28	40	33.4	21.6	24.2	2.71	0.11	—	—
			90	22	42.6	30.2	34.6	—	—	—	100
		抗拉	28	3	1.91	1.75	1.82	—	—	—	100
			90	3	2.60	2.21	2.34	—	—	—	100
C$_{90}$30F250W10	0.48 0.45	抗压	28	29	36	25.8	29.9	—	—	—	—
			90	19	44.7	32.7	37.9	—	—	—	100
		抗拉	28	9	2.52	1.99	2.20	—	—	—	100
			90	4	2.95	2.46	2.61	—	—	—	100
C$_{90}$40F250W10	0.37 0.35	抗压	28	65	46.4	35.9	41.2	3.05	0.07	—	—
			90	51	61.9	44.1	50.7	4.07	0.08	99.5	100
		抗拉	28	1	2.84	2.84	2.84	—	—	—	100
C25F250W10	0.45	抗压	28	4	35.3	27.1	29.4	—	—	—	100
C30F250W10	0.40	抗压	28	8	38.6	31.0	35.0	—	—	—	100
			90	3	48.1	41.0	45.6	—	—	—	
C40F250W10	0.33 0.30	抗压	28	19	53.7	41.2	48.0	—	—	—	100
			90	13	61.3	45.6	56.5	—	—	—	
		抗拉	90	1	3.96	3.96	3.96	—	—	—	—

表 8.4-19　右非坝段高程 84.00m 混凝土系统机口取样强度检查成果统计表

混凝土设计指标	水胶比	试验项目	龄期/d	组数	强度/MPa			σ/MPa	C_v	P/%	不低于设计强度百分率/%
					最大值	最小值	平均值				
C$_{90}$15F100W8	0.55	抗压	28	2	18.0	16.6	17.3	—	—	—	

续表

混凝土设计指标	水胶比	试验项目	龄期/d	组数	强度/MPa			σ/MPa	C_v	P/%	不低于设计强度百分率/%
					最大值	最小值	平均值				
C₉₀20F150W10	0.48	抗压	28	53	34.4	19.9	24.9	3.03	0.12	—	—
			90	63	47.2	29.8	37.9	3.95	0.10	99.9	100
		抗拉	28	3	2.24	1.86	2.02	—	—		100
			90	1	2.66	2.66	2.66	—	—		100
C₉₀20F250W10	0.48	抗压	28	10	34.4	20.8	29.3	—	—		—
			90	17	44.4	29.7	38.2	—	—		100
		抗拉	90	1	2.49	2.49	2.49	—	—		100
C₉₀25F250W10	0.45 0.48	抗压	28	18	32.8	19.9	27.7	—	—		—
			90	39	48.1	34.0	42.2	3.70	0.09	99.9	100
C₉₀30F250W10	0.45	抗压	28	16	40.3	26.4	33.3	—	—		100
			90	26	53.2	38.2	44.6	—	—		100
		抗拉	28	1	2.05	2.05	2.05	—	—		100
			90	4	3.38	2.91	3.10	—	—		100
C25F250W10	0.45	抗压	28	21	44.7	27.7	34.9	—	—		100
			90	6	58.6	39.8	51.4	—	—		—
		抗拉	28	1	2.67	2.67	2.67	—	—		100
C30F250W10	0.41	抗压	28	4	36.1	32.2	34.9	—	—		100
C35F250W10	0.37	抗压	28	2	48.6	39.7	44.2	—	—		100
C40F250W10	0.30	抗压	28	21	60.2	43.8	53.7	—	—		100
			90	5	66.6	58.1	62.6	—	—		—
		抗拉	28	3	3.43	3.40	3.42	—	—		100

表 8.4 - 20　　安Ⅲ以右厂房坝段高程 150.00m 系统 2 号拌和楼混凝土
仓面取样强度检查成果统计表

混凝土设计指标	水胶比	试验项目	龄期/d	组数	强度/MPa			σ/MPa	C_v	P/%	不低于设计强度百分率/%
					最大值	最小值	平均值				
C₉₀15F100W8	0.55、0.50	抗压	28	82	23.9	12.3	17.6	2.85	0.16	0.16	—
			90	36	34.1	19.3	27.0	3.88	0.14	0.14	99.9
		抗拉	28	30	2.58	1.24	1.61	0.34	0.21	0.21	—
			90	20	2.45	1.53	1.96	—	—	—	—
C₉₀20F150W10	0.50	抗压	28	52	29.0	17.2	22.1	2.82	0.13	0.13	—
			90	9	37.7	26.1	31.6	—	—	—	—
		抗拉	28		1.86	1.54	1.69	—	—	—	—
			90	6	2.29	1.99	2.17	—	—	—	—

续表

混凝土设计指标	水胶比	试验项目	龄期/d	组数	强度/MPa			σ/MPa	C_v	P/%	不低于设计强度百分率/%
					最大值	最小值	平均值				
C₉₀20F250W10	0.50、0.48	抗压	28	26	28.6	18.6	23.2	—	—	—	—
			90	9	37.9	29.5	33.8	—	—	—	—
		抗拉	28	7	2.11	1.48	1.73	—	—	—	—
			90	8	2.70	2.05	2.36	—	—	—	—
C₉₀25F250W10	0.48、0.45	抗压	28	77	31.8	21.5	25.8	2.61	0.10	0.10	—
			90	13	41.7	31.5	37.4	—	—	—	—
		抗拉	28	8	2.43	1.70	2.04	—	—	—	—
			90	7	2.77	2.21	2.48	—	—	—	—
C₉₀30F250W10	0.48、0.45	抗压	28	46	36.4	24.4	30.7	3.08	0.10	0.10	—
			90	26	46.1	33.3	38.8	—	—	—	—
		抗拉	28	16	2.91	1.99	2.29	—	—	—	—
			90	18	3.35	2.47	2.84	—	—	—	—
C25F250W10	0.45	抗压	28	22	36.4	27.5	31.5	—	—	—	—
			90	3	45.7	42.8	44.2	—	—	—	—
		抗拉	28	2	2.47	2.26	2.37	—	—	—	—
			90	1	2.84	2.84	2.84	—	—	—	—
C30F250W10	0.40	抗压	28	2	39.6	37.1	38.4	—	—	—	—

（2）混凝土抗冻、抗渗、极限拉伸性能检测。施工单位对安Ⅲ以右厂房坝段及右非混凝土抗冻、抗渗、极限拉伸取样45组，检测成果见表8.4-21和表8.4-22。检测成果表明各龄期混凝土抗冻、抗渗、极限拉伸值均满足设计要求。

监理共抽样18组，对混凝土抗冻、抗渗、极限拉伸性能检查成果见表8.4-23。检测成果表明，有2组抗冻等级、1组抗渗和1组极限拉伸指标未达到设计指标，其余性能可满足设计要求。

表 8.4-21　右安Ⅲ—26 厂房坝段混凝土抗冻、抗渗、极限拉伸施工检测成果

取样时段	混凝土设计指标	取样组数	水胶比	粉煤灰掺量/%	含气量/%	抗冻等级	抗渗等级	极限拉伸值/（×10⁻⁴）	
								28d	90d
2003 年 7 月—2004 年 8 月	C₉₀20F150W10 $\varepsilon_{P28}=0.85\times10^{-4}$ $\varepsilon_{P90}=0.88\times10^{-4}$	12	0.48～0.50	30～35	4.2～6.1	>F150	>W10	0.87～0.99	0.98～1.09
2003 年 11 月—2005 年 8 月	C₉₀25F250W10 $\varepsilon_{P28}=0.85\times10^{-4}$ $\varepsilon_{P90}=0.88\times10^{-4}$	13	0.45～0.50	20～30	5.0～5.9	>F250	>W10	0.93～1.07	1.03～1.30
2003 年 12 月—2005 年 10 月	C₉₀15F100W8 $\varepsilon_{P28}=0.70\times10^{-4}$ $\varepsilon_{P90}=0.75\times10^{-4}$	9	0.50～0.55	40～45	4.7～5.6	>F100	>W8	0.78～0.96	0.85～0.97

续表

取样时段	混凝土设计指标	取样组数	水胶比	粉煤灰掺量/%	含气量/%	抗冻等级	抗渗等级	极限拉伸值/($\times 10^{-4}$)	
								28d	90d
2004年3月—2005年4月	$C_{90}20F250W10$ $\varepsilon_{P28}=0.85\times10^{-4}$ $\varepsilon_{P90}=0.88\times10^{-4}$	4	0.48~0.50	30~35	4.8~6.0	>F250	>W10	0.94~0.97	0.99~1.04
2004年4月—2005年4月	$C_{90}30F250W10$ $\varepsilon_{P28}=0.85\times10^{-4}$	7	0.45~0.48	20	4.3~5.6	>F250	>W10	0.96~1.06	1.01~1.12

表8.4-22 右非混凝土抗冻、抗渗、极限拉伸施工检测成果

取样时段	混凝土设计指标	取样组数	水胶比	粉煤灰掺量/%	含气量/%	抗冻等级	抗渗等级	极限拉伸值/($\times 10^{-4}$)	
								28d	90d
2003年6月7日	$C_{90}20F150W10$ $\varepsilon_{P28}=0.85\times10^{-4}$ $\varepsilon_{P90}=0.88\times10^{-4}$	1	0.48	30	3.4	>F150	>W10	0.97	1.01
2005年6月25日	$C_{90}30F250W10$ $\varepsilon_{P28}=0.85\times10^{-4}$	1	0.45	20	6.1	>F250	>W10	1.00	1.04
2005年1月17日	$C_{90}25F250W10$ $\varepsilon_{P28}=0.85\times10^{-4}$ $\varepsilon_{P90}=0.88\times10^{-4}$	1	0.48	30	5.8	>F250	>W10	0.96	1.06

表8.4-23 安Ⅲ—右非混凝土抗冻、抗渗、极限拉伸监理检测成果

时段	混凝土设计指标	取样组数	水胶比	粉煤灰掺量/%	含气量/%	抗冻等级	抗渗等级	极限拉伸值/($\times 10^{-4}$)	
								28d	90d
2003—2004年	$C_{90}20F150W10$ $\varepsilon_{P28}=0.85\times10^{-4}$ $\varepsilon_{P90}=0.88\times10^{-4}$	3	0.50	35	5.1~6.2	>F150	2组>W10 1组W8	0.75~0.93注	1.03~1.06
2004—2005年	$C_{90}25F250W10$ $\varepsilon_{P28}=0.85\times10^{-4}$ $\varepsilon_{P90}=0.88\times10^{-4}$	5	0.43~0.48	20~30	5.2~5.9	4组>F250 1组F200	>W10	0.89~1.45	1.08~1.10
2003—2005年	$C_{90}15F100W8$ $\varepsilon_{P28}=0.70\times10^{-4}$ $\varepsilon_{P90}=0.75\times10^{-4}$	7	0.50~0.55	40~45	5.5~6.0	>F100	>W8	0.74~1.07	0.87~1.08
2004—2005年	$C_{90}30F250W10$ $\varepsilon_{P28}=0.85\times10^{-4}$	3	0.45~048	20	4.3~6.2	2组>F250 1组F200	>W10	0.91~1.07	1.04~1.32

注 1组极限拉伸为0.75。

3. 现场钻孔试验及取芯检查

（1）仓面钻孔压（抽）水检查。在三期大坝混凝土浇筑过程进行了仓面钻孔压（抽）

水检查，通过压水试验检查各部位混凝土密实性。要求坝体防渗区透水率不大于0.1Lu，坝体内部透水率不大于0.3Lu，压水量或抽水量不大于1L/m。检查孔布置在各仓混凝土质量有怀疑的部位。

钻孔孔径φ50mm，孔深1.5～3.0m不等。截至2005年8月，1A标共布置检查孔153个，钻孔总进尺330.5m。检查成果见表8.4-24，成果表明，153孔压水检查透水率为0～0.080Lu，均可满足不大于0.1Lu的设计要求；检查孔压水及抽水检查，压水量及抽水量分别为0～1.000 L/m和0～0.432L/m均满足不大于1L/m的设计要求。

表8.4-24　　　　　　　　混凝土仓面钻孔压（抽）水检查成果表

部　　位			孔深/m	压　水　检　查		抽水量/(L/m)	检查时段/(年-月-日)
部位	孔数	开孔高程/m		透水率/Lu	压水量/(L/m)		
标准值				≤0.1	≤1		
安Ⅲ—2甲	3	51	1.8	0.000～0.000	0.000～0.000	0.000～0.000	2004-2-25
	4	68	1.8	0.000～0.000	0.000～0.000	0.000～0.000	2004-7-22
	6	120	2.8	0.00～0.038	0.140～0.430	0.143～0.429	2005-4-22
	6	132	2.8	0.00～0.048	0.050～0.500	—	2005-6-21
	4	144	2.7～2.8	0.000～0.000	0.000～0.000		2005-8-11
安Ⅲ—1甲	4	93.5	2.5～2.8	0.009～0.026	0.039～0.080		2004-12-9
安Ⅲ—1乙	6	82.0	2.78～2.95	0.000～0.079	0.000～0.028		2004-12-7
安Ⅲ—1丙	4	65.5	2.8	0.000～0.000	0.000～0.000	0.000～0.000	2004-10-21
21—1甲	4	96.5	1.8	0.000～0.000	0.000～0.000		2004-11-27
	4	106.5	1.5	0.000～0.000	0.000～0.070		2005-1-28
21—2乙	3	49	1.4	0.000～0.000	0.000～0.000		2004-2-5
	4	51.5	1.9	0.000～0.000	0.000～0.000		2004-2-5
	6	91.5	1.8	0.013～0.062	0.007～0.034		2004-12-21
22—1甲	4	94.5	2.8～3	0.024～0.044	0.105～0.210		2004-9-26
	6	129	1.9～2.8	0.000～0.000	0.100～1.000	0.036～0.357	2005-6-11
22—1乙	6	64	1.8	0.000～0.000	0.000～0.000	0.000～0.000	2004-7-1
	3	72	1.8～1.9	0.020～0.060	0.014～0.040		2004-8-9
	4	74	1.8～1.9	0.020～0.048	0.019～0.045		2004-8-16
22—2乙	4	110.5	3.3～3.8	0.017～0.042	0.200～0.675		2005-2-16
23—1甲	5	125	2.2	0.000～0.000	0.000～0.100	0.000～0.045	2005-6-11
	6	130	1.77～1.8	0.000～0.000	0.300～0.700	0.167～0.389	2005-6-23
	6	136.0	2.75～2.8	0.000～0.000	0.179～0.071	—	2005-7-21
23—1乙	4	88.5	2.3～2.4	0.000～0.410	0.000～0.174	—	2004-12-5
23—1丙	4	56	1.8	0.000～0.000	0.000～0.000		2004-7-22
	4	66	2.2	0.000～0.000	0.000～0.156		2004-10-20

| 部　位 | | | 孔深 /m | 压 水 检 查 | | 抽水量 /(L/m) | 检查时段 /(年-月-日) |
部位	孔数	开孔高程 /m		透水率/Lu	压水量/(L/m)		
23—2甲	4	104.5	1.8	0.000~0.000	0.000~0.000	—	2004-11-27
23—2乙	6	119	2.2	0.000~0.056	0.000~0.430	0.000~0.195	2005-4-7
25—2甲	4	152.0	1.5	0.000~0.000	0.000~0.000	—	2005-1-31
25—1丙	4	77.8	1.6	0.000~0.000	0.000~0.000	—	2003-11-13
26—1甲	4	132	1.8	0.006~0.010	0.005~0.072	—	2004-10-19
右非—1甲	5	145	2.2~2.3	0.000~0.053	0.500~0.950	0.217~0.432	2005-4-19
	6	153	1.8	0.000~0.000	0.200~0.700	0.111~0.389	2005-6-11
	6	155	1.8	0.000~0.080	0.000~0.480	0.000~0.267	2005-6-23
合计	153		330.5	0.000~0.080	0.000~1.200	0.000~0.432	

（2）钻孔取芯检查：

1）右岸 1A 标大坝工程钻孔取芯检查。高程 160.00m 以下共布置取芯检查孔 60 个，总进尺 499.79m。其中防渗层 17 孔，非防渗层 43 孔，非防渗层中甲块 32 孔，乙块 3 孔，丙块 8 孔。

取芯检查孔布孔型式有两类：一类是四方共同确定，并以技术核定单形式确认的取芯检查孔；另一类是以设计下发通知明确的取芯检查孔。四方确认的取芯检查孔共 42 个，总进尺 310.97m。设计确定的取芯检查孔共 18 个，总进尺 188.82m。

各检查孔均未发现明显的混凝土质量缺陷，在安Ⅲ坝段乙块，由顶带机浇筑的四级配低标号混凝土部位，孔径 ϕ219mm 钻孔取芯单根芯样长度达到 15.08m。各孔芯样获得率均不小于 91.3%（平均大于 95.83%）；压水、抽水和透水率检查等指标满足三峡工程质量标准（Ⅰ类孔）要求。检查成果见表 8.4-25。

表 8.4-25　　　　　　　　右岸 1A 标大坝混凝土取芯孔检查成果汇总表

| 取芯 部位 | 孔径 /mm | 仓次 | 孔数 | 进尺 /m | 透水率/Lu | | 芯样获得率/% | | 最长芯样 /m | 检查孔类别/孔 | |
					最大	平均	最小	平均		Ⅰ	Ⅱ
防渗层 混凝土	76	2	2	27.4	0	0	96.4	97.4	0.71	2	
	91	9	10	103.4	0.073	0.025	92.4	97.1	0.68	10	
	110	2	2	16.9	0	0	96.5	98.3	0.56	2	
	219	3	3	46.09	0.01	0.003	100	100	12.51	3	
	合计	16	17	193.79	0.073	0.01	92.4	97.8	12.51	17	
	质量标准				≤0.1	—	≥95%	—	—		
内部 混凝土	76	18	27	186.12	0.068	0.007	91.3	98.6	0.92	27	
	91	9	10	65.4	0.07	0.021	91.3	96.1	0.77	10	
	110	2	2	9.67	0.02	0.01	95.8	95.8	0.42	2	
	219	4	4	44.7	0.027	0.019	98.6	99.4	15.08	4	
	合计	33	43	305.89	0.07	0.012	91.3	98.2	15.08	43	
	质量标准				≤0.3	—	≥95%	—	—		

2）右非 3～5 号坝段混凝土取芯检查成果。2000 年 4 月，在右非 3 号坝段混凝土强度等级为 $R_{90}250D250S10$ 部位，进行 1 孔钻孔取芯检查，同时进行芯样加工和力学试验。钻孔深度 25m，平均岩芯获得率 94％，芯样长度在 0.16～0.76m 之间。9 段压水检查透水率 0～0.28Lu，满足设计要求。

进行芯样容重试验 17 组，容重均大于 2490kg/m³，其中有 14 组大于 2500kg/m³；进行混凝土抗压强度试验共 5 组，试验值为 40.1～57.9MPa，折合成 90d 标准试件为 27.8～40.8MPa，均满足不小于 25MPa 的设计要求；抗渗试验 6 组均不小于 W11，满足设计为 W10 的要求；劈拉试验 6 组，试验值为 2.65～4.77MPa。抗冻试验尚未完成。试验成果表明钻孔芯样混凝土质量满足设计要求。

4. **防渗系统压水检测**

（1）横缝排水槽压水检查。右安Ⅲ—右非 7 号坝段横缝上、下游部位，共布置排水槽 91 段，其中高程 160.00m 以下 64 段。右非 3～5 号坝段高程 160.00m 以下有 4 段排水槽，属三峡二期工程施工，已通过工程完工验收。三期工程施工的排水槽共 60 段。

压水检查在每区上层廊道形成 1 个月后或缺陷处理完成后进行。采用注水方式检查，控制上管口注水压力不超过 0.2MPa。检查标准为排水畅通。漏水率不大于 0.3L/min、漏水量不大于 3L/m，且迎水面无外漏。

漏水率判别标准为：每 5min 测读一次进水量，连续测读 3 次，如 3 次读数误差不超过 10％，即以平均数作为漏水率。

至 2006 年 4 月 13 日已完成压水检查 58 段，均无外漏现象，稳定漏水量均小于 3L/m，合格率为 100％，见表 8.4－26。

由表可见，一般渗水量小于 1L/m，其中安Ⅲ甲—1～安Ⅲ甲—2 最大漏水量达到 2.72L/m，考虑到检查水压与实际工作水压有所不同，建议对漏水量相对较大的部位进行分析，必要时提高检查水压。

（2）坝面排水管检查情况。在上一层廊道形成后，采用现场注水方式检查各层排水管的通畅情况，检查合格后用混凝土盖板保护孔口。

右安Ⅲ—右非 7 号坝段共布置封闭坝体排水管 360 段孔，其中高程 160.00m 以下有 350 段孔，上、下游各布置 346 段孔和 4 段孔。至 2006 年 3 月已全部通水检查，均畅通合格。

表 8.4－26　　　　　　大坝横缝排水槽压水检查成果汇总表

部　　位	压水段数 /段	总段长 /m	畅通 段数	漏水量/(L/m)		稳定漏量分布段数/(L/m)	
				最大值	平均值	≤1	>1，≤3 且无外漏
安Ⅲ甲—1～安Ⅲ甲—2	6	118	6	2.72	0.72	5	1
安Ⅲ—2甲～21—1甲	5	118	5	1.70	0.63	4	1
21—1甲～21—2甲	4	108	4	0.75	0.37	4	0
21—2甲～22—1甲	4	98	4	1.05	0.63	3	1
22—1甲～22—2甲	4	98	4	0.57	0.19	4	0
22—2甲～23—1甲	4	98	4	0.78	0.54	4	0

续表

部　　位	压水段数 /段	总段长 /m	畅通 段数	漏水量/(L/m)		稳定漏量分布段数/(L/m)	
				最大值	平均值	≤1	>1，≤3且无外漏
23—1甲～23—2甲	4	83	4	1.93	0.73	3	1
23—2甲～24—1甲	4	83	4	0.67	0.31	4	0
24—1甲～24—2甲	3	73	3	0.72	0.42	3	0
24—2甲～25—1甲	3	73	3	0.52	0.31	3	0
25—1甲～25—2甲	3	68	3	1.56	1.53	2	1
25—2甲～26—1甲	3	68	3	1.81	0.75	2	1
26—1甲～26—2甲	3	67.9	3	0.55	0.26	3	0
26—2甲～右非1甲	3	56	3	0.94	0.9	3	0
安Ⅲ—1丙～安Ⅲ—2丙	2	29.3	2	1.75	0.95	1	1
安Ⅲ—2丙～21—1丙	1	6.2	1	0.08	0.08	1	0
21—1丙～21—2丙	1	6.2	1	0.34	0.34	1	0
21—2丙～22—1丙	1	6.2	1	0.25	0.25	1	0

8.4.4.7　混凝土施工质量评价

（1）大坝混凝土施工程序控制和施工方法总体合理，针对各部位要求进行模板配置，适当调整皮带机运输的四级配混凝土配合比，提高布料、平仓和振捣工艺，混凝土浇筑过程质量控制措施较完整、有效。

（2）机口和仓面检查混凝土坍落度和含气量合格率一般大于 95%。施工和监理对混凝土强度机口和仓面抽样检测 8000 余组，试验成果表明混凝土强度可满足设计要求，混凝土强度保证率大于 97%，三期施工大部分混凝土强度标准差小于 3 MPa，均匀性较好。混凝土抗冻、抗渗、极限拉伸取样试验 63 组，试验指标总体满足设计指标要求；监理抽样 18 组，有 4 组个别指标与设计要求不符，建议进行分析和进一步试验。

（3）大坝体型轮廓检查共 5644 点仅有 10 点偏差大于 30mm，94% 点偏差小于 20mm；已完成部分过流面轮廓检查 987 点仅 1 点偏差大于 20mm，90% 偏差小于 15mm。仓面现场压水检查 153 孔，合格率 100%；取芯检查 60 孔，各孔平均芯样获得率不小于 95%，ϕ219 单根芯样长度达到 15.08m，压水、抽水和透水率检查合格且各项指标达到 Ⅰ 类标准，表明大坝混凝土体型和密实度控制满足设计要求。

（4）高程 160.00m 以下 64 段横缝排水槽，360 段孔封闭坝面排水管逐段通水检查合格，表明本部位大坝防、排水系统质量可满足三峡工程质量指标要求。

8.4.5　三期大坝混凝土温控防裂

8.4.5.1　温度控制标准

三峡三期大坝设计提出的温度控制标准如下。

1. 基础温差控制标准

大坝常规混凝土的容许基础温差控制标准见表 8.4-27。

表 8.4 - 27　　　　　　　　三期大坝混凝土容许基础温差表

部　　位	不同浇筑块长边尺寸 L 的容许基础差值/℃			
	≤20m	21～30m	31～40m	41～50m
基础强约束区（0～0.2）L	22	20～21	17～19	16
基础弱约束区（0.2～0.4）L	25	23～24	20～22	19

2. 上、下层温差标准

当下层混凝土龄期超过 28d 成为老混凝土时，其上层混凝土浇筑应控制上、下层温差，对连续上升坝段且浇筑高度大于 0.5L（浇筑块长边尺寸）时，容许老混凝土面上、下各 $L/4$ 范围内上层混凝土最高平均温度与新混凝土开始浇筑时下层实际平均温度之差不大于 20℃；浇筑块侧面长期暴露时，或上层混凝土高度小于 0.5L 或非连续上升时应加严上、下层温差标准。

3. 坝体设计容许最高温度

对于基础约束区混凝土，坝体设计容许最高温度系按基础容许温差加上坝体稳定温度与坝体最高温度控制标准比较后取其低值；对于均匀上升的脱离基础约束区的混凝土，即按坝体最高温度控制标准确定。

设计提出的坝体混凝土容许最高温度见表 8.4 - 28。

表 8.4 - 28　　　　　　　　设计容许最高温度表　　　　　　　　单位：℃

部位	区　域	月　　份				
		12月至次年2月	3、11	4、10	5、9	6—8
第Ⅰ仓	基础约束区	24	27	31	32～34	32～34
	脱离基础约束区	24	27	31	34	36～37
第Ⅱ仓	基础约束区	24	27	31	32～34	32～34
	脱离基础约束区	24	27	31	34	36～37
第Ⅲ仓	基础约束区	24	27	31	31～33	31～33
	脱离基础约束区	24	27	31	33	36～37

4. 填塘、陡坡部位混凝土温控标准

填塘、陡坡部位混凝土温控标准，原则上按基础强约束区容许最高温度执行，但夏季（5～9 月）按加严 1～2℃ 控制。

5. 并缝混凝土温控标准

并缝混凝土除满足设计容许最高温度要求外，并缝时下部混凝土应冷却至坝体稳定温度，上部混凝土应安排在低温季节（11 月至次年 3 月）浇筑，并满足设计提出的有关技术要求。

6. 防止表面裂缝的温控标准

（1）初期气温骤降。三峡坝区气温骤降频繁，新浇混凝土遇日平均气温在 2～3d 内连续下降大于或等于 6～8℃ 时，强约束区和特殊部位龄期 2～3d 以上，一般部位龄期 3～4d，必须进行表面保护。

（2）中后期气温年变化及气温骤降的综合影响：在气温年变化和气温骤降的同时作用下，在无保护条件下极可能使混凝土表面产生裂缝，因此，应视不同浇筑季节和不同部位，结合考虑后期通水情况，进行中期通水冷却，并采取必要表面保护措施。

8.4.5.2 大坝混凝土温度控制

1. 混凝土出机口温度

三峡地区夏季气候炎热，气温骤降频繁（2～3d 降温大于 6℃ 以上的次数年平均达 101 次），安Ⅲ以右厂房坝段及右非坝段浇筑块体尺寸大、孔洞多、结构复杂，混凝土温控防裂问题十分突出。由于三峡工程举世瞩目的重要性，三期工程施工对温度控制提出了较高的标准。安Ⅲ以右厂房坝段和右非混凝土出机口温度设计标准见表 8.4-29。

表 8.4-29　　　　混凝土出机口温度设计标准表　　　　单位：℃

部　　位	月　　份					
	1	2	3	4—10	11	12
基础约束区	自然入仓			7		自然入仓
非基础约束区（门塔机浇筑）	自然入仓			14		自然入仓
非基础约束区（塔带机浇筑）	自然入仓			7～9		自然入仓

2. 混凝土浇筑温度

安Ⅲ以右厂房坝段和右非坝段混凝土浇筑温度设计标准见表 8.4-30。

表 8.4-30　　　　混凝土浇筑温度标准一览表　　　　单位：℃

区　　域	月　　份					
	1	2	3	4—10	11	12
基础约束区（门塔机浇筑）	自然入仓			12～14		自然入仓
基础约束区（塔带机浇筑）	自然入仓		12～14	14～16	12～14	自然入仓
非基础约束区	自然入仓			16～18		自然入仓

注　针对后期采用的 3m 层厚，4—10 月浇筑温度标准放宽至 18～20℃。

3. 混凝土容许最高温度标准

安Ⅲ以右厂房坝段和右非坝段混凝土容许最高温度，对基础约束区混凝土，按基础容许温差加坝体稳定温度与坝体最高温度控制标准二者比较后取小值；对老混凝土约束区和陡坡、填塘混凝土按基础强约束区夏季加严 1～2℃；脱离基础约束均匀上升的混凝土按坝体最高温度控制标准确定。设计容许混凝土最高温度标准见表 8.4-31。

表 8.4-31　　　　坝体设计容许混凝土最高温度　　　　单位：℃

部　　位	区　　域	月　　份				
		12月至次年2月	3、11	4、10	5、9	6—8
24～26 号坝段第一仓	基础强约束区	23	26	30	31	31
	基础弱约束区	23	26	30	33	33
24～26 号坝段第一仓	脱离基础约束区	23	26	30	33	35～36

部　位	区　域	月　份				
		12月至次年2月	3、11	4、10	5、9	6—8
右安Ⅲ坝段第一仓21～23号坝段第一、二仓	基础强约束区	24	27	31	32	32
	基础弱约束区	24	27	31	34	34
	脱离基础约束区	24	27	31	34	36～37
右安Ⅲ坝段第二、三仓，21～23号坝段第三仓26号坝段第二仓，右非1号坝段第二仓	基础强约束区	24	27	31	31	31
	基础弱约束区	24	27	31	33	33
	脱离基础约束区	24	27	31	33	36～37
24～25号坝段第二、三仓	基础强约束区	24	27	31	33	33
	基础弱约束区	24	27	31	34	35
	脱离基础约束区	24	27	31	34	36～37
右非1号坝段第一仓右非2号坝段第一、二仓	基础强约束区	24	27	31	34	34
	基础弱约束区	24	27	31	34	36～37
	脱离基础约束区	24	27	31	34	36～37
右非1号坝段排漂孔泄槽		24	27	28	28	28
右非3～7号坝段		24	27	31	34	36～37
$C_{90}25$及以上标号部位		25～27	28～30	32～34	35～37	38～40

8.4.5.3　混凝土温度控制及防裂措施

混凝土温度控制及防裂措施除优化混凝土配合比、降低水化热温升、提高自身抗裂性能，合理分缝分块、合理安排混凝土施工程序和施工进度，加强施工管理、改进施工工艺外，主要是控制混凝土满足温度控制标准及混凝土保温问题。

1. 控制坝体混凝土浇筑温度

（1）高温季节骨料采取二次冷却，加冰拌和以满足混凝土出机口温度标准。

（2）汽车运输混凝土设置遮阳篷；对输送皮带进行洒水降温。

（3）浇筑仓面喷雾增湿降温，形成仓内小环境温度；对已振捣好的混凝土覆盖保温被以减少热交换引起的温升；尽量利用夜间低温时浇筑混凝土。

（4）执行浇筑温度预警制度和超温停仓制度。

2. 层间间歇期控制和混凝土养护

三期工程充分利用浇筑层顶面散热的有利因素，合理确定混凝土层间间歇期以利散热。混凝土浇筑层间间歇时间见表8.4-32。

表8.4-32　　　　　混凝土浇筑层间间歇时间　　　　　单位：d

层厚/m	月　份		
	12月至次年2月	3—5、9—11	6—8
1.0～1.5	3～7	4～8	5～9
2.0～3.0	5～9	6～10	7～10

在混凝土浇筑完毕后 12~18h 及时进行养护，连续养护时间不短于 28d。高温季节浇筑混凝土时，对于刚收面的部位，采取覆盖保温被或者喷雾养护；对于上、下游永久面和左、右横缝面，采用流水养护。

3. 通水冷却

(1) 初期通水。控制坝体最高温升不超过设计容许值。一般 4—11 月采用 6~8℃制冷水，12 月至次年 3 月采用江水。通水时间高温季一般 10~15d，低温季节 7~10d。大坝高程 180.00m 以上坝体温度要求冷却至 16~18℃，相应通水时间延长至 15~20d。

针对不同坝块体积、浇筑层厚以及混凝土标号，采取不同的冷却管路布置和通水量，实行个性化通水方式。

(2) 中期通水。中期通水于每年 9 月初启动，以削减坝体混凝土内外温差。中期通水一般采用江水进行，通水时间 1.5~2.5 个月，以混凝土块体温度达到 20~22℃为准。右厂 21~23 号坝段甲、乙块因浇筑块高差较大，接缝灌浆的部位要求 23~24℃。

(3) 后期通水。是满足接缝灌浆温度的必要措施。

4. 混凝土表面保护

混凝土浇筑初期遇气温骤降产生冷击是混凝土表面裂缝产生的主要原因，少量裂缝也可由运行期气温和水温年变化造成内外温差过大而产生，因此表面保温是防止表面裂缝产生的主要措施之一。三期右岸大坝主要保温措施如下：

(1) 坝体永久外露面保温。大坝上游面高程 98.00m 以下、高程 98.00m~135.00m 的基础约束区采用 5cm 聚苯乙烯板粘贴，其他部位采用 3cm 聚苯乙烯板粘贴，并在板的表面涂刷防水层。观测资料表明，外界气温对苯板内部温度影响甚微，5cm 和 3cm 厚的保护板的内外温差分别可达 10℃和 7℃以上，保温效果满足设计要求。

(2) 对于临时暴露面，如孔洞和临时缝面，则根据不同部位，分别采用厚 3cm 和 2cm 的保温被（高发泡聚乙烯卷材外贴纺织彩条布）保温，其内外温差亦可达 6℃和 5℃，保温效果满足设计要求。

(3) 孔洞结构及其他部位保温。低温季节对压力钢管、排漂孔、排沙孔（除孔内钢衬及底板外）采用发泡聚氨酯喷涂材料保温，喷涂厚度 1.5cm；底板采用厚度 4cm 的保温被保温。压力钢管、排漂孔、排沙孔孔口、廊道孔口两端的封闭，采用方格栅压条加帆布进行，其中 26 号机底板采用喷涂聚氨酯加保温被保温。在 9 月底前完成保温工作。

(4) 钢管预留槽保温。该部位的台状底部采用三层 1cm 厚聚乙烯泡沫塑料（EPE）卷材进行保温；钢管槽侧墙部位采用 3cm 厚聚苯乙烯板或 2cm 厚保温被进行保温。钢管顶部键槽部位采用 1.5cm 保温被保温。

(5) 长间歇面和坝顶平面保温。各种原因形成的长间歇面及坝顶平面，均采用方木格栅压条固定厚 3cm 厚的保温被进行保温。并对所有坝顶转角部位采用包角方式保温。

8.4.5.4 温控检测成果分析

1. 混凝土出机口温度

1A 标混凝土出机口温度检测结果见表 8.4-33。由表可见，高程 150.00m 拌和系统 2 号楼对不大于 7℃、9℃、10℃、14℃四种标准混凝土出机口分别检测 5977 组、60 组、

2236组、2492组，共10765组，合格率99.8％；高程84.00m拌和系统分别检测1291组、17组、302组、360组，共计1970组，合格率96.9％。满足设计标准要求。

表8.4-33 混凝土出机口温度检测结果统计表

拌和系统	统计时段	标准/℃	检查单位	检测次数	最大值/℃	最小值/℃	平均值/℃	合格率/％
高程150.00m拌和系统2号楼	2003—2005年	≤7	施工	5977	9.0	3.0	6.1	98.4
			监理	7733	14.0	2.5	6.24	96.8
		≤9	施工	60	9.0	5.8	7.1	100
			监理	—	—	—	—	—
		≤10	施工	2236	13.0	4.5	8.7	98.4
			监理	1555	14.0	4.0	8.75	98.7
		≤14	施工	2492	14.0	5.5	11.2	100
			监理	1376	14.0	5.0	11.58	100
		小计	施工	10765	—	—	—	99.8
			监理	10664	—	—	—	97.5
高程84.00m拌和系统	2003—2005年	≤7	施工	1291	9.5	3.0	6.3	95.7
		≤9	施工	17	9.0	6.2	7.9	100
		≤10	施工	302	11.0	5.5	8.9	98.0
		≤14	施工	360	14.0	6.0	10.2	100
		小计	施工	1970	—	—	—	96.9

2. 混凝土入仓温度和浇筑温度

除自然入仓温度未统计外，1A标施工单位混凝土入仓和浇筑温度检测结果见表8.4-34，监理单位抽检结果见表8.4-35。

施工单位对混凝土入仓和浇筑温度共抽检1317仓。浇筑温度按不大于14℃、16℃和18℃三种标准分别检测4078次、1412次和7810次，超温点分别为36点、13点和8点，超温率分别为0.88％、0.9％、0.1％，符合率均大于99％。

表8.4-34 施工单位混凝土入仓和浇筑温度检测结果汇总表

统计时段	统计仓次	平均浇筑强度/(m³/h)	混凝土入仓温度/℃				混凝土浇筑温度/℃						
			测次	最大	最小	平均	容许浇筑温度	测次	最大	最小	平均	超温点/个	超温率/％
2003—2005年	1317	42.4	4819	15	2	7.8	≤14	4078	19	3	11	36	0.88
			1646	17	3	8.6	≤16	1412	20	5	11.7	13	0.9
			9560	19	3.5	10.2	≤18	7810	21.5	3	13.3	8	0.1

表 8.4－35　　　　　　　　　　监理单位抽检结果汇总表

统计时段	完成仓次	平均浇筑强度/(m³/h)	混凝土入仓温度/℃				混凝土浇筑温度/℃						
			测次	最大	最小	平均	容许浇筑温度	测次	最大	最小	平均	超温点/个	超温率/%
2003—2005年	1666	37.9	4322	16	2	8.1	12～14	3773	22	3	11	81	2.1
			773	16	3.5	9.2	14～16	663	19.5	5	12.5	16	2.4
			9080	19	3	10.9	16～18	7953	22	5.5	13.8	18	0.2
			658	17	5	12.3	18～20	568	21	7.5	16.2	5	0.9

　　监理单位对混凝土入仓和浇筑温度共抽检 1666 仓，浇筑温度按不大于 12～14℃、14～16℃、16～18℃和18～20℃四种标准分别检测 3773 次、663 次、7953 次和 568 次，超温点分别为 81 点、16 点、18 点和 5 点，超温率分别为 2.1%、2.4%、0.2%和 0.9%，符合率均大于 97%。

　　检查成果表明浇筑温度控制满足设计要求。

　　3. 混凝土最高温度检测

　　在安Ⅲ以右厂房坝段和左非选取典型坝段埋设临时测温管和施工期仪埋，测温管和仪埋最高温度检测成果见表 8.4－36 和表 8.4－37。

表 8.4－36　　　　　　　　　　测温管检测最高温度汇总表

统计时段	混凝土强度等级	测温仓次	测温管/组	最高温度/℃	平均最高温度/℃	容许最高温度/℃	仓次分析			测点分析		
							符合/仓	符合率/%	超温/仓	符合/组	符合率/%	超温/组
2003—2006年	C₉₀15	67	67	33.5	24.7	24～37	67	100	0	67	100	0
	C₉₀20	35	37	35.1	25.3	27～37	36	100	0	37	100	0
	C₉₀25	21	23	33.3	27.7	27～40	21	100	0	23	100	0
	C25	16	17	38.3	27.2	27～40	16	100	0	17	100	0
	C₉₀30	58	62	38.5	27.8	27～40	58	100	0	62	100	0
	C₉₀40	3	3	32.3	30.4	30～40	3	100	0	3	100	0

表 8.4－37　　　　　　　　　　施工仪埋检测最高温度汇总表

统计时段	混凝土标号	测温仓次	仪埋测点	最高温度/℃	平均最高温度/℃	容许最高温度/℃	仓次分析			测点分析		
							符合/仓	符合率/%	超温/仓	符合/点	符合率/%	超温/点
2003—2006年	C₉₀15	52	74	32	24.3	24～37	51	98.1	1	73	98.6	1
	C₉₀20	36	62	31.1	23.8	24～37	36	100	0	62	100	0
	C₉₀25	8	9	33.5	25.6	27～37	8	100	0	9	100	0
	C₉₀30	17	30	33.8	27	27～40	17	100	0	30	100	0
	C₉₀40	1	1	28.1	28.1	30	1	100	0	1	100	0

　　各种标号混凝土采用测温管检测共 200 仓，211 组测点，检测最高温度 32.3～

38.5℃，平均最高温度 24.7～30.4℃，全部仓次和全部测点均未超温，符合率均为 100％。仪埋共检测各种混凝土 114 仓，176 组测点，除 $C_{90}15$ 标号混凝土最高温升仓次符合率 98.1％，测点符合率 98.6％外，其余标号混凝土仪埋检测均未超过设计容许最高温度，仓次和测点符合率均为 100％。检测成果表明混凝土最高温度满足设计要求。

4. 通水冷却效果检测

（1）初期通水冷却效果检测。施工单位对初期通水冷却效果进行检测。对通制冷水和通江水两种情况进水和出水温度分别检测 3592 组和 1107 组，平均降温分别为 5.3℃ 和 2.9℃；对通制冷水和通江水两种情况坝体混凝土经 5～7d 闷温后分别检测 2643 组和 841 组，检测平均值分别为 21.7℃ 和 20.1℃，合格率 100％。混凝土初期通水冷却检测汇总见表 8.4－38。

表 8.4－38　　　　　　　　　　　混凝土初期通水冷却检测汇总表

时段	通水类型	检测组数	进水温度/℃		出水温度/℃		平均温差/℃	通水天数/d	闷温检测				
			测次	平均	测次	平均			检测组数	平均/℃	符合标准/组	符合比例/％	历时/d
2003—2006 年	制冷水	3592	179410	10.1	179410	15.4	5.3	10～15	2643	21.7	2643	100	5～7
	江水	1107	49265	14.1	49265	17	2.9	10～20	841	20.1	841	100	5～7

（2）中期通水效果检测。中期通水前在当年考核日期 11 月 15 日进行坝体温度检测，全部共 1905 组，最高值 24℃，最低值 18℃，平均值 20.1℃。中期通水效果满足设计要求。混凝土中期通水冷却检测汇总见表 8.4－39。

表 8.4－39　　　　　　　　　　　混凝土中期通水冷却检测汇总表

统计时段	坝块	应通组数	中冷前坝体闷温检查或测温情况/℃				考核日期（11 月 15 日）坝体温度检查/℃				坝体温度分布/℃					
			组数	最高	最低	平均	组数	最高	最低	平均	≤22		22～24		>24	
											组数	比例	组数	比例	组数	比例
2003—2005 年	甲	958	349	31	23.5	27.7	958	24	18.1	20.6	740	77.2	218	22.8	0	0
	乙	485	142	30.3	21.2	26.7	485	24	18.3	20	270	55.7	215	44.3	0	0
	丙	430	64	29	23	26.3	430	22	18	20	430	100			0	0
	丁	32	22	27.5	23	25.2	32	21.9	18	19.8	32	100			0	0
	合计	1905	577	31	21.2	26.5	1905	24	18	20.1	1472	77.3	433	22.7	0	0

5. 表面保温检查

坝体上游面高程 160.00m 以下从收仓至保温间隔时间，11 月至次年 4 月统计的 454 仓平均间隔时间 4.8d，间隔时间在 5d 以内的有 400 仓，占 88.1％；5—10 月统计的 435 仓平均间隔时间 8.1d，间隔时间不少于 7d 的有 389 仓，占 89.4％。从现场勘察看，坝面、仓面保温工作严格规范。混凝土保温满足设计要求。

8.4.5.5　混凝土温控及防裂效果评价

三峡总公司对混凝土温控防裂高度重视，专门成立了有业主、监理、施工和设计共同组成的温控小组，完善了制度，强化了管理，实行天气、混凝土温控制度、间歇期三个预警制度。

（1）右安Ⅲ—左非 7 号坝段成立了建设各方共同组成的混凝土温控小组，对混凝土拌和、运输、浇筑、养护和表面保护全过程采取了严格、有效的全面温控措施，建立了混凝土温度控制预警机制，并通过个性化的初期通水，确保大坝混凝土满足设计最高容许温度的要求；通过中期通水有效削减坝体内外温差；针对工程各部位情况，实施了多样表面保护措施，有效防止了表面裂缝的产生。

（2）对混凝土出机口温度检测，高程 150.00m 系统 2 号拌和楼合格率 99.8%，高程 84.00m 拌和系统合格率 96.9%，满足设计要求。施工单位检测浇筑温度超温率为 0.1%～0.9%。监理单位检测超温率为 0.2%～2.4%。混凝土浇筑温度控制满足设计要求。

（3）混凝土容许最高温度用测温管和埋设仪器两种方法进行检测。测温管检测全部仓次和全部测点均未超温，符合率均为 100%。仪埋检测除 $C_{90}15$ 标号最高温升仓次合符率 98.1%外，其余标号混凝土仓次和测点检测符合率均为 100%。混凝土最高温度满足设计要求。

（4）初期通水对坝体混凝土经 5～7d 闷温后检测平均值分别为 21.7℃和 20.1℃，合格率 100%。中期通水冷却进行坝体温度检测共 1905 个组，最高值 24℃，最低值 18℃，平均值 20.1℃。中期通水效果满足设计要求。

（5）表面保护主要检查保温材料粘贴和覆盖时间，均满足设计要求。

第9章

智能大坝建设新技术与实施方案探讨

9.1 概　　述

9.1.1 "数字大坝"

进入 21 世纪，随着互联网的迅速发展与应用的深入，大坝数字化进程与互联网技术充分结合，促使数字大坝从萌芽到成熟并逐步在大坝建设中得到实践应用。"数字大坝"是基于现代网络技术、实时监控技术，实现大坝全寿命周期的信息实时、在线、全天候的管理与分析，并实施对大坝性能动态分析与控制的集成系统。数字大坝集成涉及工程质量、进度、施工过程、安全监测、工程地质、设计资料等各方面数据、信息；涵盖业主、设计、监理及施工方等单位，同时集成计算机技术、管理科学技术、信息技术等借助软硬件，实现了海量信息数据的管理；并协调各类信息内部关系，实现优势互补、资源共享及综合应用的系统体系，为提升大坝建设管理水平提供了科学途径。

"数字大坝"可用表达式表述为：数字大坝＝互联网＋卫星技术＋当代信息技术＋先进控制技术＋现代坝工技术。

数字化大坝是应用 GPS 全球定位系统监控上料、碾压遍数、行走速度等施工过程的新技术。该技术能够按照设定的参数对大坝施工进度和质量进行全天候的监控，从而为后期的工程验收、安全鉴定和施工期、运行期安全评价提供强大的信息服务平台。该技术最早在水布垭、瀑布沟水电站施工控制中尝试，直到在糯扎渡水电站成功应用。此后数字化大坝不断得到推广应用，特别是在长河坝水电站成功应用。

数字大坝在糯扎渡工程建设中得到了全面应用，实现了高心墙堆石坝碾压质量实时监控、坝料上坝运输实时监控、坝料加水信息自动采集与控制、PDA 施工信息实时采集、土石方动态调配和进度实时控制及工程信息的可视化管理。

长河坝水电站是大渡河干流水电梯级开发的第 10 级电站，是国家西部大开发的重点工程。电站大坝建于深厚覆盖层上，坝体高 240m，覆盖层和坝体的总高度 293m，地震设防烈度高达 9 度，河谷陡窄，坝体变形稳定和渗流稳定控制难度大，设计指标及施工质量标准高，施工同时面临天然砾石土料场成因复杂、均匀性差、堆石料场岩石坚硬、剥采困难等难题，施工极具挑战性。结合该代表性工程，开展高心墙堆石坝施工技术研究，对于进一步完善和发展高土石坝筑坝技术，促进 300m 级高土石坝工程建设，具有重要的意义。

中国水利水电第五工程局有限公司（以下简称中水五局）在长河坝水电站大坝工程中全面应用数字化信息化管理技术，融入"互联网＋"打造"数字大坝"。如 GPS 数字化质量安全全程监控系统应用、无人驾驶振动碾技术应用、自动加水系统实现智能化、现场任何区域利用移动信息设备进行信息传递和共享及时化等。该项目通过十余年的产学研协同攻关，提出了 25 项理论与方法，形成了 3 项行业标准；获得了 50 项发明及实用新型专利及 8 项软件著作权；研制和应用了 15 套软硬件新装备，形成 34 项国家级及省部级施工工法；培养了一大批站在行业技术前沿、勇于创新的高素质人才；形成了系统的复杂地质条件高心墙堆石坝施工关键技术，解决了深厚覆盖层上 300m 级堆石坝建设的一系列工程技术难题。

中国工程院院士钟登华指出：在水利水电工程建设中，超过 200m 的高坝建设历来是一个世界级难题，而数字大坝技术在我国水利水电工程建设中发挥了重要作用。中水五局主动对接"互联网＋"，借鉴其他高土石坝施工信息化管理成果，并不断拓展，全力打造"数字化大坝"，率先全面应用信息化管理技术，构建了以微波技术作为数据传输链路媒介的无线传输网络，实时收集传输各作业面、交通运输网络、防汛关键部位及危险山体视频监控的相关信息，实现填筑坝料称重计量监控、车载加油信息监控、填筑碾压实时监控、混凝土拌和作业信息监控、边坡危岩体监控、洪汛监控等系统的集中信息化管理。并研发了一套高度集成化的项目管理平台，实现全区域零对接移动化办公，满足技术、进度、安全、质量、材料、成本、资源管理的实时分析功能要求。

中水五局充分发挥互联网在生产要素配置中的优化和集成作用，将互联网的创新成果深度融合到高土石坝施工管理中，不但解决了高土石坝施工难题，也促进了生产的创新力、生产力和经营管理提质增效升级。

9.1.2 从"数字大坝"到"智能大坝"

"数字大坝"主要功能是以采集、展示、分析为主，以控制为辅；随着系统开发的深入，以混凝土无线测温系统、混凝土智能通水冷却控制系统、混凝土智能振捣监控系统、人员安全保障管理系统等为主的智能控制系统相继建成，实现了信息监测和控制的自动化、智能化，完成了"数字大坝"向"智能大坝"的跨越，形成了以智能大坝建设与运行信息化平台（iDam）为智能化平台，以智能温控、智能振捣和数字灌浆等成套设备为智能控制核心装置的大坝智能化建设管理系统。

经过近年来对数字大坝理论与技术不断深入研究并经实践检验，数字大坝已经取得了以下主要成果：实现大坝施工过程信息实时自动化采集与精细化监控；实现了大坝施工质量、工程进度、安全监测、工程地质等信息的数字化；建立了工程信息实时动态集成系统，实现大坝工程管理的网络化与可视化；为实现大坝质量精细化控制与管理提供了科学支撑。

钟登华、王飞等的《从数字大坝到智慧大坝》论文指出：智慧大坝是以数字大坝为基础，以物联网、智能技术、云计算与大数据等新一代信息技术为基本手段，以全面感知、实时传送和智能处理为基本运行方式，对大坝空间内包括人类社会与水工建筑物在内的物理空间与虚拟空间进行深度融合，建立动态精细化的可感知、可分析、可控制的智能化大坝建设与管理运行体系。

智能大坝是以质量监控全覆盖、进度管理动态化、施工过程可追溯、灌浆过程全控制为目标，将先进信息技术、工业技术和管理技术深度融合，对水电工程大坝从料源开采、原材料、拌和、运输入仓、铺摊振捣、填筑、检测、验评等施工全过程的智能管控。智能大坝和智能厂房、智能泄洪、智能机电、智能安全、智能保障等均是智能工程的重要组成部分。

iDam（大坝安全监测信息管理系统），是中国电建集团华东勘测设计研究院有限公司开发的一套大坝安全监测信息管理系统，已在 40 多个大坝工程应用。"iDam"是一个集网络、硬件、软件、项目合同各方和专家团队为一体的综合性人机交互系统，需要在坝体内埋设成千上万只温度计、多点位移、应力计等监测仪器；需要研发混凝土施工、温度控制、仿真分析、预警预控等 14 个功能模块。此外，还需要布置一个庞大的覆盖全坝的信息网络。这些设备敷设就像人体的毛细血管和神经系统，将触角伸向坝体的各个部位。智能温控、智能振捣和数字灌浆等智能控制核心装置与"iDam"结合，实现现场建设状态的感知、分析、控制的智能化，这就像是给建设中的大坝装上智能大脑，可以对大坝混凝土温度控制、混凝土振捣质量、灌浆施工等实施全方位的智能监控，确保大坝在保证质量与安全的前提下高效建设。

9.1.3 溪洛渡实现从"数字大坝"到"智能大坝"的跨越

溪洛渡水电站是国家"西电东送"骨干工程，总装机容量 1386 万 kW，在全球已建成的水电站中，装机容量与原来世界第二大水电站——伊泰普水电站（1400 万 kW）相当，是已建水电站的中国第二、世界第三大水电站。水库坝顶高程 610m，最大坝高 285.5m，坝顶中心线弧长 698.09m；左右两岸布置地下厂房，各安装 9 台单机容量 77 万 kW 的水轮发电机组，多年平均发电量 625.21 亿 kW·h。

拱坝历来被认为是水工界最复杂的建筑物。溪洛渡特高拱坝建在长江干流上，工程具有高地震区、高拱坝、高水头、大泄流量等特点，设计、施工、管理面临众多的世界性难题。

中国三峡集团公司在溪洛渡水电站建设之初，建立了施工全过程数据实时采集、综合分析与施工控制的数字化平台。该平台从 2008 年上线投入使用，至 2014 年大坝蓄水，在溪洛渡拱坝施工中得到全面应用。该系统涵盖了混凝土生产、混凝土浇筑质量工艺控制和温度控制过程、基础处理灌浆过程、施工配套设备管理等施工过程的数据采集，提供了一套有效的方法来处理施工期海量数据，提高了施工效率和工作质量，保证了工程的施工进度和质量。经过技术攻坚和创新，溪洛渡大坝初步实现了从"数字大坝"到"智能大坝"的跨越，形成了大坝智能化建设管理系统平台（iDam）。

（1）本项目的平台在国内是首次大面积的在施工过程中进行施工监测与分析管理应用。不仅涵盖了大体积混凝土浇筑工艺过程、温度控制过程、灌浆过程管理、原材料生产过程、主体施工配套设备调配等主要工艺过程的数据采集；提供了关键生产设备自控系统的数据发布与调用；还实现了生产数据在各参建方间的有控制的共享与流动。为施工过程管理提供了有价值的、有持续发展能力的一种信息化应用工具。

（2）从 LA-Ⅱ-1 大坝置换块首仓混凝土浇筑开始，大坝每一仓的混凝土施工全过程（原材料/生产/运输/浇筑）均在系统中管理。实现了浇筑过程的全面进度与质量监控。实现了对重点的施工设备（如缆机、拌和楼等）进行全面监控，监控并分析其出力情况，优化施工组织过程。实现对大坝混凝土温控标准、温控措施与成果的全面管理，应用预报警平台及数字测温装置，实现了个性化、精细化的温控数据管理平台，为高拱坝的温控管理提供有效的手段。固结、帷幕灌浆管理实现对每个单元、每个孔（段）的设计、施工过程与成果的全面管理，特别是灌浆过程的实时监控，实现对灌浆进度、质量的全方位管理与成果综合输出，集成工程地质管理，实现工程信息的综合分析。通过集成安全监测与仿真分析，建立了数值模型、监测模型两套体系，实现了理论分析与现场施工的全方位整合，实现 PDCA，指导施工过程。

（3）特高拱坝施工数字化平台解决了复杂环境下海量数据的实时采集和双向传输难点，实现了拱坝整体三维结构建设全过程多源数据的融合与信息的提取、分析，构建了拱坝智能化建设的信息化基础平台，达到了拱坝建设全过程多专业、多工序的协同，实现了特高拱坝智能化建设。

自 2008 年 10 月拱坝工程第一仓混凝土开始，至 2013 年 5 月蓄水目标的实现，系统共处理的数据量高达 1000 万条以上，主要业务数据包括混凝土仓定义 2413 条，仓面设计表 2257 个，混凝土生产数据 1470362 条，缆机运行数据 64693785 条，混凝土温度数据 11785949 条，盯仓数据 123465 条；固结灌浆孔位定义 38453 个，固结灌浆施工记录 552301 条；帷幕灌浆孔位定义 20866 个，帷幕灌浆施工记录 610543 条；接缝灌浆单元定义 582 个，接缝灌浆施工记录 6739 条；管理已埋设安全监测仪器 1370 支、监测记录 335136 条，优化后数据总量达 10GB（900min 左右）。

由中国三峡集团公司主导、中国水利水电第八工程局有限公司完成的"300m 级溪洛渡拱坝智能化建设关键技术"荣获 2015 年度国家科技进步二等奖。

中国工程院院士张超然解读说：溪洛渡大坝建立了一套全过程、全方位、全时辰、全生命周期的仿真系统，可以通过仿真计算来掌握大坝的生命，智能大坝建设是未来水电发展的大趋势，引领着世界高拱坝的发展方向。

9.1.4 白鹤滩水电站智能大坝建设

白鹤滩水电站是智能大坝建设新技术与实施方案的依托工程。2017 年 8 月 3 日，全球在建规模最大的水电工程——白鹤滩水电站进入全面建设阶段。白鹤滩水电站综合技术难度冠绝全球，凝聚了世界水电发展的顶尖成果，堪称水电工程的时代最高点。

（1）白鹤滩水电站枢纽建筑物。白鹤滩水电站枢纽由拦河坝、泄洪消能设施、引水发电系统等主要建筑物组成。拦河坝为混凝土双曲拱坝，坝顶高程 834.00m，最大坝高 289m，顶宽 13m，最大底宽 72m。泄洪建筑物由坝身 6 个表孔和 7 个深孔、坝后水垫塘、左岸 3 条无压泄洪直孔组成。引水隧洞采用单机单洞竖井式布置，尾水系统采用 2 机共用一条尾水隧洞的布置型式，左右岸各布置 4 条尾水隧洞。白鹤滩水电站混凝土总量约为

1568 万 m^3。

（2）白鹤滩水电站的建设难度。白鹤滩水电站以高坝大库、百万机组、复杂的地质条件和工程技术成为全球关注的焦点。其工程难度极大，许多方面超越了三峡工程，复杂的地形、地质、地震环境和各项关键技术指标为工程建设和运行带来了巨大挑战。白鹤滩水电站面临着复杂地质环境条件下高拱坝建设、高地震烈度、坝身大泄量、坝基层间层内错动带稳定和渗漏处理、混凝土温控防裂以及坝基柱状节理玄武岩变形控制等关键问题，堪称"中国乃至世界技术难度最高的水电工程"。

（3）白鹤滩水电站的世界之最有：地下洞室群规模世界第一；单机容量 100 万 kW 世界第一；300m 级高坝抗震参数世界第一；全坝使用低热水泥混凝土世界第一；圆筒式尾水调压井规模世界第一；无压泄洪洞规模世界第一；世界第一大在建水电站。另外，1600 万 kW 装机容量世界第二；拱坝总水推力 1650 万 t 世界第二；拱坝坝高 289m 世界第三；枢纽泄洪功率世界第三（最大总泄洪量 42348m³/s）。是名副其实的当今世界第一的超级水电站工程。

作者依据白鹤滩水电站工程招标文件、投标文件（承包人为中国水利水电第四工程局有限公司、中国水利水电第八工程局有限公司，以下简称中水四局、中水八局），借鉴溪洛渡水电站从数字大坝到智能大坝的跨越，主要对白鹤滩智能大坝混凝土生产、施工过程及温控防裂等智能控制系统与实施方案进行阐述。

9.2 BIM（建筑信息模型）技术应用

9.2.1 BIM 技术

BIM 是英文 Building Information Modeling 的缩写，国内较为一致的中文翻译为：建筑信息模型。1975 年，"BIM 之父"——乔治亚理工大学的 Chuck Eastman 教授创建了 BIM 理念至今。BIM 技术的研究经历了三大阶段：萌芽阶段、产生阶段和发展阶段。BIM 理念的启蒙，受到了 1973 年全球石油危机的影响，美国全行业需要考虑提高行业效益的问题，1975 年 "BIM 之父" Eastman 教授在其研究的课题 "Building Description System" 中提出 "aomputer based description of a building"，以便于实现建筑工程的可视化和量化分析，提高工程建设效率。

从 BIM 设计过程的资源、行为、交付三个基本维度，给出设计企业的实施标准的具体方法和实践内容。BIM 不是简单地将数字信息进行集成，而是一种数字信息的应用，并可以用于设计、建造、管理的数字化方法。这种方法支持建筑工程的集成管理环境，可以使建筑工程在其整个进程中显著提高效率、大量减少风险。

BIM 技术是一种应用于工程设计建造管理的数据化工具，通过参数模型整合各种项目的相关信息，在项目策划、运行和维护的全生命周期过程中进行共享和传递，使工程技术人员对各种建筑信息作出正确理解和高效应对，为设计团队以及包括建筑运营单位在内的各方建设主体提供协同工作的基础，在提高生产效率、节约成本和缩短工期方面发挥重要作用。

BIM 技术是以建筑工程项目的各项相关信息数据作为模型的基础，进行建筑模型的建立，通过数字信息仿真模拟建筑物所具有的真实信息。它具有信息的可视化、协调性、模拟性、优化性、可出图性、一体化性、参数化性和信息完备性等 8 大特点。

1. 可视化（Visualization）

可视化即"所见所得"的形式，对于建筑行业来说，可视化的真正运用在建筑业的作用是非常大的，例如经常拿到的施工图纸，只是各个构件的信息在图纸上的采用线条绘制表达，但是其真正的构造形式就需要建筑业参与人员去自行想象了。对于一般简单的东西来说，这种想象也未尝不可，但是近几年建筑业的建筑形式各异，复杂造型在不断地推出，那么这种光靠人脑去想象的东西就未免有点不太现实了。所以 BIM 提供了可视化的思路，让人们将以往的线条式的构件形成一种三维的立体实物图形展示在人们的面前。建筑业也有设计方面出效果图的事情，但是这种效果图是分包给专业的效果图制作团队进行识读设计制作出的线条式信息制作出来的，并不是通过构件的信息自动生成的，缺少了同构件之间的互动性和反馈性。然而 BIM 提到的可视化是一种能够同构件之间形成互动性和反馈性的可视，在 BIM 建筑信息模型中，由于整个过程都是可视化的，所以可视化的结果不仅可以用效果图来展示及报表的生成，更重要的是，项目设计、建造、运营过程中的沟通、讨论、决策都在可视化的状态下进行。

2. 协调性（Coordination）

这个方面是建筑业中的重点内容，不管是施工单位还是业主及设计单位，无不在做着协调及相配合的工作。一旦项目的实施过程中遇到了问题，就要将各有关人士组织起来开协调会，找各施工问题发生的原因及解决办法，然后出变更，做相应补救措施等进行问题的解决。那么这个问题的协调真的就只能出现问题后再进行协调吗？在设计时，往往由于各专业设计师之间的沟通不到位，而出现各种专业之间的碰撞问题，例如暖通等专业中的管道在进行布置时，由于施工图纸是各自绘制在各自的施工图纸上的，真正施工过程中，可能在布置管线时正好在此处有结构设计的梁等构件在此妨碍着管线的布置，这种就是施工中常遇到的碰撞问题，像这样的碰撞问题的协调解决就只能在问题出现之后再进行解决吗？BIM 的协调性服务就可以帮助处理这种问题，也就是说 BIM 建筑信息模型可在建筑物建造前期对各专业的碰撞问题进行协调，生成协调数据，提供出来。当然 BIM 的协调作用也并不是只能解决各专业间的碰撞问题，它还可以解决如电梯井布置与其他设计布置及净空要求之协调，防火分区与其他设计布置之协调，地下排水布置与其他设计布置之协调等。

3. 模拟性（Simulation）

模拟性并不是只能模拟设计出的建筑物模型，BIM 模拟性还可以模拟不能够在真实世界中进行操作的事物。在设计阶段，BIM 可以对设计上需要进行模拟的一些东西进行模拟实验，例如：节能模拟、紧急疏散模拟、日照模拟、热能传导模拟等；在招投标和施工阶段可以进行 4D 模拟（三维模型加项目的发展时间），也就是根据施工的组织设计模拟实际施工，从而来确定合理的施工方案来指导施工。同时还可以进行 5D 模拟（基于 3D 模型的造价控制），从而来实现成本控制；后期运营阶段可以模拟日常紧急情况的处理方式的模拟，例如地震人员逃生模拟及消防人员疏散模拟等。

4. 优化性

事实上整个设计、施工、运营的过程就是一个不断优化的过程，当然优化和 BIM 也不存在实质性的必然联系，但在 BIM 的基础上可以做更好的优化、更好地做优化。优化受三样东西的制约：信息、复杂程度和时间。没有准确的信息做不出合理的优化结果，BIM 模型提供了建筑物的实际存在的信息，包括几何信息、物理信息、规则信息，还提供了建筑物变化以后的实际存在。复杂程度高到一定程度，参与人员本身的能力无法掌握所有的信息，必须借助一定的科学技术和设备的帮助。现代建筑物的复杂程度大多超过参与人员本身的能力极限，BIM 及与其配套的各种优化工具提供了对复杂项目进行优化的可能。基于 BIM 的优化可以做下面的工作：

（1）项目方案优化。把项目设计和投资回报分析结合起来，设计变化对投资回报的影响可以实时计算出来；这样业主对设计方案的选择就不会主要停留在对形状的评价上，而更多的可以使得业主知道哪种项目设计方案更有利于自身的需求。

（2）特殊项目的设计优化。例如裙楼、幕墙、屋顶、大空间到处可以看到异型设计，这些内容看起来占整个建筑的比例不大，但是占投资和工作量的比例和前者相比却往往要大得多，而且通常也是施工难度比较大和施工问题比较多的地方，对这些内容的设计施工方案进行优化，可以带来显著的工期和造价改进。

5. 可出图性

BIM 并不是为了出大家日常多见的建筑设计院所出的建筑设计图纸及一些构件加工的图纸。而是通过对建筑物进行了可视化展示、协调、模拟、优化以后，可以帮助业主出如下图纸：

（1）综合管线图（经过碰撞检查和设计修改，消除了相应错误以后）。

（2）综合结构留洞图（预埋套管图）。

（3）碰撞检查侦错报告和建议改进方案。

由上述内容，我们可以大体了解 BIM 的相关内容。BIM 在世界很多国家已经有比较成熟的 BIM 标准或者制度。BIM 在中国建筑市场内要顺利发展，必须将 BIM 和国内的建筑市场特色相结合，才能够满足国内建筑市场的特色需求，同时 BIM 将会给国内建筑业带来一次巨大变革。

6. 一体化性

基于 BIM 技术可进行从设计到施工再到运营贯穿了工程项目的全生命周期的一体化管理。BIM 的技术核心是一个由计算机三维模型所形成的数据库，不仅包含了建筑的设计信息，而且可以容纳从设计到建成使用，甚至是使用周期终结的全过程信息。

7. 参数化性

参数化建模指的是通过参数而不是数字建立和分析模型，简单地改变模型中的参数值就能建立和分析新的模型；BIM 中图元是以构件的形式出现，这些构件之间的不同，是通过参数的调整反映出来的，参数保存了图元作为数字化建筑构件的所有信息。

8. 信息完备性

信息完备性体现在 BIM 技术可对工程对象进行 3D 几何信息和拓扑关系的描述以及完整的工程信息描述。

9.2.2 《建筑信息模型应用统一标准》

2016 年国家颁发了《建筑信息模型应用统一标准》（GB/T 51212—2016）（以下简称《标准》），于 2017 年 7 月 1 日实施。根据《标准》审查委员会的建议，考虑到 BIM"建筑信息模型"一词现已成为行业约定俗成的固定用词，经主编单位中国建筑科学研究院申请，《标准》名称修改为《建筑信息模型应用统一标准》。同时，《标准》编制组对《标准》送审稿进行了讨论和修改，完成了《标准》报批稿定稿工作。

《标准》是我国第一部建筑信息模型应用的工程建设标准，提出了建筑信息模型应用的基本要求，是建筑信息模型应用的基础标准，可作为我国建筑信息模型应用及相关标准研究和编制的依据

《标准》共分 6 章，主要技术内容是：总则、术语和缩略语、基本规定、模型结构与扩展、数据互用、模型应用。其中：

第 2 章"术语和缩略语"，规定了建筑信息模型、建筑信息子模型、建筑信息模型元素、建筑信息模型软件等术语，以及"PBIM"基于工程实践的建筑信息模型应用方式这一缩略语。

第 3 章"基本规定"，提出了"协同工作、信息共享"的基本要求，并推荐模型应用宜采用 P-BIM 方式，还对 BIM 软件提出了基本要求。

第 4 章"模型结构与扩展"，提出了唯一性、开放性、可扩展性等要求，并规定了模型结构由资源数据、共享元素、专业元素组成，以及模型扩展的注意事项。

第 5 章"数据互用"，对数据的交付与交换提出了正确性、协调性和一致性检查的要求，规定了互用数据的内容和格式，对数据的编码与存储也提出了要求。

第 6 章"模型应用"，不仅对模型的创建、使用分别提出了要求，还对 BIM 软件提出了专业功能和数据互用功能的要求，并给出了对于企业组织实施 BIM 应用的一些规定。

需要说明的是美国、英国、澳大利亚、新加坡、澳大利亚等国家的机构和组织均发布了多个 BIM 的应用指南，但由于针对或涉及的是具体软件产品，因此这些文件均不纳入《标准》的范畴。英、美等国的 BIM 应用标准现已基本覆盖工程项目各个阶段，使得工程技术应用有标可依；但其应用对工程技术人员的信息技术水平和能力有较高要求，因此目前大多采用专门的 BIM 团队形式开展工作。为了更好地适应我国的工程项目招投标、施工图审查、竣工验收等制度，降低我国广大工程建设各专业人员实施 BIM 的难度，有利于 BIM 在当前形势下的推广，有必要编制和施行我国的 BIM 应用标准。

9.2.3 BIM 技术在智能大坝建设中的作用

溪洛渡水电站工程在中国三峡建设管理有限公司主导下，初步实现了从"数字大坝"到"智能大坝"的跨越，BIM 技术应用发挥了重要作用。

（1）施工模型建立。利用基于 BIM 的数据库信息，导入和处理已有的 BIM 设计模型，形成 BIM 施工模型。

（2）细化设计。利用 BIM 设计模型根据施工安装需要进一步细化、完善，指导建筑部品构件的生产以及现场施工安装。

（3）专业协调。进行建筑、结构、设备等各专业以及管线在施工阶段综合的碰撞检测、分析和模拟，消除冲突，减少返工。

（4）成本管理与控制。应用 BIM 施工模型，精确高效计算工程量，进而辅助工程预算的编制。在施工过程中，对工程动态成本进行实时、精确的分析和计算，提高对项目成本和工程造价的管理能力。

（5）施工过程管理。应用 BIM 施工模型，对施工进度、人力、材料、设备、质量、安全、场地布置等信息进行动态管理，实现施工过程的可视化模拟和施工方案的不断优化。

（6）质量安全监控。综合应用数字监控、移动通讯和物联网技术，建立 BIM 与现场监测数据的融合机制，实现施工现场集成通讯与动态监管、施工时变结构及支撑体系安全分析、大型施工机械操作精度检测、复杂结构施工定位与精度分析等，进一步提高施工精度、效率和安全保障水平。

（7）地下工程风险管控。利用基于 BIM 的岩土工程施工模型，模拟地下工程施工过程以及对周边环境影响，对地下工程施工过程可能存在的危险源进行分析评估，制定风险防控措施。

（8）交付竣工模型。BIM 竣工模型包括建筑、结构和机电设备等各专业内容，在三维几何信息的基础上，还包含材料、荷载、技术参数和指标等设计信息，质量、安全、耗材、成本等施工信息，以及构件与设备信息等。

9.3 智能大坝建设系统简介

9.3.1 系统概述

白鹤滩智能大坝信息管理系统实现对大坝混凝土浇筑、温控、固结灌浆、帷幕灌浆、接缝灌浆、金属结构制作安装过程的综合数据数字化管理，并建立了大坝结构设计与工程地质成果、原材料质量监测、安全监测、科研仿真服务等管理模块为工程施工过程管理服务，实现了设计、科研与生产一体化平台。白鹤滩智能大坝信息管理系统实现以下几个建设目标：

（1）建立以 DIM 为核心的智能化管理平台。结合最新的 BIM 应用模式与工业 4.0 的理念与特点，在 iDam 平台的基础上，完善工程信息模型管理，完善施工过程的智能化管理手段与方法，最终实现设计、施工过程的智能化管理，形成智能工程。

（2）实现科研数据的在线获取和科研成果的及时发布。提升平台的开放性，初步实现统一 DIM 平台＋开放接口＋面向业务的应用三层架构模式，进一步加强设计、科研、生产一体化的建设模式，实现开放式闭环控制与管理。

（3）实现三维设计成果的继承与应用。实现设计成果的继承与应用，更好服务于数字化施工管理过程。

（4）实现以进度仿真为核心的大坝工程综合进度管控。以大坝进度仿真为突破口，加强综合进度控制与协调，建立整体与单项工程的计划与进度管控体系，实现彼此协调联动。

（5）建立数字化工程综合质量控制体系与平台。以工程质量标准化表格为基础，应用基于智能终端的移动数据采集技术，有效集成施工过程记录、监测、测量、试验、验收等成果，输出各种质量成果表格，促进精细化、标准化施工过程质量控制。

（6）研发应用智能化施工生产设备。开展关键施工环节的动态反馈与智能控制体系的研发和应用，实现智能化施工，包括混凝土调度、智能通水、智能灌浆、缆机自动定位等。

（7）实现与工程信息管理平台的集成。建立与 BHTPMS 等系统的接口，实现信息共享，在对施工过程的质量、进度、安全进行综合管理与控制的基础上，为对合同结算、工程量统计与分析、工程投资的过程精细化管控提供依据。

（8）建立标准化工艺培训库。利用三维可视化技术，建立数字化模式下的大坝混凝土浇筑、温控、灌浆、开挖等施工工艺标准化培训库，开展相关培训。

9.3.2 系统架构

智能大坝建设整体架构包括基础网络建设和智能化业务功能模块建设。基础网络建设由发包人建设覆盖全工区的无线网络（WiFi 系统），为智能化业务功能模块提供必要的信息传递通道；智能化业务模块分为大坝施工过程管理、智能生产控制、科研与仿真分析、设计成果继承管理、专业化子系统管理。总体业务功能模块架构如图 9.3-1 所示。

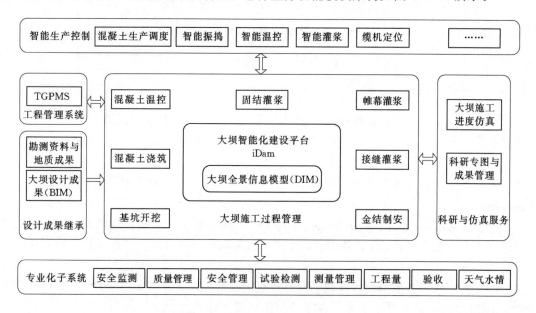

图 9.3-1 智能大坝建设总体业务功能模块架构图

（1）大坝施工过程管理。以大坝智能化建设平台（iDam）为基础的大坝施工过程管理，可实现包括基坑开挖、固结灌浆、混凝土浇筑及温控、接缝灌浆、帷幕灌浆与金结制安等施工全过程的综合管理。

（2）智能生产控制。智能生产控制是智能大坝建设的重要内容，利用先进的软硬件集成技术实现对现场施工环节的数字化监控与智能化控制，包括混凝土生产调度、智能振捣、智能温控、智能灌浆、缆机定位等。

（3）设计成果继承管理。设计成果继承管理以三维 BIM 平台为基础，实现大坝工程勘测、设计信息的继承、设计成果的统一管理与实时动态更新，为工程施工过程精细化管理提供数据支持，反映工程动态，并最终形成可交付的数字大坝。

（4）科研与仿真分析服务平台。科研与仿真分析服务平台是为大坝工程开展了一系列科研仿真服务提供专题管理、资料管理与成果发布功能；实现包括进度仿真、地质与大坝结构数值计算与仿真分析成果的管理。

（5）专业化子系统。专业化子系统是从专业服务的角度，满足白鹤滩工程整体需求提供的包括安全监测、质量管理、安全管理、测量管理、试验检测管理、测量管理、工程量、验收及天气水情等可独立运行的专业化信息平台，通过数据接口为智能大坝的施工过程管理服务。

9.3.3　系统功能

本工程通过智能大坝建设，实现以下功能：

（1）智能大坝信息管理系统对开挖及支护、基础处理、渗控工程、混凝土工程、金属结构等各专业的过程施工数据进行采集与处理，实现预警、评价、反馈，输出统计分析成果。

（2）运用智能施工技术，实现"在线采集、后台处理、智能操作、预警控制"集成的智能施工或运行。

（3）大坝进度在线仿真分析，展示当前形象，预测未来进展。

（4）建立三维地质模型，实现坝基地质结构面、裂隙等缺陷的准确预判、精确定位；动态在线展示基础处理进度形象。

（5）建立三维渗流场模型，结合变形及温度监测，在线分析并显示蓄水过程和当前状态下大坝的渗控渗漏、变形变位、温度应力等工作性态，进行稳定性评价、预警。

（6）开展大坝温度、应力、变形、渗流与稳定仿真分析，评估、预测大坝的工作性态。

（7）在线动态视频监视重要施工部位、重要操作车间，图像和视频全面展示工程形象。

（8）实现混凝土拌和楼生产、缆机运行过程实时监控、统计与分析，按需输出报表，实现科学高效调度。

（9）在线查阅大坝全坝段、单坝段混凝土已浇或未浇工程量、品种分量。

（10）开发人员与设备安全管理系统。

（11）建立标准化施工工艺及质量、安全文明施工标准化建设的培训教育展示平台。

（12）参建各方工作成果上线并通过权限调阅，含设计文件、施工方案、工艺及质量标准、监理细则、管理制度及办法、规范等。

9.4　智能大坝建设的认识及难点和关键点

9.4.1　智能大坝是引领坝工建设发展的方向

1. 智能大坝是引领坝工建设发展的方向

为了实现对大坝施工过程的有效监控与管理，保证工程质量、保障施工与运行期大坝的绝对安全，中国三峡建设管理有限公司开发白鹤滩水电站工程智能大坝管理系统、智能施工技术、在线仿真分析、人员与设备安全管理系统、缆机自动化控制系统、监测试验及测量管理系统等一系列信息化管理手段。借助信息化手段，创新管理模式，实现对大坝施工过程数据、监测数据和科研成果等的及时收集、整理和展示，实现统一的数据接口、查询分析与预报警，为大坝建设提供可靠的数据，实现有效的过程监控与分析。因此，智能大坝是先进生产力的代表，引领坝工建设发展的方向。

2. 智能大坝管理系统是先进的管理手段

智能大坝管理系统能实现设计数据、施工标准数据、工艺流程模型、实时生产数据的采集与管理，集成施工进度优化仿真、施工机械运行效率分析等多种计算与分析方法，为优化大体积混凝土与灌浆施工流程、控制施工过程的进度与质量提供了一种有效的生产管理工具，从而能对施工过程进行精准控制，帮助工程管理者逐步降低生产成本、提高管理效益和工程质量，达到科学决策的管理目的。

智能大坝管理系统能实施全天候、互动性多媒体培训，不断提高各级人员的施工技能和管理水平，能促进施工过程的精细化和标准化，从而提高施工质量。因此，智能大坝管理系统是先进的管理手段。

9.4.2　智能大坝建设的难点和关键点

白鹤滩水电站工程采用智能大坝建设，承包人中水八局在投标文件中对智能大坝建设的难点和关键点及对策进行了科学的分析，提出了建设符合白鹤滩大坝工程建设特点的智能大坝管理系统，能实现基础开挖、固结灌浆、混凝土浇筑与温控、接缝灌浆、帷幕灌浆、金属结构与机电安装等专业的全过程数字化管理。同时，应用数字仿真与分析计算技术以及先进的实时监控技术，可以根据现场情况和技术要求及时反馈调整，实现更高层次的综合分析与施工进度和质量管控，能更好地满足拱坝施工期质量和安全要求。经认真分析，对承包人来说，要配合建设好智能大坝，有以下难点和关键点：

（1）施工人员，尤其是管理人员和实际操作（包括数据录入）人员如果对智能大坝的认识不到位，则难以积极主动工作，会导致数据难以及时录入，不能充分利用智能大坝管理系统和智能施工技术提高管理效率。因此，如何提高全体施工人员对智能大坝建设的积极性和主动性，是其成功建设和应用的难点。

（2）智能大坝管理系统需要录入数据量大，单个扫描文件也大，如果系统反应慢或者传输速度慢，会消耗具体操作人员大量工作时间，甚至会让其对智能大坝产生抵触情绪，从而影响智能大坝建设与成功应用。因此，系统的响应与传输速度以及设备的可靠性，是智能大坝成功建设的关键点之一。

（3）施工现场粉尘、水气多，气温变化幅度大，风雨天气频繁，如果布置在现场的系统设备（包括数据采集设备）不能很好地适应环境，而导致故障频发，将极大影响数据的及时采集和系统运行。因此，现场布置的设备（包括终端应用设备）对施工环境的适应能力是智能大坝成功建设的又一关键。

（4）智能大坝建设是计算机技术、网络技术、物联网技术和定位技术等的综合应用，对操作人员和管理应用人员综合素质要求高。因此，如何提升各级人员系统操作和应用的综合能力，是智能大坝成功建设的又一关键。

（5）智能大坝管理系统所需数据只有及时准确录入，才能真正实现过程信息实时反馈，从而提高施工进度、质量和安全等综合管理能力。因此，数据录入的及时性和准确性是智能大坝成功建设的又一关键。

（6）智能大坝的建设涉及建设、设计、监理、施工（包括其他标段承包人）以及软硬件供应商等，只有各方高度协调统一，实时解决过程中出现的各类问题，系统才能成功应用。

9.5　大坝混凝土施工过程智能控制系统与实施方案

9.5.1　大坝混凝土施工过程智能控制系统应用方案

9.5.1.1　系统概述

大坝混凝土施工过程智能控制系统，针对大坝混凝土工程建设需求，基于物联网、大数据等现代信息技术，从施工进度智能控制和施工质量智能控制两方面着手，以监控施工过程，规范施工操作，改善沟通渠道，提高施工效率，保证工程质量和管控工程施工进度为建设目标，实现了大坝混凝土施工中混凝土生产、运输、平仓、振捣、温控养护过程的信息化管理和智能化反馈控制，实现了大坝混凝土施工进度精细化、智能化管控。系统的研发弥补了当前水电行业施工过程控制信息化发展严重滞后的缺陷，其应用与推广在确保工程施工进度、保障大坝施工质量发挥重要作用的同时，将对行业内施工管理向信息化、网络化、自动化与智能化方向转型起到积极的推动作用，带来显著的经济效益和社会效益。

9.5.1.2　大坝混凝土施工过程智能控制系统构架

系统基于 MS. Net 平台开发（. Net 4.5 64 位），采用 C/S 架构。大坝混凝土施工过程智能控制系统总体架构如图 9.5 - 1 所示。

大坝混凝土施工过程智能控制系统以大坝混凝土施工质量与施工进度为控制对象，包含施工质量智能控制和施工进度智能控制两个子系统，采用物联网技术、北斗卫星定位技术、UWB 高精度定位技术、施工仿真技术、大数据分析技术等一系列新兴科学技术，完成大坝混凝土施工质量与进度的双控。

大坝混凝土施工质量智能控制子系统，针对大坝混凝土施工中混凝土生产、运输、平仓、振捣、温控养护过程，采用物联网终端设备开展全过程精细化实时监测，对影响施工

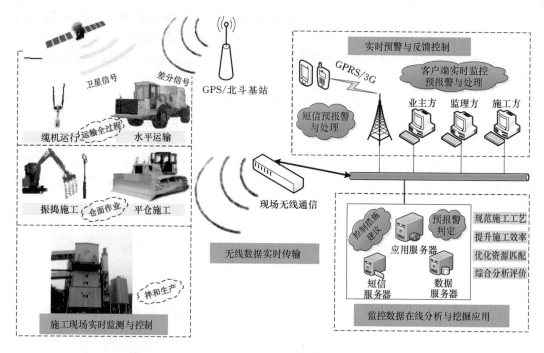

图 9.5-1 大坝混凝土施工过程智能控制系统总体架构

质量的各种关键控制参数进行智能跟踪分析与预警，及时反馈至施工机械设备调整施工参数，并提示施工人员及管理人员采取工程措施确保施工质量，使得工程建设管理者能全过程、实时、有效控制工程施工质量。

大坝混凝土施工进度智能控制子系统，针对大坝混凝土现场施工面貌和施工条件的变化，在传统施工仿真技术基础上，通过物联网监控及时全面获取施工现场信息，考虑缆机运行工况及复杂孔口结构，耦合温控及应力仿真，开展进度偏差分析与预测，对影响进度的各类因素进行敏感性分析，持续对大坝施工进行动态跟踪与智能评估，提出纠正进度偏差、加快施工进度的工程措施，使得工程建设过程进度可控、质量可靠。

9.5.1.3 大坝混凝土施工过程智能控制系统功能

（1）监控施工状态，避免质量事故。对施工过程进行实时、有效的智能监控和管理，在施工现场营造一个快速反应、精细化的施工过程控制环境，避免质量事故的发生。

（2）消除人为因素，保障施工安全。消除人为因素，避免弄虚作假，清理质量控制盲区，提升工程质量与施工效率、节约资源投入、减少工程返工、保障施工安全。

（3）规范施工过程，优化施工工艺。提高施工过程的规范性与标准性，海量数据深入挖掘为优化施工工序提供依据。

（4）优化资源配置，控制施工进度。帮助管理者合理配置生产资源、制定施工计划、控制施工进度、节约生产成本。

（5）减少工作量，降低施工费用。有效减少现场施工人员、监理人员与内业人员工作量，降低工程人力资源费用。

（6）数据资产支撑回溯与运维。记录集成大坝混凝土施工过程中的工艺数据和进度数据，让施工过程的回溯、数据资料的整理、运行期的维护参照变得轻而易举。

（7）三维动态展示现场施工。通过图形化展示与三维技术，清晰掌握大坝混凝土施工情况。

（8）提升管理水平与竞争力。提升建设管理水平与企业整体核心竞争力。

（9）推动进步，促进发展变革。推动传统的施工工艺、方法的进步，促进水电工程产业发展与变革。

9.5.1.4 大坝混凝土施工过程智能控制系统特色

（1）实时自动的精准监测。提供一种崭新的基于物联网的大坝混凝土施工过程数据自动采集方法，保证施工过程数据采集的实时性、准确性、有效性和一致性。

（2）数据集成分析与智能控制平台。构建一个大坝混凝土施工进度与施工质量智能控制平台，保证施工进度与施工质量数据集成高效处理、智能分析评价，并在参建各方之间有序的流动与分发。

（3）物联网智能监测与反馈控制。提供一系列施工机械物联网智能监控设备，确保高精度定位与精确机械状态识别，实现施工过程中工艺操作细节全面监控、智能反馈控制。

（4）延伸至生产一线的信息网络。提供一种网络的集成方式，将网络铺设到施工现场的每个角落，有效将智能管控信息延伸至生产一线。

（5）智能控制进度的精细化仿真。提供一种大坝混凝土精细化施工仿真方法，耦合温控及应力仿真，开展进度偏差分析与预测、影响因素敏感性分析，持续对大坝施工进行动态跟踪与智能评估，提出纠正进度偏差、加快施工进度的工程措施，使得工程建设过程进度可控。

（6）集成进度与质量智能双控。涵盖大坝混凝土混凝土生产、混凝土运输、混凝土平仓、混凝土振捣、温控养护等主要施工过程，全方位集成智能控制，实现大坝混凝土施工进度与施工质量的有效管控。

9.5.1.5 大坝混凝土施工过程智能控制系统运行的应用方案

1. 系统配合

施工局将配合系统的现场设备安装、调试、运行、检修维护及供电，提供所需的相关信息资料以及必要的人力、技术、场地、信息支持和施工协助。负责对系统专用设备与设施进行保管、维护。及时录入工程数据，及时录入系统数据并对数据的全面性和准确性负责。制定系统应用的内部相关激励与管理制度，制定系统应用方案，落实各岗位责任人。各子系统投运后，照其工作内容及技术要求开展应用工作。将系统的功能、适用性和使用情况及时反馈，配合进行系统的改进或扩展。协助发包人进行混凝土工程智能施工控制相关企业技术标准的制定。

2. 系统监测监控的应用

生产指挥中心值班人员随时对监控画面及数据进行查看，在发现任何的施工过程指挥的隐患、预警、警报、不合理项、需现场调查落实确认等事项均在第一时间利用对讲机将问题项传达给相关的职能部门及大队，同时将问题项具体内容和处理要求上传微信平台，由相关厂队对问题项及时进行整改、处理，并将整改、处理结果通过对讲机向指挥中心进行汇报，同时将整改、处理过程以及结果的相关影像资料、数据上传至微信平台。由职能部门对整改结果进行检查验收，并将检查验收结果通报指挥中心，同时上传资料。指挥中心根据厂队、职能部门上传至微信平台的资料、参数完成监控系统的闭合，消除隐患。系统监控功能应用流程如图9.5-2所示。

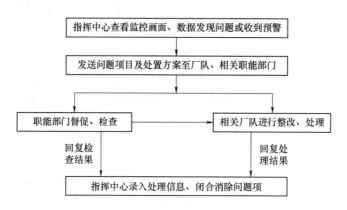

图9.5-2 系统监控功能应用流程图

3. 施工过程优化应用

（1）通过大坝混凝土施工进度智能控制子系统提供仿真数据结合现场实际施工强度、完成工程量、完成工程形象等内容与施工总进度计划对比，合理调配生产资源，制定施工计划、控制施工进度、节约生产成本。

（2）通过监控系统进行人员劳动纪律考核，充分发挥人员、设备效率。

（3）提高智能化建设，减少人员工作量，加大无纸化办工比例，降低施工费用。

（4）通过智能大坝信息管理系统提供的影像资料、相关参数规范施工过程优化施工工艺，提高工作效率。

4. 资料追溯及责任追究应用

通过智能大坝监控系统提供的影像资料、信息管理系统中的施工过程资料，人员登录信息，各项施工指令等资料可对施工过程中任意事件进行逆向追溯，查找事件起因，分析事件原因，为施工局责任追究制度提供翔实的支持依据，实现对责任单位（人）进行有理、合理的责任追究。

5. 标准化施工工艺培训库应用

标准化施工工艺培训库是围绕数字化模式下施工工艺的特点，形成的一套大坝混凝土施工过程的标准化工艺多媒体平台。平台通过三维、视频等多媒体方式对模板、钢筋、预埋件、浇筑、养护、温控等标准化施工过程进行总结。

编制人员培训计划，应用标准化施工工艺培训库定期对各工种进行施工工艺、技能、标准化施工等方面进行培训，提高员工作业技能水平。

建立互动性的学习、交流平台与考试测评模块，加强学习与培训，为参建各方提供科学、有效的工艺培训手段，全面提升各层次的专业作业水平。

9.5.2 大坝混凝土浇筑一条龙智能监控系统应用方案

9.5.2.1 混凝土生产智能控制系统

（1）概述。混凝土生产质量控制通过拌和楼生产数据的采集与调度信息的采集，在实现混凝土生产信息管理、综合查询的同时，将数据与运输全过程质量控制共享，实现混凝土生产与运输的匹配管理与实时控制。

（2）功能：

1）原材料之间信息管理。实现对水泥、砂石骨料、粉煤灰、外加剂等混凝土原材料质检信息管理，并提供监理单位的监督与审查，从而减小或避免质量事故。

2）生产数据监控管理。实现混凝土生产配料信息、拌和过程每一盘生产数据的监控管理，拌和楼的生产强度、生产方量、各配比的生产强度、单仓的生产强度、拌和楼称量误差分析。

3）调度信息采集与管理。实现混凝土生产与运输调度信息的采集与管理，包括每个拌和楼出机口生产的混凝土的标号级配、混凝土使用部位、方量、配套的运输车与缆机等信息。

4）多系统数据接口。系统应用自动数据接口技术，实现生产数据的自动采集，提高了数据获取的及时性、准确性与完整性，同时大大节省了人力成本。

5）无线手持终端信息采集。系统通过在施工现场部署无线网络，应用无线手持终端采集调度信息，实现及时、高效的数据采集与信息反馈。

（3）混凝土生产智能控制系统应用：

1）对进场混凝土原材料（水泥、水、骨料、粉煤灰、硅粉、外加剂、改性 PVA 纤维）进行检验和验收，并将原材料进场信息、现场存放及检查验收信息录入系统。

2）通过实验手段取得各标号、级配的混凝土配合比，并进行编号和上报监理，根据监理批复意见将配合比信息录入信息。

3）根据仓面设计及监理批复结合施工强度进行施工资源匹配（拌和楼与混凝土标号的匹配、出机口和混凝土运输车辆的匹配）并将匹配信息录入系统。

4）混凝土运输车辆根据系统发布的匹配信息至指定出机口接料，通过拌和楼监控系统和匹配信号确认运输车辆后方能卸料。如车辆不匹配已经卸料的及时通知信息指挥中心对该车混凝土报经监理同意后进行调配或报废，并将相关信息录入系统。

5）详细记录每一盘混凝土的拌和、出楼时间、运输车辆相关信息，并录入系统。

混凝土生产智能控制系统应用流程如图 9.5-3 所示。

9.5.2.2 混凝土运输智能监控系统

（1）概述。混凝土运输智能监控采用北斗卫星定位技术、RFID 技术、射频通信技术、超声波测距技术等物联网技术，通过在施工现场对拌和楼、侧卸车、缆机的监测与识别，获取到的实时监测数据以无线的方式发送到后方服务器进行数据的在线智能分析，依托有线与无线网络进行实时预警与质量控制。

（2）功能：

1）侧卸车状态监测。监控侧卸车的卸料动作、监测监控设备的工作状态、监测监控

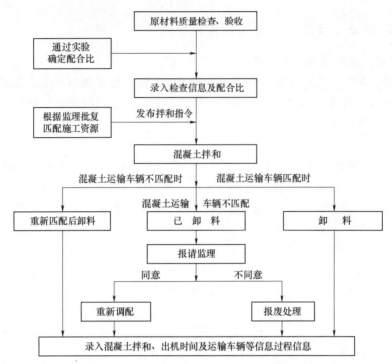

图 9.5-3 混凝土生产智能控制系统应用流程图

设备与服务器的通信状态等。

2）缆机状态监测。监控缆机吊钩的三维坐标及运动速度、监控缆机料罐的卸料动作及卸料点位置、监测监控设备与服务器的通信状态等。

3）出机口识别与匹配。识别侧卸车装料的出机口，并根据调度信息进行匹配，若装料出机口不是该侧卸车规划装料出机口则报警提示。

4）缆机识别与匹配。识别侧卸车卸料转运的缆机及料罐，并根据调度信息进行匹配，若卸料转运缆机不是该侧卸车规划缆机则报警提示。

5）运输循环识别。包括识别侧卸车经过水平运输循环中特殊位置点（如拌和楼、卸料平台、道路岔口等）的时间、识别侧卸车和缆机各自的运输循环、识别侧卸车和缆机在各工作环节工作时长与等待时长。

6）缆机运行监控与防碰撞。缆机运行过程中视频监控与防碰撞预警，提供了有效的缆机运行安全管理手段。

7）监控数据分析与图形展示。包括获取运输混凝土属性、追踪混凝土运输过程、分析优化运输资源匹配及效率、图形化展示监控数据、多种方式提示预报警信息。

8）运输智能反馈控制。系统应用物联网技术，通过安装于出机口、运输车、缆机等位置的物联网监控终端，提高了数据获取的及时性、准确性与完整性，提供了实时智能反馈控制手段。

（3）混凝土运输智能监控系统应用：

1）对混凝土运输车辆基本信息进行整理（包括车型、车牌、吨位、保险、司机等）并进行自编号后将所有信息录入混凝土运输智能监控系统。

2）配合发包人对所有车辆安装监控定位及自动识别装置，并在施工过程中对监控定位设备进行日常基本检查及维护。

3）对参建人员进行监控系统的软、硬件使用培训和软、硬件基本维护培训，保证监控系统的稳定运行。

4）根据施工进度计划和仓号浇筑设计方量，提前将拌和楼、混凝土运输车辆及缆机进行匹配（需缆机标运行标段调度人员配合），并录入系统且发送至相关人员，运输车辆至指定出机口接料，利用自动识别系统查看该车是否在该出机口取料，是则拌和楼打料至运输车辆，混凝土运输车辆按照指定路线将混凝土运至卸料平台；否则拌和楼将拒绝出料，如已经出料则第一时间报请监理工程师，在获得同意后修改车辆匹配参数，运至对应的仓号使用，如不同意则该车混凝土做报废处理；在运输过程中通过 GPS 定位系统跟踪运输车辆运行路线，一旦发现运输路线出错及时利用对讲机或移动电话通知现场调度和司机，及时修正运输路线。

5）混凝土运输车辆在卸料时必须是卸入自动识别系统匹配的指定混凝土罐内，由对应的缆机吊运入仓。

6）详细记录每车混凝土的水平、垂直运输基本信息和其他突发事件，并录入系统。

混凝土运输智能监控系统应用流程如图 9.5-4 所示。

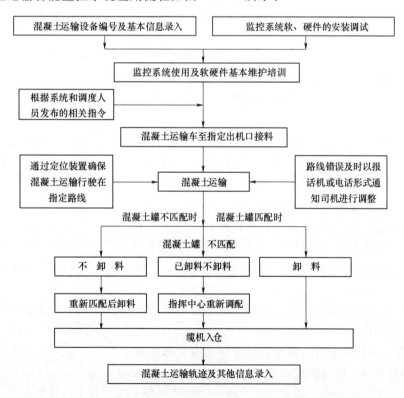

图 9.5-4　混凝土运输智能监控系统应用流程图

9.5.2.3　混凝土平仓振捣质量智能监控系统

（1）概述。混凝土平仓振捣质量智能监控采用北斗卫星定位技术、UWB 定位技术、超声波测距技术等物联网技术，通过在施工现场对平仓机、振捣机、手持式振捣棒的位置与状态进行监测，获取到的实时监测数据以无线的方式发送到后方服务器进行数据的在线智能分析，依托有线与无线网络进行实时反馈和预警，以利操作人员在施工过程及时调整施工参数，为管理人员采取工程措施提供基础数据支持，实现混凝土平仓振捣施工过程质量的数字化和智能化管控。

（2）功能：

1）平仓机状态监测。包括监测平仓机实时位置与铲头方向、监测监控设备的工作状态、监测监控设备与服务器的通信状态等。

2）振捣机状态监测。包括监测振捣机振捣位置、插入深度、插入角度和振捣时长，监测监控设备的工作状态，监测监控设备与服务器的通信状态等。

3）手持式振捣器状态监测。包括监测手持式振捣器振捣位置与振捣时长、监测监控设备的工作状态、监测监控设备与服务器的通信状态等。

4）监控数据分析与图形展示。综合平仓与振捣过程监测数据，分析是否存在漏振、以振代平等不规范施工现象，同时分析优化运输全过程资源匹配及效率、图形化展示监控数据、多种方式提示预报警信息。

5）实时智能预警与控制。通过对监测数据和控制标准的智能分析，实现不达标的实时预警识别，包括插入深度、插入角度、振捣时长等是否达标判定，对不规范施工行为分层级进行预警和控制。

6）成果图像报表输出。系统采用多张不同类别图形报告直观展现施工质量综合评价信息，提供了施工质量验收支撑材料。

7）高精度定位监控。系统采用高精度定位技术，提供高达厘米级的精确定位，提供精准质量判定支持。

8）物联网反馈控制。系统应用物联网技术，通过安装于平仓机、振捣机、手持式振捣棒等位置的物联网监控终端，提高了数据获取的及时性、准确性与完整性，提供了实时智能反馈控制手段。

（3）混凝土平仓振捣质量智能监控系统应用：

1）对混凝土平仓振捣基本信息进行整理（包括车型、吨位、保险、司机等）并进行自编号后将所有信息录入混凝土平仓振捣质量智能监控系统。

2）配合发包人对所有设备安装监控定位装置，并在施工过程中对监控定位设备进行日常基本检查及维护。

3）对参建人员进行监控系统的软、硬件使用培训和软、硬件基本维护培训，保证监控系统的稳定运行。

4）根据仓面设计配置混凝土浇筑平仓振捣设备和施工人员，将混凝土浇筑平仓的摊铺厚度、摊铺方向，振捣强度、振捣时间等参数录入系统且发送至相关人员，在施工时如混凝土摊铺厚度出现偏差、摊铺方向出现错误或者出现欠振、漏振等现象指挥中心及施工设备警示灯将同时闪烁，指挥中心值班人员详细查看监控记录对比施工参数，找出施工问题原因，以报话机或电话及时通知现场调度和设备操作人员，现场施工人员及时按照指挥中心发布的指令进行整改，直至达到施工要求，警示灯熄灭。

5）详细记录每一仓混凝土浇筑时仓号内的所有基本信息和其他突发事件，并录入系统。

6）为配合智能平仓振捣系统的应用，对所有平仓振捣设备配置对讲机，设置固定专用频道与生产指挥中心单线联系。

混凝土平仓振捣质量智能监控系统应用流程如图 9.5-5 所示。

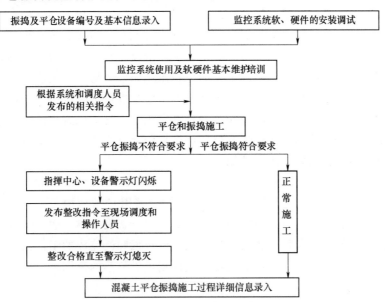

图 9.5-5　混凝土平仓振捣质量智能监控系统应用流程图

9.5.2.4　资源配置

（1）现场办公设施与智能大坝信息管理系统共用。

（2）大坝施工过程智能控制系统应用人员配置见表 9.5-1。

表 9.5-1　　　　大坝施工过程智能控制系统应用人员配置表

模　块	岗　位	参与人数/人	工作量/(人·月)	备　注
平仓振捣	综合协调负责人	1	2.4	由项目领导或指定专人负责
	业务负责人	3	72	全职，每班 1 名
	仓面设计技术员	1	18	施工设计人员兼任
	设备维护人员	3	10.8	可由平仓振捣驾驶员兼任
	人工振捣基站拆	2	18	普工
	人工振捣基站位置量	2	18	测绘人员
混凝土生产调度	业务负责人	1	7.2	管理人员兼任
	拌和数据采集	3	21.6	生产人员兼任（三班）
	生产调度数据采集	3	43.2	调度员兼任（三班）
水平运输监控	业务负责人	1	7.2	管理人员兼任
	运输车司机	45	32.4	司机培训每季度
合计		65	250.8	

（3）大坝施工过程智能控制系统应用所需设备除与智能大坝信息管理系统部分公用外增加 63 部对讲机。

9.5.2.5　大坝混凝土施工进度智能控制系统

1. 系统概述

大坝混凝土施工进度智能控制系统的主要目标就是为在工程实施过程中，进行实时控制和动态管理，及时指导和决策，保证工程近期目标和长远目标有效结合，以现有的条件为基础，按对工程总体最优的施工方案施工。大坝混凝土施工进度智能控制系统将影响大坝及泄洪建筑物混凝土浇筑的众多因素作为模拟限制条件，对混凝土浇筑过程进行计算机模拟，全面系统的反映各种因素对混凝土浇筑的影响程度，每一种限制条件的改变都将得到一个定量的结果，为各种施工措施的合理选择和施工方案的确定提供了依据。同时，大坝混凝土施工进度智能控制系统通过分析各浇筑块的上升次序，自动提供每一种施工方案所对应的跟仓计划及各级施工进度计划。

2. 系统构架及功能

系统基于 MS. Net 平台开发（.Net4.5 64 位），采用 C/S 架构。

以发包人工程数字化平台统一规划框架为基础，结合大坝施工的具体技术要求，根据用户输入的仿真时间段、各种限制条件、大坝三维数据和已完成的工作数据，来模拟大坝的浇筑过程，为施工单位制定合理的大坝浇筑计划提供科学的依据。

3. 系统运行的应用方案

（1）配置自行使用的现场临时办公场所及 IT 设备（电脑、打印机等）。

（2）配置相应的工作协调、基础数据搜集、整理、录入、施工进度仿真、仿真成果校核及上报等有关大坝混凝土施工进度智能控制系统实施所需的专业应用人员。

（3）配合完成系统设备的现场安装、调试、运行、维护等工作，提供运行电源，提供为系统安装、运行所需的相关信息资料，以及必要的人力、技术、场地等协助。

（4）现场办公室与智能大坝信息管理系统共用，提供 2 个以上工位及网络、空调、饮水机等办公设施，供系统开发人使用。

（5）制定应用方案，及管理制度、激励机制等管理办法，落实岗位责任人。

（6）负责按工作内容及技术要求开展应用工作。

（7）及时进行大坝混凝土施工进度仿真，并对数据的全面性和准确性负责。

（8）将系统的功能、适用性和使用情况及时向监理和发包人反馈，配合发包人进行系统的完善与升级。

（9）协助发包人进行大坝混凝土施工进度智能控制系统相关企业技术标准的制定、报奖、专利申报等工作。

9.5.2.6　分布式光纤测温

根据招标文件要求分布式光纤埋设与测温由其他承包人完成，本标段仅负责配合工作。配合工作主要如下：

（1）根据招标文件要求施工局将在现场为分布式光纤监测单位提供临时监测房。临时监测房采用活动板房，在左右岸边坡临近大坝混凝马道上布置，配备防盗门锁、电源与空调设施，数量 2 间，每间面积 20m²，并随大坝浇筑上升搬迁移动；永久监测房采用厚钢板，布置于监测廊道内，配备门锁和电源，具体位置由监理人指定，数量 3 间，每间面积 $4m^2$。

（2）根据施工进度计划提前联系监理并告知分布式光纤埋设部位及施工局对光纤埋设的时间段规划，请监理单位及时协调分布式光纤埋设与测温的承包人及时进行埋设，以避免光纤埋设影响施工进度，或造成漏埋。

（3）分布式光纤埋设与测温的承包人进行现场埋设光纤施工时提供必要的施工道路、施工场地、电源和其他一些必要的人员、设备配合。

（4）施工过程中严格保护光纤及其附属设施，避免分布式光纤测温系统损坏。

9.6 大坝混凝土温控防裂智能控制系统与实施方案

9.6.1 智能数字测温系统

9.6.1.1 智能数字测温系统组成及方法

白鹤滩智能大坝数字测温系统由数字温度传感器、无线温度采集器、手持式温度采集器、服务端平台及其他配套设备组成。大坝混凝土温度测量采用数字测温系统，通过埋设数字温度计、安装数据采集及无线传输装置等，自动采集和实时传输混凝土内部温度。

9.6.1.2 智能数字测温系统技术要求

数字测温系统除了包含埋入混凝土内部的数字温度计、配套软件处理系统以外，还配备必要的手持式温度采集器，用于特殊情况下人工进行温度采集。系统组成如下。

（1）数字温度计：

1）内置数字传感器，单传感器及四传感器芯片封装。

2）温度精度±0.5℃。

3）测温范围−55～125℃。

4）测温速度不大于 750ms。

5）电源要求 3～5.5V，支持宽电压驱动与信号采集。

6）最大电缆长度为 300m。

7）外壳材质为 314 不锈钢。

8）外型尺寸 ϕ10mm 单芯长度 100mm。

9）集成 8 位防伪串码，支持来源追踪，保证传感器稳定可靠。

（2）手持式温度采集器：

1）宽电压驱动，支持 1～4 支传感器同步采集。

2）单次可存储 1000 条温度记录数据。

3）屏幕采用 128mm×64mm 液晶屏幕，并具有背光功能。

4）连续工作时间大于 8h，待机时间大于 48h。

5）防潮设计，工作温度范围：−20～60℃。

6）支持自动触发与手动两种采集模式。

7）双电路供电设计，支持短路保护。

8）支持防伪串码识别，阻止非专用传感器的接入与使用。

9）满足高温、潮湿等复杂环境长时间应用要求。

（3）无线温度采集器：

1）2通道，支持4～8支数字温度传感器连接。

2）单通道支持线缆长度最长400m。

3）ZigBee无线传输，最大无线传输距离不小于2km。

4）单次充电可持续工作3个月以上（2h采集间隔）。

5）支持防伪串码识别，阻止非专用传感器的接入与使用。

6）支持远程电量监控与低电量预警。

7）支持设定设备地址、工作模式、发射功率、测温频率等参数。

8）测温频率支持远程配置。

9）IP67防护。

（4）服务端平台：

1）主流工业控制计算机。

2）传感器的编码初始化。

3）手持式数据采集数据的导入。

4）无线温度采集器数据自动导入。

5）数据采集器参数设定。

6）无线数据采集器运行状态远程电量与状态监控。

（5）其他配套设备。三芯带屏蔽水工专用电缆，无线中继器、测温调试仪器，工业控制计算机。

9.6.1.3 温度计埋设要求

（1）大坝混凝土浇筑仓均埋设数字温度计，测温试验仓每仓埋设3组共9支，普通仓每仓一般埋设1～3支，分别位于仓面上、中、下游三个区域。

（2）混凝土下料、振捣禁止冲击埋设仪器，仪器周围混凝土振捣时剔除粒径80mm以上骨料，采用人工振捣防止触及仪器。

（3）仪器埋设前及混凝土振捣密实后进行观测，如发现仪器异常应立即处理。

9.6.2 智能通水冷却系统

智能通水冷却系统是采用大体积混凝土实时在线个性化换热智能控制技术，通过流量精确控制，为不同浇筑仓提供个性化的温度控制策略，实现基于时间和空间的温度梯度分布和变化的全过程智能化控制。智能通水系统经过运行调试后，能接收智能大坝系统的温度数据，能及时准确上传通水数据。对浇筑后大坝的通水温度、流量实现智能控制，突破了传统的通水冷却人工控制方式和简单型通水控制方式的制约，实现精确控温。智能通水系统主要由五部分组成，分别为智能控制软件系统、智能控制柜、集成式一体流温控制柜、管道内部温度测量装置、混凝土数字测温系统。

9.6.2.1 温度控制基本计算资料

1. 气温资料

白鹤滩气象站气象要素统计资料见表9.6-1。

表 9.6-1 　　　　　白鹤滩气象站（华东院设）气象要素统计资料

（据 1994—2009 年资料统计）

项 目		1月	2月	3月	4月	5月	6月	7月	8月	9月	10月	11月	12月	全年
气温 /℃	多年平均	13.3	16.6	20.7	25.5	26.8	26.8	27.5	27.2	24.8	21.6	18.2	14.4	21.9
	极端最高	30.7	35.1	39.6	42.3	42.6	41.5	42.3	41.5	42.7	37.0	34.7	29.8	42.7
	极端最低	1.7	0.8	4.6	7.1	11.5	15.4	15.2	13.1	11.4	10.1	4.5	2.1	0.8
降水量 /mm	多年平均	4.1	4.5	11.9	16.0	60.2	159.9	164.5	139.4	100.6	59.8	11.0	2.1	733.9
	各月占全年/%	0.6	0.6	1.6	2.2	8.2	21.8	22.4	19.0	13.7	8.1	1.5	0.3	100.0
	月最大降水	11.4	22	68.1	41.7	131.3	229.1	261.9	209.7	197.2	131.4	33.9	6.4	947.8
	月最小降水	0	0	0.0	1.5	21.2	54.4	74.7	42.3	20.5	14.7	0	0	487.9
	历年最大一日降水	6.9	8.8	29.0	41.0	36.9	100.8	69	89.8	74.5	38.8	16.5	5	100.8
蒸发量 /mm	多年平均	137.0	184.1	265.1	322.4	285.3	187.4	170.2	169.1	138.7	128.4	121.4	122.4	2231.4
	月最大蒸发量	158.7	258.7	323.6	439.8	398.0	273.1	228.1	247.5	196	174.4	156.2	144.4	2476.1
	月最小蒸发量	107.4	103.9	193.1	231.8	203.2	129.3	119.5	121.9	91.7	97.4	95.6	103.5	1791.8
相对湿度 /%	多年平均	57	53	53	54	62	75	81	80	80	75	71	62	66
	历年最小	3	4	2	7	11	8	12	15	14	20	20	16	2
风 /(m/s)	多年平均	2.4	2.7	2.7	2.5	1.9	1.3	1.1	1.0	1.1	1.4	1.6	2.1	1.8
水温 /℃	平均	10.7	12.5	15.4	18.7	21.0	22.3	21.8	21.8	20.1	17.9	14.6	11.4	17.4
	最高	12.3	14.9	18.5	20.7	23.6	25.4	24.8	24.3	23.4	20.8	17.6	13.2	25.4
	最低	8.7	10.6	12.4	17.8	19.5	19.4	19.4	17.1	15.7	11.7	8.9	8.7	8.7

2. 白鹤滩大坝混凝土设计指标及性能

本工程大坝、水垫塘、导流洞和交通洞封堵混凝土工程使用强度等级为 42.5 的低热硅酸盐水泥。大坝混凝土采用灰岩骨料和低热水泥，水垫塘均采用玄武岩骨料和低热水泥。本工程混凝土使用满足三峡企业标准要求的 I 级粉煤灰。

白鹤滩大坝混凝土设计指标及性能要求分别见表9.6-2～表9.6-4。

表 9.6-2 　　　　　　　　　　大坝混凝土设计指标

分区	设计等级	混凝土指标	最大水胶比	粉煤灰最大掺量/%
A	$C_{180}40$	$C_{180}40W_{90}15F_{90}300$	0.42	35
B	$C_{180}35$	$C_{180}35W_{90}14F_{90}300$	0.46	35
C	$C_{180}30$	$C_{180}30W_{90}13F_{90}250$	0.50	35

表 9.6 - 3　　　　　　　　　　　拱坝混凝土性能要求

分　　区	A	B	C
强度等级	C40	C35	C30
设计龄期/d	180	180	180
强度保证率/%	85	85	85
抗冻等级	≥F_{90}300	≥F_{90}300	≥F_{90}250
抗渗等级	≥W_{90}15	≥W_{90}14	≥W_{90}13
180d 抗拉强度/MPa	≥3.2	≥3.0	≥2.8
180d 极限拉伸值/(×10^{-6})	105	100	95
28d 绝热温升/℃	≤26	≤24	≤22
自生体积变形/(×10^{-6})	初期收缩不超过 20,且 90d 龄期后不收缩		

表 9.6 - 4　　　　　　　　　　　水垫塘混凝土设计指标

部位	设计等级	混凝土指标	最大水胶比	粉煤灰最大掺量/%
水垫塘	C_{180}40	C_{180}40W8F150	0.41	35
	C_{90}50	C_{90}50W8F150	0.34	30

3. 绝热温升公式

本工程低热混凝土设计温控分析采用的绝热温升公式见表 9.6 - 5。

表 9.6 - 5　　　　　　　　　设计温控分析采用的绝热温升公式

混凝土等级	C_{180}40	C_{180}35	C_{180}30
绝热温升/℃	$T=\dfrac{26.0t}{t+3.26}$	$T=\dfrac{25.0t}{t+4.35}$	$T=\dfrac{24.0t}{t+2.9}$

4. 水泥及混凝土热学性能

本工程要求使用强度等级为 42.5 的低热硅酸盐水泥,根据低热水泥试验检测成果,低热水化热估算见表 9.6 - 6。

（1）水泥水化热见表 9.6 - 6。

表 9.6 - 6　　　　　　　　　　　水　泥　水　化　热　　　　　　　　　单位：kJ/kg

水泥强度等级	低热水泥	
	3d	7d
42.5	220	250

（2）混凝土热学性能。根据中国水利水电第四工程局有限公司设计院试验成果,结合有关资料和试验成果进行综合分析,根据混凝土各组成材料的容重,按加权平均法估算出混凝土热学性能参数。混凝土热学性能一般包括导热系数 λ、导温系数 α、比热容 c 等见表 9.6 - 7。

表 9.6-7 混 凝 土 热 学 性 能

分　区	A	B	C
强度等级	C40	C35	C30
设计龄期/d	180	180	180
级配	四	四	四
180d抗拉强度/MPa	≥3.2	≥3.0	≥2.8
180d极限拉伸值/($\times 10^{-6}$)	105	100	95
导温系数 α/(m²/h)	0.00295	0.00304	0.00306
导热系数 λ/[kJ/(m·h·℃)]	6.53	6.78	6.78
比热 c/[kJ/(kg·℃)]	0.851	0.873	0.842

5. 大坝混凝土典型配比及水垫塘配合比

大坝混凝土典型配比及水垫塘配合比见表 9.6-8 和表 9.6-9。

表 9.6-8 大坝混凝土典型配合比

强度等级	配 比 参 数						每方混凝土配料用量/(kg/m³)					容重 /(kg/m³)
	级配	水胶比	减水剂 /%	引气剂 /%	砂率 /%	粉煤灰 /%	水	水泥	粉煤灰	砂	石	
$C_{180}40$	四	0.42	0.6	0.04	23	35	85	132	71	503	1697	2489
$C_{180}40$	三	0.42	0.6	0.04	29	35	99	153	83	611	1507	2454
$C_{180}40$	三（富）	0.42	0.6	0.04	31	35	104	161	87	646	1448	2446
$C_{180}35$	四	0.46	0.6	0.04	24	35	85	120	65	529	1687	2487
$C_{180}35$	三	0.46	0.6	0.04	30	35	99	140	75	638	1499	2452
$C_{180}35$	三（富）	0.46	0.6	0.04	32	35	104	147	79	673	1440	2444
$C_{180}30$	四	0.5	0.6	0.04	24	35	85	111	60	532	1698	2486
$C_{180}30$	三	0.5	0.6	0.04	30	35	99	129	69	642	1510	2450
$C_{180}30$	三（富）	0.5	0.6	0.04	32	35	104	135	73	678	1451	2442
$C_{90}40$	二	0.4	0.7	0.04	35	30	117	205	88	699	1299	2410
C35	二	0.44	0.7	0.04	36	30	117	186	80	728	1294	2412

表 9.6-9 水垫塘混凝土典型配合比

强度等级	配 比 参 数						每方混凝土配料用量/(kg/m³)					容重 /(kg/m³)
	级配	水胶比	减水剂 /%	引气剂 /%	砂率 /%	粉煤灰 /%	水	水泥	粉煤灰	砂	石	
$C_{180}40$	三	0.41	0.7	0.04	29	35	105	166	90	652	1608	2624

9.6.2.2　大坝混凝土温控计算及成果分析

1. 温控计算说明

大坝混凝土温控计算拟通过对招标文件第Ⅱ卷《技术条款》、第Ⅲ卷《图册》和对设计温度控制标准按工程实际施工条件进行复核性计算，根据计算结果制定温控措施，并对采取措施后的效果进行验算。

计算过程中所采用的数学公式、各种参数值以及一些数值指标的经验值按《水利水电施工手册第 3 卷　混凝土工程》《水工混凝土施工规范》（DL/T 5144—2015）和国家标准《中热硅酸盐水泥、低热硅酸盐水泥、低热矿渣硅酸盐水泥》（GB 200—2003）的有关要求选用，并参考中水四局设计院提供的有关资料。

2. 混凝土入仓温度、浇筑温度计算复核

（1）入仓温度计算。混凝土入仓温度取决于混凝土出机口温度、运输工具类型、运输时间和转运次数。入仓温度可按下式计算：

$$T_d = T_0 + (T_q - T_0)(\theta_1 + \theta_2 + \cdots + \theta_n) \tag{a}$$
$$\theta = At$$

式中　　　　　　T_d——混凝土入仓温度，℃；

T_0——混凝土出机口温度，℃；

T_q——混凝土运输时的气温，℃；

θ_i （$i = 1,2,3,\cdots,n$）——温度回升系数，混凝土装、卸和转运每次 $\theta = 0.032$，混凝土运输时，$\theta = At$；

A——混凝土运输过程中温度回升系数；

t——运输时间，min。

对以上参数，T_0 采用招标文件要求的出机口温度参考值；混凝土运输时的外界气温 T_q 采用月平均气温；采用其他设备入仓时，正常情况下，混凝土装料、转运、卸料各一次，因此根据《水利水电工程施工手册　混凝土工程》的有关说明，取 $\theta_1 = \theta_2 = \theta_3 = 0.032$。混凝土水平运输为 9m³ 侧卸车，温度回升系数 A_1 取 0.0014，垂直运输为 30t 缆机吊运 9.0m³ 吊罐，A_2 取 0.0005；运输时间 t 根据混凝土生产系统距供料平台的运输距离确定按不超过 10min 考虑。大坝混凝土各月入仓温度计算结果见表 9.6-10。

表 9.6-10　　　　　　各月混凝土入仓温度计算结果统计表

部　位		月　份											
		1	2	3	4	5	6	7	8	9	10	11	12
大坝/℃	出机温度	9	9	7	7	7	7	7	7	7	7	9	9
	入仓温度	9.5	9.9	8.6	8.8	8.9	8.9	9.0	9.0	8.8	8.7	10.1	9.6
	温度回升	0.5	0.9	1.6	1.8	1.9	1.9	2.0	2.0	1.8	1.7	1.1	1.6

从以上计算结果可知，大坝混凝土控制出机口温度满足一定标准，并采取加快倒运，加快入仓速度，缩短入仓时间的措施时能够降低混凝土温度回升率，保证混凝土入仓温度满足高温季节不超过 9℃，低温季节不超过 11℃ 的设计要求。

（2）浇筑温度复核计算。混凝土的浇筑温度指混凝土经过平仓振捣后，覆盖上层混凝土前，在 5~10cm 深处的温度。混凝土浇筑温度由混凝土的入仓温度、浇筑过程中温度增减两部分组成，采用《水利水电工程施工手册　混凝土工程》的公式进行计算：

$$T_p = T_d + \theta_p \tau (T_q - T_d) \tag{b}$$

式中　T_p——混凝土浇筑温度，℃；

T_d——混凝土入仓温度，℃；

T_q——混凝土运输时气温，℃；

θ_p——混凝土浇筑过程中温度倒灌系数，一般可根据现场实测资料确定，缺乏资料时可取 $\theta_p = 0.002 \sim 0.003/\text{min}$；

τ——铺料平仓振捣至上层混凝土覆盖前的时间，min。

对于以上参数，混凝土入仓温度 T_d 采用实际计算结果；高温期仓面气温 T_q 采用外界气温通过仓面喷雾降温 4℃以后的温度值；浇筑过程中的温度倒灌系数 θ_p 取 0.002；铺料间歇时间按《水工混凝土施工规范》（DL/T 5144—2015）的规定确定。大坝混凝土各月浇筑温度根据公式（b）计算结果见表 9.6-11。

表 9.6-11 混凝土各月浇筑温度计算结果统计表

部 位		月 份											
		1	2	3	4	5	6	7	8	9	10	11	12
大坝 /℃	入仓温度	9.5	9.9	8.6	8.8	8.9	8.9	9.0	9.0	8.8	8.7	10.1	9.6
	浇筑温度	10.4	11.5	10.3	10.6	11.0	11.0	11.2	11.2	10.5	10.6	11.7	10.8
	温度回升	0.9	1.6	1.7	1.8	2.1	2.1	2.2	2.2	1.7	1.9	1.6	1.2

注 高温期 3—10 月现场浇筑过程中采取仓面喷雾及覆盖保温等手段。

从以上计算结果可知，大坝混凝土控制出机口温度、入仓温度满足一定标准，高温期采取仓面喷雾、及时保温覆盖等一系列有效控制措施时，其高温期浇筑温度即可满足不超过 12℃的设计浇筑温度要求。

3. 施工期坝体最高温度计算复核

（1）混凝土历时绝热温升计算。混凝土绝热温升可采用《水利水电工程施工组织设计手册 混凝土工程》中的公式进行计算，本工程采用招标文件答疑回复的低热混凝土绝热温升公式进行校核计算，大坝混凝土主要标号各时段绝热温升计算结果统计见表 9.6-12。

表 9.6-12 各部位混凝土绝热温升计算结果统计表

混凝土强度	1d	2d	3d	4d	5d	6d	7d	8d	9d	10d
$C_{180}40$	6.10	9.89	12.46	14.33	15.74	16.85	17.74	18.47	19.09	19.61
$C_{180}35$	4.67	7.87	10.20	11.98	13.37	14.49	15.42	16.19	16.85	17.42
$C_{180}30$	4.76	8.19	10.66	12.45	13.74	14.66	15.33	15.81	16.16	16.41
$C_{90}40$	6.48	10.29	13.40	15.65	17.26	18.43	19.27	19.88	20.31	20.63

（2）施工期大坝混凝土最高温度复核计算。施工期混凝土最高温度计算，主要是根据实际施工条件核算坝体混凝土温度，判别混凝土温度是否控制在设计允许最高温度范围内，为确定各种必要的温控措施提供依据。本工程采用《水利水电工程施工手册 混凝土工程》中提供的"实用计算法"进行施工期混凝土最高温度验算，由于热传导微分方程和边界条件都是线型的，因此利用叠加原理将浇筑块的散热过程分解为三个单元求和，计算公式如下：

$$T_m = (T_P - T_S)E_2/(l - E_1) + T_r/(l - E_1) + T_S \tag{c}$$

$$T_S = T_q + \Delta T$$

式中 T_m——混凝土浇筑块平均温度，℃；

       T_P——混凝土浇筑温度，℃；

       T_r——混凝土水化热温升，采用时差法计算，℃；

       l——混凝土浇筑层厚度，m，根据招标文件《技术条款》的有关规定确定；

       E_1——新浇混凝土接受老混凝土固定热源作用并向顶面散热的残留比，可在《水利水电工程施工手册 混凝土工程》中根据 F_0 的值查图求得；

       E_2——新浇混凝土固定热源向空气和老混凝土传热的残留比，可在《水利水电工程施工手册 混凝土工程》中根据 F_0 的值查图求得；

       T_S——混凝土表面温度，℃；

       T_q——气温，℃，取月平均气温；

       ΔT——混凝土表面温度高于气温的差值，可近似取 $\Delta T = 2 \sim 5$℃（混凝土标号较低时取小值）；当顶部覆盖一层草袋或其他相当的保温材料时，$\Delta T \approx 10$℃；当顶面流水养护时，$T_S = (T_q + T_w)/2$。施工期大坝混凝土最高温度计算结果见表 9.6 - 13。

表 9.6 - 13   施工期大坝混凝土最高温度计算结果统计表（自然温升无通水）

混凝土典型强度等级	混凝土分层厚度/m	月份	坝体最高温度/℃	最高温度出现时间/d
A 区 C_{180}40	3.0	1	26.16	8
	3.0	2	27.28	9
	3.0	3	28.75	9
	3.0	4	30.47	9
	3.0	5	30.9	10
	3.0	6	30.9	10
	3.0	7	31.2	10
	3.0	8	31.1	10
	3.0	9	30.2	10
	3.0	10	29.1	9
	3.0	11	27.9	9
	3.0	12	26.5	9
	4.5	1	27.36	10
	4.5	2	28.1	10
	4.5	3	29.01	10
	4.5	4	30.08	10
	4.5	5	30.4	10
	4.5	6	30.4	10

续表

混凝土典型强度等级	混凝土分层厚度/m	月份	坝体最高温度/℃	最高温度出现时间/d
A区 C$_{180}$40	4.5	7	30.5	10
	4.5	8	30.5	10
	4.5	9	29.9	10
	4.5	10	29.2	10
	4.5	11	28.5	10
	4.5	12	27.6	10
B区 C$_{180}$35	3.0	1	24.64	9
	3.0	2	25.8	9
	3.0	3	27.28	10
	3.0	4	29.05	10
	3.0	5	29.52	10
	3.0	6	29.5	10
	3.0	7	29.78	10
	3.0	8	29.67	10
	3.0	9	28.79	10
	3.0	10	27.6	10
	3.0	11	26.4	10
	3.0	12	25.0	9
	4.5	1	25.67	10
	4.5	2	26.41	10
	4.5	3	27.33	10
	4.5	4	28.41	10
	4.5	5	28.70	10
	4.5	6	28.70	10
	4.5	7	28.86	10
	4.5	8	28.79	10
	4.5	9	28.25	10
	4.5	10	27.5	10
	4.5	11	26.8	10
	4.5	12	25.9	9
C区 C$_{180}$30	3.0	1	24.22	9
	3.0	2	25.38	9
	3.0	3	26.86	10
	3.0	4	28.63	10
	3.0	5	29.1	10

混凝土典型强度等级	混凝土分层厚度/m	月份	坝体最高温度/℃	最高温度出现时间/d
C区 C$_{180}$30	3.0	6	29.1	10
	3.0	7	29.37	10
	3.0	8	29.3	10
	3.0	9	28.37	10
	3.0	10	27.2	10
	3.0	11	25.9	10
	3.0	12	24.6	9
孔口周边 C$_{90}$40	3.0	1	29.07	9
	3.0	2	30.25	9
	3.0	3	31.64	9
	3.0	4	33.38	9
	3.0	5	33.9	10
	3.0	6	33.9	10
	3.0	7	34.1	10
	3.0	8	34.0	10
	3.0	9	33.1	10
	3.0	10	32.0	9
	3.0	11	30.7	9
	3.0	12	29.4	9

从表9.6-13可知,在无一期通水冷却措施时,大坝A区混凝土早期最高温度将达到26.16～31.2℃,最高温度出现在混凝土浇筑后第8～第10天,大部分最高温度值均接近或超过设计最高温度限值27℃。大坝B区混凝土早期最高温度将达到24.64～29.78℃,最高温度出现在混凝土浇筑后第9～第10天,孔口坝段最高温度值均接近或超过设计最高温度限值27℃,高温季节其他坝段混凝土最高温度值均接近或超过设计最高温度限值29℃。大坝C区混凝土早期最高温度将达到24.22～29.37℃,最高温度出现在混凝土浇筑后第9～第10天,高温季节大部分混凝土最高温度值均接近或超过设计最高温度限值29℃。孔口周边高标号混凝土早期最高温度将达到29.07～34.1℃,最高温度出现在混凝土浇筑后第9～第10天,混凝土最高温度值均超过设计最高温度限值27℃。

考虑到以上计算结果是在月平均气温下的施工期最高温度,在月最高气温条件下施工时,浇筑块温度还将在此基础上增加,因此必须按照招标文件技术条款大坝混凝土冷却通水相关要求,采取一期通水冷却等温控措施,将施工期大坝混凝土最高温度和内外温差控制在设计允许范围内。尤其要注意在高温季节温控要求较严的部位时,加以采用表面流水冷却的方法进行散热。

在不采取任何通水冷却措施条件下,大坝混凝土内部最高温度计算方法采用的是《水利水电工程施工手册 混凝土工程》中提供的实用计算法,一些参数的选择为经验数值,故计算精确度有所偏差。

4. 一期通水冷却温控效果验算

为满足混凝土温控设计分区最高温度及大坝混凝土封拱要求，按节点完成接缝灌浆，通过向大坝混凝土通制冷水的方式降低混凝土内部温度，以减小内部最高温度、内外温差及不同高程范围的温度梯度，大坝混凝土通水冷却是一个连续的过程，根据拱坝混凝土温控防裂特点，将混凝土通水冷却降温过程分为一期冷却、中期冷却、二期冷却共3期9个阶段进行。

在拱坝混凝土冷却过程中，为控制上下层混凝土之间温度梯度，二期冷却期间将混凝土冷却过程按灌区高程分为盖重区、过渡区、同冷区、拟灌区、已灌区。坝体混凝土降温过程中，应严格控制混凝土冷却过程，使坝体温度满足同冷区要求，同冷区根据招标文件要求按不同高程分别设置1个、2个。

(1) 大坝一期冷却要求。一期通水冷却分为两个阶段进行，控温阶段的主要目标是削减浇筑块一期水化热温升，抑制混凝土高温峰值的产生，控制混凝土最高温度不超过容许值，降温阶段的主要目标是通过持续通水以达到一期冷却目标温度。无论何时浇筑混凝土，采用预冷混凝土浇筑坝体混凝土最高温度仍可能超过设计允许最高温度时应采取一期通水冷却消减并控制混凝土最高温度。一期通水冷却依据大坝混凝土智能测温及智能通水系统实测数据实行"精细化"，并动态控制通水温度、时间及流量。

根据招标文件技术条款及答疑文件要求，混凝土下料浇筑后应尽早开始一期通水冷却。一期通水冷却控温阶段时，冷却水管入口处通水温度为8~10℃。一期通水冷却降温阶段时，冷却水管入口处通水温度视混凝土内部降温削峰情况调整为14~16℃。控温阶段冷却目标温度值应根据混凝土分区控制要求，使混凝土最高温度不超过27℃、29℃，并不应低于24℃。通水流量按1.0~1.5m³/h控制，并根据智能测温及通水监测情况"精细化"调整。降温阶段目标温度根据坝体分区温度要求保持在21℃、23℃。

(2) 一期通水冷却时用《水利水电工程施工手册 混凝土工程》中提供的"实用计算法"计算混凝土浇筑层平均最高温度，公式为：

$$T_m = (T_p - T_s)E_2 X/(1 - E_1 X) + (T_w - T_S)E_2(1 - X)/(1 - E_1 X) + T_r/(1 - E_1 X) + T_s$$

$$\text{(d)}$$

式中　　T_w——冷却水管进水口处温度，按招标文件要求为10~12℃；

　　　　X——水管散热残留比，$X = f(at/D_2, \lambda L/CW_\gamma W_q W)$，由下式计算求得：

$$X = e^{-kF_0^s}$$

$$K = 2.08 - 1.174\xi + 0.256\xi_2$$

$$f_0 = at/D_2$$

$$s = 0.971 + 0.1485 - 0.0445\xi_2$$

$$\xi = \lambda L/C_W \rho_w q_w$$

式中　　λ——为混凝土导热系数；

　　C_w——水的比热，4.19kJ/(kg·℃)；

　　ρ_w——水的密度，1000kg/m³；

q_w——单根水管通水流量，按招标文件要求选取；

L——单根水管长度，计算时取 250m；

D——通水冷却等效圆直径，一般可用下式计算：

$$D = 2b = \frac{1.21(S_1 S_2)}{2}$$

a——混凝土导温系数，m^2/d；

b——通水冷却等效圆半径，m；

c——冷却水管半径，m；

式中 S_1、S_2 分别为冷却水管水平及竖直间距，m。

以上计算式是在 $b/c=100$ 的条件下给出的，当 $b/c \neq 100$ 时，可用混凝土等效导温系数 a' 代替 a 计算，$a' = a\ln100/\ln(b/c)$。另外，对于 HDPE 塑料水管，通水冷却温度计算时可近似用等效法，用一个等效内半径为 r_1 的金属冷却水管代替原水管进行计算，r_1 计算式为：

$$r_1 = c\left(\frac{r_0}{c}\right)^{\frac{\lambda}{\lambda_1}} \tag{e}$$

式中 r_1——等效金属水管内半径，cm；

r_0——非金属水管内半径，cm；

c——非金属水管外半径，cm；

λ——为混凝土导温系数；

λ_1——非金属水管导温系数，取《水利水电工程施工手册 混凝土工程》中提供的类似工程参考值，为 $0.01044m^2/h$。

公式（d）计算出现的最高温度一般为浇筑块早期最高温度，但对于一期通水冷却时间较长的浇筑块，采用"实用法"计算早期最高温度时精度相对稍低，一般偏高 1℃ 左右；采用制冷水冷却时反映的冷却效果一般为 2℃ 左右，比实际效果低 1~2℃，因此，在公式计算结果的基础上考虑公式精度偏差方为实际冷却效果。

根据公式（e）可得：

$$r_1 = c\left(\frac{r_0}{c}\right)^{\frac{\lambda}{\lambda_1}} = 1.6 \times \left(\frac{1.4}{1.6}\right)^{\frac{0.004}{0.01044}} = 1.52cm$$

根据公式（d）计算复核的坝体一期通水冷却混凝土最高温度见表 9.6-14。

表 9.6-14 一期通水冷却混凝土最高温度汇总表（计算时间取 10d 内）

部位及混凝土强度等级	分层厚度/m	月份	通水量/(m³/h)	水温/℃	最高温度/℃
A 区 C$_{180}$40	3.0	1	1.0~1.5	8~10	24.6
	3.0	2	1.0~1.5	8~10	24.7
	3.0	3	1.0~1.5	8~10	24.9
	3.0	4	1.0~1.5	8~10	25.9
	3.0	5	1.0~1.5	8~10	26.4
	3.0	6	1.0~1.5	8~10	26.7
	3.0	7	1.0~1.5	8~10	26.8

续表

部位及混凝土 强度等级	分层厚度 /m	月份	通水量 /(m³/h)	水温 /℃	最高温度 /℃
A区 C₁₈₀40	3.0	8	1.0～1.5	8～10	26.6
	3.0	9	1.0～1.5	8～10	26.0
	3.0	10	1.0～1.5	8～10	25.3
	3.0	11	1.0～1.5	8～10	24.4
	3.0	12	1.0～1.5	8～10	24.0
	4.5	1	1.0～1.5	8～10	24.0
	4.5	2	1.0～1.5	8～10	24.8
	4.5	3	1.0～1.5	8～10	24.8
	4.5	4	1.0～1.5	8～10	26.1
	4.5	5	1.0～1.5	8～10	26.5
	4.5	6	1.0～1.5	8～10	26.5
	4.5	7	1.0～1.5	8～10	26.7
	4.5	8	1.0～1.5	8～10	26.6
	4.5	9	1.0～1.5	8～10	25.9
	4.5	10	1.0～1.5	8～10	25.1
	4.5	11	1.0～1.5	8～10	24.2
	4.5	12	1.0～1.5	8～10	24.2
B区 C₁₈₀35	3.0	1	1.0～1.5	8～10	24.2
	3.0	2	1.0～1.5	8～10	24.3
	3.0	3	1.0～1.5	8～10	24.0
	3.0	4	1.0～1.5	8～10	25.9
	3.0	5	1.0～1.5	8～10	26.5
	3.0	6	1.0～1.5	8～10	26.5
	3.0	7	1.0～1.5	8～10	26.8
	3.0	8	1.0～1.5	8～10	26.6
	3.0	9	1.0～1.5	8～10	25.6
	3.0	10	1.0～1.5	8～10	24.3
	3.0	11	1.0～1.5	8～10	24.1
	3.0	12	1.0～1.5	8～10	24.0
	4.5	1	1.0～1.5	8～10	24.0
	4.5	2	1.0～1.5	8～10	24.8
	4.5	3	1.0～1.5	8～10	24.8
	4.5	4	1.0～1.5	8～10	25.0
	4.5	5	1.0～1.5	8～10	25.4

续表

部位及混凝土 强度等级	分层厚度 /m	月份	通水量 /(m³/h)	水温 /℃	最高温度 /℃
B 区 C$_{180}$35	4.5	6	1.0～1.5	8～10	25.4
	4.5	7	1.0～1.5	8～10	25.6
	4.5	8	1.0～1.5	8～10	25.5
	4.5	9	1.0～1.5	8～10	24.9
	4.5	10	1.0～1.5	8～10	24.0
	4.5	11	1.0～1.5	8～10	24.2
	4.5	12	1.0～1.5	8～10	24.2
C 区 C$_{180}$30	3.0	1	1.0～1.5	8～10	24.2
	3.0	2	1.0～1.5	8～10	24.4
	3.0	3	1.0～1.5	8～10	23.9
	3.0	4	1.0～1.5	8～10	25.8
	3.0	5	1.0～1.5	8～10	26.4
	3.0	6	1.0～1.5	8～10	26.4
	3.0	7	1.0～1.5	8～10	26.7
	3.0	8	1.0～1.5	8～10	26.5
	3.0	9	1.0～1.5	8～10	25.6
	3.0	10	1.0～1.5	8～10	24.3
	3.0	11	1.0～1.5	8～10	24.0
	3.0	12	1.0～1.5	8～10	24.0
孔口周边 C$_{90}$40	3.0	1	1.5	8～10	24.8
	3.0	2	1.5	8～10	24.9
	3.0	3	1.5	8～10	26.5
	3.0	4	1.5	8～10	28.0
	3.0	5	1.5	8～10	28.5
	3.0	6	1.5	8～10	28.5
	3.0	7	1.5	8～10	28.8
	3.0	8	1.5	8～10	28.7
	3.0	9	1.5	8～10	27.7
	3.0	10	1.5	8～10	26.9
	3.0	11	1.5	8～10	25.5
	3.0	12	1.5	8～10	25.2

从计算结果可知,采用 8～10℃制冷水一期冷却控温削峰混凝土最高温升后,大坝 A 区混凝土浇筑块最高温度为 24.0～26.8℃;大坝 B 区混凝土浇筑块最高温度为 24.0～26.8℃;大坝 C 区混凝土浇筑块最高温度为 24.0～26.7℃。混凝土在经过一期通水冷却

控温削峰后，坝体内部最高温度能够满足设计要求。通过一期通水冷却降温约 10d 后，混凝土内部最高温度能够达到一冷目标温度，转而进入中冷控温阶段。

孔口周边高标号小级配混凝土采用 8～10℃制冷水经 10d 左右的一期冷却控温削峰混凝土最高温升后，除低温季节内部最高温度满足设计要求外，高温季节（4—9 月）内部最高温度仍为 27.7～28.8℃，不符合设计最高温度，因此应加强测温频次，加强施工管理，从严控制入仓及浇筑温度，制定孔口周边高标号混凝土温控专项方案，采取"个性化、精细化"智能通水措施，持续采用"下限水温，上限流量"的通水方式，由智能测温及通水系统监测内部温升情况，采取高温季节持续增大通水时间及流量，钢管代替 HDPE 塑料管、加密布置冷却水管垂直及水平间距为 1.0m×0.8m、仓面冷水喷雾、浇筑完毕后表面流水养护等措施将最高温控制在设计要求范围内。

根据温控仿真计算成果，结合施工总进度计划并参考类似工程施工经验，对于大坝约束区及孔口坝段温控要求较严的部位，4—8 月高温季节浇筑的部位，根据温控分区设计要求部位的不同，依据大坝混凝土智能测温及通水系统实测数据，动态调整冷却水管间排距、通水温度、流量及时间，采取"精细化"通水，以保证最高温度在经过一期通水后能够满足设计要求。

根据温控仿真计算成果还可以看出在 1 月、12 月低温季节施工的混凝土，因月平均气温较低，在采取控制浇筑温度的手段之后，可以不采取一期通水冷却措施，混凝土最高容许温度也是可以满足设计要求的。但是根据公司多年施工经验，并参考对比同地区类似工程，从温控防裂的角度上来讲，为了更好地满足业主及设计要求，提高温控标准，保证大坝混凝土不因为温控措施不到位而出现裂缝，影响工程质量。依据大坝混凝土温控智能监控系统实测数据，1 月、12 月低温季节根据气温的变化采取"精细化"通水冷却的措施，保证施工质量，防止混凝土出现裂缝。

（3）一期通水冷却降温阶段效果验算。一期通水冷却降温阶段时混凝土平均温度用《水利水电工程施工手册　混凝土工程》中的公式计算：

$$T_m = T_w + X(T_0 - T_w) \qquad (f)$$

式中　T_m——混凝土平均温度，℃；

T_w——冷却水管进口水温，℃；

T_0——混凝土初温，℃；取一冷控温阶段后大坝混凝土控制温度上限值 27℃、29℃；

X——水管散热残留比，与之前计算方法相同。

根据招标文件技术条款要求及温控计算分析成果，在一冷控温阶段连续通水 10d 左右，可控制混凝土内部温度不超过设计容许最高温度，随即进入一冷降温阶段，视前期控温阶段混凝土内部温度回升情况可调整冷却水进口水温至 14～16℃，继续对浇筑块进行一期冷却，通水 10～12d，即可达到温控设计要求的一期冷却目标温度 21℃、23℃。在此期间，依据大坝混凝土温控智能测温监控系统实测数据，采取"精细化"通水，动态控制调整通水流量及时间。因此可以看出，一期通水冷却控温及降温两个阶段的通水冷却时间应不少于 21d，方能满足达到一冷目标温度的要求。

5. 中期通水冷却降温阶段效果验算

(1) 大坝中期冷却要求。中期通水冷却分为三个阶段进行，一次控温阶段的主要目标是使混凝土温度维持在一期冷却目标温度，保持混凝土温度变化幅度不超过 $\pm1.0℃$，并结合下部接缝灌浆施工计划及温度梯度控制要求安排中期冷却降温。中期冷却降温阶段的主要目标是通过持续不间断的通水以达到中期冷却目标温度，同时保持降温阶段日降温速率不大于 $0.3℃/d$。为满足下部灌区冷却梯度要求，中冷降温宜按灌区同拱圈同时进行，待中期冷却降温至目标温度值 $17℃$、$20℃$ 后，进入二次控温阶段。二次控温阶段的主要目标是保持混凝土内部温度维持在中冷目标温度，防止温度回升。施工期中期冷却过程依据大坝混凝土智能通水系统实测数据实行"精细化"控制，动态控制通水温度、时间及流量。

根据招标文件技术条款及答疑文件要求，中期通水冷却通水温度为 $14\sim16℃$，降温阶段通水流量按 $0.8\sim1.0\text{m}^3/\text{h}$ 控制，控温阶段通水流量按 $0.3\sim0.5\text{m}^3/\text{h}$ 控制，并根据智能通水监测情况"精细化"调整，中冷降温的时间应不短于 28d。

(2) 中期通水冷却降温阶段效果验算。中期通水冷却降温阶段时混凝土平均温度用《水利水电工程施工手册　混凝土工程》中的公式计算：

$$T_m = T_w + X(T_0 - T_w)$$

式中　T_m——混凝土平均温度，$℃$；

$\quad\quad T_w$——冷却水管进口水温，$℃$；

$\quad\quad T_0$——混凝土初温，$℃$；取大坝混凝土一冷目标温度值 $21℃$、$23℃$；

$\quad\quad X$——水管散热残留比，与之前计算方法相同。

根据招标文件技术条款要求及温控计算分析成果，中期冷却降温阶段连续通水 28d 左右，即可达到温控设计要求的中期冷却目标温度 $17℃$。在此期间，依据大坝混凝土温控智能监控系统实测数据，采取"精细化"通水，动态控制调整通水流量及时间。

6. 二期通水冷却降温阶段效果验算

通水冷却过程中，在满足坝体接缝灌浆要求的同时，对于混凝土的上下层灌区的温度梯度严格控制，使混凝土二期冷却满足同冷区设置的要求，并能保证各区的温度分布。

(1) 大坝二期冷却要求。二期通水冷却分为四个阶段进行，降温阶段的主要目标是通过持续不间断的通水以达到二期冷却目标温度，满足混凝土达到设计封拱温度的要求，根据坝体不同高程封拱温度分别为 $13℃$、$14℃$、$16℃$，同时保持降温阶段日降温速率不大于 $0.3℃/d$，满足开始二期冷却降温的混凝土龄期应不小于 90d，二期冷却末的最短混凝土龄期不小于 120d 的要求。达到二期冷却目标温度后进入一次控温阶段，主要目的是保持大坝混凝土温度维持在相应高程范围内的设计封拱温度，控制温度升高幅度应不大于 $0.5℃$，且约束区混凝土不允许出现超冷，自由区温度变化幅度应不大于 $1.0℃$。一次控温结束时间按上部要求的同冷区是否达到封拱温度进行控制。待上部同冷区达到封拱温度后开始拟灌区接缝灌浆，同时进入灌浆控温阶段，主要目的是保持大坝混凝土温度维持在封拱温度范围，防止温度回升。接缝灌浆完成后，进入二次控温阶段，主要目的是防止接缝灌浆完成后温度回升幅度超标，形成温度梯度，二次控温应持续至上部第 2 层灌区完成接缝灌浆，且封拱后控温时间不少于 2 个月。通水冷却施工期二期冷却过程依据大坝混凝土智能通水系统实测数据实行"精细化"控制，动态控制通水温度、时间及流量。二次控温结束后，才标志着相应坝块的混凝土通水冷却三期间九阶段过程的完成。

根据招标文件技术条款及答疑文件要求，二期通水冷却通水温度为 8～10℃，降温阶段通水流量按 0.8～1.2m³/h 控制，控温阶段通水流量按 0.2～0.5m³/h 控制，并根据智能通水监测情况"精细化"调整。

（2）二期通水冷却降温阶段效果验算。二期通水冷却降温阶段时混凝土平均温度用《水利水电工程施工手册 混凝土工程》中的公式计算〔同公式（f）〕。

$$T_m = T_w + X(T_0 - T_w)$$

式中　T_m——混凝土平均温度，℃；

　　　T_w——冷却水管进口水温，℃；

　　　T_0——混凝土初温，℃，取大坝混凝土中冷目标温度值 17℃、20℃；

　　　X——水管散热残留比，与之前计算方法相同。

根据招标文件技术条款要求及温控计算分析成果，二期冷却降温阶段连续通水 20～30d，即可达到温控设计要求的二期冷却目标温度。在此期间，依据大坝混凝土温控智能监控系统实测数据，采取"精细化"通水，动态控制调整通水流量及时间。

9.6.2.3　大坝冷却水管布置

按相关图纸及本规范的要求，结合智能通水系统，拱坝大体积混凝土采用全年温控，通过预埋在拱坝混凝土中的冷却水管压送制冷水通水冷却的方式进行全过程通水降温。

1. 冷却水管布置要求

（1）坝体除在有固结灌浆混凝土盖重区施工要求的部位采用内径 28～32mm 的钢管之外，其他部位均需埋设内径 28～32mm 的高导热 HDPE 冷却水管，冷却水管埋设时应作好施工记录。坝体混凝土典型仓面冷却水管布置间距及型式见《大坝冷却水管布置分区图》《大坝典型仓面冷却水管布置图》（图号：SDSJ—TB—BHT/0666—35—09～11）；各孔口部位混凝土冷却水管布置间距及型式见《导流底孔孔口混凝土冷却水管典型仓号布置图》《深孔孔口混凝土冷却水管典型布置图》《表孔闸墩混凝土冷却水管典型仓号布置图》（图号：SDSJ—TB—BHT/0666—35—13～15）。

（2）大坝各部位均应埋设冷却水管进行通水冷却，大坝基础约束区及 15～21 号孔口坝段冷却水管埋设间距要求为 1.5m×1.0m（垂直×水平），非孔口坝段自由区冷却水管埋设间距要求为 1.5m×1.5m（垂直×水平），对于孔口区结构混凝土及低级配混凝土冷却水管埋设采用加密布置，埋设间距要求为 1.0m×1.0m（垂直×水平）。

（3）为满足大坝不同部位、不同季节和不同冷却阶段的通水要求，需布置 8～10℃和 14～16℃两套供水系统。供水系统在坝外布置进回水交换设施，制冷水考虑回收。回水不得排入廊道或基坑内，应设专门管路处理。总管的布置应使管头的位置易于调换冷却水管中水流方向。

（4）坝体冷却水管采用蛇形布置，蛇形水管方向应垂直于水流方向布置。单根蛇形水管的长度不大于 300m，冷却水管小于 250m 时，应在水管端部作好长度标记。冷却水管不允许穿过横缝及各种、廊道及孔洞，也不允许和坝内其他管路搭接、相交。冷却水管需要跨廊道及孔洞时，应采用预埋在跨廊道及孔洞底板下部的钢管进行绕接。冷却水管距上、下游坝面的距离一般要求为 1.0～1.5m，局部不应小于 0.5～1.0m，冷却水管距横缝面的距离一般要求为 0.75m，冷却水管距廊道、孔口、电梯井等内壁面的距离不应小于

0.5m。当同一仓面需要布置多条蛇形水管时，各蛇形水管长度应基本相当，同层各管圈必须同时通水冷却，同时结束，禁止出现不同步冷却的情况。过廊道典型仓面冷却水管布置间距及形式见《大坝冷却水管过廊道布置图》（图号：SDSJ—TB—BHT/0666—35—12）。

（5）同一仓面需要布置蛇形水管数量在 3 根以内时，采用一组进出水主管与各蛇形水管并联相接。蛇形水管数量大于 3 根时，需设多组进出水主管与各蛇形水管并联相接，单根主管上并联的蛇形水管最多不超过 3 根，且各组进出水主管连接的蛇形水管数量尽量一致。拱坝封拱温度为 13℃的坝体冷却水管采用 $\phi40$ 进水主管并联 $\phi32$ 水管，其余部位一根 $\phi40$ 进水主管上上游坝面并联 1 根 $\phi32$ 冷却水管，下游侧并联 $\phi28$ 冷却水管。主管与各条蛇形水管之间的联结应随时有效，并能快速安装和拆除，同时要能可靠控制某条水管的水流而不影响其他冷却水管的循环水。

（6）冷却水管铺设原则上应在浇筑层内保持均匀，当浇筑坯层与设计垂直间距不匹配时，可适当调整。冷却水管应铺设在浇筑坯层之间，首层 HDPE 冷却水管应铺设在第一坯层混凝土顶面。冷却水管铺设应定位准确、固定可靠、密封畅通，并保证水管在施工中不被损坏、堵塞或移动，确保正常通水。无论水管铺在何部位，均应保证水管在施工中不破损。伸出混凝土的管头应加帽覆盖或用其他方法加以保护，并应编号标识。管道的连接钢管可用丝扣、法兰、焊接等方法，HDPE 塑料管采用快速接头连接，并应确保接头连接牢固，不得漏水。冷却水管在埋设于混凝土中以前，先将水管的内外壁清理干净和没有水垢、油渍，管内水流方向每 24h 变换一次。

（7）冷却蛇形管应垂直于水流方向布置，冷却水管主管进出口均应布置在下游坝面，集中到坝后桥或临时栈桥部位，每一坝后桥布置水管高度不超过 4 个灌区高度，且不超过 40m。管口外露长度不应小于 0.2m，冷却水管进出口应分散布置，进出口处水管水平间距和垂直间距一般不小于 0.5m，对管口妥善保护，防止堵塞。水管应排列有序，作好进出口及分层标记。浇筑层下游面不具备设置出口条件时，冷却水管主管进出口可上引，在具备条件时引出下游坝面，多组上弯的主管进出口也应分散布置。进出水主管在出口处应做好标识，标明其通水范围等信息，保证整个冷却过程中冷却水能按正确的方向流动。

（8）通水冷却结束后，经监理批准，采用与坝体同标号的水泥浆对冷却蛇形管进行回填灌浆，再切除蛇形管的外露部分，并处理至满足混凝土外观要求。所有引出仓外的冷却水管全部进行保温，保温采用聚氯乙烯卷材。

（9）冷却水管在埋设于混凝土中以前，水管的内外壁均应干净，没有污垢。管路在混凝土浇筑过程中，应有专人维护，以免管路变形或发生堵塞。在埋入混凝土 $30\sim60$cm 后，应通水检查，通水压力 $0.3\sim0.4$MPa，检查水管是否堵塞或漏水，发现问题，应及时处理。冷却水管在混凝土浇筑过程中若受到任何破坏，应立即停止浇混凝土直到冷却水管修复并通过试验后方能继续进行。

（10）管路在混凝土浇筑过程中，应有温控队派专人负责维护，以免管路变形或发生堵塞，发现问题应及时处理。

2. 水质要求

冷却用水除控制其流量外，须保持水质干净，无泥和岩屑，且必须满足冷却机组对水质的要求。

9.6.2.4 大坝一期通水冷却

根据拱坝混凝土温控防裂特点，将混凝土通水冷却降温过程分为一期冷却、中期冷却、二期冷却共 3 期 9 个阶段进行。

1. 一期通水冷却

根据坝体最高温度计算成果及招标文件温控要求，坝体混凝土浇筑过程中均需要通冷水进行一期冷却。温控计算成果表明，一期通水冷却可削减 2~5℃ 最高温度峰值，辅助其他温控综合手段，可将大坝内部最高温度控制在设计允许的范围内。

(1) 一期冷却通水流量计算。

1) 单根水管流量。单根水管流量按招标文件《技术条款》要求取 1.0~1.5m³/h，采取精细化通水。

2) 一期冷却时间。根据本工程招标文件《技术条款》要求及一期通水冷却控温及降温阶段效果验算，一期冷却通水时间不少于 21d，即同步进行一期冷却的混凝土为一个月内浇筑完成混凝土量的 2/3。

3) 一期冷却通水流量计算。根据本工程大坝混凝土各月浇筑强度，每条冷却水管的控制范围，并对水管间排距按不同时段坝体不同对应的坝段数进行加权平均，计算出每月浇筑的混凝土完成一期冷却所需同步通水冷却的水管根数，再乘以单根水管流量，即可计算出坝体各月一期冷却通水流量。计算结果见表 9.6-15。

表 9.6-15　　　大坝混凝土一期冷却通水流量计算结果表

项目	单位	2016 年											
		1 月	2 月	3 月	4 月	5 月	6 月	7 月	8 月	9 月	10 月	11 月	12 月
一冷流量	m³/h	—	—	—	—	—	—	—	—	—	—	—	100.8

项目	单位	2017 年											
		1 月	2 月	3 月	4 月	5 月	6 月	7 月	8 月	9 月	10 月	11 月	12 月
一冷流量	m³/h	158.2	176.4	187.6	207.2	212.8	218.4	232.1	240.2	243.6	249.2	235.2	229.6

项目	单位	2018 年											
		1 月	2 月	3 月	4 月	5 月	6 月	7 月	8 月	9 月	10 月	11 月	12 月
一冷流量	m³/h	221.2	220.9	243.6	274.4	313.6	327.6	347.2	347.2	333.2	310.8	280	266

项目	单位	2019 年											
		1 月	2 月	3 月	4 月	5 月	6 月	7 月	8 月	9 月	10 月	11 月	12 月
一冷流量	m³/h	260.4	263.2	285.6	296.8	319.2	313.6	310.8	299.6	291.2	283.9	273.8	246.4

项目	单位	2020 年											
		1 月	2 月	3 月	4 月	5 月	6 月	7 月	8 月	9 月	10 月	11 月	12 月
一冷流量	m³/h	224	221.2	224	238	240.8	224	215.6	201.6	182	168	140	126

项目	单位	2021 年											
		1 月	2 月	3 月	4 月	5 月	6 月	7 月	8 月	9 月	10 月	11 月	12 月
一冷流量	m³/h	100.8	25.2	2.8	—	—	—	—	—	—	—	—	—

根据计算，大坝混凝土一期冷却采用制冷水小时最大流量为 $347.2\text{m}^3/\text{h}$，出现在 2018 年 7—8 月。大坝通水冷却制冷水由大坝冷水厂布置的移动式冷水机组提供，相关设备选型及冷水机组分期布置详见《22 临时工程设计资料》的"第一章　临时工程生产规划"。

2. 一期通水冷却过程其他温控措施

高温期，为进一步降低坝体混凝土最高温度，减小基础温差和内外温差，有效改善坝体施工期温度分布状况，除进行一期通水冷却之外另采取以下措施以加强温控效果。

（1）表面漫水养护。通过表面漫水养护，可使混凝土表面温度高于气温的差值减小，并使混凝土早期最高温度降低 1.5℃左右。

（2）保持设计要求的合理的层间间歇时间，利用较多的散热面进行自然散热，进一步降低混凝土水化热温，从而有效降低坝体最高温度。

9.6.2.5　大坝中期通水冷却

1. 中期通水冷却目的及要求

中期通水冷却分为三个阶段进行，一次控温阶段的主要目标是使混凝土温度维持在一期冷却目标温度，保持混凝土温度变化幅度不超过 ±1.0℃，并结合下部接缝灌浆施工计划及温度梯度控制要求安排中期冷却降温。中期冷却降温阶段的主要目标是通过持续不间断的通水以达到中期冷却目标温度，同时保持降温阶段日降温速率不大于 0.3℃/d。为满足下部灌区冷却梯度要求，中冷降温宜按灌区同拱圈同时进行，待中期冷却降温至目标温度值后，进入二次控温阶段，二次控温阶段的主要目标是保持混凝土内部温度维持在中冷目标温度，防止温度回升。

（1）中期冷却降温通水前应对埋设的冷却水管进行检查。对于不通或微通的水管，采取有效措施进行处理，直到处理至满足通水要求。

（2）中期冷却降温阶段开始前、结束后需要对进行中冷降温的同拱圈部位做闷温检查，闷温时间根据下部接缝灌浆施工计划、温度梯度控制要求由大坝混凝土智能通水系统实行"精细化"控制，由监测数据动态调整水管进水口水温和通水时间，控温阶段通水过程中每隔 10～15d 将出水温度较低的冷却回路做闷温检查，以防过冷，闷温时间 1～2d。

2. 中期冷却通水流量计算

（1）灌区高度。根据招标文件设计图《拱坝横缝灌浆分区及结构详图》，大坝高程 591.00m 以下分 5 层，灌区高度 9m；高程 591.00～599.00m 为 1 层，灌区高度 8m；高程 599.00～609.00m 为 1 层，灌区高度 10m；高程 609.00～744.00m 分 15 层，灌区高度 9m；高程 744.00～752.00m 为 1 层，灌区高度 8m；高程 752.00～762.00m 为 1 层，灌区高度 10m；高程 762.00～789.00m 分 3 层，灌区高度 9m；高程 789.00～800.00m 为 1 层，灌区高度 11m；高程 800.00～810.00m 为 1 层，灌区高度 10m；高程 810.00～834.00m 分 2 层，灌区高度 12m；整个坝体灌区共分 31 层灌区。

（2）单根水管流量。控温阶段单根水管流量按设计要求取 0.3～0.5m^3/h，采取精细化通水，降温阶段单根水管流量按设计要求取 0.8～1.0m^3/h，采取连续不间断通水。

（3）中期冷却时间。根据本工程招标文件《技术条款》要求及中期通水冷却控温及降温阶段效果验算，中期冷却降温阶段通水时间不少于 28d，中期冷却控温阶段通水时间根据下部接缝灌浆施工计划及温度梯度控制要求动态控制,最少不少于 19~22d。

（4）各灌区冷却水管数量计算。根据中期冷却降温进度要求,各个冷却时段对应的坝体混凝土不同灌区的管层配置可以计算出相应灌区的冷却水管总根数。

（5）中期冷却通水流量计算。根据中冷控温及降温阶段同步进行的大坝混凝土中期冷却的范围、每条冷却水管的控制范围,计算出完成中期冷却控温及降温所需同步通水的水管根数,再乘以单根水管流量,即可计算出坝体中期冷却叠加通水最大流量。

计算结果分别见表 9.6-16~表 9.6-18。

表 9.6-16 大坝混凝土中期冷却一次控温阶段通水流量计算结果表

项目	单位	2017 年											
		1 月	2 月	3 月	4 月	5 月	6 月	7 月	8 月	9 月	10 月	11 月	12 月
一冷流量	m³/h	28.8	45.2	50.4	53.6	59.2	60.8	62.4	66.3	68.6	69.6	71.2	67.2

项目	单位	2018 年											
		1 月	2 月	3 月	4 月	5 月	6 月	7 月	8 月	9 月	10 月	11 月	12 月
一冷流量	m³/h	65.6	63.2	63.1	69.6	78.4	89.6	93.6	99.2	99.2	95.2	88.8	80

项目	单位	2019 年											
		1 月	2 月	3 月	4 月	5 月	6 月	7 月	8 月	9 月	10 月	11 月	12 月
一冷流量	m³/h	76	74.4	75.2	81.6	84.8	91.2	89.6	88.8	85.6	83.2	81.1	78.2

项目	单位	2020 年											
		1 月	2 月	3 月	4 月	5 月	6 月	7 月	8 月	9 月	10 月	11 月	12 月
一冷流量	m³/h	70.4	64	63.2	64	68	68.8	64	61.6	57.6	52	48	40

项目	单位	2021 年											
		1 月	2 月	3 月	4 月	5 月	6 月	7 月	8 月	9 月	10 月	11 月	12 月
一冷流量	m³/h	36	28.8	7.2	0.8	—	—	—	—	—	—	—	—

表 9.6-17 大坝混凝土中期冷却降温阶段通水流量计算结果表

灌区序号	高程/m	灌区高度/m	水管根数	单根水管通水量/(m³/h)	各灌区用水流量/(m³/h)	中期冷却降温时段
31	834~822	12	277	0.8~1.0	277	2021 年 4—5 月
30	822~810	12	277	0.8~1.0	277	2021 年 2—3 月
29	810~800	10	239	0.8~1.0	239	2020 年 12 月—2021 年 1 月
28	800~789	11	245	0.8~1.0	245	2020 年 10—11 月
27	789~780	9	265	0.8~1.0	265	2020 年 8—9 月
26	780~771	9	282	0.8~1.0	282	2020 年 7—8 月
25	771~762	9	293	0.8~1.0	293	2020 年 6—7 月
24	762~752	10	335	0.8~1.0	335	2020 年 4—5 月

续表

灌区序号	高程/m	灌区高度/m	水管根数	单根水管通水量/(m³/h)	各灌区用水流量/(m³/h)	中期冷却降温时段
23	752~744	8	294	0.8~1.0	294	2020 年 3—4 月
22	744~735	9	342	0.8~1.0	342	2020 年 1 月
21	735~726	9	340	0.8~1.0	340	2019 年 11—12 月
20	726~717	9	387	0.8~1.0	387	2019 年 9—10 月
19	717~708	9	400	0.8~1.0	400	2019 年 7—8 月
18	708~699	9	392	0.8~1.0	392	2019 年 6—7 月
17	699~690	9	380	0.8~1.0	380	2019 年 3—4 月
16	690~681	9	391	0.8~1.0	391	2019 年 2—3 月
15	681~672	9	390	0.8~1.0	390	2019 年 1 月
14	672~663	9	393	0.8~1.0	393	2018 年 11—12 月
13	663~654	9	400	0.8~1.0	400	2018 年 9—10 月
12	654~645	9	401	0.8~1.0	400	2018 年 8—9 月
11	645~636	9	376	0.8~1.0	376	2018 年 7—8 月
10	636~627	9	366	0.8~1.0	366	2018 年 5—6 月
9	627~618	9	366	0.8~1.0	366	2018 年 3—4 月
8	618~609	9	353	0.8~1.0	353	2018 年 1—2 月
7	609~599	10	366	0.8~1.0	366	2017 年 12 月
6	599~591	8	285	0.8~1.0	285	2017 年 10—11 月
5	591~582	9	314	0.8~1.0	314	2017 年 8—9 月
4	582~573	9	308	0.8~1.0	308	2017 年 7—8 月
3	573~564	9	269	0.8~1.0	269	2017 年 6—7 月
2	564~555	9	178	0.8~1.0	178	2017 年 6—7 月
1	555~541	14	98	0.8~1.0	98	2017 年 5 月

表 9.6-18　　　大坝混凝土中期冷却二次控温阶段通水流量计算结果表

灌区序号	高程/m	灌区高度/m	水管根数	单根水管通水量/(m³/h)	各灌区用水流量/(m³/h)	中期冷却降温时段
31	834~822	12	277	0.3~0.5	83	2021 年 5—6 月
30	822~810	12	277	0.3~0.5	83	2021 年 3—4 月
29	810~800	10	239	0.3~0.5	72	2021 年 1 月
28	800~789	11	245	0.3~0.5	74	2020 年 11—12 月
27	789~780	9	265	0.3~0.5	80	2020 年 9—10 月

灌区序号	高程/m	灌区高度/m	水管根数	单根水管通水量/(m³/h)	各灌区用水流量/(m³/h)	中期冷却降温时段
26	780～771	9	282	0.3～0.5	85	2020 年 8—9 月
25	771～762	9	293	0.3～0.5	88	2020 年 7—8 月
24	762～752	10	335	0.3～0.5	101	2020 年 5 月
23	752～744	8	294	0.3～0.5	88	2020 年 4—5 月
22	744～735	9	342	0.3～0.5	102	2020 年 2 月
21	735～726	9	340	0.3～0.5	102	2019 年 12 月—2020 年 1 月
20	726～717	9	387	0.3～0.5	116	2019 年 10—11 月
19	717～708	9	400	0.3～0.5	120	2019 年 8—9 月
18	708～699	9	392	0.3～0.5	118	2019 年 7—8 月
17	699～690	9	380	0.3～0.5	114	2019 年 4—5 月
16	690～681	9	391	0.3～0.5	117	2019 年 3—4 月
15	681～672	9	390	0.3～0.5	117	2019 年 2 月
14	672～663	9	393	0.3～0.5	118	2018 年 12 月
13	663～654	9	400	0.3～0.5	120	2018 年 10—11 月
12	654～645	9	401	0.3～0.5	120	2018 年 9 月
11	645～636	9	376	0.3～0.5	113	2018 年 8 月
10	636～627	9	366	0.3～0.5	110	2018 年 6—7 月
9	627～618	9	366	0.3～0.5	110	2018 年 4—5 月
8	618～609	9	353	0.3～0.5	106	2018 年 2—3 月
7	609～599	10	366	0.3～0.5	110	2018 年 1 月
6	599～591	8	285	0.3～0.5	85	2017 年 11—12 月
5	591～582	9	314	0.3～0.5	94	2017 年 9—10 月
4	582～573	9	308	0.3～0.5	93	2017 年 8—9 月
3	573～564	9	269	0.3～0.5	81	2017 年 7—8 月
2	564～555	9	178	0.3～0.5	53	2017 年 7 月
1	555～541	14	98	0.3～0.5	29	2017 年 6 月

　　结合大坝混凝土总进度计划、下部灌区接缝灌浆计划、设计温控及上下层温度梯度控制要求，中期通水冷却降温阶段按照相应高程各坝段同拱圈同时进行，由于进入中期冷却降温阶段的相应高程拱圈上下灌区还同时在进行中期冷却控温阶段通水，中期通水冷却同时进行坝体混凝土量较大，可得出同一时段内大坝混凝土中期冷却制冷水小时最大通水流量 612m³/h，出现在 2018 年 8—9 月期间。

9.6.2.6　大坝二期通水冷却

　　1. 二期通水冷却目的及要求

　　通水冷却过程中，在满足坝体接缝灌浆要求的同时，对于混凝土的上下层灌区的温度梯度严格控制，使混凝土二期冷却满足同冷区设置的要求，并能保证各区的温度分布。

二期通水冷却分为四个阶段进行，降温阶段的主要目标是通过持续不间断的通水以达到二期冷却目标温度 13℃、14℃、16℃，同时保持降温阶段日降温速率不大于 0.3℃/d，满足开始二期冷却降温的混凝土龄期应不小于 90d，二期冷却末的最短混凝土龄期不小于 120d 的要求。

达到二期冷却目标温度后进入一次控温阶段，主要目的是保持大坝混凝土温度维持在相应高程范围内的设计封拱温度，一次控温结束时间按上部要求的同冷区是否达到封拱温度进行控制。上部同冷区达到封拱温度后开始拟灌区接缝灌浆，同时进入灌浆控温阶段，主要目的是保持大坝混凝土温度维持在封拱温度范围，防止温度回升。接缝灌浆完成后，进入二次控温阶段，主要目的是防止接缝灌浆完成后温度回升幅度超标，形成温度梯度，二次控温应持续至上部第 2 层灌区完成接缝灌浆，且封拱后控温时间不少于 2 个月。

（1）二期冷却降温通水前应对埋设的冷却水管进行检查。对于不通或微通的水管，采取有效措施进行处理，直到处理至满足通水要求。

（2）二期冷却降温及控温阶段结束后、灌浆前需要对进行二冷降温的灌区部位做闷温检查，闷温时间根据接缝灌浆施工计划、温度梯度控制要求由大坝混凝土智能通水系统实行"精细化"控制，由监测数据动态调整水管进水口水温和通水时间，控温阶段通水过程中每隔 10～15d 将出水温度较低的冷却回路做闷温检查，以防过冷，闷温时间 1～2d。

2. 二期冷却通水流量计算

（1）灌区高度。根据招标文件设计图——《拱坝横缝灌浆分区及结构详图》，大坝高程 591.00m 以下分 5 层，灌区高度 9m；高程 591.00～599.00m 为 1 层，灌区高度 8m；高程 599.00～609.00m 为 1 层，灌区高度 10m；高程 609.00～744.00m 分 15 层，灌区高度 9m；高程 744.00～752.00m 为 1 层，灌区高度 8m；高程 752.00～762.00m 为 1 层，灌区高度 10m；高程 762.00～789.00m 分 3 层，灌区高度 9m；高程 789.00～800.00m 为 1 层，灌区高度 11m；高程 800.00～810.00m 为 1 层，灌区高度 10m；高程 810.00～834.00m 分 2 层，灌区高度 12m；整个坝体灌区共分 31 层灌区。

（2）单根水管流量。控温阶段单根水管流量按设计要求取 0.2～0.5m³/h，采取精细化通水，降温阶段单根水管流量按设计要求取 0.8～1.2m³/h，采取连续不间断通水。

（3）二期冷却时间。根据本工程招标文件《技术条款》要求及二期通水冷却温控分析成果及效果验算，二期冷却降温阶段通水时间约 20～30d 后，坝体混凝土降温速度、最终封拱温度满足设计要求。控温阶段通水时间按拟灌区、同冷区接缝灌浆施工计划及温度梯度控制要求动态控制，接缝灌浆完成后二次控温不少于 60d。

（4）各灌区冷却水管数量计算：根据二期冷却进度要求，各个冷却时段对应的坝体混凝土不同灌区的管层配置可以计算出相应灌区的冷却水管总根数。

（5）各层灌区二期冷却水流量计算：根据每层灌区水管数再乘以单根水管流量即可求得每层灌区二期冷却水流量。

计算结果见表 9.6-19、表 9.6-20。

表 9.6-19　　　　大坝混凝土二期冷却降温阶段通水流量计算结果表

灌区序号	高程/m	灌区高度/m	水管根数	单根水管通水量/(m³/h)	各灌区用水流量/(m³/h)	二期冷却降温时段
31	834～822	12	195	0.8～1.2	332	2021-6-1—6-30
30	822～810	12	191	0.8～1.2	332	2021-4-1—4-30
29	810～800	10	176	0.8～1.2	287	2021-1-25—2-25
28	800～789	11	197	0.8～1.2	294	2020-12-20—2021-1-20
27	789～780	9	212	0.8～1.2	318	2020-10-12—11-12
26	780～771	9	227	0.8～1.2	339	2020-9-15—10-15
25	771～762	9	246	0.8～1.2	352	2020-8-10—9-10
24	762～752	10	276	0.8～1.2	402	2020-6-1—6-30
23	752～744	8	241	0.8～1.2	353	2020-5-1—5-30
22	744～735	9	282	0.8～1.2	410	2020-2-22—3-23
21	735～726	9	288	0.8～1.2	408	2020-1-10—2-10
20	726～717	9	329	0.8～1.2	465	2019-11-15—12-15
19	717～708	9	325	0.8～1.2	480	2019-9-10—10-10
18	708～699	9	299	0.8～1.2	470	2019-8-1—8-30
17	699～690	9	299	0.8～1.2	456	2019-5-10—6-10
16	690～681	9	305	0.8～1.2	469	2019-4-1—4-30
15	681～672	9	303	0.8～1.2	468	2019-2-20—3-22
14	672～663	9	301	0.8～1.2	472	2018-12-26—2019-1-25
13	663～654	9	312	0.8～1.2	480	2018-11-15—12-15
12	654～645	9	318	0.8～1.2	481	2018-10-1—10-30
11	645～636	9	301	0.8～1.2	451	2018-8-25—9-25
10	636～627	9	297	0.8～1.2	439	2018-7-15—8-15
9	627～618	9	311	0.8～1.2	439	2018-5-12—6-12
8	618～609	9	293	0.8～1.2	423	2018-3-14—4-14
7	609～599	10	310	0.8～1.2	439	2018-1-25—3-4
6	599～591	8	245	0.8～1.2	342	2017-12-10—2018-1-10
5	591～582	9	259	0.8～1.2	377	2017-10-15—11-15
4	582～573	9	270	0.8～1.2	370	2017-9-15—10-15
3	573～564	9	255	0.8～1.2	323	2017-8-10—9-10
2	564～555	9	178	0.8～1.2	214	2017-7-25—8-20
1	555～541	14	114	0.8～1.2	118	2017-6-20—7-20

表 9.6 – 20　　　　　大坝混凝土二期冷却控温阶段通水流量计算结果表

灌区序号	高程/m	灌区高度/m	水管根数	单根水管通水量/(m³/h)	各灌区用水流量/(m³/h)	二期冷却控温时段
31	834～822	12	195	0.2～0.5	83	2021 – 6 – 30—9 – 30
30	822～810	12	191	0.2～0.5	83	2021 – 4 – 30—7 – 30
29	810～800	10	176	0.2～0.5	72	2021 – 2 – 25—5 – 25
28	800～789	11	197	0.2～0.5	74	2021 – 1 – 20—4 – 20
27	789～780	9	212	0.2～0.5	80	2020 – 11 – 12—2021 – 2 – 12
26	780～771	9	227	0.2～0.5	85	2020 – 10 – 15—12 – 15
25	771～762	9	246	0.2～0.5	88	2020 – 9 – 10—12 – 10
24	762～752	10	276	0.2～0.5	101	2020 – 7 – 1—9 – 30
23	752～744	8	241	0.2～0.5	88	2020 – 5 – 30—8 – 30
22	744～735	9	282	0.2～0.5	102	2020 – 3 – 23—6 – 23
21	735～726	9	288	0.2～0.5	102	2020 – 2 – 10—5 – 10
20	726～717	9	329	0.2～0.5	116	2019 – 12 – 15—2020 – 3 – 15
19	717～708	9	325	0.2～0.5	120	2019 – 10 – 10—2020 – 1 – 10
18	708～699	9	299	0.2～0.5	118	2019 – 8 – 30—11 – 30
17	699～690	9	299	0.2～0.5	114	2019 – 6 – 10—9 – 10
16	690～681	9	305	0.2～0.5	117	2019 – 4 – 30—7 – 30
15	681～672	9	303	0.2～0.5	117	2019 – 3 – 22—6 – 22
14	672～663	9	301	0.2～0.5	118	2019 – 1 – 25—4 – 25
13	663～654	9	312	0.2～0.5	120	2018 – 12 – 15—2019 – 3 – 15
12	654～645	9	318	0.2～0.5	120	2018 – 10 – 30—2019 – 1 – 30
11	645～636	9	301	0.2～0.5	113	2018 – 9 – 25—12 – 25
10	636～627	9	297	0.2～0.5	110	2018 – 8 – 15—11 – 15
9	627～618	9	311	0.2～0.5	110	2018 – 6 – 12—9 – 12
8	618～609	9	293	0.2～0.5	106	2018 – 4 – 14—7 – 14
7	609～599	10	310	0.2～0.5	110	2018 – 3 – 4—6 – 4
6	599～591	8	245	0.2～0.5	85	2018 – 1 – 10—4 – 10
5	591～582	9	259	0.2～0.5	94	2017 – 11 – 15—2018 – 2 – 15
4	582～573	9	270	0.2～0.5	93	2017 – 10 – 15—2018 – 1 – 15
3	573～564	9	255	0.2～0.5	81	2017 – 9 – 10—12 – 10
2	564～555	9	178	0.2～0.5	53	2017 – 8 – 20—11 – 20
1	555～541	14	114	0.2～0.5	29	2017 – 7 – 20—10 – 20

3．二期冷却通水小时最大流量的选择与比较

在拱坝横缝灌浆区灌浆施工前，通过二期冷却使同冷区和拟灌区的相应拱圈达到封拱目标温度后，转入接缝灌浆控温区，直至接缝灌浆后2个月结束。

（1）控制温度梯度。在白鹤滩大坝混凝土冷却过程中，为控制上下层混凝土之间温度梯度，灌区定义如下：

1）盖重区：过渡区以上灌区或浇筑块。

2）过渡区：同冷区以上1个灌区。

3）同冷区：本次接缝灌浆灌区上部的1～2个灌区，同冷区需与拟灌浆区同步进行二期冷却，当同冷区温度达到封拱温度且龄期达到120d时，拟灌浆区才允许进行接缝灌浆。

4）拟灌区：计划本次施灌的接缝灌浆灌区。

5）已灌区：上次已完成接缝灌浆的灌区。

（2）根据招标文件技术条款温控设计要求，坝体混凝土降温过程中，应严格控制混凝土冷却过程，使坝体温度满足同冷区的要求，同冷区按不同高程分别设置1个、2个。大坝5～28号坝段高程753.00m以下为2个同冷区，以上为1个同冷区；大坝4号坝段高程770.00m以下为2个同冷区，以上为1个同冷区；大坝29号坝段高程767.00m以下为2个同冷区，以上为1个同冷区；大坝1～3号坝段高程797m以下为2个同冷区，以上为1个同冷区；大坝30～31号坝段高程804.00m以下为2个同冷区，以上为1个同冷区；左岸坝顶垫座混凝土二期冷却同大坝同步进行。

（3）二期冷却通水最大流量比较原则。二期通水冷却过程中，除必须满足坝体接缝灌浆对于混凝土龄期、封拱温度、最高悬臂高度等要求的同时，还需对混凝土上下层灌区的温度梯度严格控制，保证混凝土二期冷却满足同冷区设置要求，坝体同冷区设置的分布及通水冷却温度梯度控制见图——《大坝混凝土全过程温度控制图》《大坝混凝土同冷区设置及温度梯度控制图》（SDSJ—TB—BHT/0666—35—07～08）。

根据大坝混凝土浇筑形象、接缝灌浆节点工期及坝体同冷区冷却进度合理安排二冷工期，保证二期冷却形象满足坝体混凝土冷却梯度控制要求及大坝接缝灌浆进度要求。二期冷却施工进度安排见《大坝二期冷却施工进度形象图》（SDSJ—TB—BHT/0666—35—16）。

保证二期冷却过程中同冷区降温阶段通水时间，通过智能通水监控系统动态控制同冷区、拟灌区控温阶段通水流量、温度、时间，使同冷区坝体混凝土温度达到封拱温度，控制温度升高幅度应不大于0.5℃，且约束区混凝土不允许出现超冷，自由区温度变化幅度应不大于1.0℃。

在满足接缝灌浆进度要求的前提下，分期、集中冷却，且水量适中。大坝冷水厂制冷设备配置时，除遵循以上原则以外，同时考虑影响工程进度的潜在因素较多，设备配置时制冷能力应有适度富裕。

按照大坝1、2个同冷区设置高程范围及同冷区上下层灌区温度梯度控制要求，2个同冷区二期冷却时最大小时通水流量，应综合考虑上下层灌区的水量叠加，同一个时段进行二期冷却的最大小时通水流量计算成果应以同冷区降温阶段小时通水流量，与同冷区、拟灌区控温阶段小时通水流量叠加后得出的成果为准。

故选用下表灌区同时进行二期冷却的计算结果作为最终结果，较为经济合理，相应的二期冷却最大小时通水流量见表9.6-21。

表9.6-21 大坝混凝土二期冷却同最大小时通水流量计算结果表

灌区序号	高程/m	同冷灌区	同冷小时流量/(m³/h)	二期冷却通水时段
31	834~822	31+30	415	2021-6-1—6-30
30	822~810	30+29	404	2021-4-1—4-30
29	810~800	29+28	361	2021-1-25—2-25
28	800~789	28+27	374	2020-12-20—2021-1-20
27	789~780	27+26	403	2020-10-12—11-12
26	780~771	26+25	427	2020-9-15—10-15
25	771~762	25+24	452	2020-8-10—9-10
24	762~752	24+23	490	2020-6-1—6-30
23	752~744	23+22+21	557	2020-5-1—5-30
22	744~735	22+21+20	628	2020-2-22—3-23
21	735~726	21+20+19	644	2020-1-10—2-10
20	726~717	20+19+18	702	2019-11-15—12-15
19	717~708	19+18+17	712	2019-9-10—10-10
18	708~699	18+17+16	702	2019-8-1—8-30
17	699~690	17+16+15	690	2019-5-10—6-10
16	690~681	16+15+14	704	2019-4-1—4-30
15	681~672	15+14+13	706	2019-2-20—3-22
14	672~663	14+13+12	712	2018-12-26—2019-1-25
13	663~654	13+12+11	713	2018-11-15—12-15
12	654~645	12+11+10	704	2018-10-1—10-30
11	645~636	11+10+9	671	2018-8-25—9-25
10	636~627	10+9+8	655	2018-7-15—8-15
9	627~618	9+8+7	654	2018-5-12—6-12
8	618~609	8+7+6	618	2018-3-14—4-14
7	609~599	7+6+5	619	2018-1-25—3-4
6	599~591	6+5+4	529	2017-12-10—2018-1-10
5	591~582	5+4+3	550	2017-10-15—11-15
4	582~573	4+3+2	504	2017-9-15—10-15
3	573~564		406	2017-8-10—9-10
2	564~555	3+2+1	243	2017-7-25—8-20
1	555~541		118	2017-6-20—7-20

注　表中灌区序号由低到高进行编排。

结合大坝混凝土总进度计划、拟灌区接缝灌浆计划、大坝1、2个同冷区设置高程范围及上下层温度梯度控制要求，2层同冷区二期冷却最大小时通水流量综合考虑同冷区、拟灌区降温、控温阶段小时通水水量叠加，同一时段进行二期冷却最大通水流量为713m³/h，出现在2018年11—12月期间。

9.7 结 语

（1）智能大坝是以质量监控全覆盖、进度管理动态化、施工过程可追溯、灌浆过程全控制为目标，将先进信息技术、工业技术和管理技术深度融合，对水电工程大坝从料源开采、原材料、拌和、运输入仓、铺摊振捣、填筑、检测、验评等施工全过程的智能管控。智能大坝和智能厂房、智能泄洪、智能机电、智能安全、智能保障等均是智能工程的重要组成部分。

（2）"数字大坝"是基于现代网络技术、实时监控技术，实现大坝全寿命周期的信息实时、在线、全天候的管理与分析，并实施对大坝性能动态分析与控制的集成系统。随着系统开发的深入，以混凝土无线测温系统、混凝土智能通水冷却控制系统、混凝土智能振捣监控系统、人员安全保障管理系统等为主的智能控制系统相继建成，实现了信息监测和控制的自动化、智能化，完成了"数字大坝"向"智能大坝"的跨越。

（3）智能大坝是以数字大坝为基础框架，以物联网、智能技术、云计算与大数据等新一代信息技术为基本手段，建立动态精细化的可感知、可分析、可控制的智能化大坝建设与运行管理体系；智能大坝与数字大坝相比在信息自主采集、智能重构分析、智能决策、集成可视化等方面实现了新的跨越。

（4）BIM技术是以建筑工程项目的各项相关信息数据作为模型的基础，进行建筑模型的建立，通过数字信息仿真模拟建筑物所具有的真实信息。它具有信息的可视化、协调性、模拟性、优化性、可出图性、一体化性、参数化性和信完备性等8大特点。2016年国家颁发《建筑信息模型应用统一标准》（GB/T 51212—2016），于2017年7月1日实施。

（5）智能大坝信息管理系统实现对大坝混凝土浇筑、温控、固结灌浆、帷幕灌浆、接缝灌浆、金属结构制作安装过程的综合数据数字化管理，并建立了大坝结构设计与工程地质成果、原材料质量监测、安全监测、科研仿真服务等管理模块为工程施工过程管理服务，实现了设计、科研与生产一体化平台。

（6）智能大坝建设整体架构包括基础网络建设和智能化业务功能模块建设。基础网络建设覆盖全枢纽工区的无线网络（WiFi系统），为智能化业务功能模块提供必要的信息传递通道；智能化业务模块分为大坝施工过程管理、智能生产控制、科研与仿真分析、设计成果继承管理、专业化子系统管理。

（7）智能大坝管理系统能实现设计数据、施工标准数据、工艺流程模型、实时生产数据的采集与管理，集成施工进度优化仿真、施工机械运行效率分析等多种计算与分析方法，为优化大体积混凝土与灌浆施工流程、控制施工过程的进度与质量提供了一种有效的生产管理工具，从而能对施工过程进行精准控制，帮助工程管理者逐步降低生产成本、提高管理效益和工程质量，达到科学决策的管理目的。

（8）智能大坝建设是从施工进度智能控制和施工质量智能控制两方面着手，以监控施工过程，规范施工操作，改善沟通渠道，提高施工效率，保证工程质量和管控工程施工进度为建设目标，实现了大坝混凝土施工中混凝土生产、运输、平仓、振捣、养护、温控等过程的信息化管理和智能化反馈控制，实现了大坝混凝土施工进度精细化、智能化管控。

（9）智能大坝数字测温系统由数字温度传感器、无线温度采集器、手持式温度采集器、服务端平台及其他配套设备组成。大坝混凝土温度测量采用数字测温系统，通过埋设数字温度计、安装数据采集及无线传输装置等，自动采集和实时传输混凝土内部温度。

（10）智能通水冷却系统是采用大体积混凝土实时在线个性化换热智能控制技术，通过流量精确控制，为不同浇筑仓提供个性化的温度控制策略，实现基于时间和空间的温度梯度分布和变化的全过程智能化控制。智能通水系统经过运行调试后，能接收智能大坝系统的温度数据，能及时准确上传通水数据。对浇筑后大坝的通水温度、流量实现智能控制，突破了传统的通水冷却人工控制方式和简单型通水控制方式的制约，实现精确控温。

智能大坝建设是未来水利水电工程发展的大趋势，是引领世界高坝的发展方向！

附录 A　后水电时代大坝的拆除、退役和重建探讨

A1　水库大坝的溃坝及原因分析

A1.1　水库大坝的溃坝事件

水库是国民经济最为重要的基础设施，是综合防洪、抗旱、灌溉、发电、生态体系的重要组成部分。中国的水库规模十分庞大，在防洪、灌溉、发电、旅游等方面均发挥了重要作用。但由于人们认识水平和经济条件的制约，在水库大坝工程设计、建设和运行管理中往往存在一些不合理问题，导致水库大坝发生溃决。水库溃坝导致了巨大人员伤亡、社会经济损失和生态环境问题。世界上许多国家都曾发生过水库溃坝事故，例如：1889 年美国约翰斯敦水库洪水漫顶垮坝，死亡 4000～10000 人；1959 年法国玛尔帕塞拱坝溃决，死亡 421 人；1963 年意大利瓦伊昂拱坝（Vajont Dam）水库失事，死亡 2600 人。1963 年中国河北"63·8"刘家台土坝水库失事和河南"75·8"历史大洪水，前者导致 319 座坝溃决，冲毁村庄 106 个，摧毁房屋 10 万间，死亡 1467 人；后者导致 62 座坝溃决，其中大型 2 座；1993 年青海"93·8"沟后水库溃坝等。

1975 年河南驻马店水库溃坝事件。1975 年 8 月，特大暴雨引发的淮河上游大洪水，使河南省驻马店地区包括两座大型水库在内的数十座水库漫顶垮坝，1100 万亩农田受到毁灭性的灾害，1100 万人受灾，死亡人数超过 23 万，经济损失近百亿元，成为世界最大的水库垮坝惨剧。

1993 年青海"93·8"沟后水库溃坝。1993 年 8 月作者就亲历了沟后水库混凝土面板堆石坝溃坝事件的救援工作，溃坝给海南州共和县恰卜恰河岸边人民的生命和财产带来毁灭性的灾害，现场残像惨不忍睹。沟后水库大坝为混凝土面板砂砾石堆石坝，坝高 71m，1985 年开工，1989 年建成，同年 9 月开始蓄水，至 1993 年 8 月水库运行 4 年，其中有两次库水位超过 3274.0m（距正常高水位仅 3.9m），其余时间均在 3262m 水位下运行。1993 年 8 月 27 日，库水位超过防浪墙底部水平接缝时，于当日 21 时左右溃坝。

A1.2　水库大坝溃坝原因分析

中国是世界上建坝第一大国，据 2010 年统计水库近 8.6 万座，其中大型水库 445 座，中型水库 2782 座，小型水库 8.2 万余座。1999 年《全国病险库除险加固专项规划》调查显示，全国有 3 万多座病险库，被列入近期除险加固的 1364 座主要是大中型水库，另外有 2 万多座小型水库需要除险加固。我国小型水库大多建于 20 世纪 50—70 年代，工程标

准偏低、质量较差，加之工程管埋与运行维护费用缺乏正常渠道投入，安全问题十分突出，每年汛期小型水库出险、溃坝事故时有发生。

小型水库垮坝是水库安全度汛中的主要焦点问题之一。原水利部部长汪恕诚在 2003 年防汛会议上谈到我国近 12 年来水库垮坝的情况时指出，"1991 年以来，全国共发生 235 座水库垮坝事件。从垮坝原因看，147 座是因发生超标准洪水导致水库漫坝失事（63%）；71 座是因工程质量差、抢险不力造成垮坝失事（30%）；其他 7% 的垮坝主要是管理不到位、措施不得力造成的。从垮坝水库的规模看，小型水库 233 座（99%），中型水库 2 座。以上分析表明，当前水库存在的主要问题恰恰是水库垮坝的主要原因，小型水库恰恰是水库安全度汛工作的薄弱环节。"小型水库大坝管理水平与除险加固技术落后。总结国内外大坝安全分析结果表明，垮坝与大坝安全的重点是土石坝。

水库大坝老化类似人类和动植物一样，水库大坝也有生老病死这样一个过程，应得到科学有效的管理，从而构成水库大坝从"规划设计—建设与运行管理—除险加固—降等或报废—退役拆除"一个全过程的管理体系。水库大坝老化安全风险以及退役评价是一项非常复杂的工作，包括技术、经济、社会等诸多方面的因素，因此应该及早立项开展研究，探索出适应于中国国情的、科学的对策与相应的技术措施。

A2 国外大坝拆除现状

A2.1 美国大坝拆除现状

美国有大型水坝约 6575 座（30 m 以上），仅次于中国列世界第二。美国建坝的高峰期为 20 世纪的 50—70 年代，约建设了 4.35 万座（占 58%），其中 60 年代建有各类坝约 1.8 万座。美国也是走在拆坝运动最前列的国家，不仅拆坝的数量最多，而且在拆坝产生的影响以及拆坝技术等方面的研究也居于领先地位，在大坝老化工程的维修和退役上制定了一系列的法规。美国拆坝的焦点主要反映在三方面：大坝安全因素；大坝功能丧失；考虑洄游性鱼类生长及环境要求。美国目前已拆除坝的服役期多数为 50～140 年，坝高一般不超过 3～10m。在对已拆除坝的技术经济比较中发现，有些坝的除险加固费用远超过继续运行所发挥的效益或拆除所需的费用。

美国在 20 世纪初只拆除过极少数小坝。自 1980 年开始，拆坝数量和被拆坝的高度都有所增加。在过去的 20 年里，进行退役评价和被拆除水坝的数量一直在稳步增长，约有 1150 座大坝被拆除，服役期多在 70～100 年。据转引自日本国土交通省河川局的报告，美国已经拆除的水坝中，坝高有据可查的有 478 座〔其中混凝土坝占 47%，土坝 32%，木（栅）栏坝 17%，其他 4%；因老化破损、功能丧失、危及安全的占 54%，因破坏生态系统的占 39%，维修费用昂贵的占 7%〕。这 478 座坝中，坝高低于 5m 的有 308 座，5～10m 的有 109 座，10～15m 的有 35 座，15～20m 的有 17 座，20～40m 的有 6 座，40～50m 的只有 2 座，50m 以上 1 座，每座大坝拆除的平均费用为 149 万美元。由此可以看出，美国拆除的大坝仍以中、小型坝为主，2011 年拆除的高约 33 m 的华盛顿埃尔瓦大坝是迄今为止美国拆除的最大水坝。

A2.2 加拿大拆坝现状

加拿大仅在不列颠哥伦比亚省就有超过 2000 座水坝，其中大约有 300 座已失去原有的功能，或只有微小的效益，造成了环境生态问题。不列颠哥伦比亚省政府 2000 年 2 月 28 日宣布拆除建成于 1956 年的希尔多西亚（Theod osia）水坝，并和水坝所有者达成一项恢复这条河流生机的协议。芬利森坝是一座高 5m 的混凝土重力坝，位于阿尔贡金帕克以西的大东河上，1999 年该坝被安大略省自然资源部列入可能退役的候选对象，于 2000 年 7 月 2 日至 9 月 15 日被拆除。截至 2005 年，加拿大共拆除 20 多座水坝。

A2.3 病险坝拆除是最经济的选择

从目前的情况看，发达国家拆除的绝大多数是小型坝，寿命超过使用年限、功能已经丧失或本身就是病险坝，这些坝维护费用高昂，拆除是最经济的选择。对于大型的大坝工程，有研究显示，"迄今为止，美国拆坝中，无一例是坐落在大江大河上的大中型工程。不仅如此，美国垦务局前几年曾拆过 3 座较大的坝，后又在原址建起新坝。全美近 10 年来兴建的超过 15m 高的大坝达 50 多座，远多于同期所拆高度超过 15m 的废弃坝。"总体来看，世界范围内的水电大坝建设还将持续几十年时间，趋势是从开发率接近饱和的发达国家转向开发潜力大的发展中国家，特别是电力需求高速增长的亚洲、南美洲和非洲的发展中国家。

A3 中国大坝退役拆除现状

A3.1 水库大坝使用年限

《水利水电工程结构可靠性设计统一标准》（GB 50199—2013）第 3.3.2 条规定："1级建筑物结构的设计使用年限应采用 100 年，其他的永久性建筑物结构应采用 50 年。临时建筑物结构的设计使用年限根据预定的使用年限及可能滞后的时间可采用 5～15 年。"《水利水电工程合理使用年限及耐久性设计规范》（SL 654—2014）中规定，根据建筑物级别的不同，水库大坝壅水建筑物的合理使用年限为 50～150 年。

综上，水库大坝使用年限最长为 150 年，到达使用年限后，大坝均存在退役、拆除的命运。美国在 1997 年由美国土木工程师协会（ASCE）公布了《大坝及水电设施退役导则》；美国大坝协会 2006 年编写出版了《大坝退役导则》和《退役坝拆除的科学与决策》；国际大坝委员会于 2014 年完成了技术公报（编号 160）《大坝退役导则》（初稿）。水利部颁布了《水库降等与报废管理办法（试行）》（水利部令第 18 号）并于 2003 年 7 月 1 日起实施，给出了大坝符合降等与报废的条件，为中国水库大坝的退役报废提供了依据。

A3.2 中国大坝拆除现状

2000 年，国内开展了针对水库降等报废的历史和现状以及对降等报废的意见和要求的调研工作。各地面对大量存在的病险水库，一方面积极筹措资金对一些作用重大、效益显著或洪灾危害严重的水库除险加固；另一方面对暂时没有条件除险加固的水库实行控制运用。此外，各地方在长期的水库运行管理中也根据客观需要或事实对一些水库执行了降等使用或报废。国内降等使用或报废的水库数量较多。但迄今为止，这些降等使用或报废的水库绝大多数为小型水库。

从调研结果看，各种原因造成的水库降等使用和报废情况已成事实。随着水库（特别是中小型水库）因使用年限增长而造成大坝老化失修加剧，以及社会经济的不断发展对大坝安全要求的程度更高，水库病险坝除险加固压力不断增大，可预见未来将有较多的水电大坝需退役和拆除。丰满水电大坝重建就是例证。

A3.3 大坝退役拆除原因

1. 大坝安全

大坝安全是导致水电大坝退役的主要原因。中国水电工程大坝数量众多，一些大坝的坝龄已超过 50 年。随着时间的推移，水电大坝老化的数量在增加，将达到或超过其使用年限，其安全性已发生很大变化。个别大坝工况恶劣，运行风险不断增大，安全事故时有发生，将对下游的安全构成严重威胁。而下游地区经济状况与建坝之初相比已较为发达，大坝一旦失事，将对下游人民生命财产造成重大损失。

2. 环境保护

目前，中国颁布有《环境保护法》，并出台了一系列环保规定，要求水电开发建设要坚持"生态优先、统筹考虑、适度开发、确保底线"的原则，对水电开发的生态环境保护要求越来越严格，这样就使得老旧建筑因达到符合现代环境要求和安全标准的成本过高而被退役或拆除。

3. 经济效益

一些水电大坝已运行几十年或上百年，其经济效益日益下降，工程运行成本及维修费用不断攀升，致使工程的运行难以维继。因此，运行经济性就成为拆除大坝的原因。有时拆除大坝还能产生一定的经济效益。例如，美国宾夕法尼亚州萨斯奎汉纳河流域的 40 多座小坝被拆除后，恢复了河流生态，鲱鱼产量大幅上升，给该州带来每年约 3000 万美元的收入。

中国改革开放以来，随着市场经济的不断深化，水资源开发已经被国家水电集团公司"瓜分"完毕，水电站建设高峰期已经过去，不久即将面临着后水电时代到来。根据 2012 年统计，全国已建或在建坝高超过 30m 的大坝有 5564 座，其中主要为低的土石坝。

A4 大坝拆除可能面临的问题

1. 淤沙处理问题

大坝拆除后，留下的泥沙数量巨大，可能要比施工时的废弃渣量大。如果不做任何处理，任其被水流冲刷进入下游河道，会引起高含沙水流，而如果采用机械清除，那运输方式与泥沙搁置问题就会凸显，岸坡稳定问题也需要关注。

另外，大量的淤沙下泄会给下游带来严重的负面影响：随着大坝部分或全部拆除，河水会冲刷库区的淤沙，使河水混浊度增大、下游河流中推移质增加；改变建坝后形成的河流形态；淤沙的无控泄放可引起淤积波向下游移动数年，堵塞各类取水口；淤沙还会抬高下游河床，改变支流的汇流状况，改变河势，影响未来洪水位，扩大洪水淹没区等。这也可能成为决定大坝是否拆除的一个重要因素，与整个大坝退役研究密切相关，所以，必须对淤沙处理方案进行深入调查研究。

2. 拆坝对生态环境影响

大坝的建设改变了江河的天然环境，大坝的拆除也会改变上下游的水生生态系统。这种改变随时间和空间而变化。

从空间角度看，河流在限定的流域范围内运转。大坝的拆除对紧邻大坝区域和库区产生重大影响，并很可能对下游较远区域产生影响。拆坝后水生有机体重新与上游源头地区发生联系，可向上游洄游。因此拆除大坝可能对上游被淹没河段产生影响，涉及能量交换、泥沙重分布以及鱼类通道等问题。

从时间角度看，拆坝会给河流水生态系统和生物多样性带来短期与长期影响。大坝拆除可能增加水生昆虫、鱼类及其他生物机体的数量和多样性。水库四周的湿地可能失去，但沿江河岸边的湿地和滨水区域可得到恢复。因建坝前的水生生物种群很可能通过进化和连续发展，对天然和改变的物理化学环境、流域以及栖息地变化的反应发生改变。因此，大坝的拆除不可能原样恢复建坝前的生态环境。

拆坝后河流流速增大、河流水温改变、水流含沙量变化、鱼类洄游通道恢复、河流水质和生物变化、河流岸坡植被变化，这些变化会对河流鱼类的生长、发育和繁殖产生不同程度的影响。

3. 溢洪道问题

水库大坝采取部分退役或全部退役方案，都要研究溢洪道的问题，以解决拆除过程和永久运行期（部分拆除方案）的过流问题。

4. 环境恢复问题

大坝拆除还要考虑拆除后原筑坝材料的堆放处理问题、坝拆除后地下水位降低引起的地质灾害问题、坝址区附近的生态环境恢复建设问题等。

A5　工程实例：丰满水电站重建

1. 工程简介

丰满水电站位于吉林省吉林市境内的松花江上，1937 年日本侵占东北时期开工兴建，是当时亚洲规模最大的水电站，发源于长白山天池的松花江水力资源极其丰富，日本侵略者对此垂涎三尺。1937 年，日本关东军司令部先后两次指令其扶持的傀儡伪"满洲国"出面，5 年内在松花江上建成 18 万 kW 的丰满水电站，伪满电气建设局局长本间德雄制定了修建丰满水力电气发电所的规划。1942 年大坝蓄水，1943 年 5 月 29 日首台机组投产发电。

始建于 1937 年的丰满水电站在我国水电发展史上具有举足轻重的地位，为东北地区经济社会发展作出了特殊贡献，但其存在诸多先天性缺陷，虽经多年补强加固和精心维护，仍然无法彻底根除。丰满水电站全面治理（重建）工程，是消除大坝安全隐患、确保人民群众生命财产安全的民生工程；是促进节能减排、实现经济与环境协调发展的绿色工程；是振兴东北老工业基地、服务经济社会发展的关键工程。工程建成后，将更好地承担发电、防洪、灌溉、城市供水、生态环境保护等综合任务。该电站枢纽建筑物主要由水工混凝土重力坝、坝身泄洪系统、左岸泄洪兼导流洞、坝后式引水发电系统、过鱼设施及利用的原三期电站组成，坝长 1068m，最大坝高 94.5m。水库正常蓄水位 263.50m，死水位 242.00m，总库容 103.77 亿 m^3，调节库容 56.72 亿 m^3，具有多年调节能力。项目工期 59.5 个月。

2. 丰满大坝重建

2007 年丰满大坝被定义为"病危坝"，为根治丰满水电站的安全隐患，在原大坝下游 120m 处新建一座大坝，坝高近百米、库容超百亿立方米、电站装机容量超百万千瓦。

丰满重建工程位于松花江第二干流上的丰满峡谷口，上游建有白山、红石等梯级水电站；下游建有永庆反调节水库。重建工程是按恢复电站原任务和功能，在原丰满大坝下游 120m 处新建一座大坝，并利用原丰满三期工程。工程以发电为主，兼有防洪、灌溉、城市及工业供水、养殖和旅游等综合利用。枢纽建筑物主要由碾压混凝土重力坝、坝身泄洪系统、左岸泄洪兼导流洞、坝后式引水发电系统、过鱼设施及利用的原三期电站组成。正常蓄水位 263.50m，设计洪水位 268.20m，校核洪水位 268.50m，水库总库容 103.77 亿 m^3。工程新建 6 台机组，单机容量 200MW，新建总装机 1200MW，利用原三期 2 台机组，工程总装机容量 1480MW。

丰满重建大坝采用碾压混凝土重力坝，大坝总长 1068m，坝顶高程 269.50m，最大坝高 94.5m，坝顶宽度 10m，由左右岸挡水坝段、河床溢流坝段、厂房坝段组成，大坝共分 56 个坝段，大坝碾压混凝土总计 195.85 万 m^3。丰满重建工程于 2014 年 7 月开工，2017 年 10 月 31 日大坝浇筑到顶，2019 年 3 月 31 日工程完工。

新坝建成以后，对老坝 6～38 号坝段进行缺口拆除及原一、二期厂房发电机层以上部分混凝土拆除。老坝 6 号、7 号、37 号、38 号坝段缺口拆除高程 240.00m，8～36 号坝段缺口拆除高程 237.50m，拆除总长度 594m。丰满水电站重建目标是"彻底解决、不留后患"，丰满水电站重建是我国第一个高坝重建工程，具有深远的现实意义。

附录B 大西线调水及海水西调的 设想与现实探讨

B1 引　言

改革开放 40 年，中国的经济建设发生了翻天覆地的变化，中国已从制造大国逐步迈向制造强度。"十三五"以来，国家第四次规划 2013—2030 年国家高速公路规划，将原来国家高速公路里程由 8.5 万 km 调整至 11.8 万 km，增加了 3 万多 km；规划部署了 172 项重大水利工程，工程建成后，将实现新增年供水能力 800 亿 m^3 和农业节水能力 260 亿 m^3、增加灌溉面积 7800 多万亩，使我国骨干水利设施体系显著加强；新修订国家《中长期铁路网规划》（2016—2030 年），规划了新时期"八纵八横"高速铁路网的宏大蓝图，预计到 2020 年，全国高速铁路将由 2015 年底的 1.9 万 km 增加到 3 万 km，将建成世界上最现代化的铁路网和最发达的高铁网。

中国在取得经济高速发展的同时，也付出了巨大的生态和环境代价。党的十八大报告指出："面对资源约束趋紧、环境污染严重、生态系统退化的严峻形势，必须树立尊重自然、顺应自然、保护自然的生态文明理念，把生态文明建设放在突出地位，融入经济建设、政治建设、文化建设、社会建设各方面和全过程，努力建设美丽中国，实现中华民族永续发展。"

2013 年 9 月 7 日，国家主席习近平在哈萨克斯坦纳扎尔巴耶夫大学发表题为《弘扬人民友谊　共创美好未来》的重要演讲时表示，中国明确把生态环境保护摆在更加突出的位置。我们既要绿水青山，也要金山银山。宁要绿水青山，不要金山银山，而且绿水青山就是金山银山。我们绝不能以牺牲生态环境为代价换取经济的一时发展。明确提出了绿色发展理念，建设美丽中国。

如何落实绿色发展理念，建设美丽中国，只有实现东部与西部的同步协调全面发展，才能算得上真正的美丽中国。中国的地理条件决定了中国西部地广人稀，干旱少雨，沙漠化严重，生态十分脆弱，经济基础薄弱，加之人才大量流向东部，本身极不平衡的东西部经济就更加不平衡。特别是干旱少雨的沙漠化，导致沙尘暴甚嚣尘上，如何从根本上根治沙漠化、荒漠化、沙尘暴，实现绿水青山、美丽中国，需要不断创新，科学构想，从根本上解决西部生态脆弱和恢复的问题。"生态兴则文明兴，生态衰则文明衰"。西部大开发其实质就是解决缺水的难题。

作者查阅了大量的南水北调西线调水工程资料，结果表明原规划的西线工程，在长江上游通天河、支流雅砻江和大渡河上游筑坝建库，开凿穿过长江与黄河的分水岭巴颜喀拉山的输水隧洞，调长江水入黄河上游，调水规模 170 亿 m^3。但是，近年来长江上游水文气象资料表明，通天河、雅砻江和大渡河的径流量呈现减少的趋势，特别是枯水期流量很小，不能满足自身要求，为此，西线调水搁置，西线调水工程需要另辟捷径。

真正的西部大开发，并非西部资源的开发。真正的西部大开发应开发哪里？应从什么地方着手开发？20 世纪 90 年代开始，中国的学者、科技人员及为国分忧的有志之士，通过大量的研究，明确提出西部大开发就是开发塔里木、柴达木、准噶尔三大盆地和腾格里、巴丹吉林、毛乌素和浑善达克四大沙漠。开发这七大戈壁沙漠，水是决定的因素。为此，提出"大西线调水"和"海水西调"的设想创新。大西线调水就是从雅鲁藏布江调水北进，海水西调就是从渤海调水西进，实现真正意义上的西部大开发。

2017 年 9 月 11 日，《联合国防治荒漠化公约》第十三次缔约方大会高级别会议在内蒙古鄂尔多斯市召开。国家主席习近平发来贺信，他在贺信中指出：土地荒漠化是影响人类生存和发展的全球重大生态问题。全球荒漠化防治取得明显成效，但形势依然严峻，世界上仍有许多地方的人民饱受荒漠化之苦。这次大会以"携手防治荒漠，共谋人类福祉"为主题，共议公约新战略框架，必将对维护全球生态安全产生重大而积极的影响。同时习近平强调：防治荒漠化是人类面临的共同挑战，需要国际社会携手应对。我们要弘扬尊重自然、保护自然的理念，坚持生态优先、预防为主，坚定信心，面向未来，制定广泛合作、目标明确的公约新战略框架，共同推进全球荒漠生态系统治理，让荒漠造福人类。

"大西线调水"和"海水西调"的设想创新与《联合国防治荒漠化公约》以"携手防治荒漠，共谋人类福祉"的主题高度吻合。中国在南水北调工程规划和开工之前，许多学者、科学家陆续发表了许多南水北调不同方案设想论文（可网查），在网上进行了激烈的讨论，举办研讨会，提出了具体的"大西线调水""海水西调"创新设想。其中原空军副司令王定烈将军在《雅鲁藏布江怒江澜沧江调水工程》论文中明确提出了"大西线调水"、中国高科技产业化研究会海洋分会常务副理事长曾恒一院士的"海水西调"等方案设想，这是全面实现中华民族伟大复兴"中国梦"不可缺少的组成部分。

建议国家应尽快把"雅鲁藏布江大西线调水"和"海水西调"纳入国家规划，像国家高速公路规划、国家高铁规划、172 项重大水利工程等规划一样，早日实现全中国的青山绿水和美丽中国。作者对"大西线调水""海水西调"相关学者的论文进行了梳理和整理，供读者参考。

B2　大西线调水的设想探讨

B2.1　雅鲁藏布江水资源

雅鲁藏布江位于中国西南部的西藏自治区，是世界上海拔最高的大河。她属印度洋水系，发源于西藏西南部喜马拉雅山脉北麓的杰马央宗冰川，自西向东奔流于号称"世界屋脊"的青藏高原南部，最后于巴昔卡附近流出国境，改称布拉马普特拉河，经印度、孟加拉国注入孟加拉湾。它在中国境内全长 2057 多 km，在全国名流大川中位居第五；流域面积 240480km²，居全国第六，流出国境处的年径流量为 1400 亿 m³，次于长江、珠江，居全国第三位；雅鲁藏布江河床一般在海拔 3000.00m，天然水能蕴藏量达 0.8 亿 kW，仅次于长江，居全国第二。

雅鲁藏布江源头海拔约 5590m，流出国境处海拔约 150m，总落差达 5400 余 m，全河平均坡降为 2.6‰，是中国坡降最陡的大河。河流分上、中、下三段。河源至里孜为上游段，长 268km，平均坡降 4.5‰。河谷宽阔而较平坦，多湖泊分布。里孜至派区为中游段，长 1293km，平均坡降 1.2‰。中游以宽谷为主，呈宽窄相间的串珠状河谷特征。派区以下至流出国境处为下游段，长 496km，平均坡降为 5.5‰。其中，派区—墨脱约 212km 河段的平均坡降为 10.3‰。雅鲁藏布江在该段形成马蹄形大拐弯，在河道拐弯的顶部内外两侧，各有海拔超过 7000m 的南迦巴瓦峰与加拉白垒峰遥相对峙，形成高山峡谷地带。

雅鲁藏布江水能资源极为丰富，全流域水能蕴藏量超过 1.13 亿 kW，约占全国的 1/6。以单位河长或单位流域面积的水能蕴藏量计算，则为中国各大河流之首。雅鲁藏布江不仅具有丰富的水能资源，水利水能资源的开发条件也较好。如干流中游河段可兴建多座水利水电枢纽，水电站装机容量可达几百万至千万千瓦，并可发挥灌溉等综合效益。干流下游大拐弯段，派区至墨脱河段落差集中达 2000 多 m，可兴建装机容量达 4000 万 kW——6000 万 kW 的巨型水电站。

雅鲁藏布江支流众多，其中集水面积大于 2000km² 的有 14 条，大于 1 万 km² 的有 5 条，即多雄藏布、年楚河、拉萨河、尼洋曲、帕隆藏布。其中拉萨河河流最长、集水面积最大；帕隆藏布年径流量最大。雅鲁藏布江流域巴昔卡一带的年径流深可达 3000mm 以上，上游地区则不足 100mm。径流的年际间变化小，年内分配不均匀。降水多的月份，其冰雪融水补给河流的水量也大。此外，该流域还具有枯水期水量较大而较稳定、悬移质泥沙含量少、下游地区推移质严重、河水温度低、河水矿化度小、总硬度低等特点。雅鲁藏布江拥有极为丰富的水能资源，具有良好的水能资源开发条件。目前，中国已在雅鲁藏布江中小支流上已兴建多座用于灌溉或发电的水利水电工程，但其剩余可开发资源还是极其巨大的。

B2.2　大西线调水重大意义

大西线调水工程是一个从西藏雅鲁藏布江引水入黄河拉加峡（黄河发源于青海，拉加峡长 216km，是黄河上游最长的峡谷），由拉加峡水库引水到青海湖，由青海湖分两支分别引水，一路通过湟水引水至河西走廊和新疆北疆准噶尔盆地；另一路从祁连山南麓、阿尔金山引水至柴达木盆地、塔里木盆地，从根本上解决大西北用水危机方案。

大西线调水其方案已经引起各方关注。但迟迟未予正式规划实施，因为支持和反对的声音都很强烈。支持方认为，方案若得以实现，不仅可以从根本上缓解我国西北的缺水问题，还会在改造沙漠、扩大耕地、增加电力、创造就业岗位等诸多方面带来好处，大半个中国将不再困于水旱灾害；反对方认为，方案是一个企图征服自然的假想，缺乏科学常识，不仅可操作性差，还有可能引起国际纠纷。

西北地区缺水是众人皆知的。西北地区（包括蒙晋）受青藏高原阻隔，远离海洋，水气难至，降水稀少，年均 50～300mm，干旱缺水已成定局，属资源性缺水，形势非常严峻，甚至已经威胁到国家的生态安全。

为了从根本上解决这个问题，王定烈老将军在"大西线调水"方案中勾画了一个宏大的设想，而这个设想就是从西北的命脉青海湖说起的。青海湖是西北地区存在的唯一巨大水体。正是由于青海湖的存在，它的蒸发形成了湿润气团阻滞作用，才使周围的十大沙漠未能汇合。但是，现在的青海湖日渐萎缩，形势不容乐观。青海社会科学院关于青海湖研究报告表明，中华人民共和国成立初的 1950 年，青海湖水量约 1300 亿 m³，当时有 50 多条河流注入青海湖。改革开放以来，青海湖周边无序开垦种地，导致数千年形成的大草原表层熟土破坏，土壤退化，沙化严重，难以恢复，青海湖周边宾馆、餐馆遍地。2013 年遥感卫星测量，青海湖面积急剧减少，湖水量降至 739 亿 m³，水量比中华人民共和国成立初减少了 500 多亿 m³，湖面水位下降了 20 多 m。由于入湖河流水量减少，青海湖面积已经开始明显缩小，原来的鸟岛已经与陆地连在一起，形成半岛，鸟类开始受到天敌伤害，生态环境严重恶化；同时由于湖水大量蒸发，青海湖湖水盐度也在上升，这也威胁到了水中的鱼类和鸟类。再不抢救，青海湖很快会变成一个没有生命的盐湖。凡是到过青海湖旅游的人可以看到因湖水不断下降，为满足旅游乘船观光需求，就不断降低修建与湖水面高程相适应的码头，从而裸露出 3 道明显高于湖边不用的码头，是一道极其尴尬醒目的风景线，与青海湖的大美风光极不相称。

作者于 20 世纪 80 年代初参加龙羊峡水电站工程建设期间，亲眼目睹了青海湖的变化。特别是从日月山到龙羊峡 61km 的吊龙公路，途径一个叫巴卡台的地方，巴卡台是龙羊峡工程主要的砂石料场之一，距离龙羊峡水电站 47km；工程局为了改善职工生活，于 1978 年在巴卡台开垦农场，在大草原上种植油菜。由于当年的短视行为，短短的十几年时间，巴卡台砂石料场和农场就已经全部沙化，而且沙漠化急剧扩大，大量侵蚀周边草场，已经给日月山大草原生态环境造成极大的威胁，导致日月山雪线消失殆尽。

设想一下，如果青海湖干了，会是什么情形？当此之时，青海湖干，就标志着整个青海湖流域变成沙漠！而如果青海湖两万平方千米流域成为沙漠，经过朔尔库里沟川和塔克拉玛干—库姆塔格沙漠联合，形势便严重了，急转直下；沙漠东扩占据敦煌和巴丹吉林沙漠，再往前一推便和腾格里沙漠连成一片，河西走廊、阿拉善全完了；流沙埋葬兰新铁路和包兰铁路；柴达木盆地原来就是一个盐土沙漠群。由于青海湖水体存没有向东北发展，一旦青海湖水体消失，本身也成了沙漠，自然连成一片，甚至沙化共和盆地以及湟源川直下西宁、兰州，青藏铁路、公路全完！如此一来，柴达木、塔里木、阿拉善三大干旱区连片形成 65 万 km² 的大沙漠，向西北扩展过天山与古尔班通古特沙漠联合，沙化整个准噶尔盆地，塔克拉玛干、毛乌素三个沙漠连片。内蒙古、宁夏沦为荒漠，黄河河套"失守"，整个黄土高原沙漠化。沙漠南下，西安不保；东渡黄河，太原危急。青海省和整个大西北死于沙漠肆虐之下。"一句话，青海湖是西北的命脉，它的存在就是遏制荒漠漫延的中流砥柱！"

"青海湖必须挽救，挽救青海湖的办法，就是朔天运河——大西线调水，一年引 500 亿～1000 亿 m³ 水入青海湖，当年就恢复其青春。"

1949 年全国沙漠（包括戈壁、沙地、荒漠）15 亿亩，到 2003 年扩展到 25 亿亩。这新增加的 10 亿亩沙漠，正是今天黄河断流、常流河消失、沙尘暴肆虐、西北华北干旱之源。很显然，沙漠已成一大国害。如果不解决这已有的 25 亿亩沙漠，还会扩展而且加速度，要知道，中国的总面积是 144 亿亩，沙漠化已经占到国土面积的 1/6 多！

中科院沙漠专家经几十年的研究实验证明：每年向每亩沙漠灌水 100m³，连续 10 年即可成林地、草地、良田。西北包括内蒙古，无水即沙漠，有水即绿洲。换句话说，我们每年引 500 亿～1000 亿 m³ 水灌沙漠，10 年就可以让 10 亿亩沙漠变成绿洲。

中国历史上近几个朝代对自然的利用很多，自然破坏也很多，总认为地可以无限开垦，水可以无限利用，但失去了投入，无限就变得有限，而且保持已有的"成果"都难。中国最大的环境污染是什么呢？毫无疑问，就是中国的荒漠化、沙漠化。中国到了今天，不管从财力还是科学技术水平都到了能够解决这一问题的时候，大西线调水就是从根本上根治环境污染的最好途径。

B2.3　大西线调水初步方案

1. 大西线调水量

大西线调水方案是沿 3560～3400m 等高线的引水方案。对大西线调水方案持怀疑甚至否定态度的学者的论据，主要是两点，一是认为西藏没有那么多可调水量，在雅鲁藏布江加查段河床筑坝拦水，每年顶多只能调 300 亿 m³ 水；二是认为雅鲁藏布江河谷西高东低，地形复杂，藏水无法北调。大西线调水方案令人信服地回答和解决了这两个问题，在引水方案研究上实现了重大的突破。权威资料证明，大西线调水工程的水源非常充沛，调水量有可靠的保证。

（1）纵观气候环境来看，西藏地区拥有中国最丰富的水源。来自印度洋上空的潮湿的西南季风沿青藏高原峡谷上升至降水线，形成大降水，年降水量达 1000～2000mm。西藏地区以高山积雪、冰川和地下水的形态保存的水资源达 680 万亿 m³，其中热水资源达 99 万亿 m³。

（2）大西线调水工程以调藏水为主，雅鲁藏布江（入海水量 9468 亿 m³）取水 1140 亿 m³。即从其干流取水 300 亿 m³，从其四大支流取水 840 亿 m³（拉月河取水 90 亿 m³、尼洋江取水 200 亿 m³、易贡藏布江取水 250 亿 m³ 和帕隆藏布江取水 300 亿 m³）。

（3）在拟取水的干支流河流两岸沿 3500m 等高线建造输水集水两用渠道。这种两用渠道，一方面可以输送水库蓄水；另一方面可以沿途收集雅鲁藏布江水系密如蛛网的大小支流的河水，从而大大增加可调水量。例如，全长 258 千米的朔林（朔马滩—林芝）大渠即可沿途拦集年径流总量达 139 亿 m³ 的 46 条支流的流水，增加调水量 110 亿 m³。

（4）在喜马拉雅山脉南麓有 11 条河流，下游注入印度的布拉马普特拉河，其在我国境内的河段的水量共计 1900 亿 m³，有垭口与北麓沟通，在 3500 多 m 等高线处可引水 800 亿 m³，经垭口汇入雅鲁藏布江南岸的朔米（朔马滩—米林）大渠。

综上所述，大西线调水工程可调水量 1000 亿 m³ 以上。

2. 南高北低的有利地形

大西线调水线路的整个地形特点是多水的西南地势高，缺水的西北地势逐级降低，全线的水位由海拔 3568m 逐步降低到海拔 3366m，过分水岭地段高度从海拔 3500m 逐渐下降到海拔 3380m，形成从南向北倾斜的有利于流域间调水的总的地形走势，从而决定了雅鲁藏布江调水到西北地区的战略上的可行性。

雅鲁藏布江与黄河之间的最短直线距离为 760km（地图距离，实际距离约 1200km，与南水北调中线长度相当），中间隔着几条大江大河和横断山脉。中国科学家经过多年的考察研究，发现横断山脉虽高，峡谷虽深，但大西线调水工程取水和经过的各条大江大河之间的分水岭均有平坦的垭口相通，通过大型渠道、渡槽和隧洞引水，从而使各流域相互连通，为大西线南水北调提供了最基本的可能性。

3. 调水线路和过分水岭方案

大西线调水线路串联横断山脉水系的雅鲁藏布江、怒江、澜沧江和长江上游水系的金沙江、雅砻江、大渡河，横穿在这六江河间横亘着的多条分水岭：念青唐古拉山—伯舒拉岭、他念他翁山、芒康山、雀儿山、罗科马山，以及阿坝—若尔盖草地。在青藏高原（平均海拔 5000m）和横断山脉（海拔 4500.00～5500.00m）的结合部，为一片长 800km、宽 150km、海拔 3500～3400m 的凹地带，地理学家称之为项凹带。大西线调水线路就行进在这条狭长的低凹地带上，其基本走向是雅鲁藏布江河谷—帕隆藏布江河谷—怒江的洛隆—澜沧江的昌都—金沙江的白玉—雅砻江的甘孜—大渡河上游的阿坝—黄河的若尔盖草地。在这条项凹带上，上述各条分水岭都有溪谷山口即垭口使相邻的水系得以沟通。

选择了最宜于过水的垭口；不单纯依靠利用垭口的溪壑建造输水渠，否则水道迂回曲折，工程量大，输水量小；发现垭口中的分水岭山体单薄，厚度一般不超过 20km，最适合于开凿隧洞。过分水岭方案主要采用在最佳的垭口中开凿短程隧洞的办法，这样做的优点是工程量较小，输水量大，且可利用落差发电。

关于大西线调水线路需要跨越横断山脉水系的雅鲁藏布江、怒江、澜沧江和长江上游水系的金沙江、雅砻江、大渡河等六大江河，这方面水利水电工程的勘察设计、科研施工已经完全可以解决，例如南水北调中线工程、三峡、锦屏、小湾、糯扎渡、白鹤滩、拉西瓦、龙滩、黄登等拦河坝、引水隧洞、地下厂房等超级水利水电工程已经积累了丰富的工程成功经验。

4. 战略调蓄水库——拉加峡、青海湖

大西线调水第一期工程需要把雅鲁藏布江流域水引到黄河拉加峡水库。拉加峡大水库建成后，水位将达 3358m，高出青海湖现有水面 164m。

青海湖位于黄河拉加峡谷以北 100km，海拔 3194m，现有水面 4400 余 km²，最大水深 28m，总蓄水量 739 亿 m³，水矿化度 14g/L。湖岸海拔 3226m 以上。从黄河拉加峡大水库沿 3338～3218m 等高线引水入青海湖，青海湖水面将升高 24m，水面海拔高度将达到 3218m，水面面积将增至 1 万 km²，总蓄水量将达到 3689 亿 m³，湖水矿化度将降低到 2g/L，基本上淡化。雅鲁藏布江流域水入黄后工程的核心是建设拉加峡、青海湖战略调蓄水库。主要是建造坝高 380m、蓄水水位至 3358m、库容量 488 亿 m³ 的拉加峡大水库，修建拉加峡大水库至青海湖全长 216km 的输水渠。青海湖的特点有二：一是海拔高；二是储水量大。是三峡水库储水量的 10 倍。这样借助于青海湖的调蓄作用，可以居高临下地源源不断地向整个西北地区包括柴达木盆地、河西走廊、塔里木盆地、准噶尔盆地和阿拉善沙漠供水。大西线调水工程是从中国境内的丰水地区将一小部分水量引入干旱缺水的西北地区，改造广阔无垠的不毛的沙漠荒漠，改善亚洲腹地的生态环境，实施可持续性发展战略，是从根本上改变西部环境恶化、退化的根本举措。

5. 大西线调水路线

大西线调水第二期工程就是从青海湖修建两条输水通道：第一条通往河西走廊、阿拉善沙漠和新疆北疆；第二条通往柴达木盆地和新疆南疆的塔里木盆地。

第一条输水通道是东出青海湖，经西宁接湟水河到兰州海石湾沟道北西拐，沿河西走廊祁连山等高线，向西北经武威、张掖、过嘉峪关、哈密，进入新疆天山北麓，引水到乌鲁木齐，解决乌鲁木齐城市缺水问题，同时沿准格尔盆地东部边沿，引水到准噶尔盆地，是盆地戈壁变绿洲，多余水量可以与国际河流额尔齐斯河相接。青海湖至黄河支流的湟水河口（民和）有 1600m 落差，沿途可修建多座水电站。

第二条输水通道是西出青海湖，沿祁连山、阿尔金山南坡海拔 3100～1000m 等高线处，开凿一条通往柴达木盆地、新疆罗布泊和塔里木盆地的输水通道。由于存在巨大落差，沿线可以修建梯级电站，其发电量不可小觑。

河西走廊是中国内地通往新疆的要道。东起乌鞘岭，西至古玉门关，南北介于南山（祁连山和阿尔金山）和北山（马鬃山、合黎山和龙首山）间，海拔 1500m 左右。长约 1200km 的河西走廊，处处可见戈壁荒漠。曾经富饶的丝绸之路黄金段，被生态问题折磨得苦不堪言。东西两头，河西走廊都面临着十分严重的生态问题。在走廊东部，民勤县东西北三面被腾格里和巴丹吉林两大沙漠包围。因为缺水，民勤湖区已有 50 万亩天然灌木林枯萎、死亡，有 30 万亩农田弃耕，部分已风蚀为沙漠。全县荒漠和荒漠化土地面积占 94.5%，其生态之严峻，引起了全国乃至全世界的关注。在河西走廊西头，敦煌的最后一道绿色屏障——西湖国家级自然保护区，66 万 km² 区域中仅存的 11.35 万 km² 湿地，因水资源匮乏逐年萎缩，库木塔格沙漠正以每年 4m 的速度向这块湿地逼近。有专家指出，现在祁连山生态问题的严峻性，充分证明河西走廊生态危机已全面升级，呈现全面围堵的局面，已成为河西走廊发展的最大瓶颈。由东至西，河西走廊境内分别是石羊河流域、黑河流域、疏勒河流域。甘肃省气象局的最新资料表明，跟 10 年前相比，三大流域均存在较为严重的生态退化问题，这主要表现在植被覆盖度和永久性雪盖面积的减少，部分地区生态问题激化。

准噶尔盆地，位于中国新疆的北部，是中国第二大的内陆盆地。准噶尔盆地位于阿尔泰山与天山之间，西侧为准噶尔西部山地，东至北塔山麓，是一个略呈三角形的封闭式内陆盆地，东西长 700km，南北宽 370km，面积 38 万 km²。盆地地势向西倾斜，北部略高于南部。盆地一般海拔 400m 左右，东高（约 1000m）西低。盆地腹部为古尔班通古特沙漠，面积占盆地总面积的 36.9%。准格尔盆地周边修建了高等级的公路，交通十分便利。

塔里木盆地，位于中国新疆的南部，是中国面积最大的内陆盆地。盆地处于天山，昆仑山和阿尔金山之间。东西长 1500km，南北宽约 600km，面积达 56 万 km²，海拔高度在 800～1300m 之间，地势西高东低，盆地的中部是著名的塔克拉玛干沙漠，边缘为山麓、戈壁和绿洲（冲积平原）。塔克拉玛干沙漠位于塔里木盆地中心，几乎终年不雨，被认为是含有储量丰富的石油和天然气，地形封闭，开口朝东南。铁路现已通到喀什，为开发塔里木盆地提供了有利条件。

柴达木盆地是我国四大盆地之中，地势最高的盆地，属封闭性的巨大山间断陷盆地。位于青海省西北部，四周被昆仑山脉、祁连山脉与阿尔金山脉所环抱，面积约 25 万 km²。

盆地底部海拔在 2600~3000m，是我国地势最高的内陆盆地。柴达木不仅是盐的世界（东南部多盐湖沼泽），而且还有丰富的石油、煤，以及多种金属矿藏，柴达木盆地有"聚宝盆"的美称。

当调水经过河西走廊，可以彻底改变河西走廊的生态危机；当水输入到柴达木时，可以大幅扩大盆内湖泊水面，保护三江源；在阿尔金山脚下，还将形成一个面积达 2 万 km²、库容 600 亿 m³ 以上的大湖；当调水 500 亿 m³ 进塔里木盆地后，大量的水流终将汇入罗布泊，古泊将很快重现生机、并扩大为海。到那时，罗布泊就该叫"罗布海"，塔里木将遍地是绿洲了。

作者因工作多年生活在西北的青藏高原龙羊峡、西宁，多次到过河西走廊、新疆和西藏，参加祁连山黑河龙首水电站工程、新疆北疆喀腊塑克水利枢纽工程、南疆天山开都河水电工程以及西藏藏木水电站工程咨询。受额尔齐斯河建设管理局邀请，沿引额济乌、引额济克渠道公路穿越了准噶尔盆地，对新疆和河西走廊的缺水情况深有感触，大西线调水是从根本上解决西北、新疆严重缺水和环境恶化根本治理的最优方案。

B2.4 大西线调水的巨大作用

（1）雅鲁藏布江大西线调水工程投资少，工期短，调水量大。与现有的三条线路的"南水北调"方案相比，大西线调水方案显然是一个又好又快的方案。例如，与中线方案相比，中线方案从丹江口修一条 1260km 的引水渠，横跨 325 条大小河沟，投资 1000 亿元（按 1990 年不变价格计算）以上，工期 15 年，每年调出的水量不超过 195 亿 m³。大西线工程的投资只有中线工程投资的一半左右，工期只有中线工程的 1/3，而调水量却是中线工程的 10 倍以上，二者显然不可同日而语。

（2）实施大西线调水工程后，有了充沛的水，可以改造西北地区的沙漠，绿化黄土高原，根绝黄土高原的水土流失，彻底解决黄河的泥沙问题，从而实现"圣人出，黄河清"这一中国人民世世代代梦寐以求的美好理想，从整体上根本上优化我国的生态环境。

（3）实施大西线调水工程，解决大西北的荒漠沙漠、黄土高原的用水问题，将大大增加我国农林牧用地面积，大大提高土地生产力。据调查，西北、华北共有 20 亿亩土地（戈壁、沙漠、荒漠、旱地）荒废闲置，只要有水，其中绝大多数土地均可加以利用，发展农林牧业，从而可以一劳永逸地从根本上解决我国的农业问题。例如，新疆提出，只要给他们每年 600 亿 m³ 的水，新疆就可以增加 6 亿亩耕地，相当于中国现在耕地的 1/3。

（4）实施大西线调水实施工程，可以利用 2000m 落差和年 1000m³/s 流量的水量，增加数千万千瓦装机容量的发电能力。同时黄河水量成倍增加，不用增加任何投资，即可大大增加黄河现有梯级电站的发电出力。

（5）大西线调水工程方案尽量降低水坝高度，减少淹没面积，一方面将淹没损失降低到取小限度；另一方面，调水工程的建设成功将给西藏人民带来多方面的直接利益。数量众多的水库和水渠的建造将大大改善西藏地区的生态环境。

（6）大西线调水工程纵贯南北的广阔工作面全线施工，可以吸收西部地区大量农村劳动力参加建设，因此，大西线调水工程是最大的扶贫工程。大西线调水工程开工之日，就是西部地区人民走向小康道路之时。

B2.5　海水西调设想与现实

B2.5.1　海水西调方案设想

"把东部的海水调到西部，很多人觉得是天方夜谭。"中国高科技产业化研究会海洋分会常务副理事长曾恒一院士说（2010年11月27日新疆海水西调陆海统筹研讨会），这和南水北调、西气东输等工程一样可以实现。专家建议工程实施中可以用不被海水腐蚀的玻璃钢管。还有专家预言6年内即可实现。曾恒一院士介绍，地球面积的75％是被海水覆盖，要解决缺水问题，最好的方式就是向海水要资源，因此，将海水引入新疆沙漠地区是一个很有意义的选择，全国部分省市也于2001年、2003年、2005年多次举行过关于海水利用的研讨会。

据2010年11月27日《泉州晚报》讯：著名政策规划专家、国务院研究室工交贸易司唐元司长在华侨大学陈嘉庚纪念堂科学厅举办的"华大讲堂"上说："海水西调可行吗？"这是近期网络最热门的话题之一。唐元司长带队就"海水西调"进行过长达数月的考察，并起草了相应的项目建议上报国务院。

讲堂上，大家希望唐元司长能有"内幕"透露。把东部的海水调到西部，很多人觉得不可思议，实际上，项目在技术上已经可行。唐元司长称，"从渤海抽取海水，用管道输送到北方煤炭基地，作为发展煤电、煤化工冷却水并用余热淡化海水，海水淡化后补充能源开发用水。"渤海取水，千里援疆，一举解决沿途数千千米由于缺水造成的"恶劣生态"和"发展瓶颈"。唐元司长介绍，这个项目现已完成可行性分析报告和初步设计，中国国际工程咨询公司对项目规划已经论证，认为工程技术可行，经济效益和社会效益可观。"电水联产"在天津已经成功运用，而目前有关方面也确定海水西调试点地区，试点如果可行，渤海水西调很快就可以实现。

海水西调有内线调水方案和外线调水方案。

内线调水方案即阴山以南（霍有光方案），其的主旨是：从天津附近的渤海口取水，通过管道分级提升到海拔1280.00余m（1m³水，每升高200m，需要电1kW·h；升高1280m，耗电6.4kW·h），进入黄旗海（海拔1264.00～1266.00m），登上我国第二个地理台阶，形成2000km²的湖泊。然后修建防渗渠道，采用若干小提扬（10～20m）工程＋长距离自流的办法，由黄旗海→库布齐沙漠→乌兰布和沙漠→巴丹吉林沙漠，至玉门镇北的疏勒河（海拔约1300m），主干调水线路全长约1900km。之后，利用疏勒河"自东向西流的"天然河道（大约550km），不用开挖、衬砌，自流进入塔里木盆地之东缘的罗布泊。罗布泊（海拔780.00m）至艾丁湖（海拔155.00m）的直线距离仅180km，可获得930余m的落差，用来发电，意味能够补偿渤海西调工程所耗费的部分电能。整个调水线路穿越的是比较平坦的沙漠地区或戈壁滩，并非内蒙古草原或传统的农耕区。

纵观内线调水所经过的地区，从东向西依次分布着七大沙漠，它们（降雨量）是：浑善达克沙地（264.6～368.7mm）、毛乌素沙漠（400～250mm）、库布齐沙漠（249mm）、乌兰布和沙漠（102.9mm）、腾格里沙漠（小于200mm）、巴丹吉林沙漠（50～120mm）、塔克拉玛干沙漠（11.05mm），空间上它们是连续展布的（越深入内陆，降雨量呈递减趋势）。除塔克拉玛干沙漠外，其他沙漠均分布在我国第二个地理台阶（海拔1200.00～

1300.00m）之上。渤海深深嵌入我国北方大陆 540 多 km，是大自然赐予中国的地利之源，有取之不尽的水资源。与国内其他跨流域调水方案不一样，西调渤海水不会改变我国陆地上任何一个地区原有水资源的数量，调水不会顾此而失彼，可以从根本上绿化西北沙漠、遏制沙尘暴、再造山川秀美的生态环境，为 21 世纪大力发展沙产业打下坚实的基础。

B2.5.2　海水西调的气象学山盆构造原理

我国北方沙漠大多属山前拗陷自流盆地的一部分，沙漠周边被高耸的山脉所围限。譬如①南有高耸的黄土高原、六盘山、贺兰山、祁连山、阿尔金山、昆仑山；②北有阴山、走廊北山、天山；③北方纬向沙漠带的东缘，被吕梁山（北东向沿展达 400 余 km，海拔 1400.00～2500.00m）、太行山（北东向展布，北起北京西山、南抵黄河北岸，海拔 1500～2000m）、燕山（狭义的燕山区，北京房山一带海拔 1500.00～2000.00m）、大兴安岭（北东向展布，全长 1200 余 km，海拔 1100.00～1400.00m）等山脉所封闭（即沙漠不是直接与华北平原、东北平原接壤），它们山峦重叠，绿色环绕，形成了一道天然屏障，又被称作"绿色环带"。这种沙漠低、周边高的地貌环境（山盆构造），使得沙漠人造海蒸发的云气资源不至于轻易吹出区外。

沙漠腹地人造海水大量蒸发后，一是湿润了当地的环境；二是与深入内地的东南季风汇合，或被西北风吹向下风的边缘山区。处于沙漠边缘山脉中心线上的分水岭山峰，大多高达 1500～2500m，吹来的湿气，在高山区受到地形的抬升与摩擦作用，会迅速地把暖而湿的气层抬升到凝结高度以上，最终受冷凝结，形成降雨；分水岭"面向"沙漠的群山，雨水沿沟谷和山前河道，汇入沙漠（添加内流河流量），可增加沙漠的淡水资源；分水岭"背向"沙漠的群山，雨水则沿沟谷输出，补充了黄河流域的水资源（添加外流河流量）。一般山脉深处降水最多，降水量从山脉深处、沙漠盆地边缘向沙漠中心减少。（注：湿气被东南季风吹向阴山方向的情况与此类似，不赘述。）

因此，"山（高山冷凝系统）-盆结构"与"沙漠人造海"相结合，可加强水平方向和垂直方向气候带的"增雨作用"。

提出为北方沙漠西调渤海水，目的就是要充分发挥天降雨雪三个必要条件的功能，即通过海水西调（营造人造海）与沙漠蒸发作用，与当地的"山-盆构造"相结合，形成大量水汽，与每年 7—9 月呈递减趋势、抵达内陆沙漠的夏季风（水汽）会合，增加局地水汽的数量，遇高山冷凝系统后形成更大的降雨，为沙漠、戈壁盆地提供雨水（淡水）资源。一般认为，东南季风带来的太平洋水汽可以到达河西走廊的张掖附近并影响到甘、新边界。在夏季沙漠蒸发最强烈的时候，人造海大量蒸发的水汽与入侵的夏季风相叠加，可以增加西北沙漠及周边地区的降水总量与概率。

B2.5.3　海水西调的巨大效应

"千年前的古城楼兰可以再现，首先要解决新疆的缺水难题。"1997 年最早提出"海水西调"设想的霍有光教授说，他 20 世纪 80 年代曾在新疆工作，切身感受到新疆的干旱和沙化问题，全疆 166 万 km² 的土地，适合人类生存的平原绿洲面积不到总面积的 4.2%。"海水西调"涵盖了我国八大沙漠，新疆东高西低的地形可形成自流，有利于将渤海水引进新疆，如果能实现，最少可再增加 18 亿亩的农业用地，即可再造一个中国。

为解决新疆水资源困境，给新疆水资源解决方案增添新智慧，2010 年 11 月 5 日在乌鲁木齐市召开"陆海统筹 海水西调"高峰论坛，在全国引起广泛热议。中国工程院院士、中国高科技产业化研究会海洋分会常务副理事长曾恒一出席论坛并作主题演讲。此次高峰论坛关于"海水西调 引渤入新"事业的基本思路是：从渤海西北海岸提送海水达到海拔 1200.00m 高度，到内蒙古自治区东南部，再顺北纬 42°线东西方向的洼槽地表，流经燕山、阴山以北（即外线调水方案），出狼山向西进入居延海，绕过马鬃山余脉进入新疆。此设想是通过大量海水填充沙漠中的干盐湖、咸水湖和封闭的构造盆地，形成人造的海水河、湖，从而镇压沙漠。同时，大量海水依靠西北丰富的太阳能自然蒸发，作为湿润北方气候的水汽供应源增加降雨，从而达到治理我国沙漠、沙尘暴，彻底改变华北、西北地区生态环境恶劣的目的。将大大加强新疆欧亚大陆桥向西桥头堡的战略地位，破解困扰新疆发展的三大问题，即水资源平衡问题、生态环境问题和油气等矿产资源有效开发问题，着力推进新疆长治久安。

我国北方从东向西依次分布着八大沙漠，它们是：科尔沁沙地、浑善达克沙地、毛乌素沙漠、库布齐沙漠、乌兰布和沙漠、腾格里沙漠、巴丹吉林沙漠、塔克拉玛干沙漠，空间上它们是呈纬向连续展布的。21 世纪在我国淡水资源面临严重短缺的情势下，打破传统思维定势，充分利用浩瀚的渤海之水，每年调水 50 亿～300 亿 m^3，无疑将成为改造北方沙漠最理想的水源！

实施海水西调工程，采用"接力棒式"方式调水，本着"量力而行，先近后远，各个击破，分期到位"的原则，可以边施工边受益，先期工程难度不大，施工周期短，投资较小，不仅可改造距离北京较近的浑善达克沙地、库布齐沙地、毛乌素沙漠等地的生态环境，而且可明显改善京津唐地区的大气与生态环境质量。远期工程全部到位后，就可以彻底改造北方八大沙漠。

B2.5.4 海水西调输送特点

1. 海水西调玻璃钢管输送

在海水西调项目中，质疑最多的是海水能不能用，如何解决调水成本。中国水利水电科学研究院室主任杨开林说，这种过滤法是利用半透膜来达到淡水与盐分离的作用。最大的优点是节能，生产同等质量的淡水，能源消耗仅为蒸馏法的 1/40。到目前为止，全球海水淡化日产量接近 4000 万 t。2005 年底，我国已建成运行的海水淡化水日产量达 12 万 t。

至于调水的成本问题，杨开林说，海水的淡化目前在中国不存在技术"瓶颈"，工程实施中可以用不被海水腐蚀的玻璃钢管。按照 8m 口径玻璃钢管计算，输入到新疆每吨水的价格为 8 元左右。

2. 海水调水的成本问题

据有关资料，南水北调 $1m^3$ 的成本是 20 多元，用同样的钱，可为我国西北沙漠调的渤海水。若充分利用沙漠中丰富的太阳能资源，每 $3m^3$ 渤海水可晒制 69～93kg 盐，工业用盐批发价格按 0.7 元/kg 计算，可获收益 48.3～65.1 元；同时蒸发出 2.31～2.07t 优质水气，其中有 2/5 或大约 $1m^3$ 的水汽将直接变成雨水回落到当地（沙漠），滋润植被，从而可获得一石数鸟之利。

3. 海水西调两个循环体系

第一个是区域经济循环，以当地丰富的煤炭资源做能源建设大型火力发电厂；电厂的廉价电力用于"海水西调"；同时，利用主机余热（廉价蒸汽）搞海水淡化；淡化水可电厂自用，其他工业用或民用；而高度浓缩的海水，可就地建厂发展海洋化工，制盐，提钾，提溴，提碘等。这样的统筹设计，可使西调海水基本实现零排放。所以，这是一个非常理想的区域循环经济体系，可以大大降低工程总投资，提高经济效益。第二个循环是自然循环，即西调海水在沙漠地区形成"人造海"和大片湿地；靠自然蒸发，增加空气中的湿度；从而，增加当地的降雨量，减少蒸发量，改善当地的生态环境，实现了水的大循环。这就有可能从根本上治理西北地区的沙漠化和沙尘暴。

B2.6　结语

随着后水电时代来临，我们应充分利用互联网＋、人工智能、大数据等先进的前沿科学，使大西线调水、海水西调等超级水利水电工程早日实现，为再造一个中国、全面实现青山绿水、美丽中国、实现中华民族伟大复兴的中国梦提供技术支撑和坚实保障。

主 要 参 考 文 献

［1］ 钱钢梁．水库大坝与水能开发．中国大坝建设60年［M］．北京：中国水利水电出版社，2013．

［2］ 贾金生，袁玉兰，汪洋，等．中国大坝建设与国际比较［M］//中国大坝建设60年．北京：中国水利水电出版社，2013．

［3］ 周建平，党林才．水工设计手册（第2版）：第5卷 混凝土坝［M］．北京：中国水利水电出版社，2011．

［4］ 苗树英．中国高土石坝施工技术进步综述［J］．水利水电施工，2011（01）：1-6．

［5］ 田育功．碾压混凝土快速筑坝技术［M］．北京：中国水利水电出版社，2010．

［6］ 贾金生，马锋玲，李新宇，等．胶凝砂砾石坝材料特性研究及工程应用［J］．水利学报，2006（05）：70-74．

［7］ 金峰，安雪晖，石建军，张楚汉．堆石混凝土及堆石混凝土大坝［J］．水利学报，2005（11）：1347-1352．

［8］ 朱伯芳，张超然．高拱坝结构安全关键技术研究［M］．北京：中国水利水电出版社，2012．

［9］ 田育功，熊林珍．水利水电工程标准的统一与走出去战略分析探讨［J］．水电与抽水蓄能，2016（06）：1-7．

［10］ 马怀新．随感中国电力改革路漫漫［J］．四川水力发电，2012（05）：162-173＋196．

［11］ 陶洪辉．美国陆军工程兵团水电工程标准体系介绍［J］．红水河，2010（02）：94-96．

［12］ 陈文耀，李文伟．混凝土极限拉伸值问题思考［J］．中国三峡建设，2003（3）：7-8．

［13］ 田育功，党林才．组合混凝土坝的研究与技术创新探讨［J］．水力发电，2013（5）：37-40．

［14］ 李光伟，组合骨料在锦屏一级水电站高拱坝混凝土中应用［C］//水库大坝建设与管理中的技术进展．郑州：黄河水利出版社，2012．

［15］ 林宝玉，吴绍章．混凝土规程新材料设计与施工［M］．北京：中国水利水电出版社，1998．

［16］ 林育强，郭定明，郭少臣，杨华全，等．磷渣粉在沙沱水电站大坝碾压混凝土中的研究及应用［J］．贵州水力发电，2012（1）：67-79．

［17］ 杨富亮．改性PVA纤维在溪洛渡水电工程的试验研究及应用［J］．水电施工技术，2010（3）：73-82．

［18］ 李文伟，（美）理查德．W．罗伯斯著．混凝土开裂观察与思考［M］．北京：中国水利水电出版社，2013．

［19］ 李金玉，曹建国．水工混凝土耐久性的研究和应用［M］．中国电力出版社，2004．

［20］ 刘志明，温续余．水工设计手册（第2版）：第7卷 泄水与过坝建筑物［M］．北京：中国水利水电出版社，2014．

［21］ 田育功，杨溪滨，支栓喜，等．水工抗冲磨防空蚀混凝土关键技术分析探讨［C］//2016年大坝学会年会论文集．郑州：黄河水利出版社，2016．

［22］ 中国长江三峡工程开发总公司，中国葛洲坝水利水电工程集团公司．水工混凝土施工规范宣贯辅导材料［M］．北京：中国电力出版社，2003．

［23］ 孙志禹，陈先明．三峡大坝工程［M］//中国大坝建设60年．北京：中国水利水电出版社，2013．

［24］ 田育功，党林才．高混凝土坝温控防裂关键技术综述［C］//特高坝建设技术的发展及趋势．北京：中国水利水电出版社，2016．

[25] 席浩，郭建文. 三峡二期工程ⅡA标段左岸厂房坝段混凝土温控及防裂 [J]. 青海水力发电，2004 (1)：18 - 22.

[26] 钟登华，王飞，吴斌平，等. 从数字大坝到智慧大坝 [J]. 水力发电学报，2015，34 (10).